建筑信息化服务技术丛书

建筑信息化协作管理与技术应用

北京绿色建筑产业联盟 指导编写

张 秦 李 晨 编著

中国建筑工业出版社

图书在版编目（CIP）数据

建筑信息化协作管理与技术应用 / 张秦，李晨编著；北京绿色建筑产业联盟指导编写. — 北京：中国建筑工业出版社，2021.2

（建筑信息化服务技术丛书）

ISBN 978-7-112-25781-2

Ⅰ. ①建… Ⅱ. ①张… ②李… ③北… Ⅲ. ①建筑设计—计算机辅助设计—应用软件—研究 Ⅳ. ①TU201.4

中国版本图书馆 CIP 数据核字(2020)第 267413 号

责任编辑：毕凤鸣　封　毅
责任校对：张惠雯

建筑信息化服务技术丛书
建筑信息化协作管理与技术应用
北京绿色建筑产业联盟　指导编写
张　秦　李　晨　编著
*
中国建筑工业出版社出版、发行(北京海淀三里河路 9 号)
各地新华书店、建筑书店经销
北京红光制版公司制版
廊坊市海涛印刷有限公司印刷
*
开本：787 毫米×1092 毫米　1/16　印张：30　字数：743 千字
2021 年 4 月第一版　　2021 年 4 月第一次印刷
定价：**88.00** 元
ISBN 978-7-112-25781-2
(37005)

序　言

建筑是人类文明的体现，不同的建筑往往可以代表不同的文明——雅典卫城展现了古希腊文明的风貌，金字塔将埃及的神秘带到人们面前，而故宫则体现了中华文明的哲理与文化特色。这些承载着文明的辉煌建筑的完成无一例外地离不开庞大的工地、大量的劳动人员以及从样式设计到材料生产运输、从建设现场组织到人员调配安排等过程中大量的劳动人民、技术工匠与组织人员之间进行的日复一日的生产协作。

协作就这样伴随着我们的建筑生产一步步地走过人类历史文明的历程，一路上留下了许多辉煌美丽的建筑，共同来到了信息化技术快速发展的世界。

在信息化技术高速发展的今天，一场新的信息化产业革命已经拉开帷幕并正在快速发展。信息化生产为整个社会带来巨大的优势，它能最大限度地调动和使用全社会各行业的技术发展成果，组合交叉之后形成对各种行业的再次巨大推动。信息化技术正在不可避免地、快速地改变着传统的建筑生产过程，一个非常直观的体现就是现在的建筑设计与建造对于精度和专业性的要求越来越高——对于设计的完成度、施工的质量和精细程度、现场以及整个项目的管理和推进、时间和成本的管理与控制以及施工过程的组织、建筑的智能运维都提出了更高的、与信息化社会发展程度相匹配的要求。

这一过程为我们带来了机遇，也带来了挑战。信息化时代的到来既为我们提供了更便捷的工具和手段，也迫使我们走出原本的惰性区域，改变原有传统的工作习惯，从而适应新的建筑制造业带来的挑战——从粗糙转向精细、与其他行业外先进信息技术结合（如先进的人工智能与物联网技术等）、满足更多不同的个性化需求（从工业 3.0 到 4.0 智慧化定制化生产的转变）等从数字化生产向信息化生产转变带来的一系列对于建筑生产在认知与技术上的巨大转变。

在信息社会生产力发展的大背景下，信息带来的生产力变革和时效性让社会对于建筑生产中包含设计与施工等全部生产完成所需要的时间周期的预期大大缩短，传统的生产组织模式已经无法适应信息时代高速发展的社会需求。与此同时，全球信息化带来的生产组织巨变（传统的地理、时间因素对生产的阻碍越来越弱）将全球竞争这一现象带入社会生产的各行各业中，企业在本国市场领域里保持技术优势就可以无忧地生存下去的日子已经一去不复返——譬如已经有越来越多的具备先进信息技术的国际建筑企业来到中国市场。

信息技术的根本性力量在于将社会各行业之间的“距离”大大缩短，这种不断的、高效的信息交叉可以使新技术的诞生时间缩短——原本需要十年成熟的技术在信息社会条件下可能只需要两年、一年甚至几个月就能应用于生产。任何人都可以在生活中很轻易地感受到这种变化——例如今天人们常用的手机、电子计算机等电子产品的更新速度与 20 年前相比已经发生了巨变。这种借由信息技术带来的技术与生产的快速发展客观上要求社会的行业协作更加密切频繁，也就是我们常说的“学科交叉”在快速地、不断地发生。

因此，建筑信息化协作带来的不仅仅是建筑生产高效组织这样的表面优势，更重要的是带来了建筑企业面向未来行业快速发展产生的衍生技术所需求的适应能力与创造能力。

快速的技术发展意味着更加快速的淘汰，在人类社会的发展过程中，我们从未见过像今天这样快的企业崛起与消亡速度，市场留给企业的调整时间大大减少的原因是信息化带来的技术快速催生——互相关联的相关技术快速发展使得企业在此时此刻错过的一个技术，不再会是原来的五年后的两个技术，而可能是一年后的一百个相关技术构成的技术群。因此，一旦陷入落后，追赶起来就相当困难。

本书将最先进的建筑信息化生产协作模式与相应的先进技术全面地介绍给读者，一方面让读者可以对今天世界的先进技术发展情况有一个详细的认知，进而可以找到自身与企业技术上存在的差距；另一方面则是通过提前的学习与掌握这种高效的、可以适应人口红利消失后的建筑信息化生产的相关思维模式与协作组织原理，可以有效地应对未来行业发展带来的对于企业和个人的全新挑战；最后，帮助读者通过对信息化生产与协作本质的深入思考，创造属于自身企业与我国行业的信息化生产与协作相关新技术。在生产中进行相关实践的同时，创造出更多的属于我们自己的先进信息化技术理论与相应的技术产品，从而使我国的建筑信息化技术可以走在世界前列。

在信息技术的发展中，我们与世界各国站在同一起跑线上。在这种社会发展的历史机遇下，我们国家在其他产业中通过人才与企业的奋斗、吸收先进的理论与技术，创造了许许多多的领先全球的先进信息技术，为增强祖国在世界市场中的竞争力做出了巨大贡献。建筑从业者也要抓住这一技术跨越式发展的历史机遇，通过不断的学习与创新，使我国的建筑产业与相关信息技术走在世界前列。

目　　录

建筑信息化协作的发展趋势

第一节　建筑多方协作的发展趋势

建筑生产协同从传统模式的协同发展到本书中提出的数字化、信息化的基于信息交互的云平台协同工作网络并非一蹴而就，而是经历了几个发展阶段。我国现有的设计公司、开发商、业主企业、施工企业、各种供应商等建筑产业相关企业根据其技术革新的程度，可能还处在数字化、信息化过程中的某一个阶段中，绝大多数企业都没有达到与云平台对接，从而实现云端信息协作的先进信息化生产协作水平。

因为建筑领域涉及范围庞大复杂，在进行基本介绍时我们将以建筑设计这一生产阶段为例，缩小范围以帮助读者更好地理解建筑协作的发展历程与趋势，使读者能更好地判断自身企业及工作流在信息化协作发展程度上所处的阶段，从而可以根据自身的需要更好地选择信息化的平台、方式、工具，进而可以更合理地安排自身工作以及所在企业单位信息化的进度，完成组织生产团队信息化协同工作流等建筑生产信息化工作。

如图 1-1-1 所示，由传统协同发展至信息化云网络协作首先需要对生产进行数字化的转换。这一过程是从个体和末端开始，逐渐进行的。从原本基于纸质的实体图纸、文件、记录更新到数字化的图纸、文件、记录等。同时，基于个人 PC 的发展和普及，许多相应的设计建模、工程计算、数据管理、时间管理、成本计算、项目管理等建筑相关的专项软件大量出现，让建筑设计、施工、管理各个领域的个人、团队等建筑生产参与者自身的工作发生了从传统纸质文档文件向由计算机生成的相应的数字化文档的转变。这里读者需要注意的是，数字化与信息化是有本质区别的，因此这种数字化与本书主要涉及的信息化是有着较大区别的。这种数字化的过程，只是对于原有建筑生产传统模式中操作的一种功能性的辅助提升，虽然带来了工作效率的大幅提升，但几乎没有对建筑生产的工作模式和流程造成任何改变，可以这样简单理解——这种数字化只是“将纸笔换作计算机”，只是改变了工作者的工作工具，而没有改变交流与协作的方式。在这种数字化的生产中，其多人与多专业协作与传统生产模式相比没有丝毫改变。与此同时，这种数字化也没有建立对于信息化时代十分重要的现实与现实之间、现实与虚拟之间的“信息联系”。

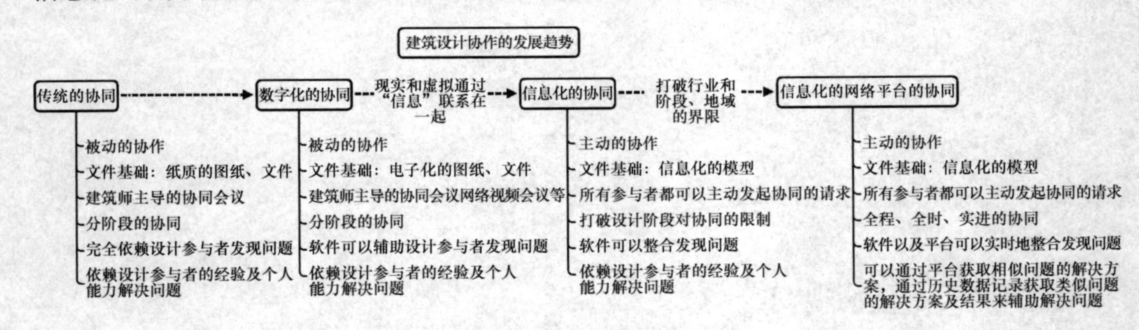

图 1-1-1　建筑生产协同的演化

这种“信息联系”的建立对于建筑生产的信息化是十分重要的，是建筑生产协作迈向信息化的标志与基础。正是这种信息联系让计算机中的数字信息成为一个实际的存在而不仅仅是一个虚拟出来的符号，这也是信息化生产中的“信息”区别于数字化生产中的数据的一个根本属性。在信息化的工作流中，一个信息可能对应我们在实际施工建造过程中所建造的一面墙、砌的一块砖或者拧紧的一个螺栓，而不再是工程制图法中图纸上的一个“表达方式”。这种与真实的联系让信息从根本上改变了设计、施工、管理之间及其内部自身组织的关系，改变了原有的线性工作流组织与点对点的信息交流关系，打破了专业之间和不同生产阶段之间的界限。

信息化协作给建筑生产带来了一些非常直观的变化，例如建立起了原本因为存在地理和时间上不可逾越的距离的设计团队（在设计办公室）和施工管理团队（在项目施工现场所在地）之间真实有效的信息联系，消除了因为空间和时间带来的交流障碍与时效性问题，在推动各种角色的人提供信息的同时也获取更多的信息，极大地增强了信息交互的有效性和范畴，从而更好地优化了整体生产流程和最终项目完成的成果。

如果说传统的设计协同由于协同过程中出现的时间损耗、信息不对等、偏差和传递障碍等原因而导致 1＋1＜2——既不能保证相对完美地完成设计师或者业主的设计构想，也不能保证十分合理的契合建造商和施工方的技术需求，最终双方都在各自的工作中被迫作出妥协，那么信息化的建筑生产流程的协同过程则是一个更主动的过程，通过在设计阶段就主动获取施工和建造的相关信息，保证建筑设计完成的是一个综合协调的成果，而不是一个被迫妥协的产物；同样，通过协作平台参与前期的设计阶段，以及在工程进行中在信息平台上与多种专业的动态沟通，施工和建造方也不再只能根据设计图纸被动地提供建造方案，而是可以进一步提供更有创新性、更高效的解决方案，同时保证施工的过程更加准确流畅。

信息化协同最终带来的是一个多赢的结果——设计团队可以避免繁复的设计修改；供应商可以节约成本与时间；施工方可以更好地组织施工，减少施工现场的修改与协调，节省施工时间，更好地控制人力和建造成本；项目的业主则不仅能够更好地参与并监控项目的全周期，更能高效地、高质量地完成预期的建设目标，并且可以方便地进行建筑建成后运维体系的接入，使得建筑在全生命周期成为一个信息的有机整体。

一、传统的协作

建筑的设计和建造生产过程是一个解决矛盾与冲突，从而尽可能实现最初预期的过程。由于建筑项目所涉及的专业多样性以及处理问题的综合性与复杂性，协同一直是建筑设计和建造、施工、管理过程中不可避免的一个非常重要的环节，协同的质量和效率不仅决定了工作进展的速度，更直接影响建造的成本和最终项目的完成质量。

传统的协作流程是一个“被动的”过程，是因为建筑生产的复杂性而“不得不”进行的。这种协作方式是局限于每一个生产阶段内部的、断续的、局部的协作过程（图 1-1-2）。

Step 1　委托方将需求提交给建筑师到建筑师第一次提交设计成果前，委托方都是被动地等待。

Step 2　方案设计阶段仅存在业主同建筑师的协作。（项目的可行性依赖建筑师和业主的经验与知识——后期工作反复的隐患）

Step 3　方案设计深化阶段 MEP（设备）工程师介入，但常用的方式是建筑师与各专业 MEP 工程师一对一的联系，协作的效率低，且效果差。

Step 4　施工方、供应商、生产商都在设计团队完成设计并将图纸交付后才出现在协

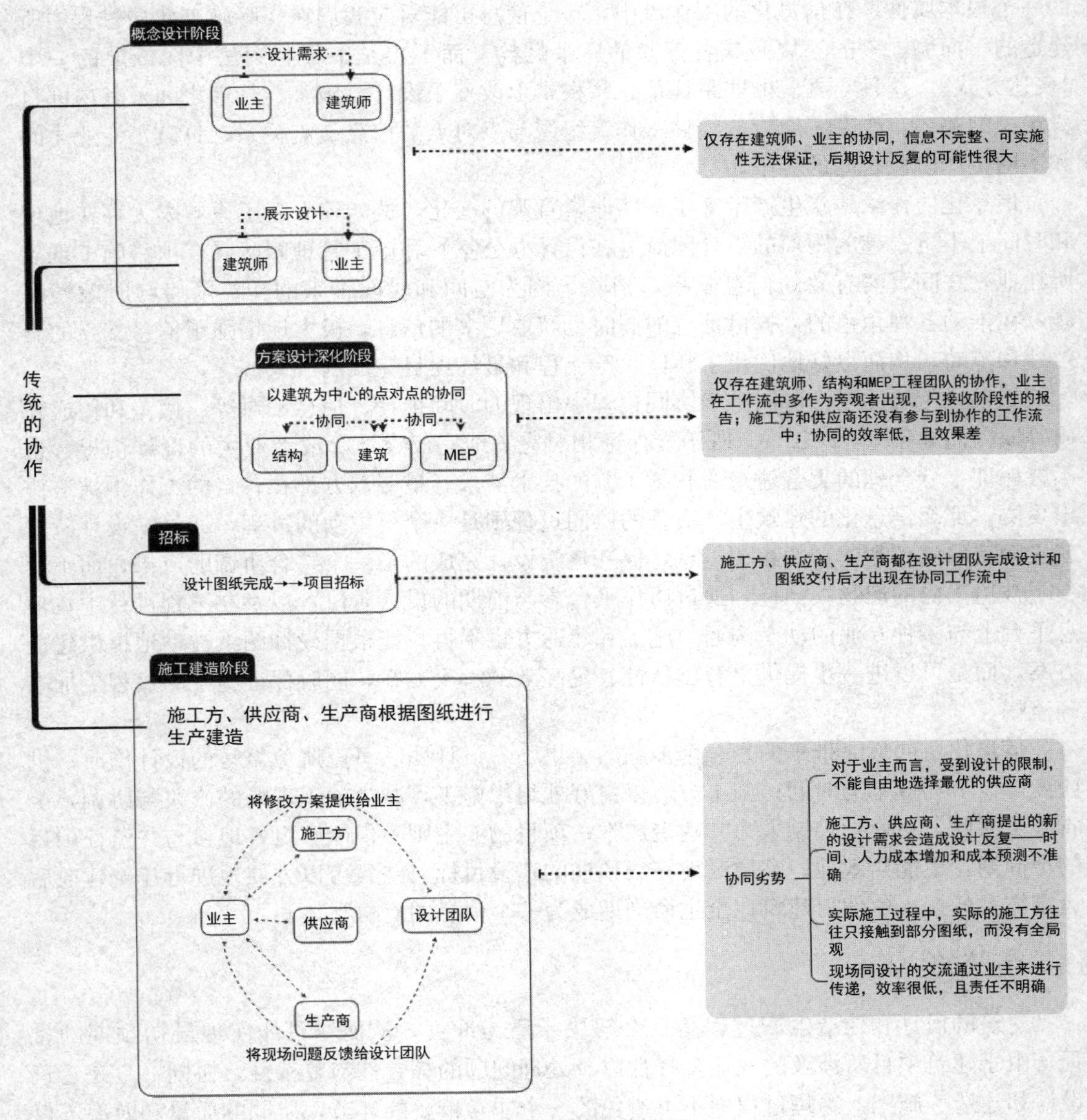

图 1-1-2　传统的协作流程

同工作流中。这造成了几方面的问题——首先，对于业主而言，受到设计的限制不能自由选择最优的供应商；其次，如果设计条件紧张不能满足供应商的某些技术要求，会造成设计反复；与此同时，供应商只能被动提供产品，失去综合解决问题、优化设计的可能性，对造价、工期、项目整体性都不利。

Step 5　实际施工过程中，实际的施工方往往只接触到部分图纸，没有全局观，沟通的效率很低，责任不明确，项目的成本、时间、质量都很难得到控制。

从上面的传统协作流程中可以看出，在项目周期过程中可以综合协作的节点是很有限、很分散的，没有办法对于设计、施工、建造过程中出现的问题进行及时的处理和反馈（相信不少读者有这样的经历——累积一定量的问题在会议上集中讨论，花费大量时间精力好不容易得到的结论可能第二天就被新出现的问题推翻，让时间与精力被白白消耗却不能解决问题）（图 1-1-3）。

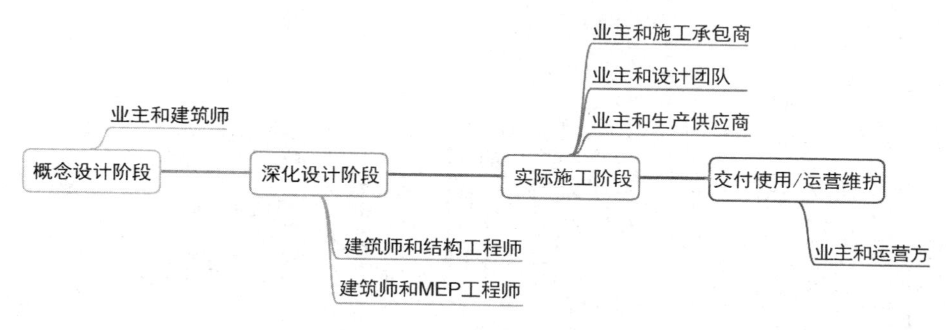

图 1-1-3　传统协作流程的阶段性

这种在没有节点的时候持续进行的、没有记录的末端点对点的协作存在很大的风险，在工作团队中的大部分人这时都出现了信息的不对等，末端点对点的协作又局限在彼此很有限的范围内，因此导致团队人员在决策时可能忽略很多其他影响因素而得到错误的结论。

二、数字化的协作

数字化协作可以简单理解为文件的电子化和数字化，例如施工现场各种图纸的数字化、工作过程中文件的数字化等。这一过程目前一般还是静态的、存在于软件之间的沟通与交流，还没有组成软件集进行协同配合，兼容的格式也很少。

将原本基于纸质文件的工作模式变成电子化数字化的工作，新的软件和格式的自由转换让这种转变成为可能，例如目前许多企业采用的使用外部链接或者基于局域网的中心文件工作共享的数字化协作（图 1-1-4）。但这只是对传统协作的一种辅助性改善，并没有从根本上改变建筑生产协作的工作流，因此对于项目最终完成成果的改善是十分有限的。

数字化生产与协作可以自动发现一些问题和矛盾，并且一定程度上大大减少了重复的机械劳动，因此提高了生产力，被行业广泛采用。但因为生产协作流程没有发生变化，协作仍然是在被动等待中进行的，因此很多制约建筑生产力进一步提升的根本问题并没有得到解决。

三、信息化的协作——让建筑生产变得如手术般精细可控

从数字化到信息化的工作模式是一个革命式的进展，如果说数字化只是将我们原有的纸质工作模式进行了电子化，信息化中信息与数据的引入则从根本上改变了我们的工作模式（图 1-1-5）。

信息化协作将原本各自独立的项目参与者联系起来，将原本独立的各专业间的沟通通过信息的转化和传递联系在一起，原本针对各个专业的设计工具和软件也被集成在了一起，形成了建筑工程软件集合，共同处理信息并协同完成各种专项工作，而后整合进行传递。

目前主流的建筑数字设计软件集合开发公司有欧特克（Autodesk），奔特利（Bentley，非汽车企业），图软（Graphisoft），Robert McNeel 公司等。

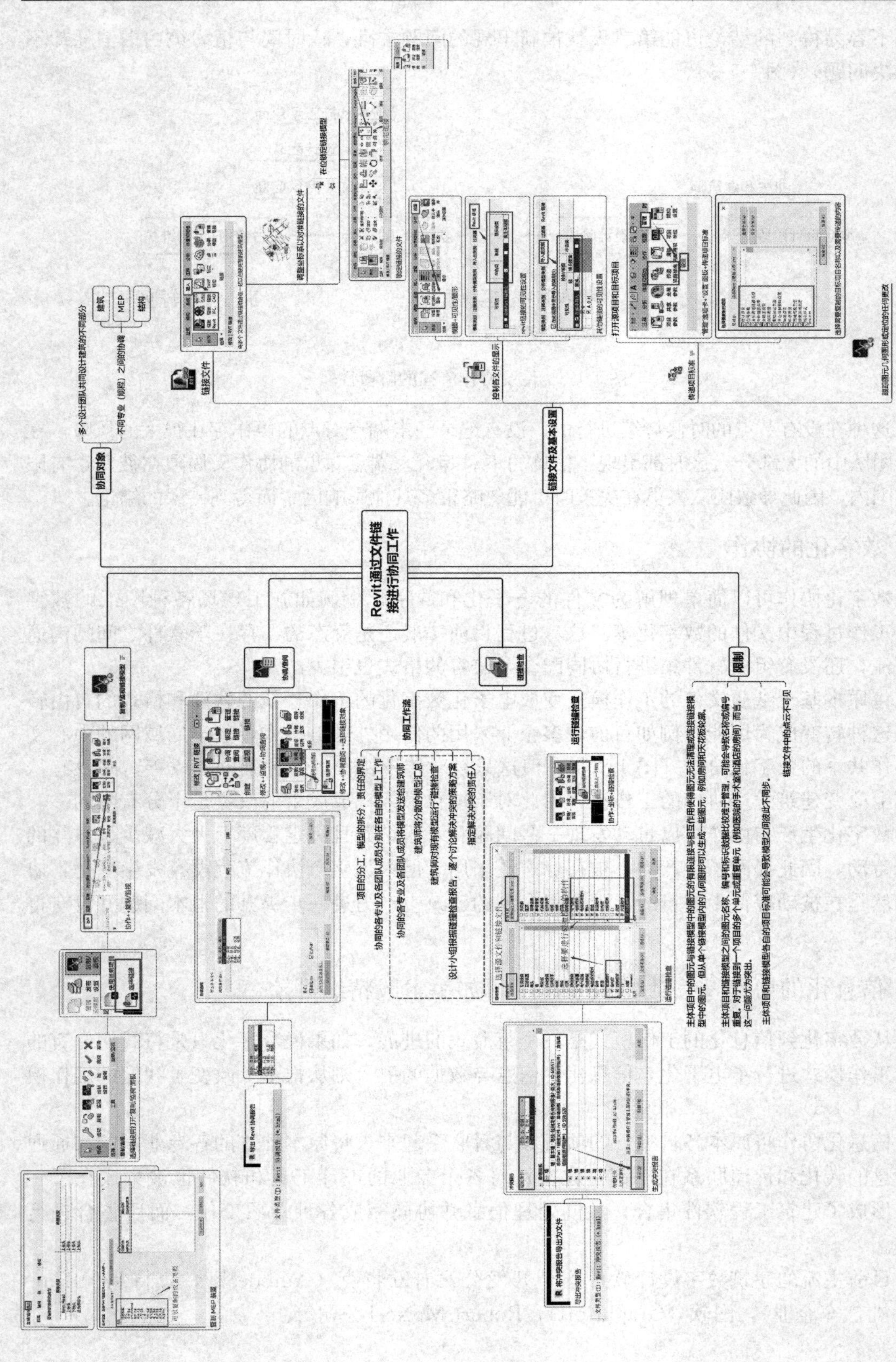

图 1-1-4　Revit 文件链接协同工作

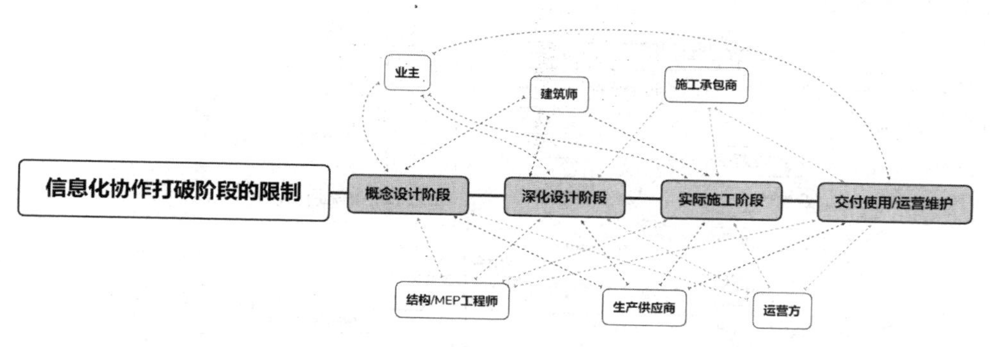

图 1-1-5　信息化协作的网状信息交互

欧特克公司是全球最大的建筑数字软件服务商，其产品种类繁多，覆盖建筑领域的方方面面，如 Revit、Civil 3D、Navisworks、Dynamo 等。这些软件共同组成功能强大的 AEC 工程软件集（图 1-1-6）。

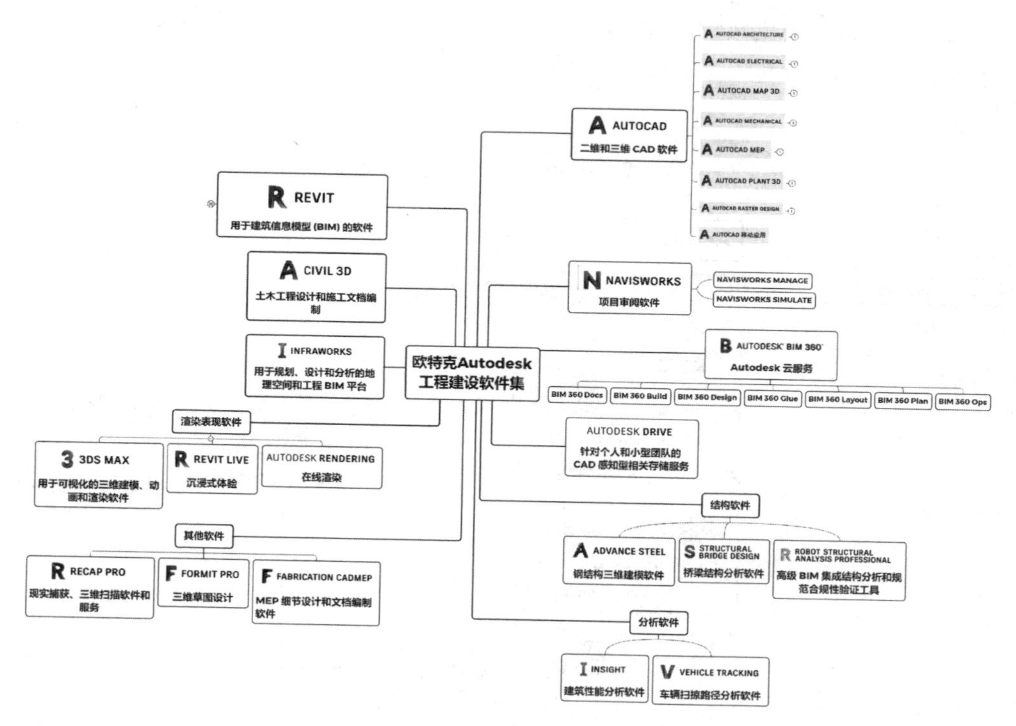

图 1-1-6　Autodesk 公司建筑数字软件

奔特利公司是一家研发智能建筑生产软件的企业，旗下的 MicroStation 更是很早就专注于三维数字模型的建立应用，以其为基础的大型厂房设计组件 PDS 至今仍被许多大型工业设计项目所采用。它的 BIM 设计软件 OpenBuildings Designer 也是一款强大的多专业 BIM 建筑信息设计软件，而 ProjectWise 则是一款功能强大的协同管理软件，被国内一些大型企业所采用（图 1-1-7）。

图软（Graphisoft）的 ArchiCAD 软件是最早开始关注建筑信息模型和数字技术的软件之一，今天仍然被很多欧美建筑设计师所青睐（图 1-1-8）。

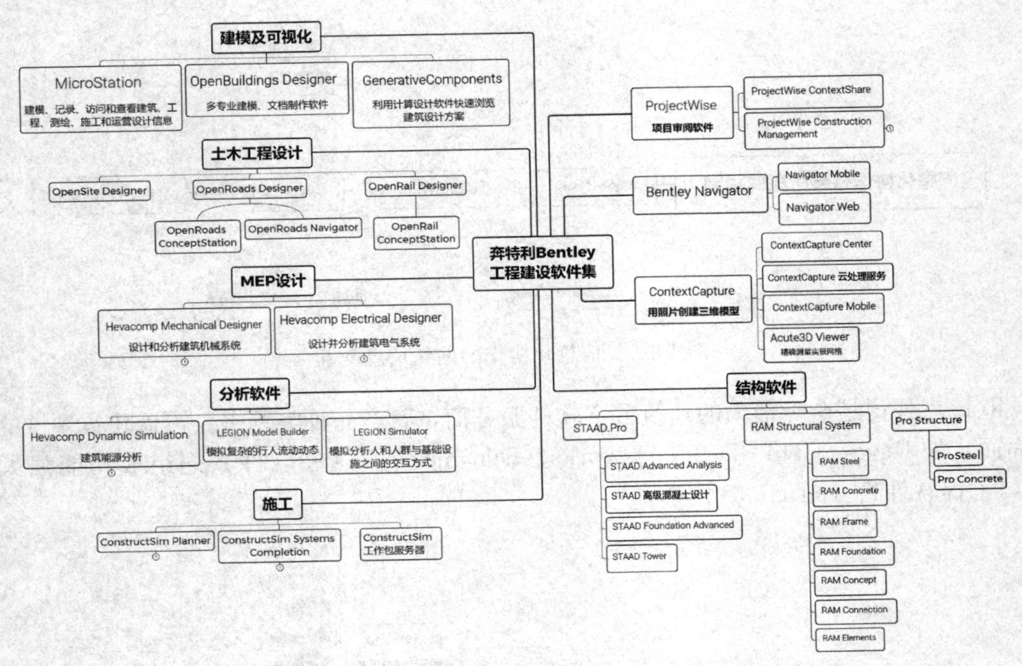

图 1-1-7　Bentley 公司建筑数字软件

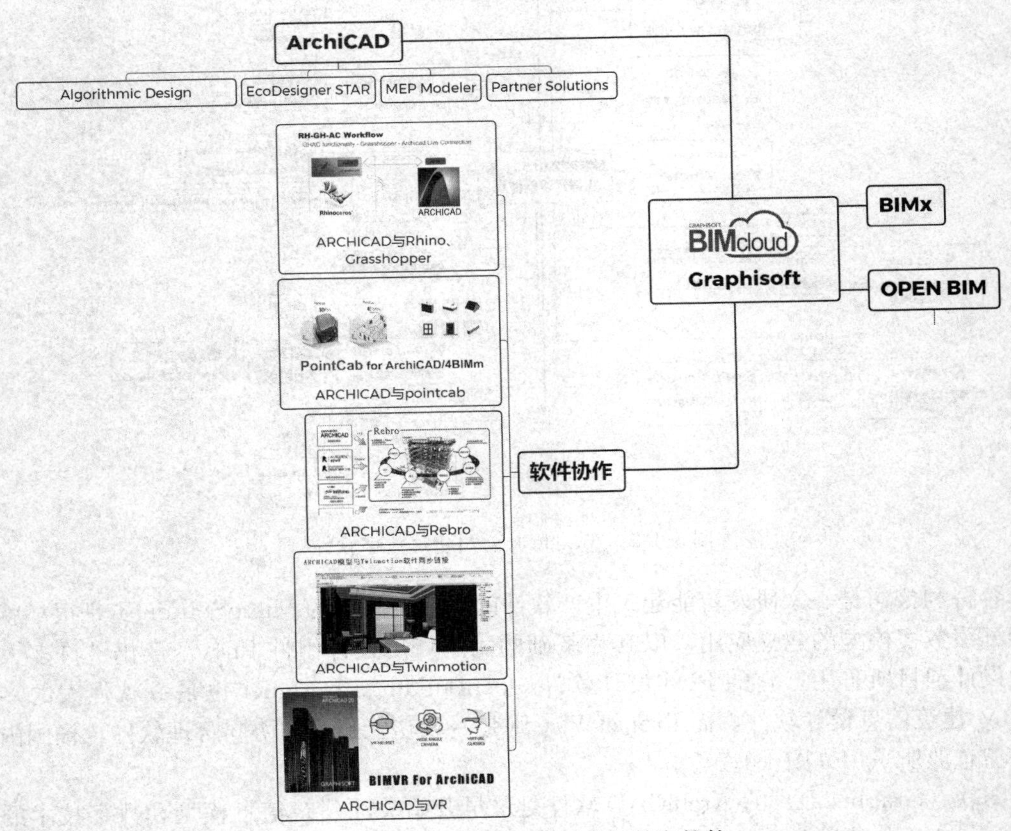

图 1-1-8　Graphisoft 公司建筑数字软件

建筑信息模型和数字技术化的工程软件集让不同专业、在设计中处于不同阶段的、具有不同的工作内容、范畴与方法的设计参与者可以维持其各自设计习惯的基础上，方便快捷地进行信息的转换和整合，可以对形式复杂的建筑进行设计、分析、记录和可视化呈现（包括渲染、动画、模拟现实、虚拟现实等展现手法），其优势包括但不仅局限于图 1-1-9 所示方面。

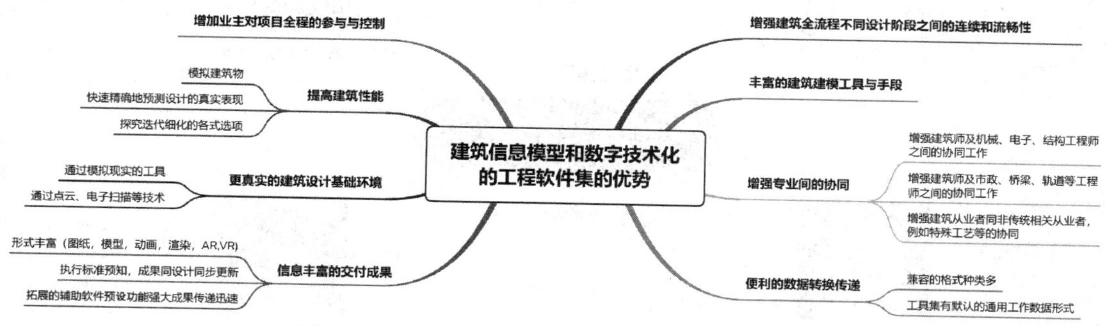

图 1-1-9　适应信息网状交互的数字工具集的优势

四、基于信息的建筑云协作

如果说数字化工程软件工作集所提供的丰富功能和简化的协作流程带来的初步信息化协作已经为建筑从业者装上了翅膀，那基于信息化的云平台协作则最终可以让建筑从业者可以在“天空中自由翱翔”。在云与大数据技术构架下以信息为核心的平台上，信息作为通用的语言为我们的工作提供了灵活交流的可能性，打破了不同专业之间的界限，同时也打破了原有线性工作流对建筑生产的禁锢。

1. 协同设计平台（云技术）

以云技术为基础的信息化建筑生产模式提供了基于云端的各专业配合和共享，将信息化协同的概念延伸到了项目全周期。协同设计平台将设计、深化、施工、交付、使用、运营这一系列原本线性割裂的设计流程放在一个信息平台上，将各种参与者统一在一个信息核心周围，从而最大化地发挥每一个参与者的潜力，最优化地完成建筑生产的各个阶段工作，并呈现出最好的成果（图 1-1-10～图 1-1-12）。

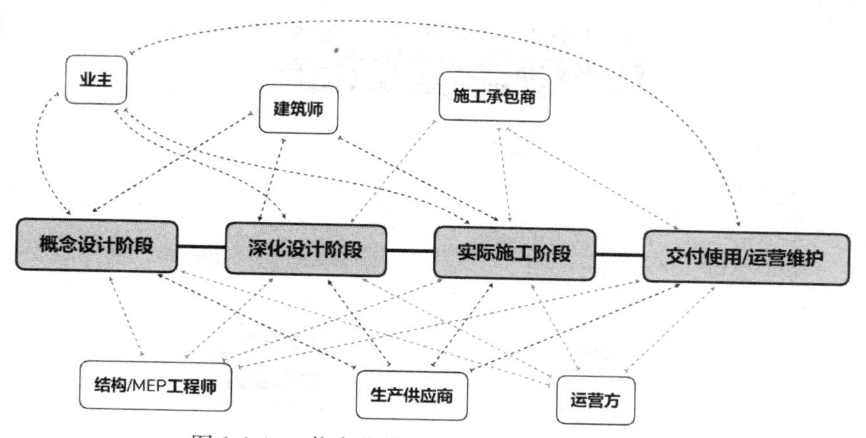

图 1-1-10　信息化带来的角色全流程的参与性

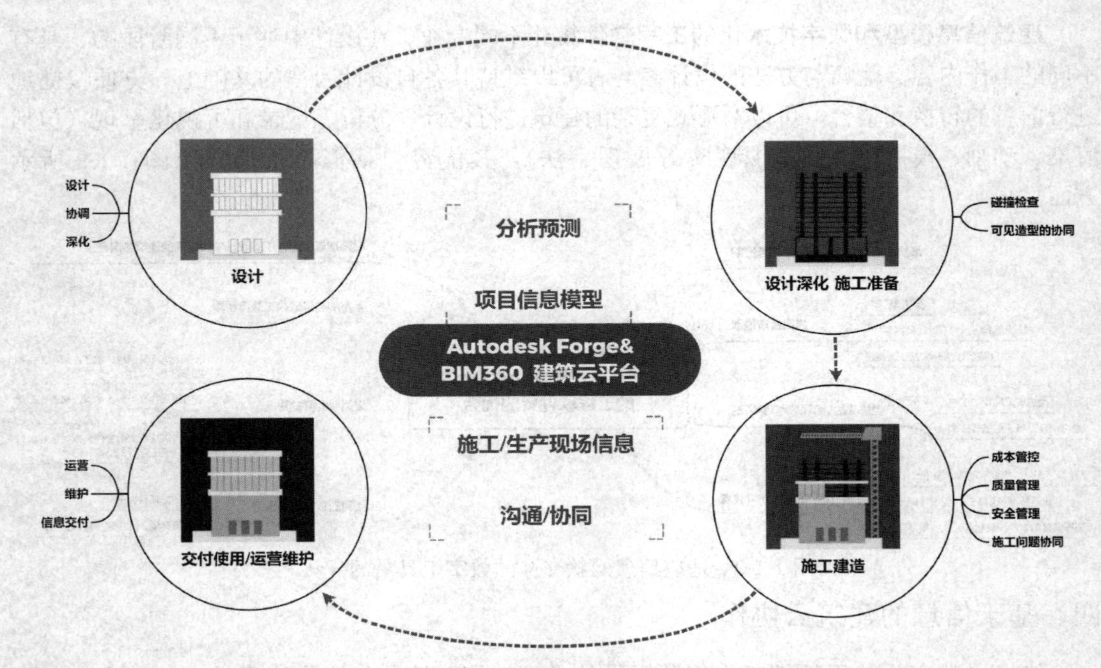

图 1-1-11　Autodesk 公司的 BIM360 云全流程工程管理协调

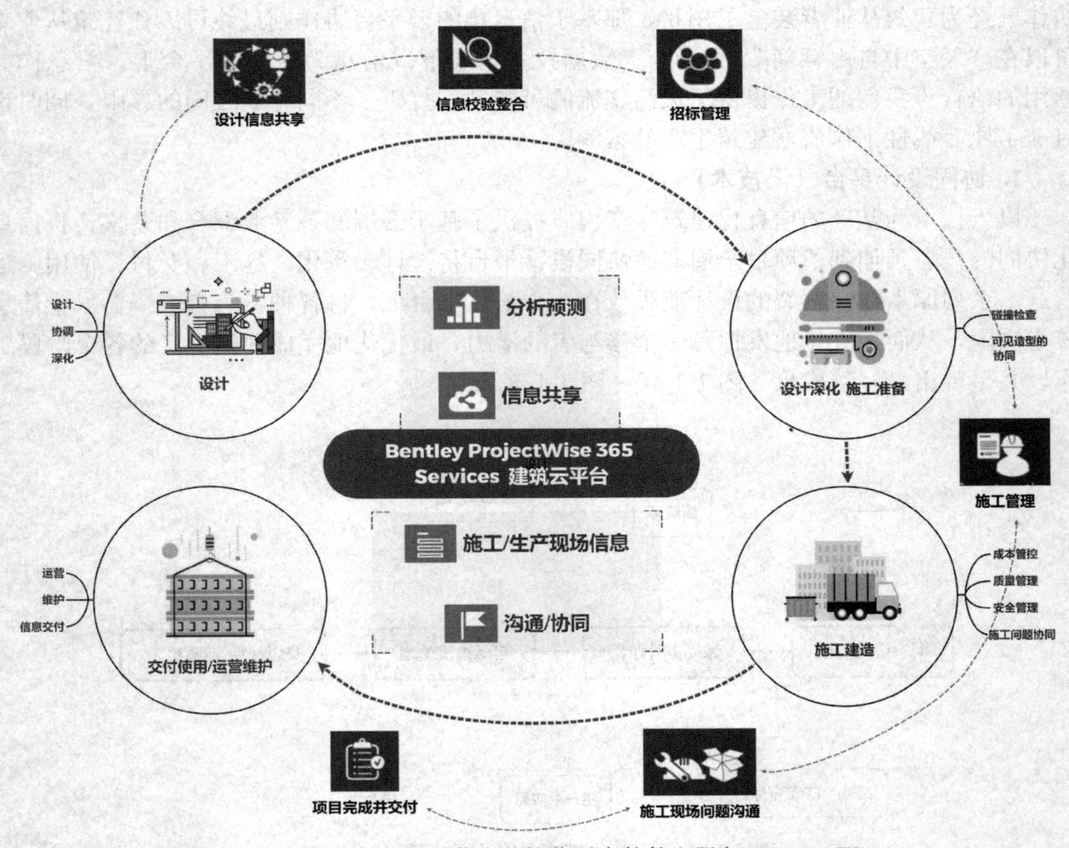

图 1-1-12　Bentley 公司的信息化协作平台软件和服务（ProjectWise）

2. 云协作的四个最直接优势

云协作的四个最直接优势，如图 1-1-13 所示：

（1）信息安全与权限管理。

（2）自由畅快的协作。

（3）摆脱硬件限制。

（4）信息的实时同步以及便捷地提取。

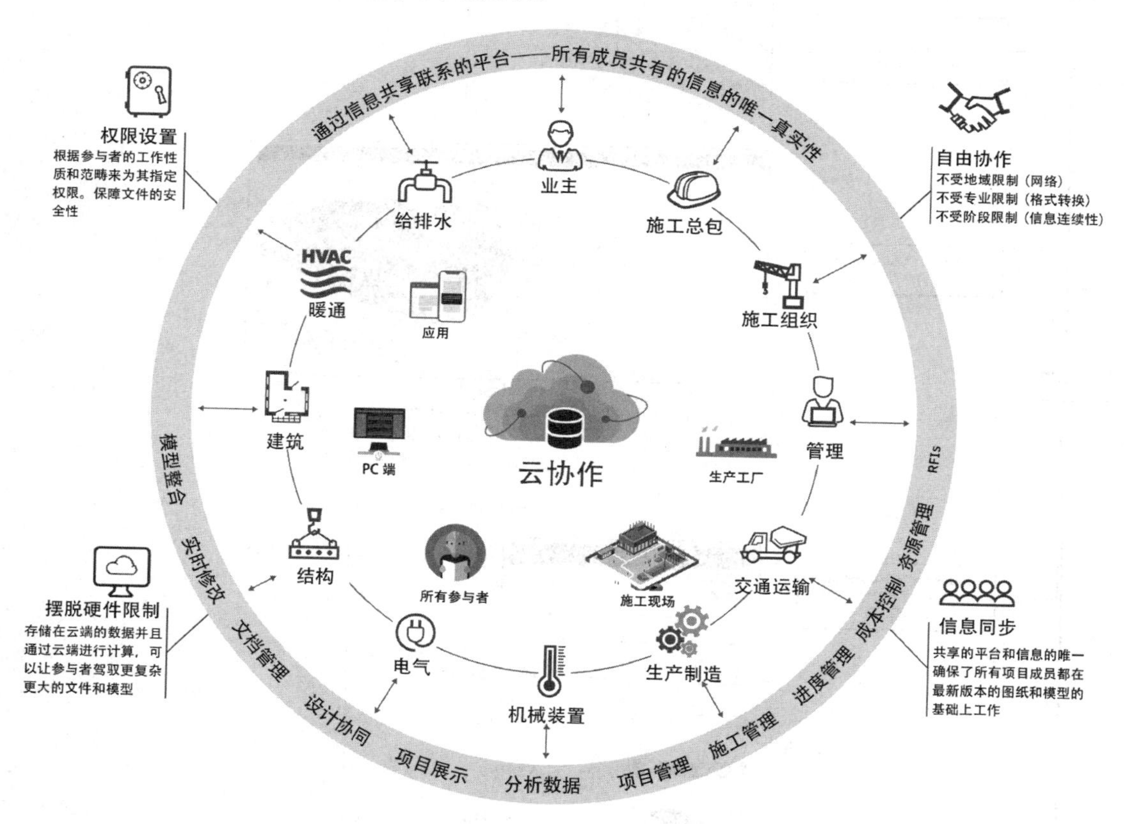

图 1-1-13　云协作带来了协作的进一步变革

3. 建筑云协作的巨大优势

在云平台上进行的建筑信息协作能大大地帮助设计师进行团队之间的协同工作、实时整合修改内容、沟通设计进度、比较修改方案、预测修改结果，并帮助设计师与工程师更好地传递设计成果，协同多团队、多地域、多专业的复杂团队来进行共同设计与工程组织。

（1）Autodesk 公司 BIM360 云平台协作设计协作组织（图 1-1-14）

（2）Bentley 公司的信息化平台 ProjectWise 提供的某桥梁项目解决方案

该项目面临着施工场地气候极限、工期紧张、容错率低的问题，Bentley 提供了一套项目解决方案手册进行综合的全流程的协同设计来解决这些问题图（图 1-1-15）。

根据项目解决方案手册，项目将基于 ProjectWise 平台来针对性地选择所需要的功能模块，并进行协同工作（图 1-1-16）。

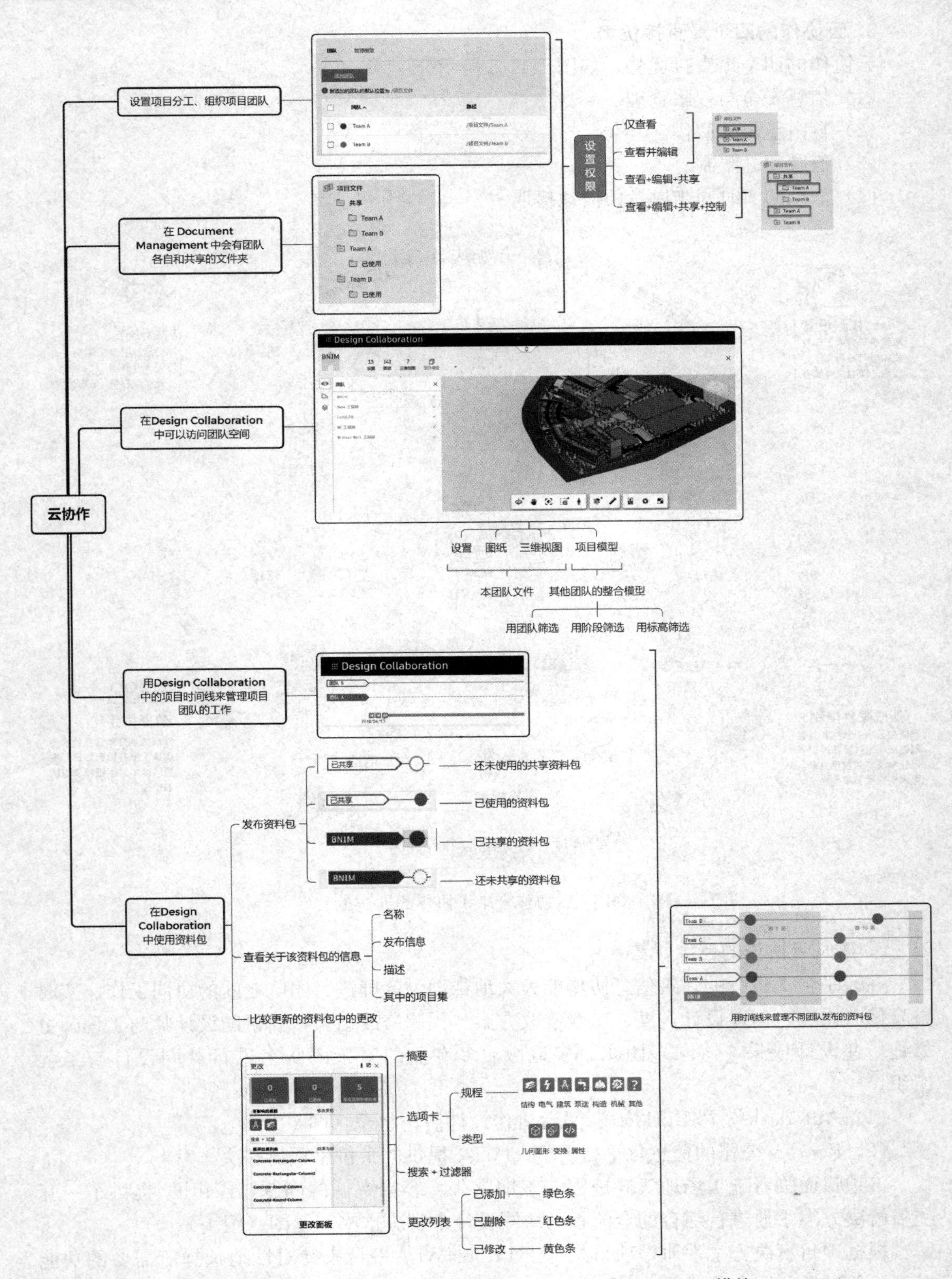

图 1-1-14 Autodesk 公司 BIM360 云 Design Coordination 模块

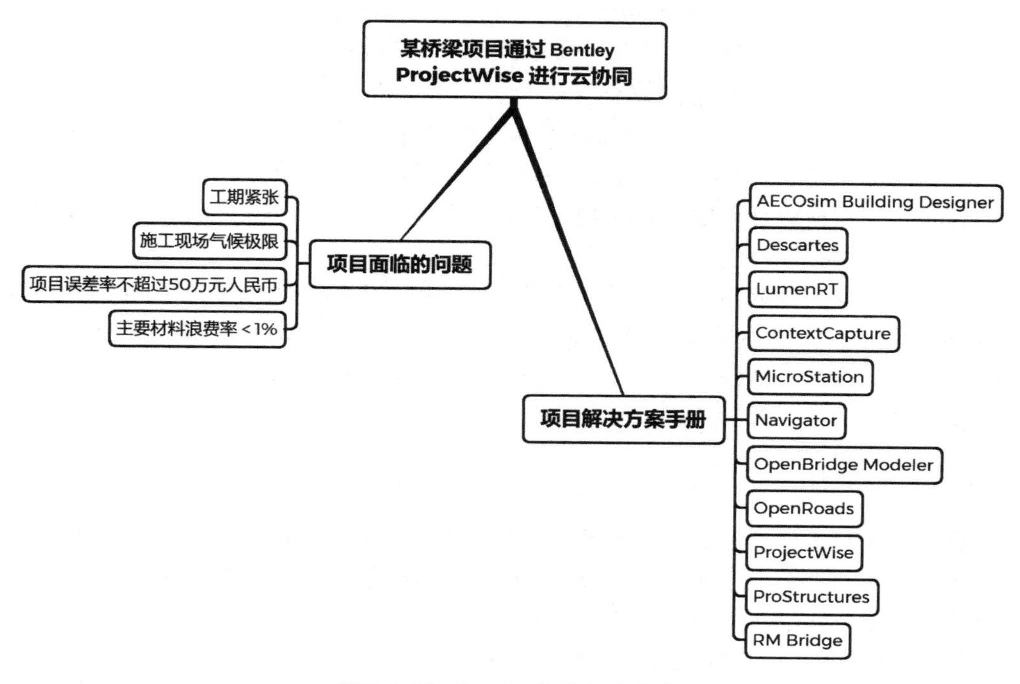

图 1-1-15 Bentley 协作解决方案

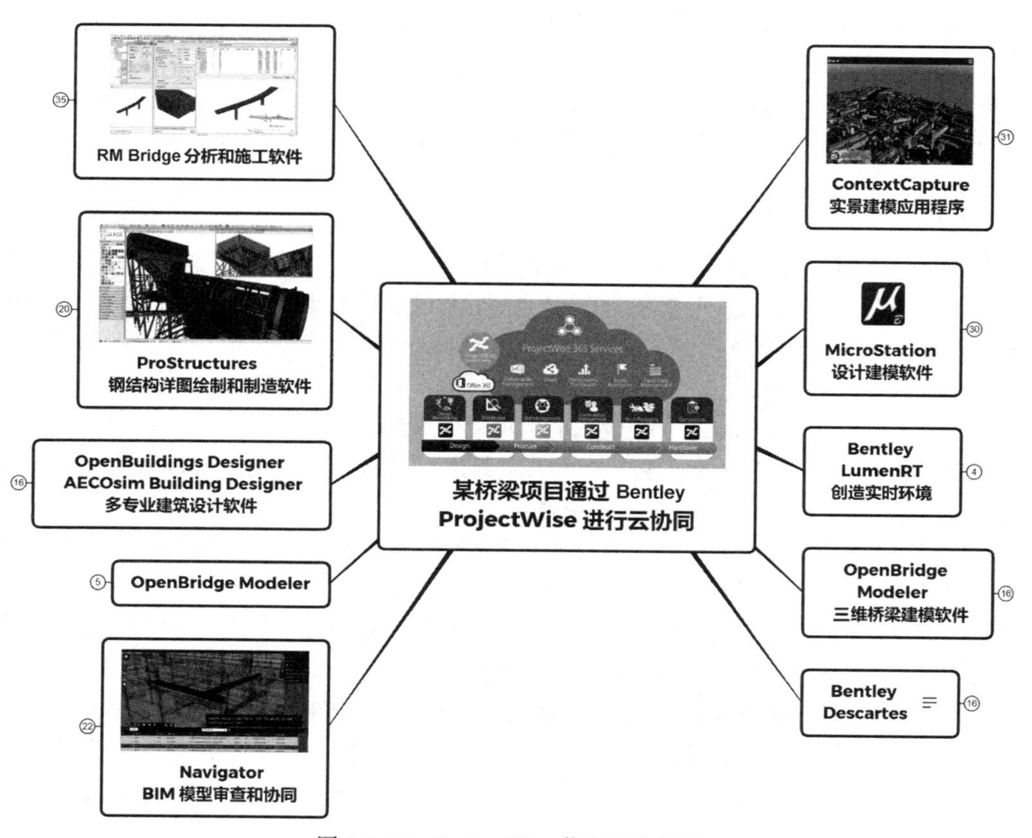

图 1-1-16 ProjectWise 信息协作模块

该项目合理地应用 Bentley 提供的云协作模块——运用 Navigator 来进行施工前的碰撞检查和施工期间的现场管理；利用 OpenBridge Modeler 来精细设计从而提高模板装配和坐标放样的精度（最终在连续梁建模中使测量精度保持在 5 毫米以内）；利用 OpenBridge Modeler 参数化桥梁建模，及时执行桥梁检验和质量检查，将效率提高了 50 倍；利用 ProStructures 进行钢结构的精确建模，从而提高施工精度并减少材料损失；利用 ContextCapture 来精确真实地反映并利用地形数据进行设计，从而优化土方工程，更好地进行资产管理和安全管理等。

最终，项目成功地减少了 770 平方米的占地面积，将物料使用减少了 30 吨，节省了 10 万元人民币，并将主钢梁的精确建模时间节省了 5 个工作日。工程管理效率提高了 25%，建模效率提高了 35% 以上，将现场施工组织、协调和检查时间缩短了 30%，资源工时减少了 35 天（图 1-1-17）。

五、建筑云与通用云的连接

信息的通用性不仅让建筑行业内各专业之间的交流畅通无阻，更进一步地提供了建筑建造业同其他行业、产业、服务之间交流的可能，将建筑建造融入更大的广义云中，成为工业化 4.0 改革与信息化社会生产的一部分。

我们以 Autodesk 公司建筑云平台和 Microsoft 公司通用云平台 Azure 的结合为例：

Autodesk 公司所提供的 Forge 开源开发平台就是建筑云与广义通用云的接口（Bentley 公司的 i model 2.0 平台也有类似的发展趋势）。通过这种云平台的信息交互联系，可以使建筑设计和建造过程的数字信息化不仅改变传统设计流程中的协作方式，更可以通过信息将建筑与其他行业或产业联系在一起，通过信息的交流与碰撞，结合新的技术，衍生出新的建筑形式、新的建筑设计工作方式、新的建筑建造方式、新的建筑运营与运维方式等（图 1-1-18）。

许多信息化广义云平台，如 Microsoft 的云平台 Azure 具有强大的云服务能力，作为一个多行业的通用云所具有的功能模块和潜在的开发能力，能极大地增强建筑业的信息化能力及面对复杂建筑与信息问题的处理能力（如大数据信息处理），这是建筑云以及建筑常规从业者的开发能力所无法具有的。与通用云的结合让建筑业可以快速地借助其他产业的先进技术，并因此大大受益（图 1-1-19）。

在现有的框架中，例如通过 Forge 将建筑云与 Azure 联系在一起，可以将建筑业的各个阶段、工程设计中的各种角色原本使用的工具进行整合，实现更大范围、更多领域的信息通达与共享。

以欧特克公司的 BIM 360 云平台现有的整合方案为例，Forge 提供的开放 API 可以使建筑信息化工作流的参与者进一步拓展建筑信息自定义、个性化应用的可能性，同时也使得建筑信息同更广义的、涉及多行业的集合云平台信息资源进行整合成为可能，从而促进建筑信息在相关社会产业中的广泛应用（图 1-1-20、图 1-1-21）。

信息还赋予我们**虚拟与现实的可连接性。**我们通过信息将现实输入虚拟世界进行模拟，再通过信息将设计转化为物质实体进行实际建造。信息工作流中的信息不同于数字化流程中的数据，我们可以将之看作一个虚拟的实际存在，而不仅仅是一串串数字资料。

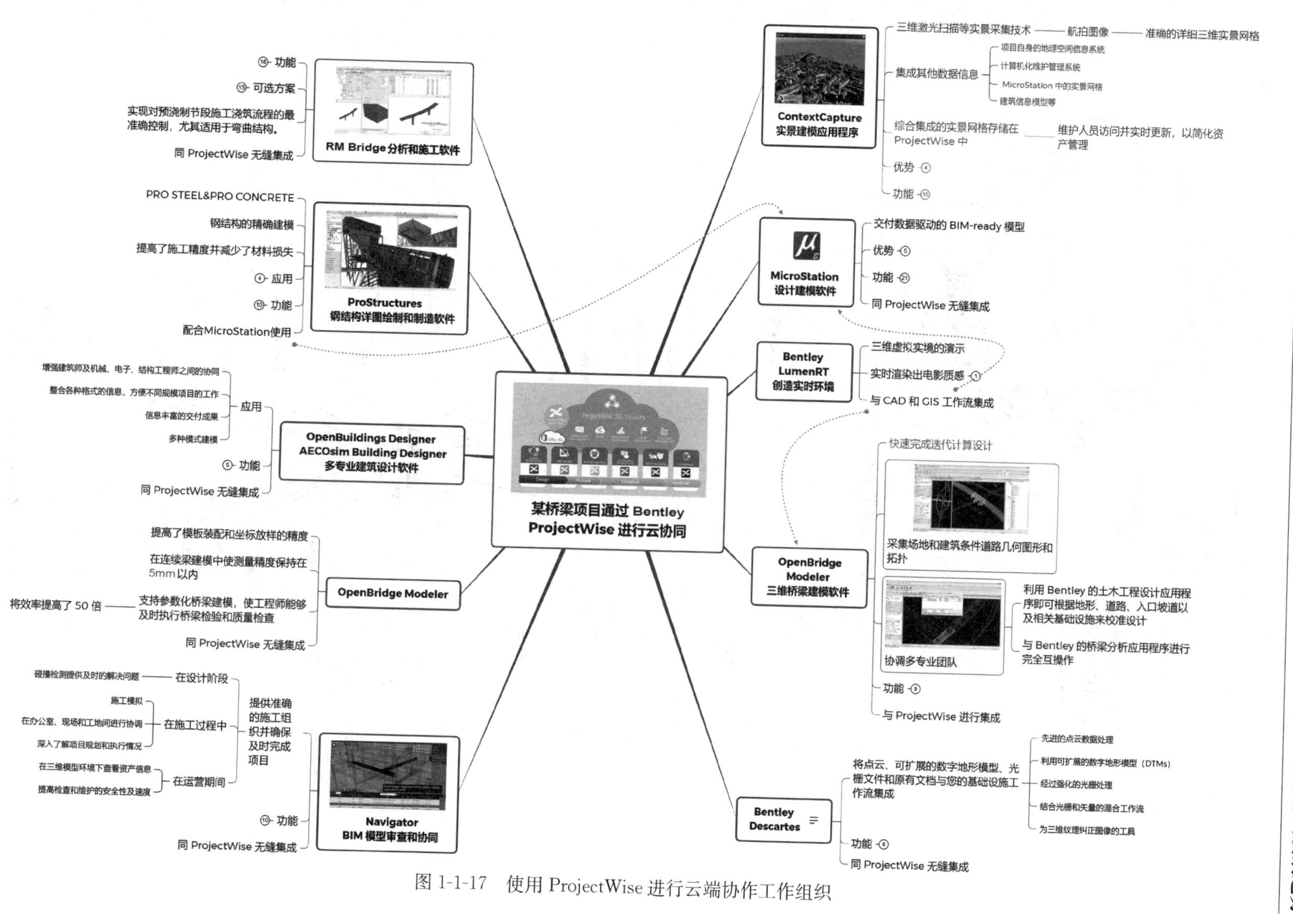

图 1-1-17 使用 ProjectWise 进行云端协作工作组织

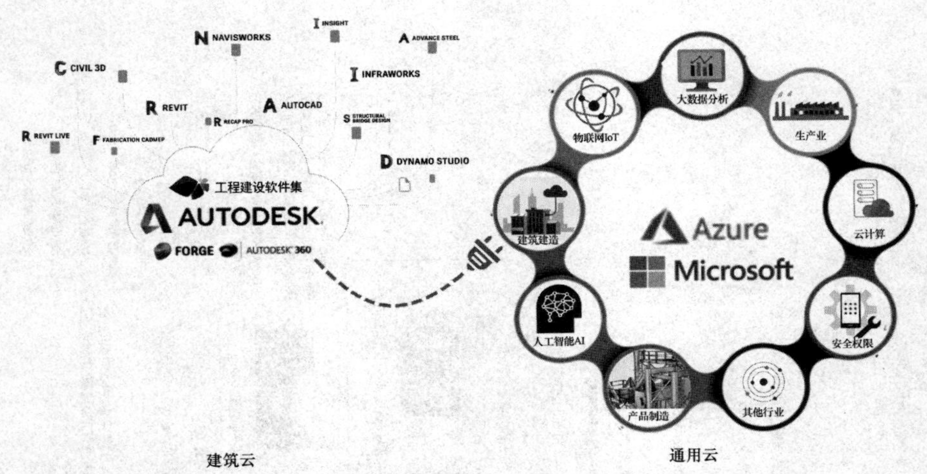

图 1-1-18　Autodesk 公司的建筑云平台和 Microsoft 公司的通用云平台

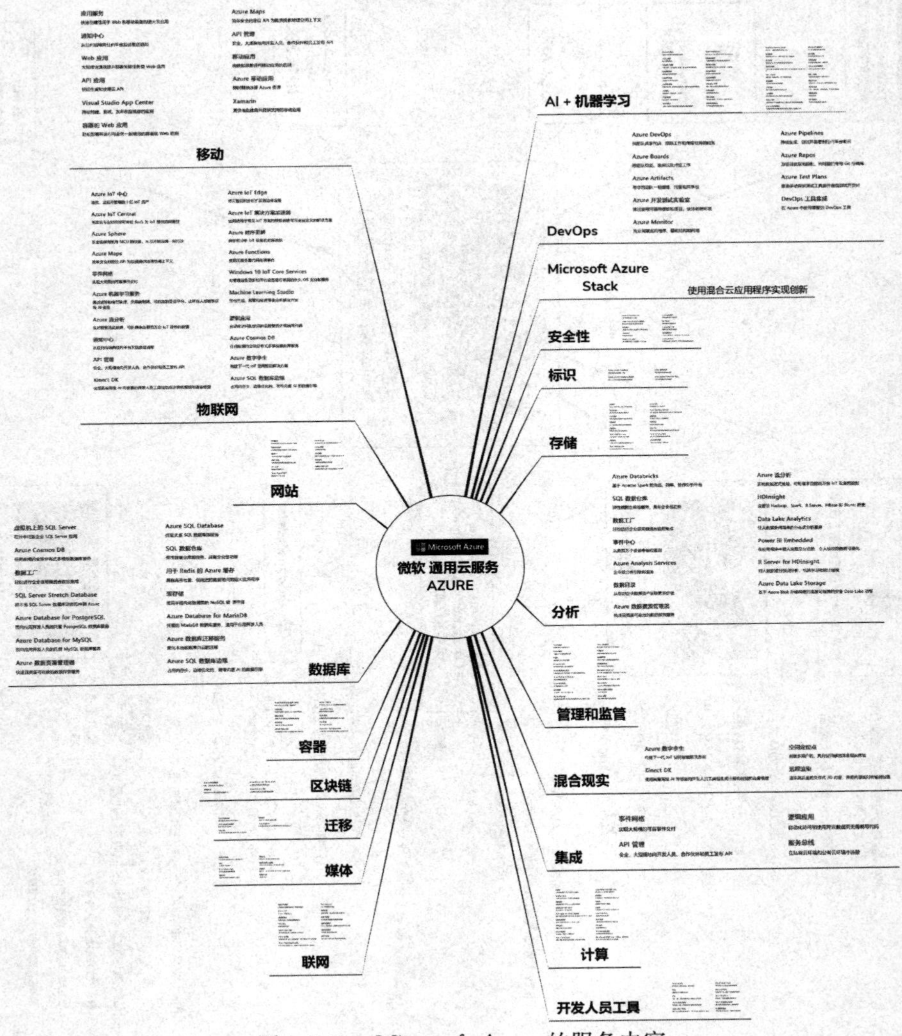

图 1-1-19　Microsoft Azure 的服务内容

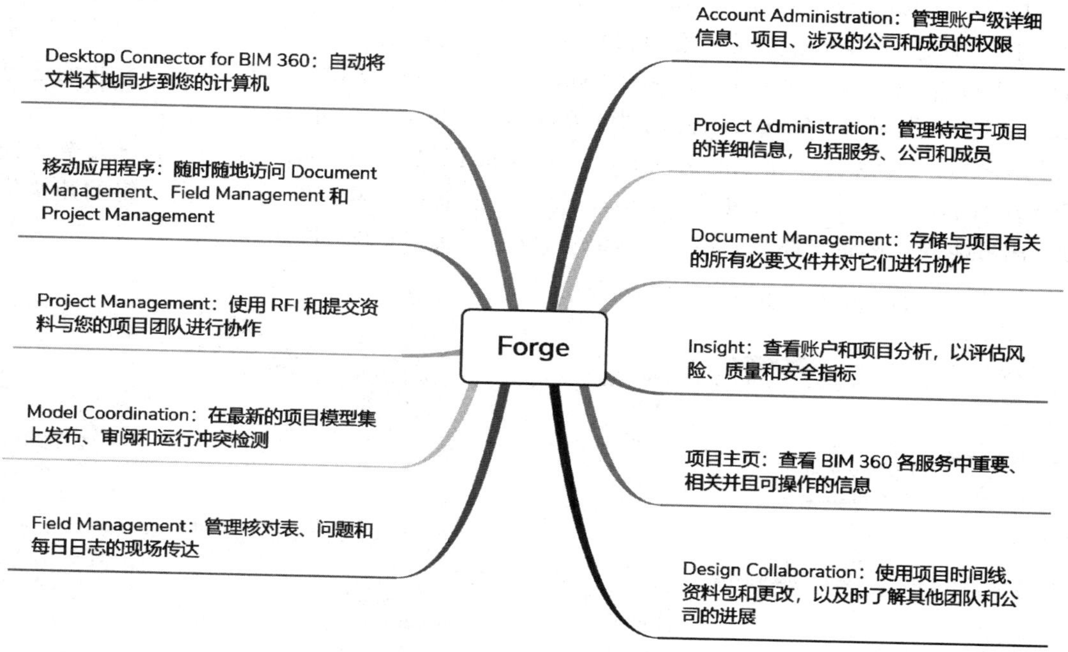

Forge
Desktop Connector for BIM 360：自动将文档本地同步到您的计算机
移动应用程序：随时随地访问 Document Management、Field Management 和 Project Management
Project Management：使用 RFI 和提交资料与您的项目团队进行协作
Model Coordination：在最新的项目模型集上发布、审阅和运行冲突检测
Field Management：管理核对表、问题和每日日志的现场传达
Account Administration：管理账户级详细信息、项目、涉及的公司和成员的权限
Project Administration：管理特定于项目的详细信息，包括服务、公司和成员
Document Management：存储与项目有关的所有必要文件并对它们进行协作
Insight：查看账户和项目分析，以评估风险、质量和安全指标
项目主页：查看 BIM 360 各服务中重要、相关并且可操作的信息
Design Collaboration：使用项目时间线、资料包和更改，以及时了解其他团队和公司的进展

图 1-1-20　Forge 平台的基本功能

平台整合资源
INTEGRATION
文档管理
施工管理
成本管理
数据管理
物联网 IOT
混合现实AR/VR
物流Logistics
捕捉现实
设计检查及协同
预算估算QTO
招标管理
资源统计及调配
ERP
施工现场管理
项目进度控制
设计布局LAYOUT

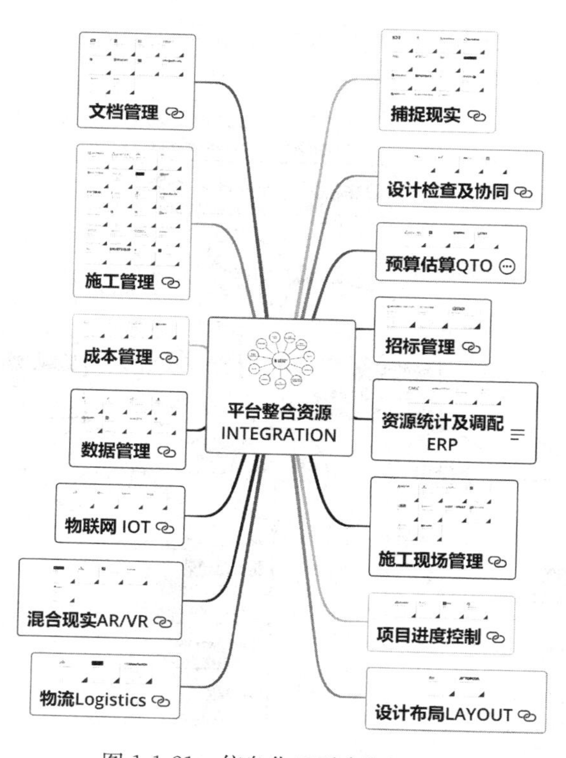

图 1-1-21　信息化云平台资源整合

目前，Autodesk 公司和 Bentley 公司以及 Microsoft 都致力于发掘建筑业信息的进一步应用，将我们工作的核心信息模型和实际被建造的成果联系对应起来，这一对相互联系对应的虚拟信息建筑和现实建筑被称作 Digital Twins（信息双子，数字孪生）。我们这里以 Autodesk 公司与 Microsoft 公司的云端信息交互为例简单向读者介绍一下 Digital Twins——在 Forge 这一桥梁的帮助下，Autodesk BIM360 云突破了建筑行业的限制，同 Microsoft Azure 合作实现了更大范围的信息交互、转换、共享并且挖掘出更多的建筑信息应用可能性，从而实现了 Digital Twins 的设想（图 1-1-22、图 1-1-23）。

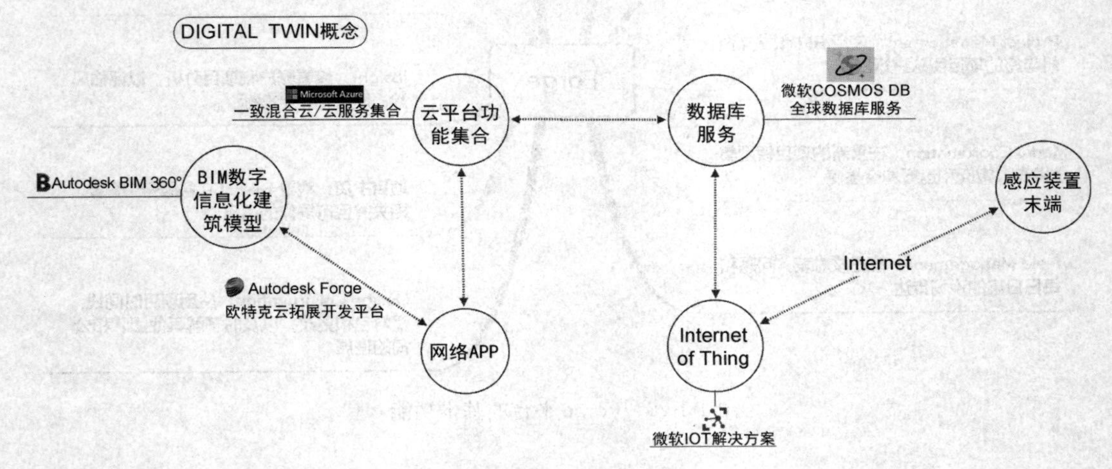

图 1-1-22　信息双子（Digital Twins）

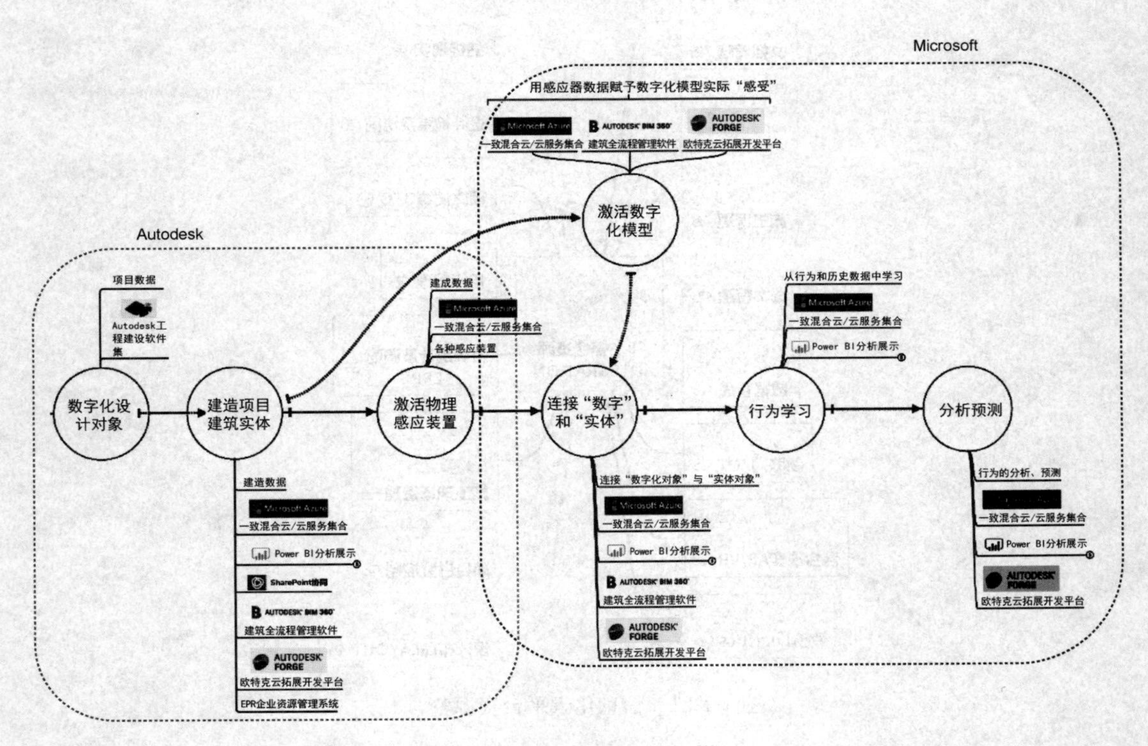

图 1-1-23　Digital Twins 工作流

其中 Autodesk 作为数据提供方，负责完成建筑项目的数字信息化，这一步目前主要通过欧特克（Autodesk）工程建设软件集以及 BIM360 协同管理工作平台完成。Forge 作为一个开源的云服务，提供了向通用云输送信息化的模型和相关信息的接口，将原本孤立的建筑云整合到整个工业化 4.0 的工作流中。Microsoft 则通过 Azure 平台进一步挖掘 Autodesk 提供的建筑信息，进行基于信息的进一步分析、计算、应用、反馈等工作，进而可以实现人工智能、实体与虚拟模型同步、人与实体的实时连接等许多其他的、用户所需要的、个性化定制的反馈机制（图 1-1-24、图 1-1-25）。

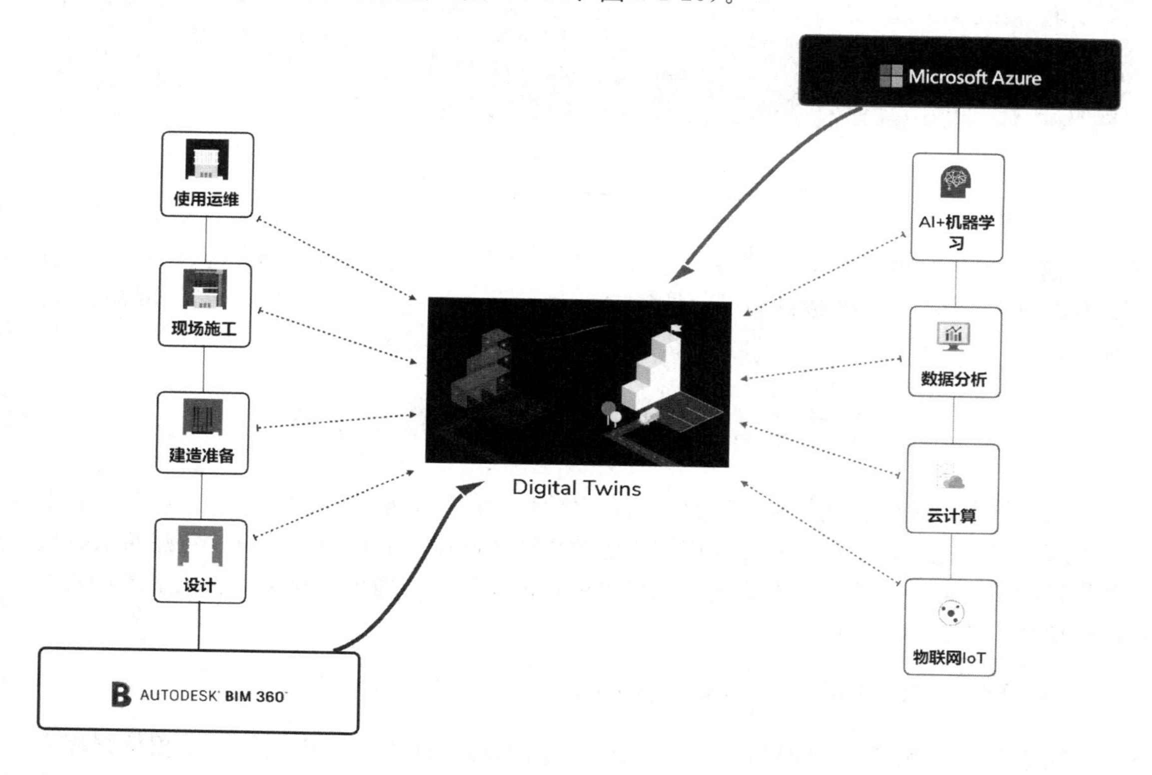

图 1-1-24　BIM360 建筑云与 Azure 云技术结合

图 1-1-25　Microsoft Azure 在现有的 Digital Twins 中所提供的主要帮助

通过信息结合在一起形成的 Digital Twins Model 工作模式具有灵活的适应性，可以适应各种不同的建筑功能、用户的个性化定制需求。理想上，在模型的架构和机制维持不变的基础上，只需要调整末端感应器的种类以及反馈机制的种类就可以自由组合出符合用户需要的灵活可变的 Digital Twins（智能且可拓展）（图 1-1-26）。

图 1-1-26　Azure Digital Twins 的目标行业

这一部分的很多专业工作深入涉及计算机领域，本书作为建筑从业者的技术书籍不再过多介绍，感兴趣的读者可以查阅 Autodesk、Bentley 和 Microsoft 网站相关内容。

第二节　建筑信息学和建筑信息系统

在了解了建筑信息化的基本情况以及信息化协作的巨大潜力与前沿应用后，为了能更好地理解信息化，将信息化熟练地应用于建筑生产实践中，我们需要了解一些建筑信息化所依托的基本原理，这些基本原则与规律可以帮助我们更好地理解建筑信息化生产，从而更好地学习建筑信息化协作

一、建筑信息学（Building Informatics）

对于很多读者来说，BIM 应该已经是一个熟悉的名词了。而建筑信息学相信很多人可能是第一次听说。但这个“新鲜的”概念却对于我们理解包含 BIM 技术在内的各种建筑数字/信息设计技术的本质以及未来的发展十分重要。

建筑信息学（Building Informatics）并非是一个新兴的概念，在建筑数字化研究中已经产生一段时间，属于建筑学和信息学的跨学科交叉范畴。从字面上我们就可以很容易地了解到这是一个处理建筑与信息相关问题的研究类别。

建筑信息学包含的范围很广，可以说一切和建筑信息的创建、存储、翻译、解读、传递与表达相关的领域都属于建筑信息学，除了之前提到的建筑信息化设计相关技术外，新兴的建筑 VR 技术、RFID 建筑施工装配和组织技术、先进的建筑智能运维技术（RFID 扫描、二维码扫描、MR 维护技术）等都属于它的研究范围。除此之外，凡是需要和建筑“交换信息”的技术理论上也都属于建筑信息学的研究对象之一。我们常说的 BIM 技术，**本质上是在建筑生产过程中发生的建筑信息化过程，是一个具有特定结构特点的信息系统创建的过程。**从这个角度就不难理解为什么 BIM 技术也是建筑信息学研究的一部分。

二、建筑信息系统（Building Information System）和建筑信息化设计

近些年，越来越多其他领域产生的新型数字信息技术开始与传统的建筑数字技术整合到一起，这些产生于完全不同领域的数字信息技术（如VR）与原本的建筑数字技术对接时产生的“化学反应”，让我们意识到这些技术可以很好地服务于建筑信息生产、与原有的建筑数字软件具有良好适应性的根本原因——它们的作用都是处理建筑信息与外界非建筑信息的交互，以及建筑生产过程内部的信息交互。

经过不断的深入思考研究，结合建筑信息学的理论知识，我们逐步认识到BIM技术、可视化编程技术、云技术以及许多建筑相关的数字技术共同组成的建筑信息化的本质：

建筑信息化是以信息技术为基础，构建建筑信息系统的逻辑层级（Hierarchy）结构与建筑信息系统内信息之间的拓扑关系，以及处理建筑信息系统与系统外信息流之间的拓扑交互的过程。

（注：1. 逻辑层级（Hierarchy）结构——是一种逻辑分层结构，确定信息之间的范畴、从属、依附和等级关系。2. 建筑信息的拓扑关系：在系统结构中信息之间的逻辑关系是唯一的、固定的联系。在建筑信息系统中两个信息之间只有联系逻辑是固定的，因此在整个工作流发生变化时，即使信息的位置发生巨大变化，在信息的逻辑关系不发生变化的情况下，最终整个系统和输出的结果也会保持不变，这种信息之间的关联模式就是建筑信息系统的拓扑关系。）

由此我们得到两个重要的概念：

建筑信息系统：建筑信息模型中所有建筑信息组成的具有逻辑层级（hierarchy）结构的、信息之间具有拓扑关系性质的多维信息系统。

建筑信息化设计：使用建筑数字/信息工具完成建筑信息系统创建的过程。

第三节 建筑信息化协作依托工具

如图1-3-1所示，建筑信息化生产流程中的信息流动是复杂而有序的，实现这种新的生产方式，需要比现在的数字软件更强大的信息处理工具。目前，世界几大建筑软件开发公司都提供了各自的服务产品与解决方案，例如欧特克（Autodesk）公司提供了可以支持建筑全流程信息化设计协同的云平台BIM 360、开放API的Forge平台，以及通过Forge与微软的Microsoft Azure通用云平台联系在一起形成的更大范围的信息整合与应用（图1-3-2、图1-3-3）。

奔特利（Bentley）公司也同Microsoft Azure微软云合作，在其互联信息平台Connected Data Enviroment云服务的基础上推出了CONNECT Services的云服务（图1-3-4、图1-3-5）。

奔特利（Bentley）公司在互联数据环境的基础上架构的iModel 2.0云平台，致力于达到信息的统一、可信、易取（与本书在前面建筑信息系统部分所提到的建筑信息系统中信息的唯一性与连贯性以及定向传递的特性相对应），并提供数字校准、基于变更的权限和同步以及沉浸式可视化的服务（图1-3-6）。

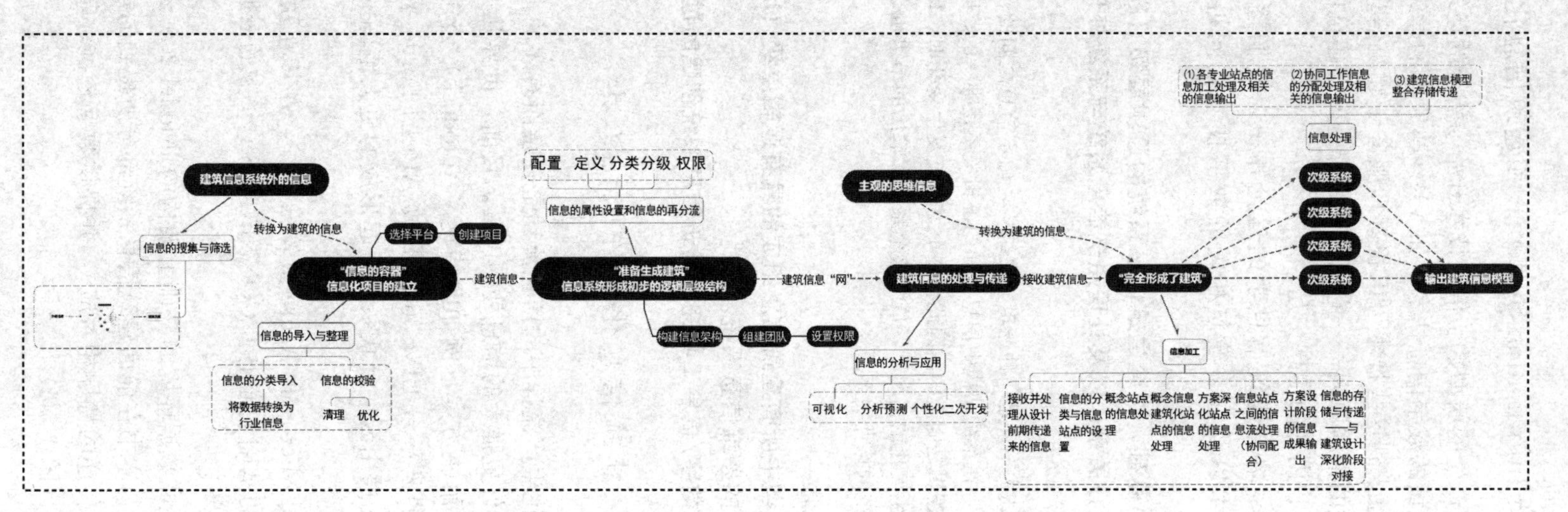

图 1-3-1 建筑信息化生产（设计阶段）的信息工作流

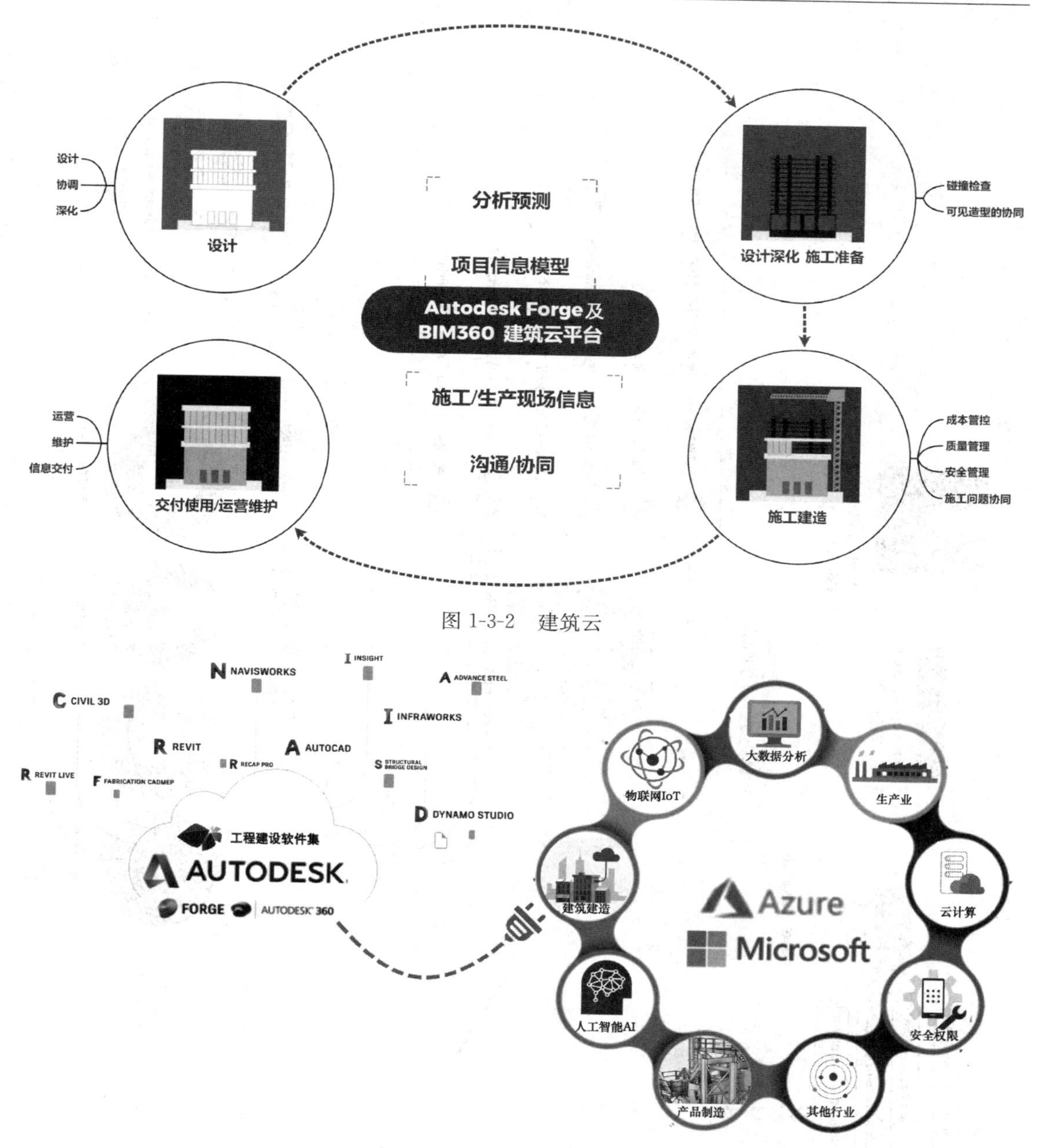

图 1-3-2　建筑云

图 1-3-3　建筑云与通用云相连接

iModel 云平台将通过各种工具和工作流获得的信息组织成为“概念数据库”，将原本来源复杂、松散、形式多样的异构的工程文档，整合转换成为可靠的、可扩展的并且可以反复取用的“数据库”并存储于云端，用于数字信息化的工作流，使所有项目的参与者都能实时获取所需信息。

同时，通过云平台的架构以及同广义通用云的连接，使得建筑云可以获得机器学习、人工智能（AI）和大数据分析等领域外的相关技术帮助，进一步推动建筑信息的开发与应用，优化建筑生产，发挥建筑生产的潜能（图 1-3-7）。

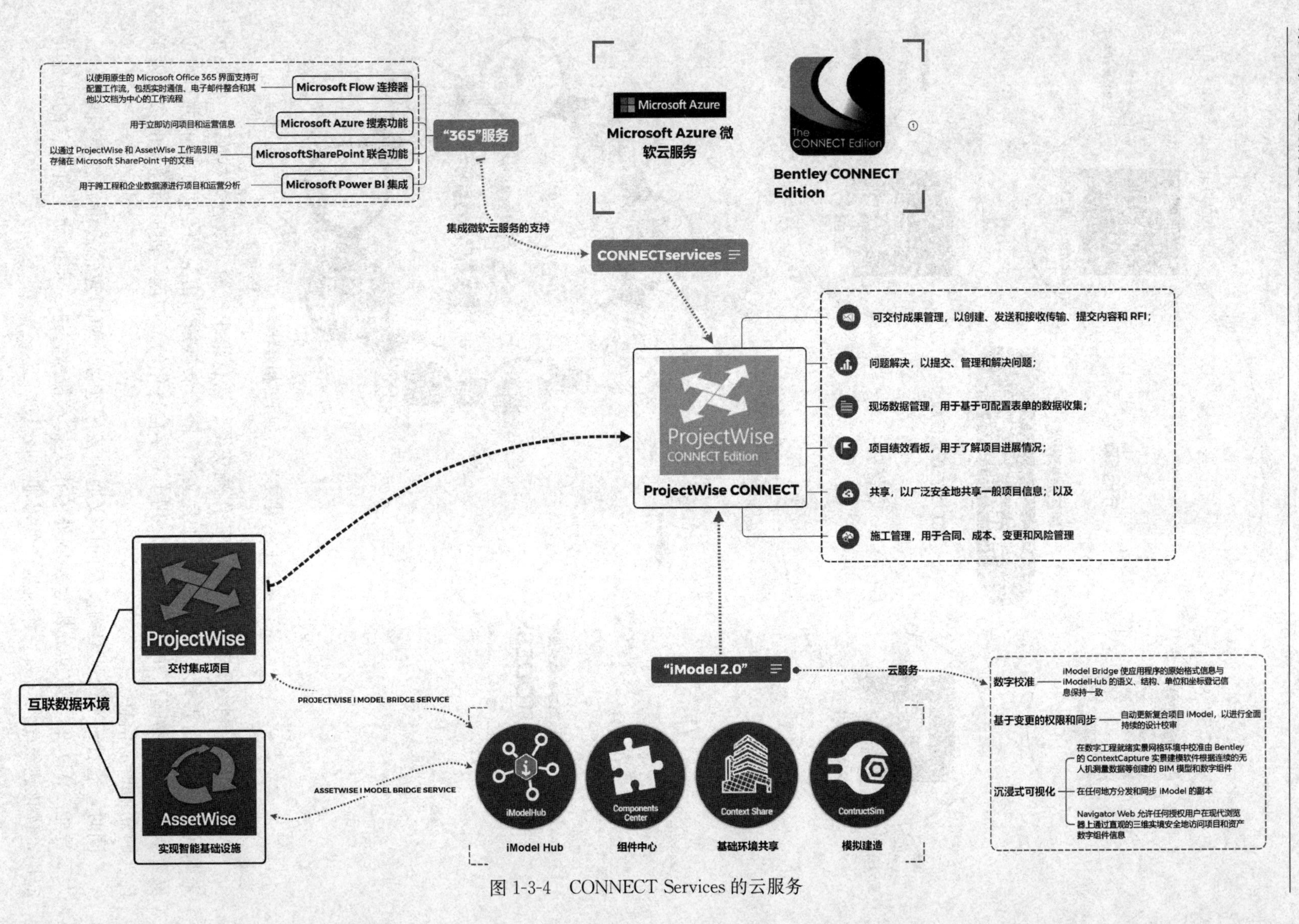

图 1-3-4 CONNECT Services 的云服务

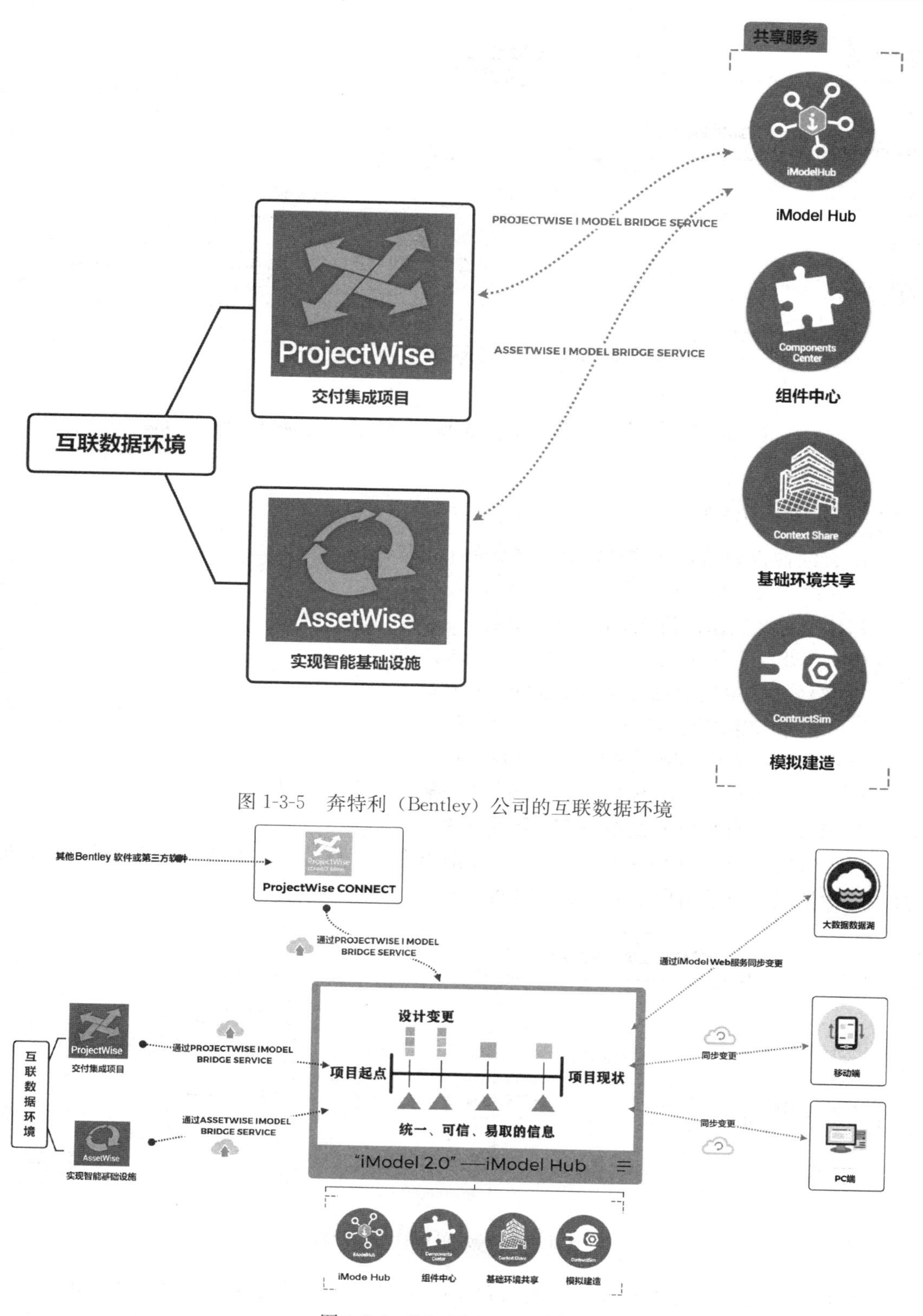

图 1-3-5　奔特利（Bentley）公司的互联数据环境

图 1-3-6　iModel 2.0 云平台

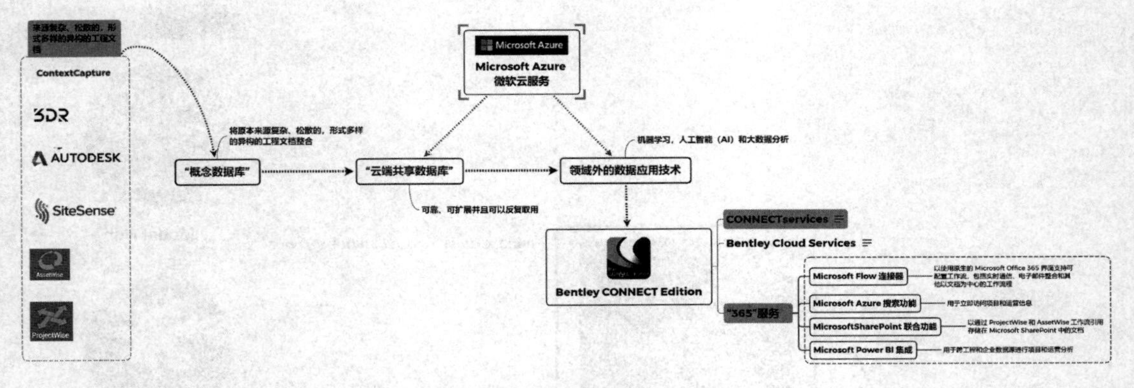

图 1-3-7　Bentley CONNECT Services

第四节　传统协作的弊端与信息化协作的优势

一、传统协作的弊端

1. 传统协作的信息存储是分散存储在各个末端的

（1）没有办法保证信息的唯一真实性；

（2）没有办法保证信息的时效一致性；

（3）很难管理历史信息和信息的版本更迭。

2. 传统协作中的信息传递是断续的，点状的

（1）信息传递需要经过整理、上传、下载、合并、校核等流程，大量的反复工作，且容易出现误差，节点不能很密集，人力和时间成本高。

（2）存在不同行业、不同专业之间的文件格式不兼容的问题。

3. 传统的协作的流程是线性前进不可逆的

在传统的协作工作流中，各种合作方逐渐出现在工作流中，虽然会有交叠的部分，但是大多数情况下只参与项目中一部分时间（图 1-4-1）。

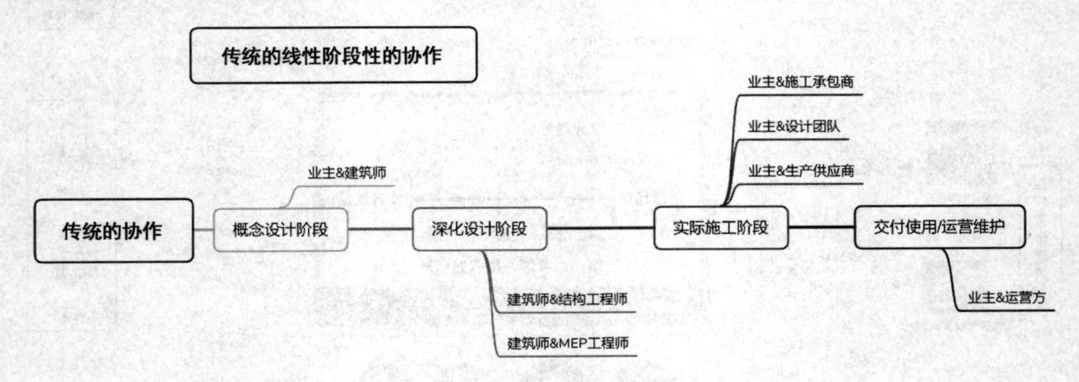

图 1-4-1　传统的线性工作流程

例如，在传统的工作流程中，施工方在设计方完成图纸绘制后才进入协作的工作流中。而在信息化工作流中，施工方可以从一开始就出现在协作中（图 1-4-2）。

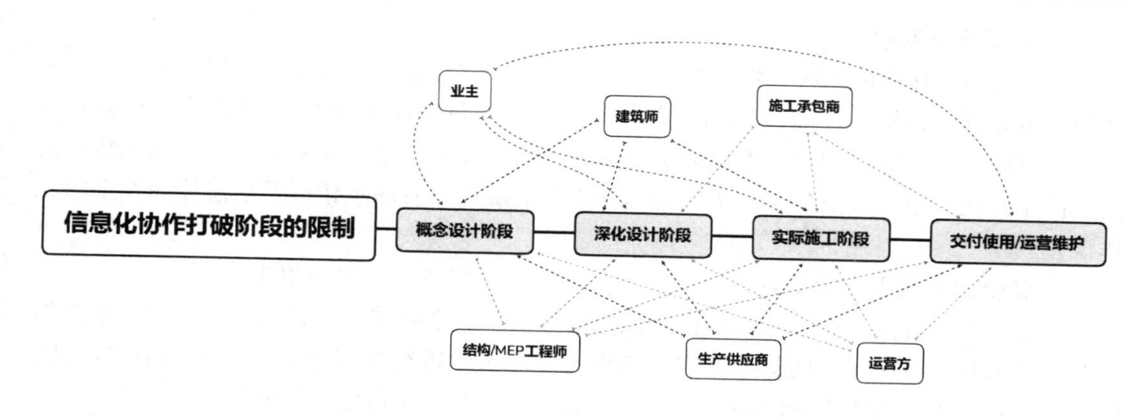

图 1-4-2 信息化流程对传统线性阶段的打破

4. 传统协作能囊括的参与者很有限

例如生产商在传统的设计流程中很少主动参与协作工作流中，只能被动地被选择。但是现在可以通过 CDP、CDE 向上游延伸，从一开始就参与到建筑师的设计过程、业主的决策、管理者的成本管理、工程师的预测及估算的过程中，从而达到项目的整体优化。

5. 传统协作的协作模式和工具有限，不直观

图纸对于非专业的业主来说不直观，不同专业的设计语言差异也导致了沟通效率的下降。工程数据表格对于设计团队来说也不直观好用，设计修改、材质选择、施工修改等问题都无法在表格上直观体现。

二、信息化协作的优势

在展开学习之前，读者可以从这三个方面来理解信息化的协作（以云技术为例）对我们的帮助——工作内容，工作方法和效率，工作成果（图 1-4-3）。

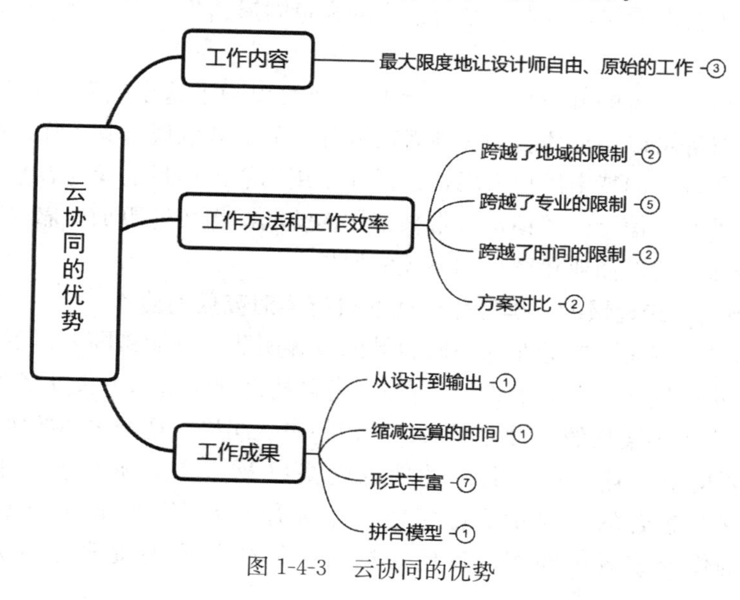

图 1-4-3 云协同的优势

1. 提高协作效率

对于建筑工作者的实际工作而言，通过一个统一的信息平台整合和管理原本分散的设计和建造数据，并将其存储在云端，为整个项目和项目的所有参与者提供唯一真实有效的、共享的信息来源这种方式不仅减少了项目参与者在平台之间反复上传、下载、转换格式的操作时间，也大大减少了在传递过程中出现的疏漏或者版本错误等信息传递产生的工作误差。

2. 让信息的提取变得更便捷，有效地激活信息，提高信息的利用率

首先，在传统流程中，随着项目累积的信息数据越来越多，项目的参与者往往不能第一时间获取到自身所需要的信息，需要花费大量的时间进行搜索寻找，而即使通过电话、邮件等方式最终耗费了大量时间获取到的信息，其版本和准确性也很难得到保障。而统一的平台与具有等级和分类的信息网状结构让项目的参与者能迅速定位并提取其所需要的信息，大大提高信息提取的效率。

同样的，在传统设计流程中，很多并入建筑工作流中的信息由于其属性和归属模糊，容易被忽略而成为“无用信息”。被忽略的这些信息有可能会导致设计的疏漏而造成后期工作的反复，从而最终导致整体效率下降。云协作能有效地激活这些隐形的“无用信息”，通过提高信息的利用率，来提高项目的整体效率。

对于会反复更新的内容，由于信息在建筑信息系统中的身份属性唯一，所以通过预定义一些个性化的信息提取设置，用户对于信息版本更新可以直接收到提醒并且获取最新的信息，保证了信息的时效性。

3. 通过用户权限的设置和信息属性的定义，保证信息安全性

信息的归属和权限问题是在信息化协作初期让很多使用信息化协同相关数字工具的公司产生困惑的一个重要方面。虽然共享的信息平台带来了信息传递快速便捷、整合与使用方便的便利，但是同样也带来了对于信息安全的不安感。例如存储在云端的信息模型是否可能被无关的人进行误操作，或者模型所蕴含的大量附属信息是否可能会被某些存在利益冲突的人获得等。

在新一代云协作平台的开发中，开发者们已经意识到了这个问题。通过用户权限设置、信息属性设置等可以保证项目的参与者获取并且只能获取属于其工作范畴的信息，而且信息只能被赋予权限的特定用户编辑，这样便不用担心因项目的参与者繁杂而带来的信息安全问题。这种对于信息的“锁定”带来了比传统的图纸传递更加可靠与安全的信息保护，从而可以确保企业的商业秘密得到有效的保护。

4. 帮助多源的、跨地域的、国际化的团队进行实时高效的协作

多团队的协作不仅指可能分布在不同地域的设计团队（例如跨国公司不同地域的不同分公司可能同时进行同一个项目的设计工作），还包括设计团队同工程师团队之间的协作，以及在传统流程中更难实现的，设计团队、工程师团队同施工现场之间的协作。

在云协作环境下，通过一个共享的信息网络以及一个对所有项目参与者都实时更新的、完整交互融合的可视化信息模型，让所有的人都能实时对于模型作出修改并对其他团队的修改或者疑问作出反应，这对于协作效率的提升是巨大的，而且是革命性的。

5. 帮助工作流中不同阶段的参与者之间进行协作

在建筑生产中，原本的工作流中很多团队的联系相对薄弱，例如设计师团队和施工现场的施工团队或产品生产工厂中的技术团队之间，在传统的工作流中只存在部分的重叠和薄弱的联系。而在信息化的协作工作流中，由于所有的项目参与者都能获得完整的网状信息与信息模型，施工现场的人员不再依赖传统的平面工程技术图纸来进行施工组织（无形的还可以减少施工现场执行人员的识图困难，减少施工的误差），也不再依赖原有的纸质图纸文件、PDF 文件或者邮件的格式进行设计的征询和沟通，而是通过直接在模型中放置 RFI（Request For Information）或者评论来与设计师、工程师团队沟通。

更进一步来看，在云协同中 RFI 会通过项目经理直接指定发送给对应的设计负责人，这种明确的责任制度也让原本设计协同中存在的一些模糊边界和纠缠不清的责任问题导致的生产中的灰色模糊地带极大缩小甚至消失，因为责任所属问题反复牵扯的时间精力问题也得以解决，这样不仅从效率上，更从质量上给予了项目更好的帮助和保障。

建筑信息模型所携带的信息的唯一性和一贯性，让建筑的交付也变得更容易。从设计、施工、生产到交付使用、后期运维，每一个阶段的参与者都能获得项目完整的信息，不存在信息传递和转换造成的信息缺失，从而不仅在协作流程上解放项目的参与者，更在建筑的完成效果、项目的质量以及后期运维的过程中，持续发挥出建筑信息的力量。

6. 全局观帮助所有项目参与者更好地预测和评价自己的工作

通过将项目设计的信息数据整合到项目的施工建造管理中，项目的每一个参与者——即使不会使用专门的软件或者没有权限，都可以随时通过电脑、平板电脑甚至手机的浏览器观察整合的完整信息模型——从而拥有了对于项目的全局观，这可以帮助在建筑生产中处于不同阶段和领域的工程师更好地评判自己的工作内容，并且判断一些修改可能造成的影响与连锁反应。

实时更新的项目信息以及携带信息的模型的动态处理，让所有的项目参与者都能以最快的速度了解到其他项目参与者的工作进度和内容，也能通过信息网络找到需要联系的对象进行相应的协同工作，从而以更高的效率创造出更好的成果。

7. 节省冗余的人力资源，获得更专业的知识和服务

建筑信息化协作的一大优势在于通过资源的整合，实现了工作的重新组织和再分工，重新分配了生产力。在理想情况中（以云协作为例），云协作工作流中的每一个参与者都只需要进行其所负责的、擅长的工作领域的内容，并将优势最大化。例如，在传统的工作模式中，设计公司可能也需要有技术支持部门，如 IT 部门等；业主公司为了更好地组织项目可能也需要有相关的设计人员、工程师等；施工公司为了更好地组织施工、识图和理解设计，也需要组建相关的设计、工程师团队；各种生产、分包商等可能都需要拥有自己相关行业的相关技术人员或者至少需要有相关的专业知识。在传统的协作流程中，这是不可避免会产生的情况，因为传统的线性传递信息的阶段性配合模式，要求各个配合部分首先可以“解读”其他部分传递的信息，这种解读是通过“同样的专业人员”直接进行的信息传递与翻译解读，因此，大量的企业保有一些“非主要功能”人员群。又因为计算机技术已经深入到生产的各个方面，因此，计算机相关技术人员也成了任何企业似乎都不能缺少的“标准配置”。实际上，这种因为传统工作流程协作模式造成的各个单位人员构成重复交叉其实是一种人力资源的浪费。

通过云端协作，计算机相关的技术处理不再依赖于个人PC而是云端的集中服务器，因此只需要对云端的计算机与信息技术进行相应的支持，而不需要像传统工作中那样提供对于每个部门、每个个人的计算机技术支持，这就使得企业可以将计算机相关问题统一交由专业的信息技术服务公司（云运行单元）来解决，从而使企业更加专注于本身的技术领域。在专业工作中，云平台上每个参与者都输出自己的专业知识和能力，而所需要的其他知识和服务则从云平台的其他参与者处获取。通过共享唯一的信息，节省了原本工作流中不断发生的局部信息的传递和转译，去掉了进行这种传递和转译的重复劳动。因而在节省了冗余人力的基础上，不仅没有损失工作配合交流的准确性与精确性，还能更好地、持续地、向外拓展地获取其他专业的相关知识和服务，这极大地拓宽了企业的能力与效率。

8. 信息的安全性更有保障

首先，现有的云平台协作一般都经过SOC2认证，所以信息的完整性、安全性、隐秘性以及可用性都可以得到保障（其实际使用的保障性优于公司自设的服务器）。

其次，云平台的整合功能和前文所提到的生产力的重新组织与分配，可以在降低建筑企业计算机IT投入成本的基础上让更专业更强大的IT团队对信息进行保护、维护，安全性自然高于传统协作模式下由企业的小规模IT计算机团队进行的相应安全保护。

最后，信息一旦上传到云平台，便会以历史信息的方式存在而不会消失，从而让项目的所有信息都可查询、可追溯，让误操作造成信息损失的可能性降到最低。

9. 提高项目参与者对于项目的驾驭能力与项目适应性

通过云协作强大的跨专业协作能力，项目的各个参与方不再受公司体积或者缺少某类型的专业知识和经验的限制，使得许多专业性很强的中小企业都有机会参与到原本可能不容易驾驭的复杂综合项目或者大型项目中。这让项目在选择合作伙伴时可以尽可能以某一方面最优进行选择，而不是传统模式下的以“具备综合能力”为第一标准。扩大了选择面之后，项目团队的适应性以及团队管理对于项目的驾驭性自然也相应提高。

10. 通过大数据获得原本难以观测的时间维度和跨项目数据的直观结果，辅助决策

通过云平台所提供的直观数据展示，公司的决策人可以轻松地从时间维度对其关心的公司或者项目的某项指标进行有针对性的观测和比较，也可以进行多个项目之间的横向比较，还可以通过云获得其他公司类似项目或者类似属性的比较数据来帮助其判断和辅助决策。

同时，开源的云平台还提供定制个性化的APP或者功能模块以自动观测和分析某些指标和属性的可能性，结合复杂系统的理论和计算模型，可以进行行为模拟和结果预测从而进一步辅助公司的战略性决策。

11. 通过与广义云连接，获得超越建筑建造业范畴的跨行业的信息与服务，例如AI人工智能，机器学习等（图1-4-4）

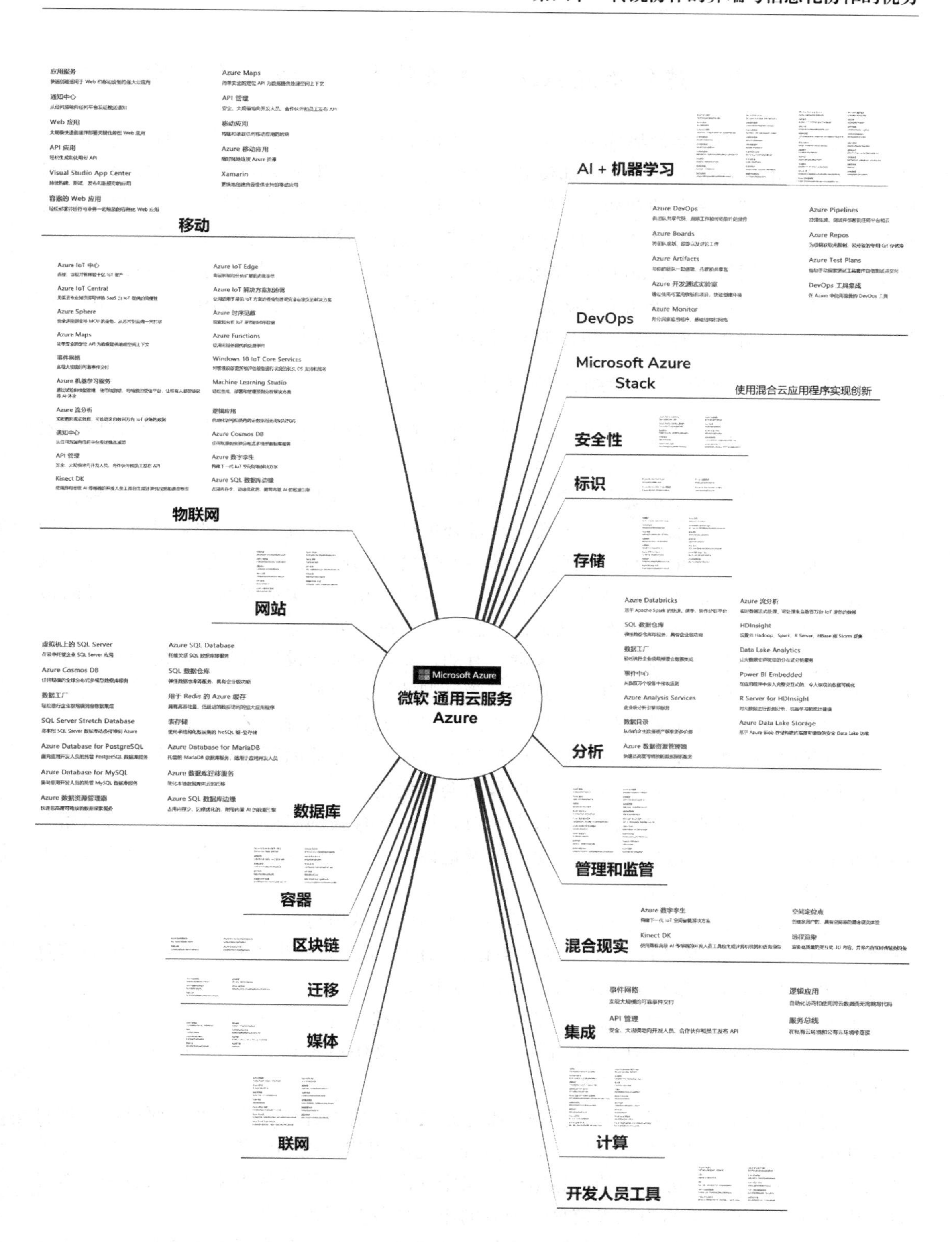

图 1-4-4　通用云上面的大量功能

第五节　建筑信息系统的等级特点——协作的级别

在前面的篇幅中，我们描述了建筑信息化所带来的变革与机遇。但信息时代的到来虽然改变了我们的工作和协作方式，却没有改变建筑的本质。建筑系统是一个需要最终被实际建造出来，既满足复杂的功能、结构、技术、环境等要求，又要和谐、美观、稳定并且在经济和技术上可行的综合整体和复杂统一系统。也正是这些特性让建筑系统成为了一个基于等级（逻辑层级，Hierarchy）架构的并且具有实际尺度（Scale）的复杂系统。我们首先要为读者介绍信息等级相关的概念与理论，虽然这些并不是直接应用于信息化协作的知识与理论，但对于理解信息化协作的分级有着十分重要的作用。

一、信息的等级制度——逻辑层级（Hierarchy）

当我们在实际进行信息分类工作的时候，很快就会发现不同信息分类其重要程度并不是平行一致的，有些分类总是比另一些分类看起来“更重要”。

这是因为在建筑信息系统中，信息所处的结构位置并非是“平等的”，而是一种有等级的结构。信息是分级别的，就好像我们日常处理事情的优先级一样，如果对所有的事情一视同仁就会引起工作的混乱。因此，在每一种信息的分类方式中都会存在一级的信息——最重要的信息，需要优先被考虑和处理；二级的信息——次重要的信息，需要及时被考虑和处理；三级的信息——次要的辅助信息，可以酌情处理等。

从信息对建筑生产的制约性角度来看，有的信息类别对于设计有强制性的要求，有的信息类别则是建议性的要求，有的信息只是辅助型的补充信息。

从信息对专业分工的范围影响来看，有的信息类别需要被全部专业的人了解并遵守，有的则只面向部分的专业，还有大量的信息只需要在某一专业内部流动，甚至只在某一个具体的设计过程或者某一处细节设计的时候才会被使用。

从纵向的信息所服务的时间和阶段上来看，信息所覆盖的阶段也不尽相同，有从始至终贯穿整个设计流程的信息，也有仅服务于场地设计、建筑空间设计或者场地市政设计等某一个设计范畴的信息类别。

从信息的适用范畴来看，有只针对某一个项目的特殊信息，有某一个公司或者设计单元所共享的信息（可以通过二次开发预制化），还有可以进一步推广至行业运作的信息（许多这种通用的信息都被包含在了软件的预设中）。

不难发现，无论在上述的哪一种情况之中，信息都是有等级的。在这里可以粗略地先将其理解为有一级信息、二级信息和三级信息。而上文中所提到的四种情况则是建筑信息等级制度常涉及的四个维度（图 1-5-1）。

庞杂的建筑信息通过这种方式再分类整理过之后，使用者在建筑生产中便可以根据自身所处的生产阶段、所在专业、生产的目标轻松地取用相应级别的信息。图 1-5-2 简略地图示了信息在四个维度分级下的信息结构，其中在图中第一部分字体偏大的信息为一级信息，中间部分中等字号的为二级信息，最后的小字部分为三级信息。

信息化生产中的这种信息组织模式不仅清晰明确，并且符合建筑生产的逻辑。譬如在建筑设计中，设计师可以轻松地识别出必须遵守的限制条件，或者说对于设计有决定性作

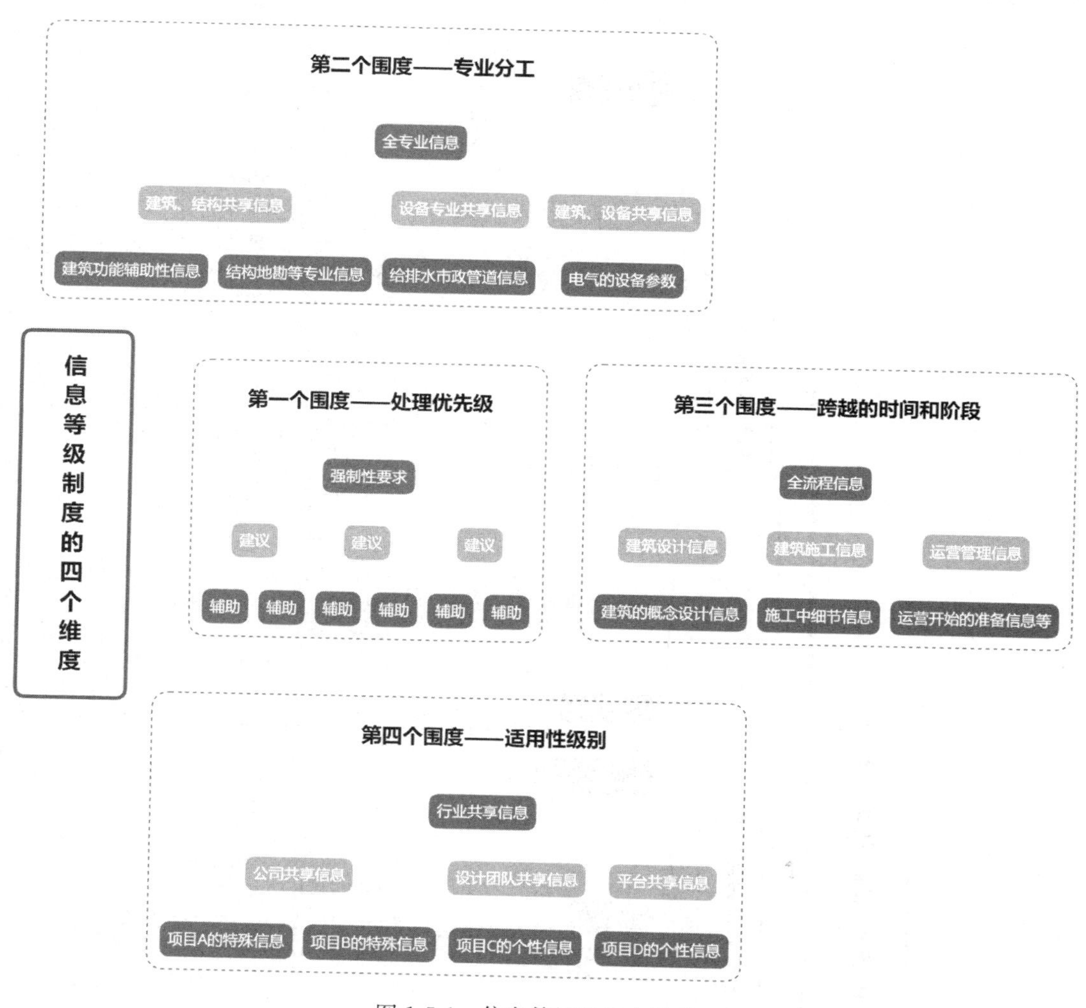

图 1-5-1　信息等级的四个维度

用的制约因素。而随着工作的深入设计师再逐层地提取下一个级别的信息，就好像我们在社会中有必须遵守的国家的法律、地方的法规、地区的准则，还有公司的制度，其重要程度、约束力和强制性逐级递减一样。

二、多个层级结构组成的建筑信息空间网状系统

分类形成的空间信息结构（注：分类原则不唯一，信息所归属的类别和分组可以是多样化的，所对应的目标也不唯一，可以被多种方式提取，但信息自始至终是唯一的）的本质其实是对本身具有空间结构的建筑信息系统的描述。每一个分级中的信息还会有进一步的分类，而且这些信息所属的类别并不唯一，因此就可以以每个信息为支点发展出一个信息的空间层次网络，信息会有自己的上级信息和下级信息（拓扑关系）。如果将这种抽象的概念应用于实践，那么建筑系统中的信息就不再是散布的，它们之间存在着的各种联系和轨迹将它们编织成了一个空间网状结构（图 1-5-3）（逻辑层级与拓扑联系）。

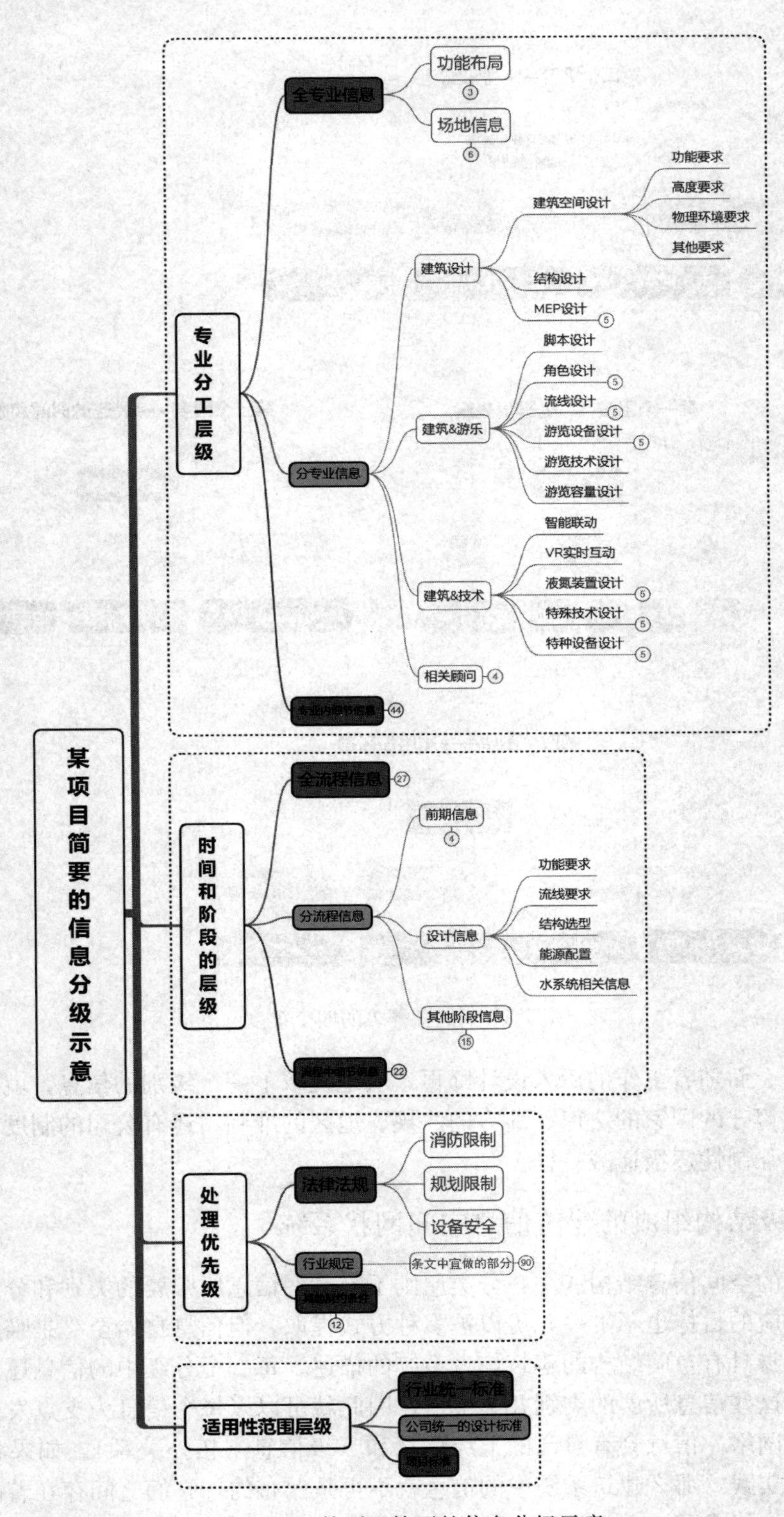

图 1-5-2　某项目简要的信息分级示意

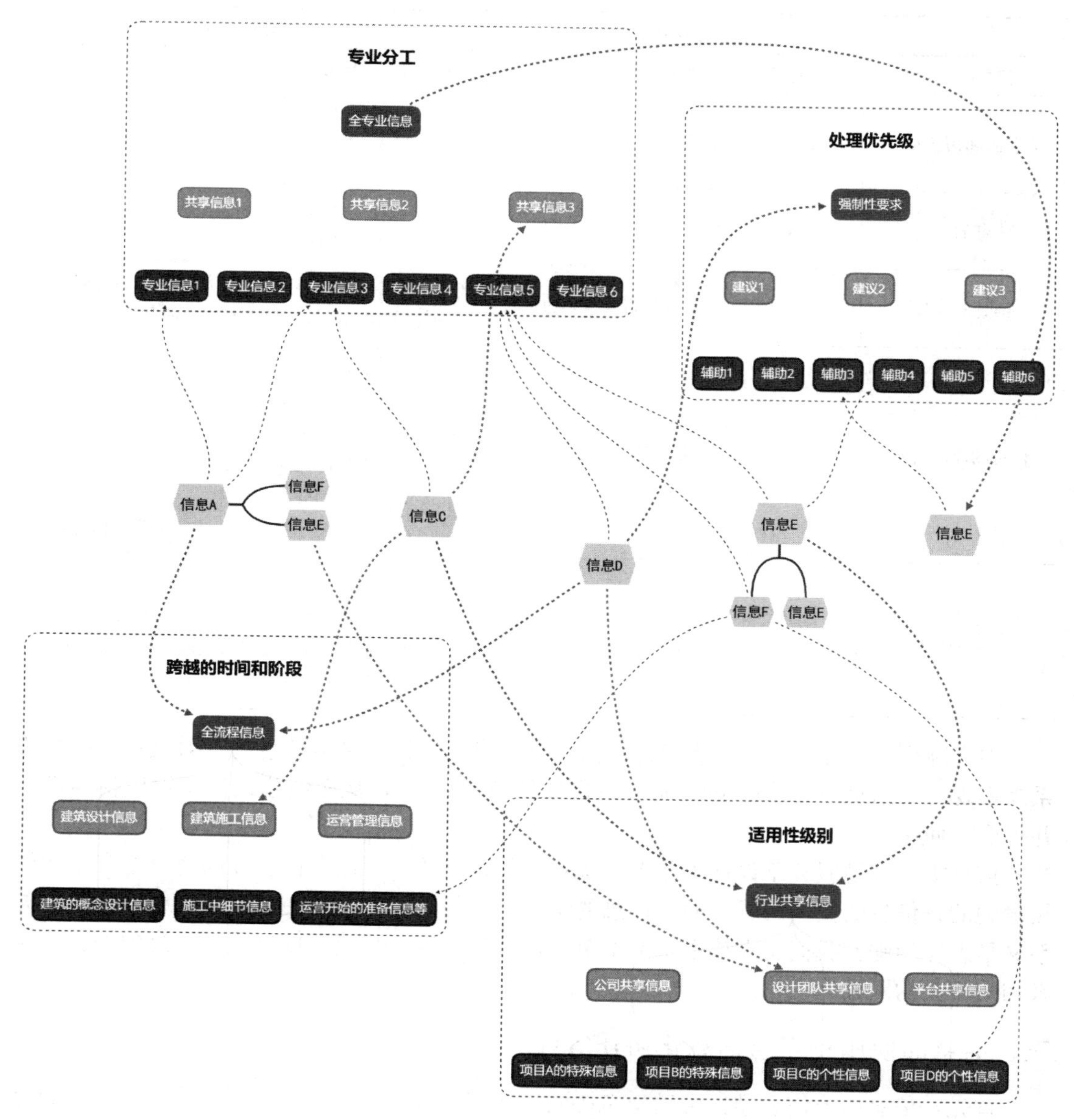

图 1-5-3　信息的网状结构

我们需要颠覆传统工作中信息的组织结构观念，将信息按照其分类、等级组织组成一个空间结构，同时保持信息的唯一性和一惯性，这就是**信息结构的两个核心特征——逻辑层级的等级结构和拓扑联系空间网络。**

至此我们可以看到信息化带给建筑工作流的变革——譬如与传统建筑设计相比，在信息化设计工作流中，信息是整个建筑信息系统的基础。因此，不难发现在信息化设计工作中对于信息的处理从信息的募集、信息的筛选到建筑设计前期的成果等方面都与传统设计工作流程有着明显的差别（表 1-5-1）。

传统与信息化工作流的信息流动　　表 1-5-1

	传统工作模式的信息流动	信息工作流模式的信息流动
信息的地位	-信息的地位从属于模型	-信息是核心
信息源和信息形式	-传统形式的信息	-传统形式的信息 -空间数据 -实时更新的动态信息
信息的结构	-平板式的布局	-Hierarchy 层级 -空间网状结构
信息的操作	-一般运用独立软件进行操作，协同性差	-多软件的协同、基于网络云平台的协同、跨平台的协同（源于信息对接的便利性）
信息的流动特点	-信息只能被动提取 -信息与使用者是一对一、末端到末端的线性联系	-单一信息的唯一性和一惯性 -信息的配置与定义（人工和自动） -信息分类的灵活与动态性 -信息传递的定向性（权限） -信息的主动分类、分流 -信息根据使用者的需求被提取为“信息集”
信息的应用	-原始信息 -个人分析信息的成果	-原始信息 -间接信息生成的直接信息（多源整合为综合信息，或者整体信息发散提取出分支信息） -抽象信息的可视化成果

在实际生产工作中，从业者可以通过定义信息的属性、创造信息的映射关系与所属关系来实现对于信息 ID（信息的“唯一身份证件”）的编译，从而使建筑信息可以精确定位并提取、使用。

信息本质上是服务于设计工作者，服务于某种目的的，读者在实际的建筑生产中往往接触到的是信息的使用问题，而非信息的结构，那信息和信息的使用者或者终端之间的关系又是怎样的呢？我们将在接下来的章节为读者解答这一与建筑信息化工作流中每位参与者切实相关的问题。

三、信息的使用特点与信息化协作等级

首先，信息以及信息结构带给建筑协同工作流中参与者的一个重要影响就是信息的定向传递，这让所有参与者对于信息的取用不再是传统工作流中那样随机无序的（图 1-5-4、图 1-5-5）。

在建筑信息化工作流中，信息流向信息使用者的方式是定向的，每一个或者每一类使用者收到的是从整体信息网中提取出的不同的信息集，如图 1-5-6 所示。

对于常用的、标准信息的筛选和分类可以根据公司和项目的实际情况进行个性化的预定义，我们以现有的信息数字软件中相关的默认定义为例——如建筑云平台 BIM360 中对于项目成员的信息使用权限相关的默认规定，为读者展现信息化工作流中项目成员对于信息获取权限的差异性。

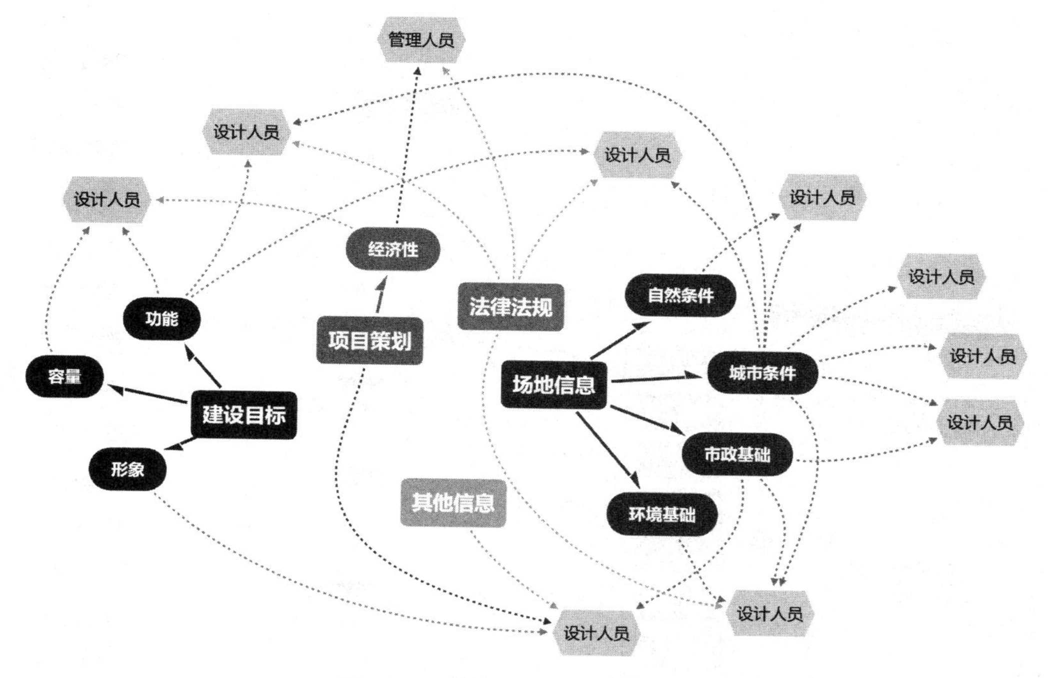

图 1-5-4　传统工作流的信息传递 1

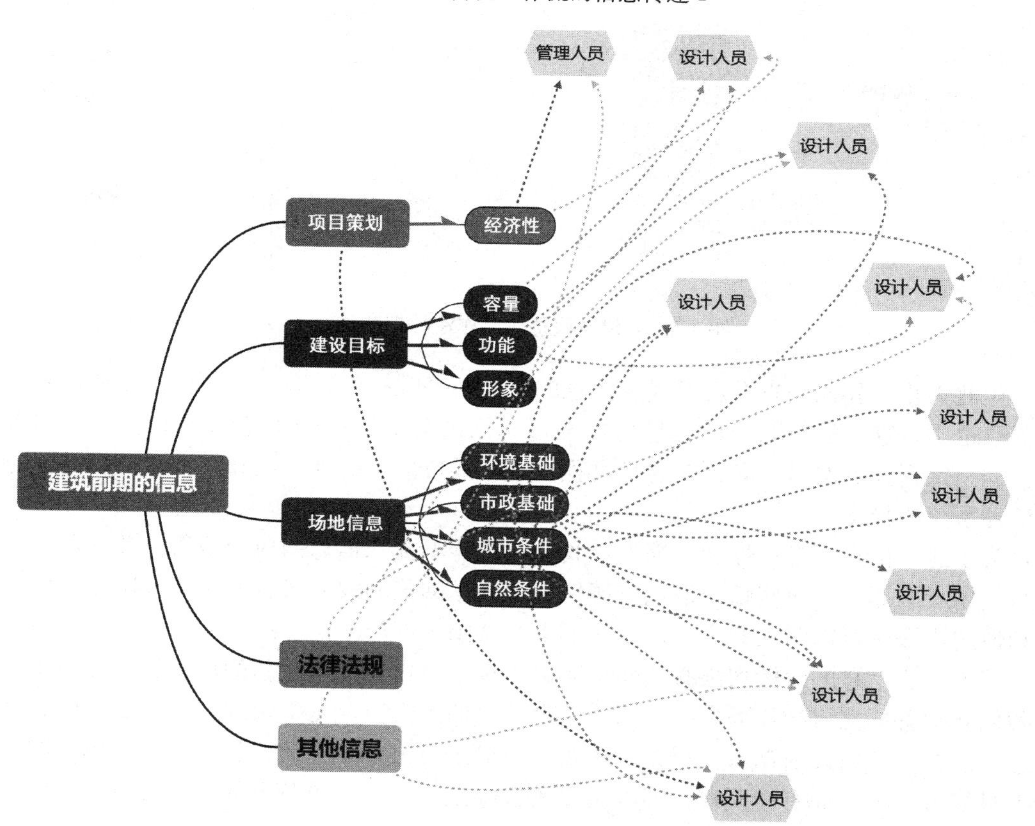

图 1-5-5　传统工作流的信息传递 2

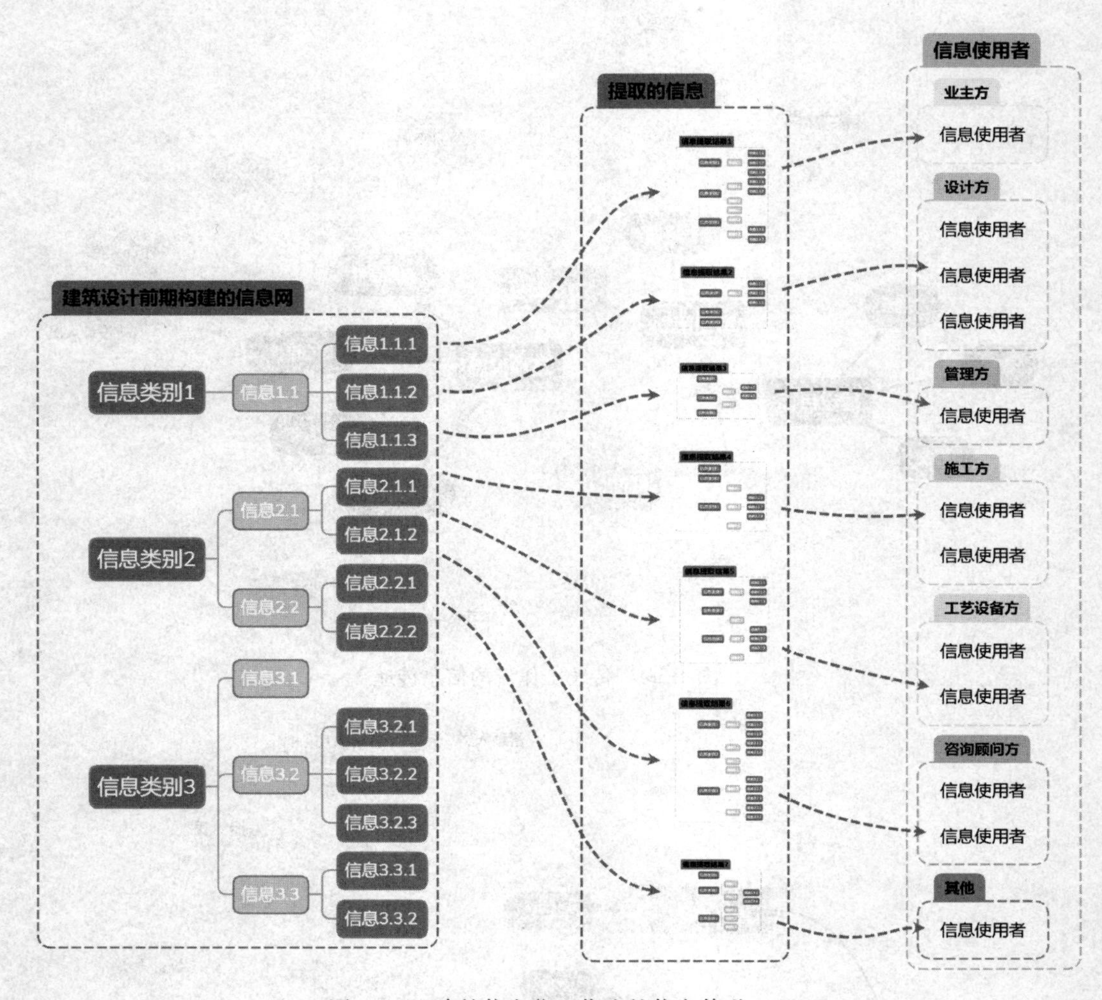

图 1-5-6　建筑信息化工作流的信息传递

至此为止，我们一直在反复提及信息的分类不是唯一的，因此信息同信息使用者的对应关系也不是唯一的，同样的信息可以经过不同的分类同时为多个目的和多个使用者服务。但一定要注意的是，必须在这个过程中始终保持信息的唯一性和一惯性，从而维持建筑信息系统的稳定。

为了达到信息的唯一性和一惯性，我们就不能不提到信息的**权限设置。**前文所述的信息与使用者的非一一对应赋予信息末端使用者的是阅览的权限或者使用的权限——阅览权限和使用权限是可以多人共享的，是多节点的（图 1-5-7）。

但是对于信息的编辑权限必须作出明确的规定，这是每当有新的信息进入建筑工作流中我们必须首要完成的任务之一，而建筑设计前期的本质就是汇聚和转译大量的信息，所以这一点在建筑设计前期就显得尤为重要——对于每一个单一的信息在每一个单一的时间点上只能有一个人拥有修改权：即编辑修改权限是唯一的，单节点的，不可以多人同时共享的。

基于角色的默认权限

文档管理
- 建筑师
- BIM 经理
- 土木工程师
- 商务经理
- 施工经理
- 合同管理员
- 承包商
- 成本工程师
- 成本经理
- 设计者
- 文档管理器
- 绘图员
- 电气工程师
- 工程师
- 评估师
- 防火工程师
- 领班
- HVAC 工程师
- 检查员
- 室内设计师
- 机械工程师
- 所有者
- 管道工程师
- 项目工程师
- 项目管理器
- 质量经理
- 质量检验员
- 安全经理
- 调度员
- 结构工程师
- 分包商
- 负责人
- 勘测
- VDC 经理

项目管理
- 建筑师
- 土木工程师
- 商务经理
- 施工经理
- 合同管理员
- 承包商
- 成本工程师
- 成本经理
- 设计者
- 文档管理器
- 电气工程师
- 工程师
- 评估师
- 防火工程师
- 领班
- HVAC 工程师
- 检查员
- 室内设计师
- 机械工程师
- 所有者
- 管道工程师
- 项目工程师
- 项目管理器
- 质量经理
- 质量检验员
- 安全经理
- 调度员
- 结构工程师
- 分包商
- 负责人

设计工作集
- 建筑师
- BIM 经理
- 土木工程师
- 承包商
- 设计者
- 文档管理器
- 绘图员
- 电气工程师
- 工程师
- 防火工程师
- HVAC 工程师
- 室内设计师
- 机械工程师
- 管道工程师
- 项目工程师
- 项目管理器
- 结构工程师
- 勘测
- VDC 经理

模型协调
- 建筑师
- BIM 经理
- 土木工程师
- 施工经理
- 设计者
- 文档管理器
- 电气工程师
- 工程师
- 评估师
- 防火工程师
- HVAC 工程师
- 室内设计师
- 机械工程师
- 管道工程师
- 项目工程师
- 项目管理器
- 调度员
- 结构工程师
- 分包商
- 负责人
- 勘测
- VDC 经理

现场协调
- 建筑师
- BIM 经理
- 商务经理
- 施工经理
- 合同管理员
- 承包商
- 成本工程师
- 成本经理
- 设计者
- 文档管理器
- 工程师
- 评估师
- 领班
- 检查员
- 项目工程师
- 项目管理器
- 质量经理
- 质量检验员
- 安全经理
- 调度员
- 分包商
- 负责人
- VDC 经理

分析
- 建筑师
- BIM 经理
- 商务经理
- 施工经理
- 合同管理员
- 成本工程师
- 成本经理
- 管理
- 项目工程师
- 质量经理
- 质量检验员
- 安全经理
- VDC 经理

图 1-5-7 建筑云平台的信息分类（Autodesk 公司 BIM360 云）

这种对于不同参与角色、不同工作范畴和需求进行定向信息传递的信息权限节点，以及建筑信息系统具有的信息等级（Hierarchy）结构，使得建筑信息化工作的协作也与之相应地呈现出一种明显的等级结构，因此我们在本书讲述建筑信息化协作的时候也按照这种等级结构逐层展开——从描述超越项目的跨行业、跨公司、跨越单一时间节点覆盖一定的时间维度的公司级战略性信息化协作，到讲述项目级别的信息化协作组织，再到具体的执行级别的信息化协作操作（图 1-5-8）。

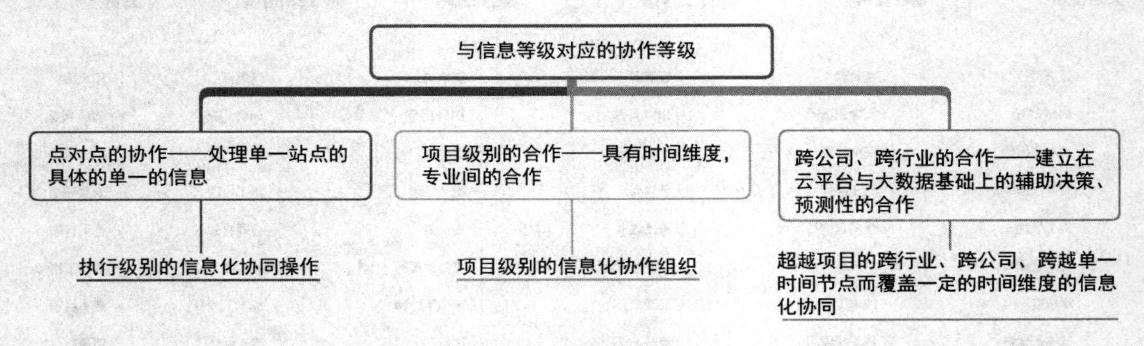

图 1-5-8 信息协作的“等级”

公司级战略性协作

第一节　跨公司、地域的信息化协作趋势

一、概述

随着社会的发展，现在的建筑设计与建造对于精度和专业性的要求越来越高。相应的，对于设计的完成度、施工的质量和精细程度、现场以及整个项目的管理和推进、时间和成本的管理与控制以及施工过程的组织、建筑的智能运维都提出了更高的要求。

同时，信息化时代的到来既为我们提供了更便捷的工具和手段，也迫使我们走出原本的惰性区域，改变原有传统的“old-fashioned”的工作习惯，来适应新的建筑制造业带来的挑战——从粗糙转向精细，与其他行业外技术结合，更多的人参与到 AEC 工作流中，满足更多不同的个性化需求，信息带来的生产力变革和时效性让业主期待的设计和交付时间周期变短，信息带来的跨越地域的便捷交流让无法跨越地域的公司处于竞争劣势等。

二、更大范围的资源调配需求

适应更大范围（国际化）的信息协作可以让建筑公司更好地进行资源分配，从而驾驭原本一个地域级别的分公司无法驾驭的项目——通过信息技术支持的多个地点的分公司合作来跨越原本的地理障碍。当地理上的障碍被克服后，建筑生产过程中就可以利用不同地域公司的地域或者行业优势——例如，某些项目可以从全球方便地选择建筑供应商进行配合，诸如医疗建筑、实验建筑、演艺类建筑、体育类建筑等专业性较强的建筑也可以方便地选择最优秀的相关单位协作完成，同时地理障碍的克服在本质上更是知识障碍的克服，让全球任何地区都可以享受到国际先进的技术发展成果，进一步消除因地理因素产生的知识与技术上的障碍。这也是信息化生产给人类社会生产带来的巨大改变和意义（图 2-1-1）。

图 2-1-1　信息化社会带来的全球性分工协作需求

三、更好的内部生产力调配

对于拥有多个分公司的国际化公司，其项目的分布随着时间会出现波动，某些地域会出现项目不饱和，而其他地域的公司则有可能受生产力的限制而无法容纳更多的项目。通过跨越地理障碍的信息化平台协同合作可以将公司人力资源的生产力最大化（图 2-1-2、图 2-1-3）。

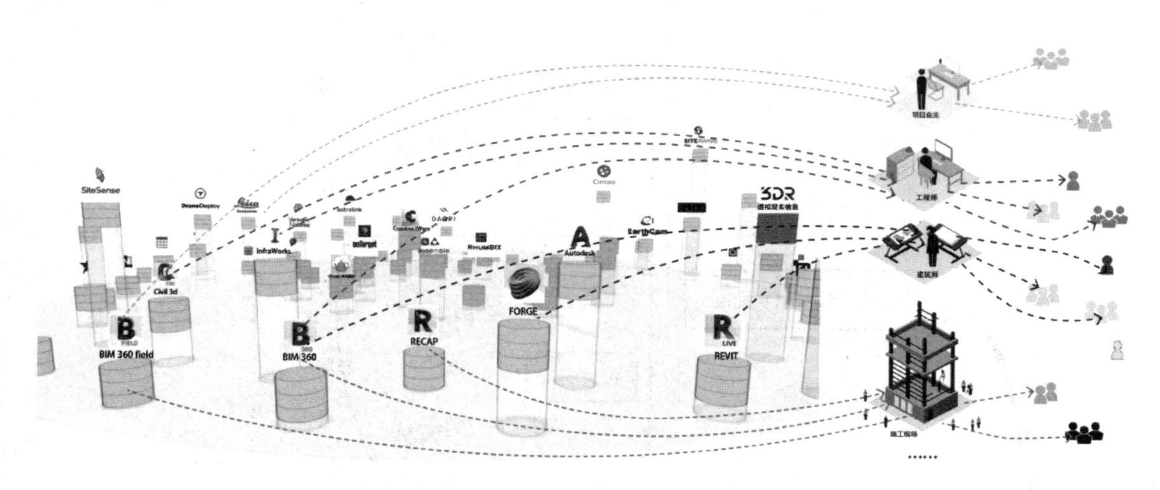

图 2-1-2　跨地域的全面信息组织

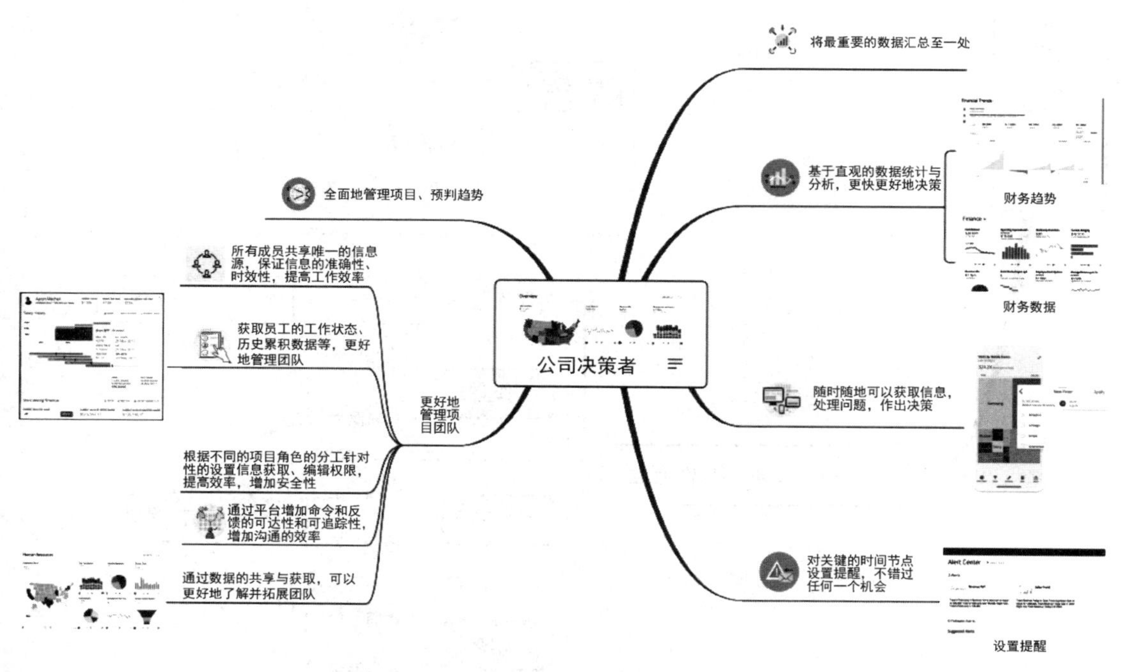

图 2-1-3　通过云协作可以突破原有的限制更好的组织生产力

与此同时，国际化合作带来的文件共享、数据管理、跨越地域与时差的团队合作的、需求这些在传统流程中解决起来复杂困难的问题在新的信息化流程中都可以得到很好的解决（图 2-1-4）。

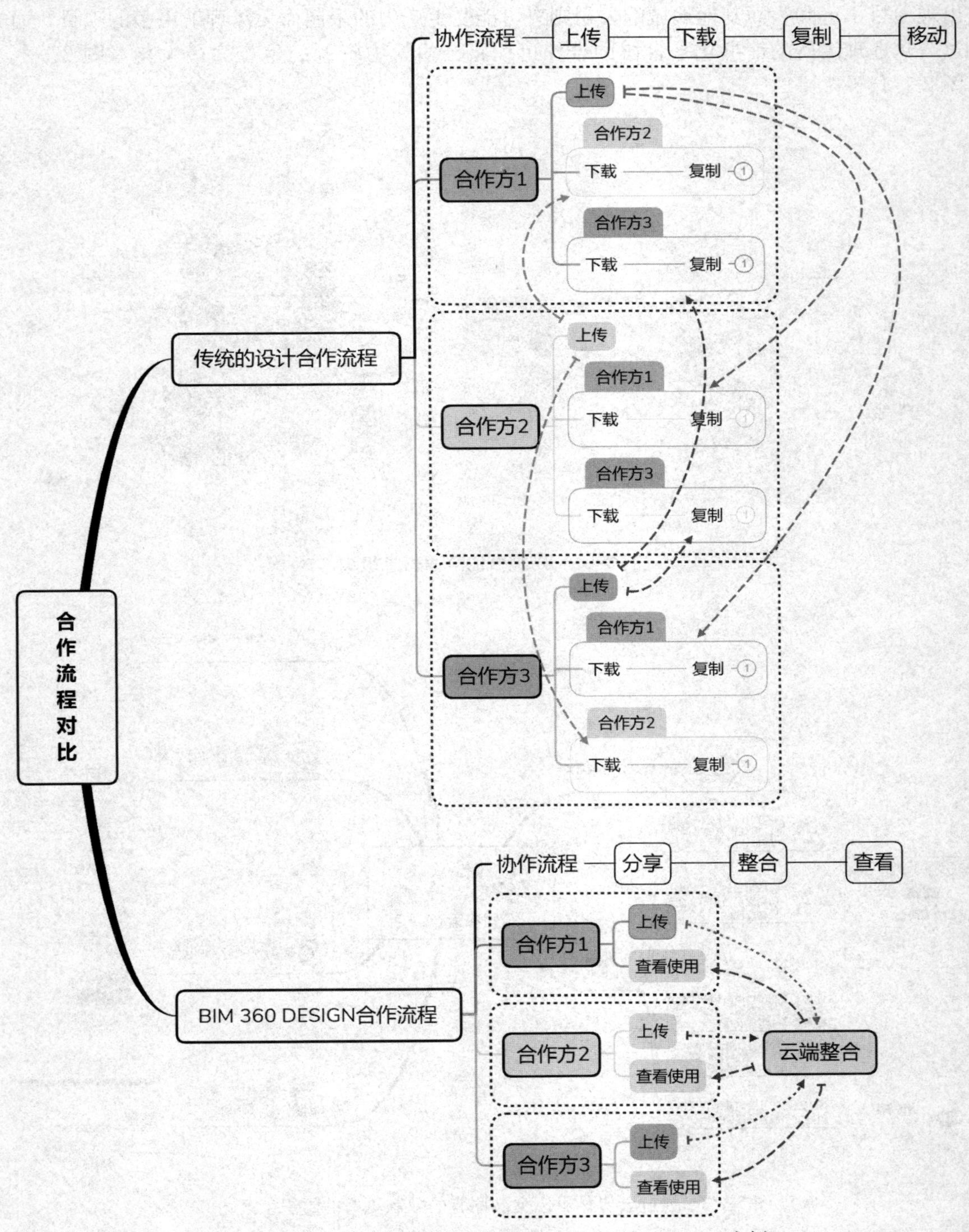

图 2-1-4　传统与信息化协作流程（以 BIM 360 DESIGN 为例）

四、对于中小型或者轻型专业化公司的巨大帮助

对于中小型或者轻型的专业化公司来说，公司本身具有在某一特定建筑生产部分（例如歌剧院的设计部分）很强的实力和竞争力，但因为公司规模问题往往无法参与到全球化的项目中。信息化的云协作可以突破公司原有的规模界限，让更多的公司通过云协作在信息上进行流畅的、跨地域时间的交流。这种信息交互超过传统流程中大型跨国公司的内部协作效率，从而使得多个中小型公司联合顺利优质地完成国际化的大型项目成为可能，也使得公司之间可以通过协作来驾驭更大、更复杂、更综合的项目，从而更好地完成现代社会国际化、标准化、个性化、定制化的生产新需求。这种协作也使得中小型公司可以突破地域的限制，参与到更广泛区域的竞争中，从而拓宽公司的发展前景。

同时，先进的信息平台协作可以帮助中小型公司在节省人力成本（可以减掉许多公司的生产辅助部门，如IT维护）的同时，获得更专业、更好的信息与计算机技术服务（由云端供应商进行统一解决），这不但减轻了公司的运营压力，也使得公司可以更加专注于自身的专业优势部分，从而增强行业竞争力。

第二节　传统协作模式中公司级别协作的困境及公司决策者面临的困难

一、没有良好的决策基础

一个建筑项目累计的信息量是十分巨大的。但是在传统的协作模式中，这些信息中的大部分作用只体现在“保证项目顺利完成”，信息的存在只是为了“完成”，因此非但没有对信息进行充分的利用和发掘，反而是将很多在传统技术手段下“没法利用”的信息进行剔除，这不但浪费了建筑信息应用带来的巨大可能性与生产效率提升，也因为大量信息没有被有效激活使用、获取信息不完整、不准确而造成了生产上的困难（图 2-2-1）。

二、没有良好的合作交流基础

当合作方增加、设计周期变长的情况下，“上传、下载、复制、移动”这种点对点的传统数字合作流程，容易出现版本不一致、传输误差、反复套图等工作问题，使原本简单的流程中的沟通协作变得十分复杂。现在国际化的项目已经不是遥不可及的，我国很多大型项目都是境外与境内团队配合完成的。这种国际化的项目带来的时间与地域性挑战都是我们需要面对的，而传统的合作交流会让一些本来简单的问题变得十分复杂。例如计算机文件格式与批次这一非常简单的问题，在笔者参与的一个重大文娱项目中，随着项目的进行、文件的增多就开始变成一个令人十分头疼的问题，这一与建筑生产技术没有直接联系的“简单问题”却在项目中后期消耗了团队大量的精力（图 2-2-2）。

三、决策困难

传统的生产协作流程中，信息容易产生遗漏、丢失。不同合作方处于不同的末端，信息严重不同步会导致每一个合作方都存在许多信息的缺口和疑问不能及时得到解决（图 2-2-3）。

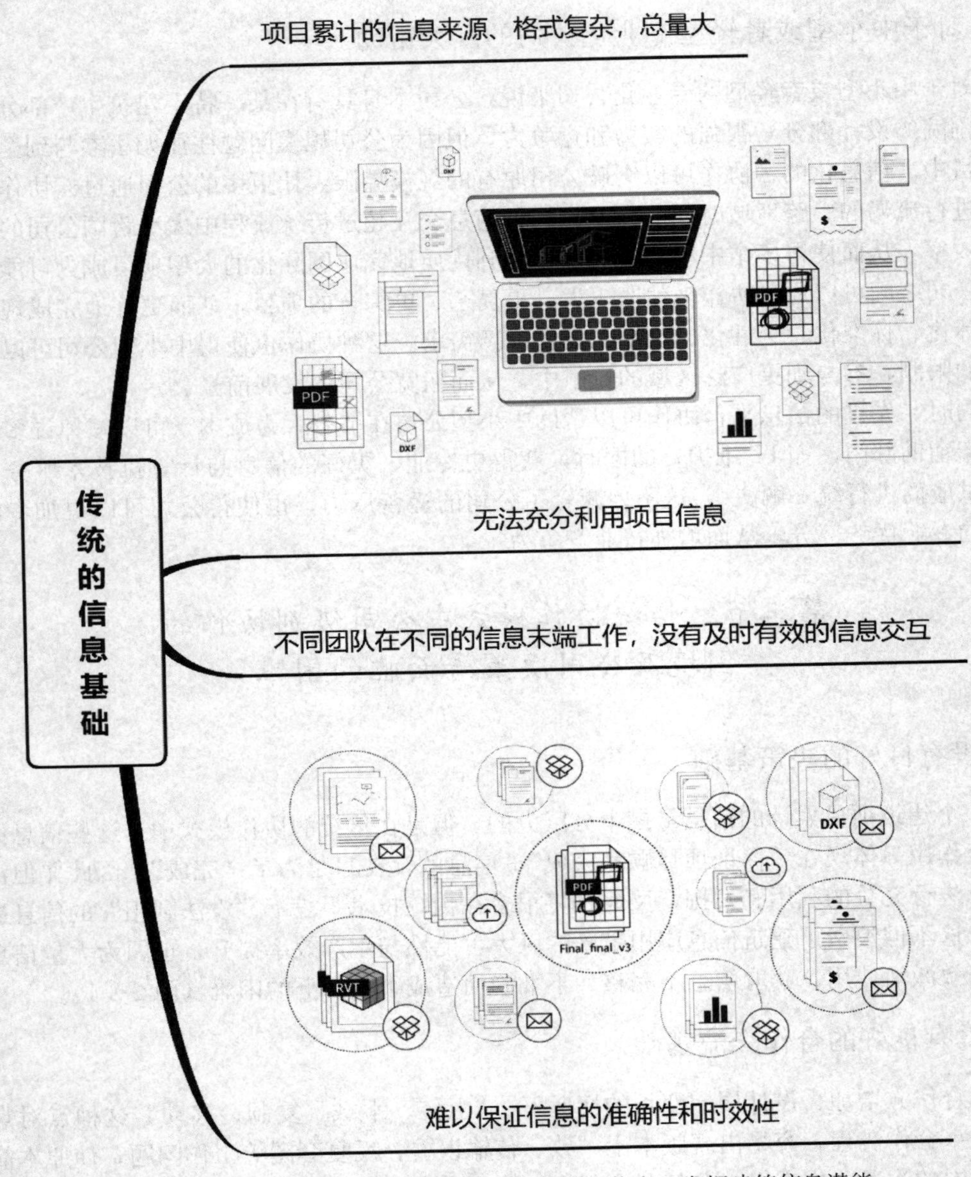

图 2-2-1 传统协作模式无法有效地利用建筑信息、发挥建筑信息潜能

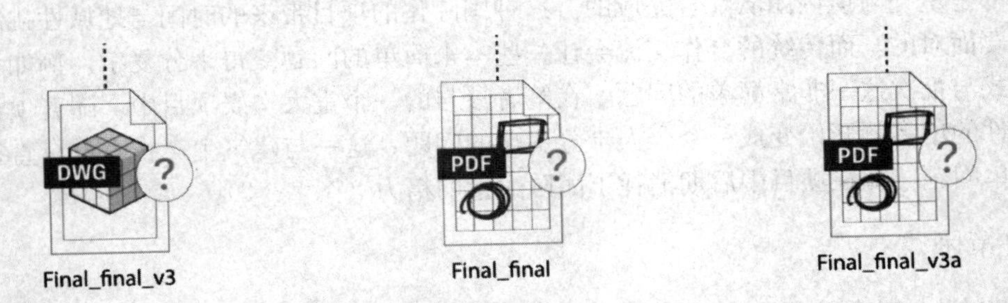

图 2-2-2 传统合作中随着项目的进行经常出现的文件交流不畅

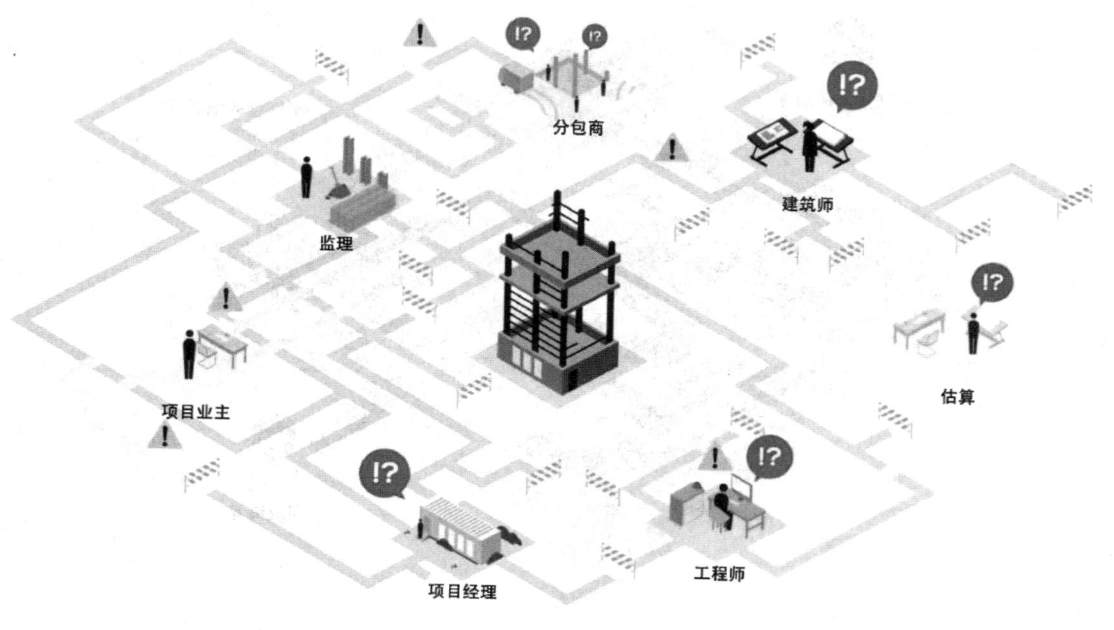

图 2-2-3　信息的缺失

建筑项目是复杂的综合协作过程，其中牵扯的时间成本、人力成本、金钱成本等涉及许多方面的信息因素。由于影响因素众多，一旦出现信息的缺失和不对等就有可能造成决策上的失误，有些失误可以在后面的生产中纠正（虽然造成了建筑施工的许多浪费，但还是可以挽救的），有些失误则会造成项目最终的遗憾，而很多严重的失误会直接造成项目质量的严重下降。

在传统的协作中很难完成信息的实时跟踪和统计，对信息的应用处在一个十分低的层面上，因此决策者往往只能选择重要的指标进行简单监控，被迫忽略许多辅助因素，这导致统计结果的不精确性，最终导致决策带有一定的盲目性和不确定的风险。同时，由于决策者无法全面地观察和预测生产趋势，不能清晰地预测决策产生的可能后果，因此导致做出决策更加困难（图 2-2-4）。

在这种情况下，项目的许多决策只能依赖于个人的经验判断，这种判断既具有很大的风险与不确定性（受个人状态与知识影响较大），也成了建筑生产力进一步发展、走向信息化大生产的最大制约（严重依赖个人的能力，无法进行社会化、标准化的生产组织，从而落后于社会许多行业的普遍生产组织模式）。

四、决策的执行力差

1. 信息的传递存在问题，造成决策执行缓慢困难

由于传统工作的协作流程中信息的传递慢而且没有效率，现场的信息和现场与设计方的交流很多时候无法记录和追踪，因而导致任务的传递流程和任务的责任归属都不够明确。这种现状不仅造成不能迅速地解决问题，很难确认设计者和管理者的决策和意见是否准确、按时地传递到责任人，也无法跟踪并反馈任务的处理情况与结果，即便同样的问题也可能需要反复沟通解决，耗时耗力（图 2-2-5）。

图 2-2-4　传统的协作与信息应用模式造成的决策困难与不确定性

图 2-2-5　信息传递的偏差造成的执行困难、生产效率下降

2. 任务的责任人不明确导致不能充分、积极地解决问题

在进行实际建筑生产协作的过程中，几乎所有的公司都面临着权限与责任导致的协作问题。不论是使用局域网进行协作还是基于云平台的跨公司协作，都意味着越来越多的参与者参与到同一个项目中。如何让每一个参与者都能获得自己所需要的信息，清晰地了解自己需要完成的任务，并且清楚地知道自己在项目中和在项目团队中所处的位置和所需要承担的任务，是十分重要的事情。因为只有这样，所有人才会明确自己所面对的问题，并且积极地去解决问题，而不是面对一个多人工作重合的“模糊地带”而无法确定自己应该确切解决的问题范畴。

传统的协作模式下即使采用先进的协作工具（如云技术），在思维与组织模式没有改变的情况下，依然无法有效地解决这一问题。例如，在数字化流程中使用 Revit Server 服务的公司，一般依靠中心文件进行协作，但项目组的成员处于自由分布的状态，他们对于信息的取用也是随机的。这种模式的问题在于——首先，不能确保所有成员都获取最新的信息（中心文件存在更新延迟以及除了中心文件模型以外的项目信息）；其次，成员不能确定系统中拥有哪些信息并合理地加以使用。这既造成了成员确定所要解决问题的困难，也造成了管理人员确定问题“由谁解决”的困难——因为往往一个问题会出现在“多个人员”的工作重叠部分中。而一个问题一旦进入多个工作人员的工作重叠部分，非但不能得到“多种解决途径”，反而往往会因为彼此认为是对方的任务而造成最终无人解决的局面。

再进一步来看，即使在生产中通过使用欧特克（Autodesk）公司最新的协作工具Collaboration for Revit解决了许多跨公司间合作的问题，但如果在工作组织与思路上还没有意识到权限分类的相关问题（工具本身并没有提供），就会导致信息的管理困难，存在很大的安全隐患（图2-2-6）。

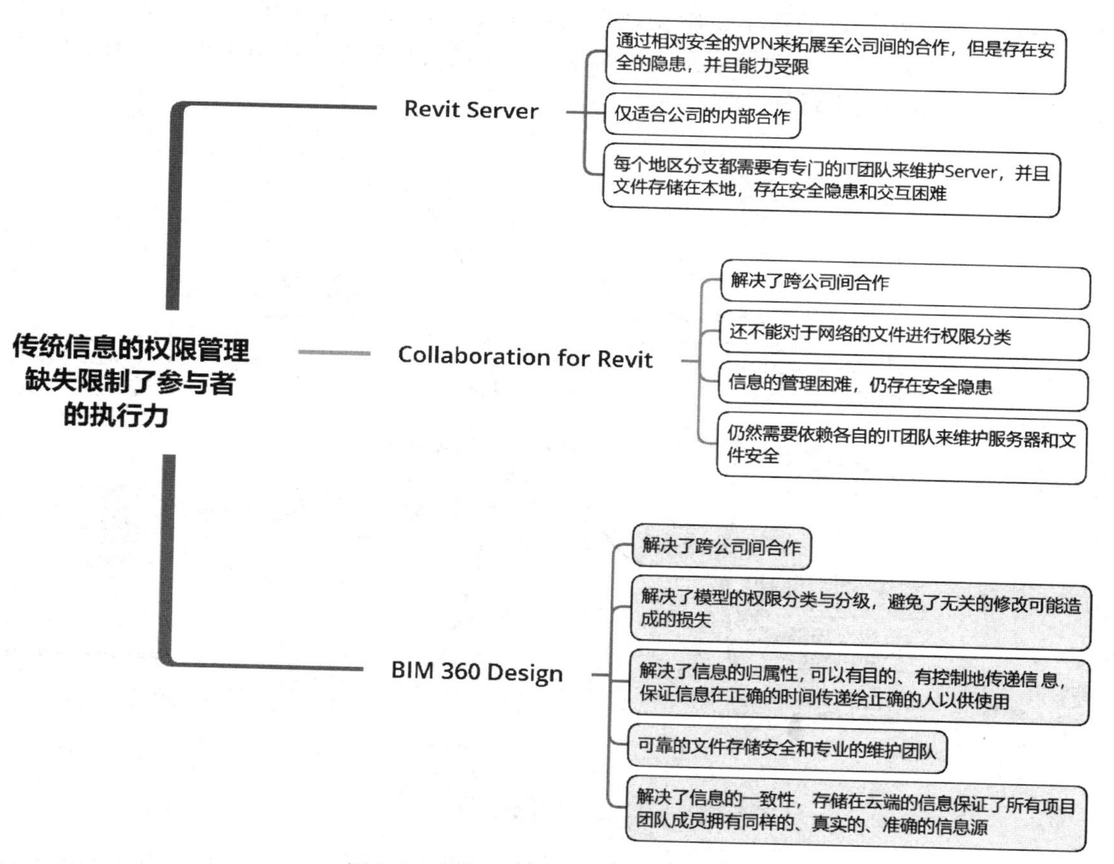

图2-2-6　信息权限对于协作的重要性

第三节　信息化协作带来的生产与管理优势

我们在前文已经反复介绍了信息化协作所具有的一个重要优势就是将不同来源的多种格式的信息，以及随着时间流逝而进行版本更迭增补的信息都存储在一个安全、唯一的云端平台（也可以是其他媒介，如公司大型服务器）中供我们取用。但这种硬件与环境上的准备还远远不够，读者要认识到信息化协作本身并非是一种硬件与技术的进步，而是带给我们一种可能的新工作模式。对于信息化协作来说，其优势取决于我们如何去使用信息，在调整了生产组织模式、充分地应用信息化生产所依托的数字化工具和云平台技术之后，我们的生产尤其是生产决策将迎来一个质的飞跃。

首先，通过预设的功能模块结合搜索、标签、筛选等功能，生产决策者可以自由灵活地取用并观察数据以及它们的实时变化（大多数云平台都提供简便的一键式数据可视化转化服务，并且可能提供多种显示模式供备选，例如DOMO云平台中，可以通过下拉菜单直接选择生成数据的柱状图、网状图、线状图等，并且可以自由地选择数据中用于生成图形的数据类别和范围等）。其次，通过云平台强大的连接性，决策者还可以将从不同数据源获取的数据进行合并或者比较处理得出进一步的综合结论。最后，通过对数据源进行预设的操作（可能是预设的数学逻辑功能模块，也可能是通过API用户自定义的脚本程序），可以在数据源产生变动或者更迭的时候自动生成我们所需要的结果更新，帮助生产决策者及时地作出相应调整（图2-3-1）。

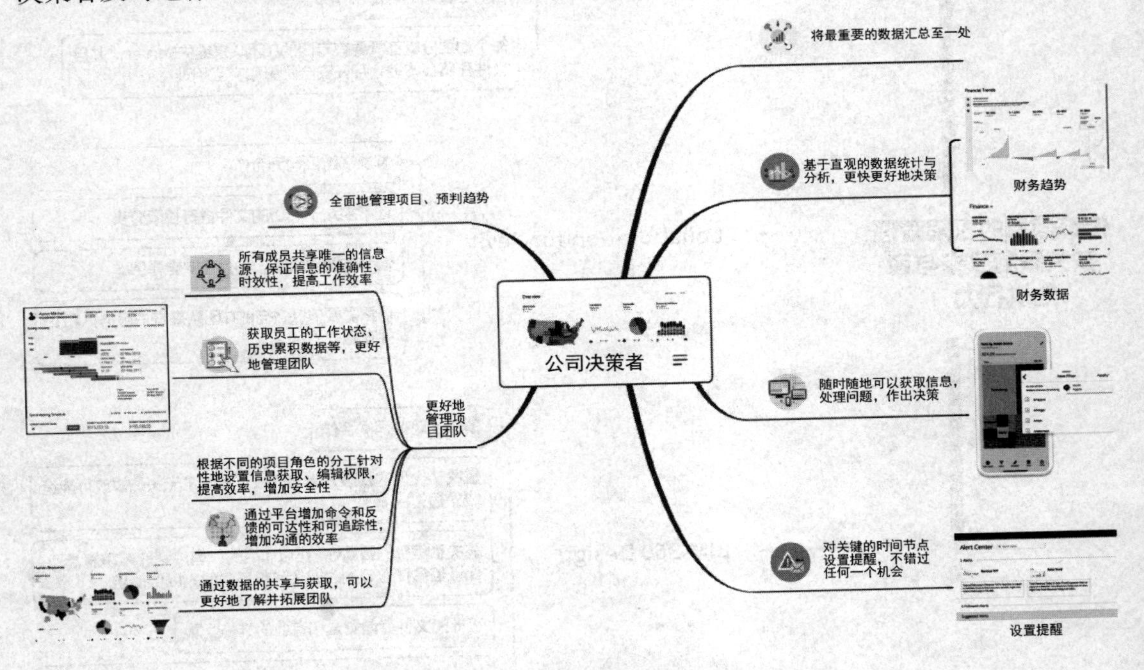

图2-3-1 信息化生产对于公司决策者的帮助

基于先进信息技术的建筑信息化协作所拥有的优势和可能性还不止于此。对于公司决策人来说，其关心的全局信息，例如资源的分布、人员的活动、用户的反馈、公司的发展趋势、面临的风险和机会等，现有的建筑云平台技术已经提供了一系列针对性的工作流以及功能模块来让公司决策人拥有更好的全局观、更好的预判性以及更好的决策力和控制力。

一、信息整合应用的优势

1. 信息化社会下的现代建筑生产对于信息集成整合的客观需求

建筑行业的特点决定了一个建筑公司往往可能同时进行或者未来即将同时进行多个平行的项目，这些项目可能位于不同的地理位置、拥有不同的功能和设计目标，需要与不同的设计方、分包商和生产商协作。项目越复杂、项目的数量越多，公司运营的时间越长。对于公司的决策者来说，横向的从各个末端汇聚而来的各种信息以及纵向的随着时间流逝而累积的历史数据共同组成的信息集合所包含的信息量是惊人的，仅凭一人之力往往难以驾驭（图 2-3-2）。

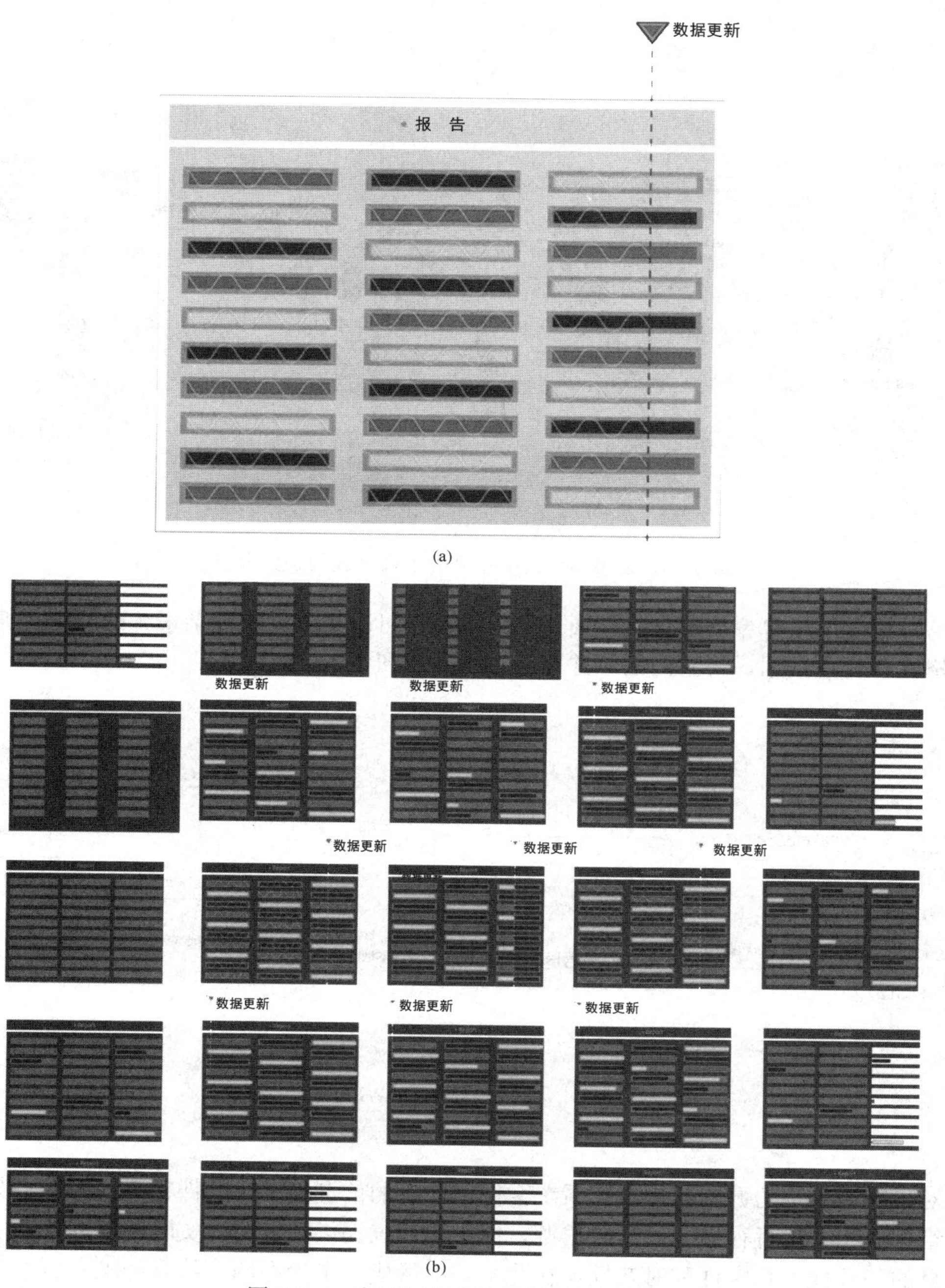

图 2-3-2　公司决策者面对数据信息的处理

（a）公司决策者面对单一数据报告的更新可能还可以有效处理

（b）现代生产带来的复杂信息让采用传统模式处理问题的决策者难以招架

当我们面对大量的、不断更新的数据源的时候，往往很难直接获得我们所想要的综合结果。而在现代建筑生产中，许多实际的项目或者公司运营过程中面临的信息来源和信息量远比图 2-3-2（b）所呈现的还要复杂得多。在信息化社会大背景下，公司的运营者实际面对的是由各种来源的信息汇聚而成的一个“数据湖”（图 2-3-3）。

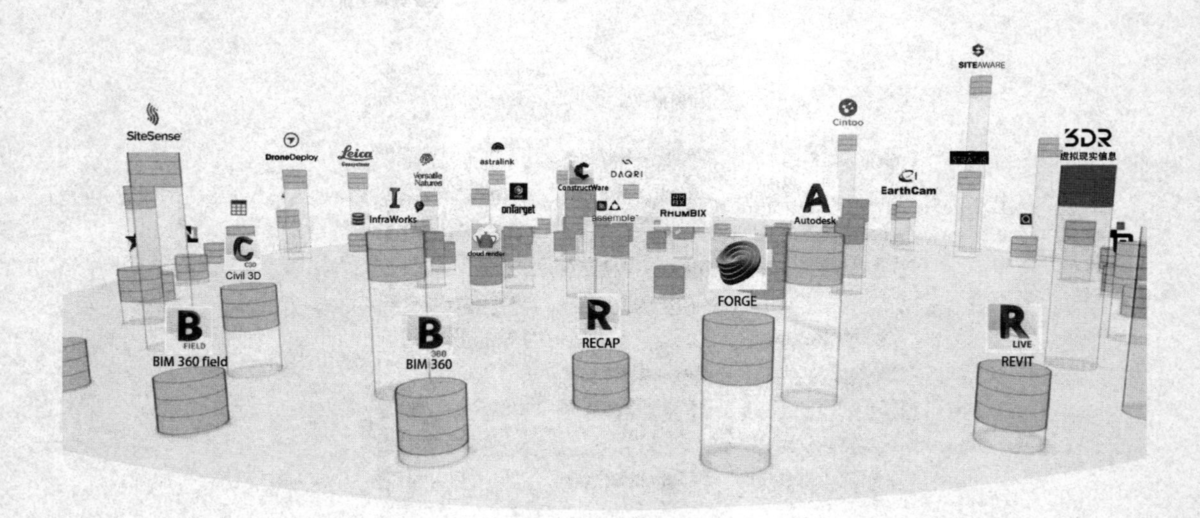

图 2-3-3　多种多样的数据来源汇聚而成的“数据湖”

这种情况下，符合信息化生产模式的建筑云端可以集成大量复杂来源的数据，兼容不同的格式和行业数据，将它们汇总并存储在云端（图 2-3-4）。

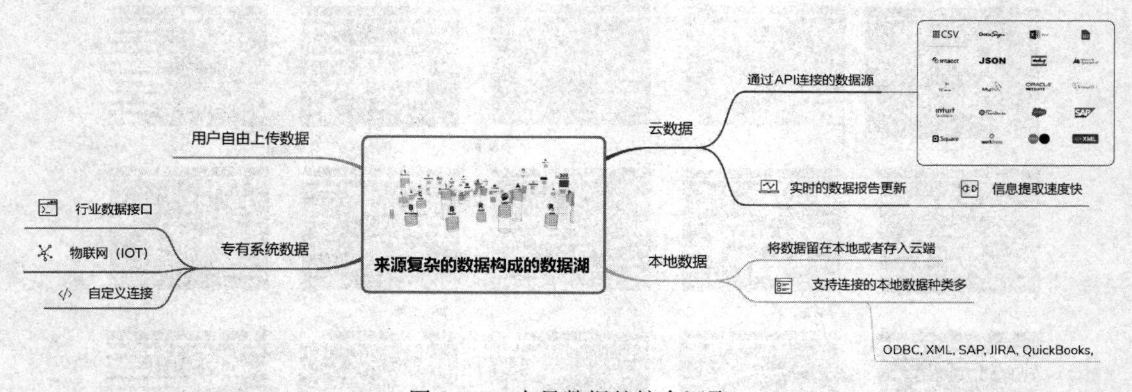

图 2-3-4　大量数据的综合汇聚

对于来源复杂的数据，信息化系统会保留原有的信息组织、软件、平台等，将其按照系统结构组织并进行存储。对于数据源，信息化系统提供双向的、实时的数据互通从而保证信息的一致性、真实性和时效性，在此基础上形成一个动态的、综合的唯一数据源以供后续使用（图 2-3-5）。

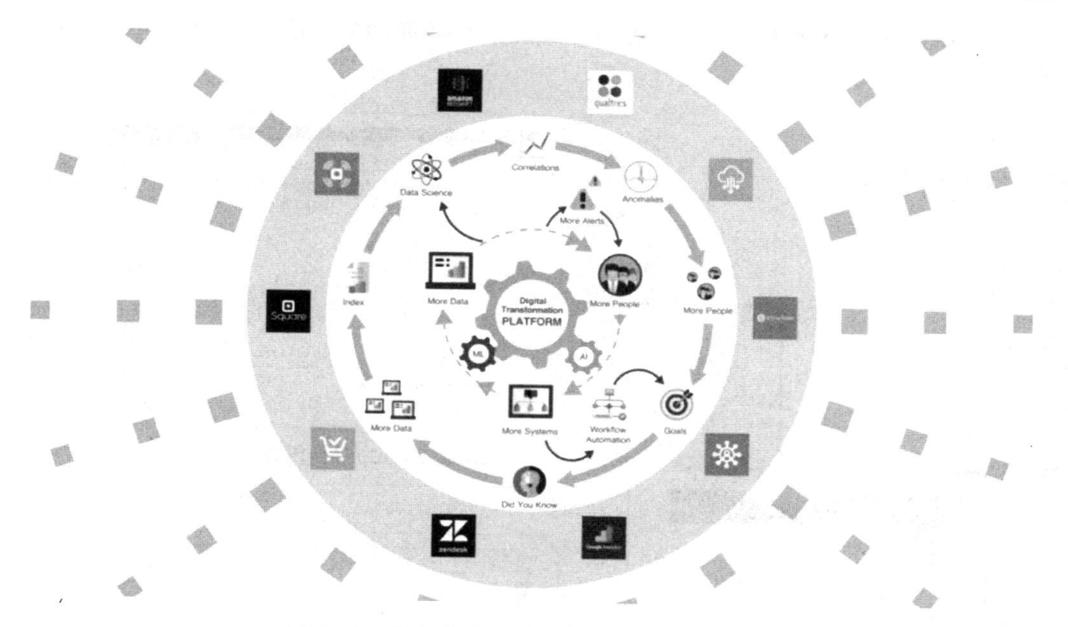

图 2-3-5　信息化技术对于建筑数据的集成处理

2. 信息化平台端的信息集成整合处理模式与优势

借助信息化技术，我们可以更好地读懂并利用数据。例如，现有的许多建筑云平台都提供数据卡片以及数据卡片库来管理和组织不同来源的数据，以供用户自由地浏览、查找、索引（图 2-3-6）。

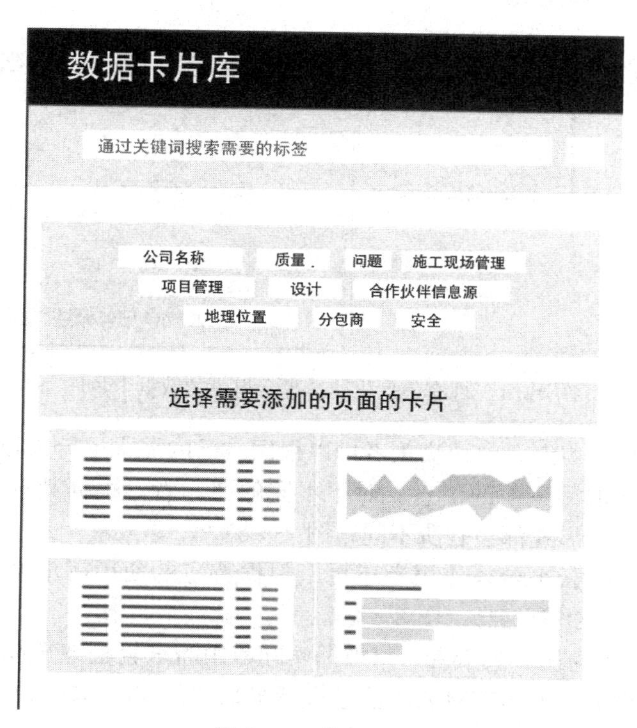

图 2-3-6　数据卡片

许多建筑云平台都使用卡片库式的方式提供直接简便的数据筛选和自定义显示（图 2-3-7）。

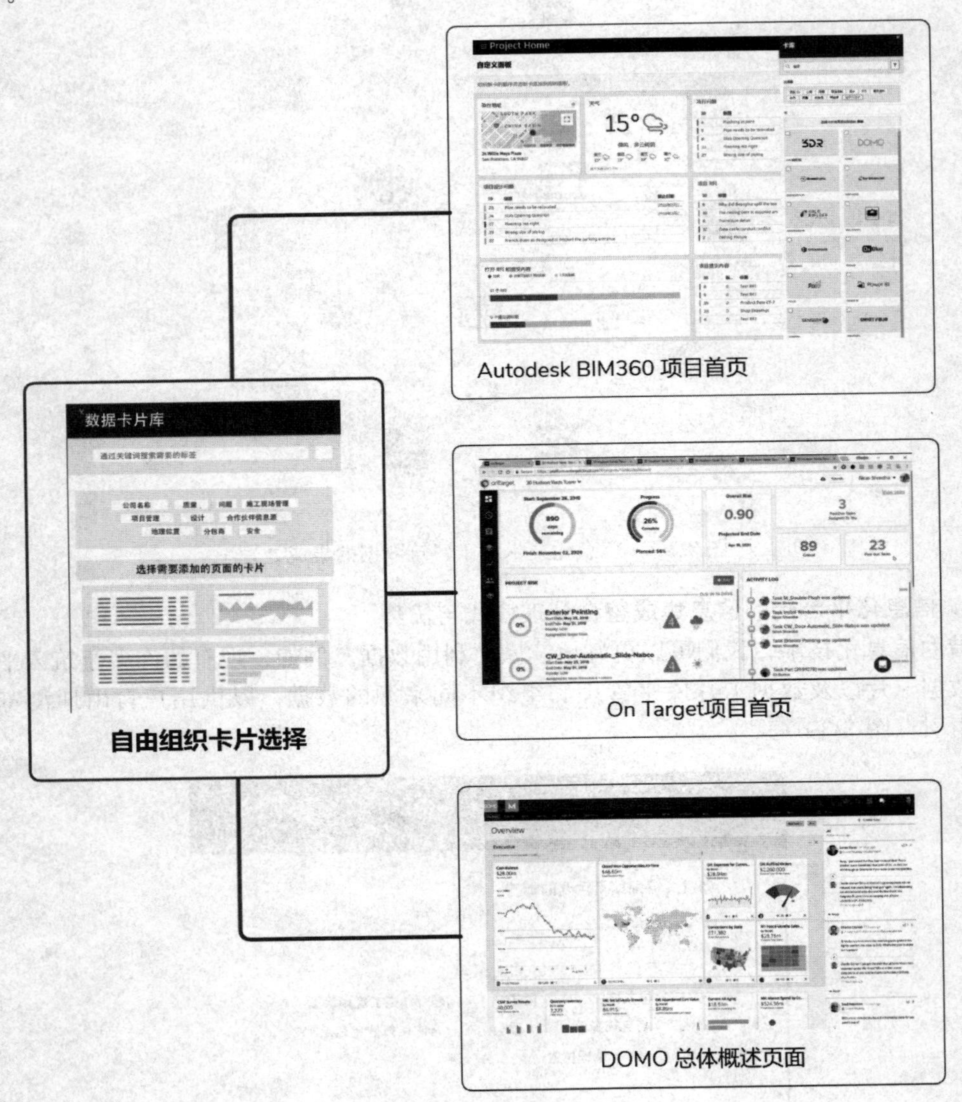

图 2-3-7　现有信息化建筑平台提供的数据卡片库

通过卡片的选择和组织，公司决策者可以根据自己的需求进行选择，针对性地在登录的第一时间获取直接的、全面的信息。对于不同的使用者，根据其选择与生产角色的不同，信息展示的内容和形式都会有所不同（图 2-3-8）。

通过信息化的建筑云平台，使用者还可以根据特定的使用需求来筛选显示的信息内容，从而更有针对性地提取信息（图 2-3-9）。

以 DOMO 云平台为例，决策者可以根据实际使用需求轻松地选择显示的数据信息内容。而对于如何根据需要的内容对云端信息进行组织和具体的自定义操作，会在后文讲解（图 2-3-10）。

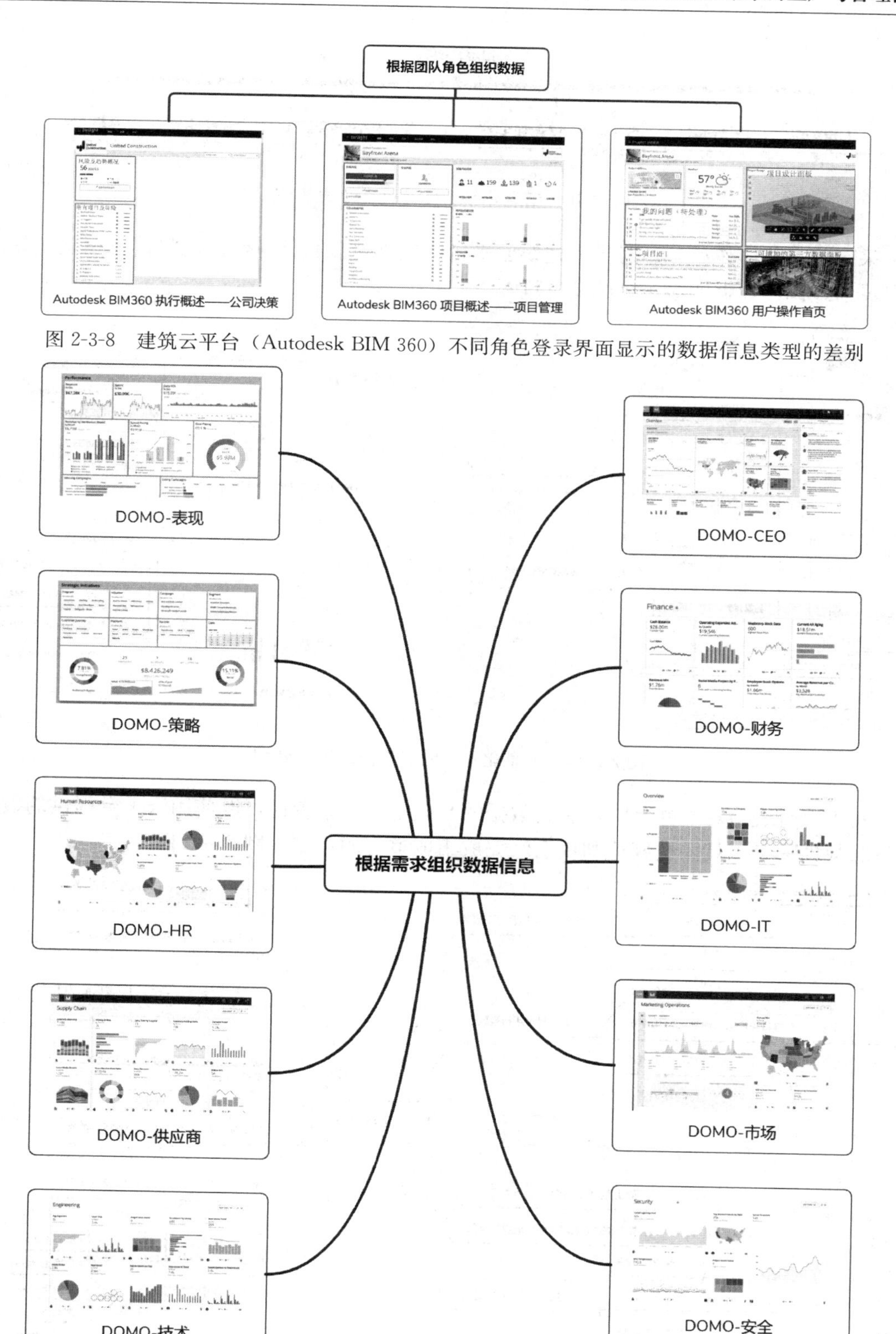

图 2-3-8 建筑云平台（Autodesk BIM 360）不同角色登录界面显示的数据信息类型的差别

图 2-3-9 信息化平台的数据组织（DOMO 平台）

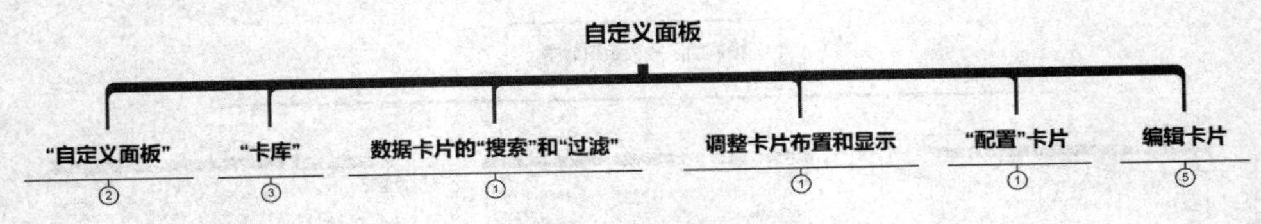

图 2-3-10　信息化平台的个性化信息组织

采用信息化协作后，针对导入建筑云平台的数据可以直接、便捷地将其可视化，并且可以灵活地调整数据的显示（图 2-3-11）。

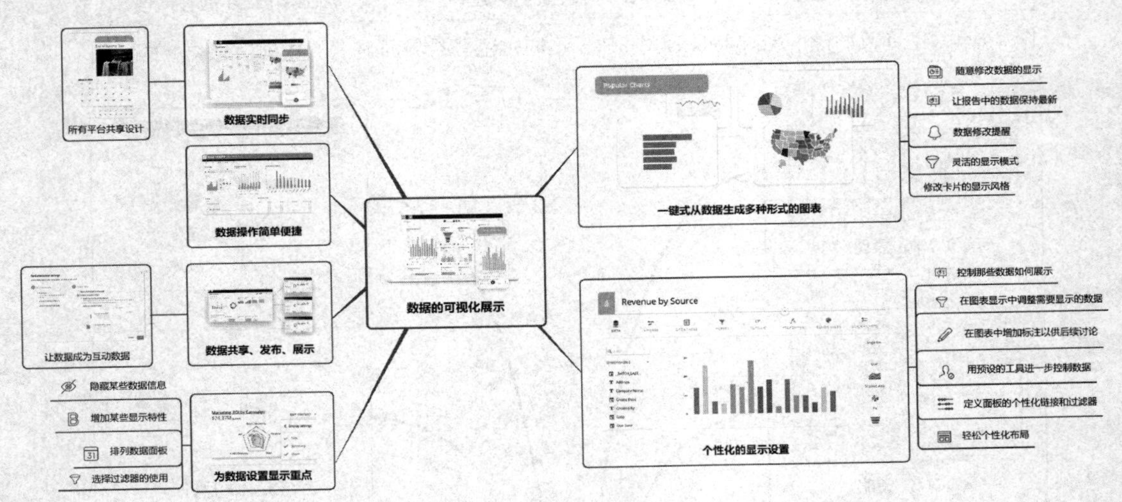

图 2-3-11　信息化平台的快速信息定向处理

在可以直观地观察并且同步更新数据的基础上，决策者还可以使用云平台提供的数据分析和数据加工工具，更好地利用已经完成集成整合的数据（图 2-3-12）。

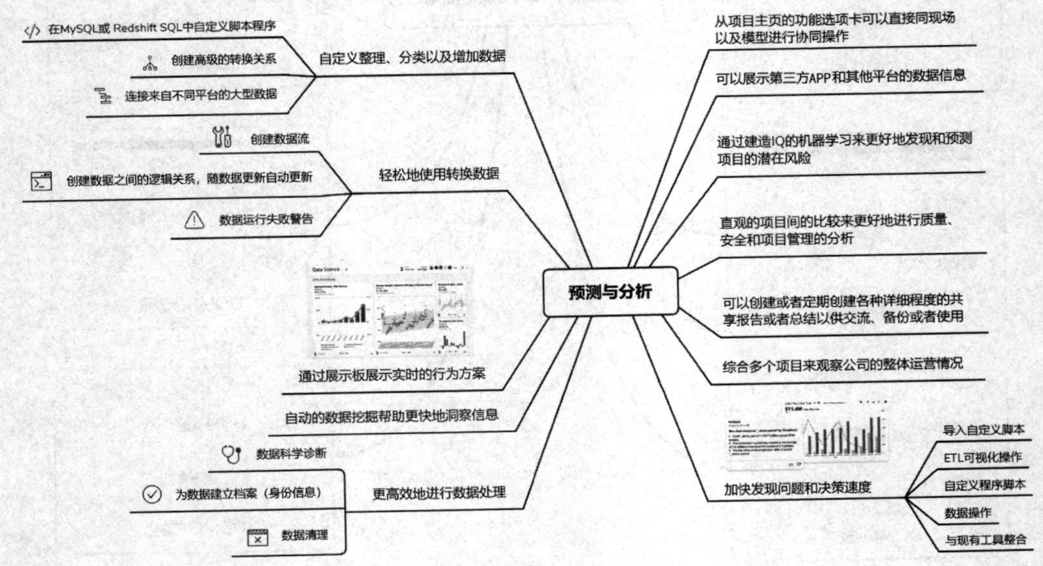

图 2-3-12　更好地利用集成整合信息帮助决策者进行工作

综合上述的各种信息化技术带来的建筑信息应用模式，读者不难发现信息化生产流程对于建筑信息的应用存在普遍性优势（图 2-3-13）。

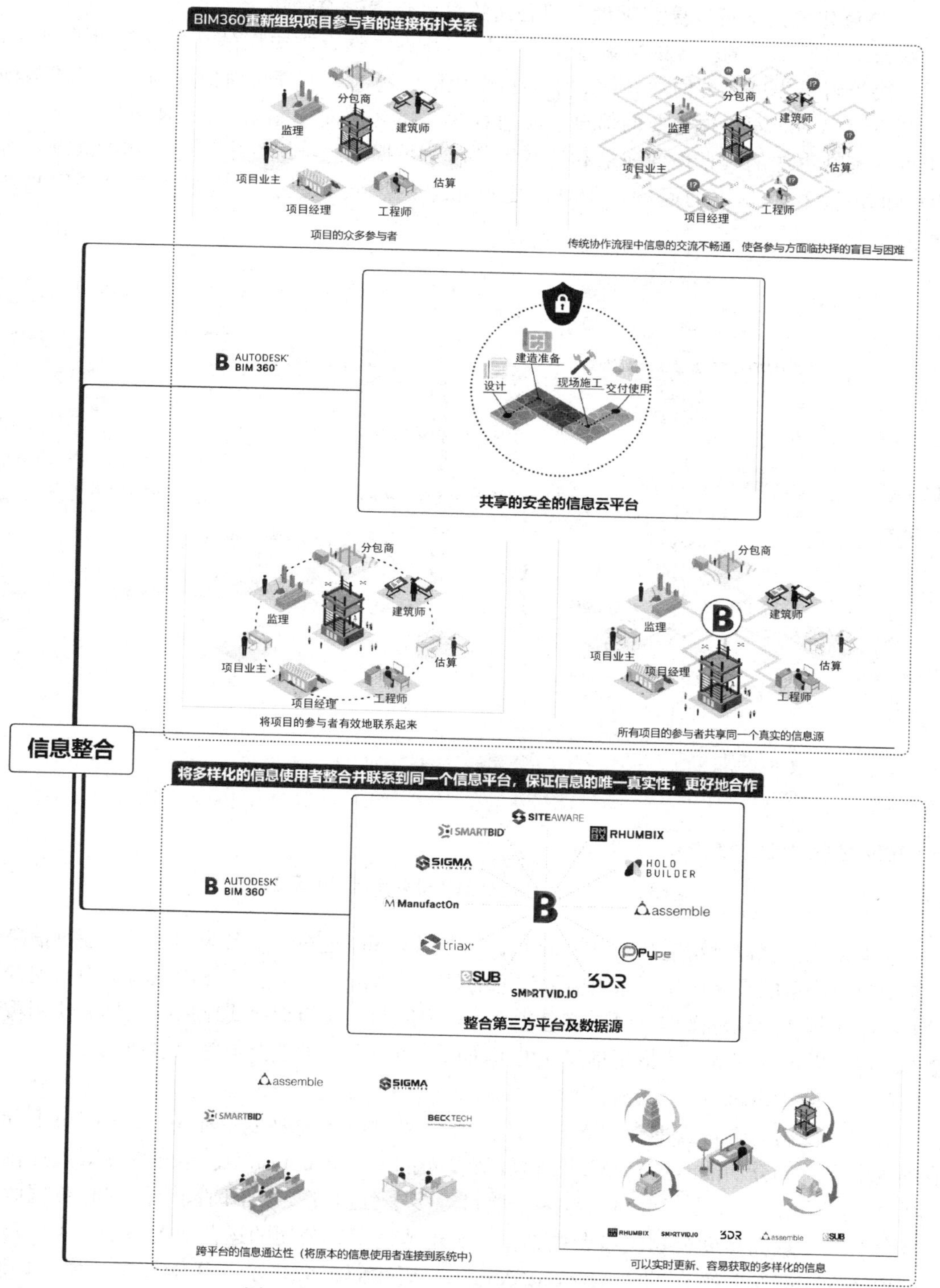

图 2-3-13　信息化平台的信息应用普遍性优势

二、新的信息处理模式带来的生产组织优势

1. 信息化模式下可以更直观地了解公司的总体运营情况

在云平台所提供的强大的数据连接、存储、处理、整合与应用的功能和帮助基础上，公司的决策者首先可以方便地获得对于项目全貌的洞悉力。而通过对信息的组织集成与预设，则可以第一时间获得需要的信息（与信息源链接和实时更新），并且还可以通过与平台上的其他数据源的数据横向叠加和比较以及历史数据的总结统计来衡量公司的表现，查看面临的风险和待解决的问题，预判决定所带来的风险和机会，预测公司的发展趋势（图 2-3-14）。

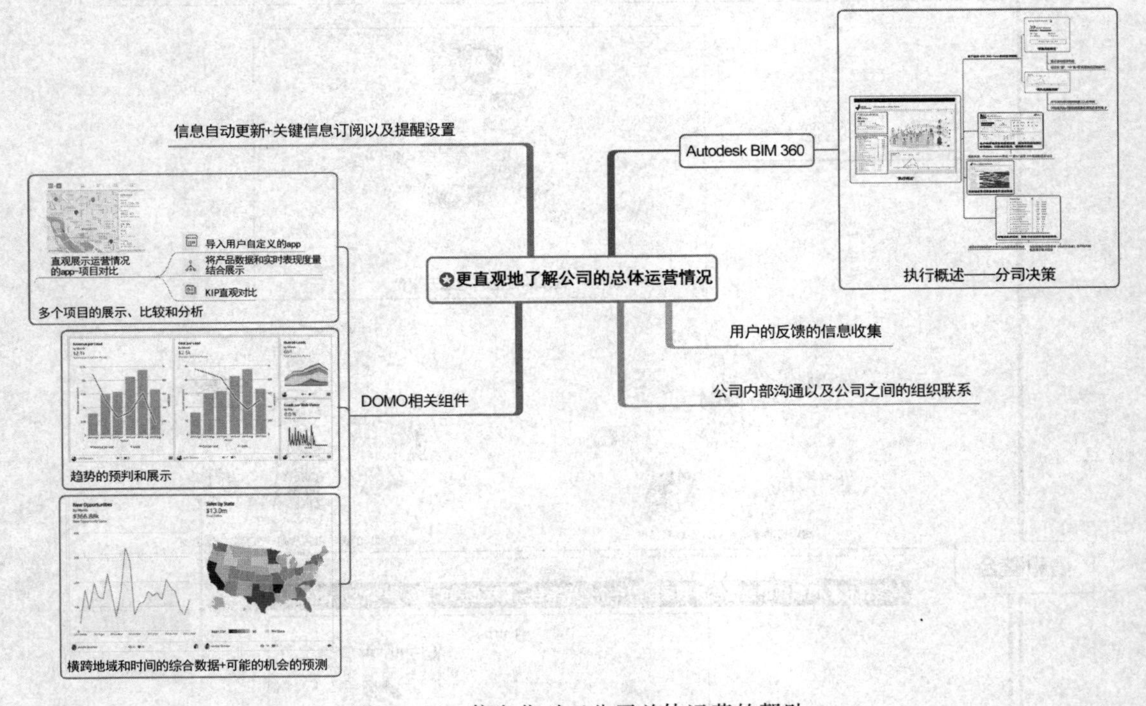

图 2-3-14　信息化对于公司总体运营的帮助

接下来我们就以欧特克公司（Autodesk）的 BIM 360 建筑云平台为例来了解建筑信息化协作中公司决策的具体应用。这里需要注意的是，读者应该将重点放在信息的组织与展开过程上，而非具体的软件操作。对于信息化来说，思路与工作组织模式比依托工具的使用重要得多。也可以这样理解，掌握了信息化的方法后，可以方便地选择与应用多种工具。

Autodesk BIM 360——公司决策

欧特克公司的建筑云平台 BIM360 的分析和预测功能主要集中在 Insight 模块中（其他模块中也有部分功能），而 Insight 和最新发布的 Construction IQ 为公司决策人提供了“执行概述”页面——专门针对跨越多个项目、多个分包商、多个时间点的综合数据收集以及分析——从而帮助公司决策者更直接、更迅速地了解公司的运营情况（图 2-3-15）。

BIM 360 建筑云平台的“Account Admin”概述面板会显示：开始日期、续展日期、激活项目的数量、合作伙伴公司的数量、激活成员的数量、成员限制（按服务或模块）、

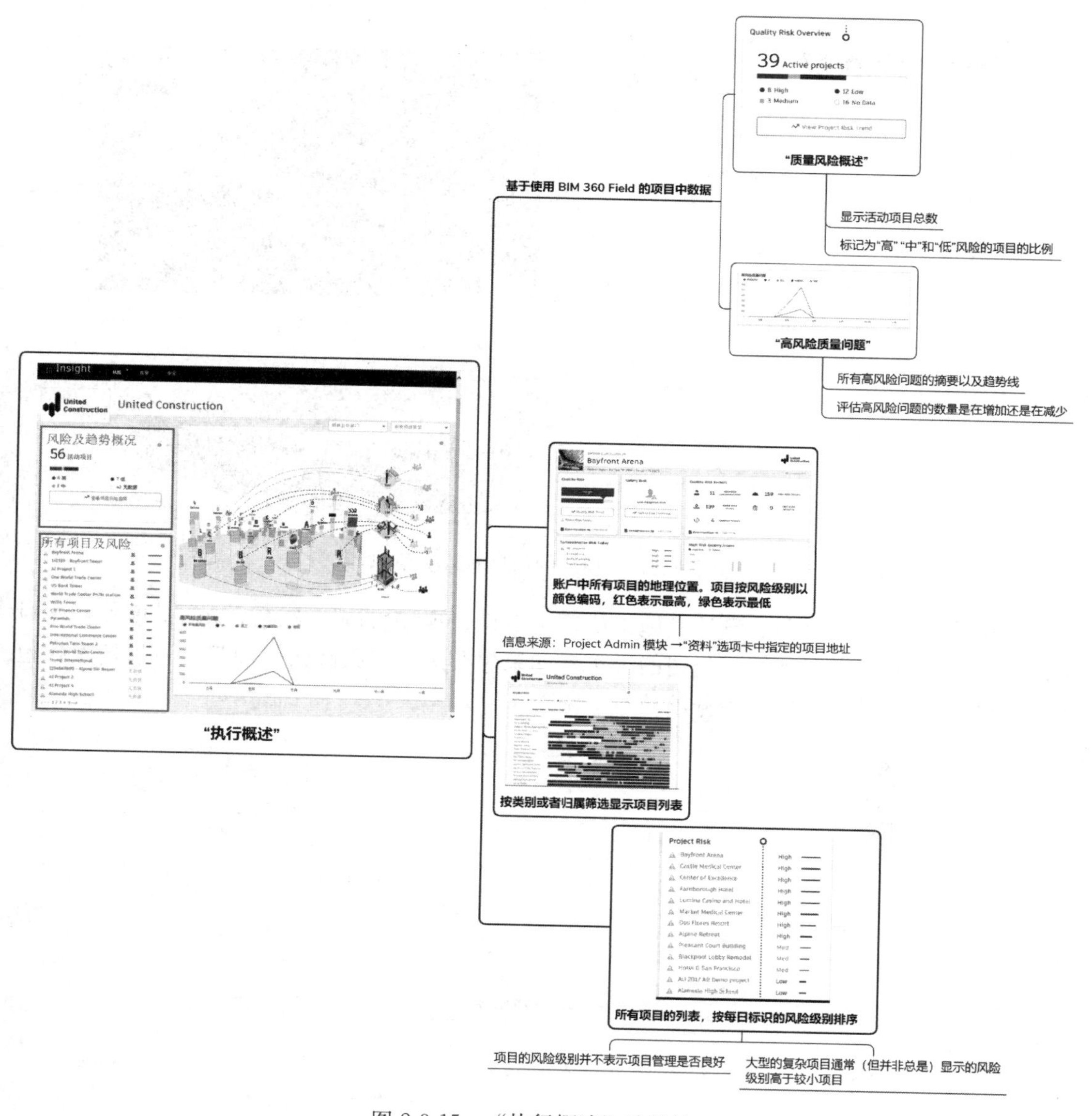

图 2-3-15　“执行概述”功能块

项目数量（按类型）、公司数量（按行业/类型）等。

公司决策者可以通过查看账户信息显示板来监控账户、成员、项目和公司指标，在“执行概述”首页可以看到加入 BIM360 平台账户中所有项目的地理位置，以及按每日标识的风险级别排序的所有项目的列表。同样，在地图中用不同颜色的标签示意了项目的风险级别，可以让项目决策者观察出存在风险较大的项目（图 2-3-16）。

其中“质量风险概述”和“高风险质量问题”图表基于 BIM 360 Field 中所存储的项目数据进行分析的结果，可以帮助决策者更直观地观察质量风险。

2. 更直观地了解项目的进展情况

多专业配合完成的复杂建筑项目想要顺利进展，需要各方面都顺利地进行——现金

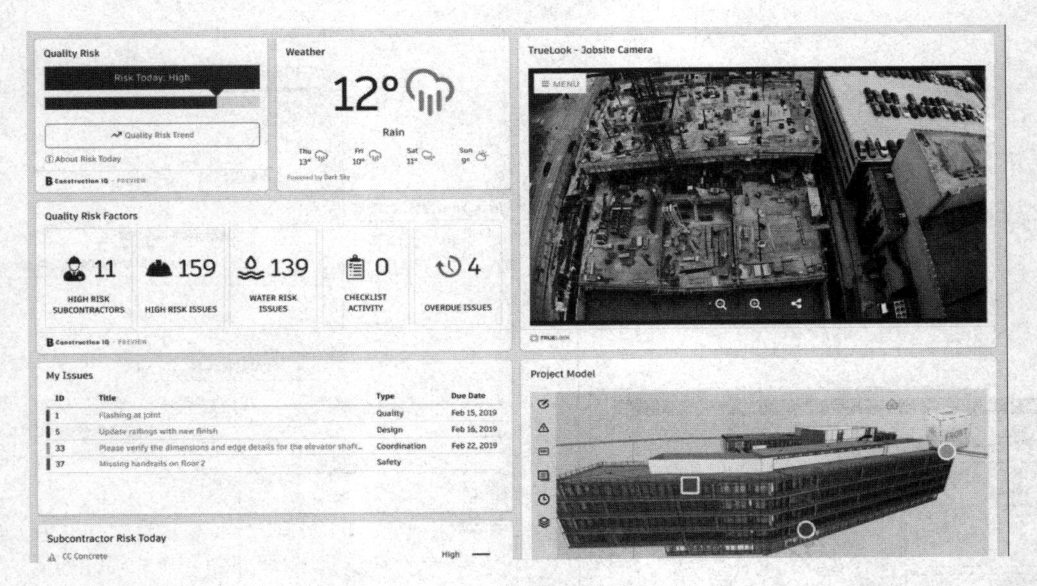

图 2-3-16　项目的信息及风险预判

流、资源储备、人力分布、设计、施工协调及组织、现场协调、交通运输、进度安排与时间管理、风险和安全管理等。公司的决策者如果想要进一步跟踪每个项目的进展情况，也同时需要了解项目级别的各种分项信息（图 2-3-17）。

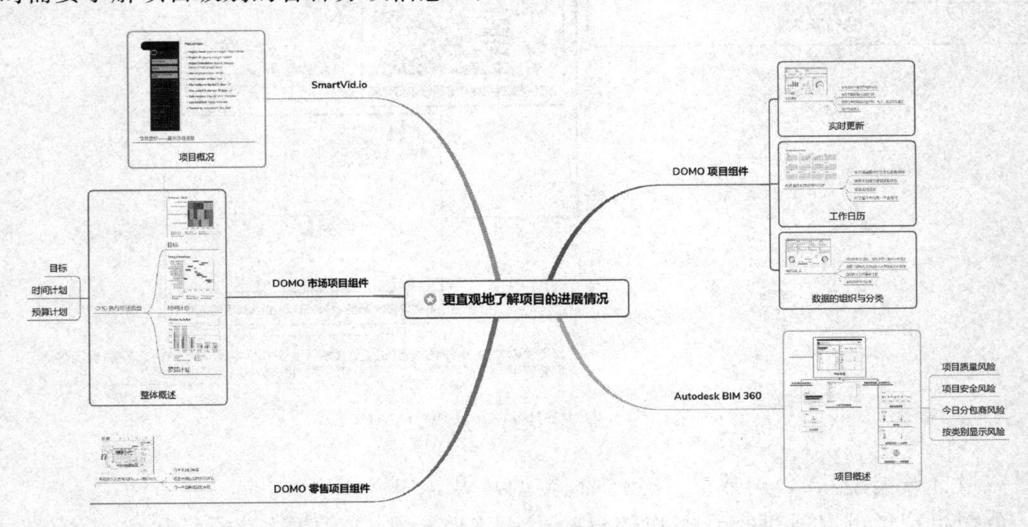

图 2-3-17　信息技术可以更好地跟进项目的进展

Autodesk BIM 360——项目概述

Autodesk BIM 360 在项目管理者首页提供项目的基本信息，公司决策者和项目负责人都可以通过项目首页了解项目的基本进展情况（图 2-3-18）。

建筑云平台（BIM 360）还提供更进一步的项目级别数据、分析和预测功能，以帮助项目的负责人快速地了解项目的进展情况，评估项目中数据的趋势和模式，标识任何差距和问题。项目负责人还可以使用预测风险数据来提高项目效率（后文有详细叙述）。

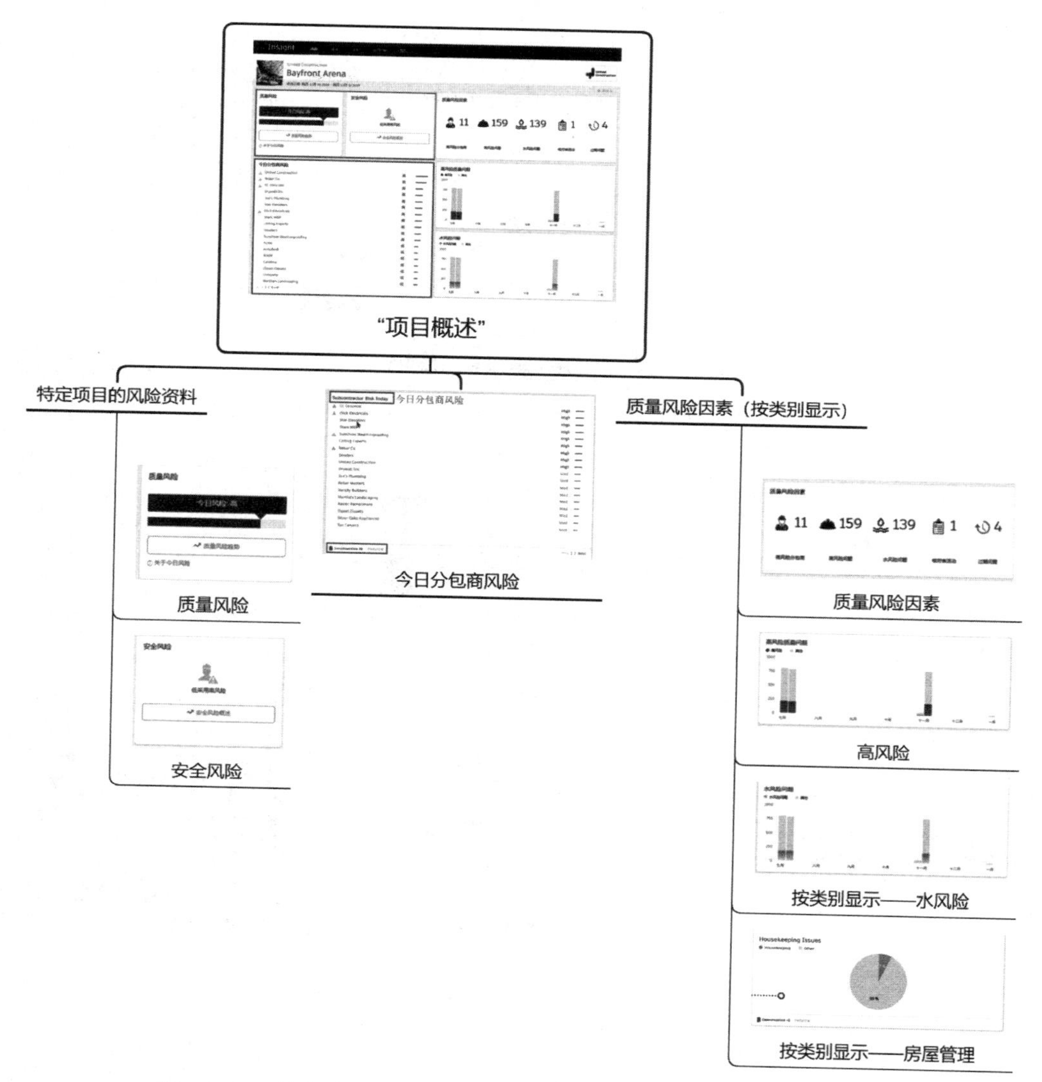

图 2-3-18　信息技术对项目的实时跟进（Autodesk BIM 360 云平台）

3. 更清楚地了解公司团队人员的实际工作情况、设备等资源的占用情况

与作为输出端的项目内容和项目进展相对应的是公司的根本生产力来源——资源。对于公司来说，资源包括经济、能源、软件硬件设备以及构成公司团队的人力资源等。更好地了解资源的分布以及使用情况是能更好地完成项目并且降低成本和风险的重要方法。通过建筑云平台的信息整合处理，公司决策者可以观察到团队成员的基本资料、工作状态、工作的内容与重点、一段时间的发展表现等，还可以看到通过建筑云平台的数据分析功能得到的统计分析结果，例如团队成员的综合评分、劳动工时的累计和分布、擅长与不擅长的领域等，从而更有效地组织工作。例如，一个公司的管理者可以通过云平台的工时统计发现其在全世界的分支中哪些团队成员的工作内容不饱和；还可以通过云平台查看潜在的机会项目列表，从而在进行更好的分配和组织工作的同时将这两者进行综合的判断，以帮助公司发现获取更多项目的机会（图 2-3-19）。

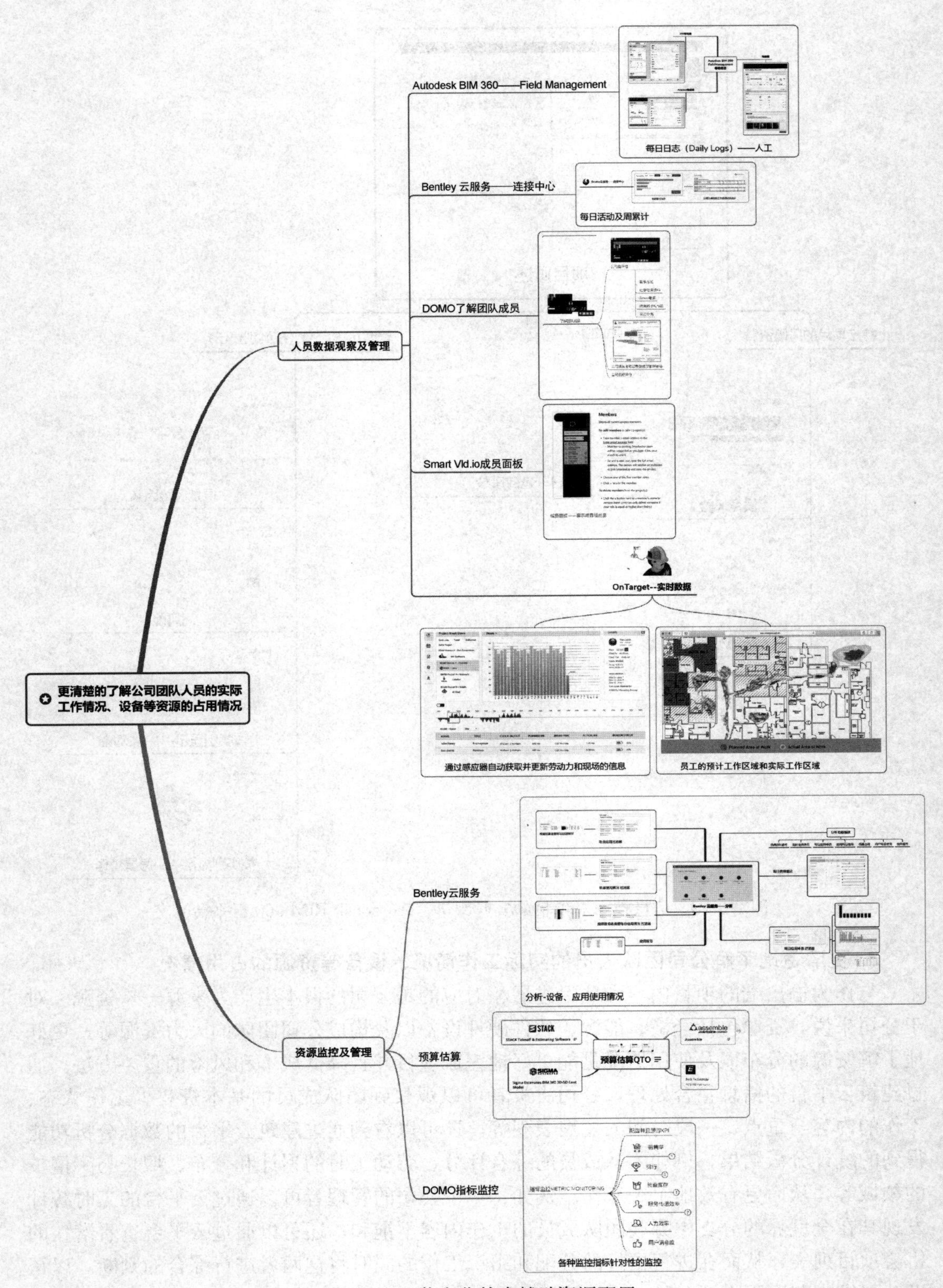

图 2-3-19 信息化技术辅助资源配置

下面将以现在建筑市场上应用范围最广的信息技术服务商欧特克公司和奔特利公司的建筑云平台为例，进行相关功能的简单介绍，让读者可以对信息技术平台的资源配置有更加直观的了解。

欧特克公司（Autodesk）：BIM 360——Field Management 每日日志（Daily Logs）

通过 Field Management 的每日日志，项目管理者和分包商可以获取每日的天气、人工和工时情况以及现场情况，从而更好地管理和组织工作（图 2-3-20）。

对于参与到项目生产中的相关人员，在清晰地观察到项目全貌的同时也可以清晰地了解自己每天的工作内容、工作重点、注意事项等（图 2-3-21）。

奔特利公司（Bentley）：Bentley 云服务——连接中心（图 2-3-22）。

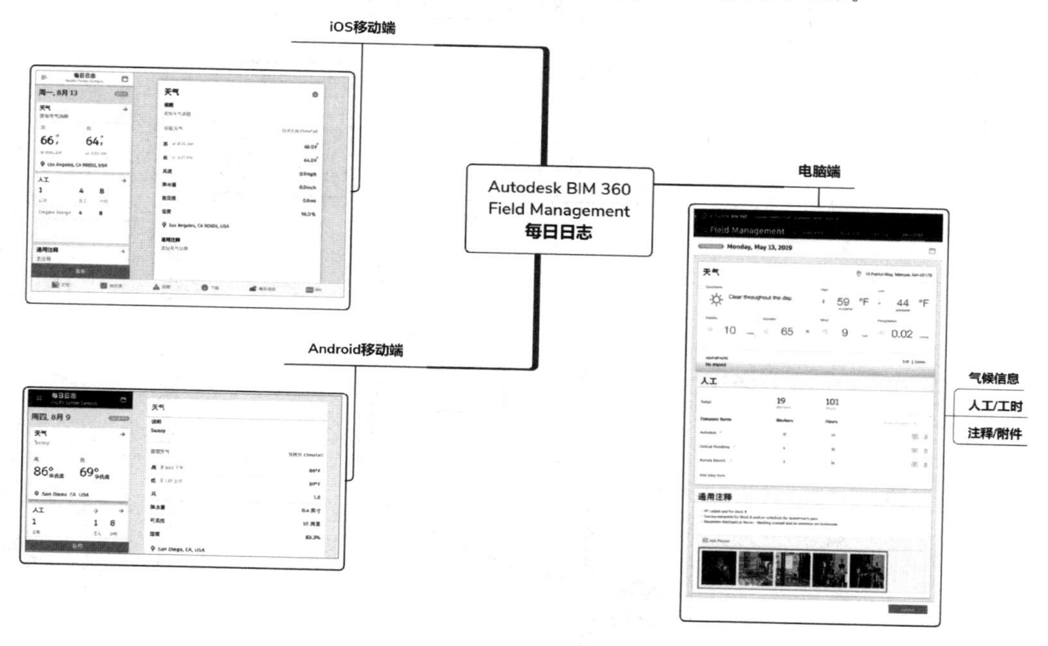

图 2-3-20　Field Management 的每日日志功能模块

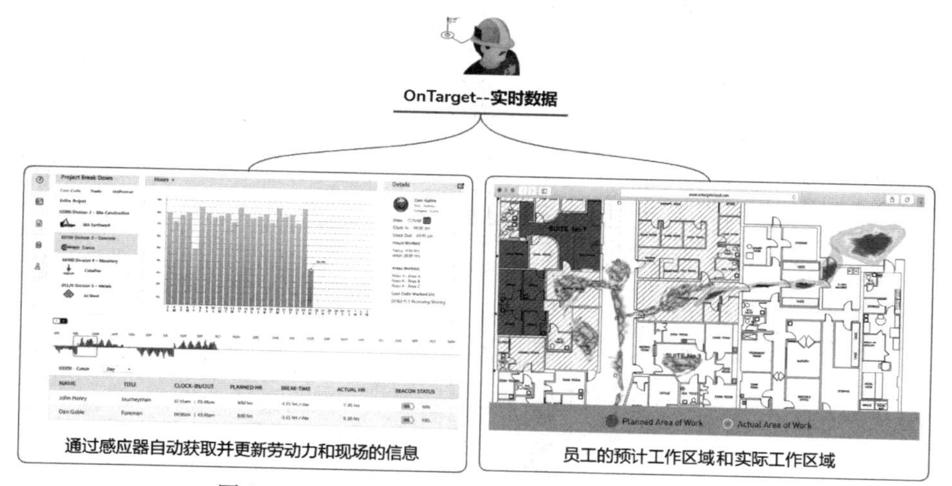

图 2-3-21　BIM360 与 On Target 进行的信息分析

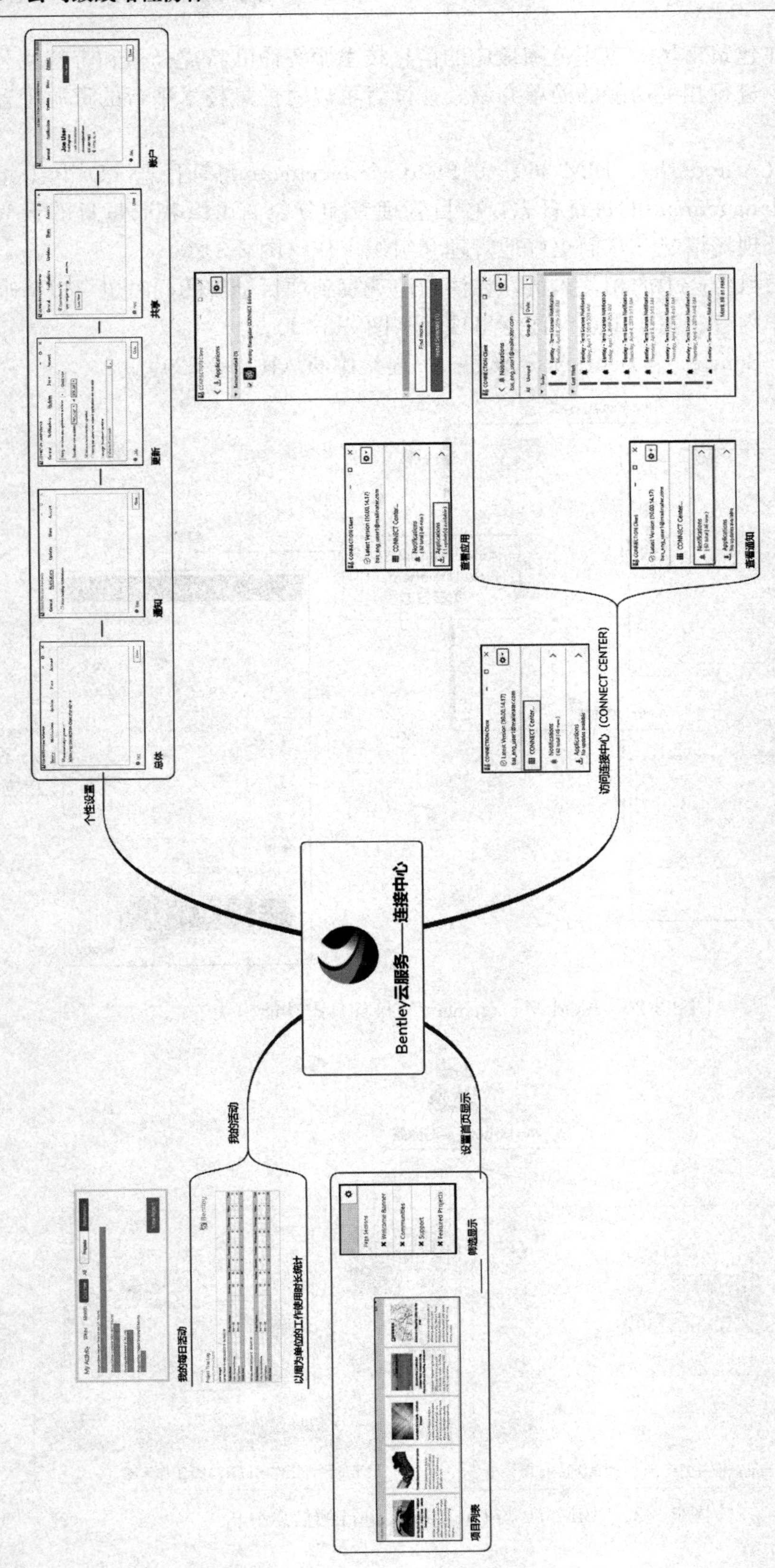

图 2-3-22　Bentley 提供的云端服务

Bentley 云服务——分析

公司决策人可以掌握整个公司拥有的设备以及应用的使用情况（图 2-3-23）。

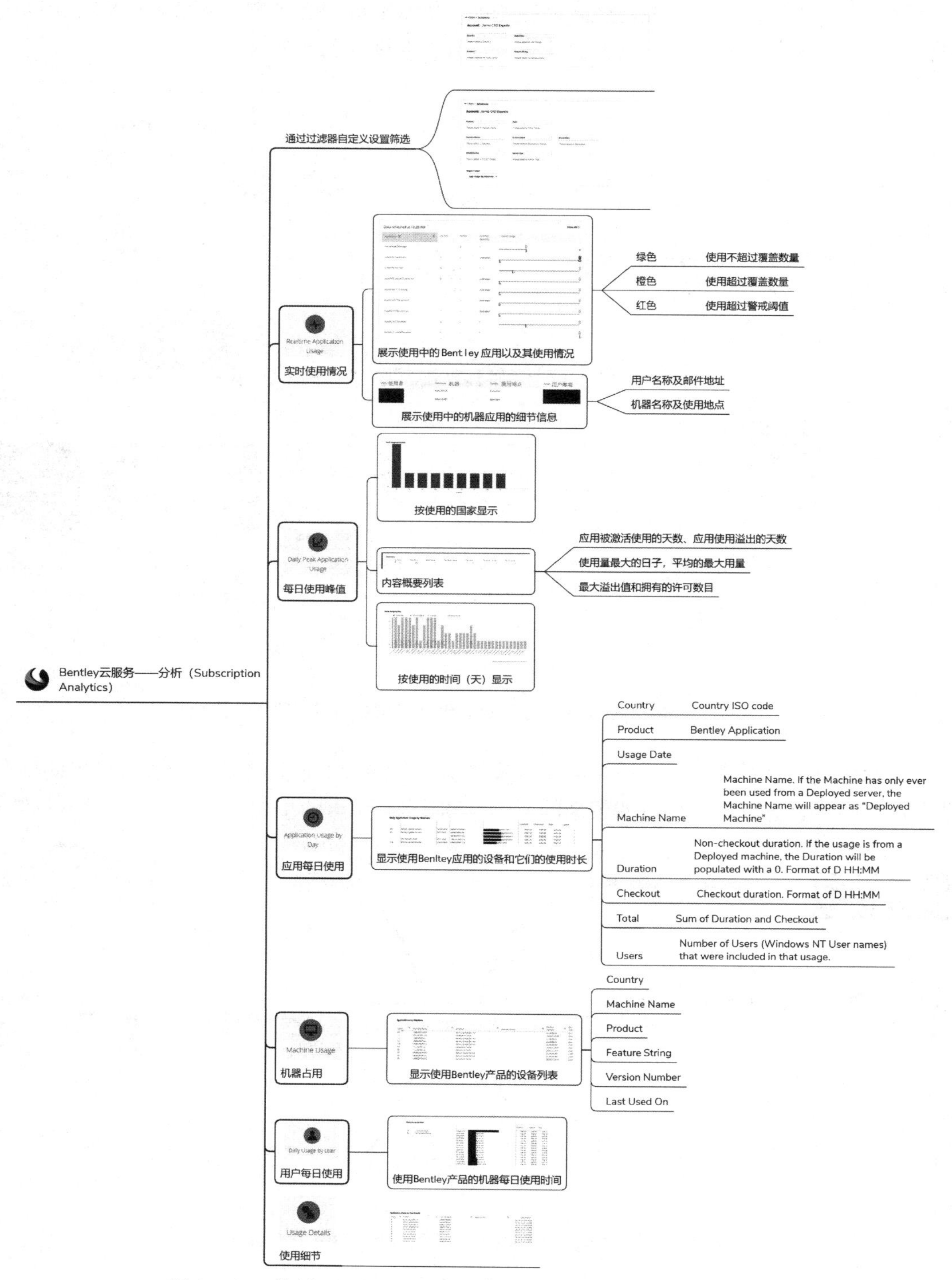

图 2-3-23　使用 Bentley 云服务的信息分析功能进行资源配置优化

4. 更清楚地了解每一个决定所造成的影响和可能导致的结果

借助信息化的建筑云平台，管理者可以通过实时的信息模型整合以及数据更新来观察各项修改所造成的影响和结果，从而更好地进行决策的模拟和预测，既节省反复分析形成报告的时间，也可以使决策变得更加准确、及时、合理（图 2-3-24）。

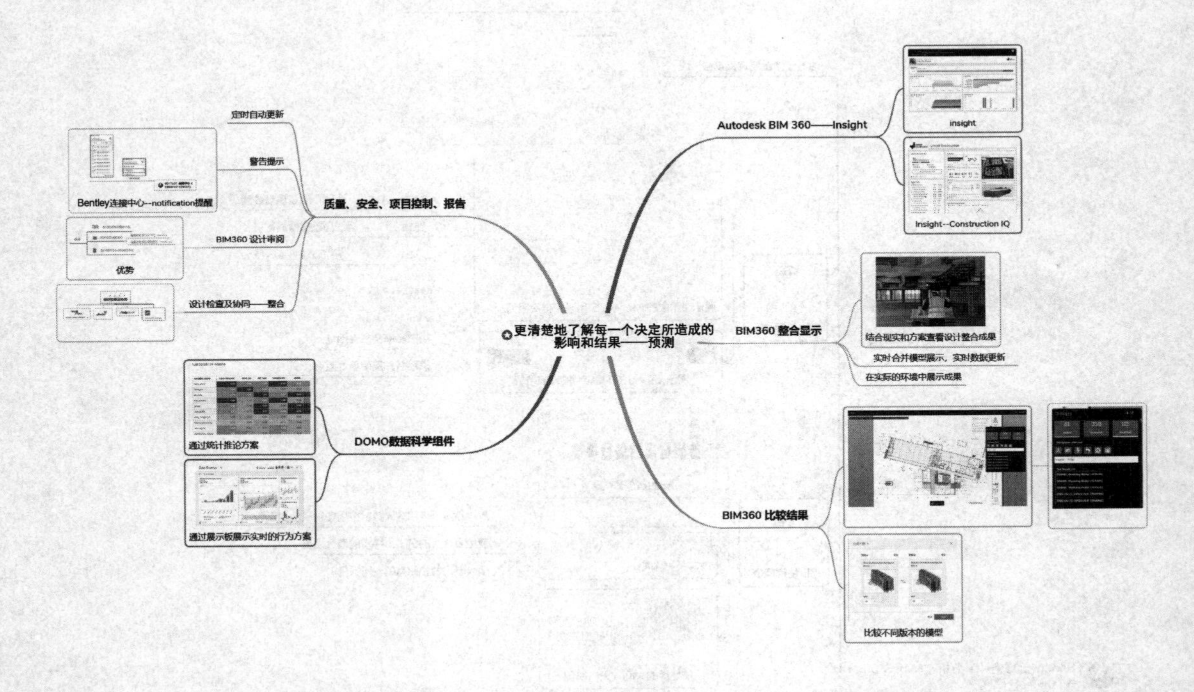

图 2-3-24 信息技术可以帮助我们更加了解每项决策带来的影响

借助建筑信息技术平台，所有的团队成员都可以随时随地从各种终端查看项目的综合情况，判断将要进行的工作可能带来的影响（图 2-3-25～图 2-3-29）。

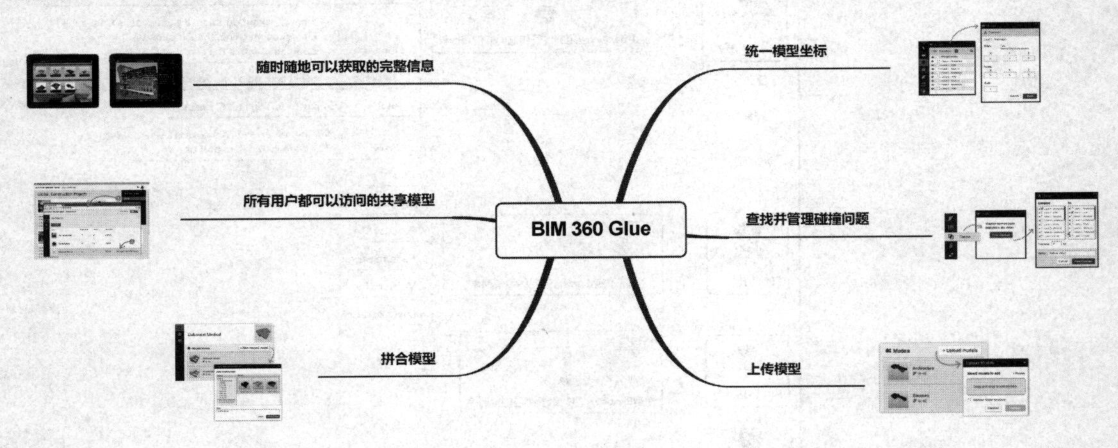

图 2-3-25 使用 BIM 360 Glue 进行项目综合信息查询

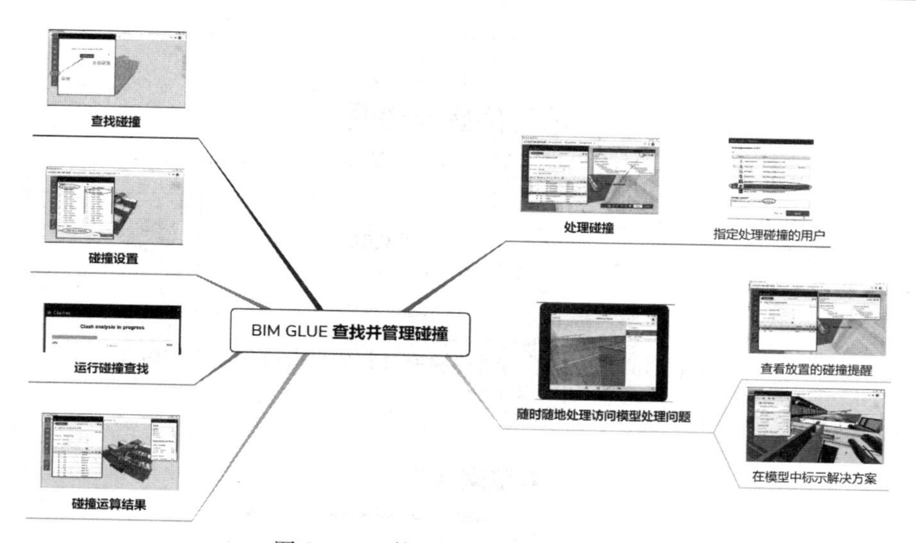

图 2-3-26　使用 Glue 进行冲突排查

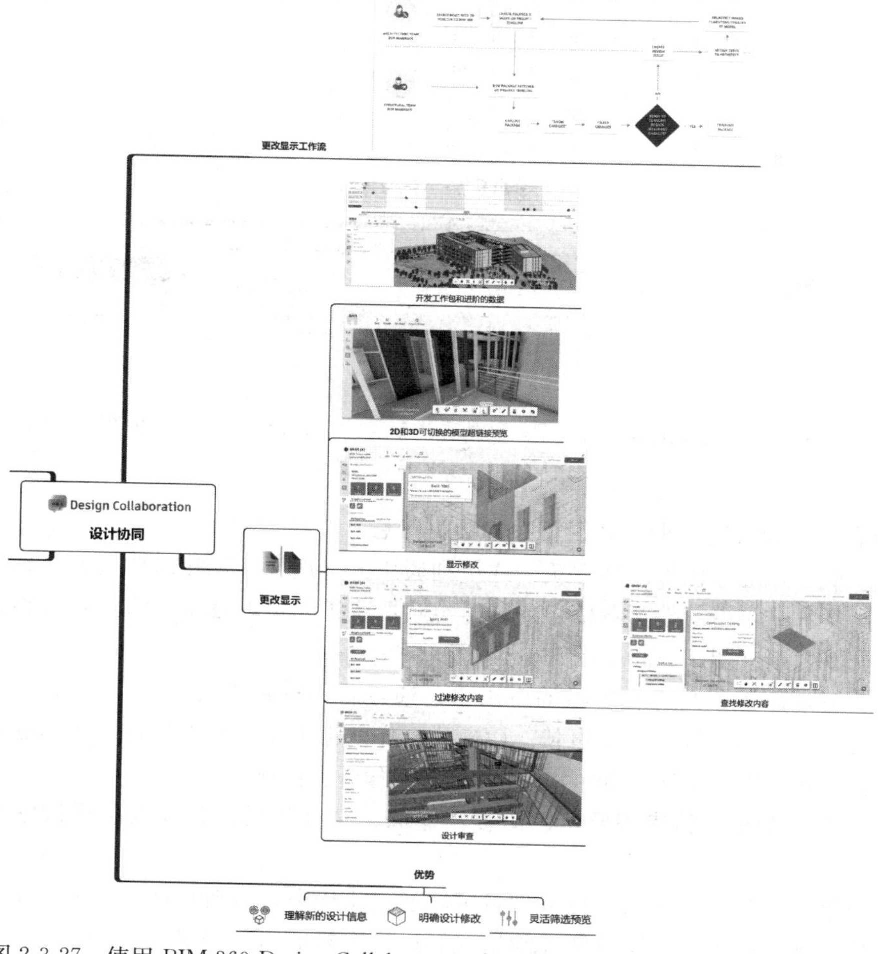

图 2-3-27　使用 BIM 360 Design Collaboration 实时合并模型展示进行数据更新与审阅

图 2-3-28 借助信息云技术的通用性通过其他平台进行检查与协同

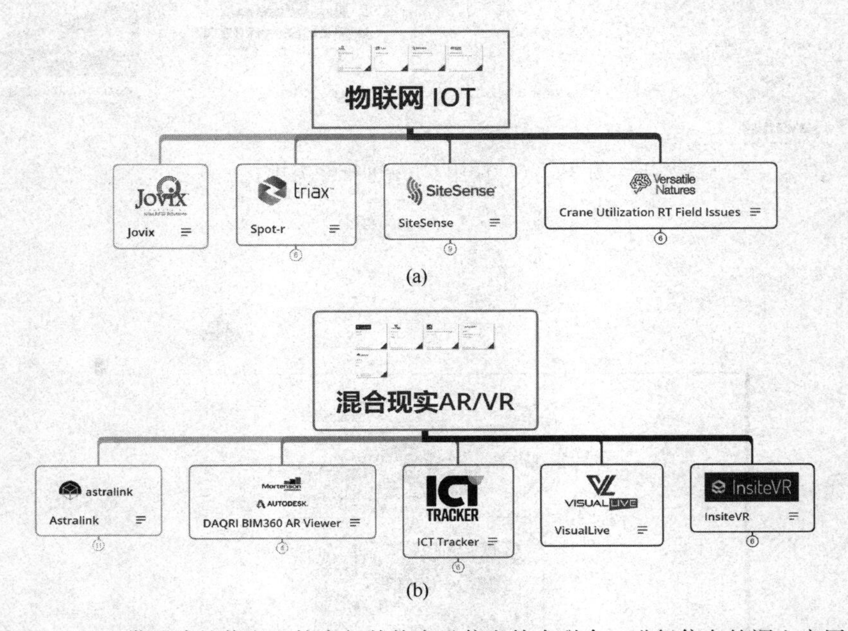

图 2-3-29 借助建筑信息云技术与其他先进信息技术联合，进行信息的深入应用

（a）建筑信息技术；（b）其他先进信息技术

5. 能更轻松地获得行业、项目相关的数据信息

通过云平台和信息化可以将建筑云连接到通用云，从而实现建筑建造业与其他各种行业的信息交互，在获得其他行业信息的同时也获取各种先进的技术成果，将其整合进建筑生产并且加以利用（图 2-3-30、图 2-3-31）。

从图 2-3-31 不难发现，在实际的应用中，通过合作伙伴卡可以在 BIM 360 云的项目主页实时获得相关的数据和信息更新。而通过合作伙伴卡所整合的软件、平台还可以根据其自身收集的数据以及 BIM 360 的数据进行相应分析、预测。

6. 将拥有的数据进行直观展示、比较、叠加，并且利用人工智能和机器学习等进行深入分析

借助信息化平台，公司与项目管理者可以通过历史数据分析对比、横向相似项目数据分析对比得到项目的各种实时可能风险情况和进行未来的风险预测（图 2-3-32）。

数据分析应用案例——Autodesk BIM 360 Insight（图 2-3-33）。

Autodesk BIM 360 Insight 默认提供质量、安全、项目控制、报告四个主要的分析组成部分，结合人工智能和机器学习的新模块功能 Construction IQ，利用 BIM 360 提供的建筑信息进行分析达到对信息的进一步、更广泛、更深入的应用（图 2-3-34）。

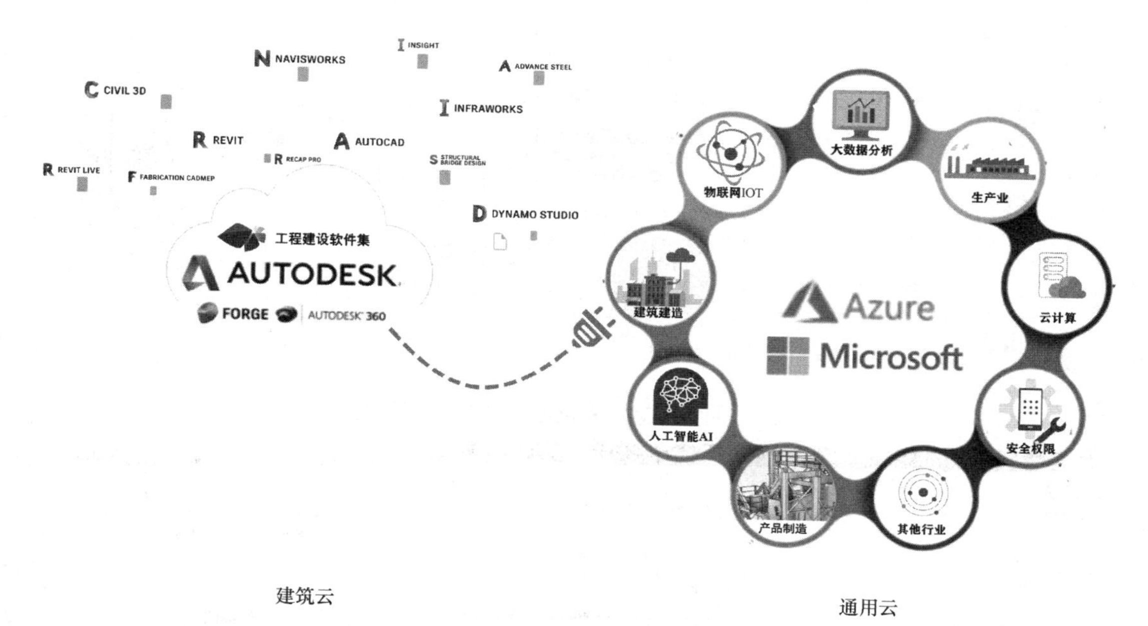

图 2-3-30　借助建筑云与通用云的连接将建筑业与其他产业进行信息化连接

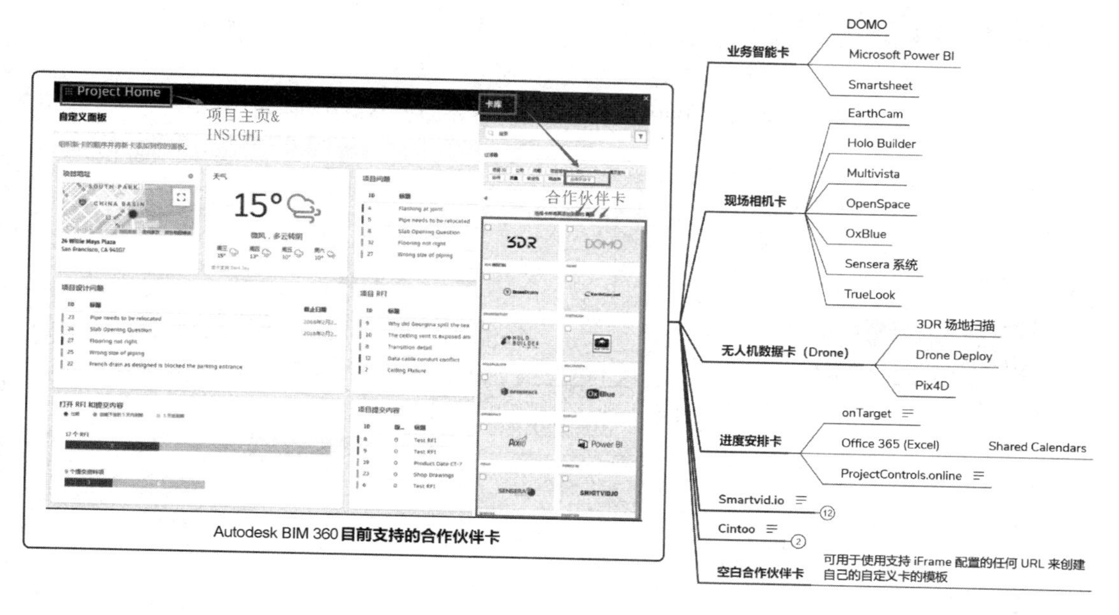

图 2-3-31　项目主页（Insight）合作伙伴卡（Autodesk BIM360 云）

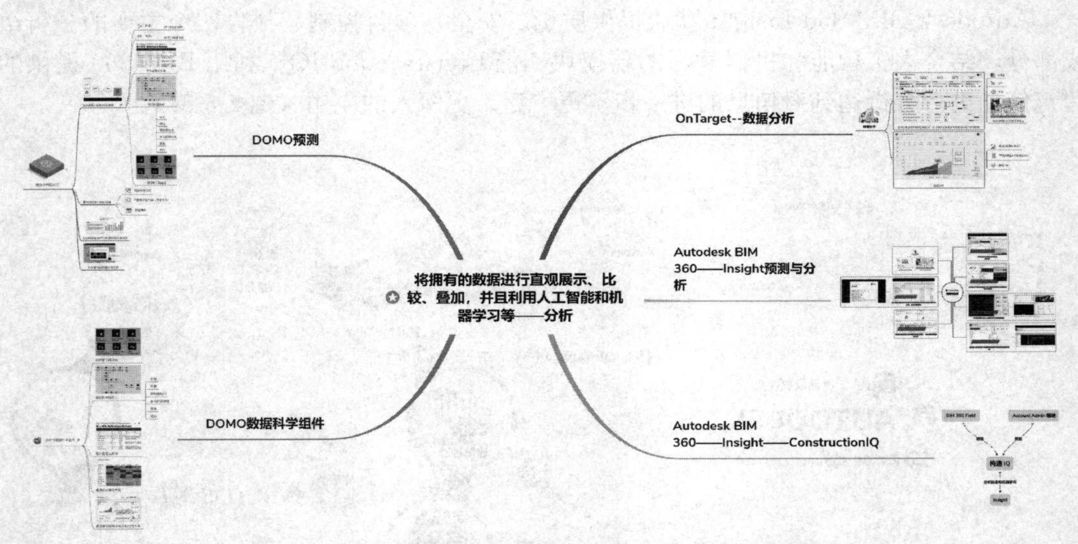

图 2-3-32 通过人工智能和机器学习进行建筑数据分析

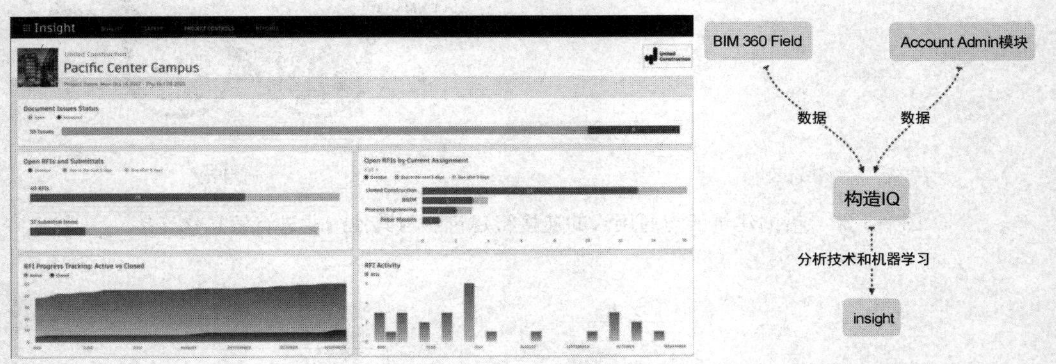

图 2-3-33 欧特克公司（Autodesk）BIM 360 建筑云的数据分析模块 Insight

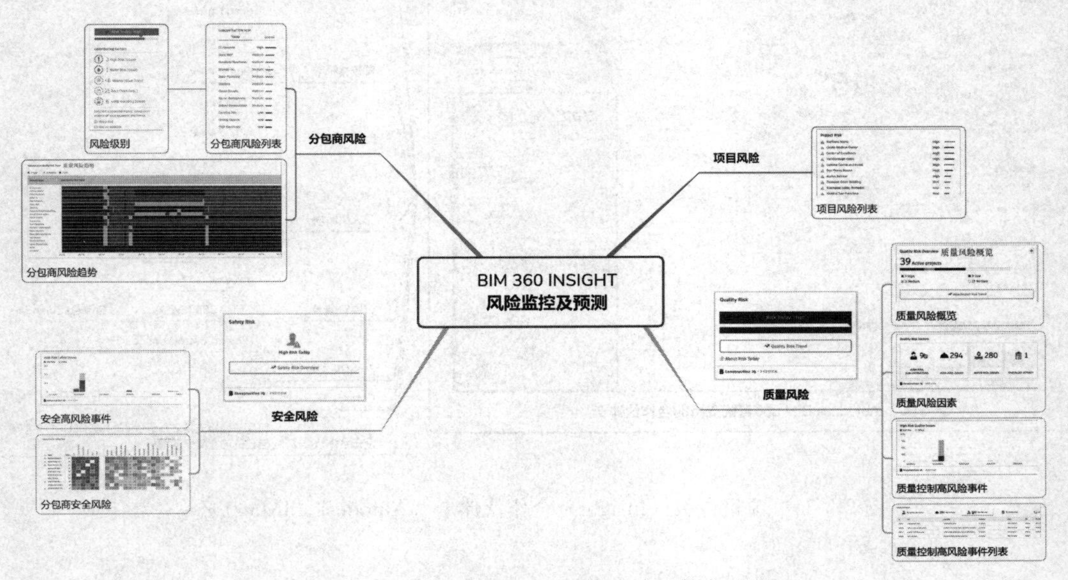

图 2-3-34 BIM 360 Insight 的风险监控与预测

其他应用案例——OnTarget

使用 OnTarget 信息分析模块可以实时收集信息，更新进度表，监控人力资源和资金的分布等，还可以根据数据进行相关分析预测（图 2-3-35）。

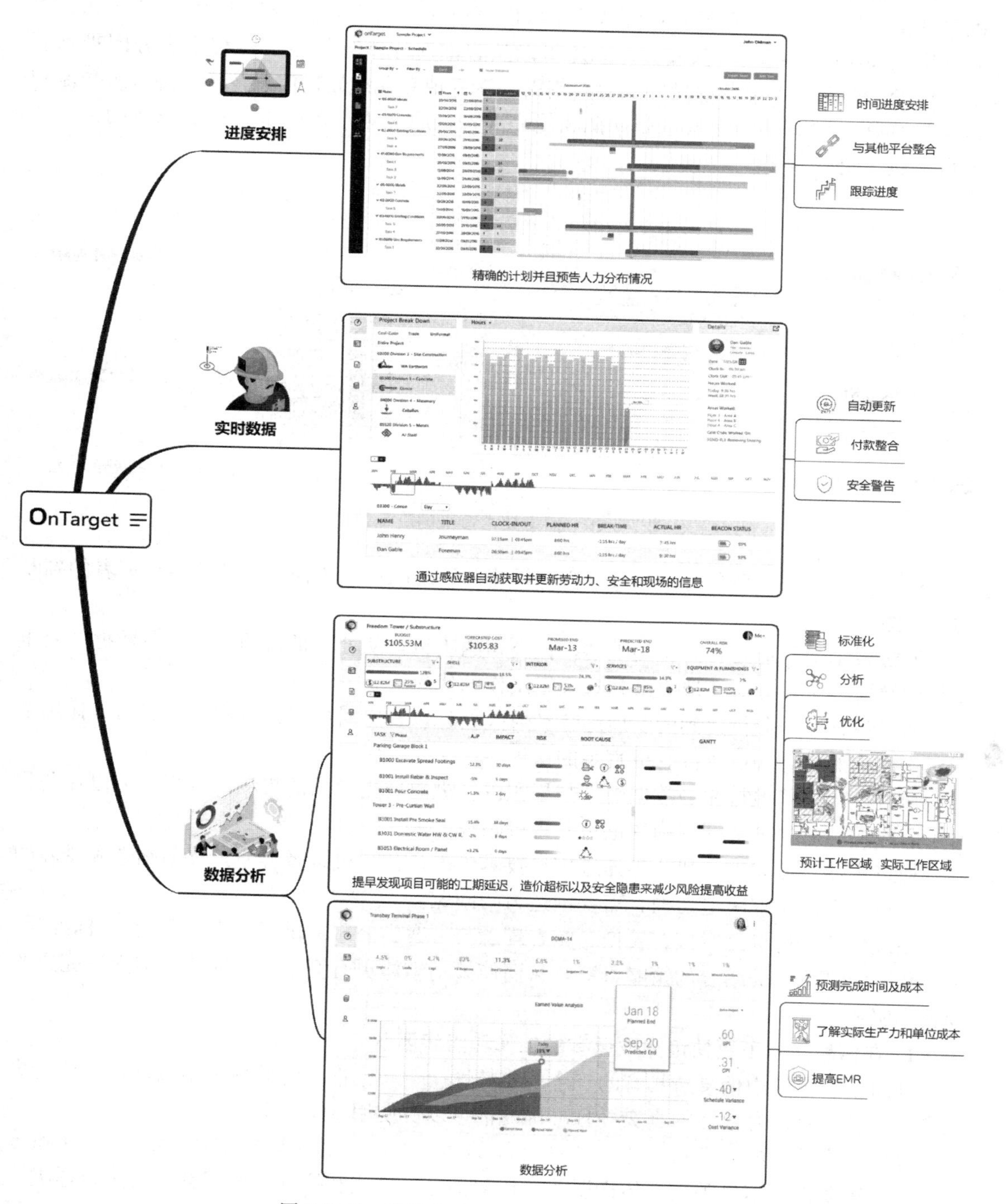

图 2-3-35　使用 OnTarget 进行数据信息处理

三、信息技术对项目的管理、决策与组织能力的提升

先进信息技术带来的在信息获取与处理上的优势赋予了公司决策者更强的全局观、判断力和执行力，使得公司的管理团队除了可以更快地完成原本生产流程中的相应工作，更好地组织和激励原有的团队成员外，还可以从容面对原本建筑生产流程中十分困难的复杂、综合、多专业甚至跨地域的项目。借助云端其他专业的先进信息技术（如人工智能和机器学习等），管理者和公司项目团队还能完成一些原本生产流程中不可能完成的工作和人员组织（图 2-3-36）。

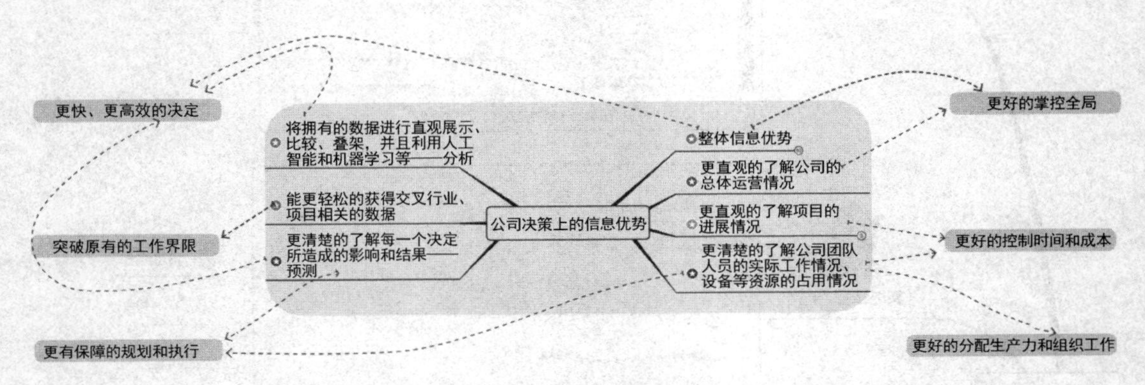

图 2-3-36 信息技术带来的决策帮助

信息化的建筑云平台可以通过分析与预测及辅助决策相关模块提高公司决策者的判断力、决策力、执行力。

通过展示最急迫需要处理的事情，让公司的决策者从处理批量的点状离散数据的繁重工作中解脱出来，针对性地决策并且决定工作的优先级。

通过各种数据分析得到的发展趋势和风险估计以及实时更新并可视化的展示，让决策者对于面临的机会和危机都有更直观的认识。

通过横向将其他行业的数据引入与累积以及纵向历史数据的累积与分析，可以让公司每个阶段的信息都被清晰明确的记录并且可跟踪。

通过机器学习和人工智能等先进信息技术可以让公司决策者省略掉许多筛选和排除的繁复工作，专注于解决迫切的、需要创造力的问题。

系统化的先进信息对接、转换、整合理念与方案为公司提供了一套国际化 、标准化、个性化、定制化完美结合的策略方案，从而使公司整体更有竞争力，完成从前无法完成的项目和服务。

1. 在信息技术下更快地完成原有的工作和组织团队

建筑信息系统中信息所具有的三个重要特性——一致性、时效性和精确性，让公司决策者可以获得具有时效性的真实并且准确的信息以供使用（图 2-3-37）。

在每一个项目的进行过程中，团队之间的信息交流、各个阶段之间的信息交互和传递，往往需要面对信息丢失、传递误差、理解偏差、格式转换等种种问题。对于公司决策者而言，可能需要同时面对多个项目，并且每个项目可能存在处于不同的地域、运用不同的语言和设计手段的多个参与方。这些建筑生产的特点造成建筑项目提供的信息类型具有

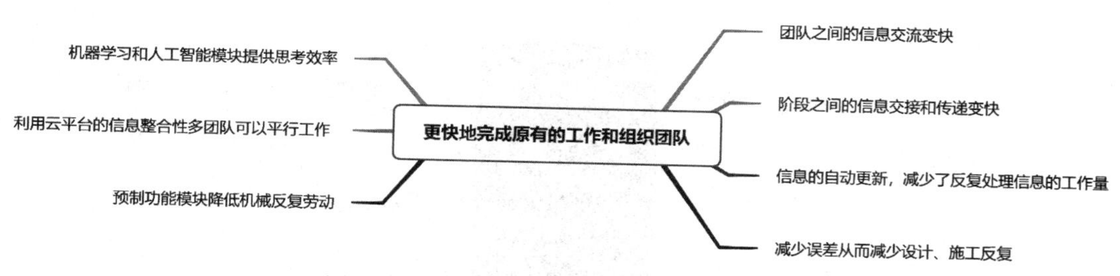

图 2-3-37　信息技术对工作组织效率的提升

多源且更新速度不一致的特点，因此经过信息技术组织的、结构清晰的、可以实时同步更新的、可控并且可靠的信息整合平台，就为管理者提供了更高效的解决这类因建筑生产特点带来的协作问题的信息基础。

通过消除团队之间的交流障碍、消除阶段之间的连接断档，公司决策者可以有效地减少每个项目的安全风险。并且可以通过每时每刻清晰地了解项目的实际进展和项目参与成员的工作状态，来有效地控制和平衡时间成本、人力成本和实际投入的物质成本等成本因素。在这种信息处理能力得到质变提升的情况下，管理者可以从容地同时平行进行多个任务组织而不至于失控，进而可以更有效率地组织工作，达到比传统工作流更快速的完成工作、提高生产效率的效果。

同时，通过云平台为建筑建造业所针对性开发的预制功能模块——例如模型的整合、比较、合同、问题、报告、批准、标记、检查列表的生成、审阅等，可以将机械性的反复劳动降低，从而使管理者与工程师更加专注于创造力和解决专业问题。再配合所链接的通用云中的机器学习和人工智能等模块，借助先进的技术更进一步推动公司进入高效运行，从而可以更高效地完成原有的生产任务。例如，在欧特克公司的 Design Collaboration 模块中，接收更新文件的人可以根据自己的需求选择是否更新图纸，如果修改对本专业没有影响，可以选择在完成一个 deadline 之后再更新图纸。

应用案例——RHUMBIX 与 BIM360（图 2-3-38～图 2-3-40）

2. 在信息技术下更好地完成工作和组织团队

应用信息技术的建筑云平台可以直观地展示信息，保障团队之间顺畅地交流，减少交流成本（时间和资金）与设计反复——通过历史数据分析避免同类型问题，通过积极有效的快速信息交互交流迅速解决问题，通过信息交互的通达性及时发现并且定位问题（图 2-3-41）。

先进的信息技术不仅让决策者清楚地了解项目中正在发生什么、知晓团队中每一个成员的工作情况、了解每一笔资金的用途、掌握每一个设备的运转情况、明确每一个修改的结果，更让项目管理者与工程师清楚地知道每一个合作对象、分包商的历史情况如何。依托先进信息技术的协同工作组织，使得所有项目参与者都在同样的、具备相同时效性的、完整的信息这一基础上进行实时交流，既节省时间和精力，也提高信息的应用深度、应用广度与应用方式，从而极大地提升了最终完成的项目成果质量。

信息技术带来的信息交互便捷性让项目的参与者能轻松有效地联系到所有的对象，可以将工作内容精确地传递给对应方，并同时追踪发布任务的进度，明确任务的责任，减少出现责任含混导致的工作疏忽情况，从而使公司的项目工作组织进入一个良性的循环中。

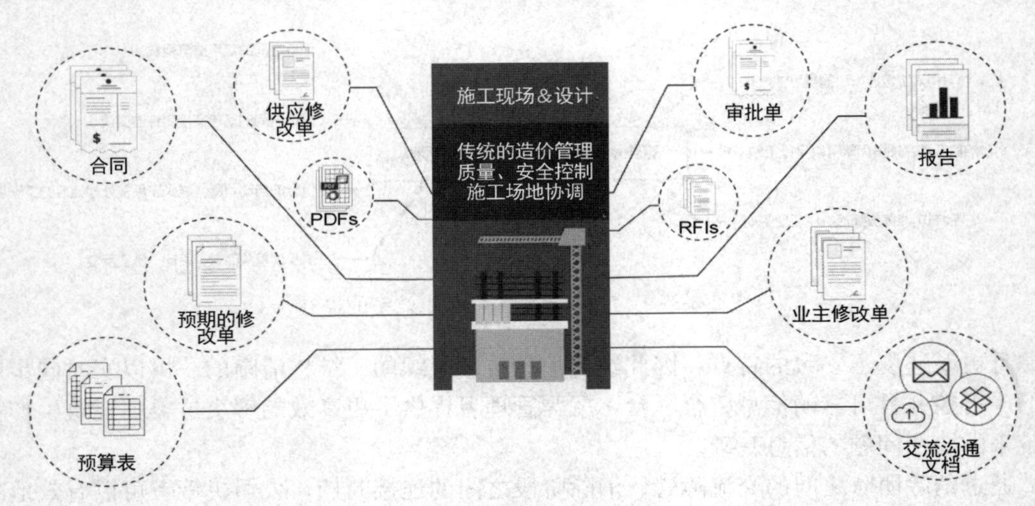

图 2-3-38　传统的造价管理的信息特征

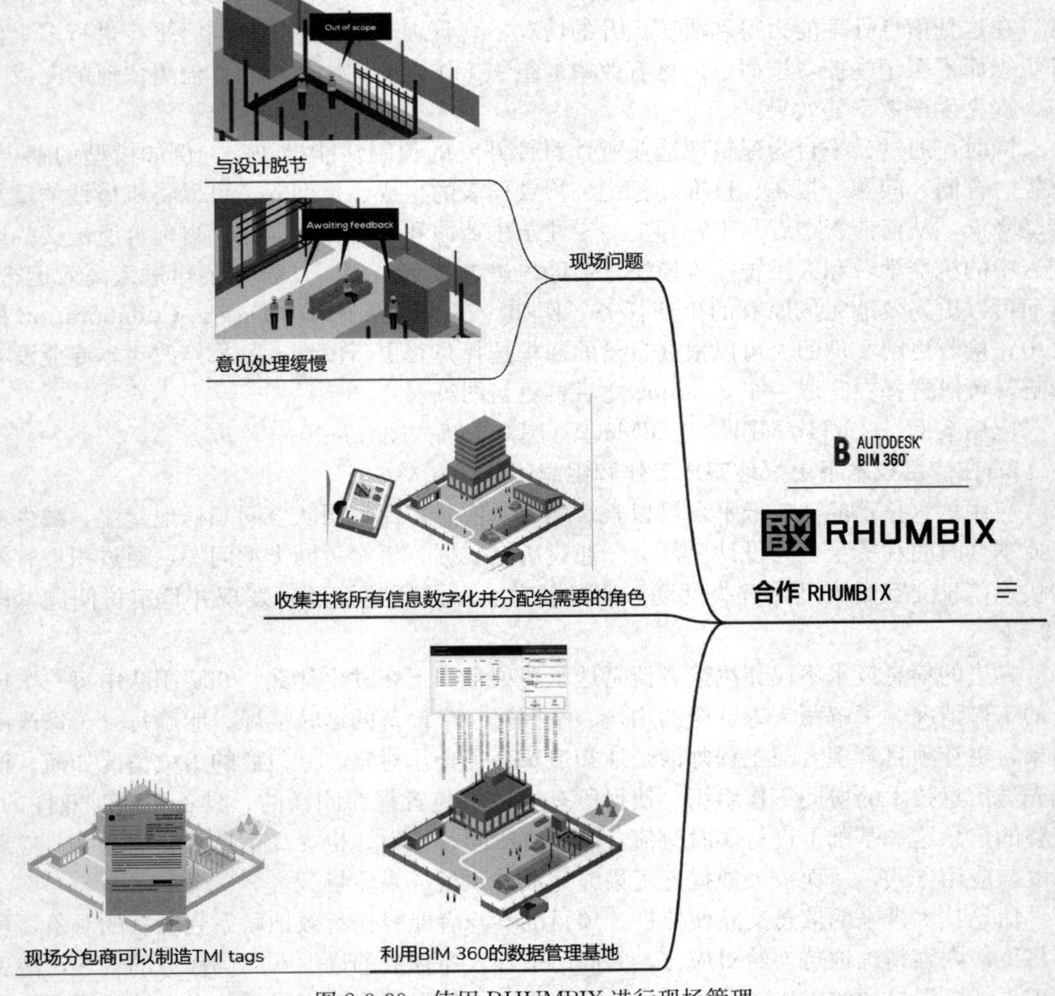

图 2-3-39　使用 RHUMBIX 进行现场管理

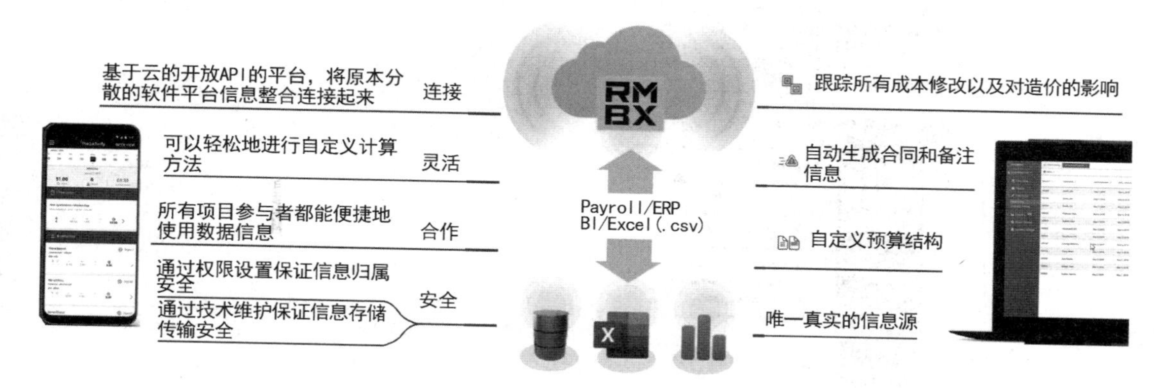

图 2-3-40　RHUMBIX 和 Autodesk BIM360 协作带来的优势

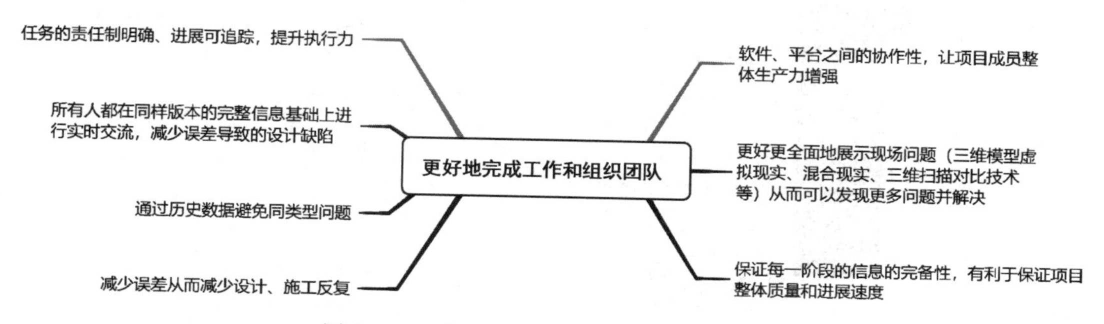

图 2-3-41　信息技术对工作完成效果的提升

历史数据的展示与分析也可以让项目的管理者更好地针对每项任务提出最佳的解决方案，选择最适合的团队展开工作（项目成员、合作方、业主方、分包商等），从而让整个项目更好地完成（图 2-3-42）。

这里读者需要注意一个误区——应用信息化技术的建筑生产协作流程会产生完全不同的建筑信息，与传统生产中的任何过程都是无关的，一切都是全新的，这种想法是不正确的。集成信息化技术的建筑云平台是一个开放的集合体，它存在的意义在于整合原有分散的工作流中的信息，是用全新的技术与流程“整合”原有松散的建筑生产组织结构，让其紧密连成信息网络并形成建筑信息系统，这一过程中会产生原本生产流程中没有的信息类型，但这也是为了更好地应用与融合原有流程中的信息，我们更应该将建筑信息化协作带来的改变看做是粘合原有孤立的各项生产流程的“粘合剂”。

3. 信息技术可以帮助我们完成从前无法完成的工作

信息技术的存在更多是为了提升建筑生产的效率，而不是颠覆建筑生产方式。因此建筑信息技术和建筑云平台允许公司将现有的工作流融入平台中，而不是完全推倒从头开始。因此很多从业者对于信息技术应用的恐惧——需要从头学习大量的新技术——其实是一种很大的误区。相反的，因为信息技术在实践应用的过程中可以非常明确地按角色管理工作内容与权限，这种明确的分工可以让企业对不同工作的员工进行针对性培训——如同流水线的工作分配组织一样——因此实际上对每一个参与者的技能要求对比传统生产流程反而是降低的（人员再教育和培训的成本也大大降低），进而在有限的时间和资源的基础

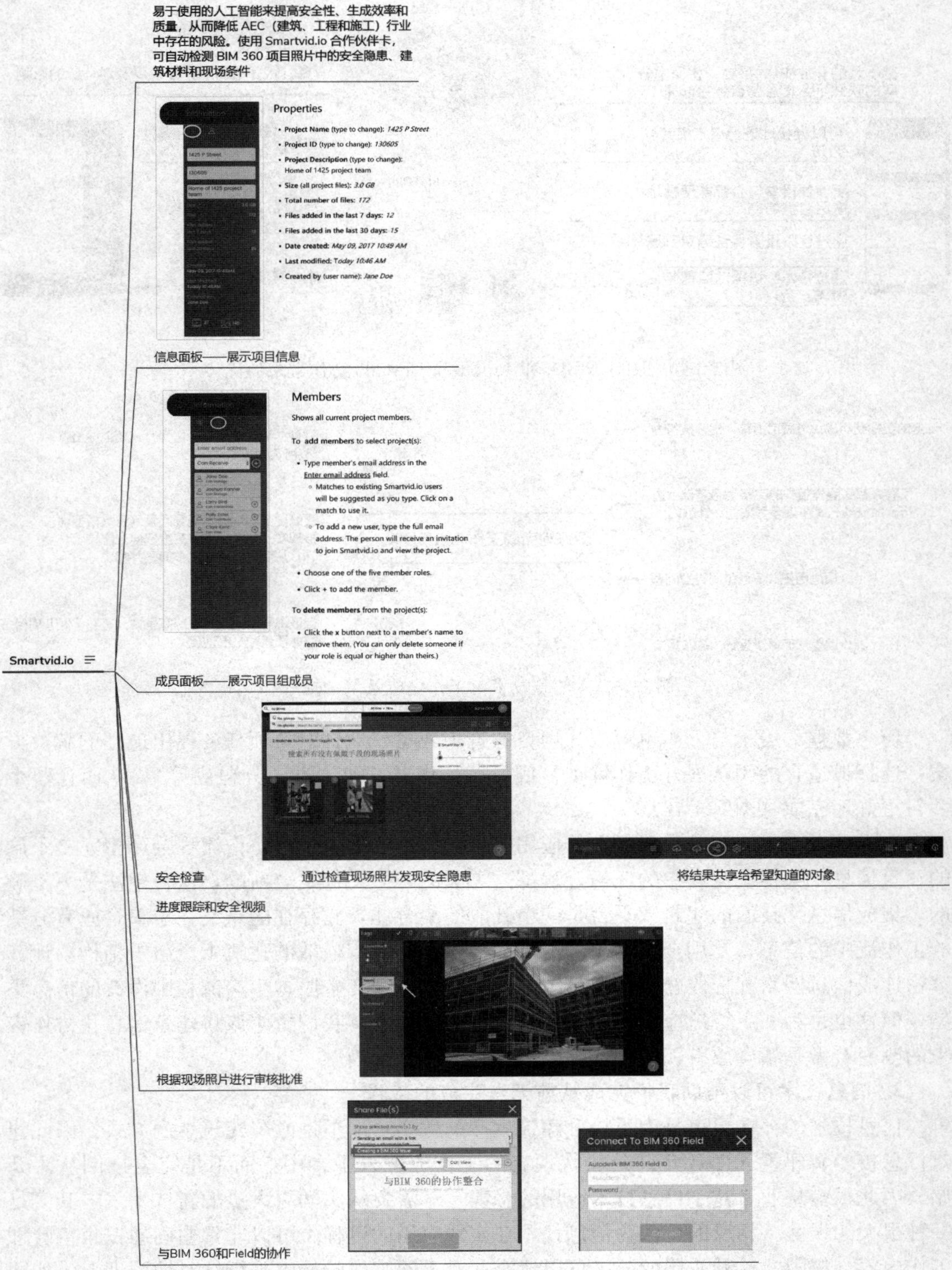

易于使用的人工智能来提高安全性、生成效率和质量，从而降低 AEC（建筑、工程和施工）行业中存在的风险。使用 Smartvid.io 合作伙伴卡，可自动检测 BIM 360 项目照片中的安全隐患、建筑材料和现场条件

Properties

- Project Name (type to change): 1425 P Street
- Project ID (type to change): 130605
- Project Description (type to change): Home of 1425 project team
- Size (all project files): 3.0 GB
- Total number of files: 172
- Files added in the last 7 days: 12
- Files added in the last 30 days: 15
- Date created: May 09, 2017 10:49 AM
- Last modified: Today 10:46 AM
- Created by (user name): Jane Doe

信息面板——展示项目信息

Members

Shows all current project members.

To add members to select project(s):

- Type member's email address in the Enter email address field.
  - Matches to existing Smartvid.io users will be suggested as you type. Click on a match to use it.
  - To add a new user, type the full email address. The person will receive an invitation to join Smartvid.io and view the project.
- Choose one of the five member roles.
- Click + to add the member.

To delete members from the project(s):

- Click the x button next to a member's name to remove them. (You can only delete someone if your role is equal or higher than theirs.)

Smartvid.io

成员面板——展示项目组成员

搜索所有没有佩戴手套的现场照片

安全检查　通过检查现场照片发现安全隐患　将结果共享给希望知道的对象

进度跟踪和安全视频

根据现场照片进行审核批准

Share File(s)

与BIM 360的协作整合

Connect To BIM 360 Field

与BIM 360和Field的协作

图 2-3-42　通过信息化协作提高项目交付成果（Smartvid. io）

上提升了企业可以完成的任务总量，最大限度地发掘了企业资源的潜力，因此可以完成原本不可能完成的任务量。

通过信息通用交互后可以获取的诸如 IT、IoT、VR、人工智能等领域专业团队的新兴技术支持，进一步帮助建筑从业公司完成一些本行业内技术手段原本无法解决或者解决代价极大的问题（图 2-3-43）。

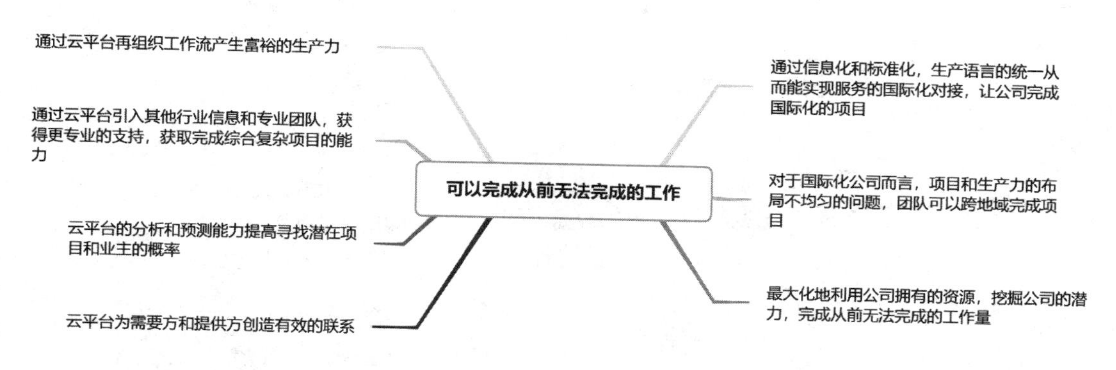

图 2-3-43　信息技术对工作能力的提升

第四节　公司级信息化协作的协同模式及工具

一、平台——信息的开放、整合、连接、进化

建筑信息化平台是先进信息技术引入建筑生产与协作的主要依托工具，为了方便读者的理解与学习，在了解建筑信息化协作之前，我们有必要再简单总结一下建筑信息化平台的基本特征。建筑信息化平台目前主要有基于数字化协作流程的本地数据平台和先进的基于信息化协作的（本地/公共）云平台，在本书中我们主要介绍的是建筑信息化协作所依托的信息化云平台（图 2-4-1）。

1. 平台上的信息——一致性、精确性、时效性、可靠性

建筑云平台的优势基础在于所聚集的信息——将各种来源的信息汇聚在一起，完成信息的转换、统一、整合工作，并且通过预设让这种转换工作不再反复耗费参与者的时间与精力——在节省了时间的基础上创造了项目可以更好地进一步展开与完成的信息基础。

在建筑云平台的环境下，借助先进技术，通过信息连接可以有效地整合相关资源。这种整合不是简单地将资源放在一起，而是通过将各方资源重新组织与再分配让所有的参与者都能更好地完成各自承担的任务，最终汇聚在一起发挥出 1+1 大于 2 的力量，进而更好地完成目标。

2. 平台上的协作——交流沟通、跨越障碍的信息联系

建筑云平台提供的强大的信息网状“连接性”将原本被地域障碍、专业障碍、语言障碍、时间障碍等分割独立的不同团队和成员紧密联系在一起，同时使得每一个团队成员都能拥有全局的信息获取便利，保障团队之间顺畅的沟通交流。

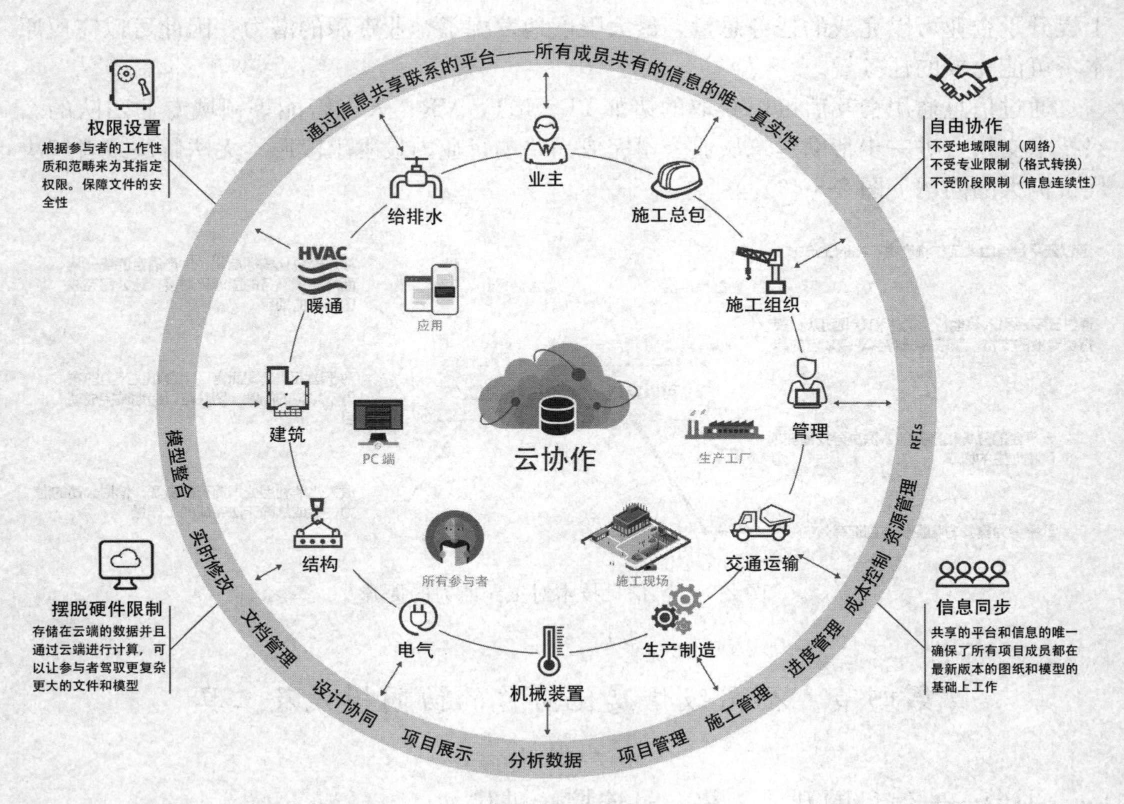

图 2-4-1　建筑信息化平台特点概述

3. 平台上的功能——强大的信息应用操作

云平台从一开始的通用性向专业和末端发展的过程中不断地发展出具有针对性的功能模块——以应对专项的设计或者使用需求，代替项目的参与者完成许多机械性的工作，亦或帮助项目的参与者更大程度地利用信息从而为生产带来优势——如本章讲解的针对公司决策者的分析数据、预测趋势、利用系统理论进行辅助决策模拟等，不仅将原有的工作流武装得更好，还提供新的视野并帮助决策者开拓信息应用的广度与深度。

云平台不仅为建筑建造工作流量身打造功能模块以帮助实现原有的工作内容和协作工作流，还通过引入其他行业的专业技术拓展建筑建造业的工作模式。同时也将建筑建造业的工作流向上游和下游进一步拓展，向上链接到城市、市政、社交，向下链接到使用、运营、维护等更多方面。

二、常用建筑信息化平台

目前，建筑建造业最常用的两个建筑云分别是由欧特克（Autodesk）公司所提供的 BIM 360 云服务及配套的 FORGE 开放 API 服务接口，以及奔特利（Bentley）公司所提供的 Bentley Project Wise 365 Services 云协作以及 Bentley Cloud and Web Services 等相关配套。由于欧美地区云技术的发展程度较高（尤其是美国），整体的信息技术基础已经具备，因此欧特克公司和奔特利公司的建筑云都已经在不同程度上实现了整合其他行业软件和平台，以及与通用、广义云（如微软的 Microsoft Azure）相连接（图 2-4-2～图 2-4-4）。

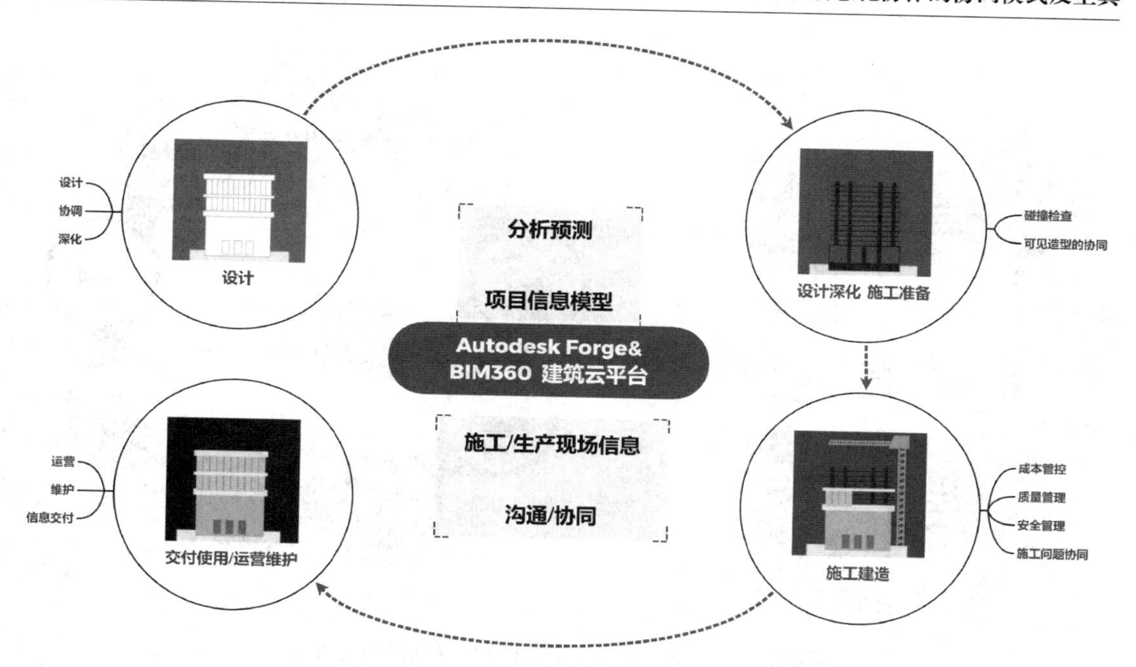

图 2-4-2　Autodesk BIM 360 & Forge 建筑云平台

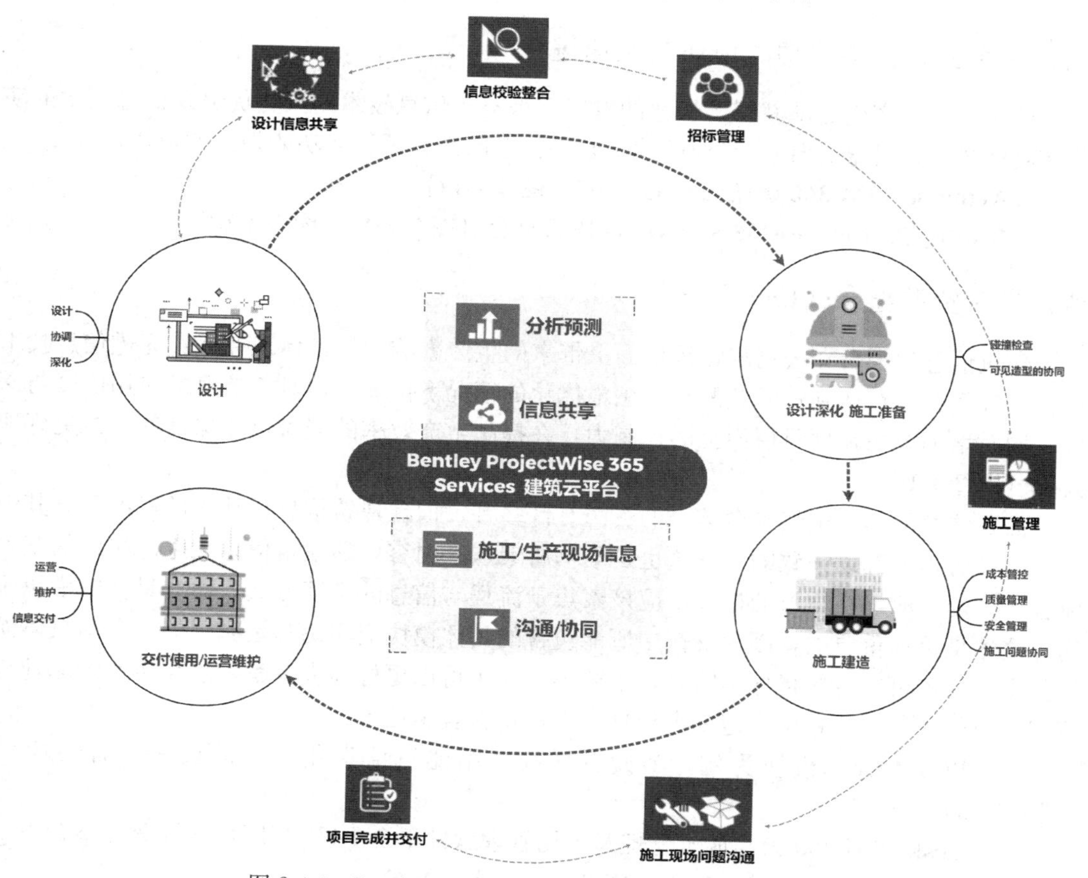

图 2-4-3　Bentley ProjectWise 365 Services 建筑云平台

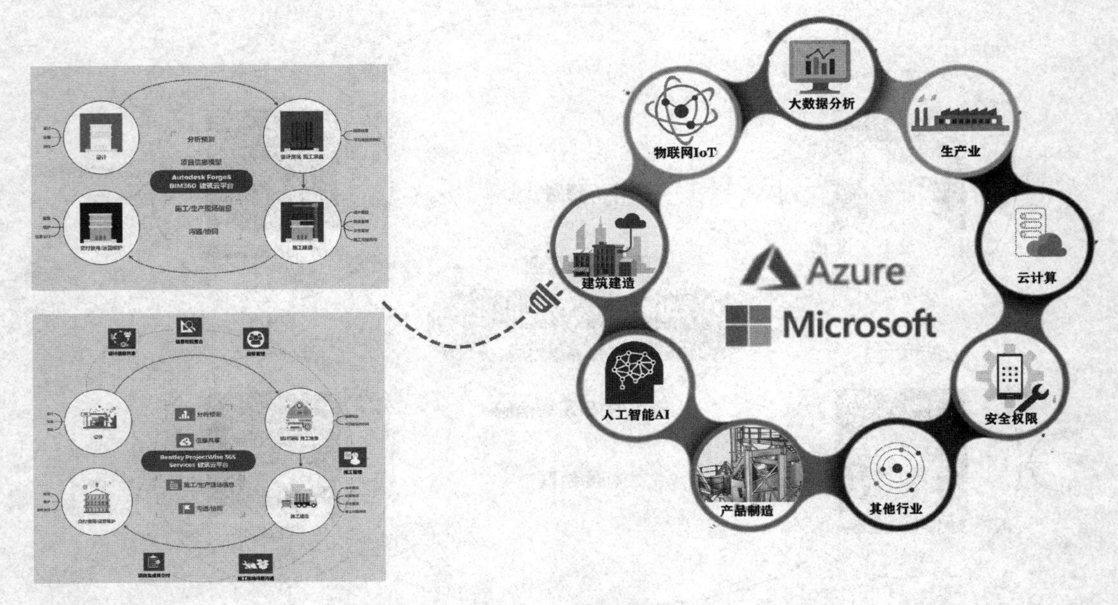

图 2-4-4 同微软 Microsoft Azure 的合作（从建筑云到通用云/广义云）

三、建筑云平台主要功能模块与快速进化

建筑云平台产生后就获得了快速的发展，得益于信息技术的天然优势及信息技术的演化速度优势（详见第五章），目前的建筑云平台上已经有了许多功能强大的模块。

1. Autodesk BIM 360 建筑云（图 2-4-5～图 2-4-11）

2. Bentley ProjectWise365 Services 建筑云平台（图 2-4-12、图 2-4-13）

四、平台资源整合（INTEGRATIONS）

建筑信息化平台在公司战略级层面上带来的生产影响主要还体现在通过先进信息技术进行资源整合，在达到资源调配与应用最优化的情况下扩展公司对于信息的应用广度与深度，同时增加公司在项目层面上的控制力，在提高生产效率的同时也能保证项目被更好地完成（图 2-4-14）。

需要注意的是，虽然平台整合的资源有许多种，但在建筑信息化技术的标准下，其组织与生产流程大都是一致的——这也是本书所聚焦的内容，即建筑信息化生产协作的基本流程与原理。所以在学习的过程中应该聚焦于流程与信息的交互方式，而非具体的模块应用，这才是更加重要的，因为书籍中所能包含的具体模块应用终归是有限的，介绍具体模块的意义除了可以直接指导实践外，主要还是为了可以更好地去理解信息化协作的原理与流程，所以在学习过程中一定要牢记这一点，切勿舍本逐末。

这里以成本管理模块为例，为读者详细介绍建筑信息化平台的资源整合与应用（图 2-4-15）。

Autodesk BIM 360 云与成本管理及现场管理软件平台 RHUMBIX 进行资源整合可以帮助企业更好地完成成本管理工作（图 2-4-16～图 2-4-20）。

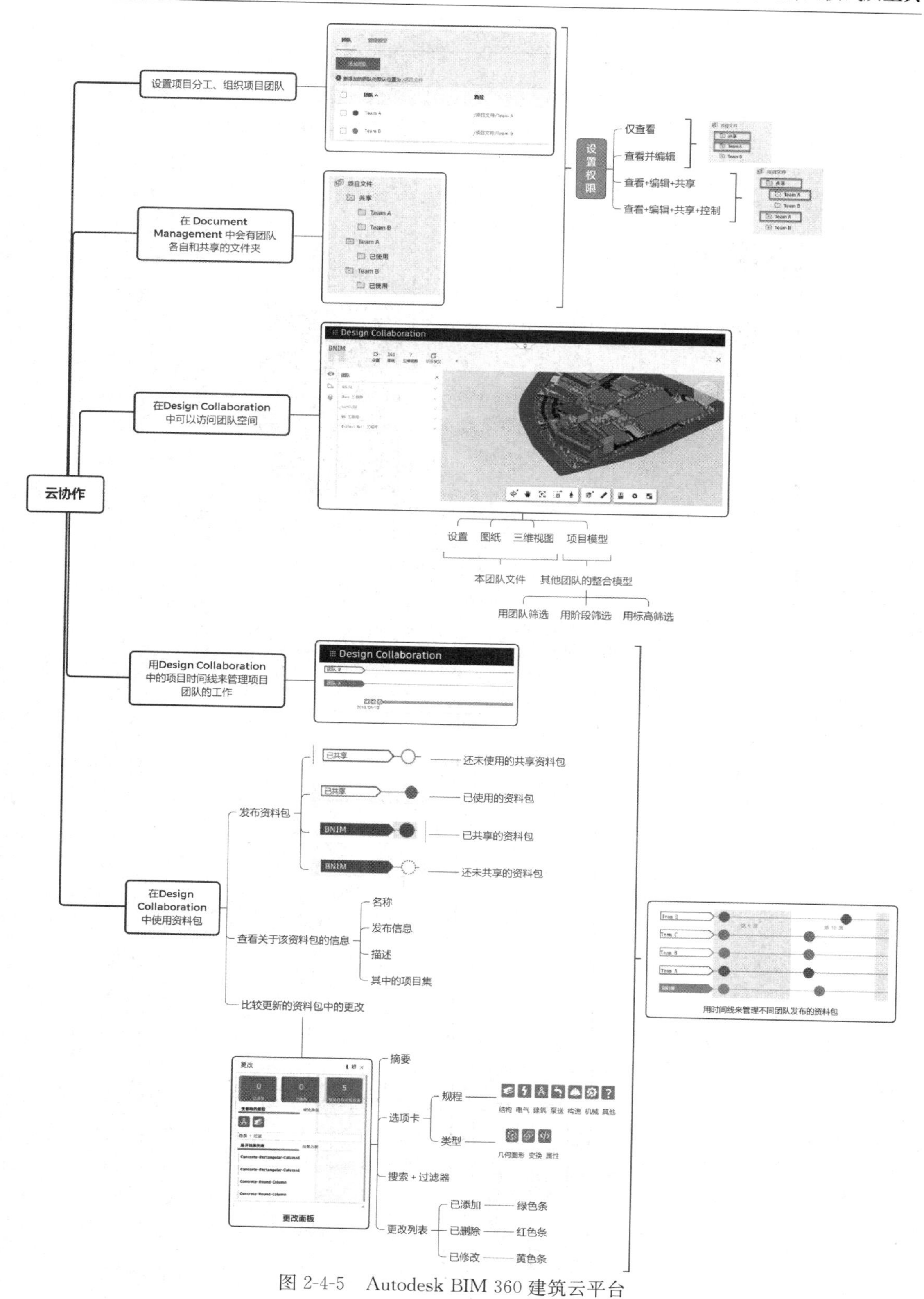

图 2-4-5 Autodesk BIM 360 建筑云平台

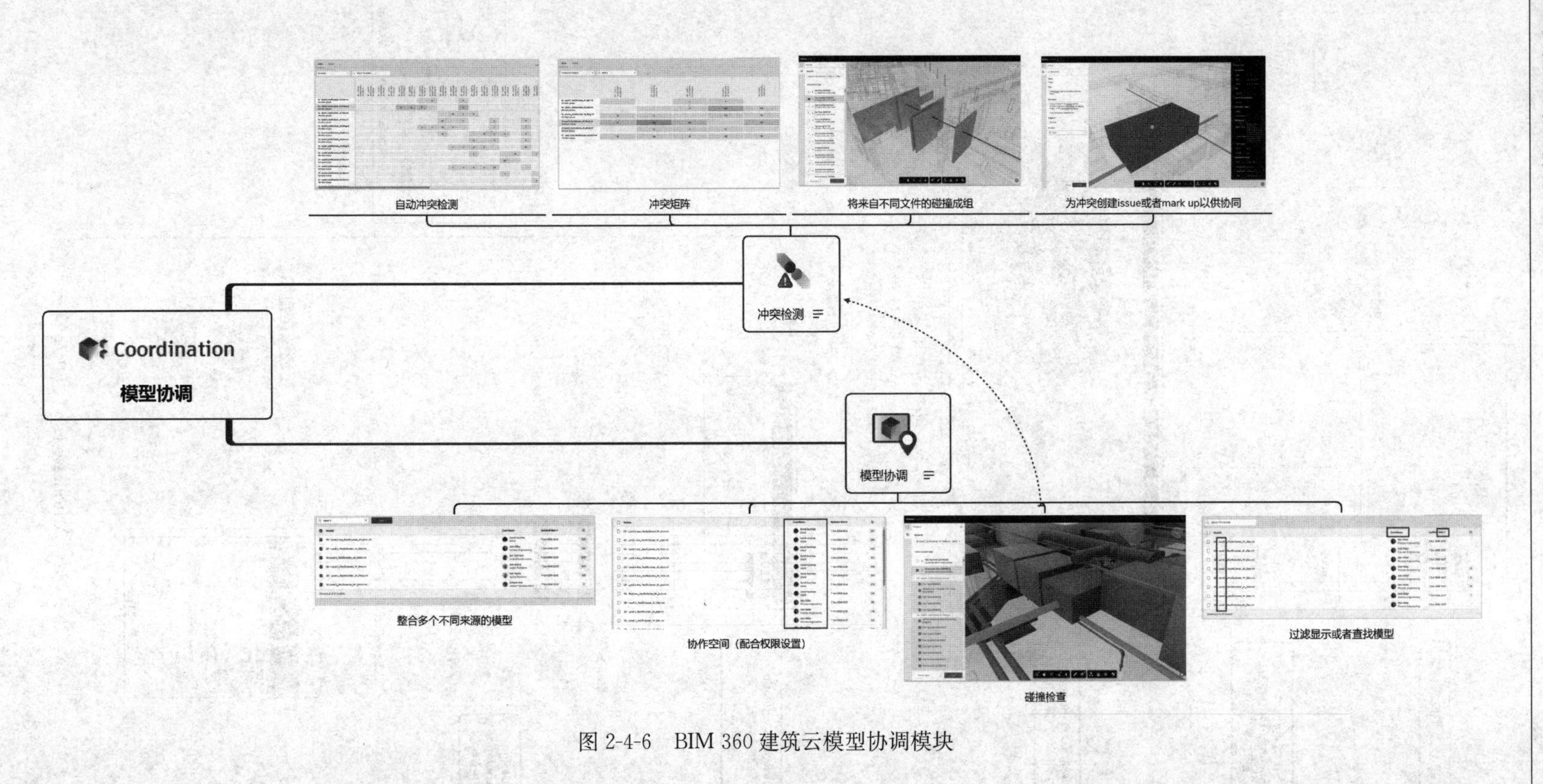

图 2-4-6 BIM 360 建筑云模型协调模块

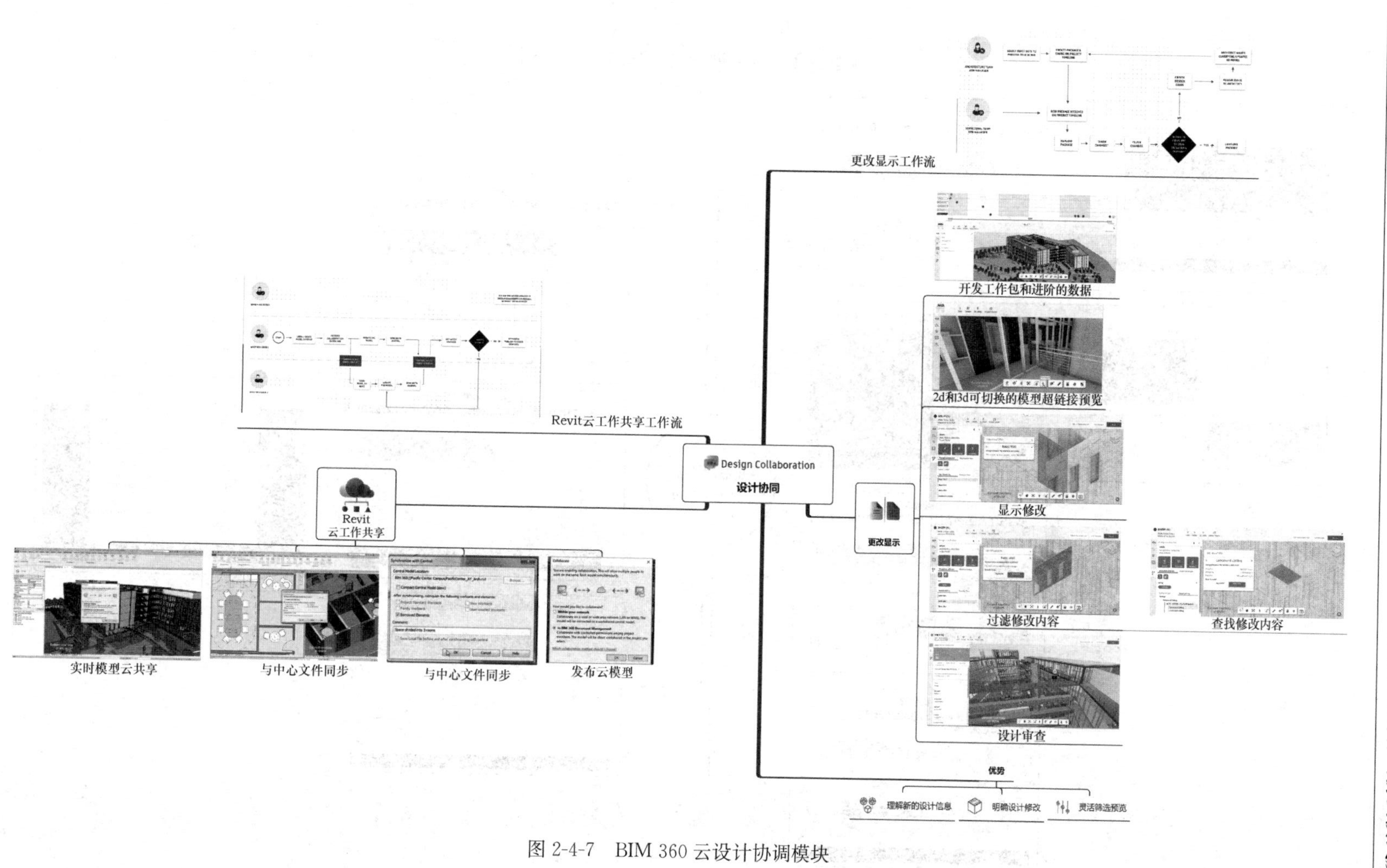

图 2-4-7 BIM 360 云设计协调模块

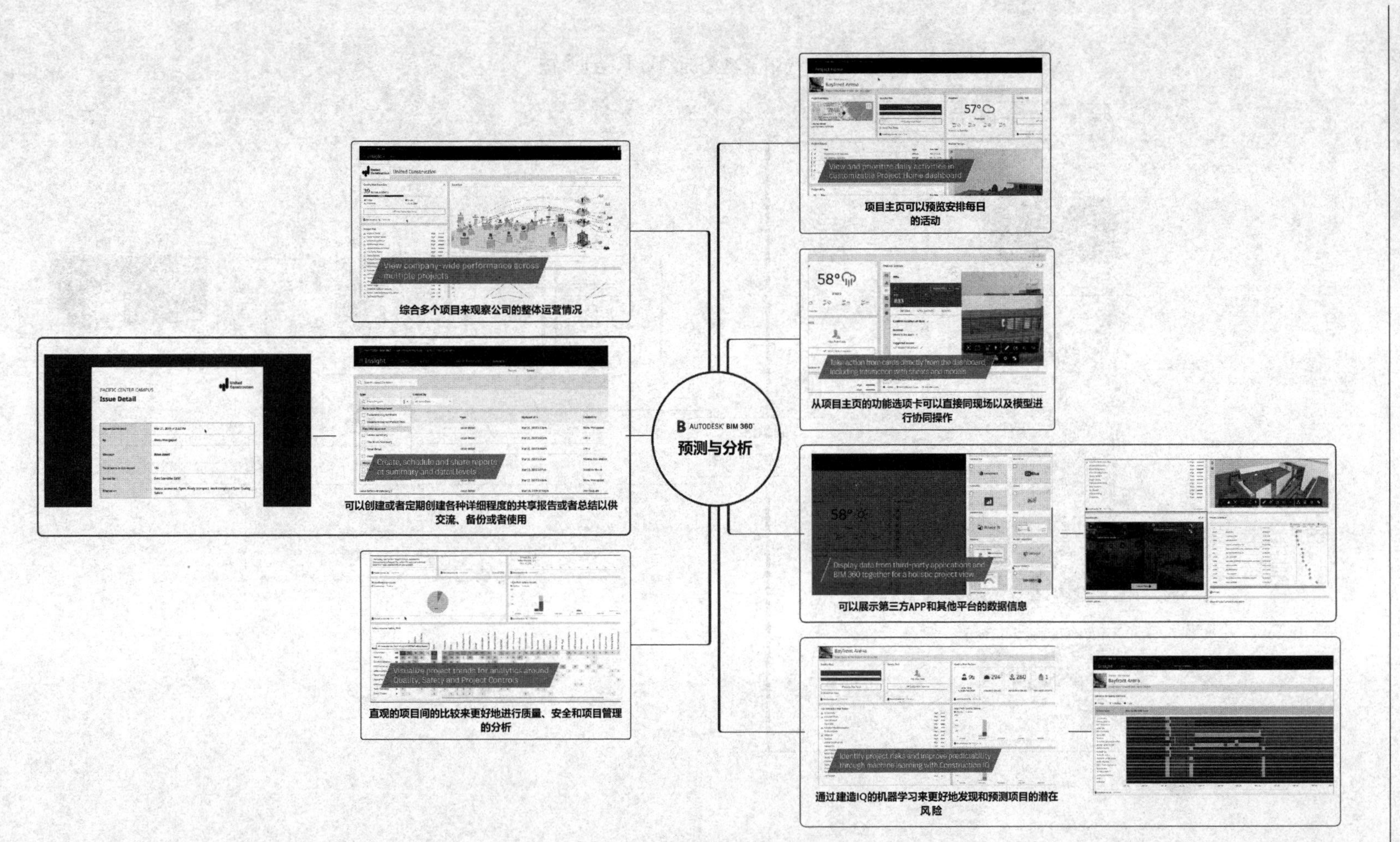

图 2-4-8 BIM 360 Insight 进行分析预测

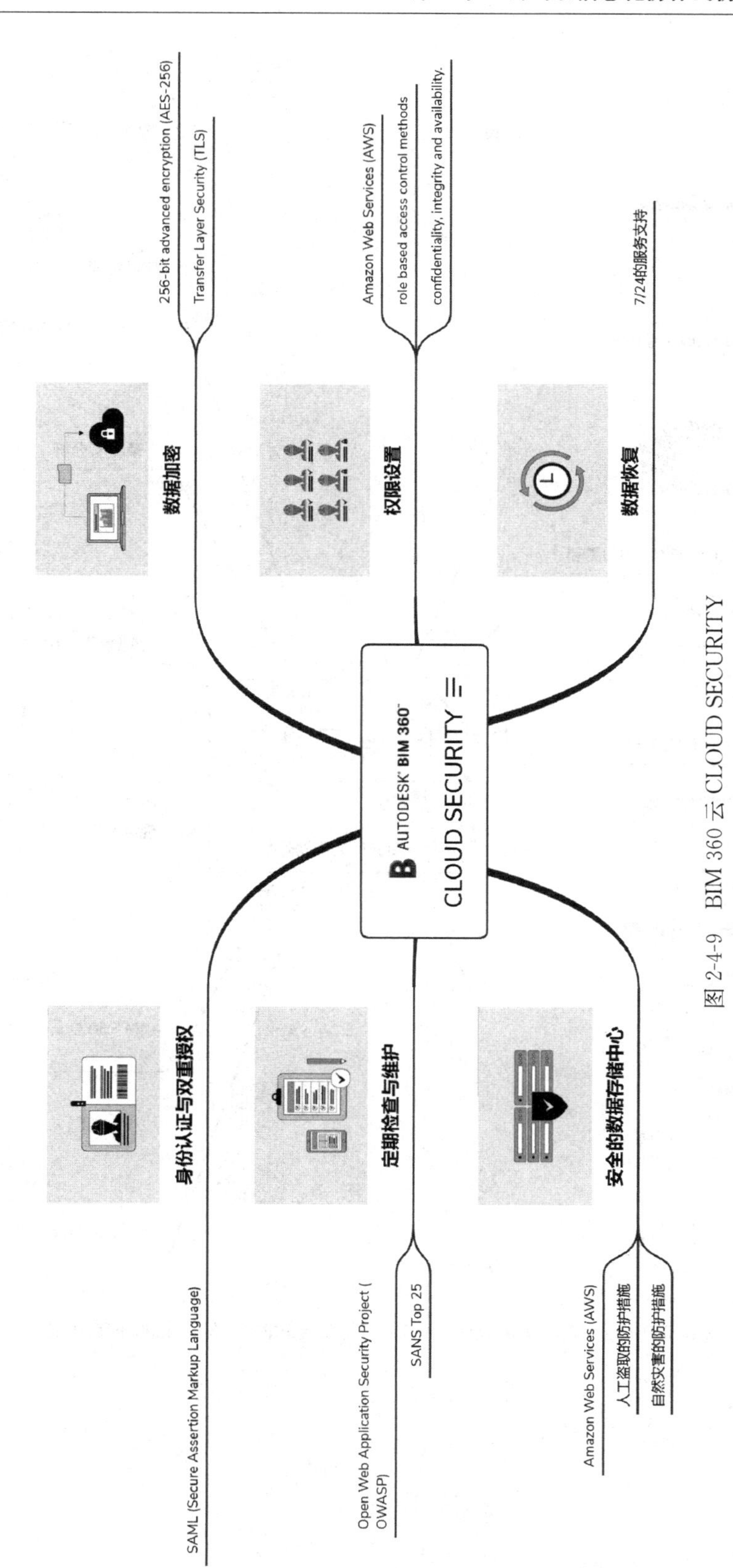

图 2-4-9 BIM 360 云 CLOUD SECURITY

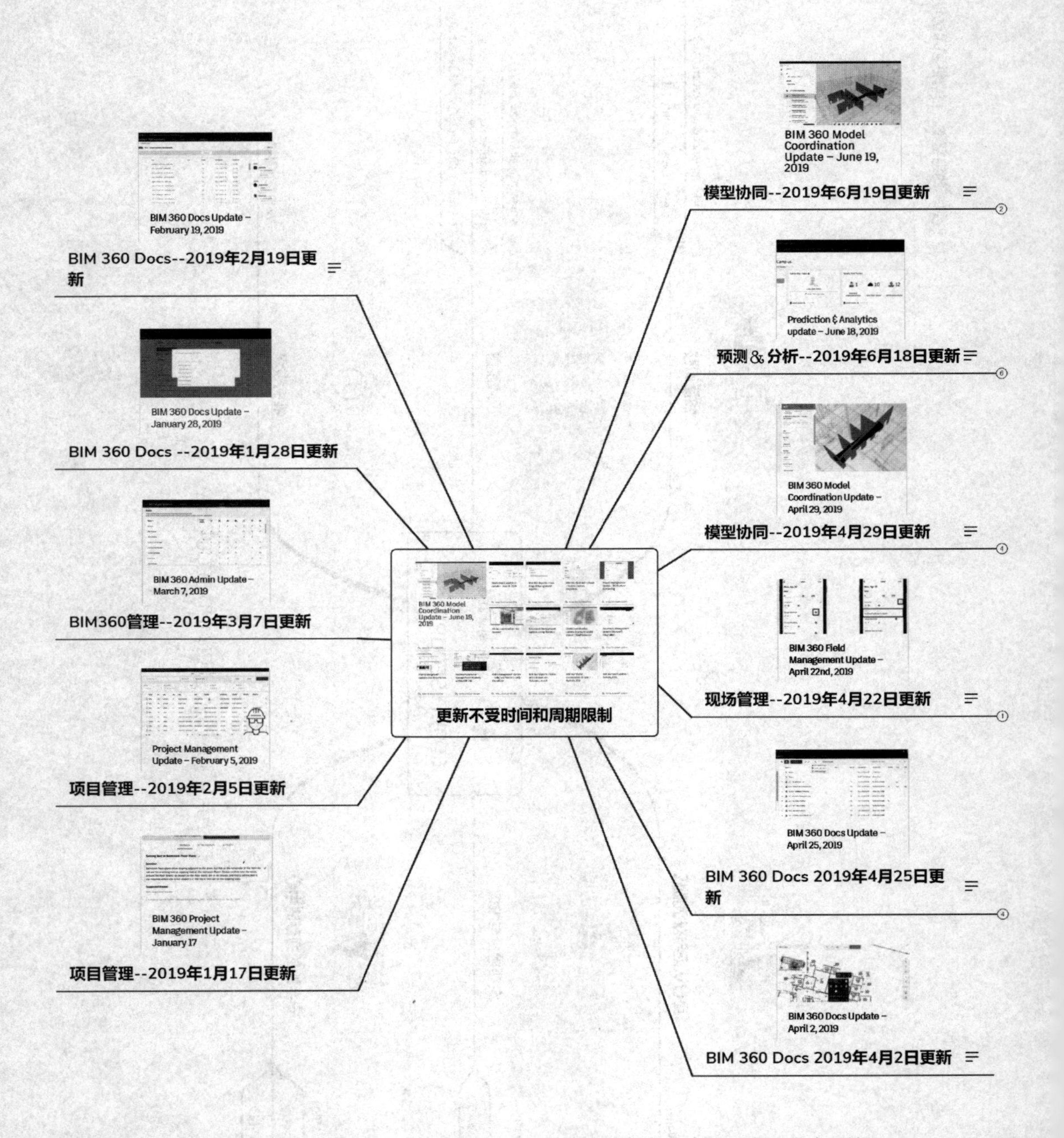

图 2-4-10　BIM 360 Release Note——不受时间版本约束的不断进化与更新

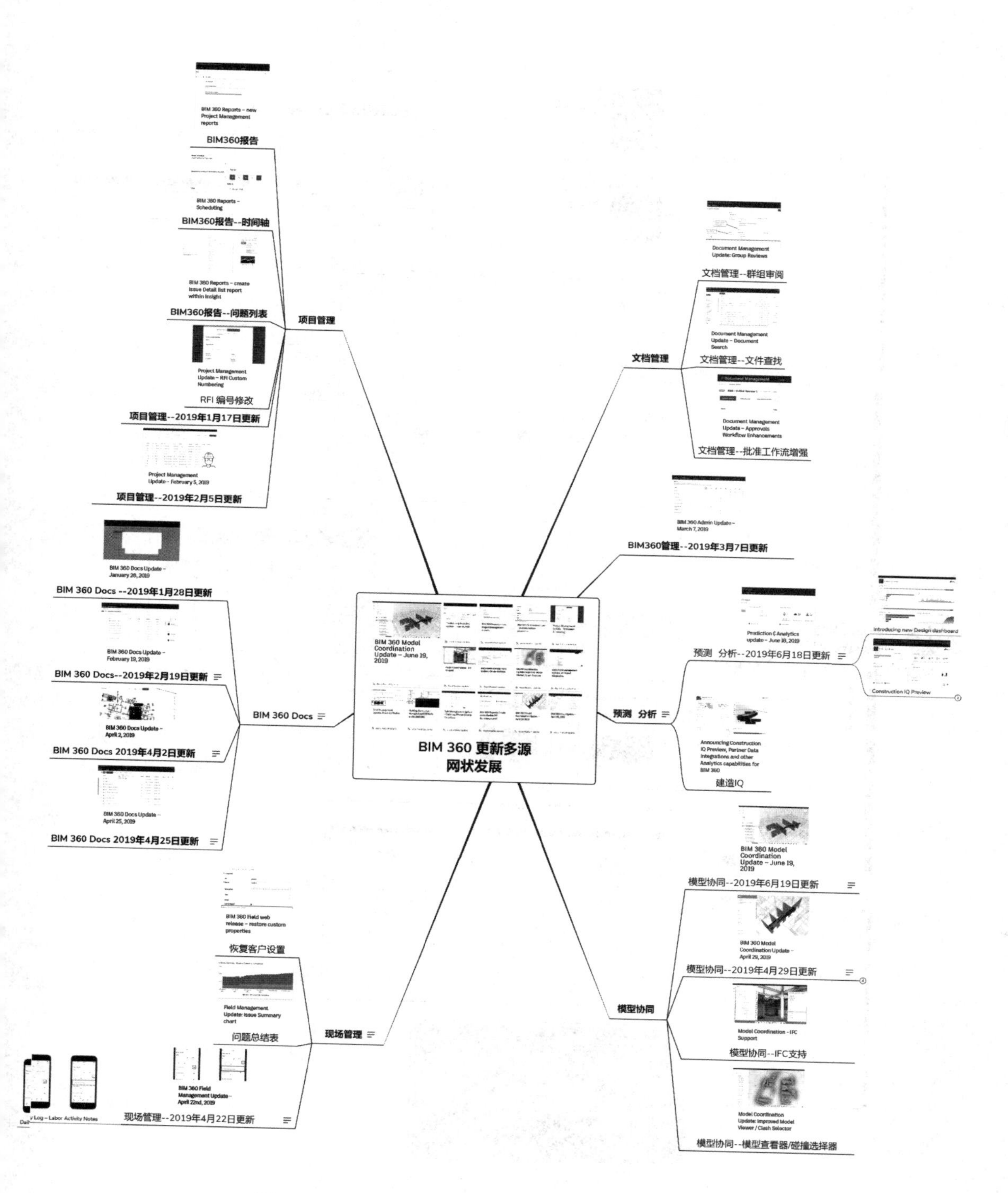

图 2-4-11 BIM 360 云模块演化——多源网状的发展

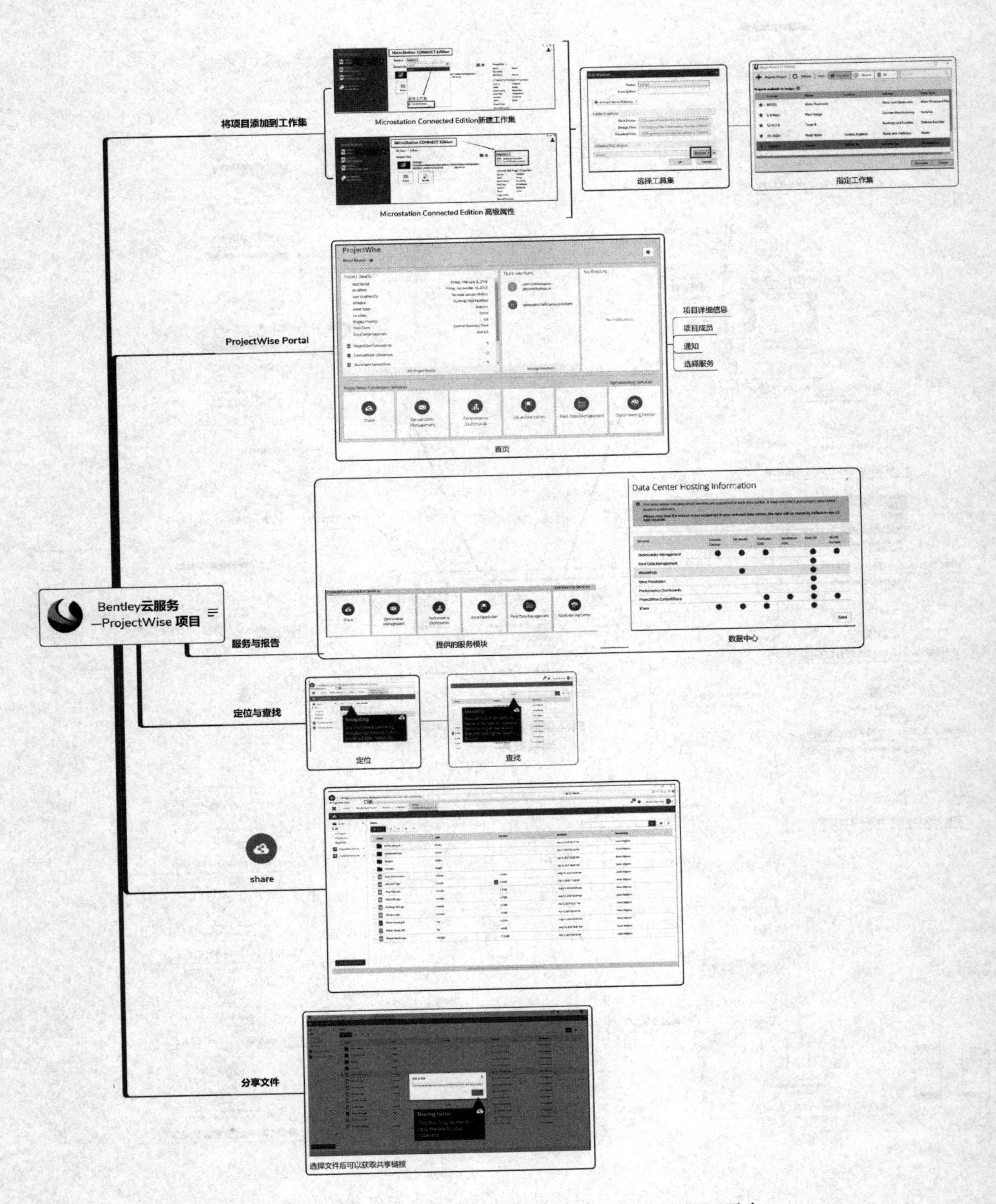

图 2-4-12　Bentley ProjectWise 365 Services 建筑云平台

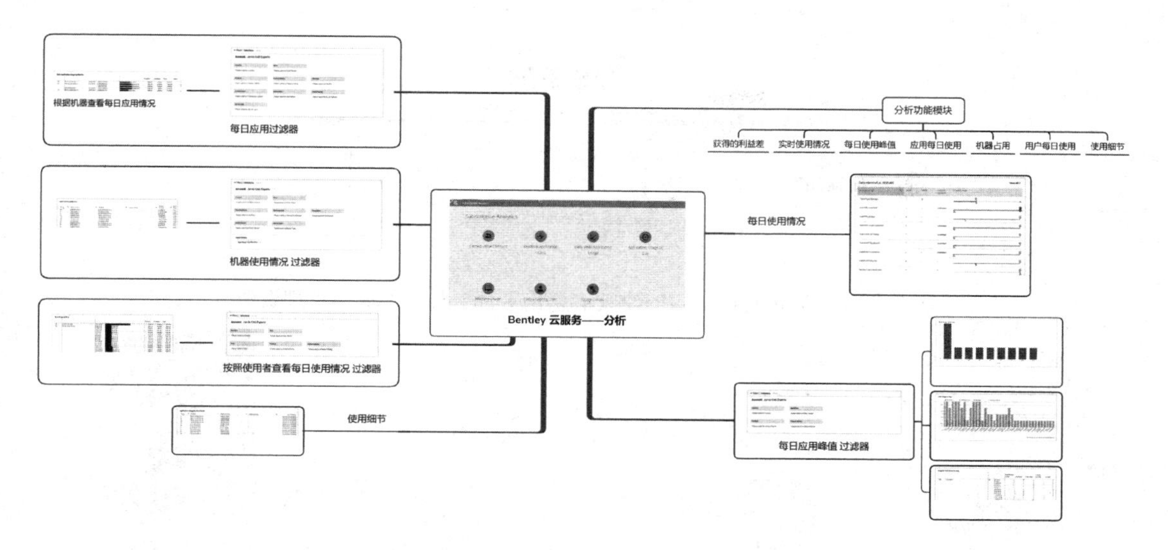

图 2-4-13　Bentley 云服务——分析

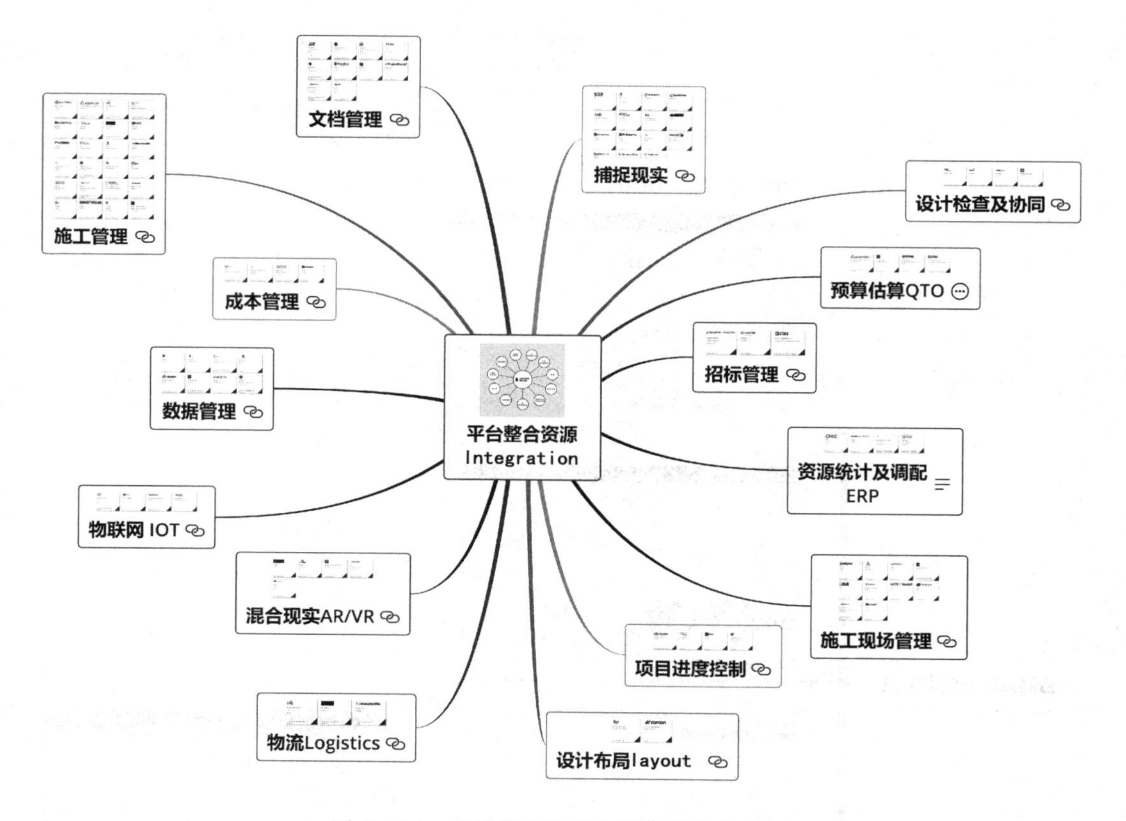

图 2-4-14　建筑信息化平台的资源整合配置

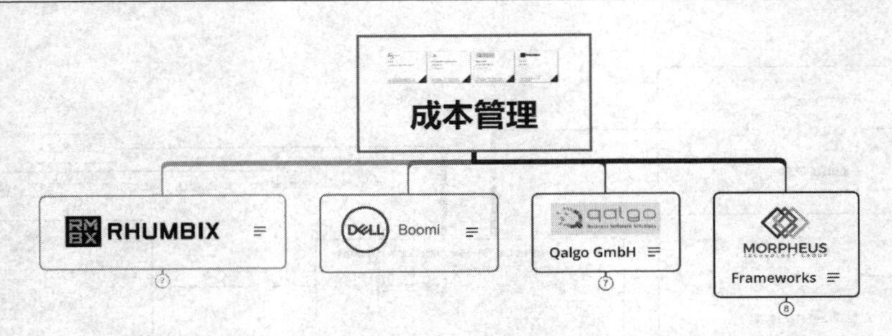

图 2-4-15　Autodesk 公司的建筑信息化平台上整合的成本管理资源

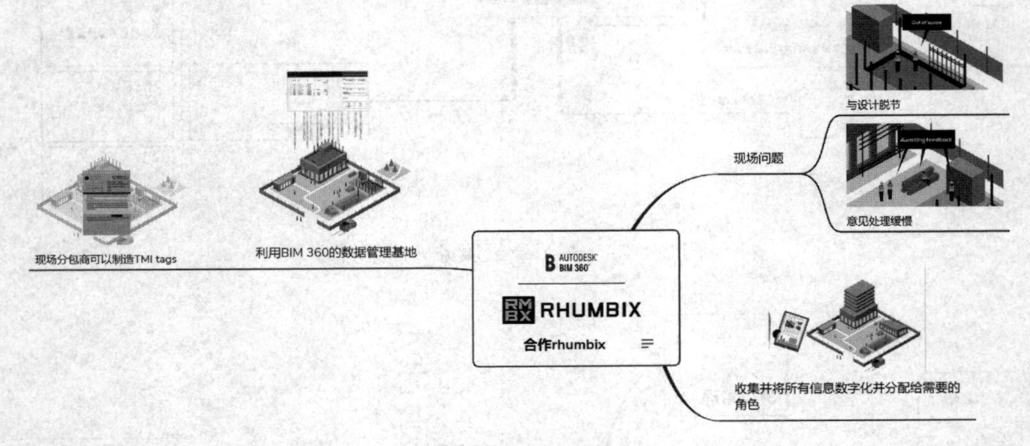

图 2-4-16　BIM 360 云与 RHUMBIX 平台

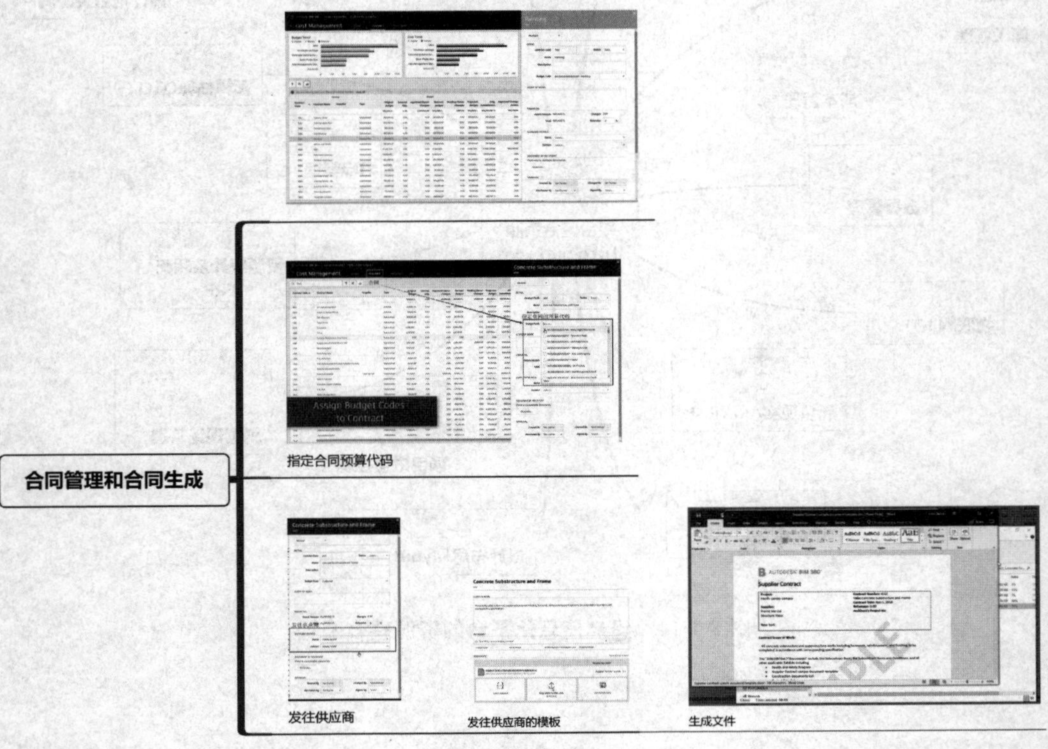

图 2-4-17　合同的自动生成与管理

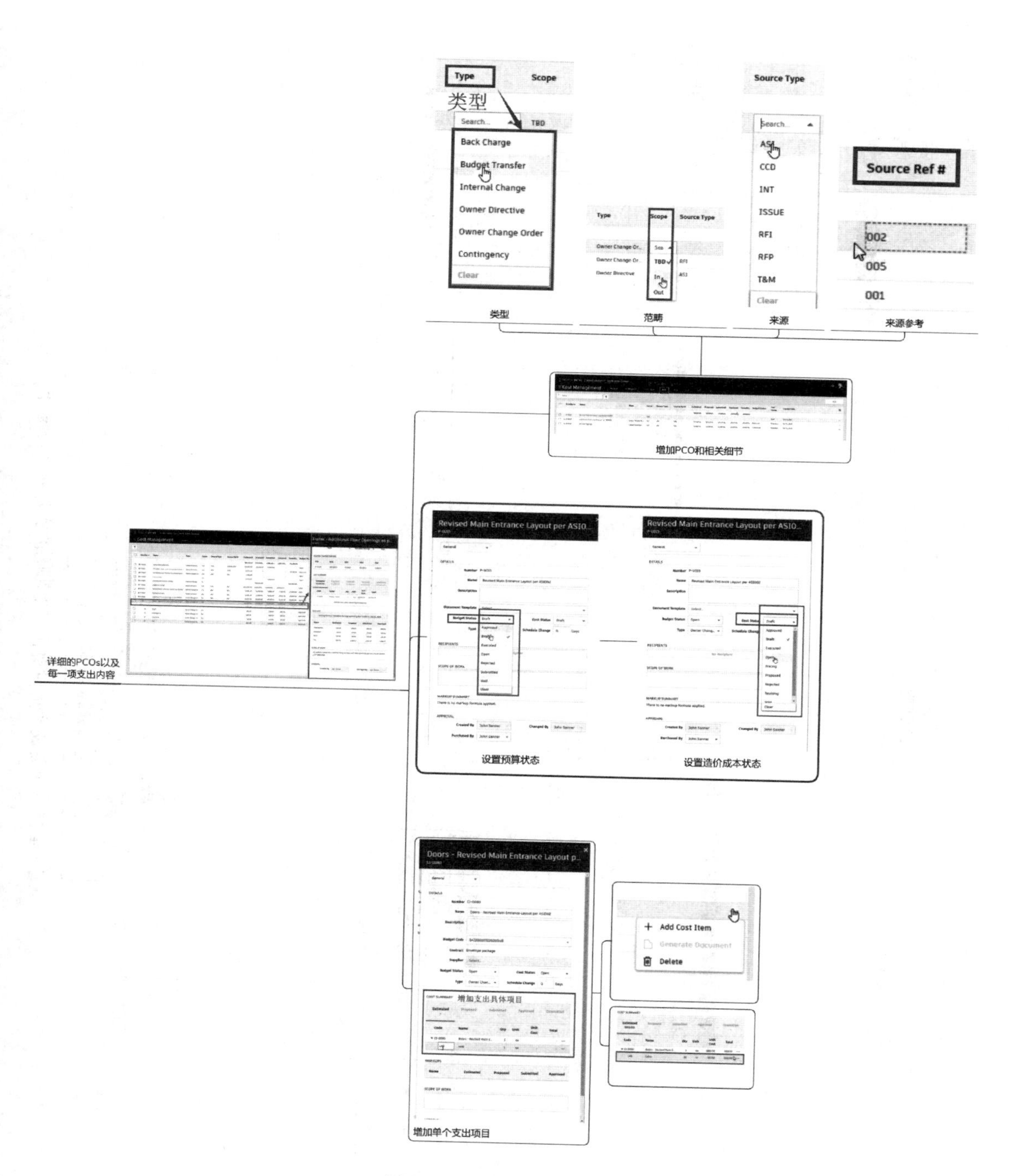

图 2-4-18 详细的 PCOs

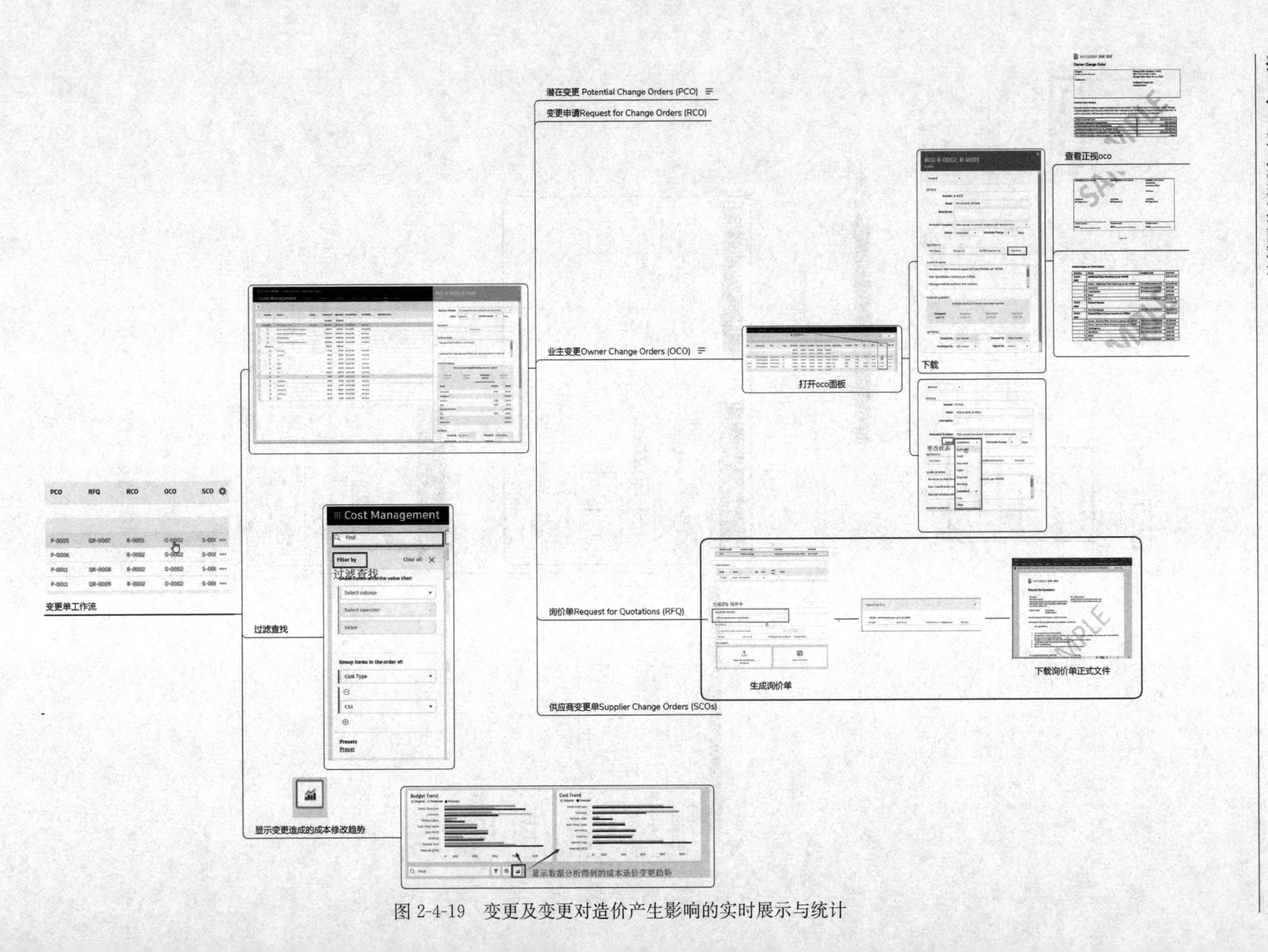

图 2-4-19 变更及变更对造价产生影响的实时展示与统计

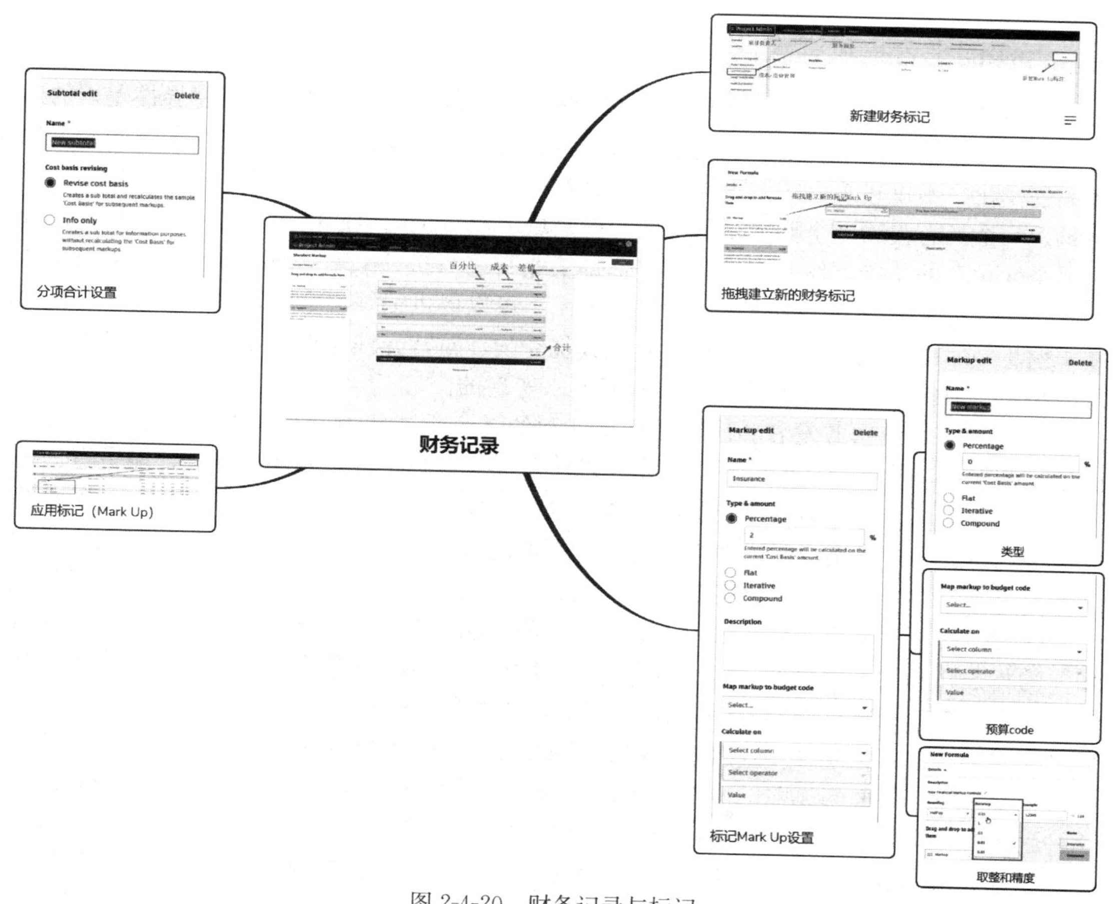

图 2-4-20　财务记录与标记

借由将 RHUMBIX 和 BIM 360 所提供的造价管理工作流进行整合后，可以为企业的相关工作提供信息化的辅助，使得企业的造价管理更顺畅、更高效、更智能（图 2-4-21）。

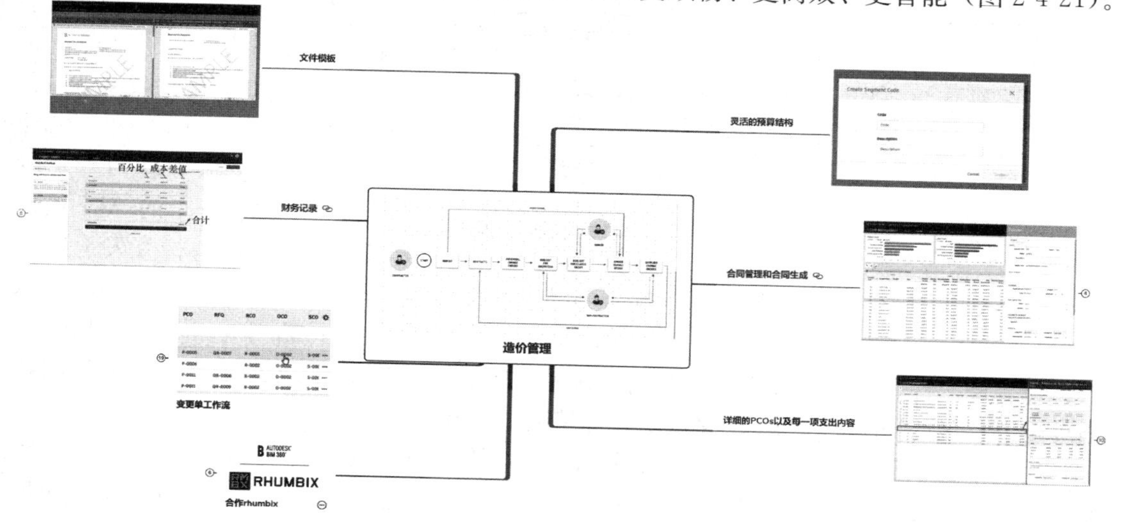

图 2-4-21　经过 BIM 360 云与 RHUMBIX 平台进行信息化整合配置的资源

五、开源的平台提供强大的适应性

从事过建筑生产工作的一定有这样的感触——建筑是一个具有相当的特异性差别的生产行为，在建筑生产中，许多因素都会随着项目类型、地域、法规、供应商等不同而发生较大的变化。不仅建筑生产，不同的建筑企业也有自己相关的组织与生产标准，这就造成建筑是一个具有很强“个性化要求”的生产领域。而传统的生产模式与数字化流程在这种对“个性化”的支持上较差——这其实也是工业制造 3.0 对比工业制造 4.0 的一个根本区别。作为支撑工业 4.0 个性化生产的信息技术，可以提供很好的个性化生产适应性，因此基于信息技术的建筑信息化平台也具有十分优秀的针对特异性需求的适应能力，这种能力主要是通过有针对性的基于 API 的二次开发来实现的。

开源 API 是二次开发者和使用者互惠互利的一个重要机制，也是赋予建筑云平台自由生长的能力，让平台摆脱云平台数字技术服务供应方技术容量和能力限制，能更有创造性、针对性，更加自由地解决问题的根本。这就好像是信息的市场经济一样，在云平台的二次开发过程中，使用者不断地提出需求，而通过云平台的信息通达性接收到信息的开发者们可以有针对性地进行二次拓展应用开发。

这看似简单的关系，其实带来了非常重大的影响。在云平台通过信息技术将“技术市场”的买方和卖方链接起来之前，因为跨行业的原因（例如建筑业需求信息技术支持，其实是建筑业与计算机行业的跨行业信息交互），往往会存在需求方不知道去哪里寻求帮助，而供应方又不知道去哪里寻找潜在客户的问题。我们往往因为对其他行业的不了解，造成在另一个行业“显而易见”的东西，却在自身的行业里苦苦摸索不知道方向。显而易见，这种因为行业间信息交流阻碍造成的生产力不能继续发展问题一旦解决，将释放出巨大的生产效率。按照这个思路进一步思考，就不难发现云平台、信息技术带来的信息通用性以及信息化云平台的开源性，不但可以提高企业所应用数字工具的生产适应性，还可以让公司的决策者在与其他行业的信息交互过程中更好地开拓思路，发现从前没有涉及的项目领域和类型等。

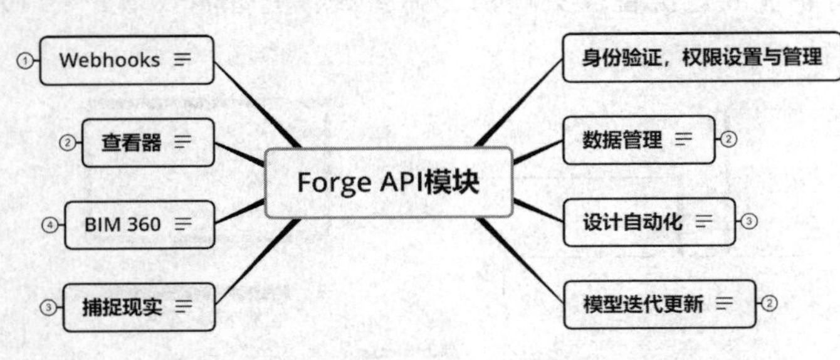

图 2-4-22　Forge 提供的主要 API 接口

在欧美，一些先进的数字服务商已经意识到了这种信息交互的巨大潜力及发展前景。欧特克（Autodesk）公司已经推出的 Forge 服务就为开发者提供了便捷、安全的 API 接口以供其方便地进行开发。这种信息交互的结果就是 Autodesk 的软件和平台都随之大大受益，充分地发挥了信息化进化速率的优势（将在后文详细阐述），在整个平台功能呈网状向外迅速扩张的同时，向内部也不断地充实起来。（图 2-4-22、图 2-4-23）。

另一个建筑数字服务巨头奔特利（Bentley ）软件公司也提供了 iModel. js 库的开源服务，由此可见，先进的数字服务供应商已经开始利用信息化技术的优势在应用端快速地与其竞争者拉开距离。

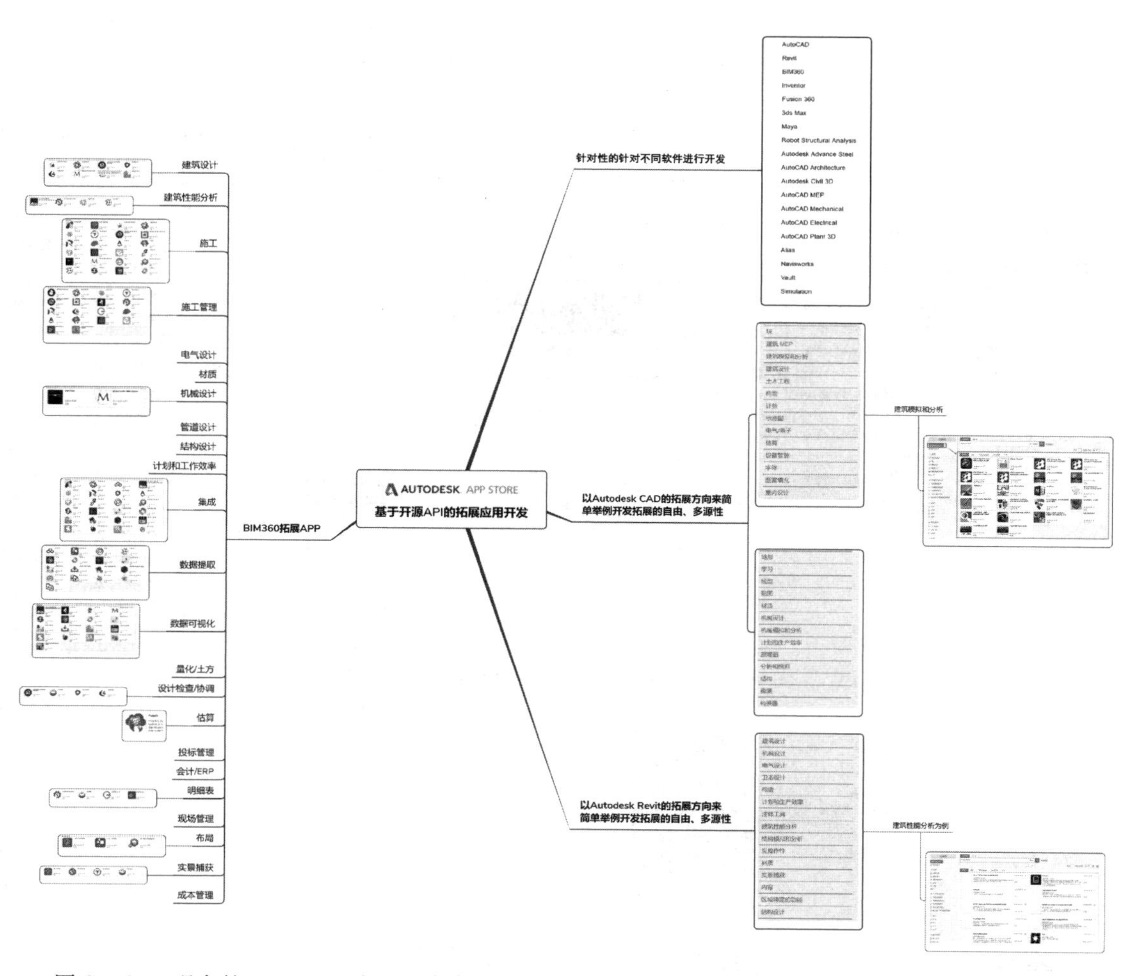

图 2-4-23 现有的 Autodesk 应用程序商店所提供的具体程序已经很丰富，并且还在不断快速发展

Bentley 公司的 iModel. js 库是一个将云平台服务（iModelHub）实景建模和支持 Web 的软件技术整合到一个互连数据环境（CDE）中的开源计划。其基于 JavaScript 包，采用 TypeScript 语言写成，并利用各种开放技术——包括 SQLite、Node. js、NPM、WebGL、Electron、Docker、Kubernetes，当然还包括 HTML5 和 CSS。该代码库可以生成云服务以及 Web、移动和桌面应用程序。

这使得奔特利公司不仅提供了开放的、最普遍及最灵活的二次开发和介入方式，同时也可以在 iModel 的基础上创建基于网络的浸入式体验，通过 iModel 将 BIM 文件和其他数字工程模型整合，然后在 iModel. js 中组装和同步。由于 iModel 是由 iModelHub 同步的，因此它始终能够反映所有项目参与者的最新更新，从而能够将时间点之间或版本之间的变化可视化并进行相应的分析。

只有通过 iModelHub 经 iModel 业主授权的用户和应用程序才能通过 iModel. js 获得访问权限，这一点保证了文件在网络上的基本安全性，也进一步扩展了 iModelHub 的技术愿景。现在使用者可以将复杂的项目信息通过云和三维模型环境，开放至可云访问、可消费和可扩展级别，并且随时跟进项目的进展过程以更好地完成并交付项目（图 2-4-24、图 2-4-25）。

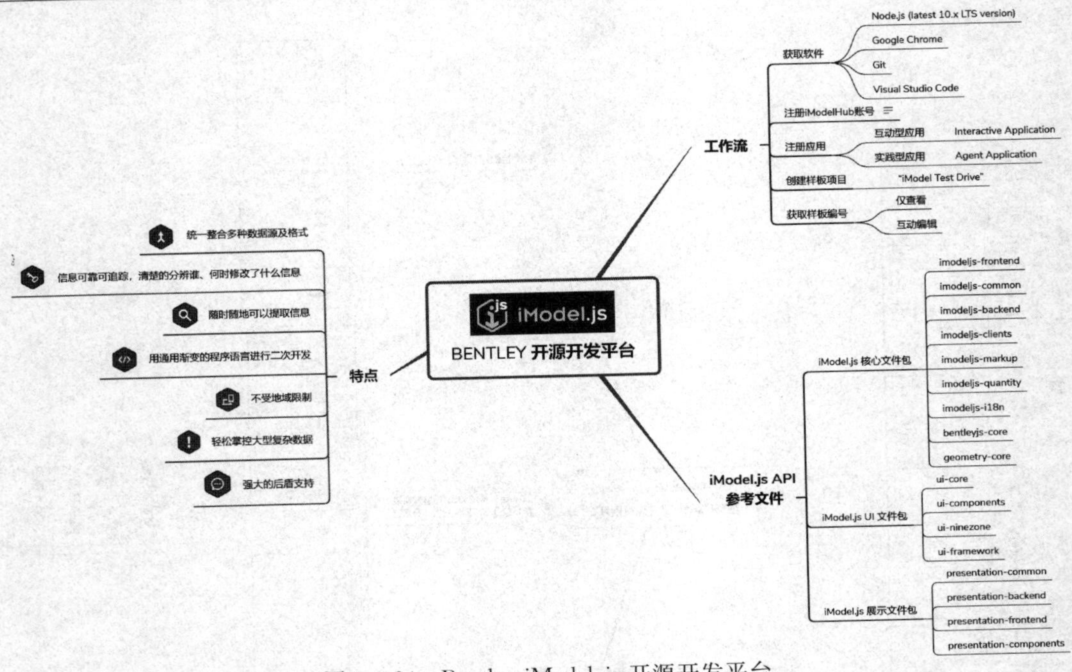

图 2-4-24　Bentley iModel. js 开源开发平台

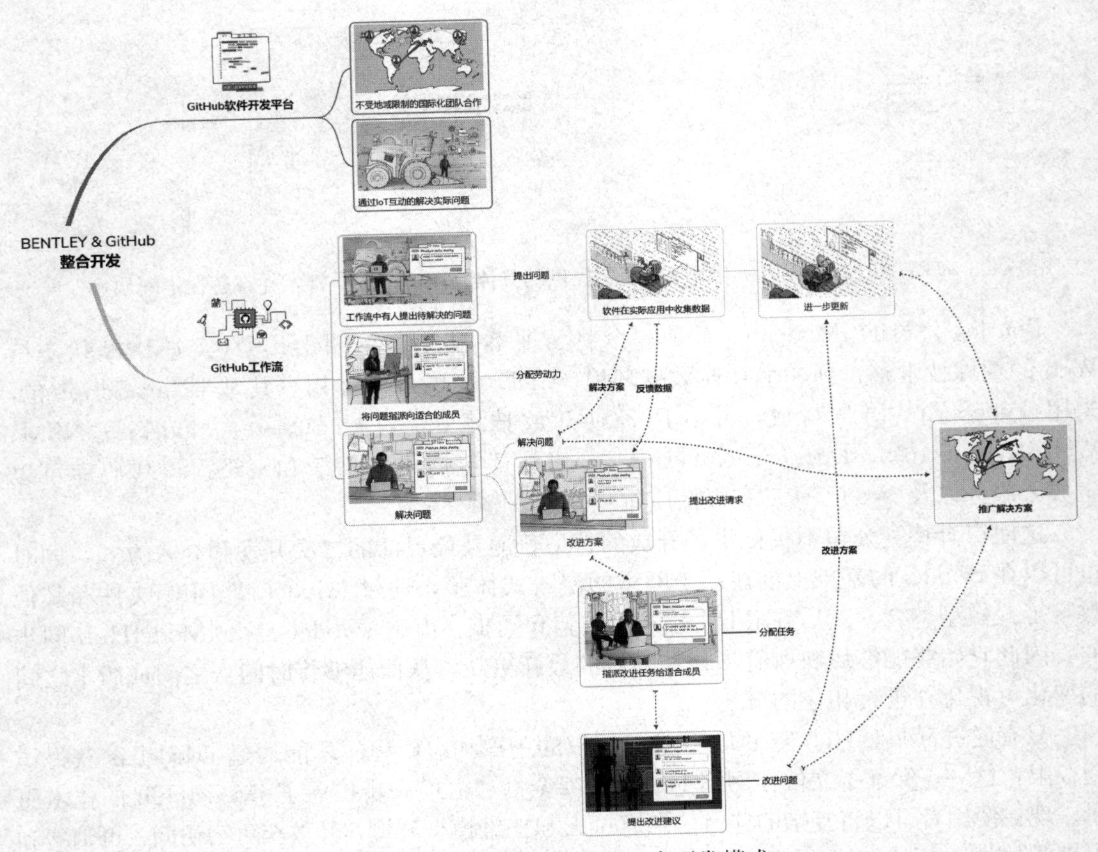

图 2-4-25　Bentley 提供的整合开发模式

第五节 公司管理者的工作流、工作范围内容与工具应用

一、概述

前文部分已经讨论了许多信息化的特点、信息化工作流协作的特点以及给公司决策者带来的优势与帮助等。在基本了解了信息化技术的相关特点之后，接下来将会针对实践更具体地向读者介绍公司管理者、决策者在信息化工作流中所承担的责任和更好地运用信息所需要掌握的工具和基本能力。通过具体流程的展开让读者可以深入细致地体会整个建筑信息化协作在公司管理者这一层面所涉及的内容。这里还是要提醒各位，在本书的学习过程中，重点始终要放在信息的传递交互流程上，而不是作为演示的具体案例软件的使用上。

在实际的建筑生产中，不同的公司类型、规模、工作方式下，公司决策者所需要掌握的工具和工作的模式是灵活多变的。与此同时，建筑生产项目之间的差异性也要求公司的决策者拥有应对多种可能性的适应能力，因此，公司决策者所掌握的工具以及工作流程模式应该是可以适应建筑生产的多样性的。而这恰恰是信息技术云平台的一大优势，它不但可以提供前文所说的多种信息应用和多种资源整合带来的强大适应性，对于公司现有的工作模式和工作平台还可以予以保留并且整合进入信息工作流而不是推翻更替。这种对于工作流程与模式的整合在方便企业应用信息技术的同时，也扩大了工作模式与组织管理本身的适应性。公司决策者面临的问题是很繁杂的，我们不能在有限的篇幅里一一叙述，但其信息流程应用的基本原则与信息组织处理的基本原理都是一致的，因此在这里我们以公司决策者应该普遍性面临的问题和具备的能力为依托，对建筑信息化技术在公司战略层面的应用方法进行讲解（图 2-5-1）。

公司需求分析与相应的平台选择是企业在采用信息化流程之前的工作部分，对于这部分工作来说，企业要根据自身的情况选择适合的平台资源。虽然各个企业面临的情况都不相同，拥有的平台选择也可能不同，但有一个基本原则是需要注意的——那就是选择平台的原则是根据平台上整合的资源和企业自身业务的重叠性进行的。简单举例来说，一个进行建筑产品工业设计的设计公司，在选择平台时就应该选择那些集成更多工业相关模块和信息的平台，而不是选择一个“容易学习”或者“操作流程与现有公司生产类似”的平台。这是因为平台选择最终是为了促进生产，而不是为了升级现有的工作模式。正确的方式应该是根据公司的业务需求选择合适的平台，然后根据平台的信息集成与传递模式将公司原有的生产组织模式进行修改融合，从而达到将信息化生产效益最大化的效果。

因为各个公司的情况都不相同，而主要的平台及其功能与原理我们在前文也有详细介绍，已经可以帮助你结合自身的企业情况进行选择，因此在这里就不再进行举例叙述。接下来我们还是聚焦建筑信息化生产协作在公司战略一级的信息组织与应用。

二、公司基本信息设置

在进行建筑信息化生产协作时，信息的交互就像车站之间行进的列车一样将我们的所需进行传递。如同一条铁路线和一个铁路网要在开始阶段进行站点的选择设置一样，对于建筑信息化协作来说，我们一开始也要进行站点的设置——账户。对于建筑信息化协作来

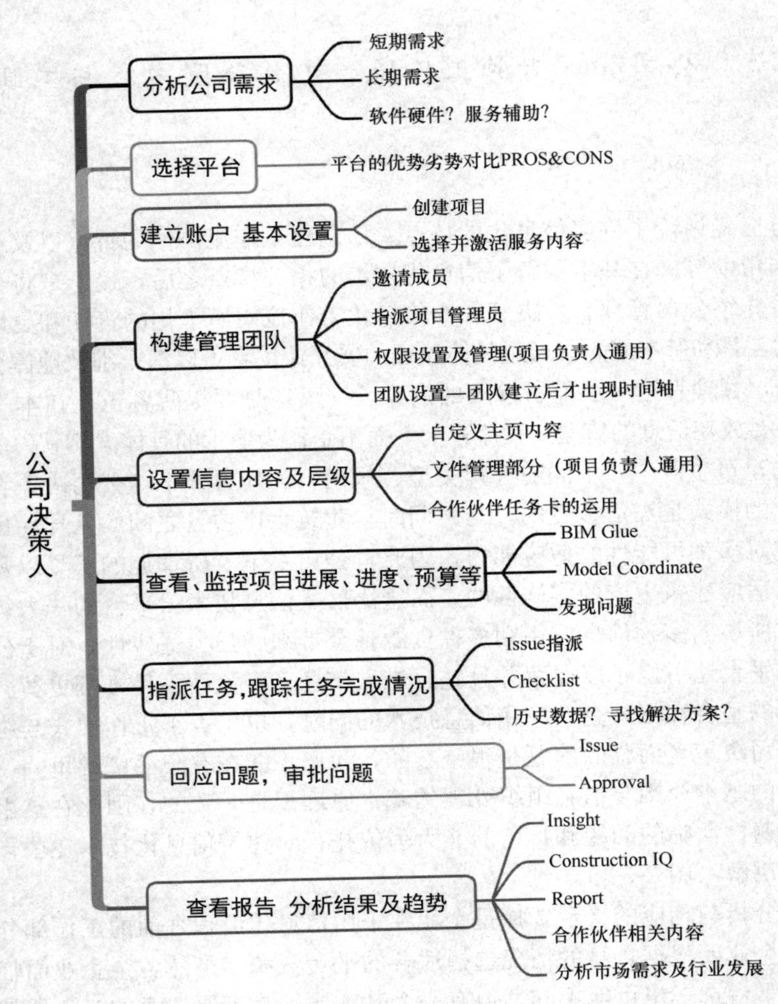

图 2-5-1 公司决策人在信息化协作工作流组织中的主要工作内容

说，账户的组织与关系、账户的权限等并非只是许多人认为的简单的“软件设置”，而是流程基本组织的重要过程。账户的设置其实就是团队与生产流程组织的第一环节，未来的流程与信息交互就在账户形成的“网络”上进行，因此对于公司协作来说，账户的建立与分配、账户权限的控制，就是信息化生产流程的组织与协作控制。在这里我们将以欧特克（Autodesk）公司的 BIM 360 云平台为例为读者进行相关的介绍（图 2-5-2、图 2-5-3）。

基本的账户创建对于建筑信息化协作流程来说就好像建筑项目选择一块基地一样，基地虽然不是建筑的一部分，但却是一切建筑工作展开的基本空间。基础账户创建就是为我们接下来的信息化协作提供了一个基本的空间，看似与信息化协作的具体组织工作关系不大，但其简单的基本设置其实与平台选择共同决定了我们进行信息化协作的基本环境，对于信息化协作来说是十分重要的。

在进行了基本环境的设置之后，我们就可以进行项目的创建了，这也是建筑信息化协作管理的第一步，从这一步开始，我们将为不同的项目组调配资源，进行信息化协作的基本组织（图 2-5-4）。

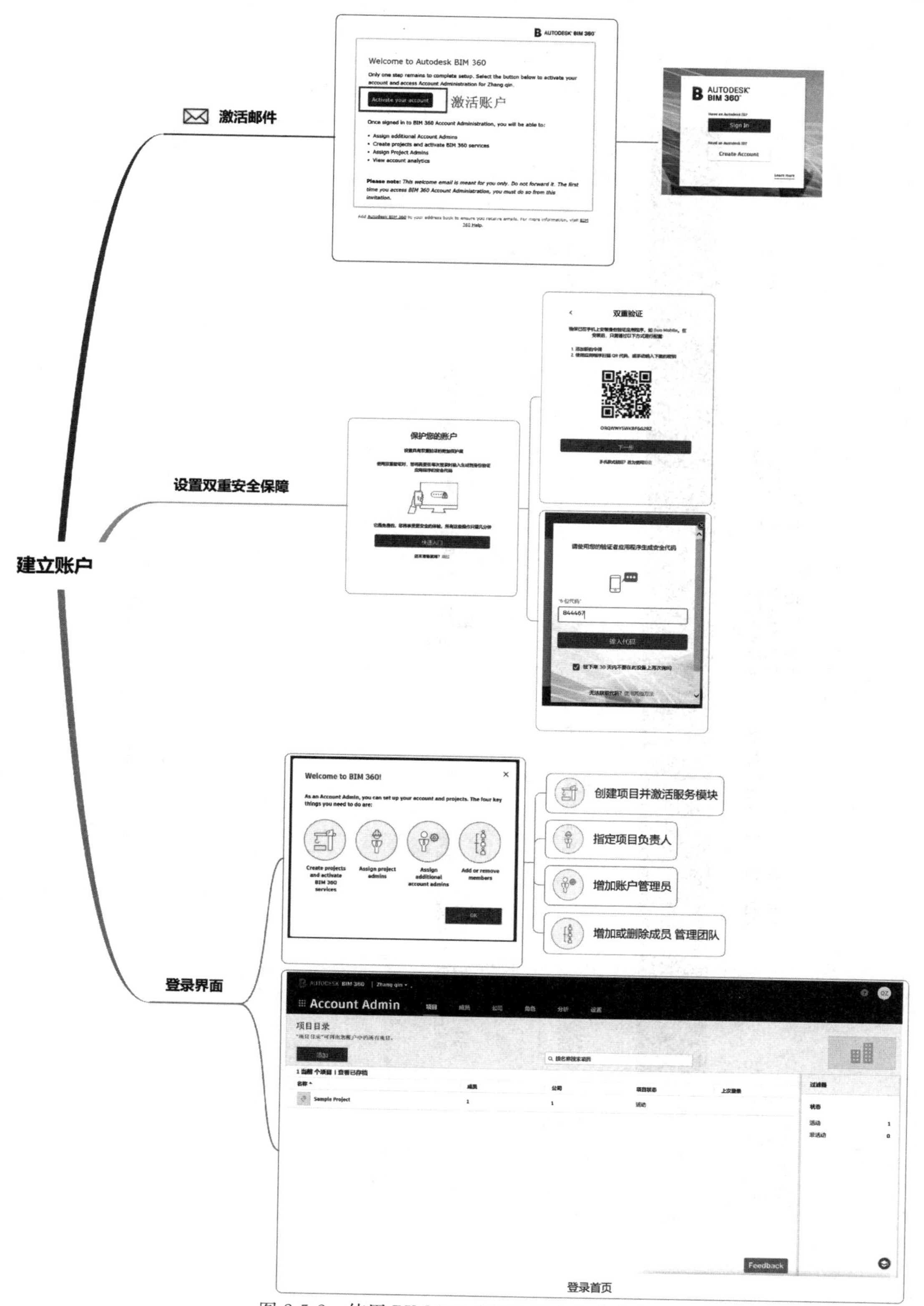

图 2-5-2　使用 BIM 360 云平台建立企业账户

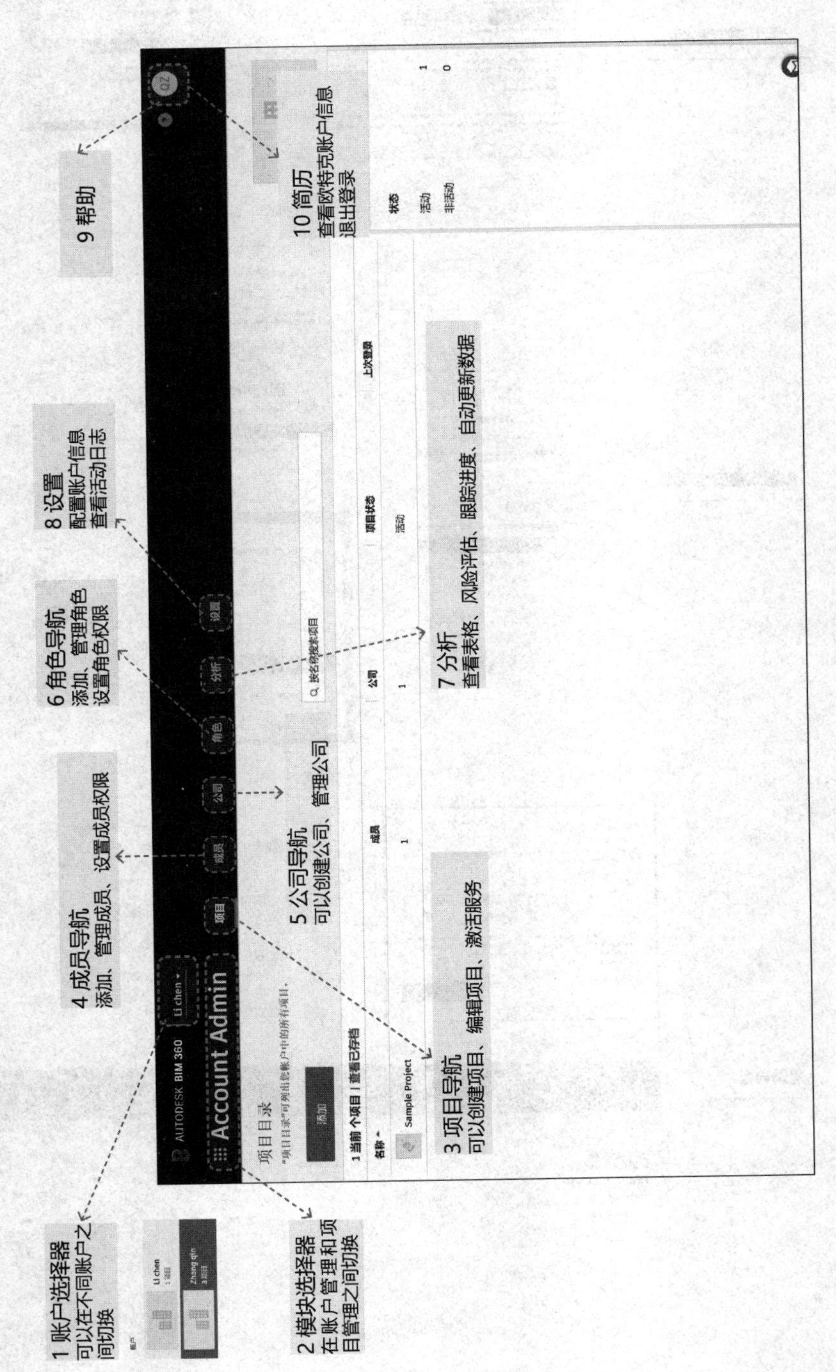

图 2-5-3　账户的基本操作与设置（BIM 360）

在创建项目和激活模块、制定管理员的同时，建筑信息化协作就已经开始了。在这里读者需要离开具体的应用，关注这一行为背后的信息化协作流程本身。创建项目对于信息化协作是将公司的整体工作以项目为单元进行第一次分配，这等于信息的第一次分流配置组织．在这之后进行的平台服务模块激活与管理员指定则是为已经分流的信息配置相应的生产资源与团队资源，而这两种资源将在之后的工作中进一步细分与配置下去。这种过程的循环最终将会形成树状的信息流动通道与信息资源配置，进而产生信息化协作的基本组织结构。当读者理解了这一过程之后，就可以快速清晰地梳理所选用的任何工作平台的功能设置，并且甄别其功能与流程设计的优劣之处。

至此，应该已经了解，对于公司级的信息化协作，决策者与管理者的主要工作集中在人力（团队）资源的配置、生产（技术、生产信息等）资源的配置以及对配置情况和生产过程中信息协作管理控制这三方面上。接下来我们将分别阐述这三方面的工作内容与要点。

三、公司的人力（团队）资源配置

人员与团队是一切生产组织的基石，也是生产组织中最古老的部分。早在计算机技术，机器以及复杂的生产工具产生之前，几千年前人们进行集体大型建筑项目生产时——如埃及的金字塔建造——就存在人员的组织分配问题。因此，人力（团队）资源的配置对于信息化协作来说是非常重要的组成部分，信息化协作的网状信息结构虽然有不同层级的大小站点，但最终的、最后一级的、处于拓扑结构基本组成部分的基本站点则是以个人为单位的。从建筑信息系统的角度来看，团队的配置在一定程度上对于协作的组织结构影响是根本性的，从实际生产的组织来看，也是这样的——不同的团队结构与人员结构直接影响我们配置信息所采用的模式。因此，人员的配置与团队结构的搭建是建筑信息化协作工作进入具体的组织时需要面对的第一个部分，在流程上先于生产资源的配置。

我们接下来以 BIM 360 云平台为例，介绍使用信息化技术构建管理团队——即建筑信息化协作的信息与资源配置组织的基本过程与操作方式。

（1）构建与管理团队 1——创建公司、业务部门（图 2-5-5）

（2）构建与管理团队 2——添加成员，指派角色及权限（图 2-5-6）

（3）构建与管理团队 3——添加设计团队（时间轴）

建筑生产是由许多不同团队共同协作完成的，因为篇幅所限我们不能将建筑生产所涉及的所有团队都进行举例叙述，所以在这里仅以建筑设计团队的设置为例。需要再次提醒具体的工具应用案例只是建筑信息化协作过程中信息分配的具体操作，目的是为了更具象地理解信息分配的原则以及快速的将所学只是布置到生产中，而信息分配的原则是基本一致的，也是根本的，在了解了分配的模式后，可以快速灵活地依托各种不同的工具对自身所在的团队进行相应的信息组织分配（图 2-5-7）。

四、公司的生产资源配置

对于建筑信息化生产协作来说，人力资源的配置完成之后就好像铁路站点已经构建完成，剩下的就是在这些站点之间搭建铁轨、安排列车与相应的货物——接下来的生产资源配置正是完成类似的工作。

信息化协作生产资源配置的目的就是将生产资源按照生产的协作组织要求，分层级、分类别地配置给不同的人员或者团队，组织信息交互的网络，从而使建筑信息化协作运转起来。

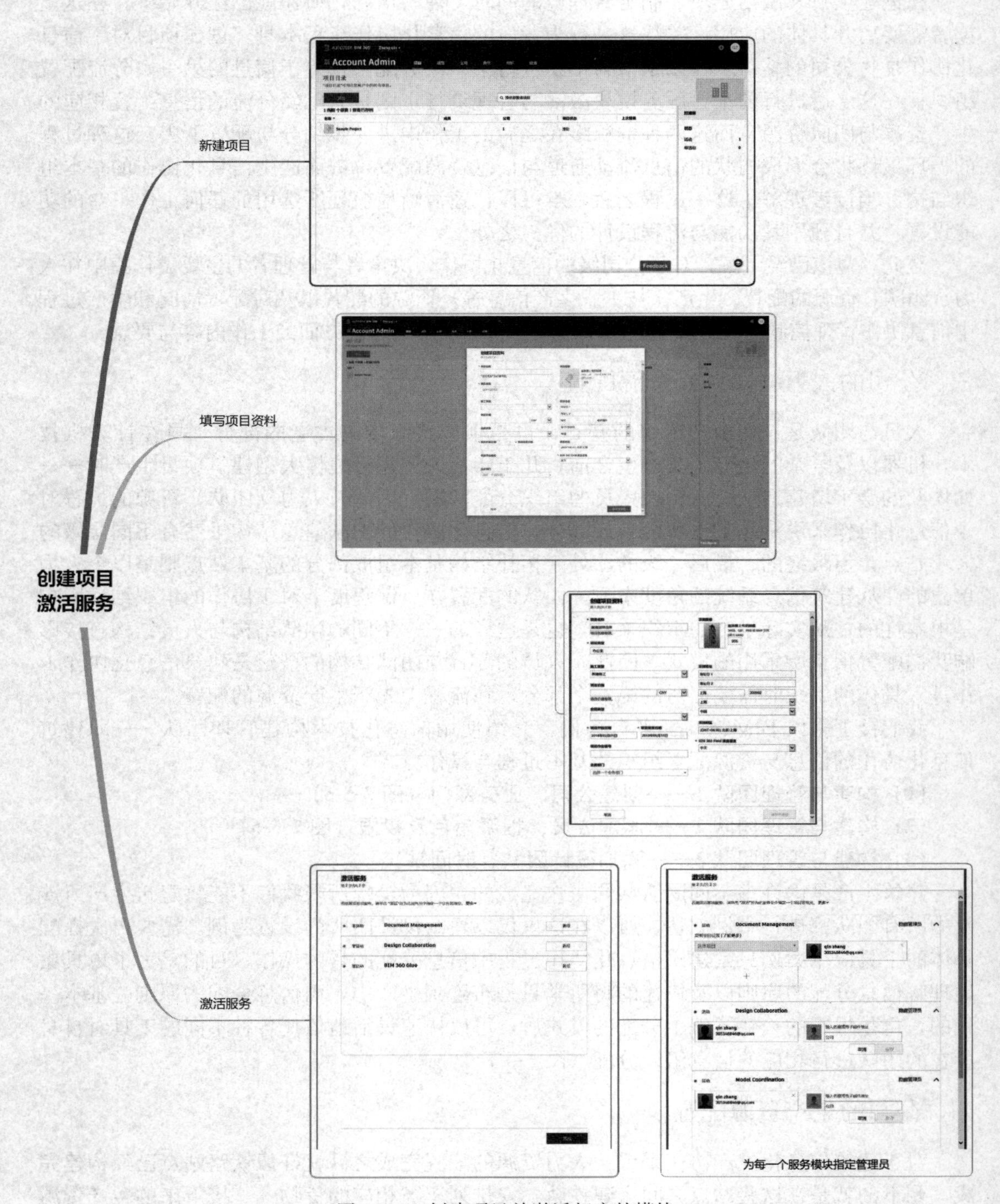

图 2-5-4　创建项目并激活相应的模块

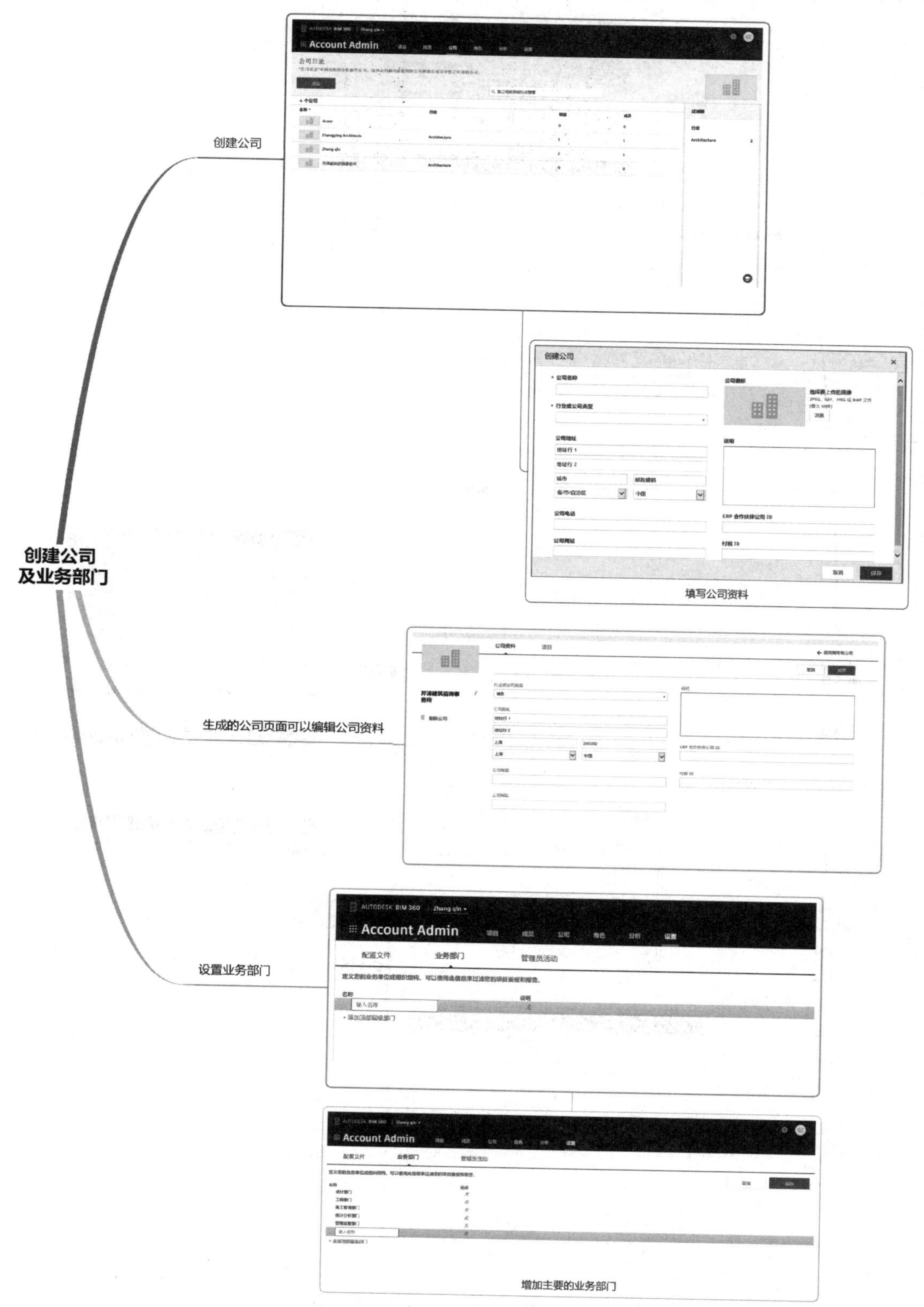

图 2-5-5 创建公司及业务部门

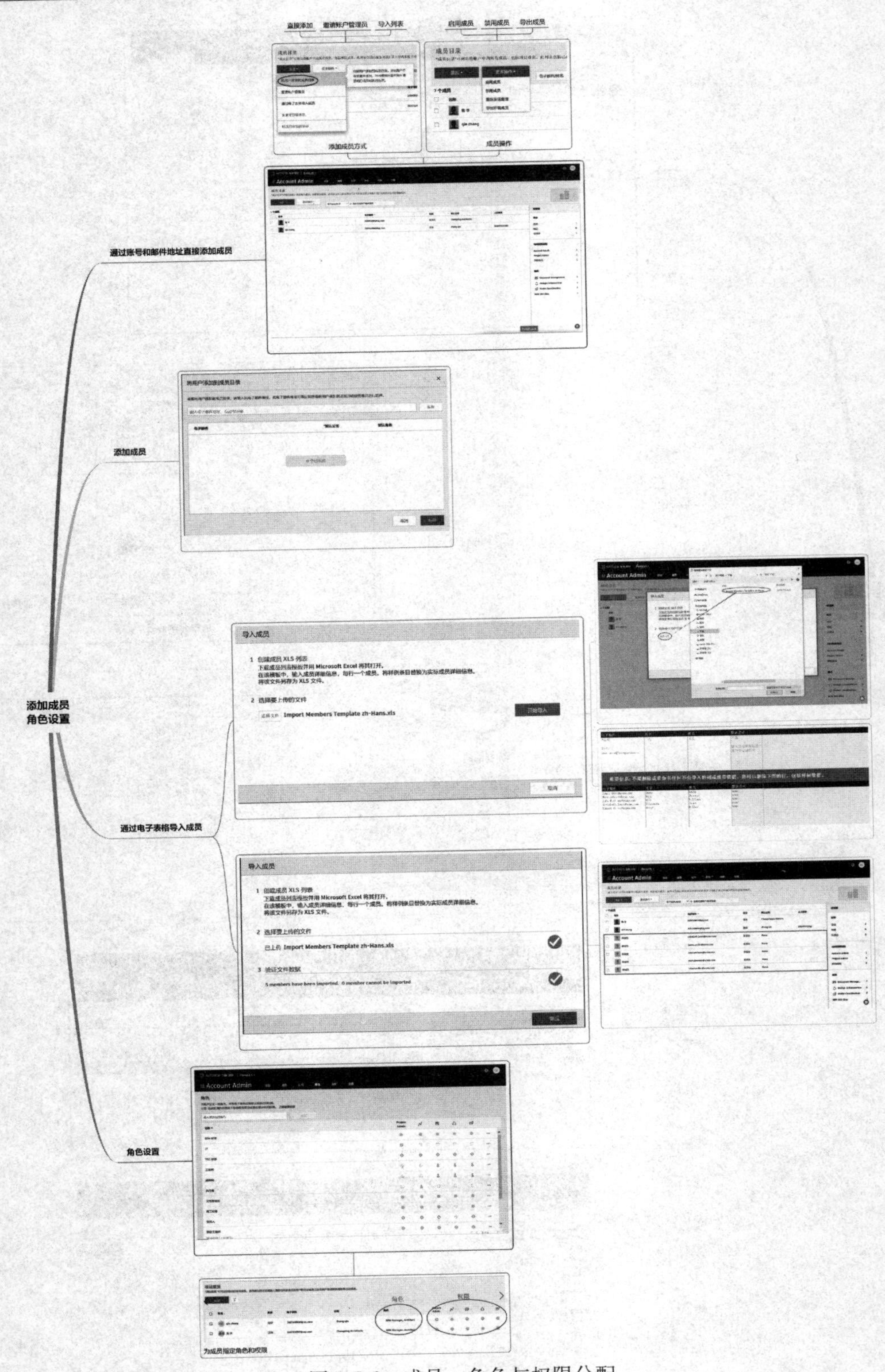

图 2-5-6　成员、角色与权限分配

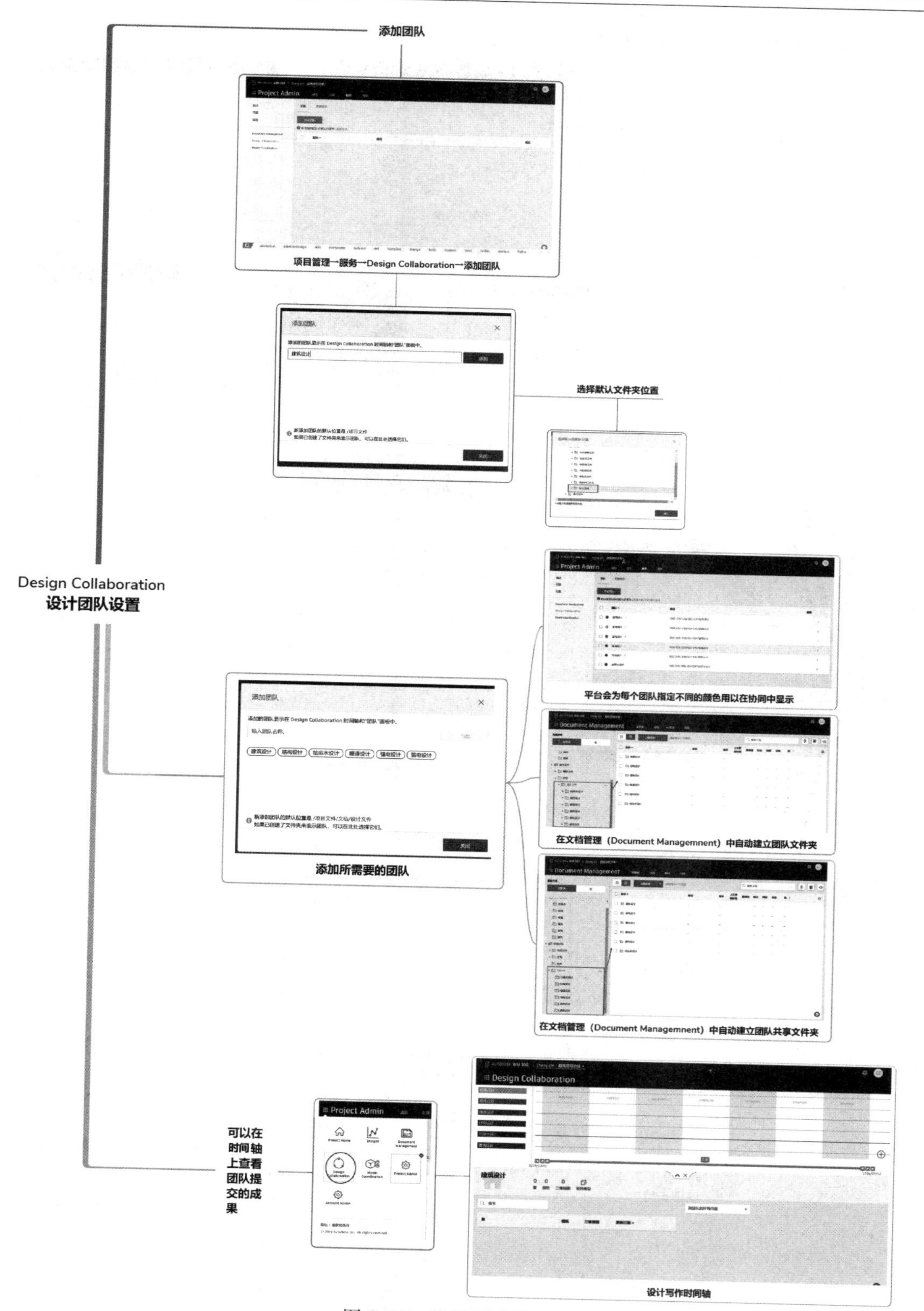
添加团队
项目管理→服务→Design Collaboration→添加团队
选择默认文件夹位置
Design Collaboration
设计团队设置
平台会为每个团队指定不同的颜色用以在协同中显示
在文档管理（Document Managemnent）中自动建立团队文件夹
添加所需要的团队
在文档管理（Document Managemnent）中自动建立团队共享文件夹
可以在时间轴上查看团队提交的成果
设计写作时间轴

图 2-5-7　设计团队设置

1. 设置信息内容与层级（图 2-5-8）

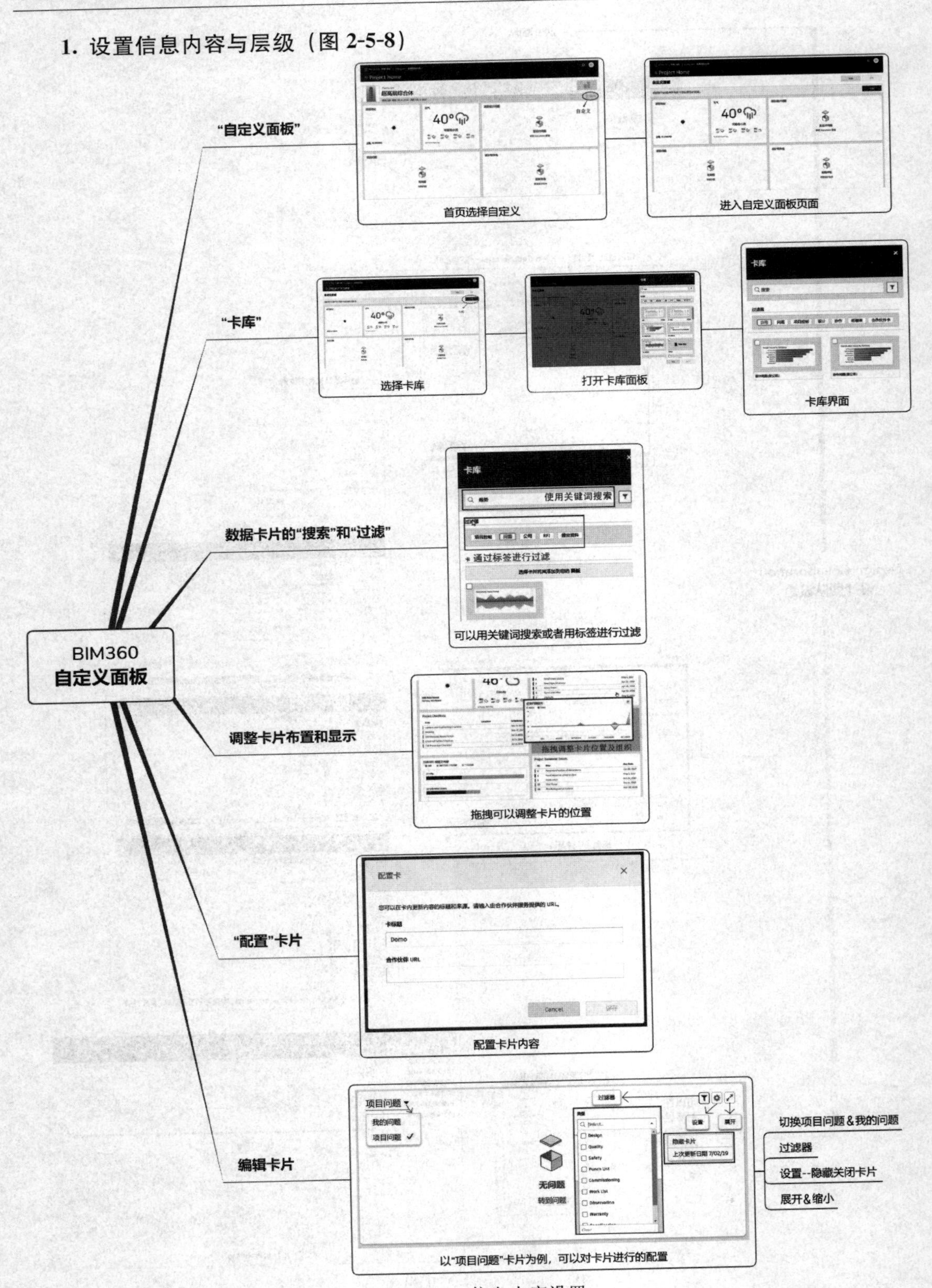

图 2-5-8 信息内容设置

2. 生产信息（文件）分配（图 2-5-9）

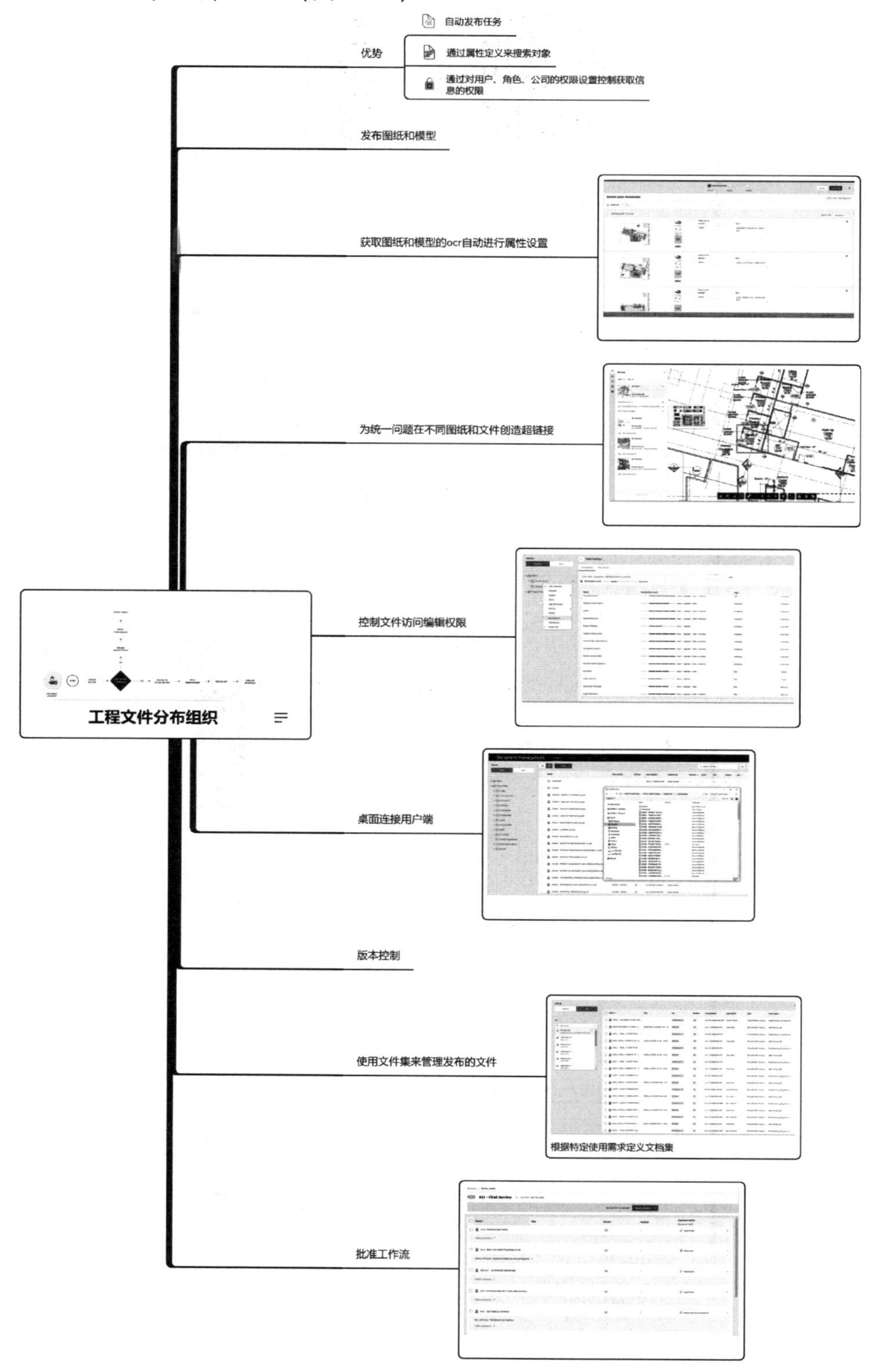

图 2-5-9　工程文件分布与组织

3. 生产文件权限与管理（图 2-5-10）

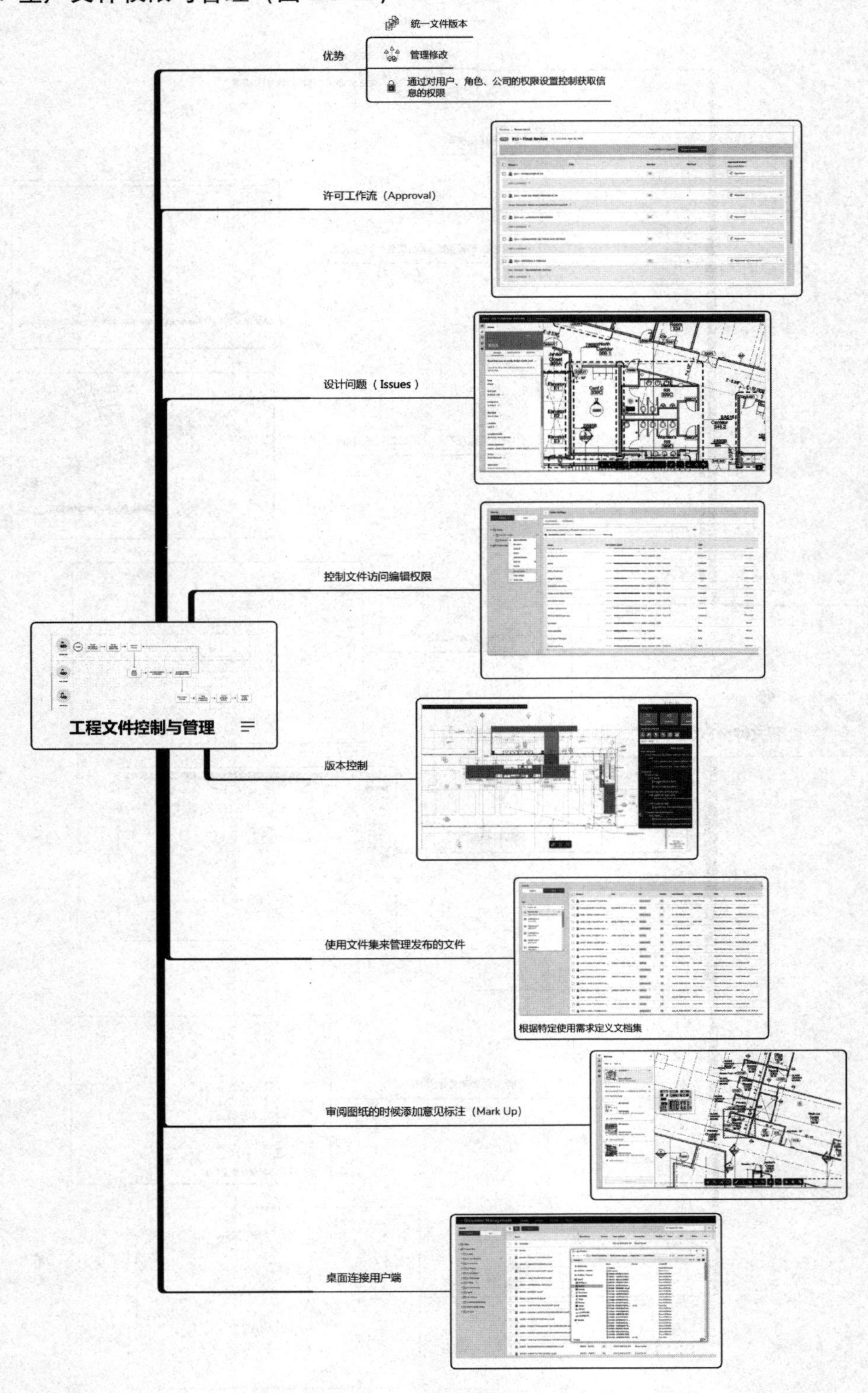

图 2-5-10　工程文件的控制与管理

4. 技术资源配置（图 2-5-11，图 2-5-12）

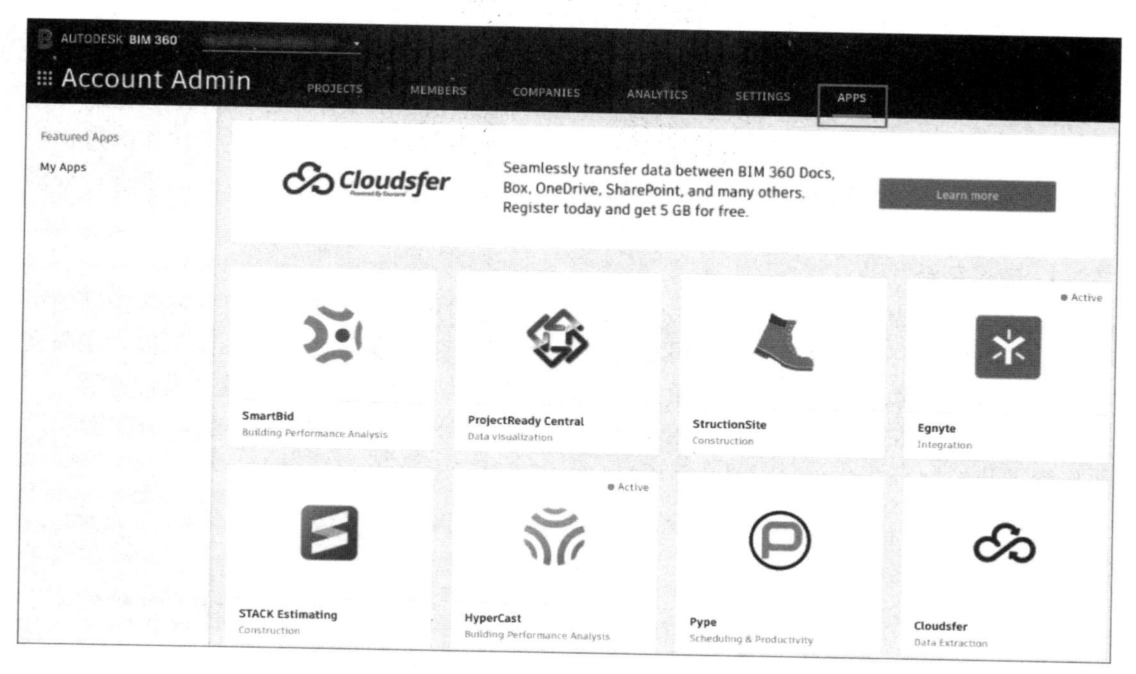

图 2-5-11　信息平台上的技术资源（BIM 360 合作伙伴卡）

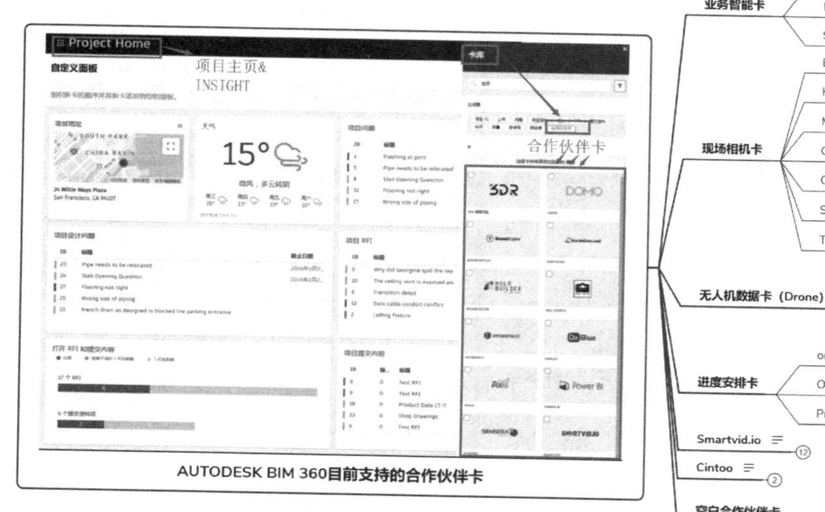

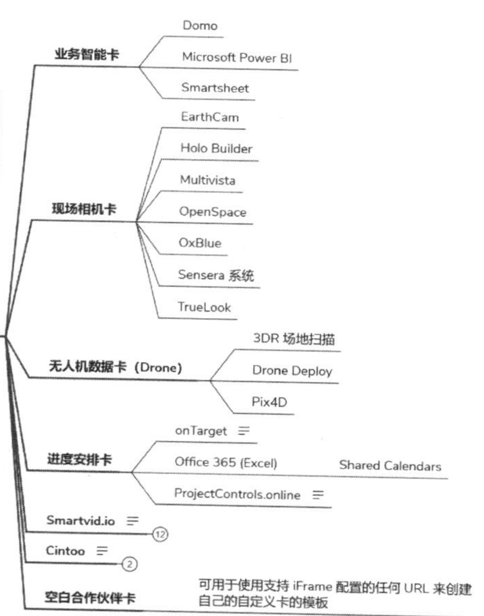

图 2-5-12　应用 BIM 360 云平台进行技术资源配置

从图 2-5-12 可以很明显地发现，通过合作伙伴卡可以：

（1）获取更多的信息；

（2）与合作伙伴进行协作设计交流；

（3）将本公司的优势输送向云平台的其他末端（双向互惠互利）。

五、公司的信息化协作管理控制

对于公司的决策者与管理者来说，一项重要的工作就是保证已经建立起来的信息化协作结构可以顺利运转，这就需要公司的决策者对信息化的协作交流进行相关的管理与控制。公司的管理者在信息化的生产流程中，需要应用信息化协作技术对生产协作的过程不断进行管理控制，对人力与资源进行必要的配置调整，对信息与信息的应用结果进行分析判断，从而保证项目可以在信息技术的支持下快速顺利地完成。

1. 应用平台

信息化协作是依托于计算机技术的，因此软件平台的选择是进行信息化协作控制的第一步。工作流程上，平台选择是公司在进行信息化生产协作流程的前置准备工作，在前文我们已经为读者陈述了平台选择的相关问题，因此在这里就不再对平台选择进行赘述。因篇幅所限，本书将选用目前市场覆盖率较高的 BIM 360 平台为例介绍信息化协作的生产协作管理与控制（图 2-5-13、图 2-5-14）。

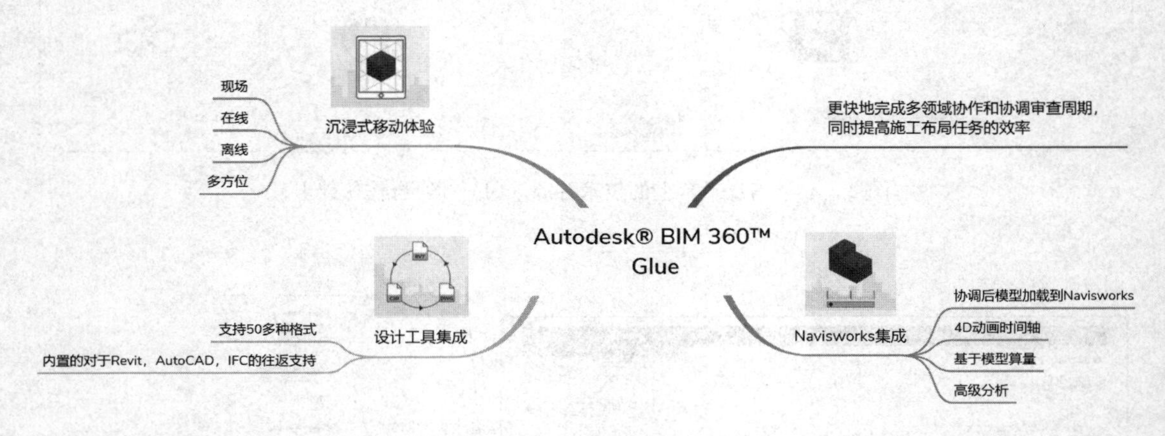

图 2-5-13 BIM 360 Glue 信息化协作模块（2019 年 7 月 12 日更名为 BIM 360 Coordinate）

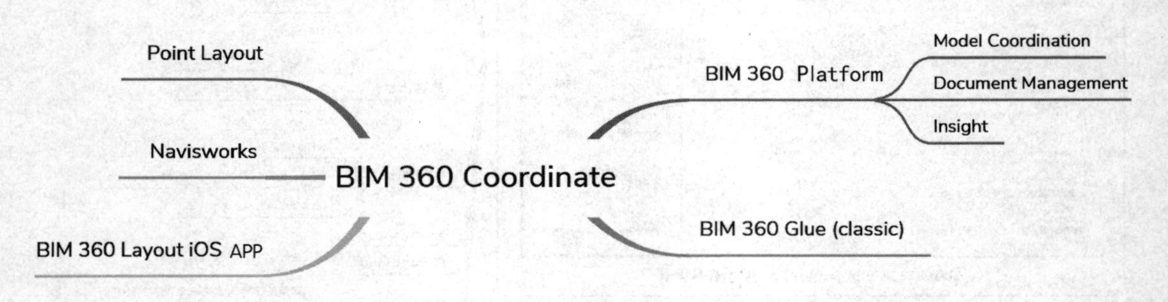

图 2-5-14 BIM 360 Coordinate

这两个平台工具模块其实是同一功能模块的不同代次，BIM 360 Coordinate 是新一代产品，BIM 360 Glue 于 2019 年 7 月 12 日更名为 BIM 360 Coordinate。更名后的 BIM 360 Coordinate 包含更多的模块和更强大的信息化协作管理功能（因欧特克公司的区域销售策略，不同地区的更新情况可能不同，更新也并非覆盖）。

2. 生产协调——查看、标记与审阅

生产协调是建筑信息化技术协作管理与控制的核心，包含多种技术模块。在这里我们需要特别强调一个重要的模块——“模型协调（Model Coordination）”模块。之所以要特别强调，是因为很多人常常将模型协调等同于生产协调。

会产生这种观点的原因是建筑信息化生产协调一般面对的都是建筑信息技术产生的信息集合——建筑信息模型，许多牵扯到建筑信息生产协调的工作都是以信息模型为基础完成的，因此对于数字软件工具生产商来说用“模型协调”这一称呼对于使用者来说更加直观。在这里我们要提醒，避免进入一种误区——即信息化的生产协调就是对信息模型进行相关的处理，进而将关注的重点全部放在如何处理信息模型上。许多从业者因为在建筑信息化技术的学习中以及早些时候的 BIM 技术学习中将重心放在信息模型本身上，以至于迟迟没有办法把握信息化技术应用的要点，见树不见林，在面对信息化生产流程产生的许多信息问题时束手无策。

模型只是建筑信息的集合，模型的变化是我们对于建筑信息作出有目的的修改后的反馈，因此，在我们进行协作的时候切记**一切以信息为中心，要考虑的是自己要改变什么信息，要控制与管理什么方面的信息，而不是考虑要改变模型的什么部分，要应用模型的什么处理功能。**一旦以模型为中心思考，就容易陷入模型处理功能模块的具体应用功能上，进而被软件功能束缚，变成了以软件功能为中心组织工作，而不是以信息协作为中心组织工作。这样会造成工作组织上分散且不清晰，各个生产部分连接生硬，人员对于技术“不理解，只是应用”，最后往往会事倍功半，效果不好（这是建筑信息化技术应用的常见问题，许多企业信息化技术推行困难，各级从业人员积极性不高，且最终没有获得生产上的优势往往是因为这种原因）。

在建筑信息化技术的学习与实践中，读者要始终谨记“信息是实质，模型是表象”。

经过前文的叙述，相信此时读者已经了解了在学习过程中时刻聚焦信息的重要性，接下来我们将向读者介绍如何应用信息化技术平台进行项目信息、进度、人力、资源的组织管理与控制。建筑信息化平台的技术模块中包含各级工作人员的工作内容，在此我们将重点介绍公司管理者工作所涉及的部分，其余部分将在后文的对应章节进行讲解。

对于公司级的管理者来说，在完成了公司的信息化协作前置工作、完成公司的人力与生产资源配置、确定了项目团队组织与协作基本构架后，其在建筑信息化协作的生产协调中承担的任务可以简单总结为——查看成果信息（阶段、最终），提出相关问题与指定解决对象和期限，解决并回复问题——即对应信息化技术平台中的查看、标记与审阅。

（1）整合与浏览模型信息（查看）

只有了解情况才能提出问题与解决问题，建筑信息化协作的一项我们在前文中反复强调的优势就是对于项目情况全方位便捷快速地了解，这一点在生产协调上的体现就是对于生产的信息成果——信息模型的快速整合与查看上（图 2-5-15）。

（2）发现与提出问题（标记）

通过对模型信息的浏览，公司管理者可以进一步借助信息平台的技术工具对建筑信息进行处理，从而发现并提出问题（这里我们以我国建筑行业目前相对熟悉的碰撞为例），将问题信息标记、分类、传递（图 2-5-16～图 2-5-18）。

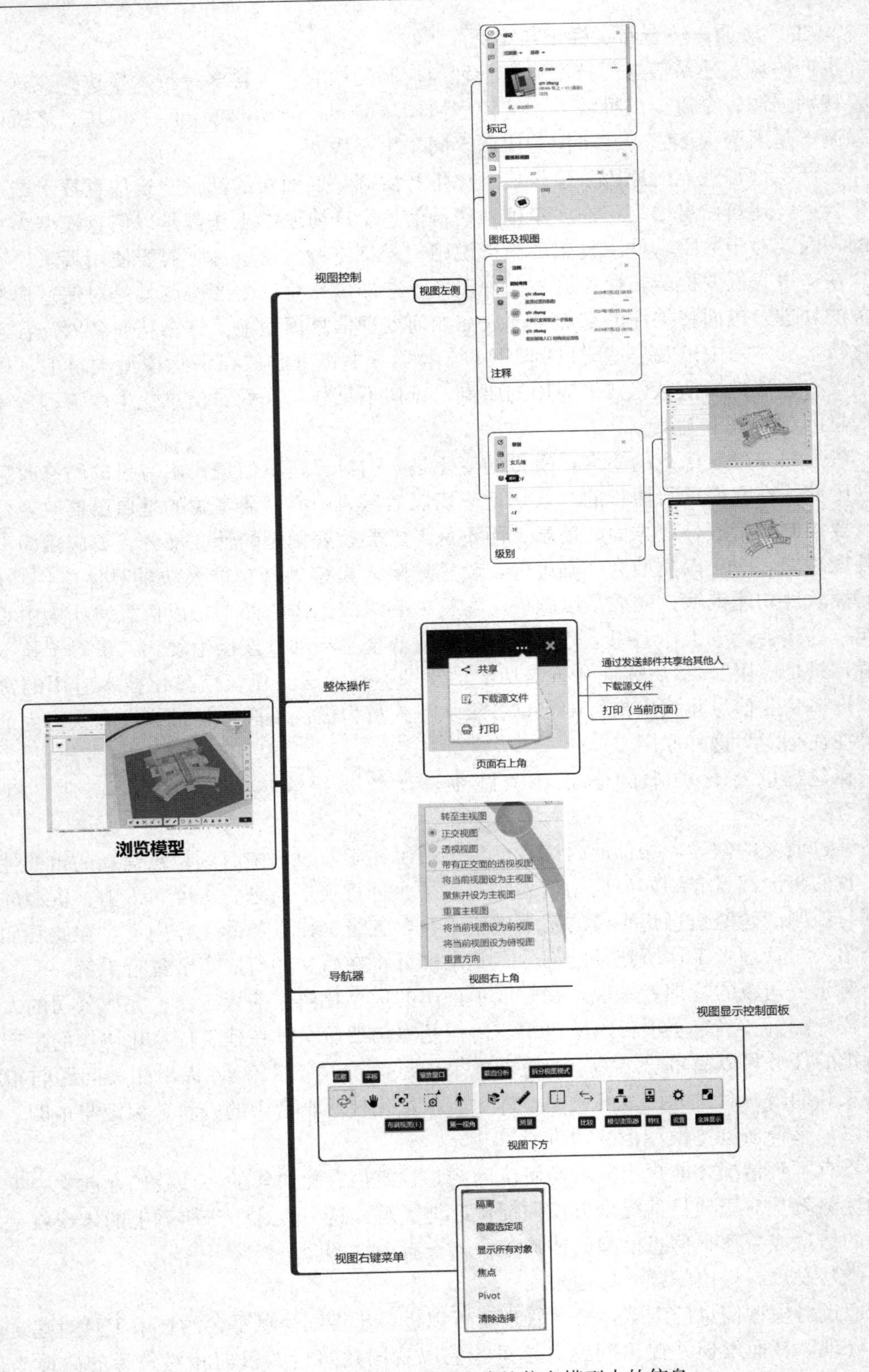

图 2-5-15　全方位便捷快速浏览建筑信息模型中的信息

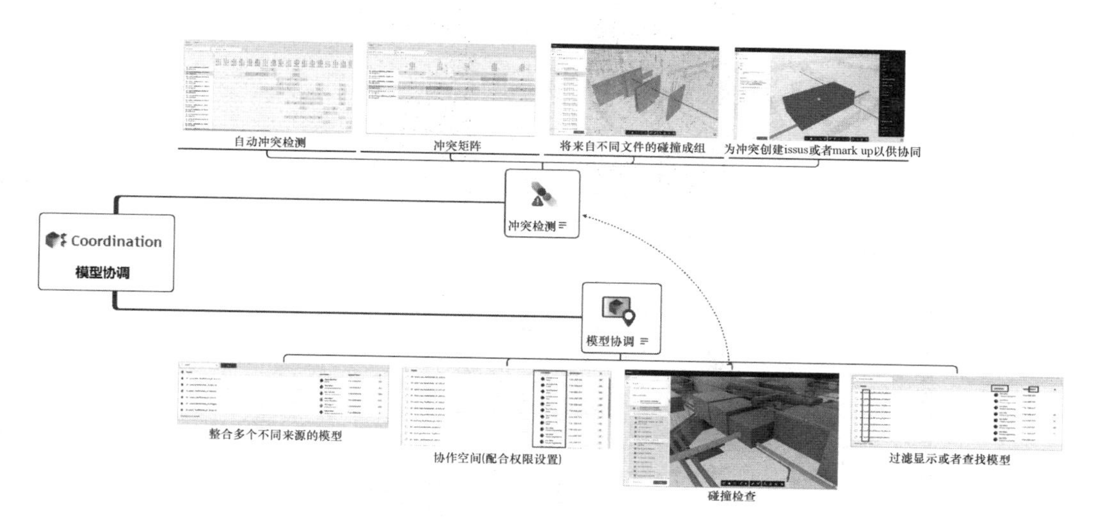

图 2-5-16　在 Model Coordination 中发现问题（碰撞为例）

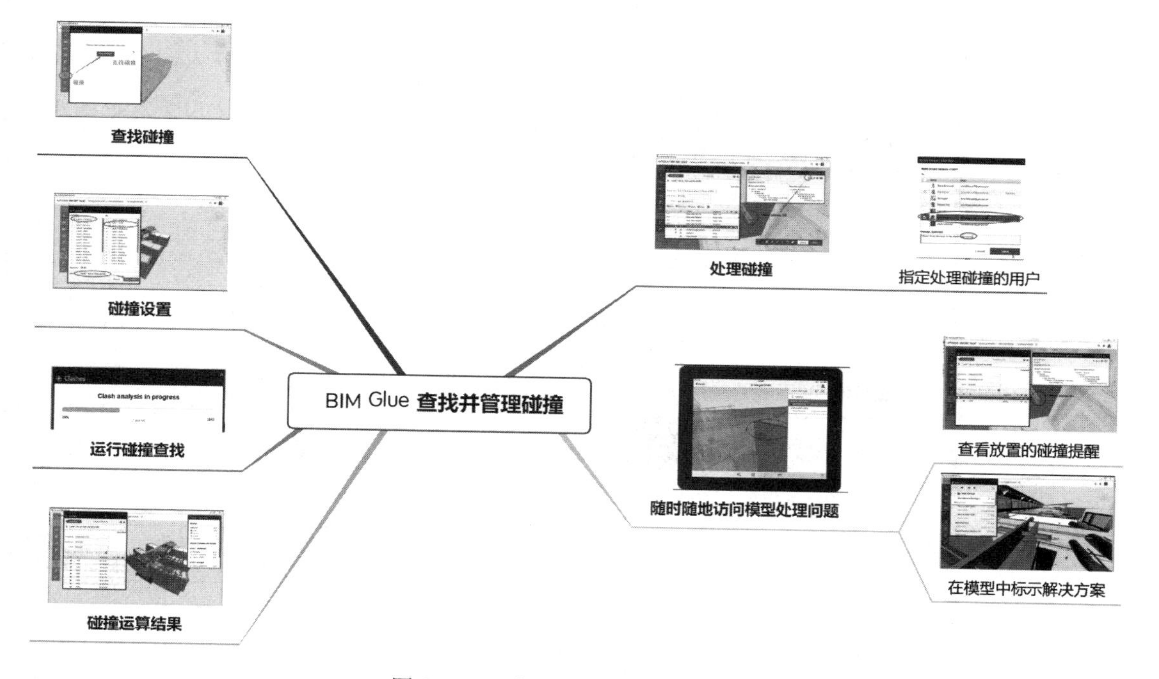

图 2-5-17　在 Glue 中发现碰撞问题

（3）解决并回复问题（审阅）

问题被分类提出之后，就是问题的解决，有两种基本的问题分类——一类问题是需要对应的人员进行解决的，这时对于公司的管理者来说需要的就是指派任务、跟踪任务完成情况；另一类问题则是需要公司管理者自己解决的，这时公司管理者需要做的则是解决并回应问题与审批问题（图 2-5-19、图 2-5-20）。

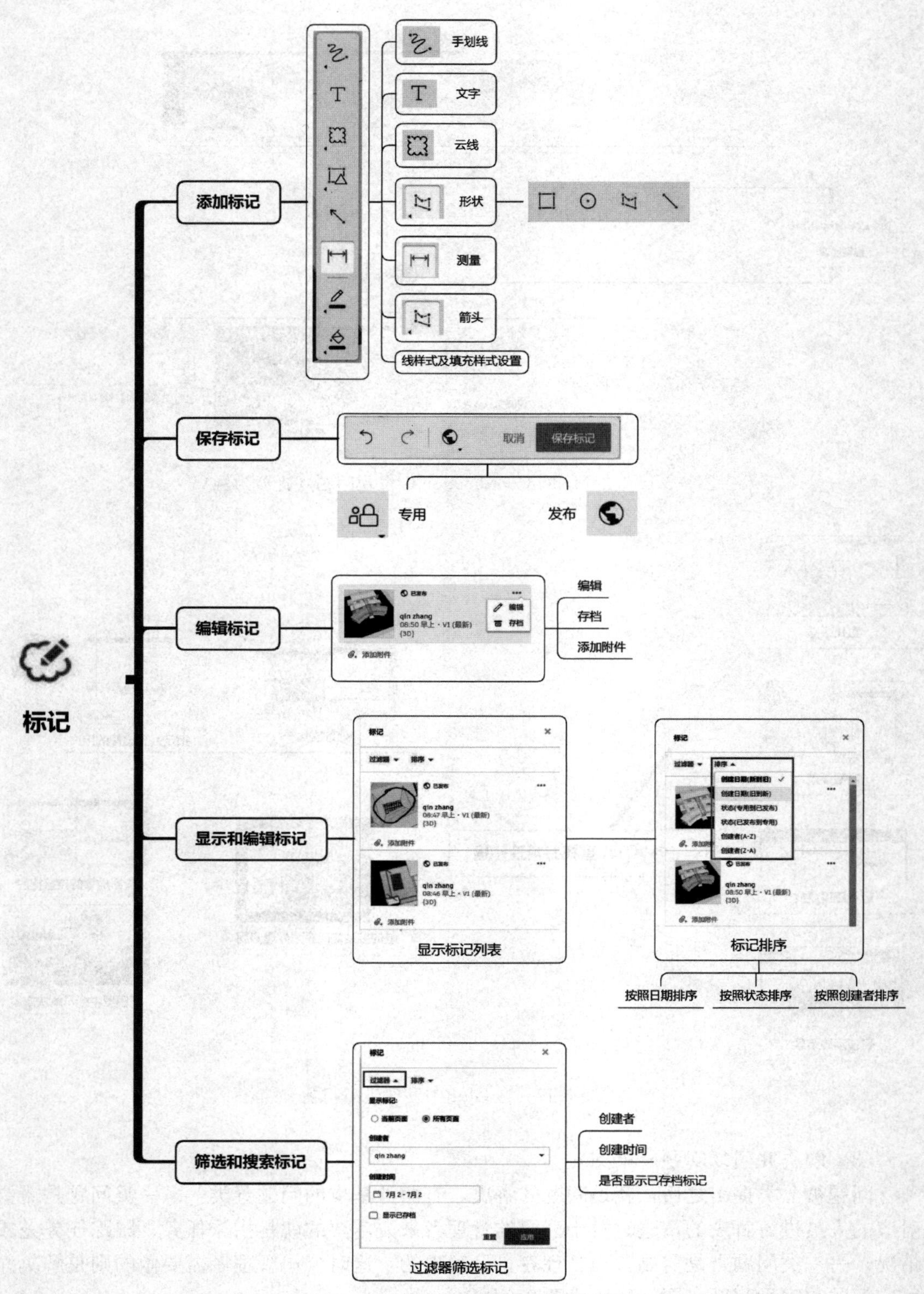

图 2-5-18　在模型中标记、分类问题

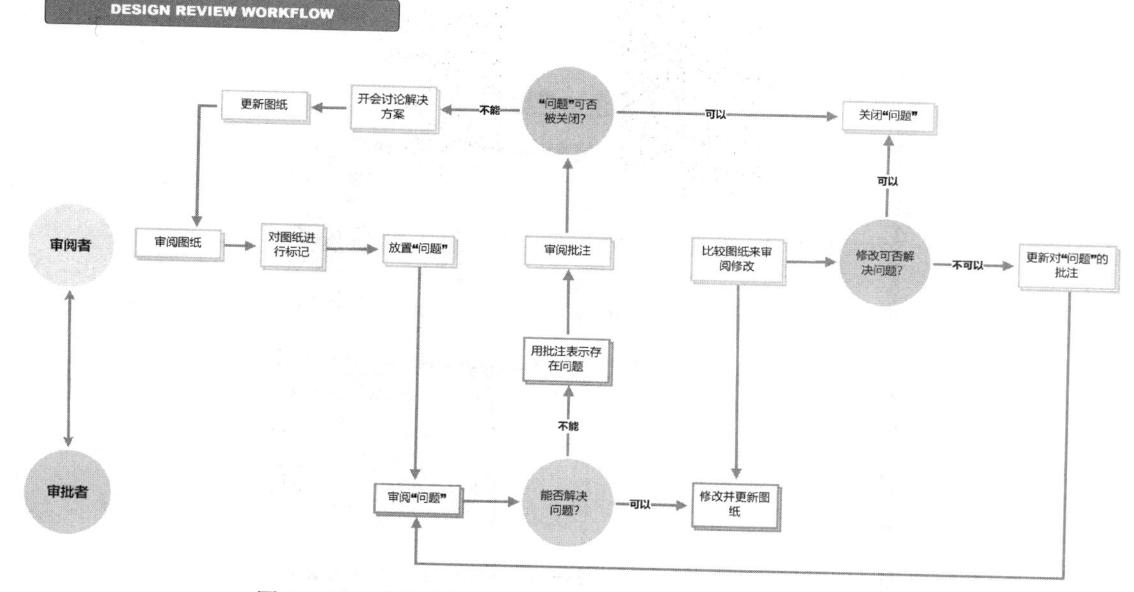

图 2-5-19　信息化协作（建筑设计部分）中的问题审阅流程

3. 应用信息化协作方式处理生产问题

为方便读者进一步深入理解应用信息化协作方式处理生产问题的流程，我们将以应用 Field Management（云模块）处理一个现场问题为例，为读者呈现这一过程，帮助读者加深对于前一部分生产协调的理解。这一流程主要包含——ISSUE 问题、RFI 信息交互、SUBMITTAL 资料审查、APPROVAL 审批与 CHECKLIST 核对表五部分工作流（部分或全部）。因为这些工作流程是涉及生产过程中的各个层级工作的，所以我们将在后文进行不同层级的深入介绍，本章则是从公司级管理者的角度进行相应的介绍。

（1）ISSUE 问题工作流

在这个过程中，公司决策人（管理者，账户管理员）的主要工作内容和需要掌握的技能是可以创建问题、查看以及回复问题、修改问题状态和查看报告并通过 Insight 分析数据信息（将在后文介绍）。实际工作过程中，项目管理员则会按照公司管理者与决策者的要求执行相关的具体项目执行级别的工作流，包括安全管理、质量管理、整修单等（图 2-5-21～图 2-5-23）。（具体的属于项目管理级别的组织与执行我们将在下一章节详细论述）

（2）RFI 信息交互工作流

当有些问题牵扯的范围较大或者时间跨度较大时（例如需要施工团队与设计团队沟通，或者时间上运维团队需要追溯一些设计问题），就需要进行专门的信息交互来解决问题，也就是 RFI 流程。这一流程是对于所需要的信息针对性地发送详细信息的补充申请，是 Project Management 项目管理模块的主要信息交流工具，公司管理与决策者在这一部分可以激活、开启成员权限（控制信息的配置与层级）以及查看 RFI 的活动日志和报告，整个信息交互反馈过程由项目的管理人/团队（公司决策级别）组织子承包商、总承包商、设计师团队等相关团队共同完成（图 2-5-24）。

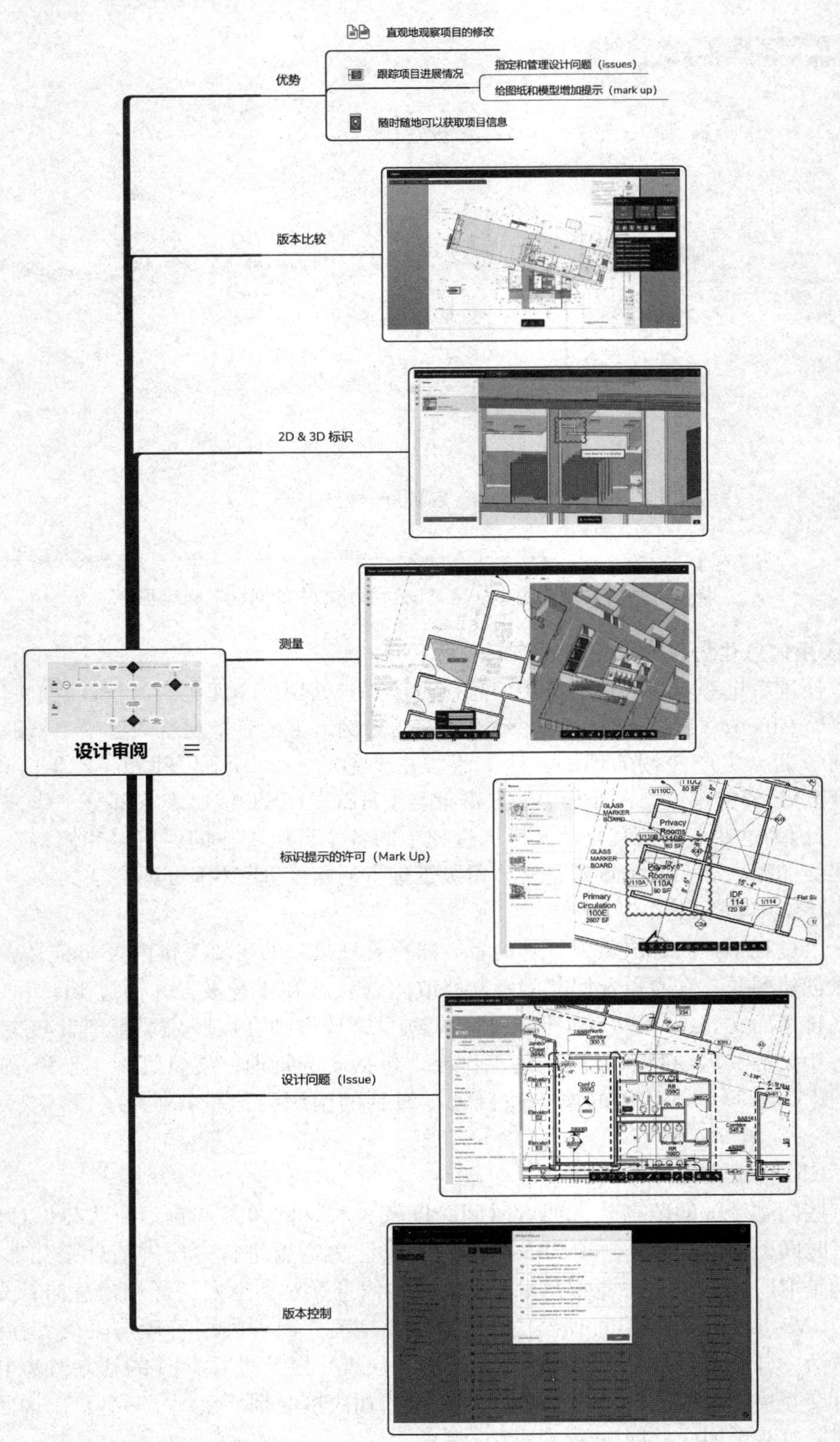

图 2-5-20　信息化协作（建筑设计部分）中的设计审阅工作

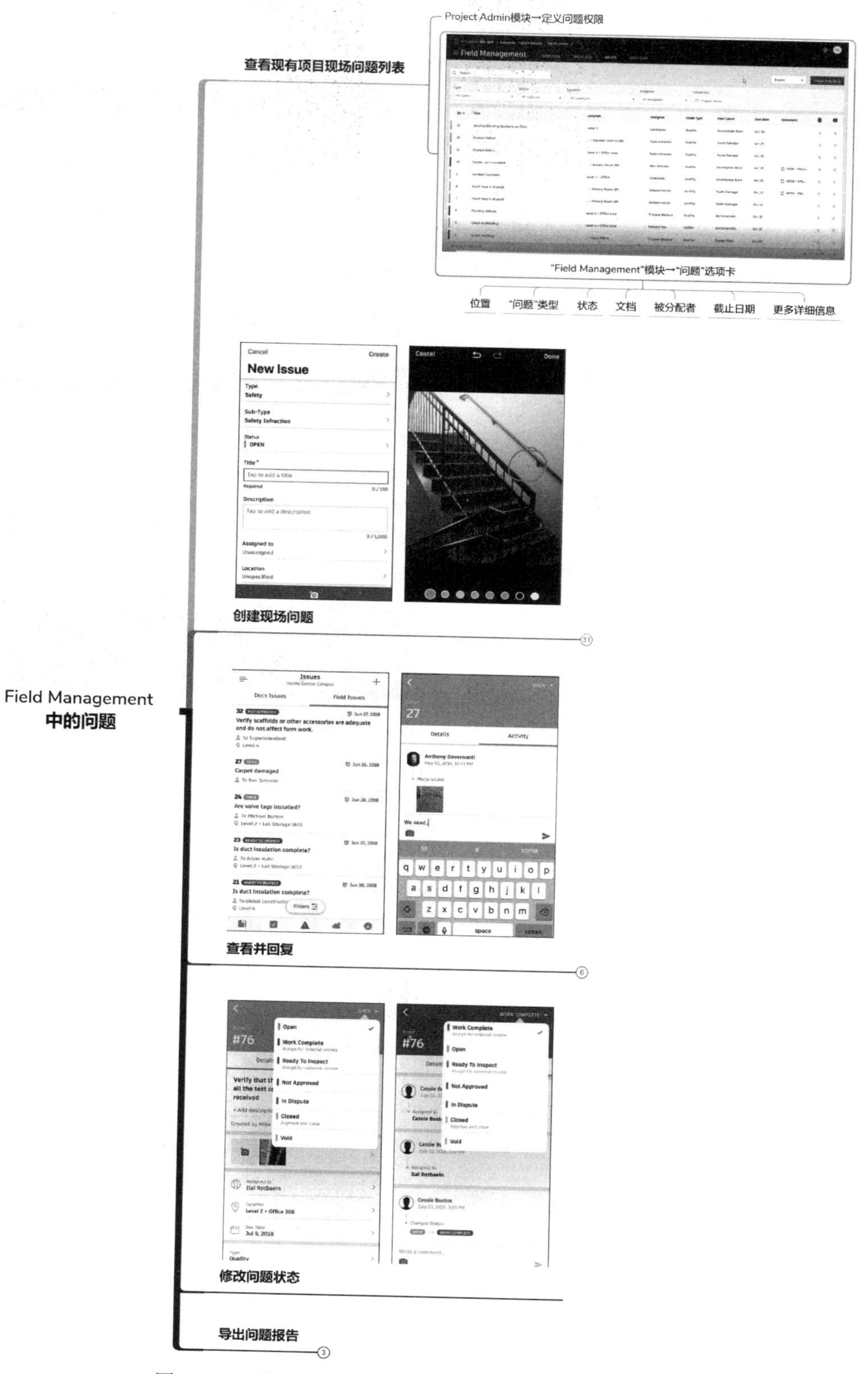

图 2-5-21 使用 Field Management 发现并处理现场问题

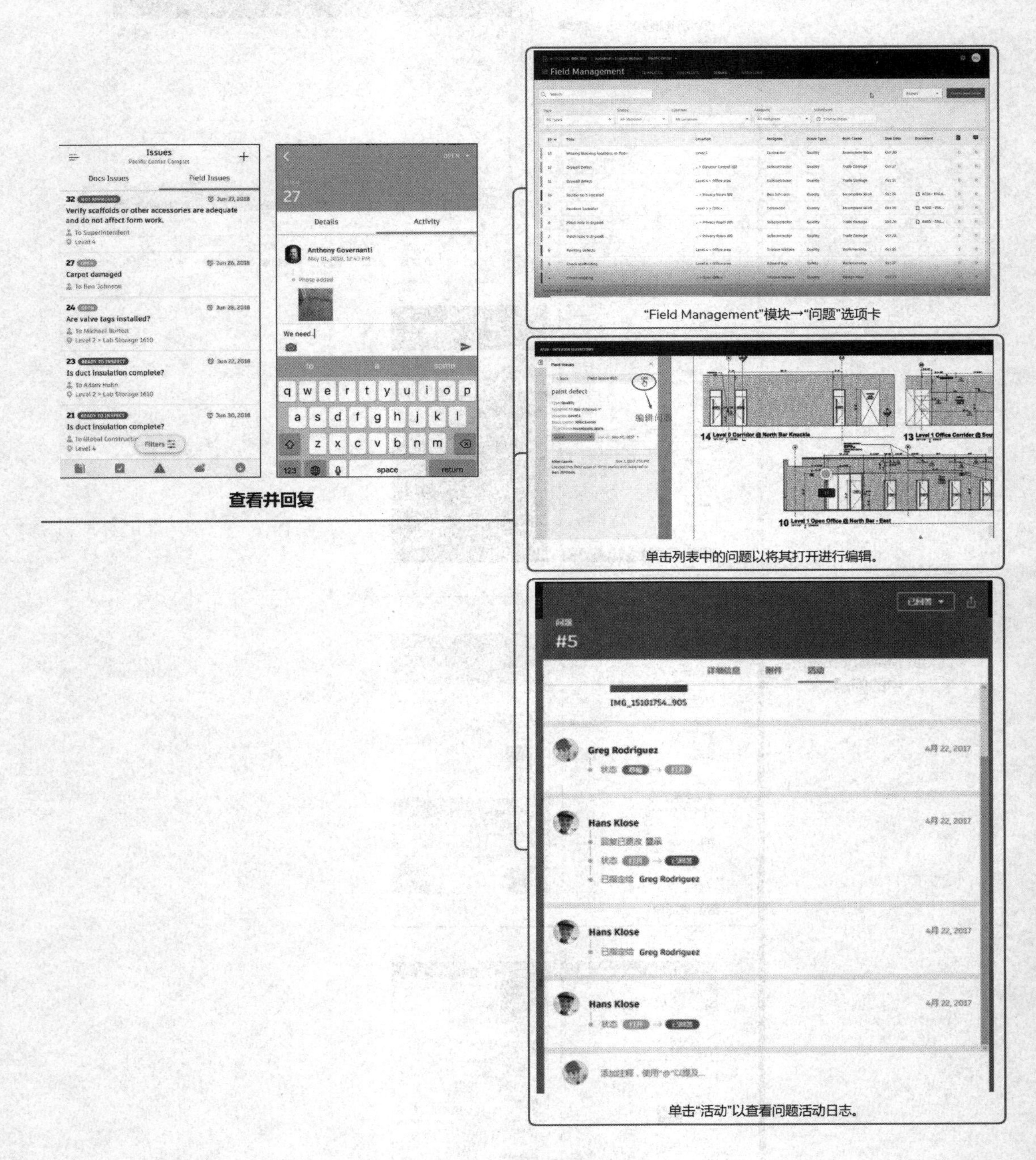

图 2-5-22 查看并回复问题

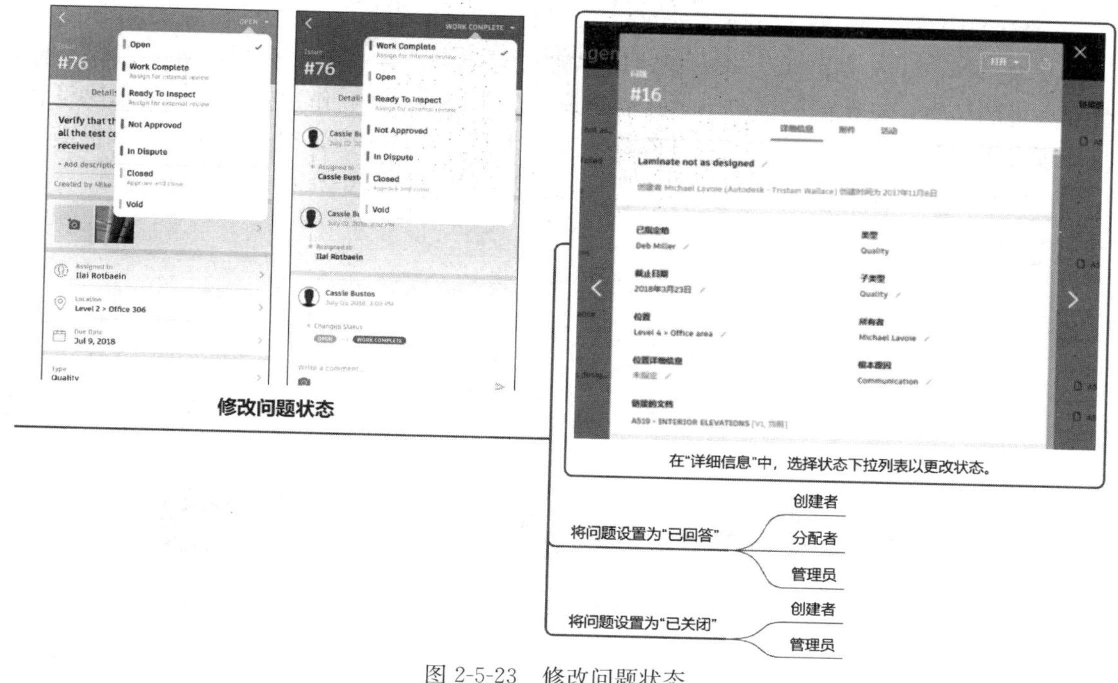

图 2-5-23 修改问题状态

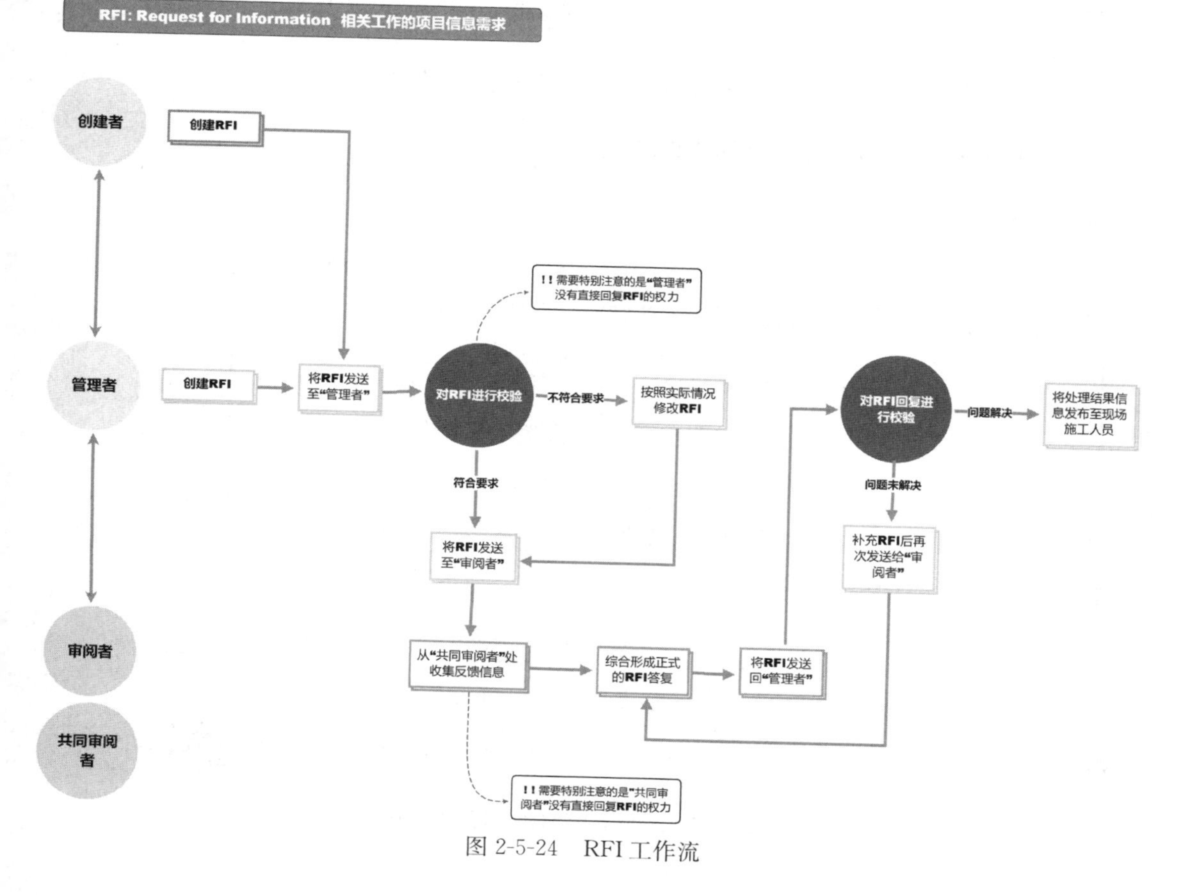

图 2-5-24 RFI 工作流

（3）SUBMITTAL 资料审查工作流

与 RFI 一样，公司的决策者与管理层（账户管理员）在这一部分仍然处于跟踪、监督和查看的状态，具体的问题将由具体的管理人员组织团队进行解决。因此，公司决策者与管理者更多地是以一个监督者的身份监督流程协作的顺利实施，很少实际参与到提交的组织、创建和审阅中，更多的是跟踪活动日志以及报告（图 2-5-25）。

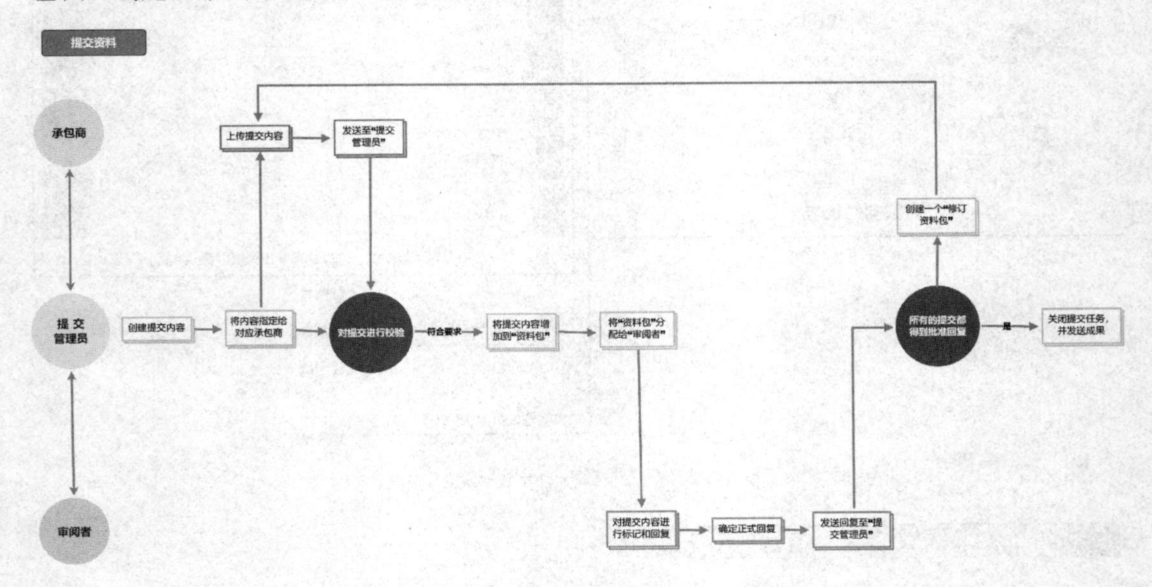

图 2-5-25　SUBMITTAL 资料审查工作流

4. APPROVAL 审批工作流（图 2-5-26）

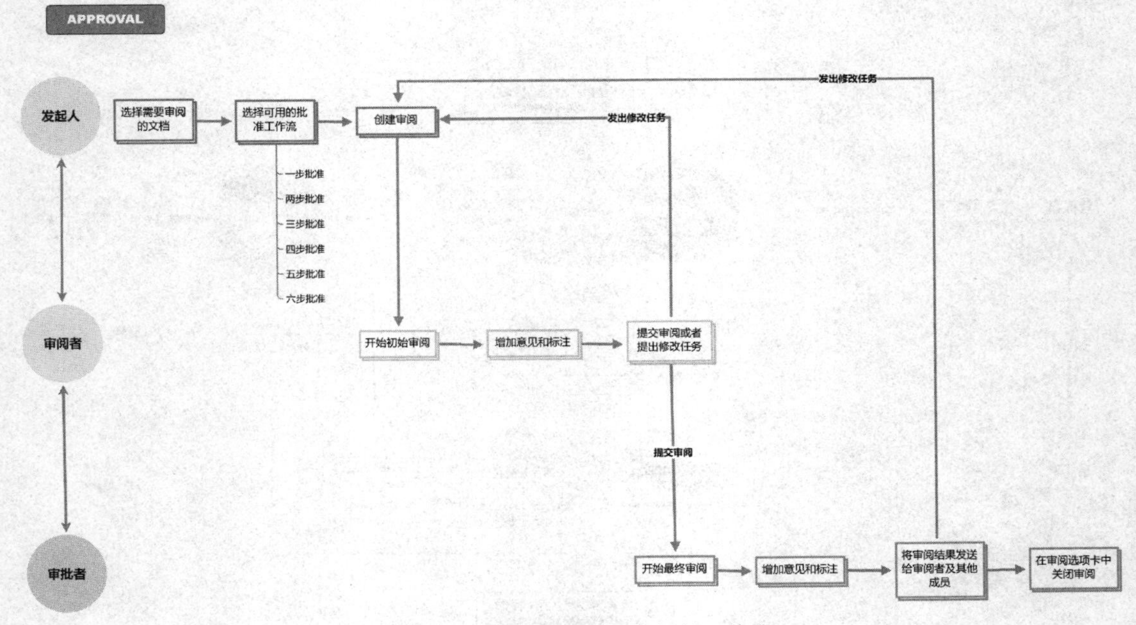

图 2-5-26　APPROVAL 审批的工作流

5. CHECKLIST 核对表工作流（图 2-5-27）

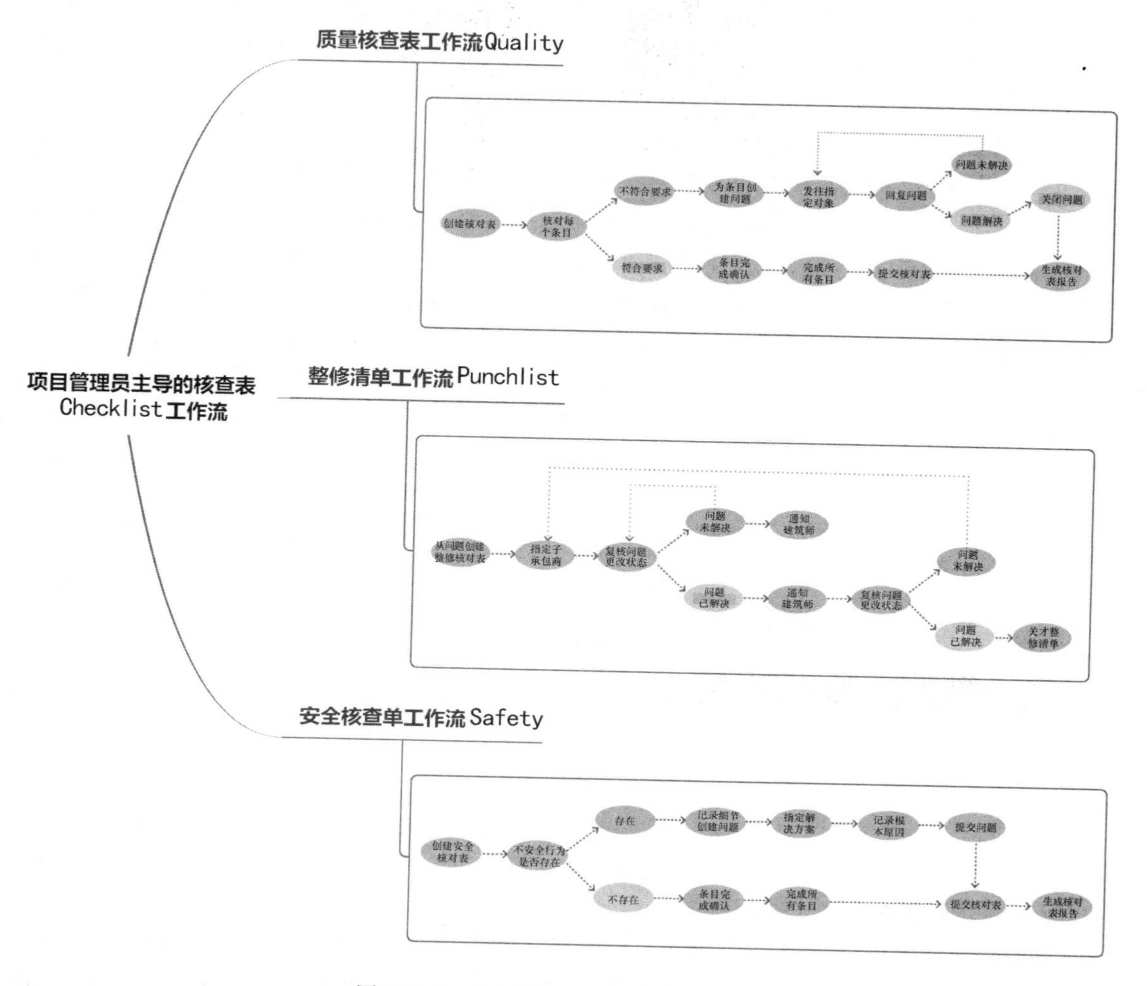

图 2-5-27　CHECKLIST 核对表工作流

对于信息化的软件平台来说，公司决策者在上述几个典型工作流中的地位相同——都处于跟踪、查看、监督的地位。但在实际的项目管理过程中，公司管理者往往面对许多同时进行的不同项目，需要进行跨项目的管理工作；而项目的不同又决定了公司管理与决策者在这些流程中地位的不同；与此同时，不同项目也有着不同的地位与优先级，要求公司的管理与决策者进行“区别对待”。这时候如果按照平台模块进行工作组织，就会出现配合混乱、主次不分的情况，这也是为什么本书一直向读者强调要以信息为中心的思维去组织工作，寻找相应的工具，而不是以工具的情况为中心去组织相应的思维与流程。

公司的决策者要选择生产中的信息化协作工作流，并为其指定对应的负责人员与配置的技术模块，这是信息化协作的第一级信息配置，也是公司决策者在信息化协作中所独立承担的工作。在这里需要注意的是，信息化协作中的“角色”是按照其在信息结构中的位置与处理信息范畴确定的。如果公司决策者同时担任项目某一部分协作的负责人，在这一部分中承担的具体工作是流程组织与信息配置工作，即项目级信息化协作中管理者的工作，那他的身份在信息化协作中则是项目管理员。也就是说，这位决策者同时担任公司级协作与项目级协作的管理人员，这里一定要明确区分才不会造成学习时的混淆。

6. 查看报告、分析结果及趋势

对于公司级的决策者和管理者来说，对项目的信息进行分析从而作出正确的判断是一项十分重要的工作，也是公司决策者和管理者区别于一般员工的重要工作内容。在传统的流程下，公司的决策者和管理者往往依靠经验作出判断，这样的判断严重依赖个人能力且风险较大。在信息较为透明简单的时候决策起来还相对稳定，一旦信息繁复、关系错综复杂就会给决策带来很大的不稳定性。信息化协作的优势是通过对信息的综合分析辅助决策，这并非是代替人来进行决策，而是将信息进行合理的整合，使得决策者面临的信息更加清晰，并且可以通过模拟预判一些可能的结果，从而大大降低决策带来的风险性（图 2-5-28）。

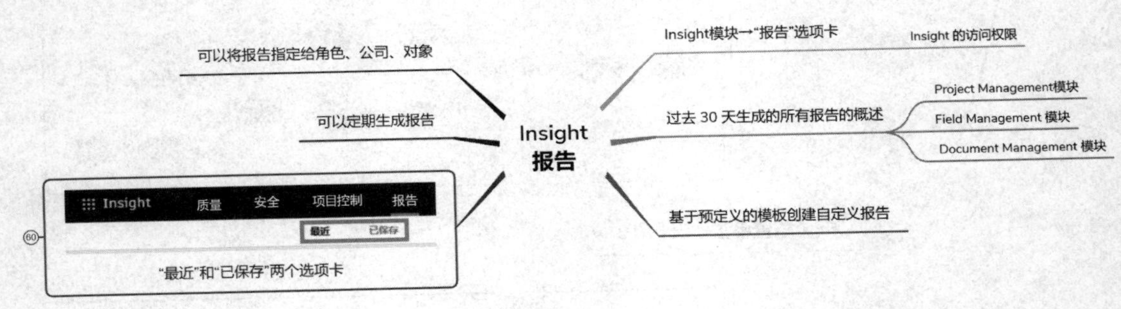

图 2-5-28 Insight 中生成和查看报告

（1）Construction IQ 机器智能

在前文中我们曾经反复地强调信息技术带来的资源整合优势可以将其他领域的先进成果引入建筑生产应用，接下来我们就为读者带来两个简单的例子，让读者可以更加深刻地体会到信息化生产协作对于生产管理决策的巨大帮助和未来的巨大潜力。

也许很多人觉得使用传统的生产技术在今天依然可以与信息技术“一较高下”，并因此觉得信息技术的使用是“有益的但不必须”。这是没有看到传统流程与信息化生产协作流程的潜力差距，传统流程在多年的挖掘过程中，已经达到生产力的上限，而新的信息化生产协作则刚刚起步，还有巨大的潜力。在信息技术发展迅速的今天，很快信息技术就会全面超越传统流程，到时候面对“一日千里”的信息技术发展，传统流程就会严重落后甚至产生代次差，在生产上陷入极大的被动

Construction IQ 帮助项目管理员更好地分析从现场和管理员设置中提取的数据信息（如图 2-5-29、图 2-5-30 所示）。

（2）技术资源整合，如图 2-5-31、图 2-5-32 所示（合作伙伴卡 DOMO 平台的高级预测分析）

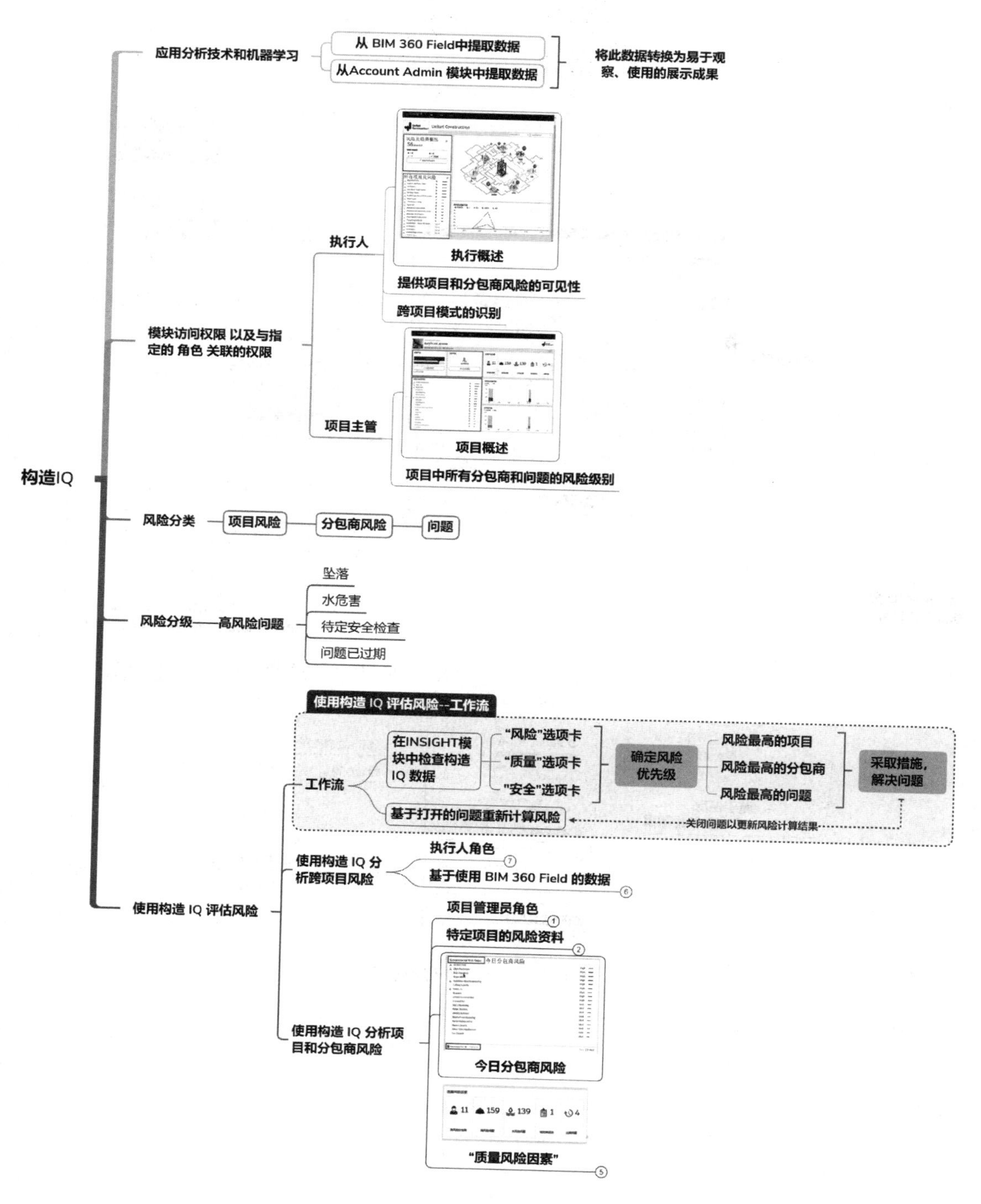

图 2-5-29　使用 Construction IQ 进行风险评估

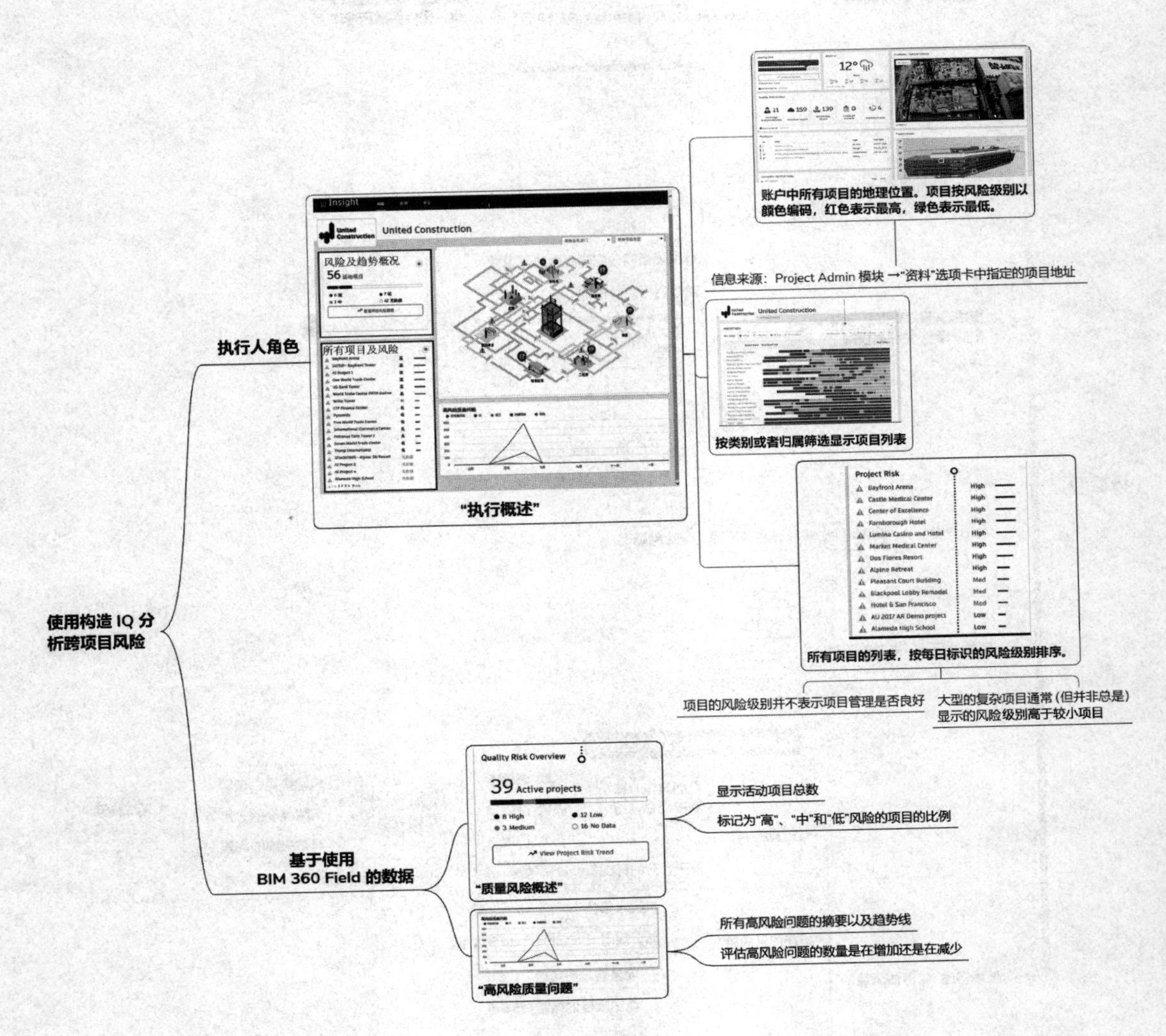

图 2-5-30　项目风险分析

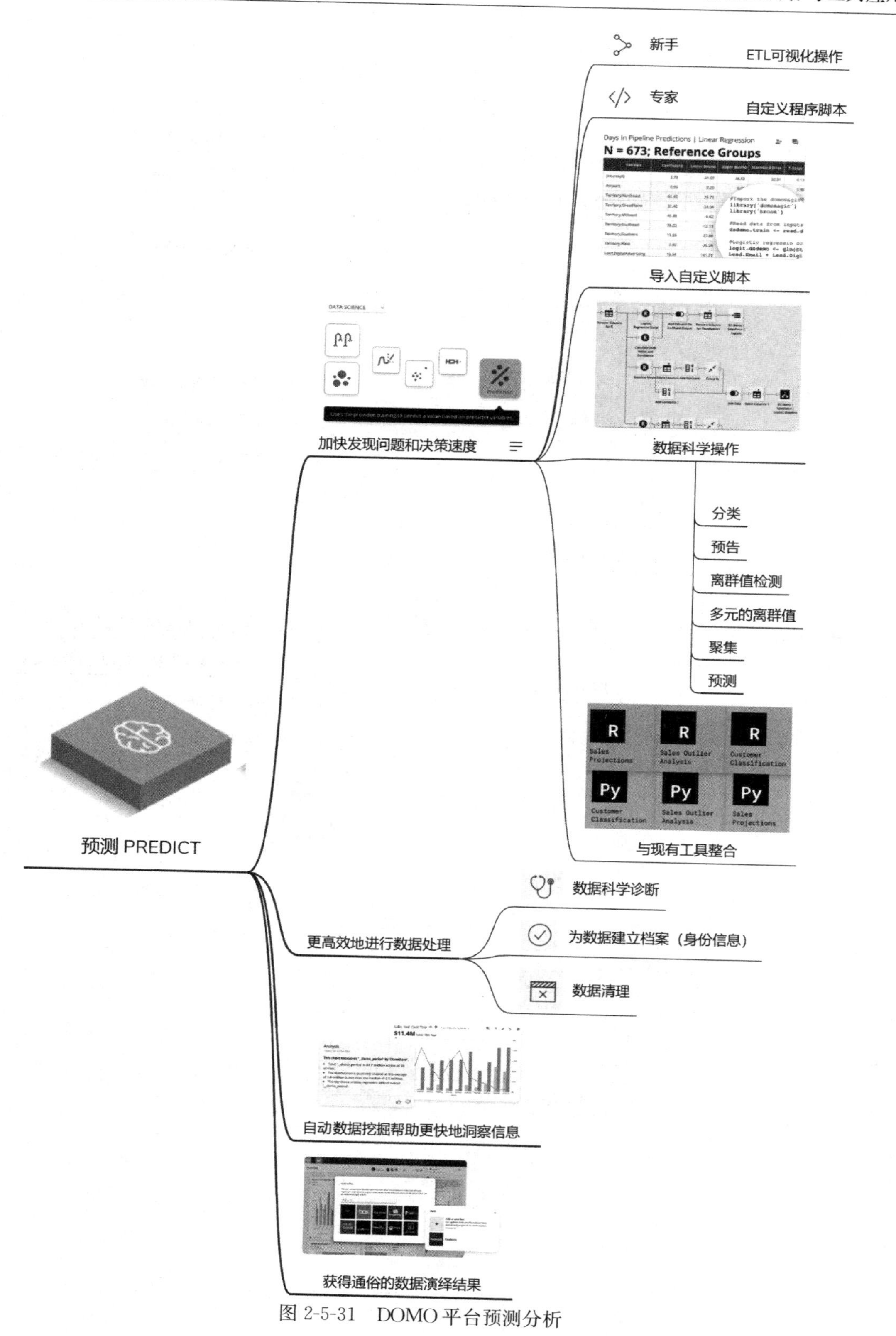

图 2-5-31　DOMO 平台预测分析

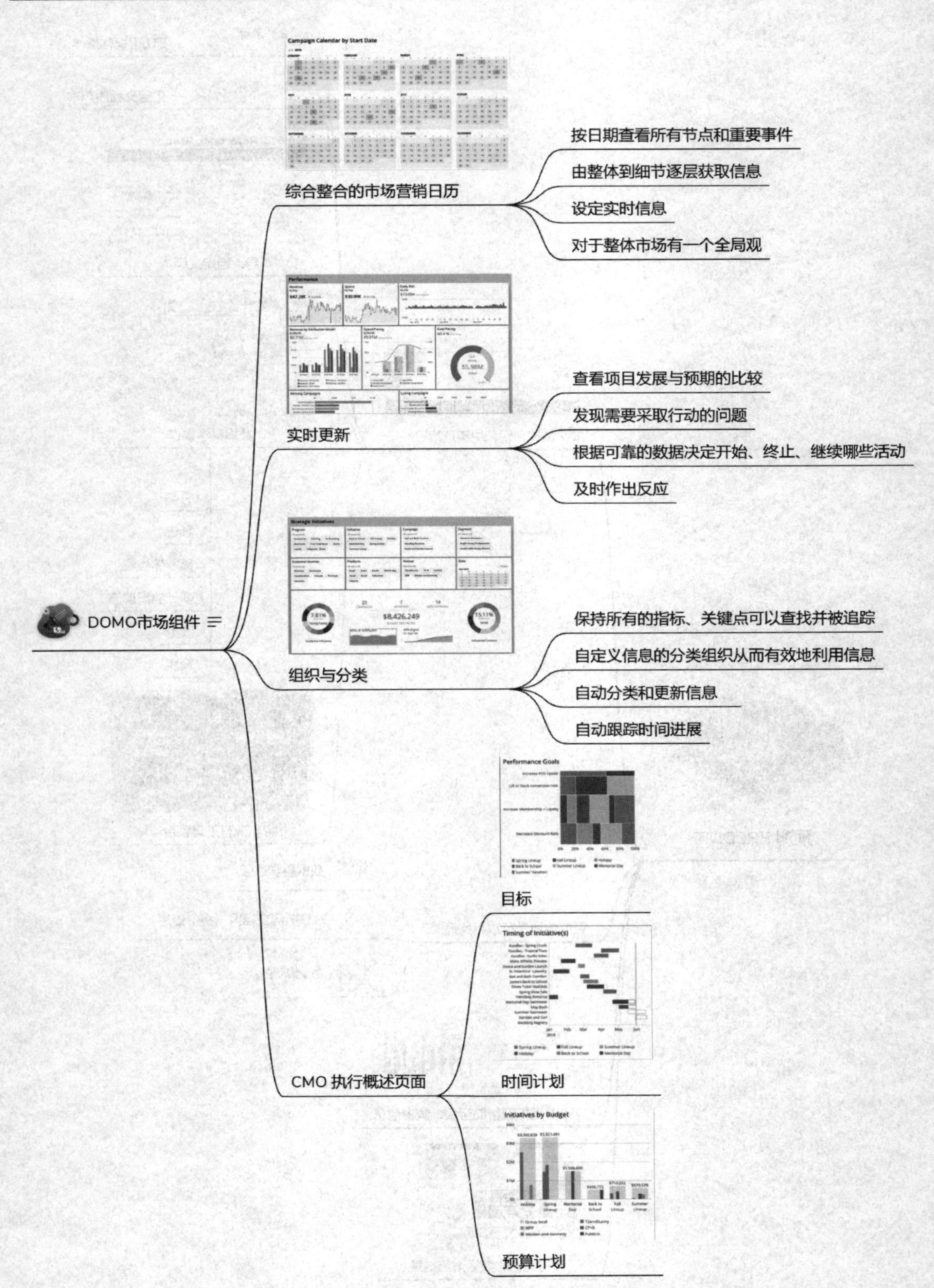

图 2-5-32　DOMO平台分析市场需求和行业发展

第六节　开源 API 提供的功能拓展、个性化功能预设、数据挖掘及应用的可能

一、概述

对于公司的决策者与管理者来说，从全行业的角度去审视问题是十分重要的。公司决策者与一般管理者和员工不同，决策者需要时刻的关注行业热点、把握行业的技术发展方向、了解行业的前沿技术与变化、为公司选择适合的技术、调整公司的生产流程并深入地挖掘公司的生产潜能。可以说公司的变化往往是由决策者发起的，很多时候也只能由决策者发起，如果决策者在思维与技术的视野高度上落后，整个公司是很难进行整体提高的。

因此，公司决策者在信息化协作中有一部分十分重要的工作——关注与拓展公司的技术能力，挖掘生产潜能。这就要求公司的决策者在公司层级上有对新技术的敏锐度以及对技术的辨识度，到底哪些技术适合自身的公司发展，是由公司的决策者决定的——既不能一概拒绝，也不能全盘接受。这种对于行业整体发展新技术的敏感度和筛选识别能力，正是公司决策者与一般管理者在工作内容上的重要区别。

对于信息化生产与信息技术的应用，公司的决策者要清楚一个基本的原则——**产生优势和价值的不是信息本身，而是如何使用信息。**笔者在实践过程中就经常遇到建筑公司的管理人员匆匆上马许多“大数据”项目（因为目前在信息技术中处于热点），结果除了展示“数字化改革”成果之外别无用处，大量的数据堆叠沉睡，也脱离了大数据这一概念的核心——使用与应用数据，让数据流动起来，变成动态的信息系统结构才是对生产切实有益的。

也有许多公司管理者将信息技术或者信息化协作的优势理解为处理大量信息的效率很高，换言之就是所谓的“大型项目应用确实有益，小型的项目没必要使用”，这种理解也是完全错误的。在这里笔者为读者们简单地举一个例子——灰色系统理论。灰色系统理论是一项应用于统计、管理与人工智能等领域的重要系统理论，其理论针对的是少量数据的处理问题，也就是当我们没有**大量数据**时，怎么处理数据得到相应的结果来进行判断，辅助我们的决策。这种对于小量离散数据的分析处理系统，也是信息技术的重要部分。因此，信息技术不但对于“大型”的项目有益，对于“小型”的项目同样有着巨大的帮助。

接下来我们将为读者介绍一些信息技术的前沿应用，拓展读者视野的同时也加深对于信息技术协作应用的理解。

二、现有平台的信息应用可能性拓展模式

借助现有平台提供的开源接口（如 Forge）可以帮助公司针对其拥有的数据和使用需求开发对应的应用模块，从而针对性地解决公司的个性化生产需求以及项目的独特需求，帮助公司的决策者更好地进行新技术的本地化。在这里我们以欧特克（Autodesk）公司的 Forge 为例——利用 Forge APIs 配合现有的软件系统共同使用，可以更好地利用数据、更好地组织工作、得到更好的成果（图 2-6-1～图 2-6-4）。

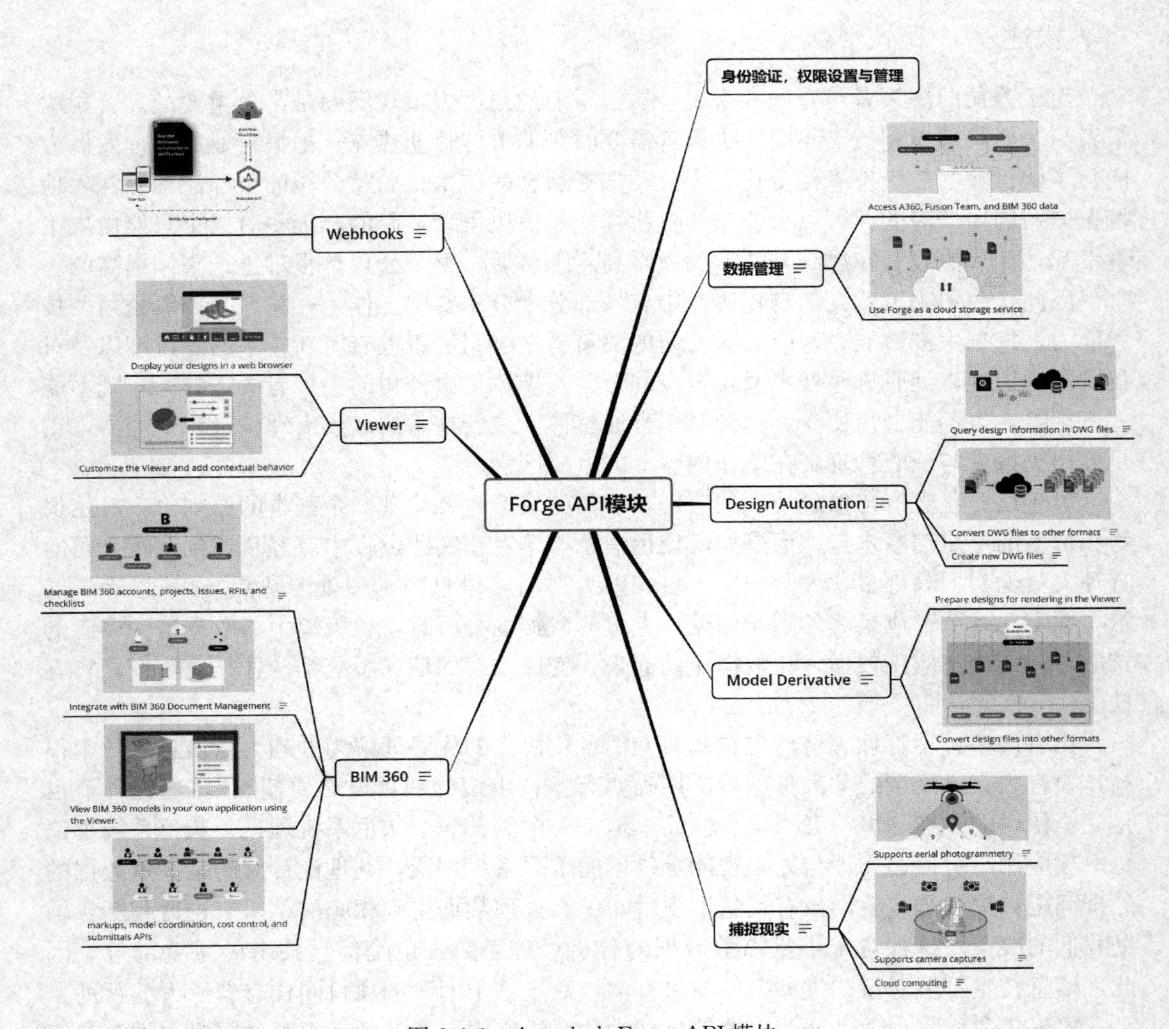

图 2-6-1　Autodesk Forge API 模块

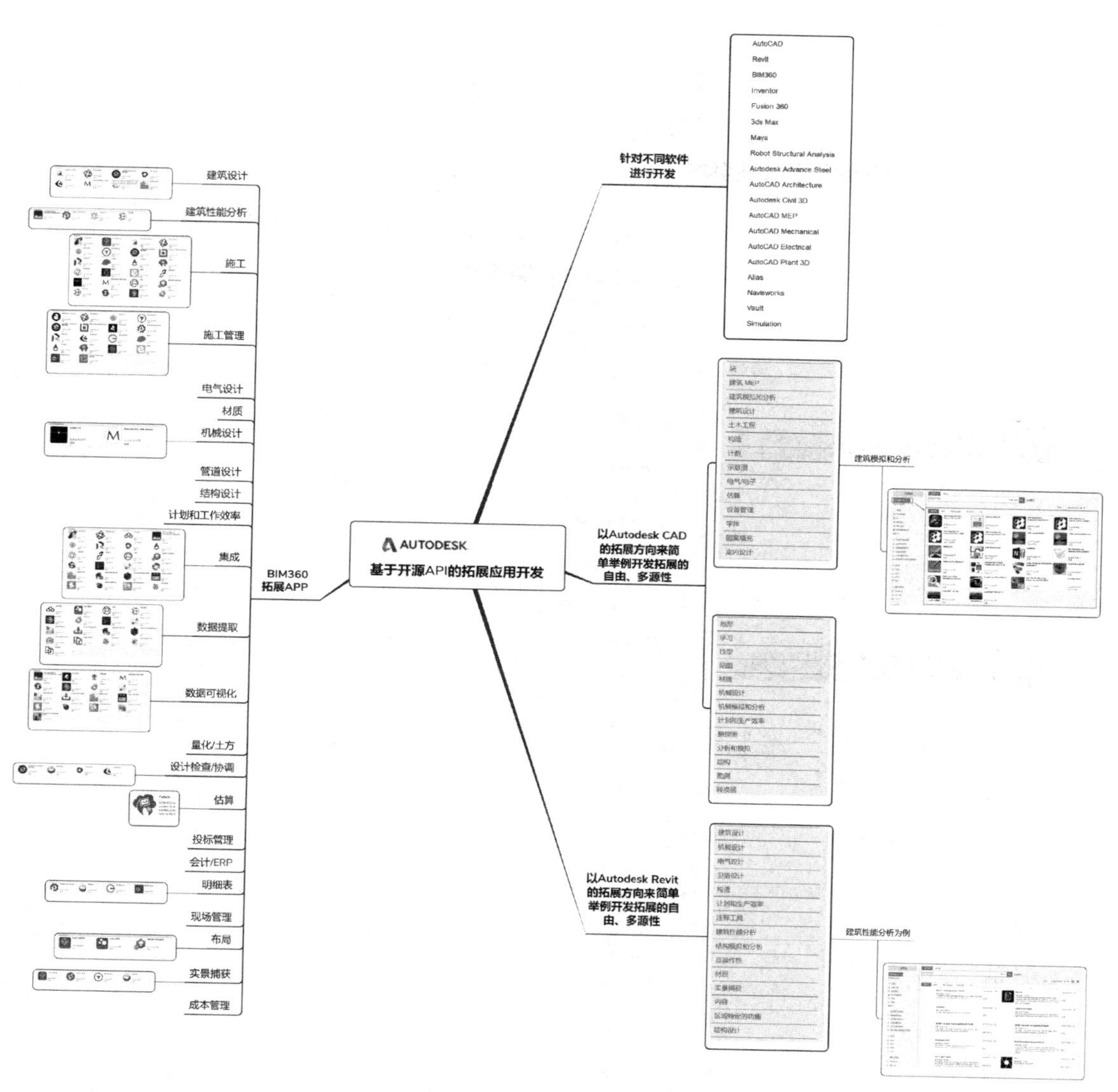

图 2-6-2 Autodesk Forge-BIM360 模块

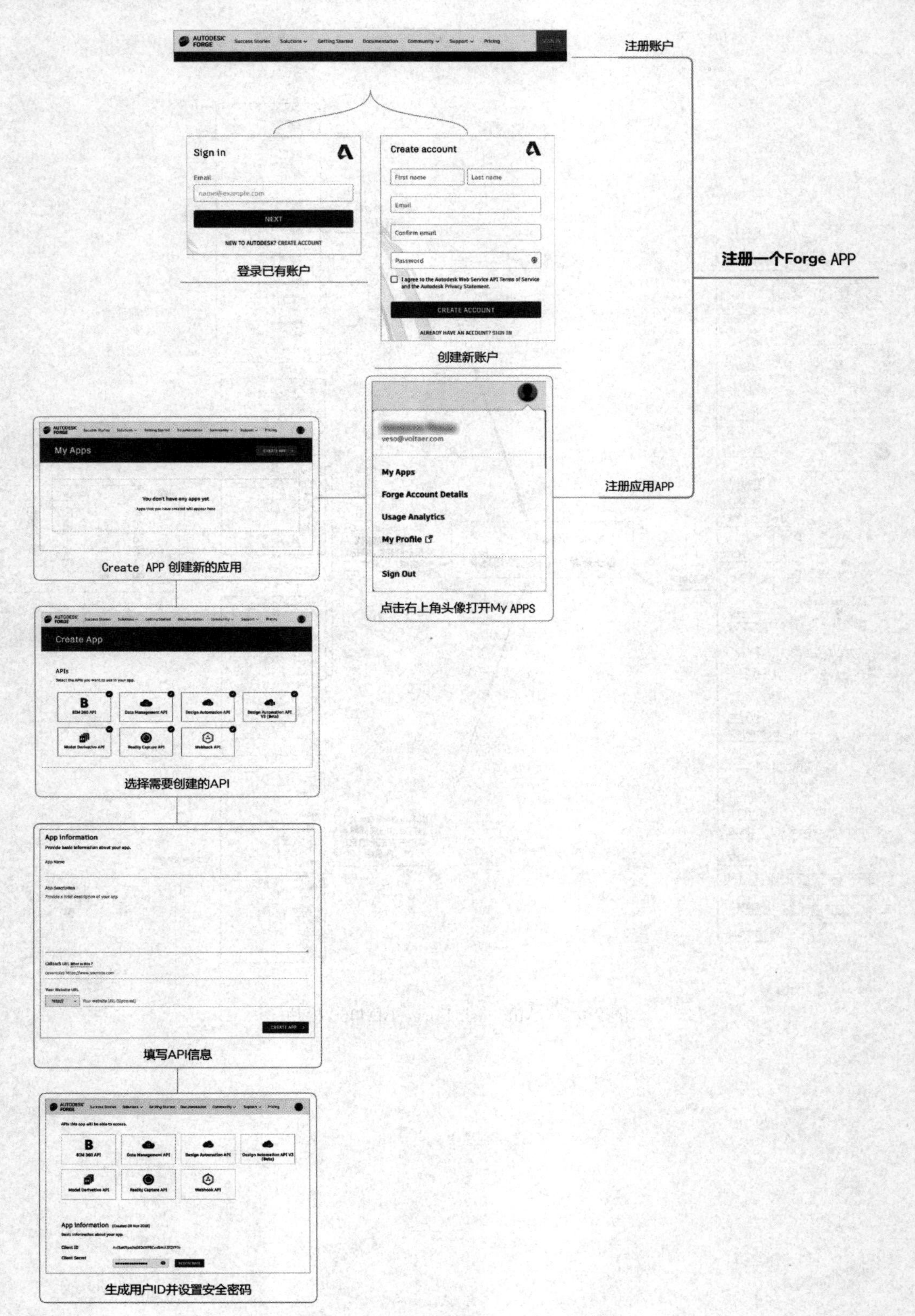

图 2-6-3　Forge-BIM360 应用示例

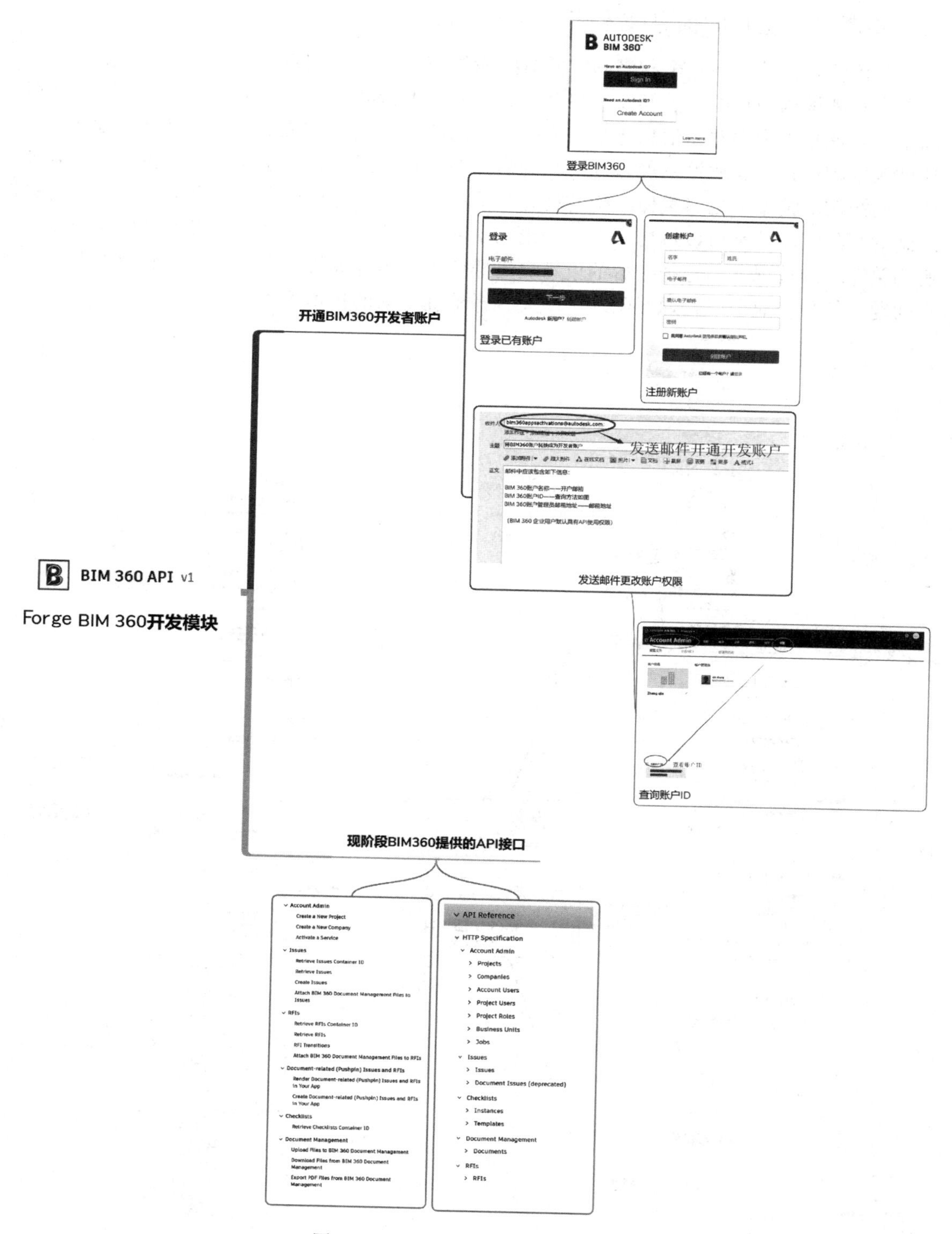

图 2-6-4　Forge-BIM360 开发示例

三、不断进化生长的信息技术集合（云平台）

与传统软件功能在一个相当固定的时间段维持不变、以固定的阶段性进行更新不同，云平台不断根据用户的需求开发、整合多重功能，不断进化，其更新的方向与时间都是不固定的。这是因为得益于信息化工作流中信息的**拓扑结构（前文第一章有重点叙述）**，让这种技术的进化摆脱线性发展，以网状的多源的方式展开，而且任意一个点的进化在不需要均衡协调的情况下也对整体结构的稳定几乎没有影响。这种技术的进化是不受时间周期限制的，随时随地都可以进行。在未来绝大多数企业选择用云计算服务来承载自身的计算机相关需求的情况下，这种技术的更新更是摆脱了原本计算机技术更新带来的硬件更新成本问题，使得企业可以畅通无阻地、毫无顾虑地拥抱新的技术模块（图 2-6-5）。

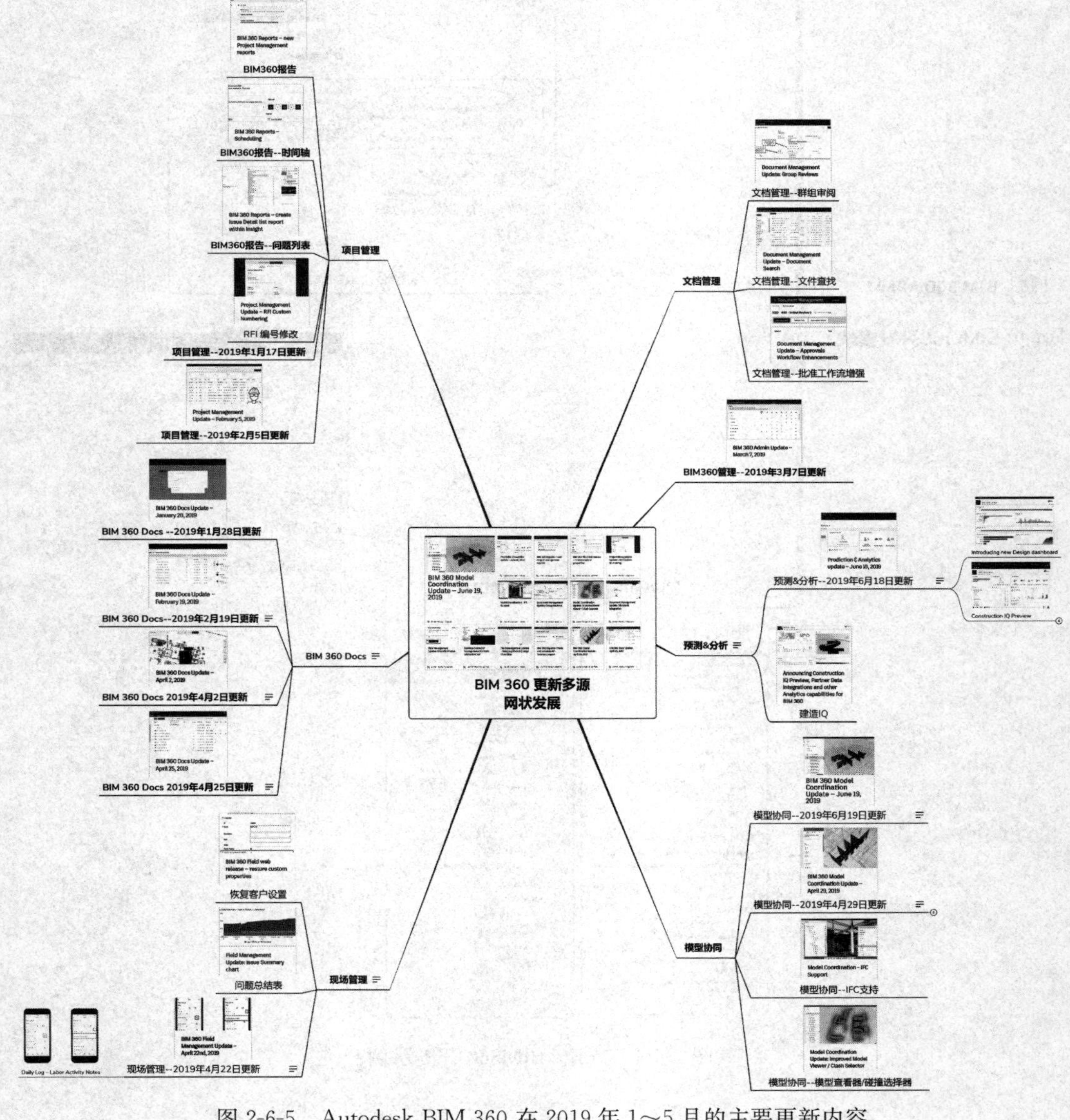

图 2-6-5　Autodesk BIM 360 在 2019 年 1～5 月的主要更新内容

以 Autodesk BIM 360 在 2019 年 1～5 月的主要更新内容为例（并非全部更新），我们可以看出云平台开发团队通过收集用户反馈对于功能的优化和增补是不受时间周期限制的，其更新速度大大超过传统软件更新速度，并且更新后所需要的技能操作培训也可以通过网络讲堂实现，因为更新相对平滑（对比原有软件一年或几年集中更新），因而可以直接并入工作流中进行操作，帮助工作人员更快更好地完成信息化生产工作。

第七节　公司信息化级别发展的阶段性规划

在之前的章节我们已经将公司决策者在信息化协作中的工作范畴以及公司决策者涉及的信息化协作组织与应用工具介绍了，对于需要装备信息化技术的公司来说，摆在公司决策者面前的还有一个问题——一个公司应该怎样建立起自己的信息化协作体系，到底是应该“一蹴而就”还是应该“步步为营”。面对不同的公司情况，应该怎样建立起公司的信息化协作体系呢？

目前的技术发展水平来说，建筑信息化协作的理想情况或者说最高级是可以通过与广义的云服务（例如 Microsoft Azure）交互获取来自行业外的专业技术服务支持——诸如机器学习、人工智能、数据挖掘、复杂系统管理与预测等。通过融合其他行业专业的技术，可以让公司从更大更广阔的范围配置自身需要的信息技术资源，从而让最终的信息技术模块成为完全针对公司和项目量身定制的、功能复合强大的，同时操作相对简单、组织清晰、管理简便的个性化的信息技术工具集。

对任何一个不具备建筑信息化基础或者具备一定的建筑信息化工作流基础的公司而言，其建筑信息化的进程都是一个不断进化的发展过程，那么对于公司以及公司的决策人而言，应该如何评价自身公司的信息化在建筑信息化工作流中的“正确位置”与程度，并且逐步提高和实现自身建筑信息化技术的进化呢？

我们提出如下的信息化阶段性建议方案：

1. 提出公司使用诉求，按优先级分类

首先针对公司实际的工作内容和项目进展情况，提出对于信息化工作流的实际诉求，并将其按照优先性进行分级。

2. 选择平台及服务供应商，获取专业支持（图 2-7-1）

从图 2-7-1 不难发现，并非所有的信息共享平台都适合建筑生产，也并非所有的信息传输技术都适合建筑生产，而针对企业的不同需求选择平台与相应的技术对于企业的信息化开展是十分重要的。选择了什么样的信息交互平台，其实往往就等于选择了未来的信息化发展方向和程度。

对于建筑信息技术最好还是选用建筑信息云来作为信息技术的搭建环境。针对自身公司的特点选择相应的平台并进行针对性的咨询（获取专业的服务与支持的介入，主要建筑数字企业的相关产品特点在本文前面有对应的介绍），目前可以提供成熟的云端信息化技术平台的选择主要有：

（1）欧特克公司（Autodesk ）的建筑云服务（图 2-7-2）

（2）奔特利（Bentley）公司的云服务（图 2-7-3）

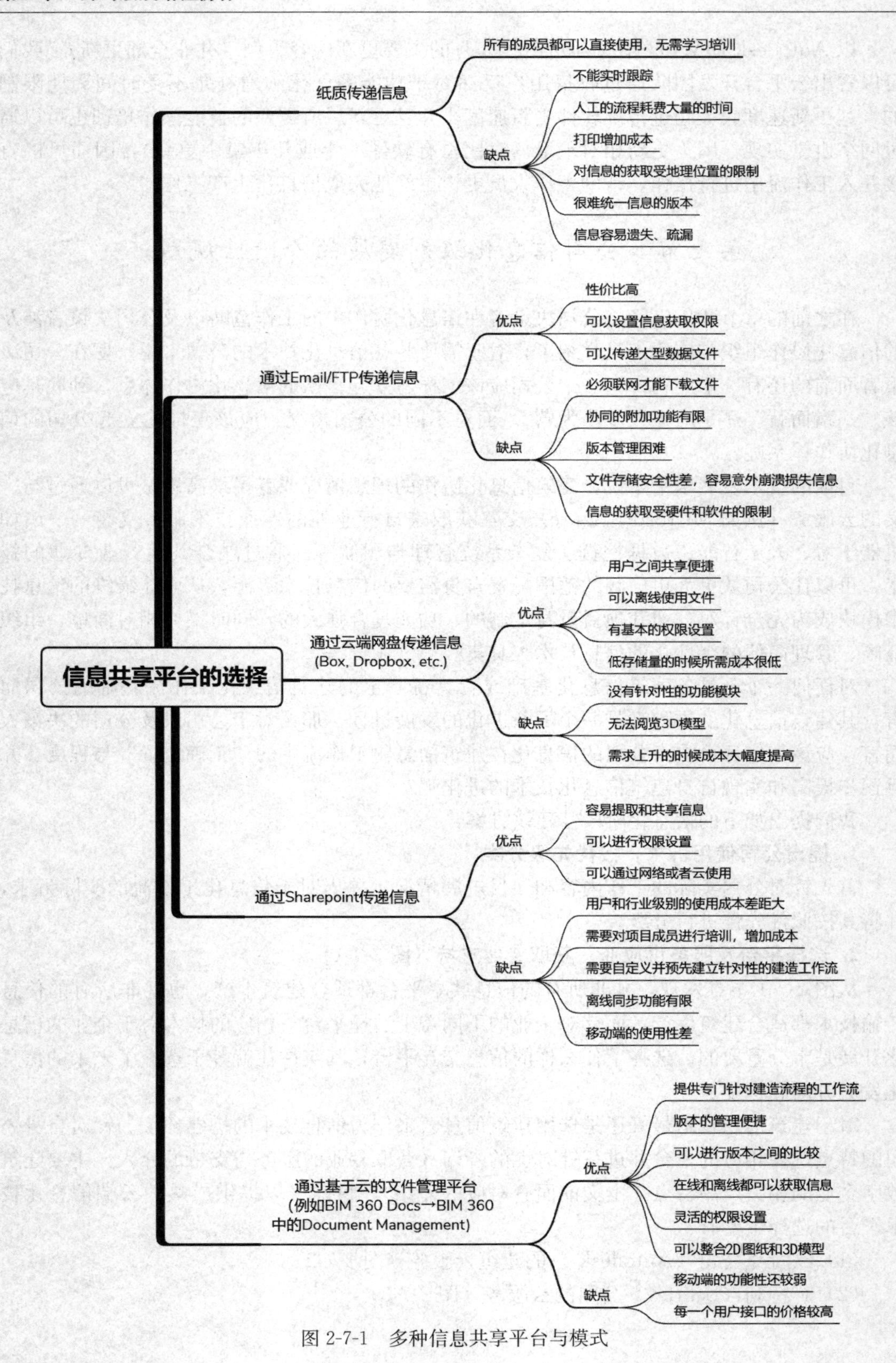

图 2-7-1　多种信息共享平台与模式

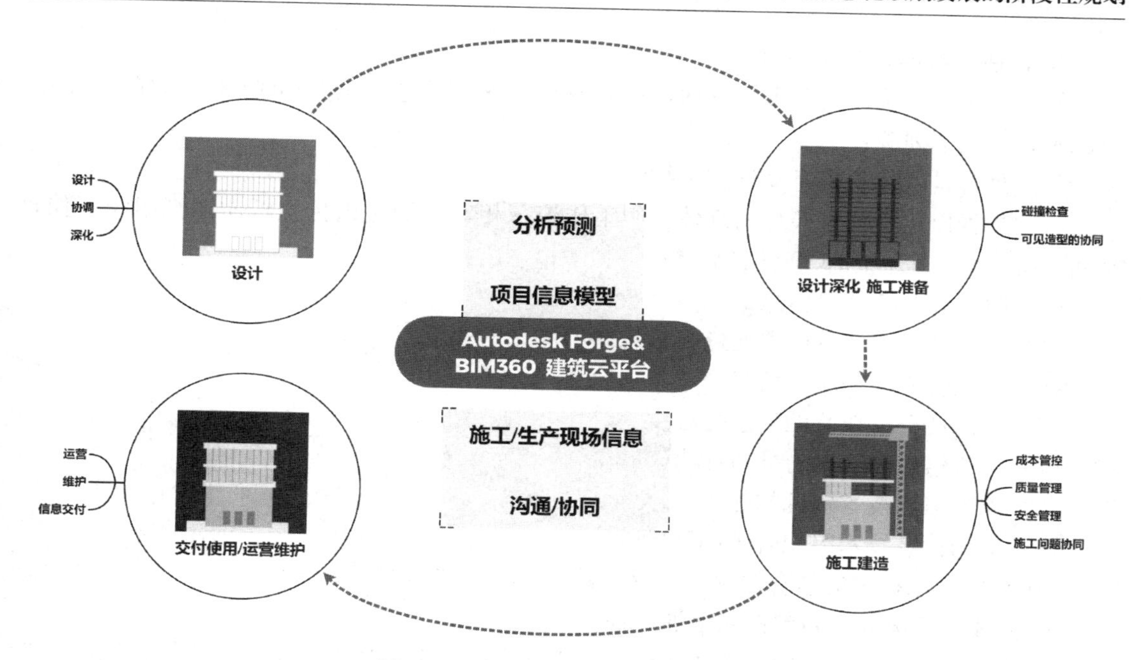

图 2-7-2　Autodesk BIM 360 建筑云

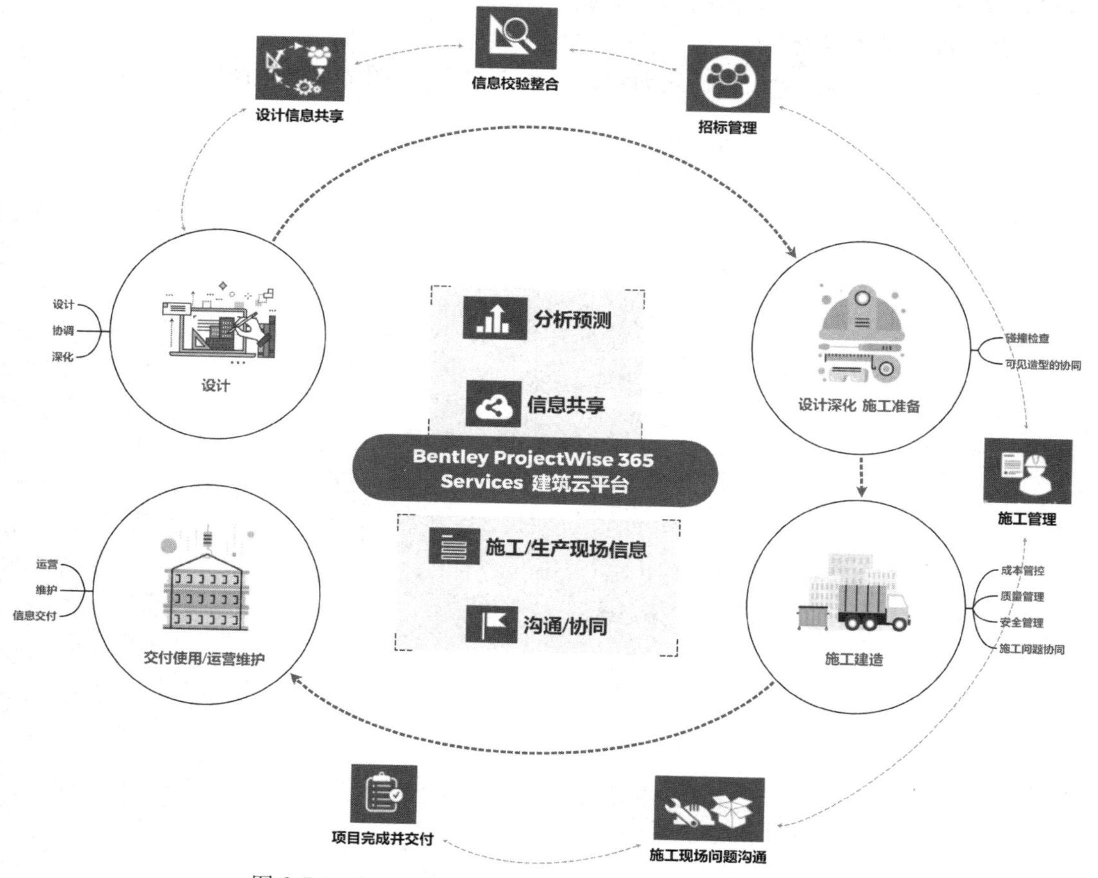

图 2-7-3　Bentley Project Wise 365 Services 建筑云平台

3. 评估自身的信息化程度

针对公司的现阶段情况进行评估，从而得到自身需要进行信息化的步骤和时间、硬件等成本，例如下列项：

（1）是否具备建筑信息模型相关技术。

（2）是否以建筑信息模型为载体组织工作流（相对的则是以传统纸质图纸组织工作，平面二维计算机工程图纸组织工作等）。

（3）组织和共享项目信息的能力。

（4）是否拥有一个可以方便进行信息模型联系的环境。

（5）信息的移动端应用情况。

（6）目前现有工作流的信息化程度。

（7）建筑信息的应用与分析能力。

（8）配置信息技术资源的能力。

（9）应用信息技术组织管理团队的能力。

（10）信息化技术的整合情况（本地，建筑云，广义云）。

4. 梳理人员构成，制定技能培训计划

根据需要的信息化工作流的内容要求，对公司的人员组织进行梳理，制定出不同级别人员对应的技能提升计划，同时得到相应成本。

5. 分阶段的进阶实施

结合公司的情况制定分阶段的进阶计划，如图 2-7-4～图 2-7-8 所示。

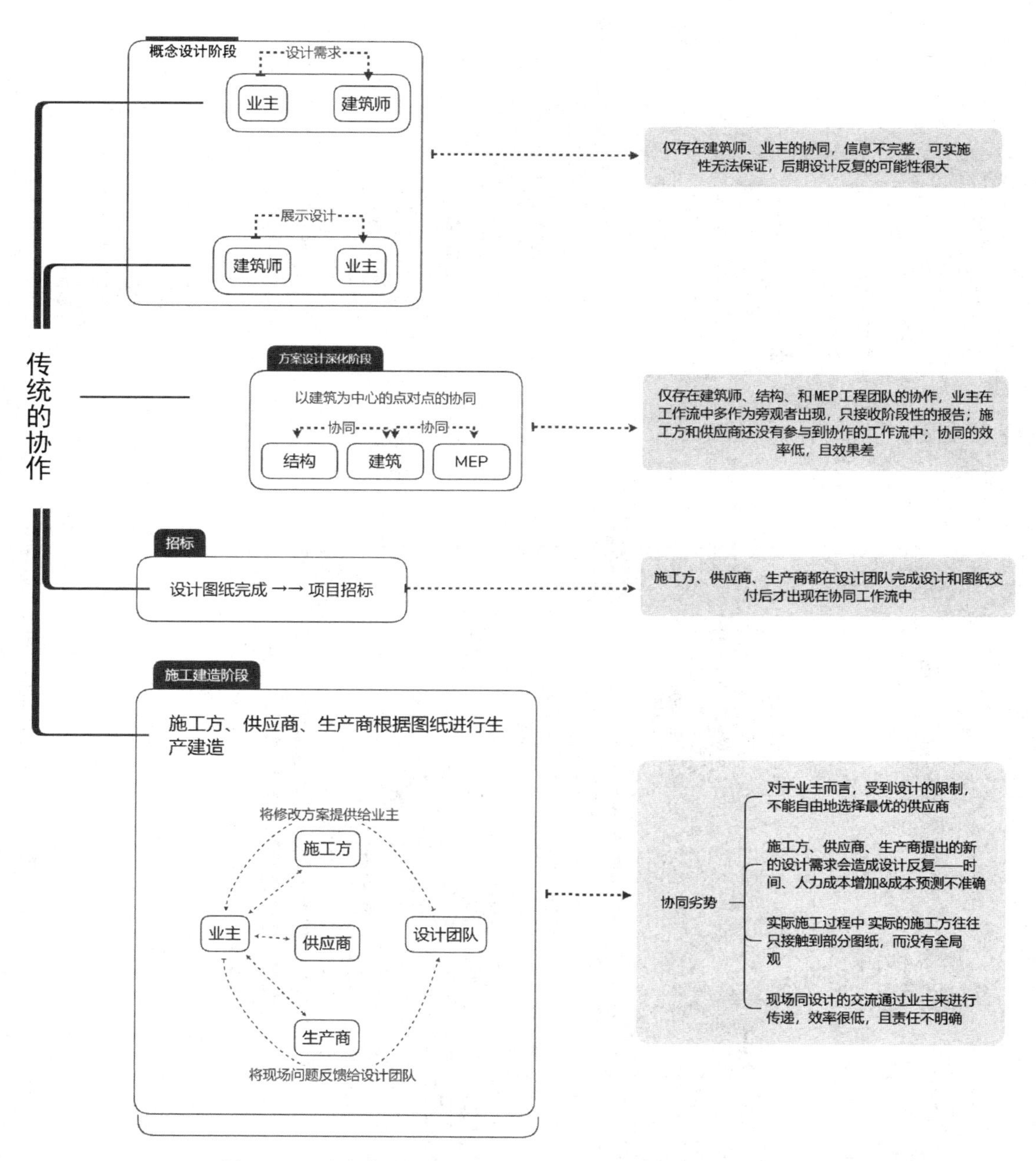

图 2-7-4　处于传统阶段（包含使用二维计算机工程技术图纸）

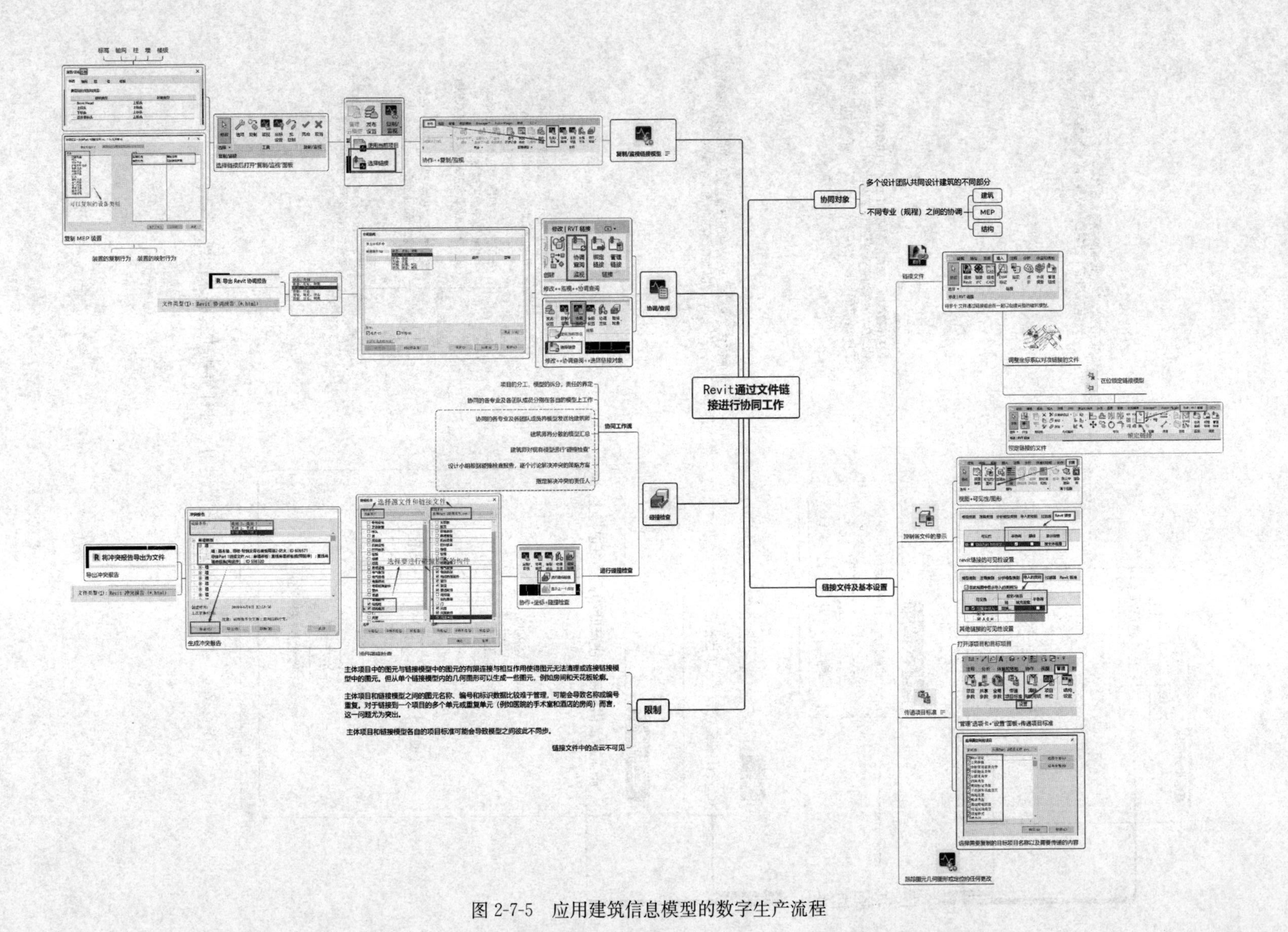

图 2-7-5 应用建筑信息模型的数字生产流程

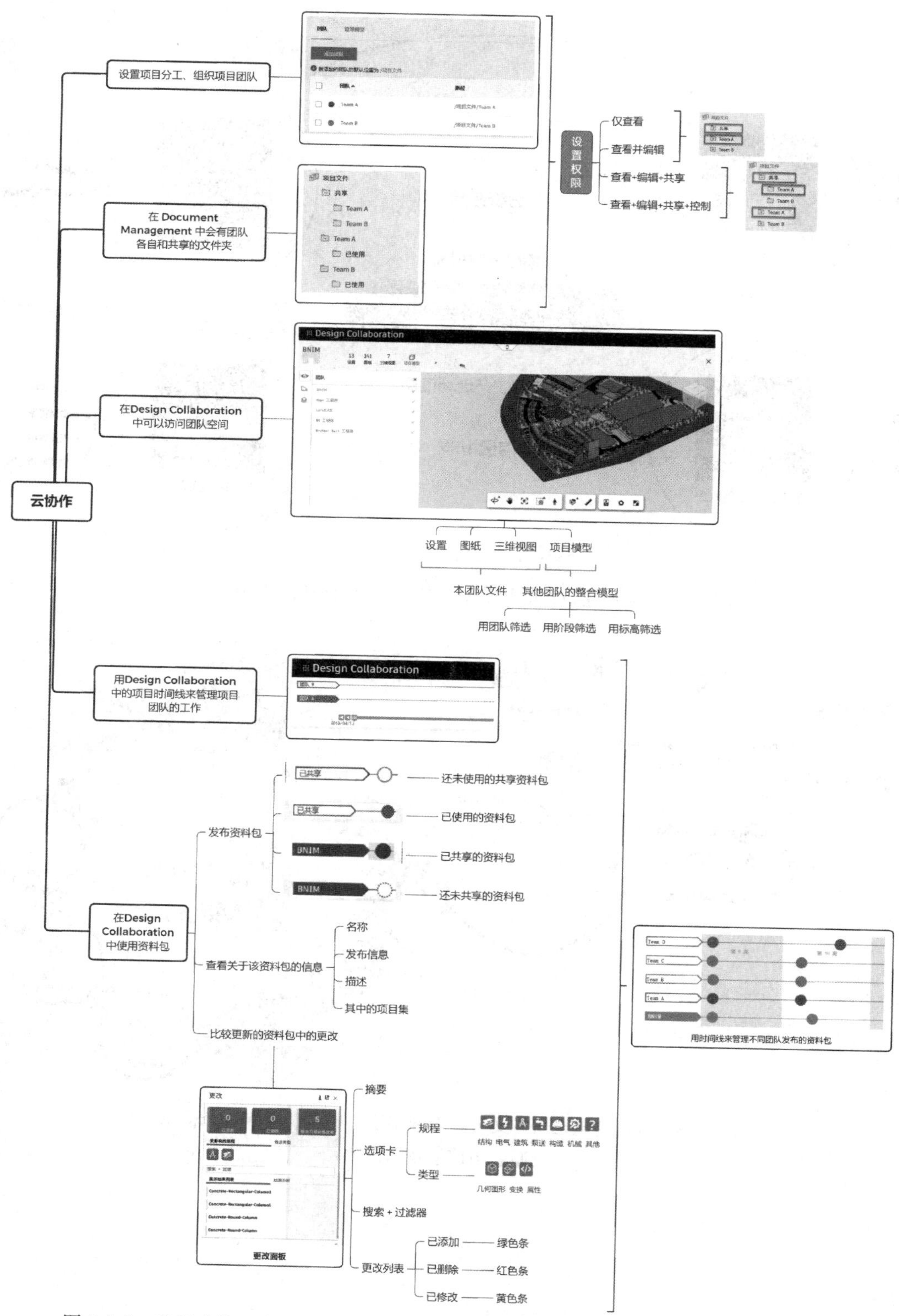

图 2-7-6 应用建筑云在云端组织公司某部分或者本公司某技术领域全部的生产协作

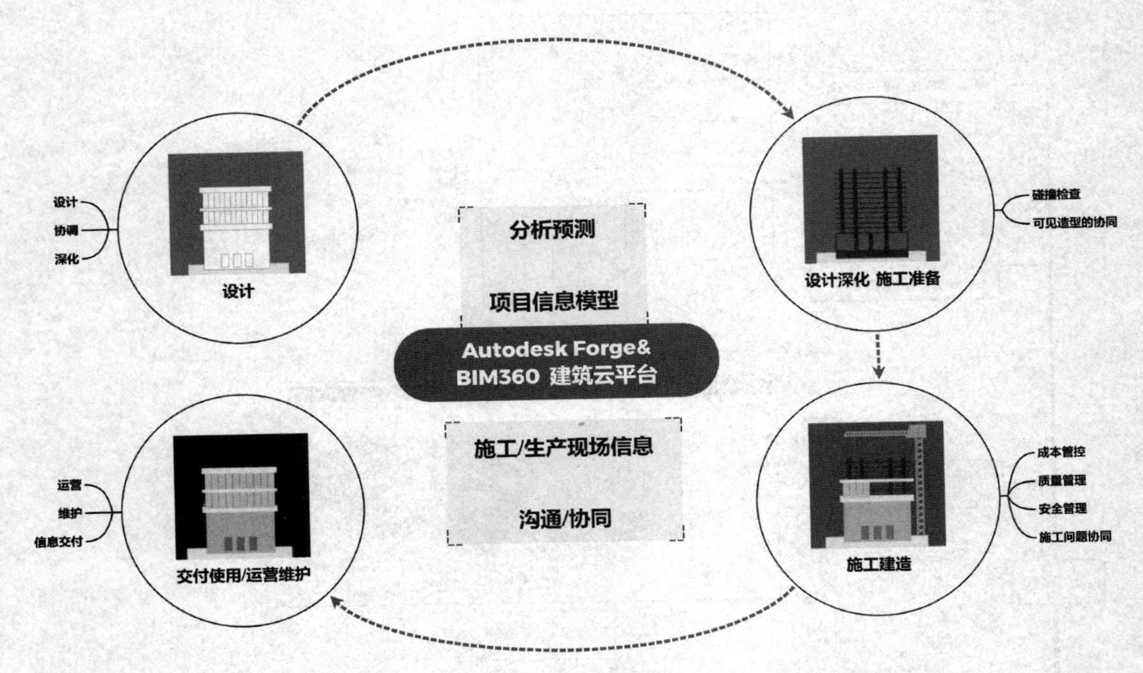

图 2-7-7 应用建筑云的相关信息技术全面组织信息协作工作

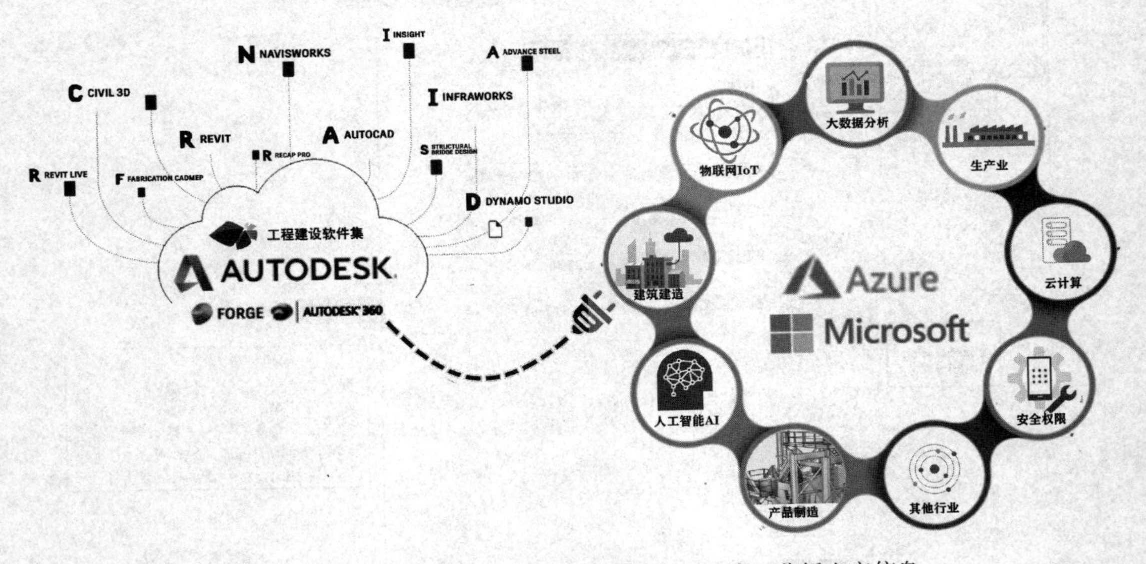

图 2-7-8 应用建筑云与广义云全面地组织、整合、分析生产信息，
定制公司信息技术模块

项目级别的信息化协作

在本章我们将全面地讲述项目级的信息化协作相关知识与实践技术，希望无论所在岗位或者所学专业如何，都可以从一个项目整体的角度，系统地对项目级的信息化协作进行详细的学习。与公司级的信息化协作可能只涉及少数人员不同，项目级的协作与项目的管理者和成员都有密切的关系，即使你是普通的一员也会在生产中触及许多项目级协作相关的知识与技术，因此项目级的信息化协作对于每位希望学习信息化协作技术并在未来应用的读者都十分重要。

在本章我们希望可以站在一个项目管理者的角度全面地了解项目级整体协作、项目中各组成团队的内部协作等不同层级协作的相关知识，从项目全局到自身专业团队进而到自身岗位一步步地了解协作相关工作以及它们之间的组织关系，做到真正的“见树又见林”。

第一节 项目级别的信息化协作特点

一、全员全流程的参与性

项目级是相对于公司级低一层级的生产协作，也是公司级生产协作的组成单元。虽然公司可以对项目级的生产协作规模进行灵活的定位，但我们这里还是以最常用和最常规的方式来对这一级别的生产协作展开讲解——即围绕一个建筑项目展开的信息化生产协作组织（图 3-1-1）。

对于项目级别的信息化协作，主要的参与人员是项目的管理者与项目团队成员。同传统生产流程不同，在建筑信息化协作的项目工作中，成员并非在线性的工作流中组织工作，而是结成一个信息化的“协作网格”。信息化协作的工作模式让所有的成员都能参与到项目的全流程中（图 3-1-2）。

二、更好地保证项目生产运行——信息的自由流动性和信息权限的配置

项目的信息化协作是从传统的点对点式的上传、下载、检查、复制的机械低效的协作模式，转变为通过信息技术（目前的技术环境为建筑云平台）提供一个唯一的共享的信息核心，让所有合作方都将信息整合至这一核心（建筑云）并且从核心（建筑云）中取用的结构模式。这种新的模式提供了极大的信息自由度，并且保证了信息的一致性和真实性，进而减少了误差提高了效率。不仅如此，借助新的信息交互核心（建筑云），我们还可以进一步整合大量的信息并高效应用，这是传统协作所不具备的（图 3-1-3～图 3-1-5）。

但信息并非是越多越好，无限的自由也不是最适合项目进行的方式——一方面许多信息并不适合对所有合作方公开；另一方面，无限的信息会让使用者耗费更多的精力进行筛选而降低效率；同时信息的权限不明确可能会导致无关人员对于信息的误操作、误修改等潜在的风险。因此对于“自由”的信息平台，项目负责人必须比传统协作过程中更清晰明确每一个成员所要完成的任务、需要使用的信息内容、需要具备的技能、需要获取的信息源——即对成员的准确信息与资源配置。项目管理者要根据项目中每个成员需要配置的信息和资源，对成员可以进行操作的信息权限进行针对性的设置。

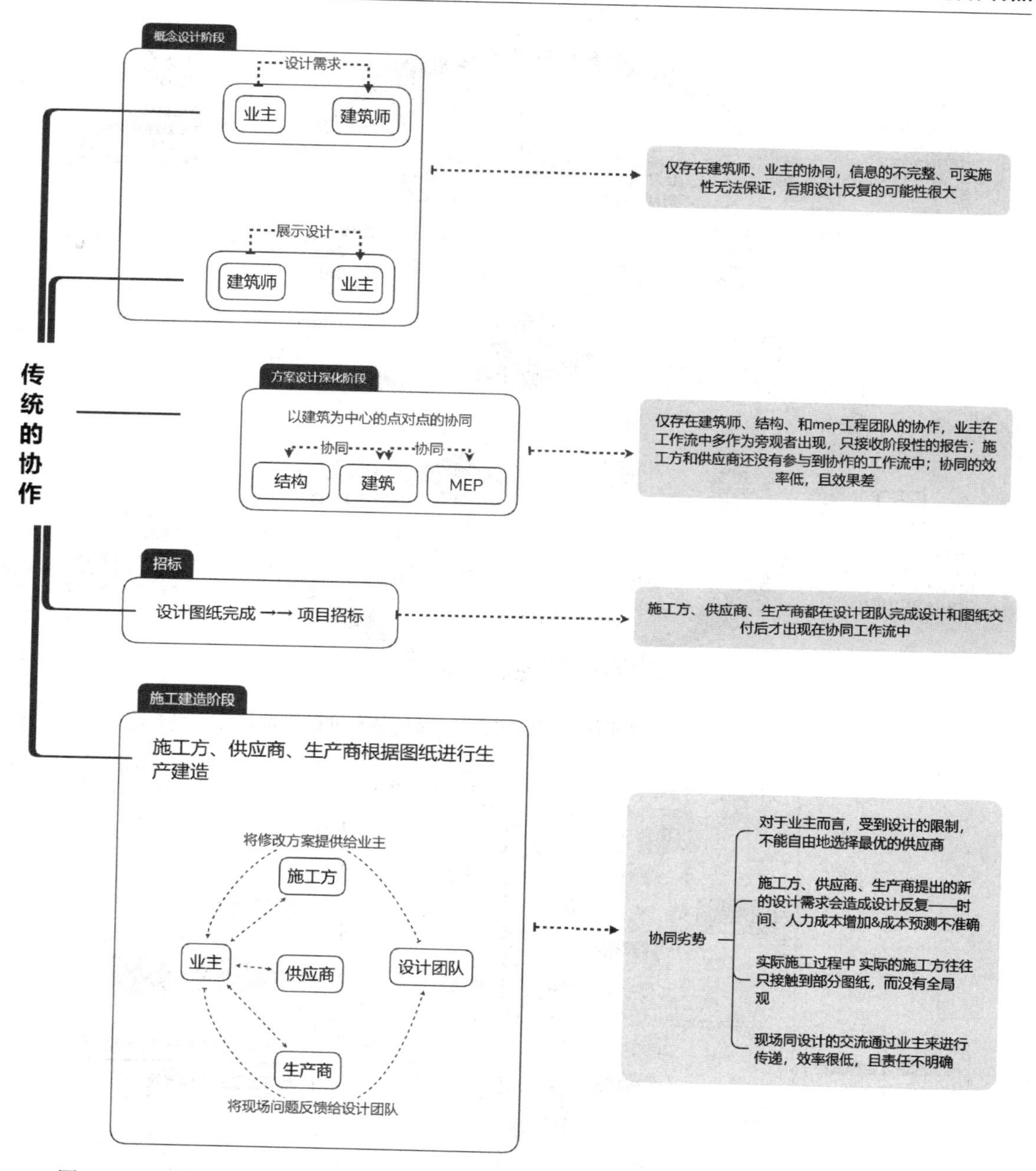

图 3-1-1 传统的线性协作，绝大部分成员固定在线性流程的一部分，仅仅参与生产的一部分

因此，我们才强调信息的权限与所属是比信息的丰富和自由度更加重要的、保证信息化协作可以顺利进行的核心之一，而由此产生的“需要清晰地配置信息和资源”则成为项目管理人员在建筑信息化协作的核心能力与工作之一。

由此，可以进一步理解为什么本书从开始就一直强调对于信息流程和协作模式的理解是核心，而非对于具体工作展开方式与使用工具的学习。由项目管理者对于信息权限配置的核心能力就可以发现，这是一个在了解信息流程后，对自身团队进行信息的分配与组织的能力，这种能力是不依赖计算机工具的，甚至是完全脱离计算机工具完成的思维过程与计划。

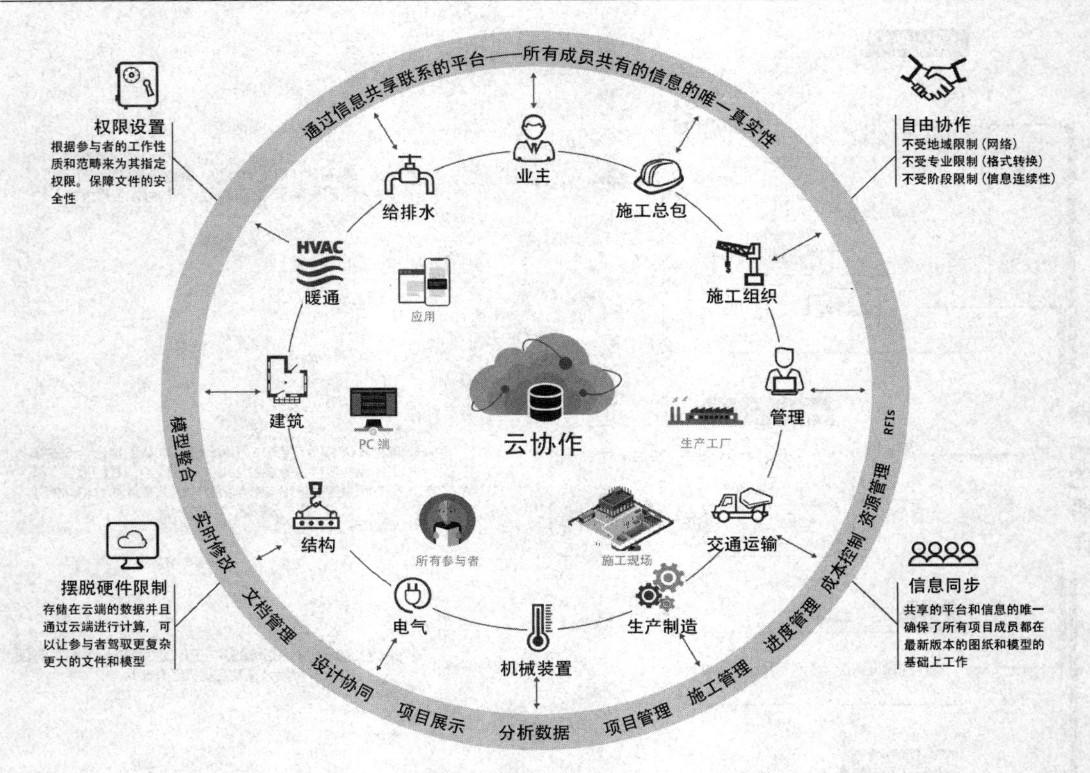

图 3-1-2 信息化技术协作（云协作），成员是全过程的参与者

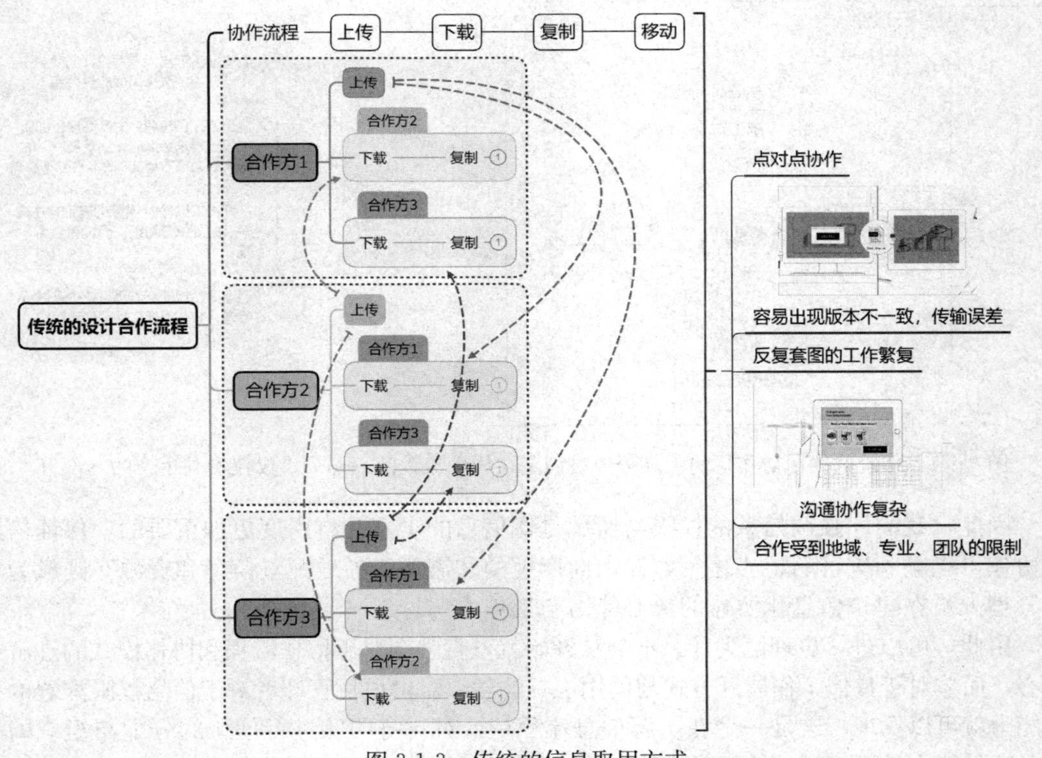

图 3-1-3 传统的信息取用方式

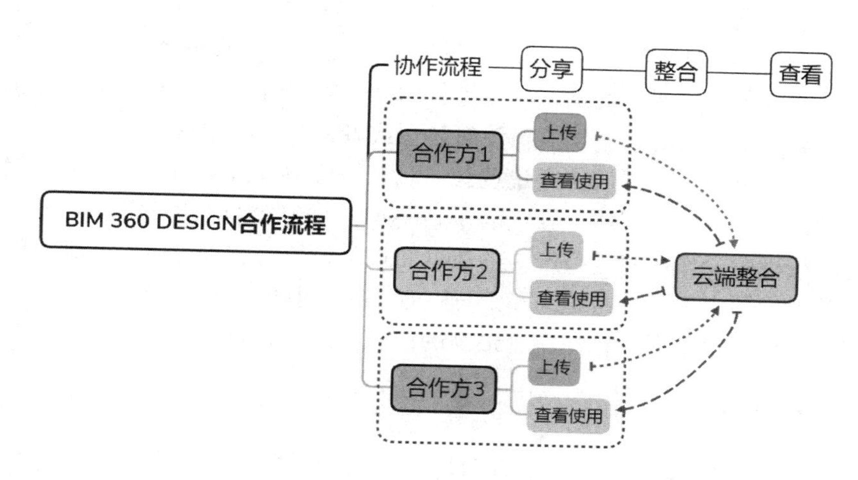

图 3-1-4　云平台文件及信息的取用方式

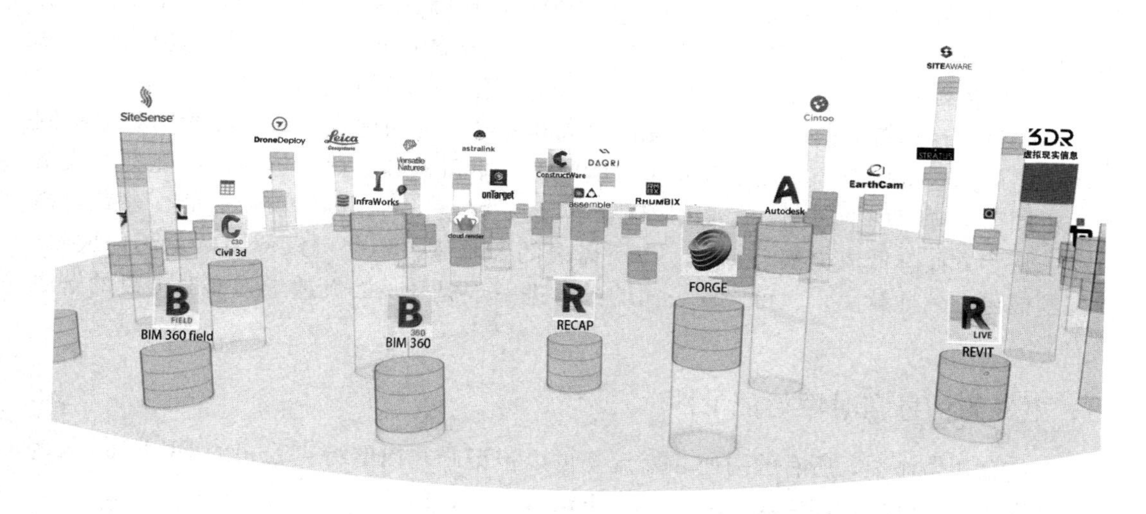

图 3-1-5　云平台整合丰富的信息

在这里计算机工具只提供了将分配好的权限固定下来，形成相应的层级结构的功能。而对于相关信息技术工具功能模块的掌握——如一些权限设置功能是没有办法完成这项工作的，这是因为信息协作的层级网状关系是通过有计划的设置这一过程形成的，而不是信息化平台工具本身具备的，平台工具本身具备的是无差别的设置能力。

这一过程虽然看似会很繁琐，但其实这种设置对应的是一种信息关系而不是信息对象关系，所以信息的更新、替换、迭代都可以自动进行，不需要反复设置而仍可以保证全员信息的时效性、准确性和个性化定制以及权限的配置。

一旦完成信息与资源的配置，设定了权限，就等于建立起了一个项目团队的信息化协作网络，每个人就成了一个“有级别的车站”，可以接纳满载自己需要信息类型的“列车”，同样的也没有办法触及权限外的信息——就如同你无法登上快速通过车站不停靠的高速动车组一样。在有了网络和“车站”的协作结构后，剩下的就是信息如何“装车”的问题了——在建筑云平台上，每一个信息对象都是唯一真实的存在，拥有其独立的身份ID可以用于精确地搜索和定位，还可以通过来源、创建者、修改者、所属的规程、所属的专业、所属的阶段、所属的类别、可以进行的操作等来进行相应的分类和传递，这种信息的成组与分类不是唯一的，可以进行针对公司或者针对项目的自定义设置。

完成了信息与资源的配置后，在建筑云平台上进行项目协作的每一个成员就拥有一个独立、唯一的信息组合（如同每个独立的车站一样）。成员根据其所属的公司、所参与的设计步骤、所进行的工作内容进行统一的信息和权限设置，这种可以不断细分的权限和信息的定义，就如同自由地安排组织列车一样（如春运时临时某次列车加停某一站，或者增开某站的列车一般）给予了平台使用者最高的信息使用组合自由度。

三、更快速优秀的团队建设

由于信息的整合和共享，在云平台的合作中每一个合作方只需要完成自身的专长，全流程的参与使得成员可以经由获取和共享协作环境下不同专业和团队间整合与共享的知识信息来辅助自身的工作，从而克服因为经验造成的协作困难（原本的协作模式下协作需要建立在对于对方的工作以及项目的整体技术有一定了解的前提下）。这种协作模式让许多问题更多地依赖成员解决问题的技术能力，而非需要时间积累的经验。

经验是一种随着时间缓慢积累，无法速成和跨越的能力建设过程。经验的积累限制着团队的成熟速度以及面对许多建筑项目的能力，阻碍着具有优秀解决问题能力的成员进入不同需求项目中的时间，也阻碍着成员对于一些项目问题的解决。因此在建筑生产流程中从多方面降低成员参与对应工作所需要的经验量，不但可以使团队更快地成熟、使问题被更有效地解决，也可以使公司的潜力进一步提升，极大地增强面对项目的解决能力。

四、更好的信息实时性与记录性

在信息化协作中，所有的沟通和交流都可以被记录，以欧特克公司的BIM 360云为例，其模块中的管理功能模块Document Management、Project Management、Field Management都可以生成活动日志或者报告，帮助项目管理者与成员实时的追踪和更新信息。而预测和分析模块Insight不仅可以利用BIM 360其他模块中的信息，还可以生成活动报告和分析结果报告，并且分享给指定的对象（也是一种信息的配置）。良好的信息实时性和记录性使得无论是使用信息进行分析，还是追溯历史信息的过程在变得异常简单的同时也可以发挥出相当强大的作用（图3-1-6）。

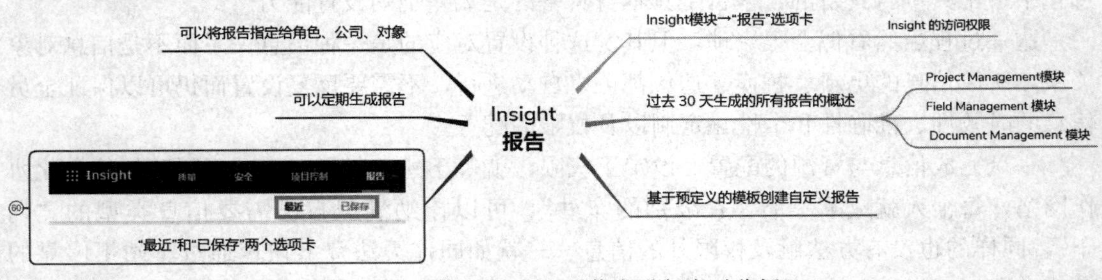

图3-1-6 使用Insight对信息进行实时分析

信息化协作中更好的信息记录与应用有助于所有成员更好地了解项目实际进展，同时也能更好地分析项目存在的风险和问题，更好地进行时间进度管理、成本管理、人员管理和工作分配。

例如针对现场末端的操作而言，在传统的工作流中这种现场末端的信息很难被记录，即使记录下来也很难应用。而在信息化技术协作中，利用三维扫描技术、无人机扫描技术、点集扫描技术等先进技术，可以让现有的合作伙伴定期对施工场地进行完全的扫描记录。而通过建筑信息化协作的全流程信息共享性，可以让现场数据跟建筑云中的建筑信息模型进行实时的信息整合比较，不但可以方便准确地确认施工现状是否存在偏差、误差，及时发现潜在修改，更可以记录实际的施工建造过程，使得责任明确，从而保证项目以更加优质的情况快速完成。

五、便捷快速的流程优化与新技术应用

在建筑信息化协作中，虽然在项目开始的时候管理员需要进行大量的基础设置工作——也就是前文提到的信息与资源的配置，确定团队协作的信息基本结构。但这部分工作一是因为模板和设定可以进行重复使用，随着在建筑云上进行的项目增多，就会大大节省开始的时间（如 Autodesk BIM 360 云就具备这种功能）；二是由于云端模块定义的是信息之间的拓扑关系而非信息对象本身，因此对于同一个信息，可以自由地进行更新和替换而不会影响到整体的设置，因此不会重复地出现相同的信息配置工作（关于信息的拓扑关系的详细内容在第一章有论述，若对此感兴趣可以查阅《建筑信息化设计》，其中有更加详细的介绍）。同样的，这种互相联系却不互相制约的拓扑关系中（建筑信息系统的结构特点，并非是软件工具特点，而是建筑信息的特征，读者需要谨记这一点），每一个分支都可以自由地进行进化或者修改而不会对整个系统造成稳定性的影响，进而使得项目管理者可以不断地应用新技术或针对开发新的部分对项目信息化协作的流程进行优化，这种优化因为不影响整体的稳定性，因此可以在不间断生产的情况下方便进行。这种新技术的应用模式对比原本的计算机技术应用模式具有更好的平滑性，这也使得新技术可以在不影响团队生产的情况下被团队学习使用，从而提高新技术的应用速度与效率。

这种优势我们可以从 BIM 360 Release Note 如何迅速地更新和拓展其服务中观察到，采用信息化协作技术的企业在技术进步上可以快速地超越采用 PC（单机）建筑数字软件工作的企业（图 3-1-7）。

六、更多元、流畅以及更经济的协作

首先，对于建筑信息化协作来说，PC 端可以进行的操作大多数都可以在移动端进行操作，对多终端的支持使得协作更加多元化，也更加流畅；同时由于存储与操作基于云端，可以让参与者不需要具有强大的本地引擎和软件的情况下就可以访问和应用数据，因而简化了信息的获取和访问的难度与成本。对于因为软件不断发展导致需要不停地更新换代硬件设备，从而给企业带来巨大成本负担的数字化生产过程来说，信息化协作同时无疑也是一种非常经济的生产协作模式。

多元的、不受设备终端限制的协作模式带来了更多的协作可能性，而且许多协作模式都是传统流程中“不可能”的选项。我们以 Filed Manangement 的核查表工作流为例，该

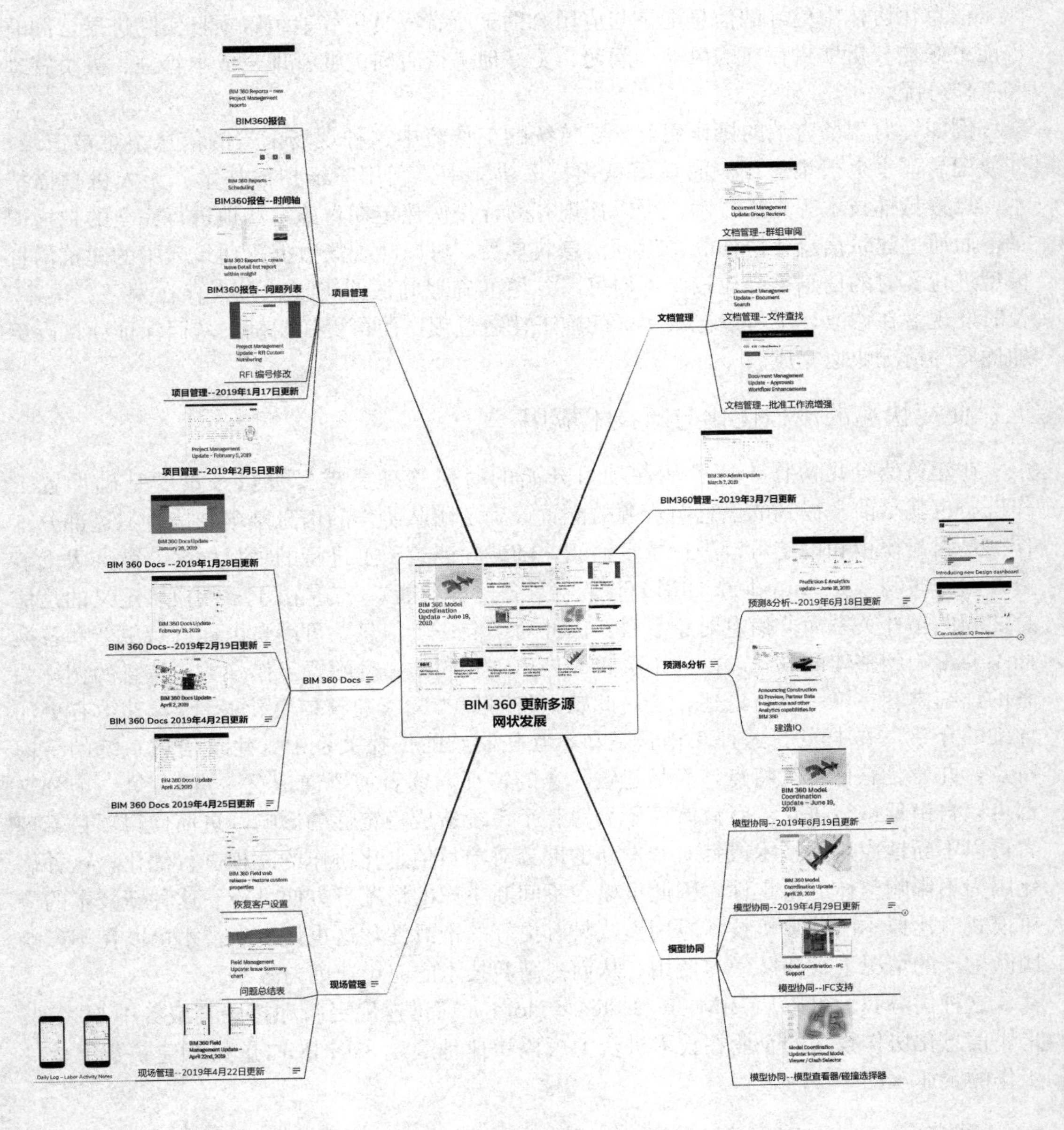

图 3-1-7　BIM 360 Release Note

核查表主要用于指导现场人员的施工和操作，或者辅助监理、经理和其他监管人员进行安全及质量复核。

在施工过程中遇到问题的时候可以直接创建并激活问题工作流，发送给指定的责任人，这样设计师团队和工程师团队不需要在施工现场就可以第一时间进行问题的回复和解决。对于项目核查表，不但在 PC 端可以进行核查表模板的创建、编辑，核查表的创建、编辑、填写、完成、导出报告等，在移动端也具有类似的功能，因而相关的人员可以脱离开时间与地点的限制对问题第一时间进行解决，通俗来说，许多“您等一下，我在外面呢，等我回到单位开了电脑再帮你解决”的情况都可以立即处理（图 3-1-8）。

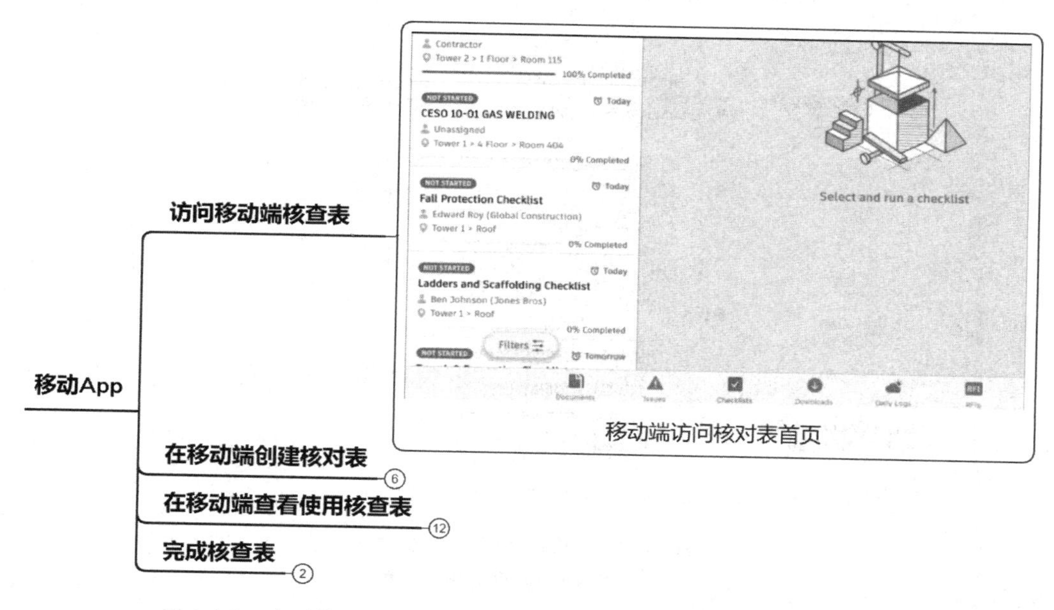

图 3-1-8　多元的、多载体的协作模式使得整个生产协作变得十分顺畅

七、更多新技术的运用，强大的拓展性

建筑信息技术带来的强大技术拓展性也可以使得许多新的相关技术可以快速地被配置到建筑项目中，这种新技术的配置速度与广度都是原本的传统协作流程与数字生产流程所不能比拟的，这一点我们已经在之前的章节中反复地进行了强调说明（图 3-1-9、图 3-1-10）。

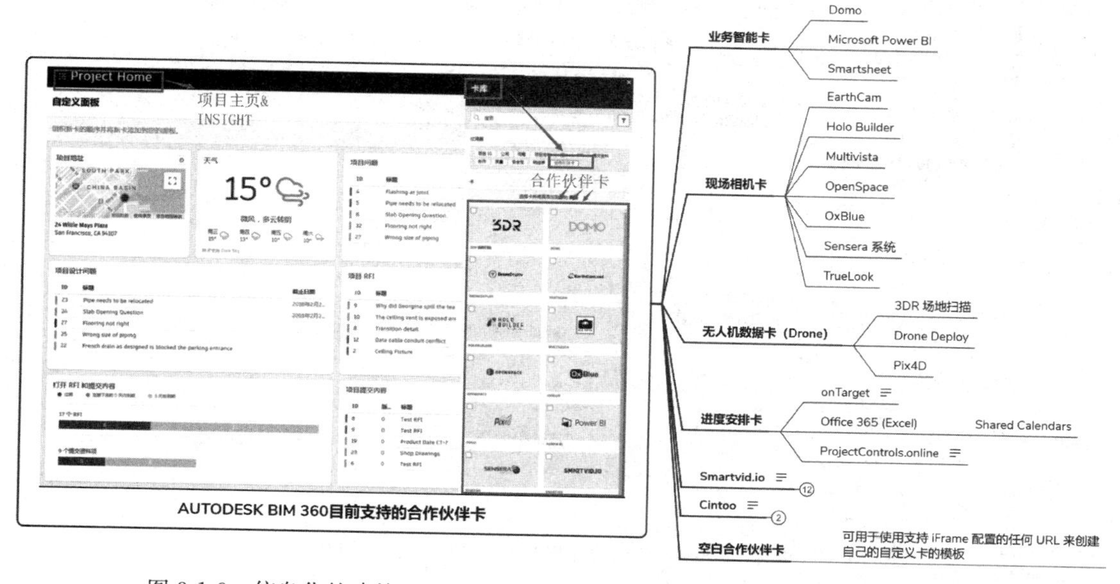

图 3-1-9　信息化的建筑云平台上配置整合有大量的技术资源供项目管理者选择

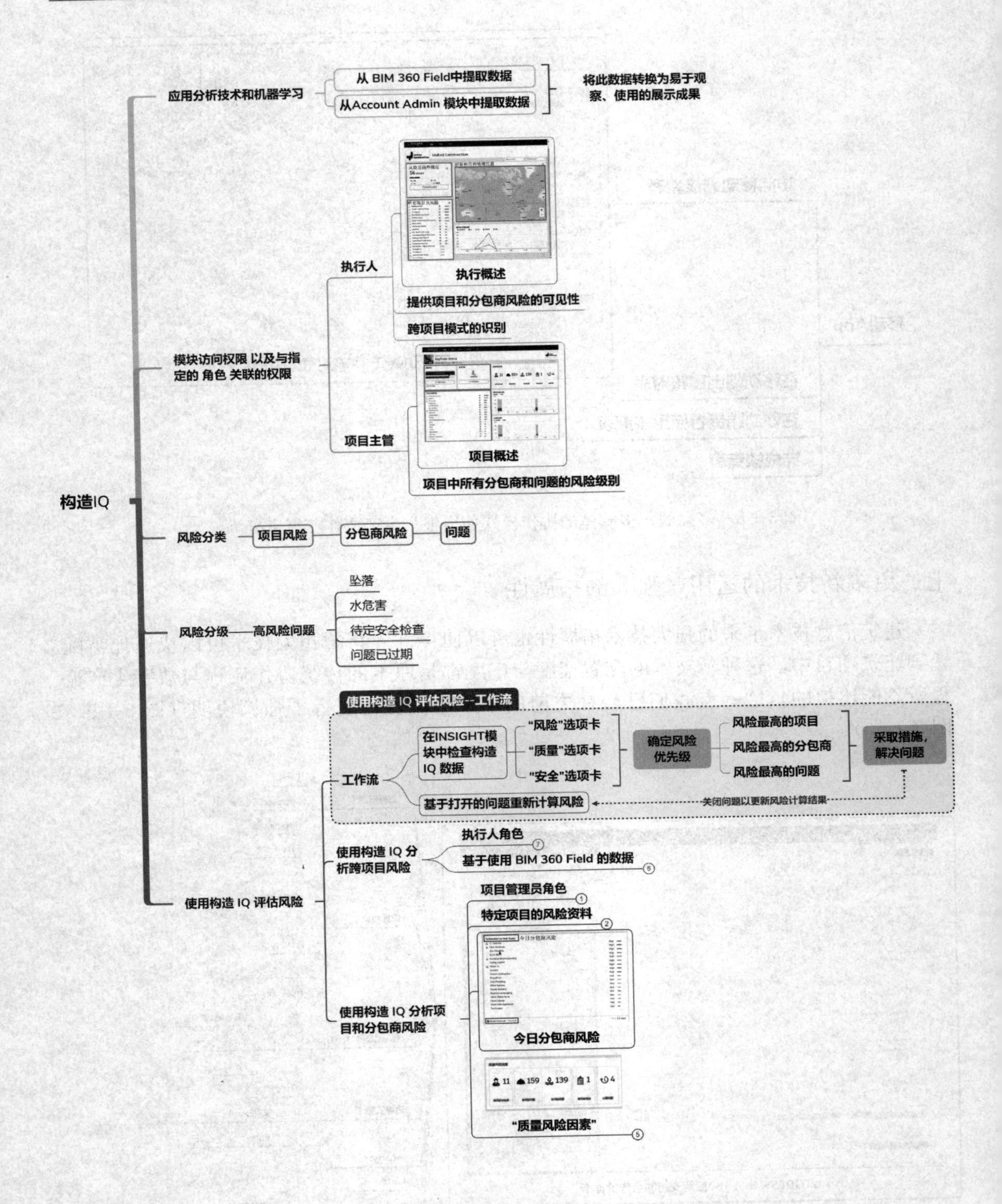

图 3-1-10　配置 Construction IQ 模块后利用 AI 技术进行项目分析

第二节 项目团队的组织构成

在介绍完建筑信息化协作中项目级协作的特点与优势之后，从这一节开始我们将针对项目级协作涉及的内容以及项目级协作牵扯到的主要人员——项目管理人员的工作内容及具体的思维与实践展开详细的介绍。

一、建筑项目团队构成

一个建筑项目从策划、设计、施工到建成交付、运营维护这一完整的生命周期是各种专业团队通力协作共同完成的过程，通常建筑建造类的项目常见的项目参与角色有：发起建筑项目的项目业主方；进行项目设计的建筑设计、规划设计、市政设计团队；推进项目落地的各种工程师、技术咨询方；提供实际建造服务的工程总包商、分包商；提供建造需要的各种构件、产品的专业设备、材料、构件生产商；管理项目的政府相关部门、监督项目的监察监理方、提供其他专项服务的其他合作方（根据项目的实际情况会形成个性化的团队）等。

通过上面的叙述，读者不难发现这里提到的“项目”和读者们在日常工作和学习中接触到的“项目”的范畴是不太一样的，这是因为在我们日常的工作与学习中因为彼此的专业问题所接触到的“项目”其实只是一个项目在我们的业务范畴和学习范畴范围内的部分，是一个完整项目的组成部分。

这里可能有一个疑惑产生——跨越多个专业与周期的“项目”似乎比我们之前提到的公司范畴要大，为什么项目级的生产协作在信息化的层级结构中低于公司级呢？这里又回到了我们反复强调的一点——**建筑信息化协作是以信息为核心的**。一切的信息系统构建和结构设置以及基于此的协作都是以信息的关系作为基本关系构建的，也只有这样才能在纷繁复杂、从属关系庞杂交叉的建筑生产中建立清晰、逻辑简单的系统结构。因此从项目专业工作的角度看，一个项目似乎包含多个公司进行协作，而一个公司又同时面对多个项目，这似乎是互相交叉的从属关系，但从信息的角度来看却不是这样的。公司战略级的信息化资源配置与人员配置——**这一信息第一次的配置在进行项目协作时已经完成了。**也就是说，所有公司的项目相关团队在进行一个项目级的协作时，无论牵扯到多少个团队，其都是公司已经进行完信息配置的“项目级”团队之间的协作，而公司战略级的信息配置情况直接决定的是自身的项目团队**会不会和以什么面貌**出现在项目的信息化协作中。

为了方便理解，我们在这里简单地举个例子帮助读者理解——假设一个公司为项目 A 配置了信息化设计技术模块与信息化现场管理模块，为项目 B 只配置了信息化设计技术模块，那么在整个项目的配合上，项目 A 的团队就可以通过信息化现场管理模块与现场团队进行直接的信息交互，而项目 B 的团队只能通过“现场信息模块信息——进入信息化交互工作流——信息化设计模块信息——返回信息化交互工作流——现场信息模块信息”这一流程与现场团队进行信息交流，这就形成了完全不同的协作工作流程。而如果在 B 团队的流程中设置交流权限，譬如某些信息要公司级进行分配，那么等于项目信息流的协作由公司直接监控，而对于 A 团队则是项目团队内部进行信息交流，公司仅仅查阅其中的生产报告。

至此我们就不难发现——**项目的信息化协作是公司进行完一级信息与资源配置后的结果。**公司级的信息化协作进行了信息的第一次分类与配置，因此在信息化生产与协作的流程上先于项目级；同时公司的信息化配置也直接决定了项目级协作的模式与基本工作环境。综合这两点来看，在流程上，公司级的信息化协作处于工作流前端，项目级的信息化协作的开展依赖公司级的信息资源配置结果；在信息化协作的系统结构上，公司级的信息化协作将信息与资源配置到各个项目，因此处于更基本的结构层级上。

公司将没有结构的信息进行第一级分类，配置到各个项目，形成了信息的第一次分类和分流，也形成信息的第一层结构。项目的协作在这一基础上展开，对信息再次进行分类和分流，进而形成项目级的一层或多层结构。

在信息化协作中，我们以信息的配置来确定协作的层级与结构关系，这是建筑信息系统结构在建筑信息化协作中的基本表现之一。

在理解了项目级协作与公司级协作的关系之后，读者就不会再产生范围的疑惑，可以说一个项目的团队其实是多个公司的“项目级”团队的信息化协作，我们也将在之后的部分为读者详细讲解项目级的信息化协作与团队组织，这其中既包括团队自身的协作与组织（如设计团队），也包括团队之间的信息交互与协作（图 3-2-1）。

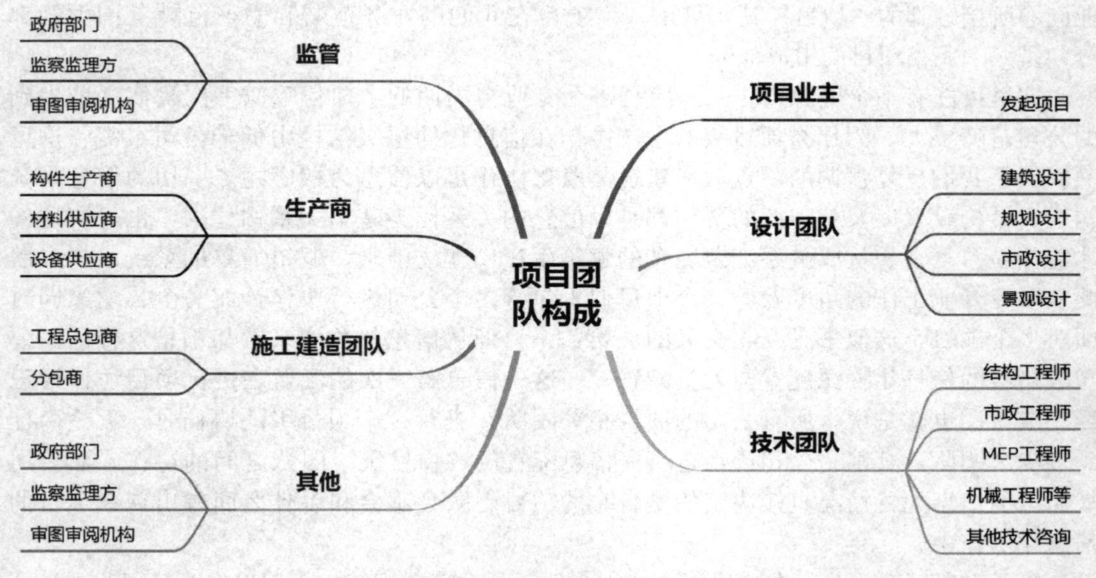

图 3-2-1 项目团队构成（一般生产情况）

二、团队不同角色的工作内容

信息化的工作流和工作组织改变了原有的线性配合，让所有的项目团队与成员都能参与到项目的全流程中，所有的项目团队成员都可以随时随地进行信息的更新，也能随时随地从建筑云平台（信息交互载体）获取信息（图 3-2-2）。

对于项目级的信息化协作，每个项目角色仍然拥有其自身的工作范畴和内容。同传统

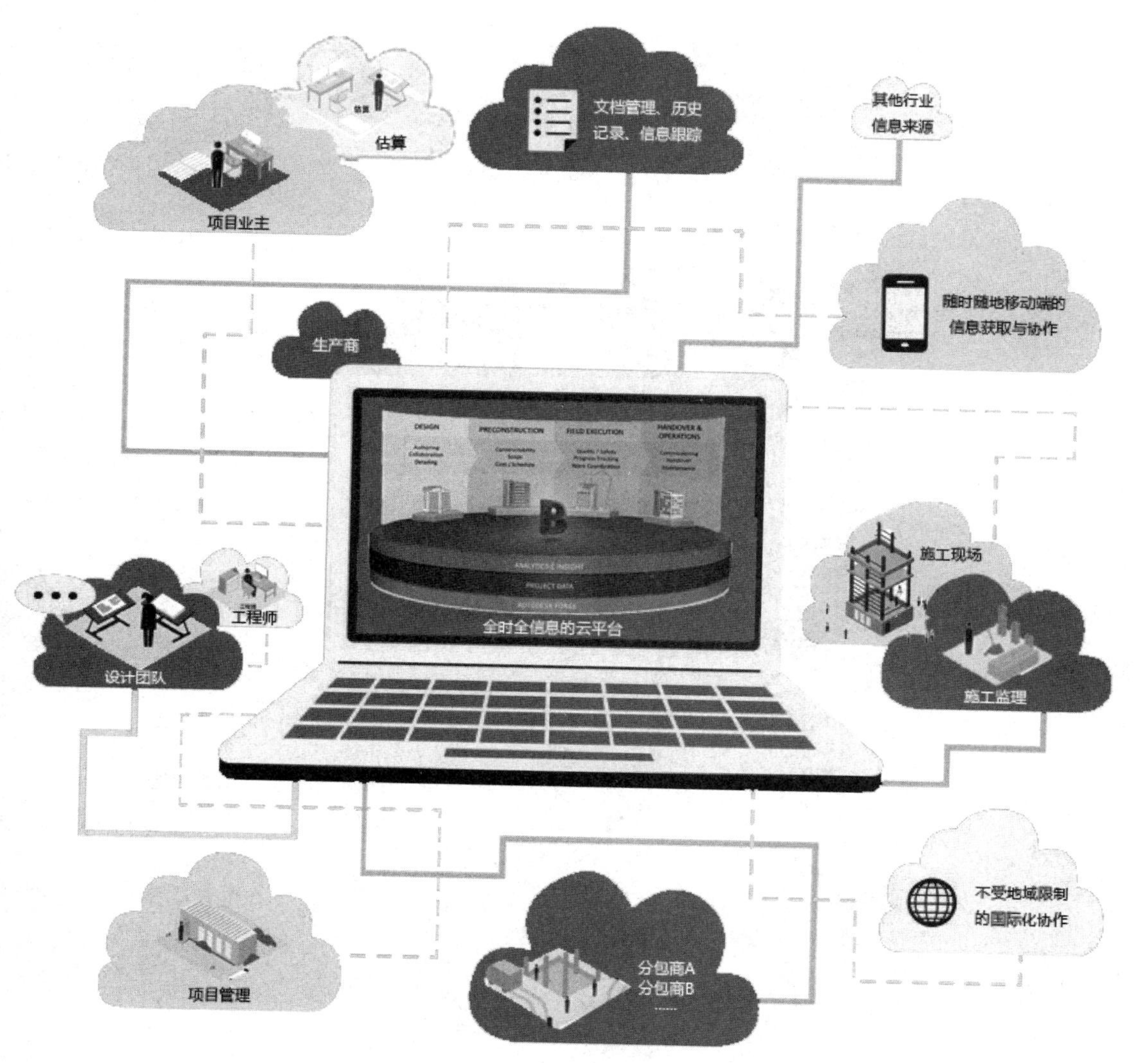

图 3-2-2　信息技术云平台上项目团队与成员的信息交互

的设计流程相比，信息化协作模式下信息的流动更顺畅、更“自由”，对于信息的权限设置也更细致、更有针对性。同时，项目的参与团队划分更加专业化，也更细致，项目的实际参与方更多、更分散。这些都要求项目中团队的管理者对于每个项目的组成角色、团队的权利与义务更加明确，这样才能更好地了解自身的工作在整个项目信息化协作中的位置，更好地组织团队之间或团队内部的协作——对于项目总负责/项目经理是更好地协调组织参与团队的协作，对于参与团队的管理者则是更好地组织本团队的协作工作及与其他团队的信息协作交互。同时，项目的各级管理者也可以根据成员在信息化生产全流程中的不同角色更好地进行成员的信息权限配置，从而在保证“信息安全”的基础上更高效地保证项目的推进（图 3-2-3、图 3-2-4）。

在项目级信息化生产的协作过程中，每个成员的角色在项目运行过程中根据自身的专业工作特点需要配置的信息技术模块和需要完成的专业工作内容都不尽相同（图 3-2-5）。

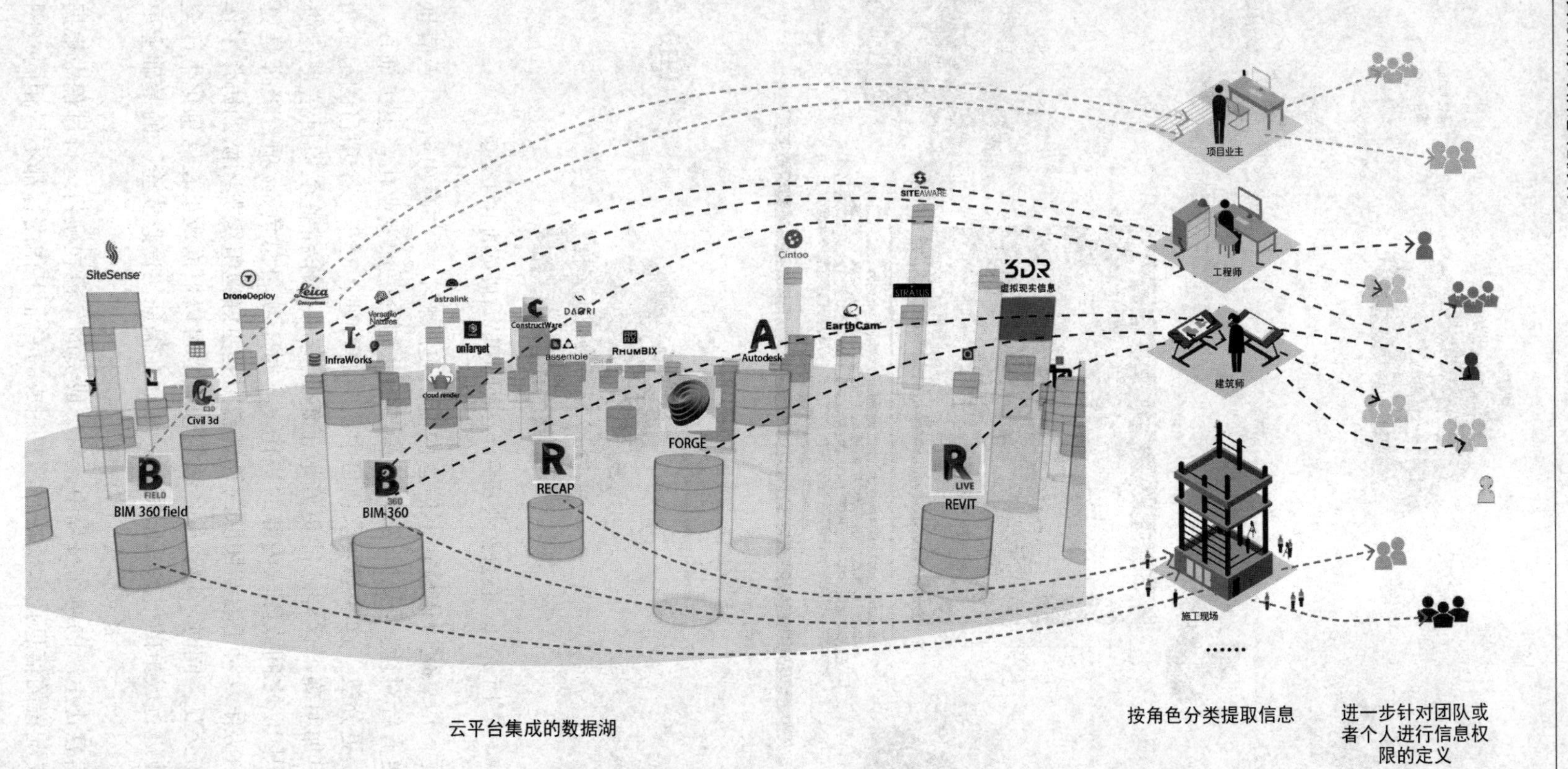

图 3-2-3　项目信息在团队间根据角色的配置

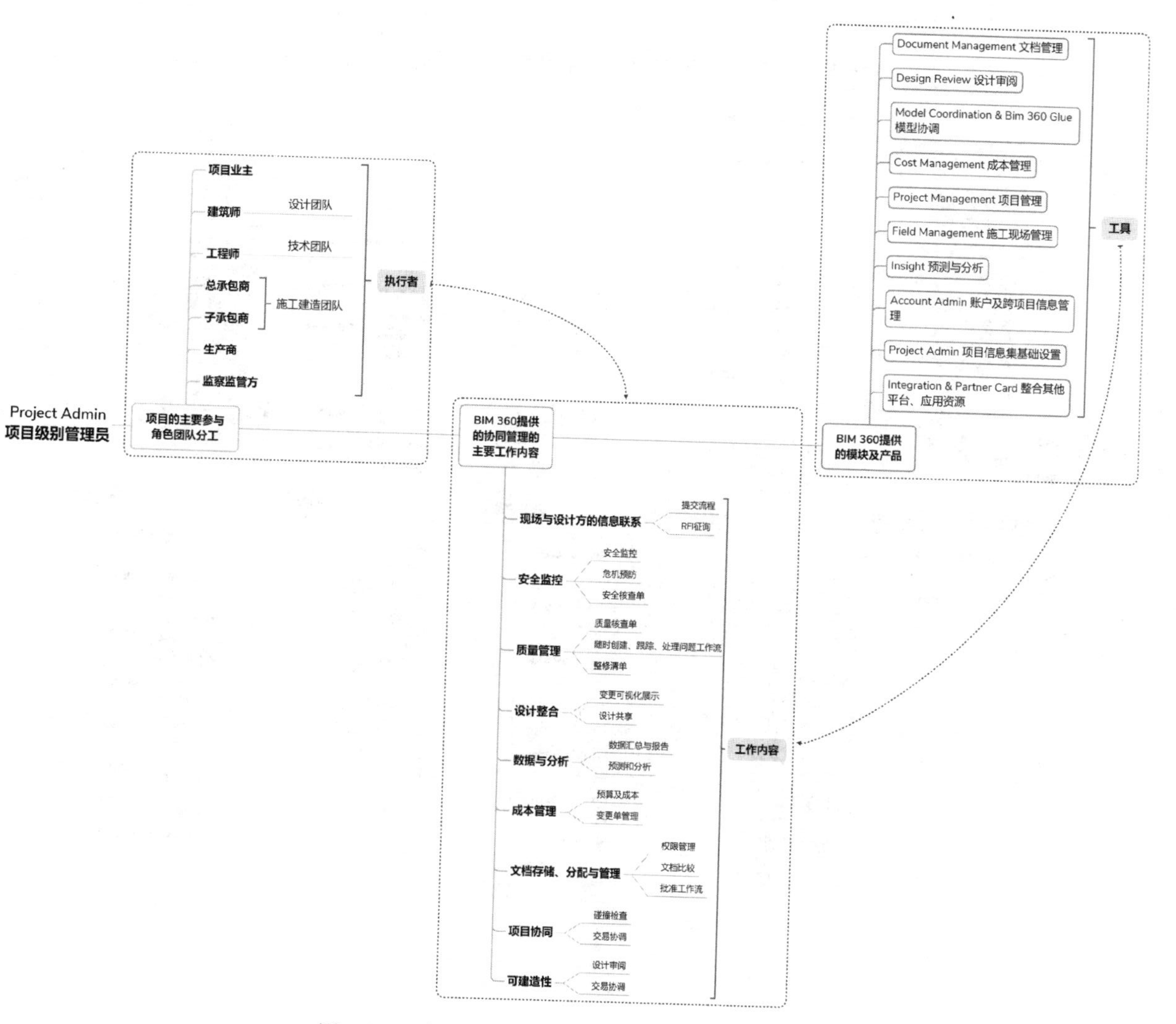

图 3-2-4　常见的项目组成团队及其主要工作内容

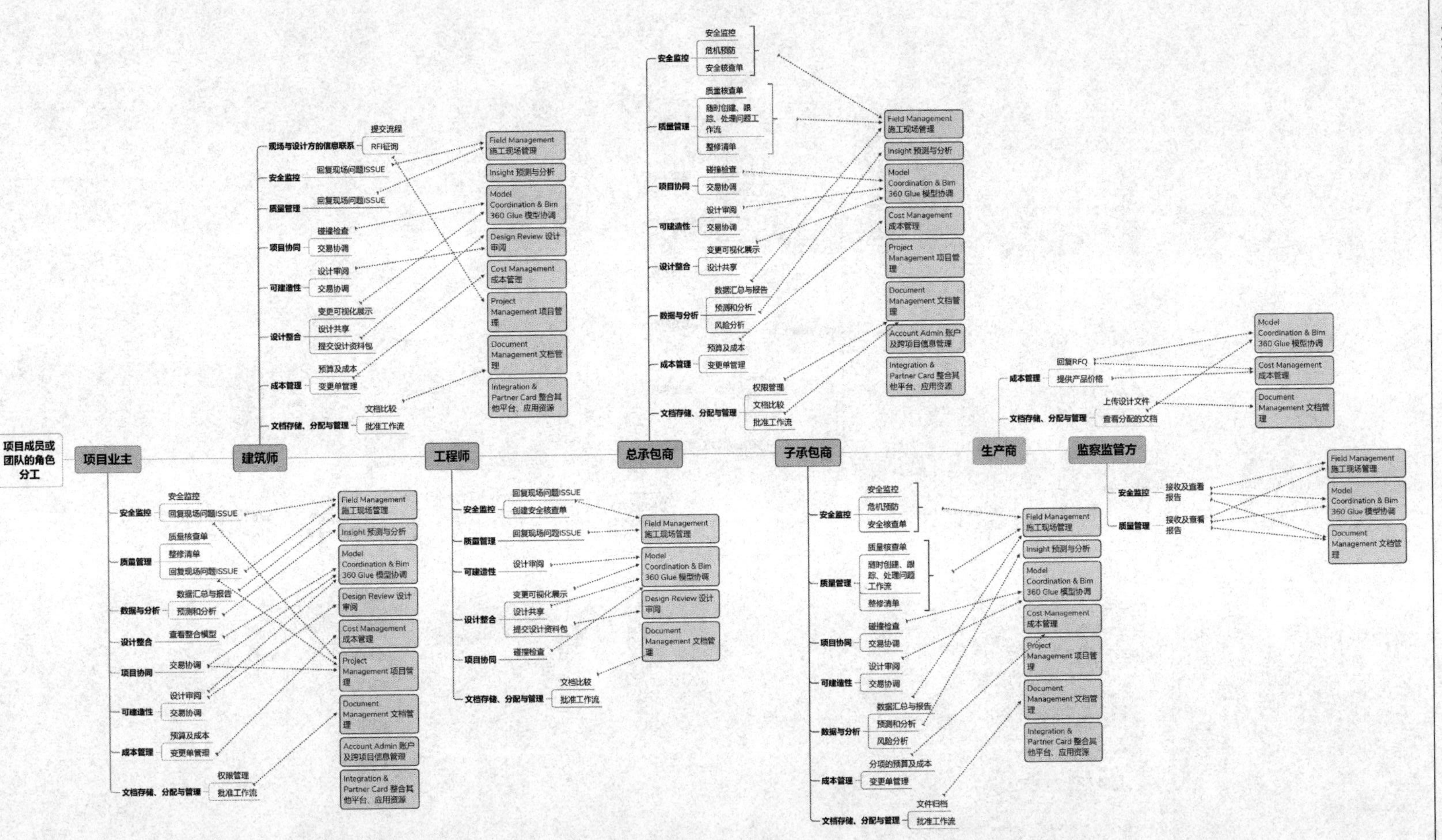

图 3-2-5　不同成员对于信息技术、资源的配置具有较大的差别

在这种情况下，我们将以项目的总协作负责人（项目经理，可能由某一专业团队的负责人兼任，如设计团队）的角度全面系统地介绍项目级信息化协作全过程的相关理论与实践要点。而作为组成整个项目团队的各个专业项目团队的管理者触及的相关工作也将自然随着整个项目信息化协作流程的展开进行相关的理论与实践讲解。

在这里我们希望以本书的顺序从全局来进行项目级信息化协作的学习，这样有助于形成一个全局的视野与深入理解信息核心的意义，而不要本着“其他人的工作与我无关”的观念，仅仅针对自身工作所在的部分进行针对性的学习，表面上似乎节省了时间，但却会在实践的应用中困难重重。当实践出现问题时也很难确定问题产生的原因，最终欲速则不达反而需要再花费大量的时间重新进行学习。

建筑信息化协作所依托的工具看似复杂，但在理解了建筑信息系统与协作相关理论，理解了信息的组织与分配关系后，工具的学习就变得相对简单，变得“有的放矢”，从整体上学习，建立全局的信息化协作思维与观念后对于工具的学习不但事半功倍，还可以举一反三。而如果将学习的重心放在自身专业的依托工具学习上，将面对繁杂无头绪的大量功能。到时候学习就会变得相对机械，而且因为对于信息化协作的思维没有了解，最终在实践中应用也会困难重重，很难游刃有余。

第三节 项目级信息化协作的工作流组织

一、准备阶段

在准备阶段，项目级的信息化协作需要进行的信息化基础准备工作内容如图 3-3-1 所示（具体操作示意以 Autodesk BIM 360 平台为例）。

项目的基本信息设置——在 BIM 360 中包括项目基本信息的设置、为项目指定位置。

项目所需要的服务支持的选择——在 BIM 360 中体现为模块的设置。

项目成员的管理——添加成员、管理成员的公司、角色、模块访问权限（此处的成员指项目组成团队，非自然人成员）。

文件组织的设置——文件夹命名、分级、权限设置，共享文件夹和协作文件夹。

各种信息交互、文件交付、团队合作的工作流的设置——包括 RFI，ISSUE，APPROVAL，SUBMIATAL，TRANSMITTAL，CHECKLIST 等工作流。

权限的设置——以 BIM 360 为例，包括用户的模块权限设置，问题的类型及权限设置，文件夹访问、上传、使用权限设置，团队协作过程中团队的权限设置，RFI 等信息交互工作流权限设置等。其中除了文件夹权限在 Document Management 中设置外，其他基本都在 Project Admin（项目管理）模块中进行相应的设置。

二、设计阶段

在设计阶段，项目管理员的主要工作内容如图 3-3-2 所示。

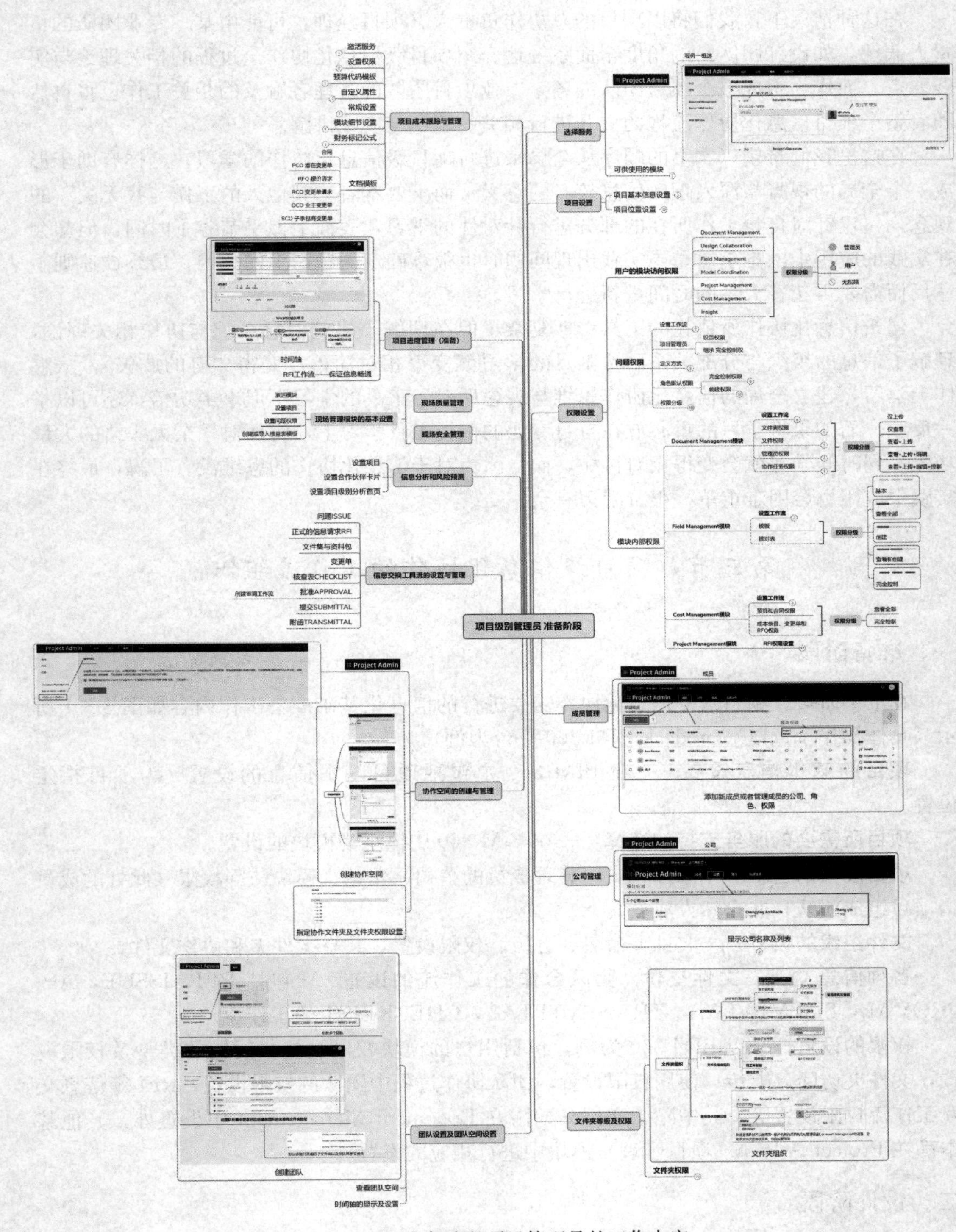

图 3-3-1　准备阶段项目管理员的工作内容

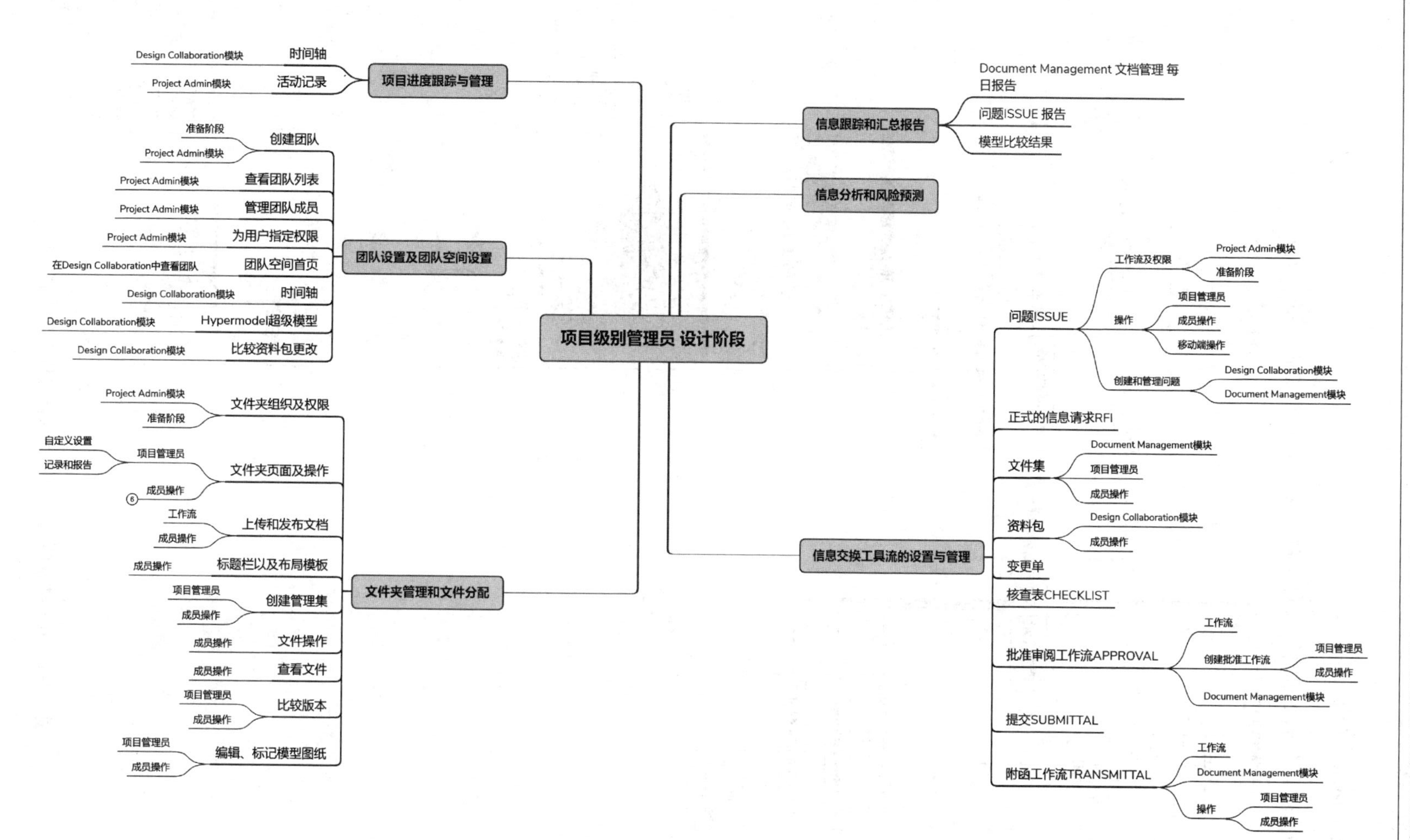

图 3-3-2　设计阶段的建筑信息化协作工作内容（项目管理员）

三、施工准备阶段

在施工准备阶段，项目管理员的主要工作内容如图 3-3-3 所示。

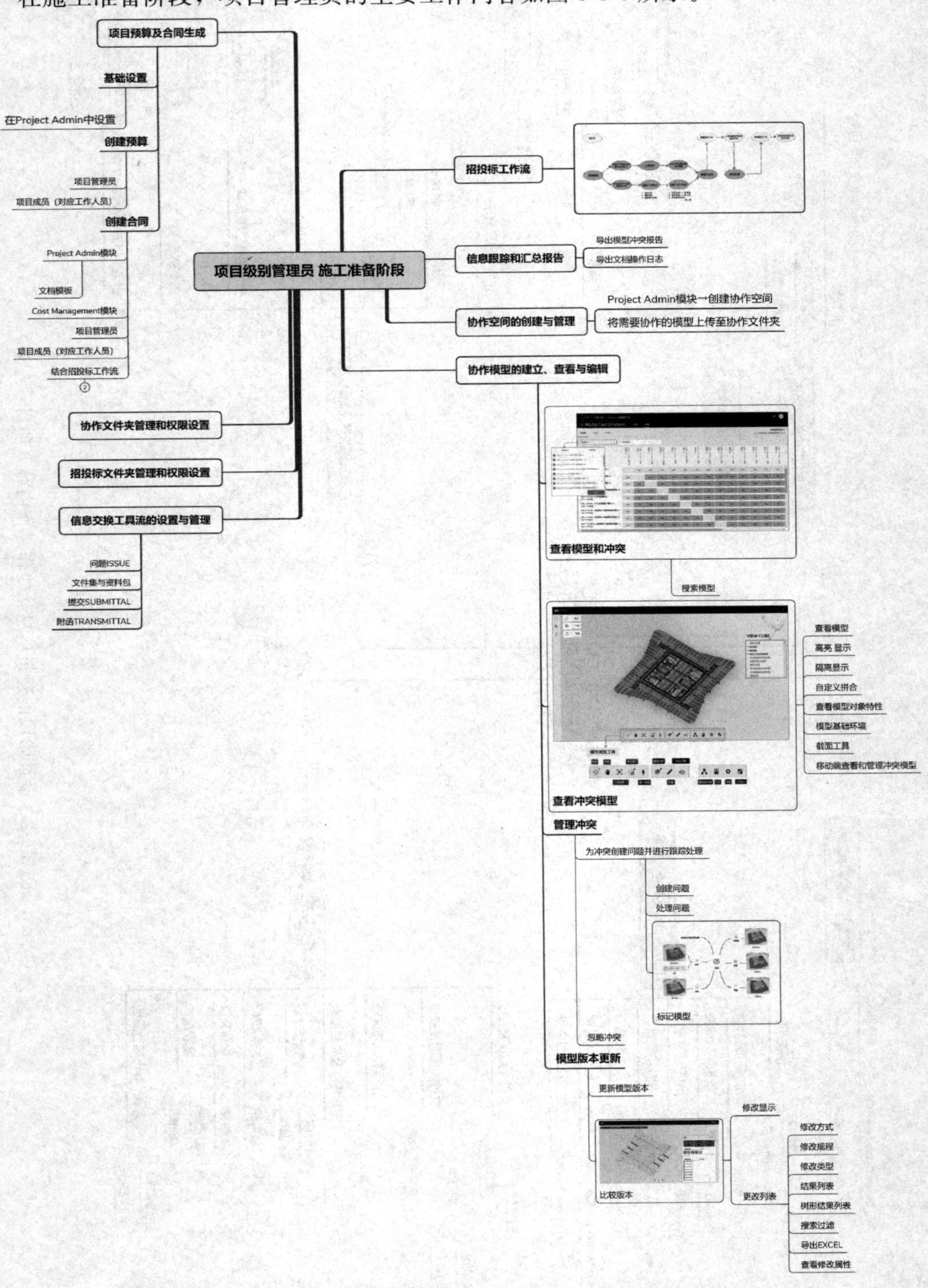

图 3-3-3 施工准备阶段的建筑信息化协作工作内容（项目管理员）

四、施工阶段

施工阶段，项目管理员的主要工作内容如图 3-3-4 所示。

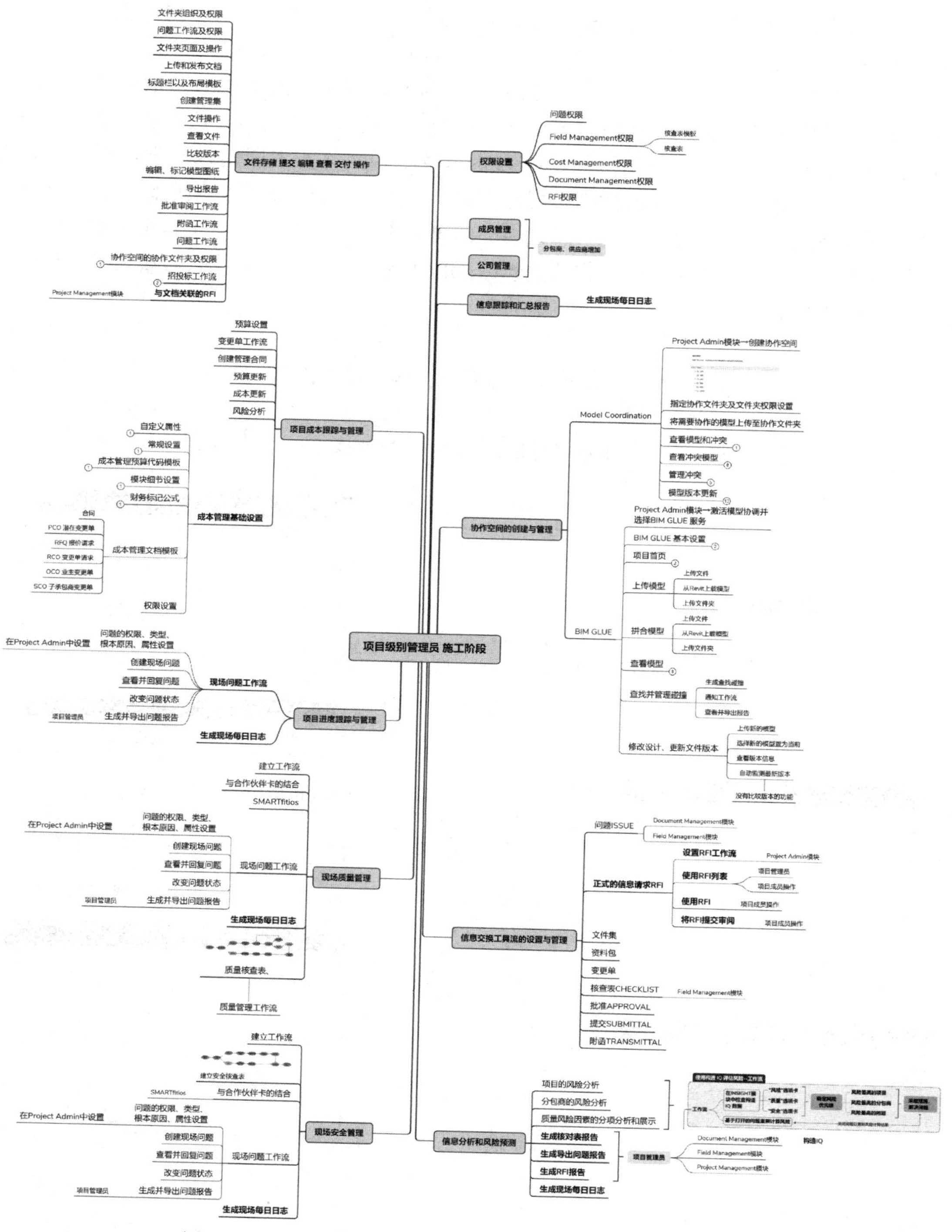

图 3-3-4　施工阶段的建筑信息化协作工作内容（项目管理员）

五、运营维护阶段

虽然运维阶段在建筑信息化技术下已经是信息建筑生产的一部分，但是在目前的生产环境下，运维技术因为牵扯到相对较多的交叉专业内容（主要的工作内容在于建筑信息与其他相关技术与生产系统，例如 MES——Manufacturing Execution System 以及运维技术相关平台与数据库的搭建和对接方面），因此在目前的建筑生产流程中与其他生产团队进行协作生产的情况还不多，并且因为牵扯到大量的计算机等专业内容，这些原因造成在目前的生产环境中，项目的信息化协作运维方参与较少。因此本书因篇幅与学习重点的原因，就不对运维部分进行相应的详细介绍与讲解。作为行业技术整合的最前沿，关于运维整合入建筑信息化生产流程的部分，感兴趣的话可以参看系列丛书中关于运维的部分。

接下来我们将以信息化协作工作流的组织阶段为单元，一一展开讲解各阶段的详细知识与实践应用技能。

第四节 项目信息化协作的准备阶段

从图 3-4-1 中可以发现，现有的建筑信息技术云平台技术已经发展到了相对成熟的阶

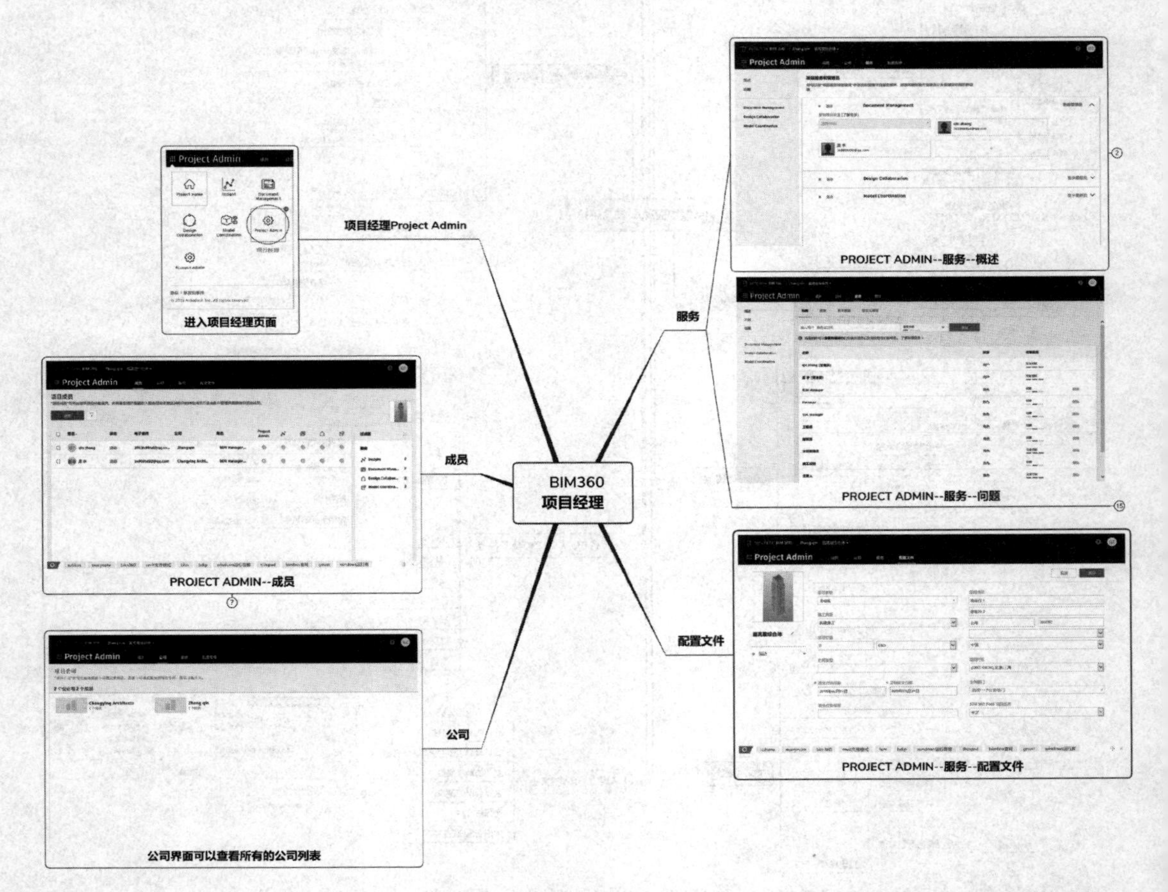

图 3-4-1 建筑信息云平台为项目管理者提供了丰富的模块（Autodesk BIM 360 Project Admin）

段，提供的技术支持已经可以满足项目管理者的项目级信息化协作需求。一般来说，在项目级信息化协作工作中，项目管理者的基本工作可以简单理解为：明确责任与流程，查看、组织并分配生产信息与任务，回复问题与跟踪进度。

在项目信息化协作的准备阶段，我们需要完成的是信息的各项基本设置。

本书将以 BIM 360 云为依托为大家展开介绍这部分工作，读者需要谨记的有两点：首先是我们不断强调的重点是理解信息的分配与属性设置原则（结构）而非软件应用；其次就是看似简单的各项基本设置工作对于信息化协作并非“可有可无”，而是非常重要的——前文我们已经详细揭示了许多对于信息的设置譬如权限，这些工作其实直接决定了信息化协作的模式和结构。

在 BIM 360 云的项目经理默认操作界面中，具备项目经理和项目经理以上权限的人（公司级）都可以访问项目经理页面，从而对项目的公司、成员、项目信息以及基本的功能模块进行控制，进而通过信息和资源的配置控制项目的组织和成员的结构（图 3-4-2）。

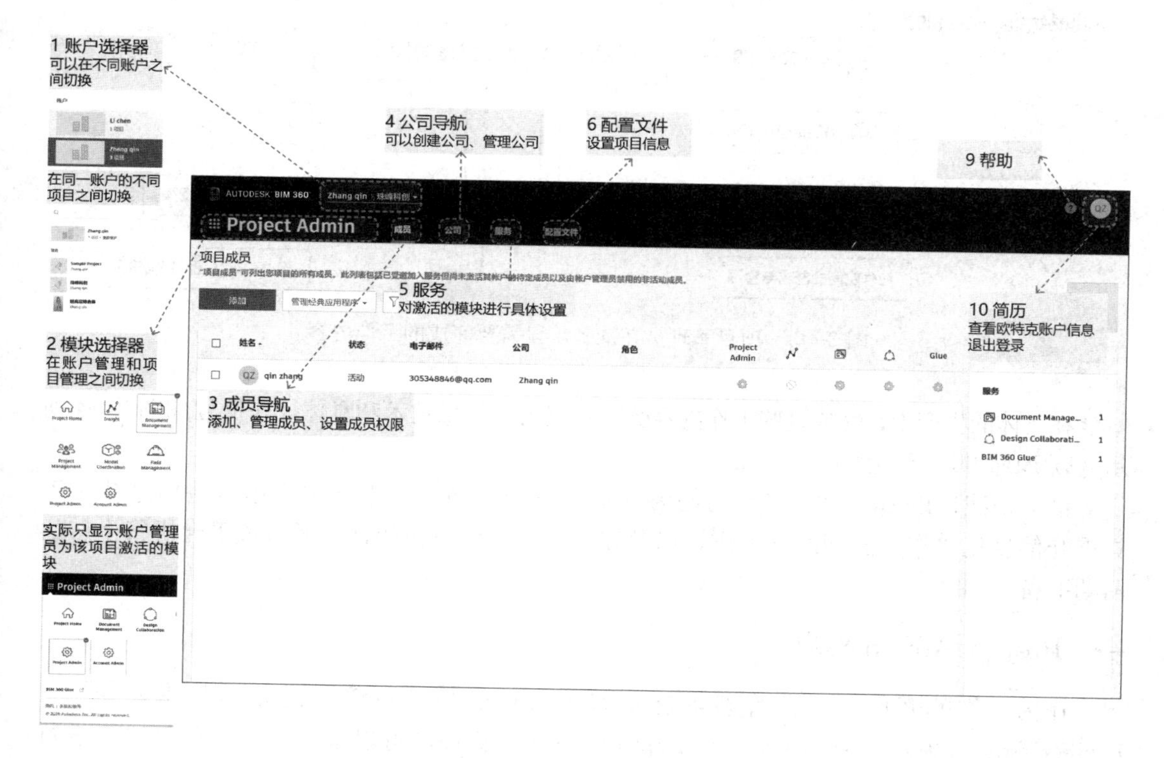

图 3-4-2 登录界面和可以进行的基本操作

对于建筑项目级的信息化协作来说，一方面，在信息的配置与协作组织上，项目管理者需要明确在工具应用上不同成员、角色、公司在协作的网状结构中的位置，要分配给不同成员的信息内容与范畴，从而确定成员应该具有的权限以及不同团队成员应该具有的能力和应该在信息化协作中执行的操作。另一方面，在具体使用信息工具（如建筑云平台）

开展工作时，项目经理需要掌握基本的使用功能，使用工作流、权限的设置方式，权限的设置原则，权限对应的操作等。只有具备了这两点能力才能组织起基于云平台等信息技术工具的信息化设计建造协作工作。建筑生产是一个理论与实践紧密结合的过程，因此我们将以实践为基础——即项目级协作工作依托的应用信息工具如何展开工作来向读者进行这部分的讲解，在这个过程中读者要融合前文建筑信息化协作的基本理论，在过程中注意对两方面的能力进行学习。

接下来我们先总体地看一下项目级别的管理者在准备阶段需要完成的工作内容（图 3-4-3）。

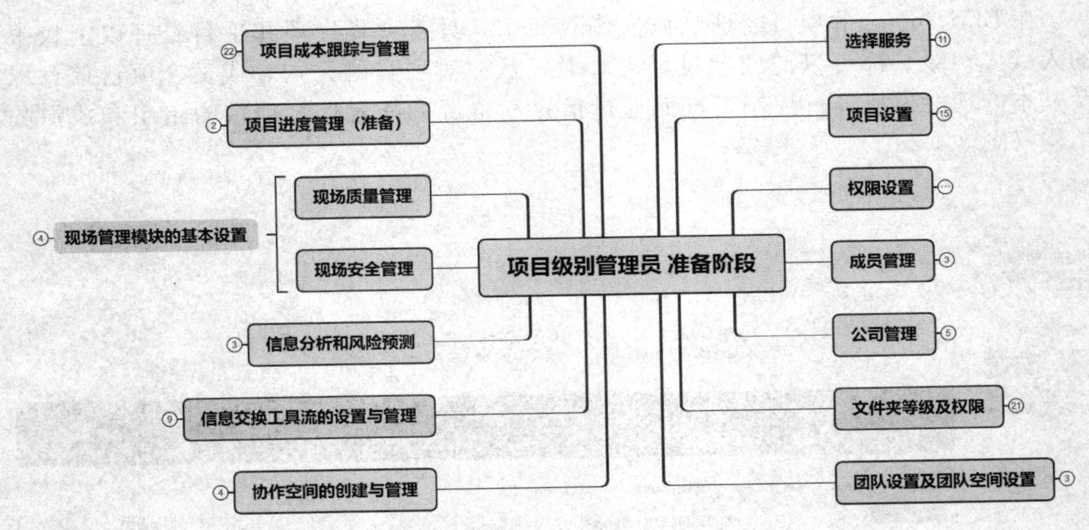

图 3-4-3 项目管理员在准备阶段需要完成的工作内容

在具体的生产中，完成这些工作内容所需要应用的信息技术和具体操作流程如图 3-4-4 所示（以 BIM 360 云为例）。

接下来我们以 BIM 360 平台为例为读者详细介绍如何在生产中应用这些信息技术工具展开信息化协作的前期准备工作，以及如何将信息化协作的计划通过该平台进行生产的前期准备。

一、Project Admin 模块

作为工作的开始，项目管理者首先需要面对的是项目管理的基本技术模块——Project Admin 模块，应用 Project Admin 模块项目管理者可以根据需要对项目协作进行一些基本设置（图 3-4-5）。

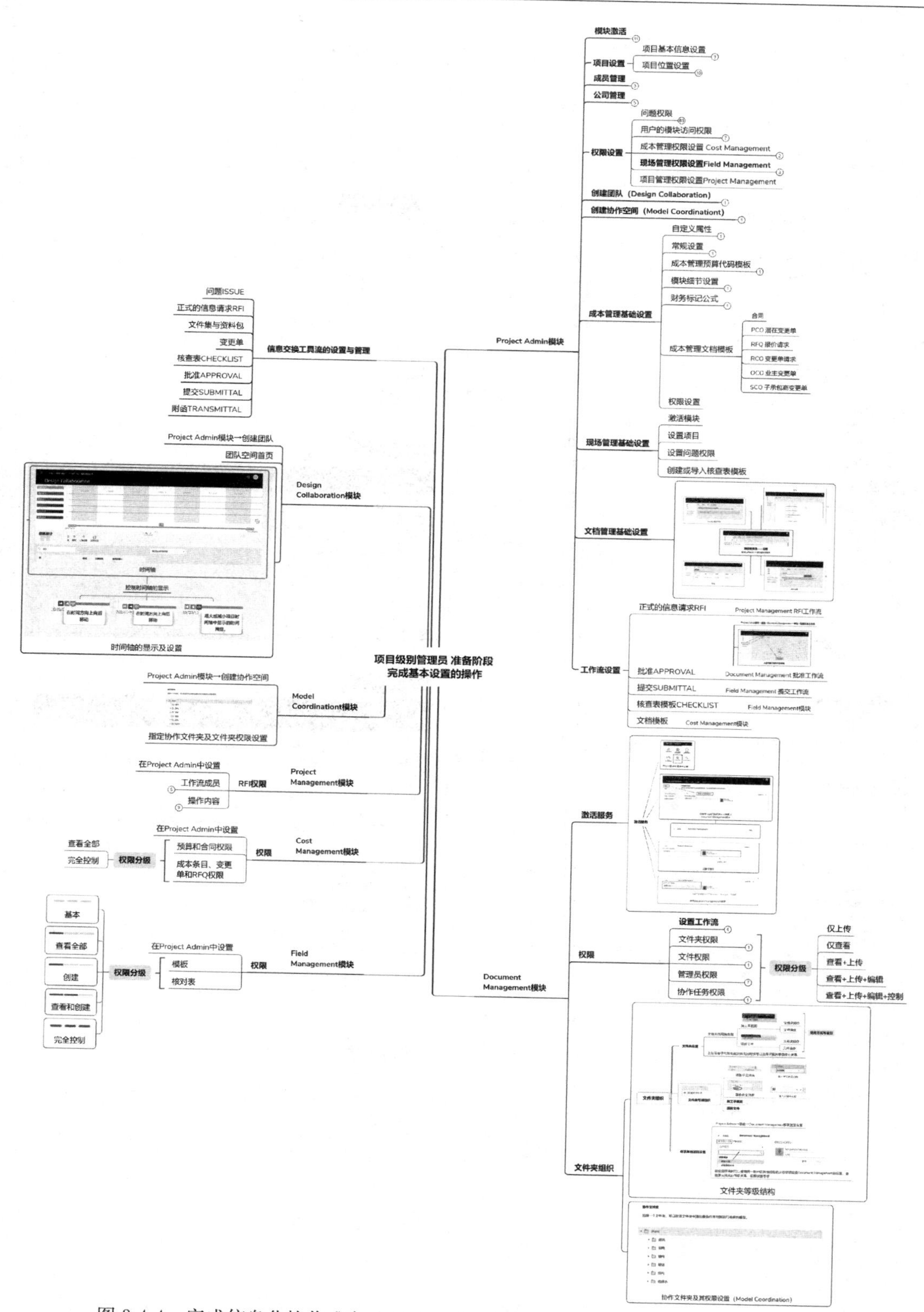

图 3-4-4　完成信息化协作准备阶段的相关工作所需要应用的相关技术与操作流程

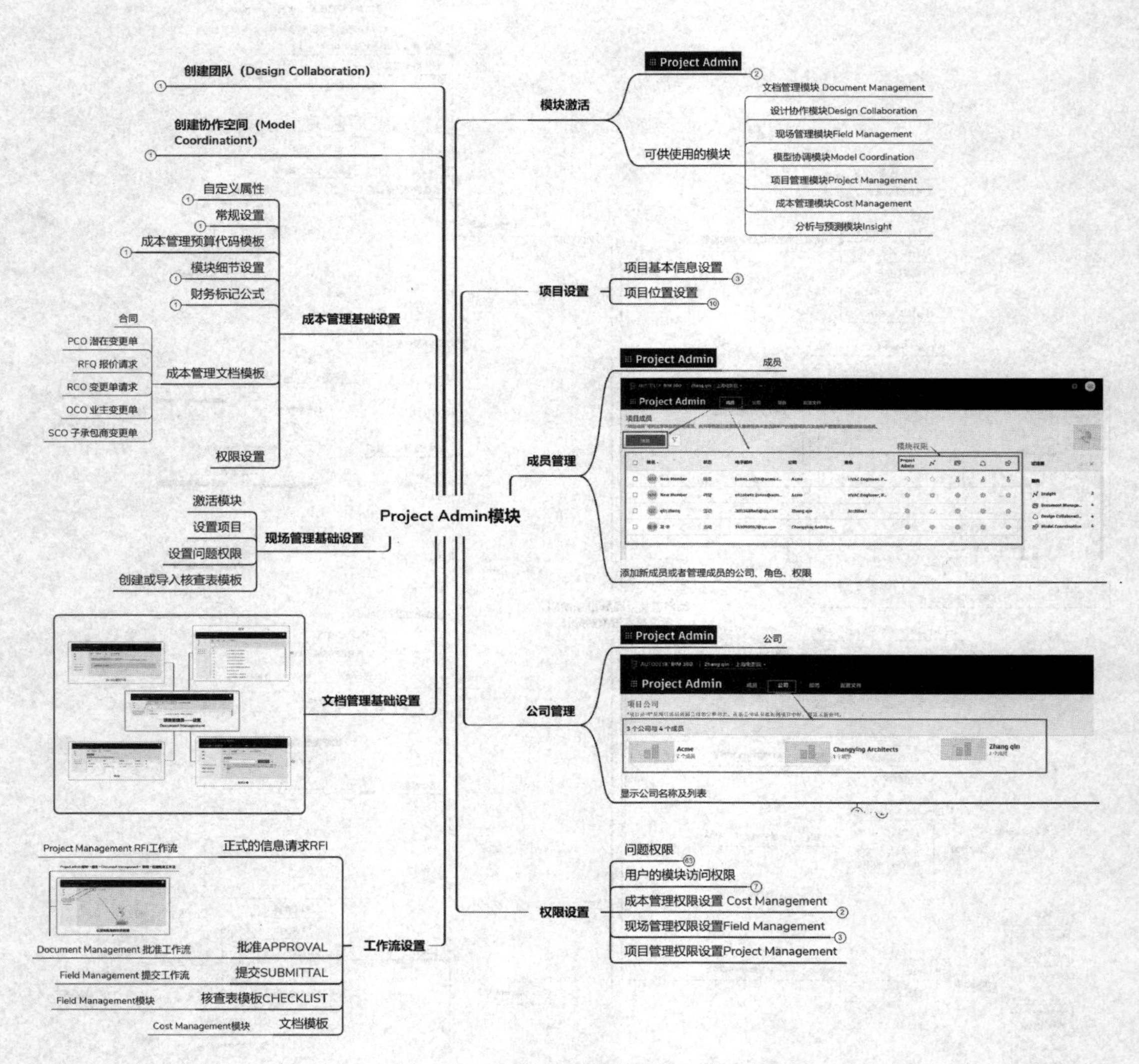

图 3-4-5　Project Admin 模块涵盖的技术范畴

1. 激活 Project Admin 模块（图 3-4-6）

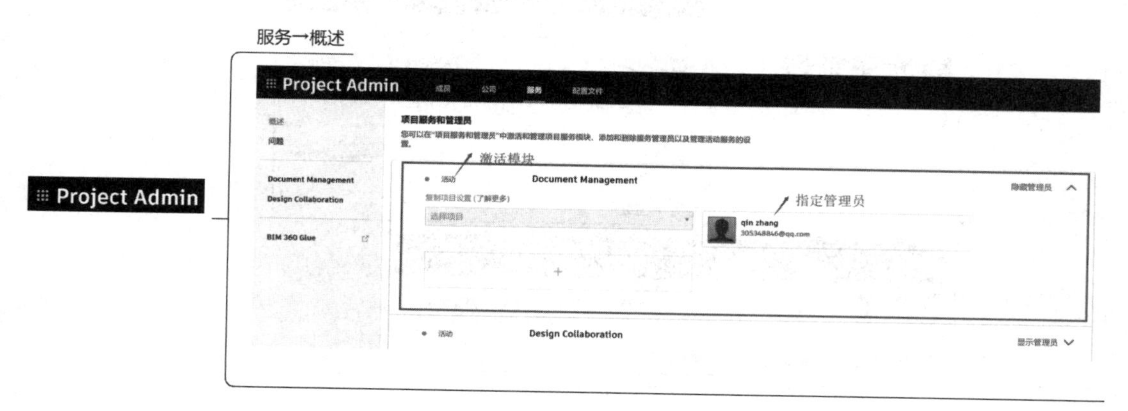

图 3-4-6　激活 Project Admin 技术模块

2. 项目设置——基本信息（图 3-4-7）

图 3-4-7　项目基本信息设置

3. 项目设置——位置设置（图 3-4-8）

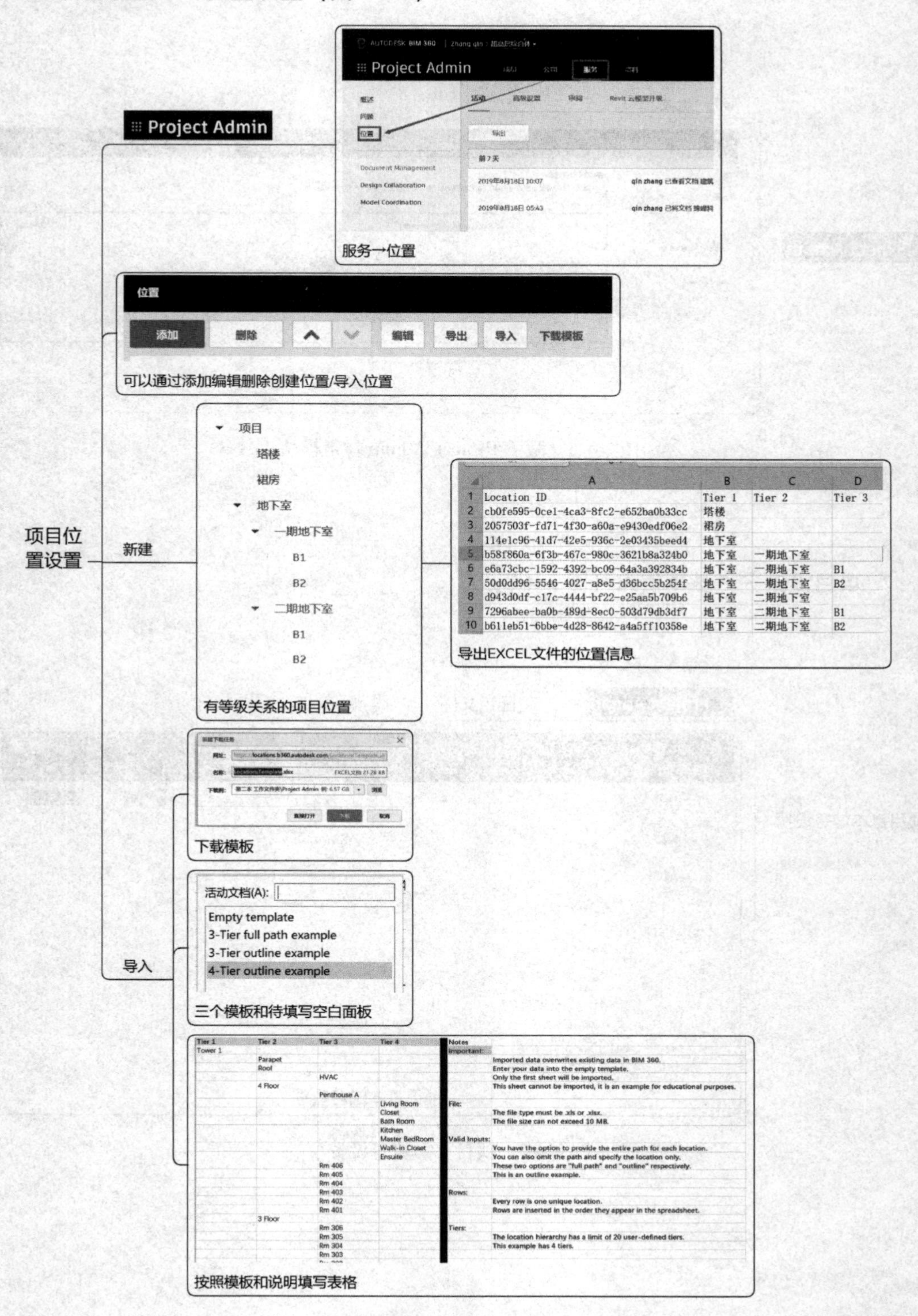

图 3-4-8　项目位置设置

4. 信息化协作团队管理——成员管理与公司管理（图 3-4-9、图 3-4-10）

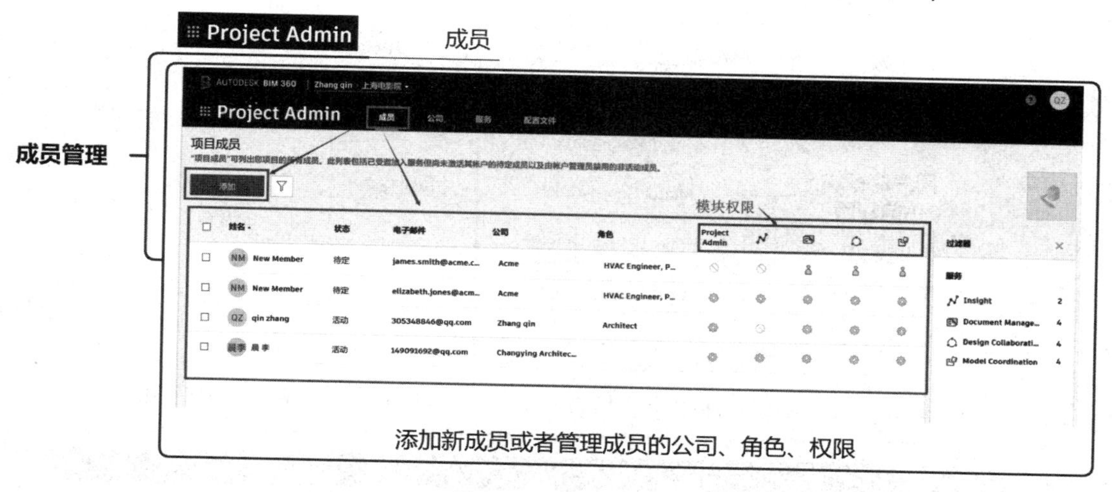

图 3-4-9　成员管理

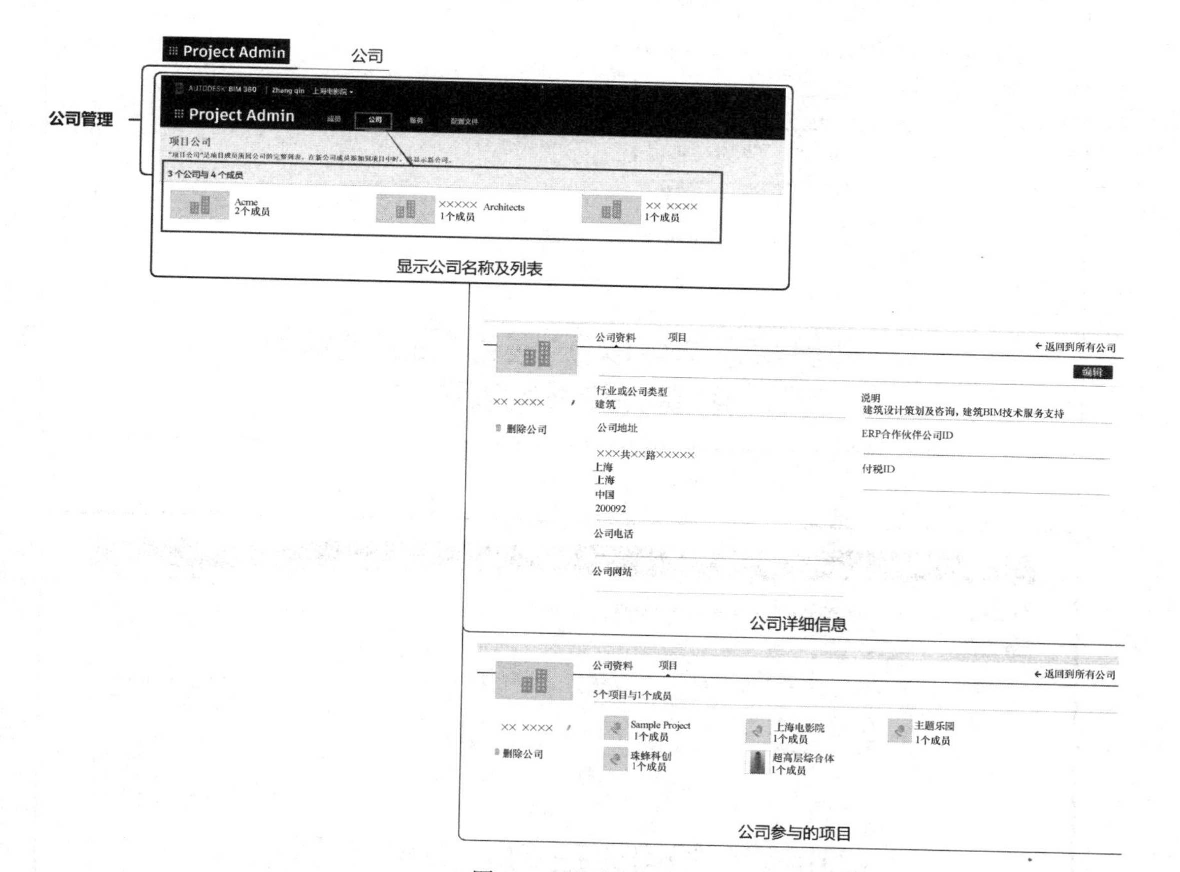

图 3-4-10　公司管理

5. 权限设置——模块访问权限（图 3-4-11～图 3-4-13）

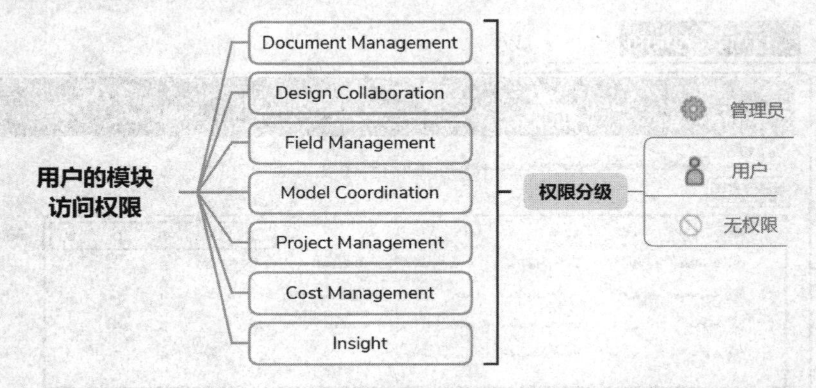

图 3-4-11　项目管理员可以为每个模块设置分项的管理员并控制成员的访问权限

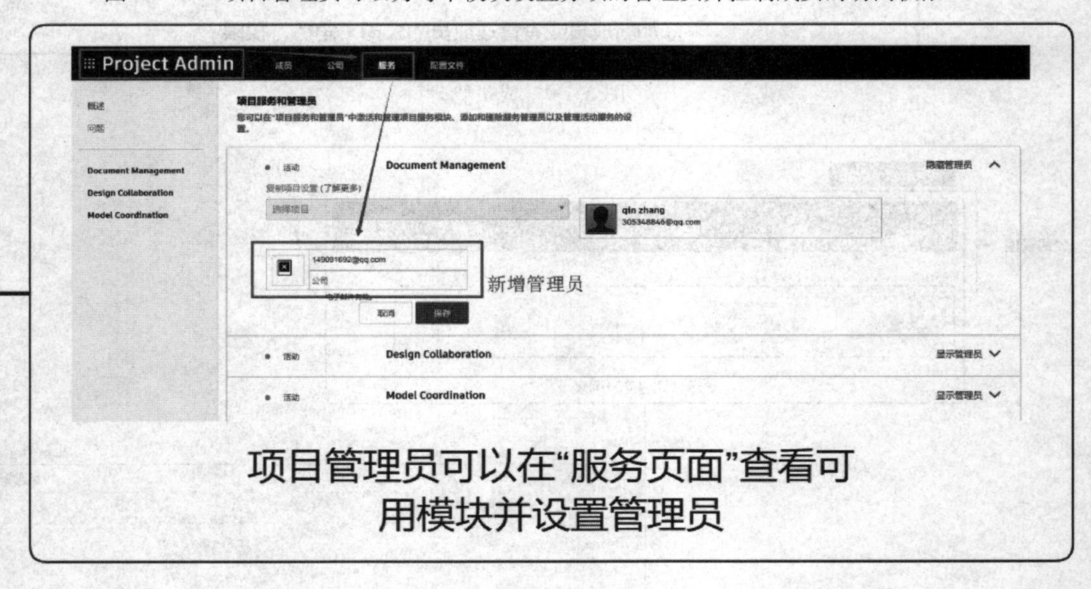

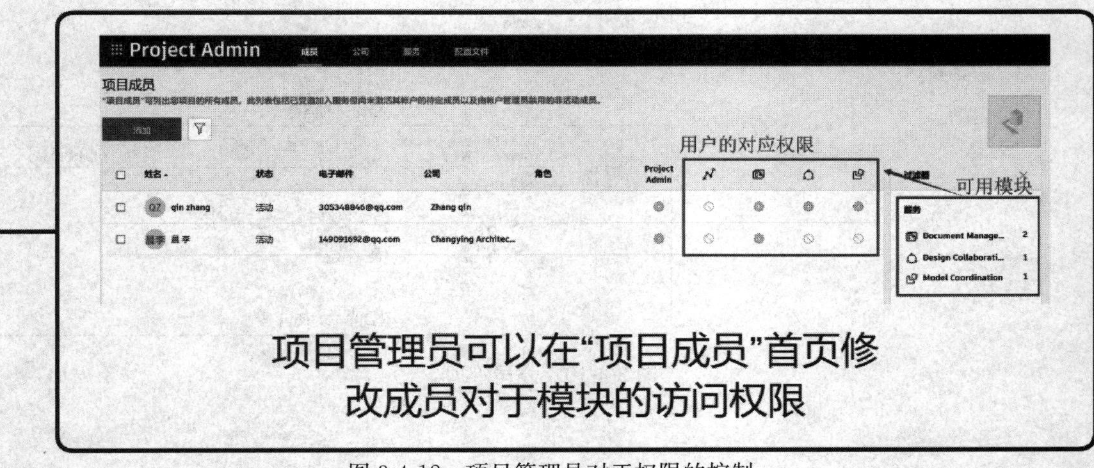

图 3-4-12　项目管理员对于权限的控制

姓名	状态	电子邮件	公司	角色	Project Aidmin							
MK MR.K1	活动	Bim360user3@yahoo_	Jones & Son Electric_	Subcontractor	⊘	⊘	👤	👤	⊘	⊘	👤	👤
MK MR.K2	活动	emma.thompson@aut_	Autodesk	IT	⚙	⚙	⚙	⚙	⚙	⚙	⚙	⚙
MK MR.K3	活动	bim360ustr13@yahoo_	Eiegant Design	Document Manager	⚙	⊘	⚙	⚙	⊘	⚙	⚙	⚙
MK MR.K4	活动	monlka.kos.widlak@a_	Autodesk	Owner	⊘	👤	👤	👤	⊘	⊘	⊘	⊘
MK MR.K5	活动	bim360user7@yahoo_	Oualrty Construction	Construction Mana_	⊘	⊘	👤	👤	👤	⊘	👤	👤

图标会更改以指示访问级别:

- ⚙ - 管理员访问权限
- 👤 - 成员访问权限
- ⊘ - 无访问权限

图 3-4-13　成员的权限可以通过角色来进行定义

项目成员的权限可以在角色的预设基础上进行自由调整（但是角色的默认权限只有账户管理员可以进行设置与调整）；如图 3-4-14 所示。

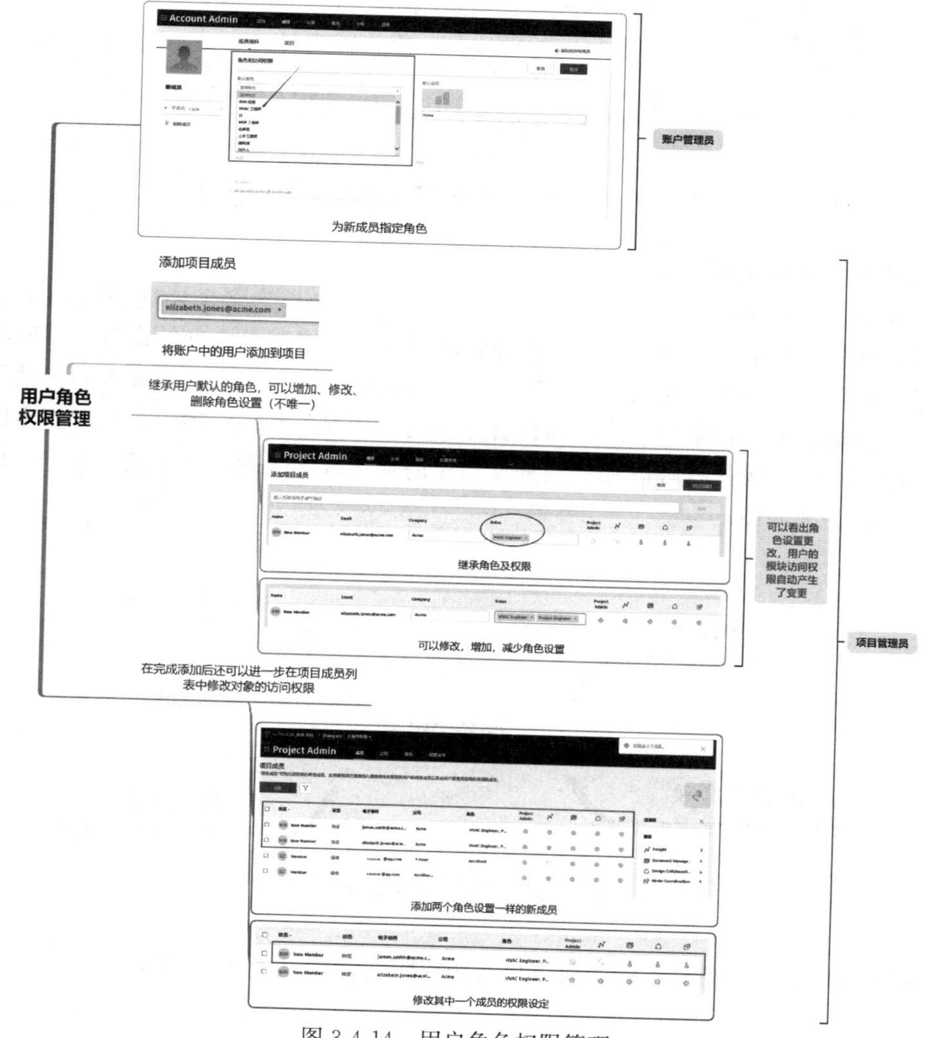

图 3-4-14　用户角色权限管理

6. 权限设置——模块内部细分权限（图 3-4-15）

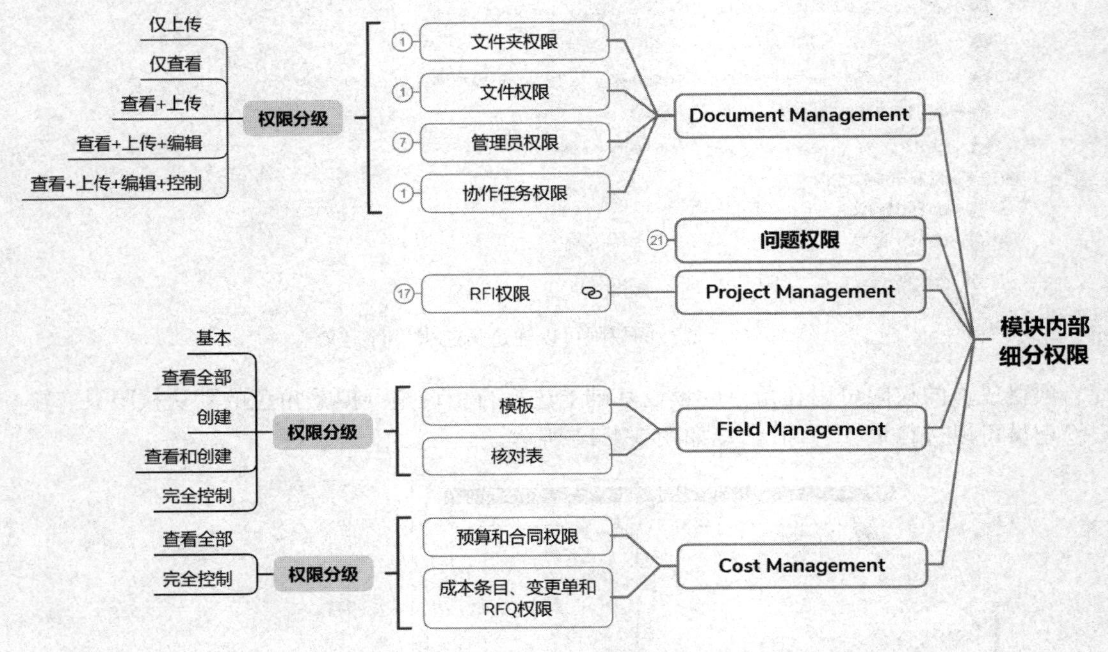

图 3-4-15　权限的细化设置（项目管理员进行各级信息分配的基本设置）

7. 权限设置——问题权限

在 BIM 360 中，问题虽然不是一个独立的模块，但是作为多个功能模块共享的重要协作工具，问题的权限在项目管理员的服务管理页面上可以进行单独的设置。问题的权限设置对于信息化协作的工作流组织至关重要，项目管理员需要了解的主要内容包括问题权限的设置工作流、定义权限的方式、项目管理员的管理权限和工作内容、问题权限的分级及每一个级别对应的操作权限以及一些常见角色的默认权限级别，对于这一部分我们将展开进行介绍（图 3-4-16）。

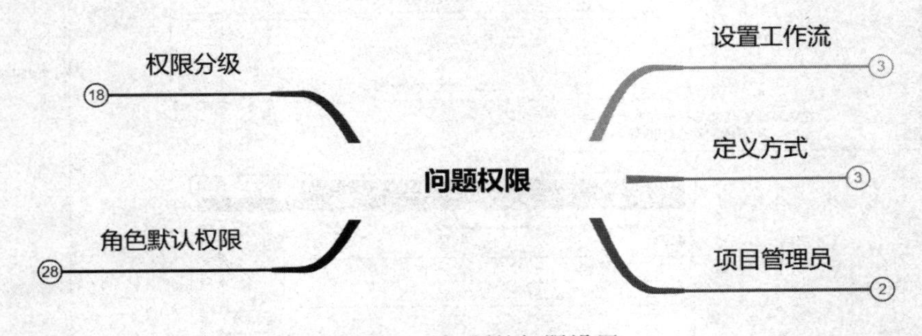

图 3-4-16　问题的权限设置

首先项目的管理者需要了解如何进行问题权限的设置（图 3-4-17）。

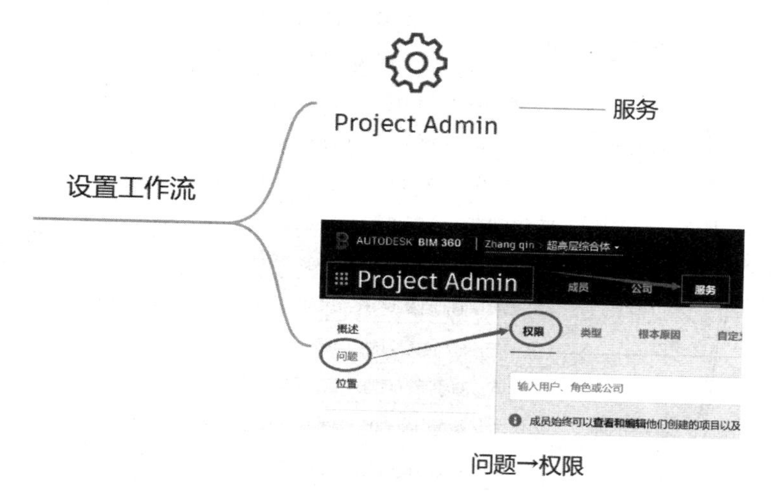

图 3-4-17　问题权限设置功能

而在对权限的定义过程中，可以将权限指定给公司、角色或者具体的用户（图 3-4-18）。

图 3-4-18　问题权限的定义方式

对于问题的权限分级，BIM 360 建筑云平台提供了五种不同级别的权限：①查看全部；②创建；③查看和创建；④完全控制；⑤无权限。由此可以看出，在权限的设置过程中将查看和创建分别设置权限，拥有创建问题权限的用户仍然无法查看所有的问题。这是符合实际项目协调工作的使用需求的，比如许多施工现场的基层具体操作人员需要及时反馈现场信息，因此需要具有创建问题权限，但是查看全部权限却与其在团队中的信息配置等级不符合——大量的信息对于基层人员是超出工作范畴的“无意义”信息。至此读者应该可以进一步体会到问题权限对于信息化协作工作流结构建立的重要性——它直接影响信息的配置和层级（图 3-4-19）。

项目管理员在问题的设置中默认继承完全控制权，可以查看、创建和编辑所有问题。

而如我们前文所提到的，在平台中默认的角色拥有其对应的默认权限设置。项目管理者在实际的信息化协作工作中可以参考图 3-4-20 的权限设置或者根据实际项目需要对对象的权限进行调整。

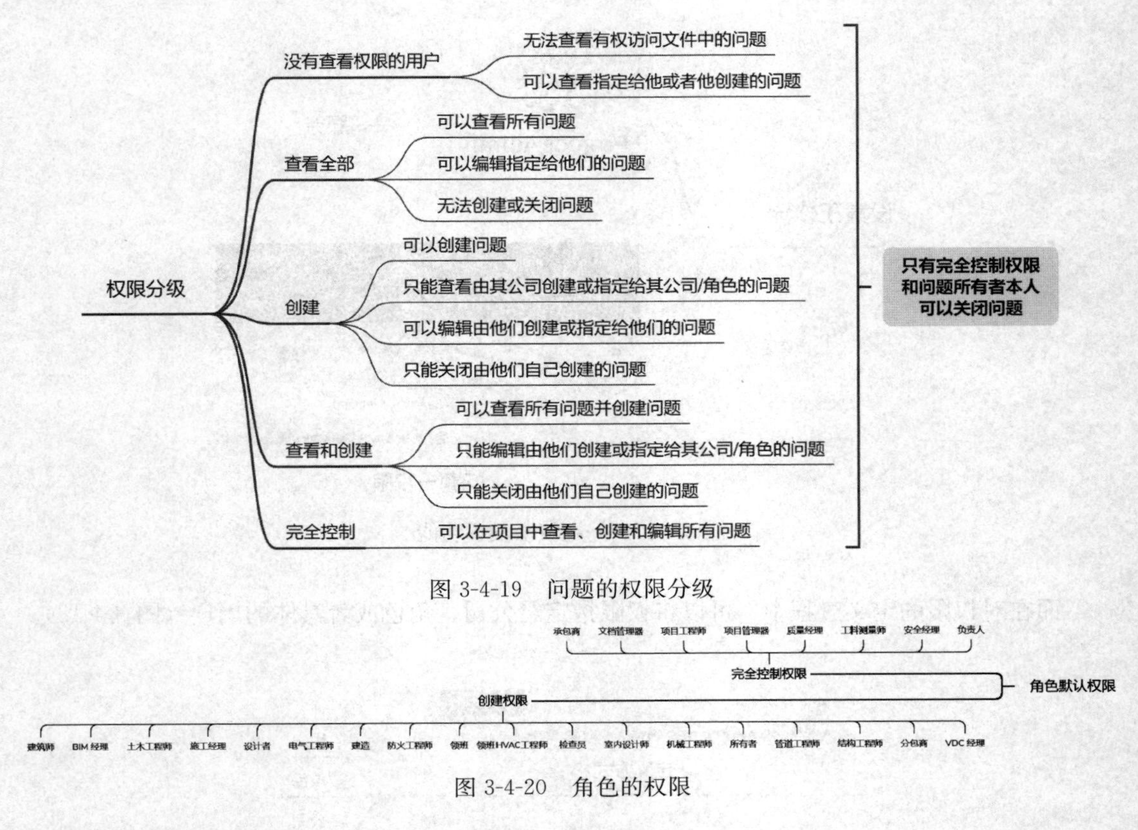

图 3-4-19　问题的权限分级

图 3-4-20　角色的权限

8. 模块细分权限——Project Management 权限（RFI 权限）

拥有 Project Management 模块使用权的所有成员在 RFI 工作流中仍然会根据细分的权限级别而拥有不同的查看和操作限制。常见的 RFI 工作流中涉及 RFI 的创建者、分配 RFI 的项目经理、RFI 的审阅者、共同审阅者和分发列表。其中每种身份拥有的 RFI 操作权限如图 3-4-21 所示。

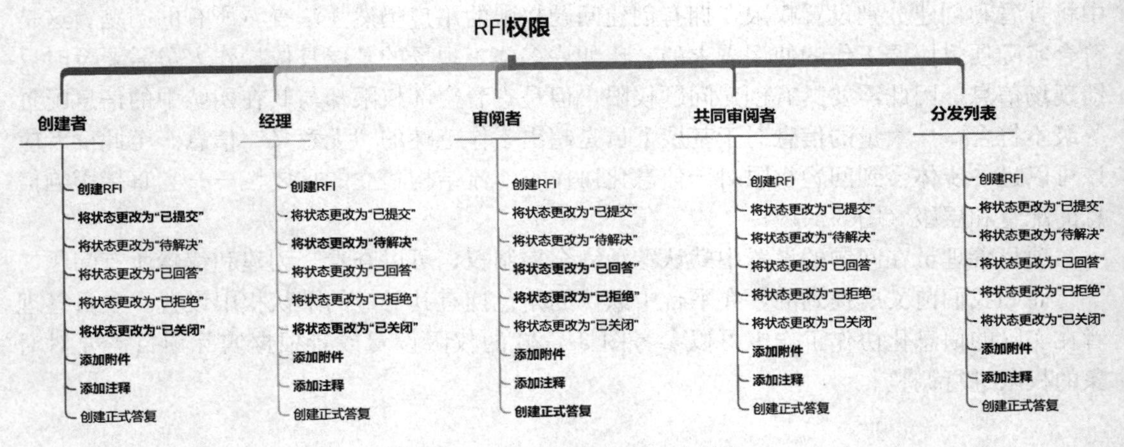

图 3-4-21　RFI 工作流的权限设置

关于 RFI 工作流的具体问题将会在后文的 Project Management 模块中详细介绍。

9. 模块细分权限——Field Management 权限（图 3-4-22）

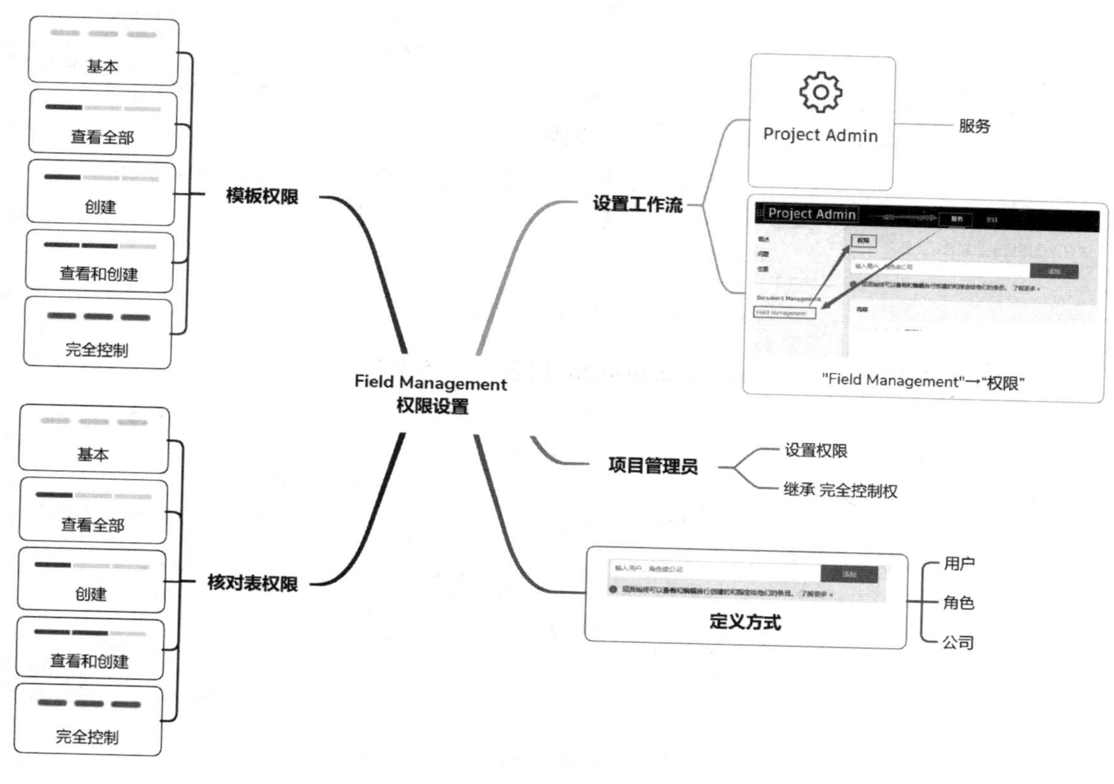

图 3-4-22　Field Management 权限设置工作流及定义方式

Field Management 中存在权限差异的操作对象为模板权限和核对表权限，两者都将权限细分为五类——基本、查看全部、创建、查看和创建、完全控制。可以看出该模块仍然保留了 BIM 360 云平台将查看和创建拆分成两种体系设置权限的原则，而项目管理员仍然根据用户级别继承完全控制权（图 3-4-23、图 3-4-24）。

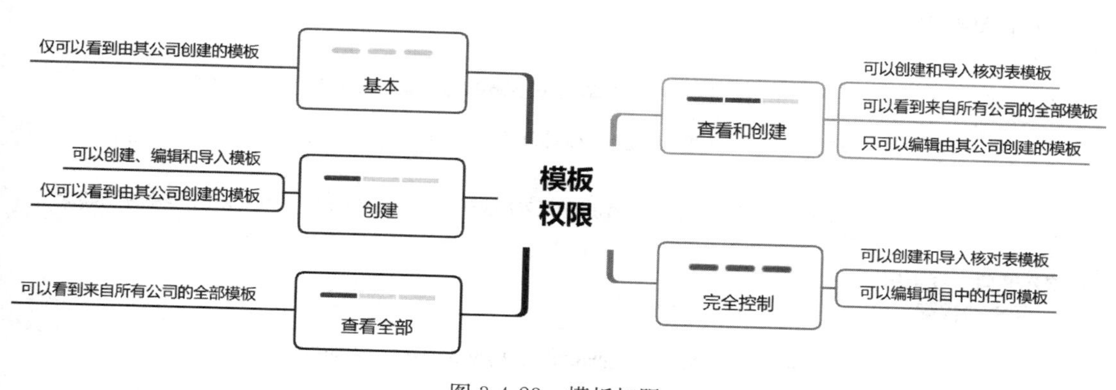

图 3-4-23　模板权限

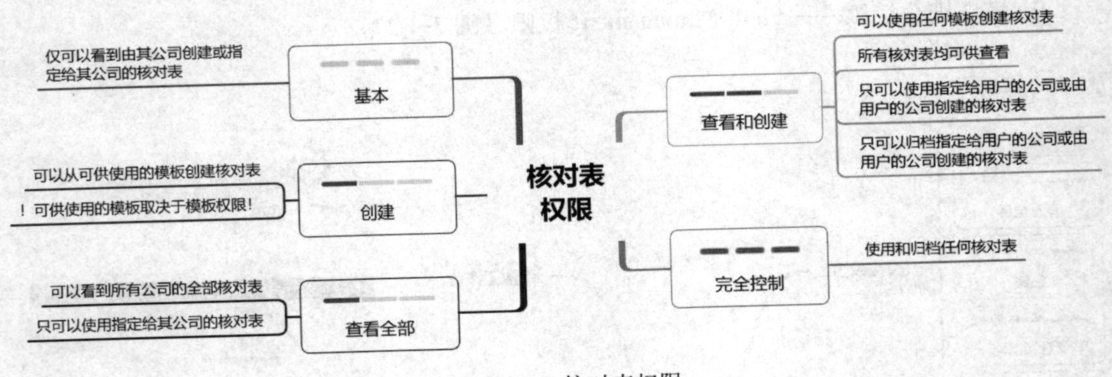

图 3-4-24　核对表权限

10. 模块细分权限—— Cost Management 权限（图 3-4-25）

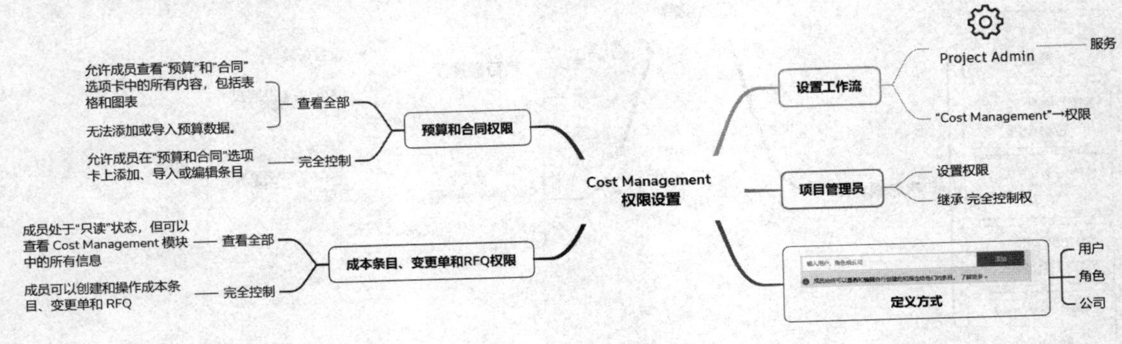

图 3-4-25　Cost Management 权限设置

Cost Management 具体的细分权限分为两大类进行设置：预算和合同权限以及成本条目、变更单和 RFQ 权限（图 3-4-26、图 3-4-27）。

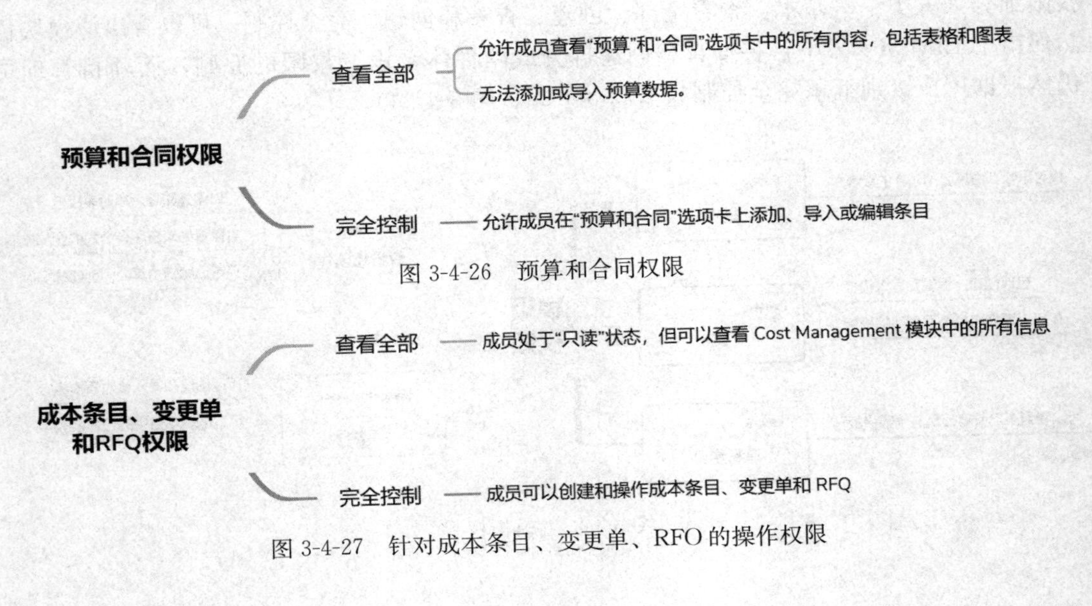

图 3-4-26　预算和合同权限

图 3-4-27　针对成本条目、变更单、RFO 的操作权限

11. 创建团队

在完成了权限的定义和设置后，就可以按照既定的协作模式计划开始进行团队创建（图 3-4-28）。

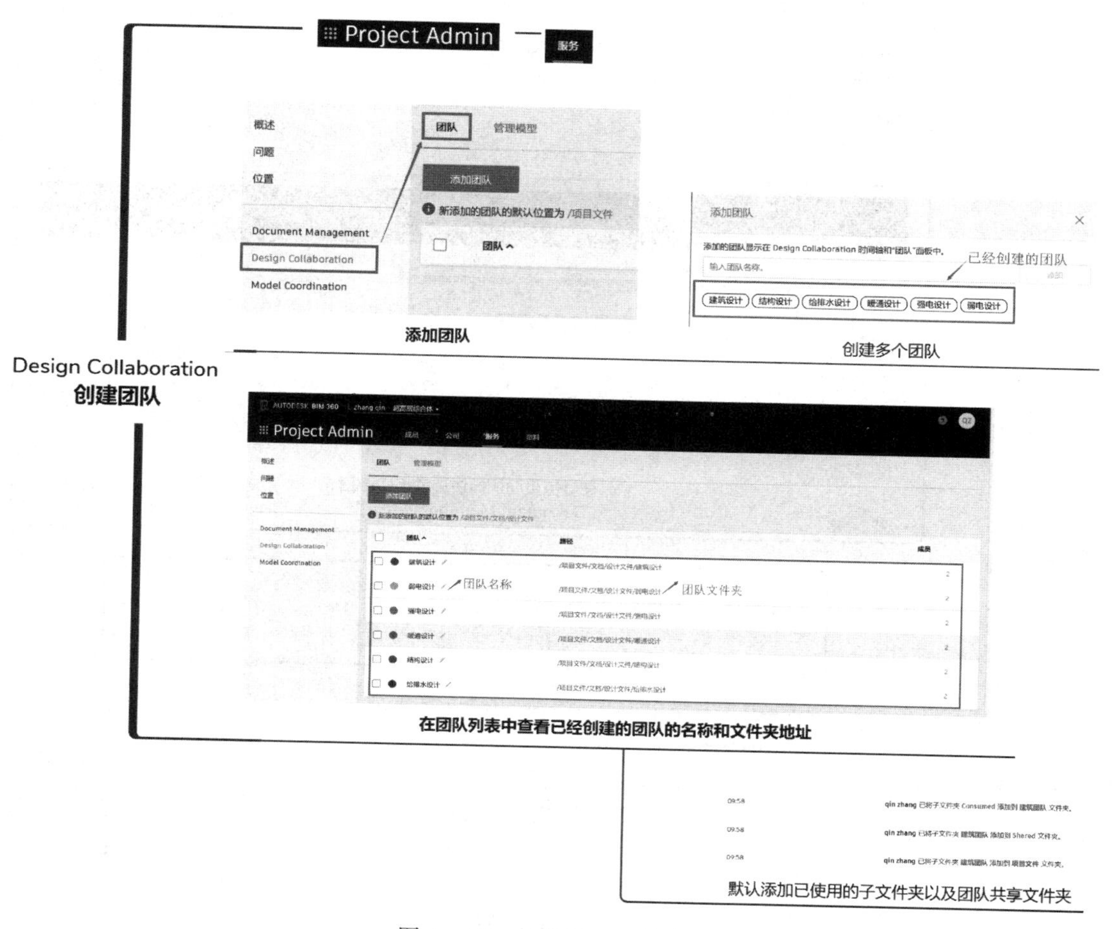

图 3-4-28 创建团队（设计）

12. 文档管理基础设置

该项设置使用 Document Management 技术模块，首先需要项目管理员在 Project Admin 中对模块进行激活以及设置（为不同项目团队激活不同技术模块的过程就是信息技术资源配置的过程）如图 3-4-29 所示。

在项目管理员界面中还可以对 Document Management 通过下列四个页面进行进一步的模块设置（图 3-4-30）。

其中在准备阶段进行的设置主要是在审阅界面中设置审阅工作流、高级设置中增加安全密钥，而活动和 Revit 云模型升级在后文的设计、协调、施工过程中会有更多的应用，因此将在后文对应部分进行讲解。

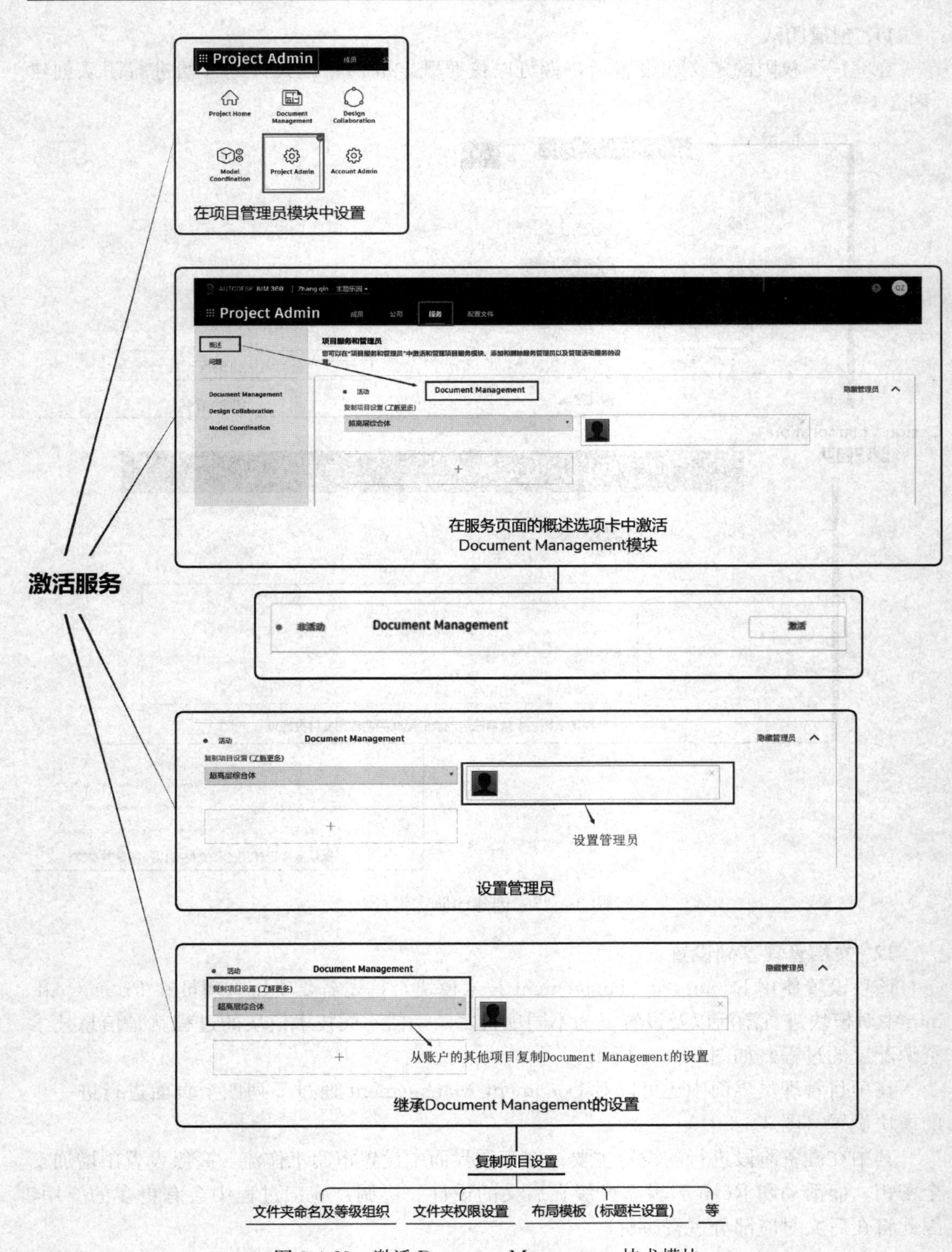

图 3-4-29　激活 Document Management 技术模块

图 3-4-30　Document Management 技术模块设置

13. 成本管理基础设置（图 3-4-31～图 3-4-33）

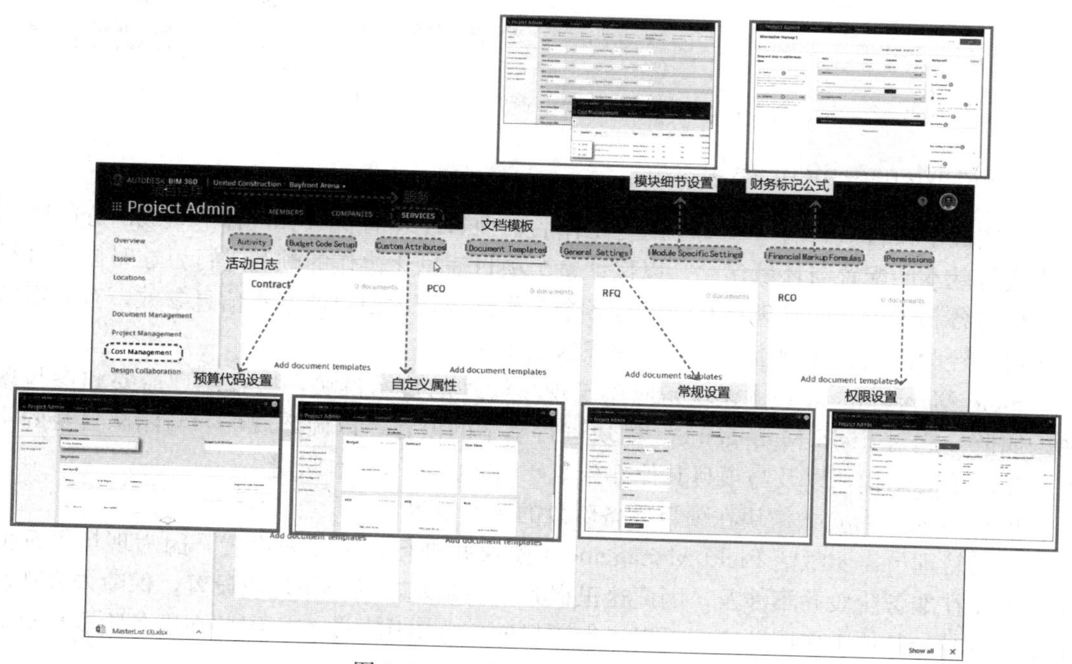

图 3-4-31　项目经理服务操作界面

图 3-4-32 成本管理——激活 Cost Management 服务模块

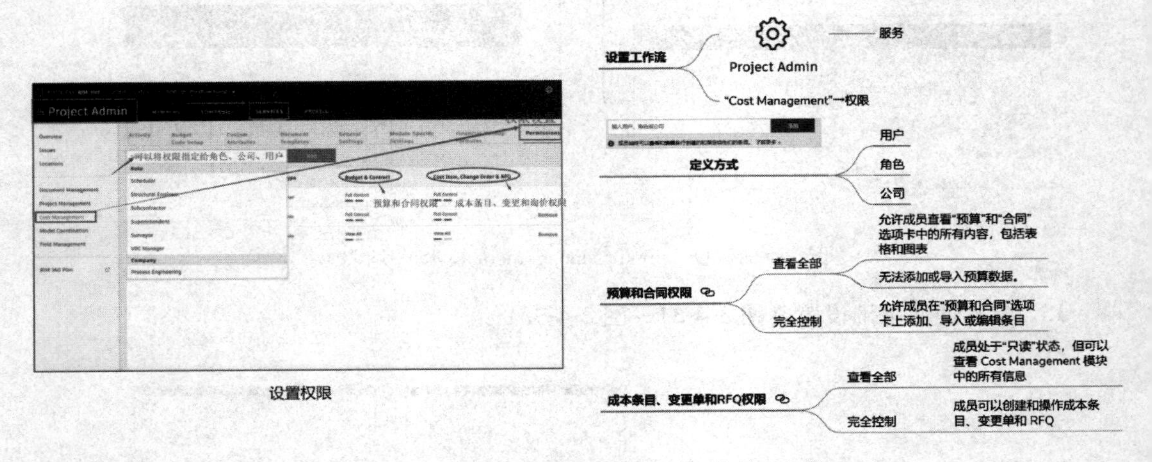

图 3-4-33 成本管理——设置公司、成员及权限

二、Field Management 模块

在完成了项目信息的一些基本配置工作后，项目经理需要对项目各个组成部分的团队协作进行基本的配置与环境建立，以保证整个项目信息化协作的顺利进行，这时候项目经理需要与各相关团队的管理员共同设置各个工作领域技术模块的基本信息参数，有丰富信息化协作经验的项目经理也可以自己完成这项工作。

Field Management 技术模块是应用于现场管理的技术模块，项目经理需要和参与现场的团队一起对 Field Management 模块进行基本的设置，以确定现场参与团队自身的协作基本环境与结构，以及与项目其他部分生产团队的协作基本原则。

Field Management 模块在项目准备阶段的基本设置：

项目管理员需要激活 Field Management 模块并进行相关权限设置，因为现场管理的主要工作在准备阶段并不涉及，因此这里提到的只是基本的协作环境设置，保障未来现场工作开展时与其他工作团队之间可以进行顺畅的信息协作与交互，因此在准备阶段相对应的设置工作也较少（图 3-4-34）。

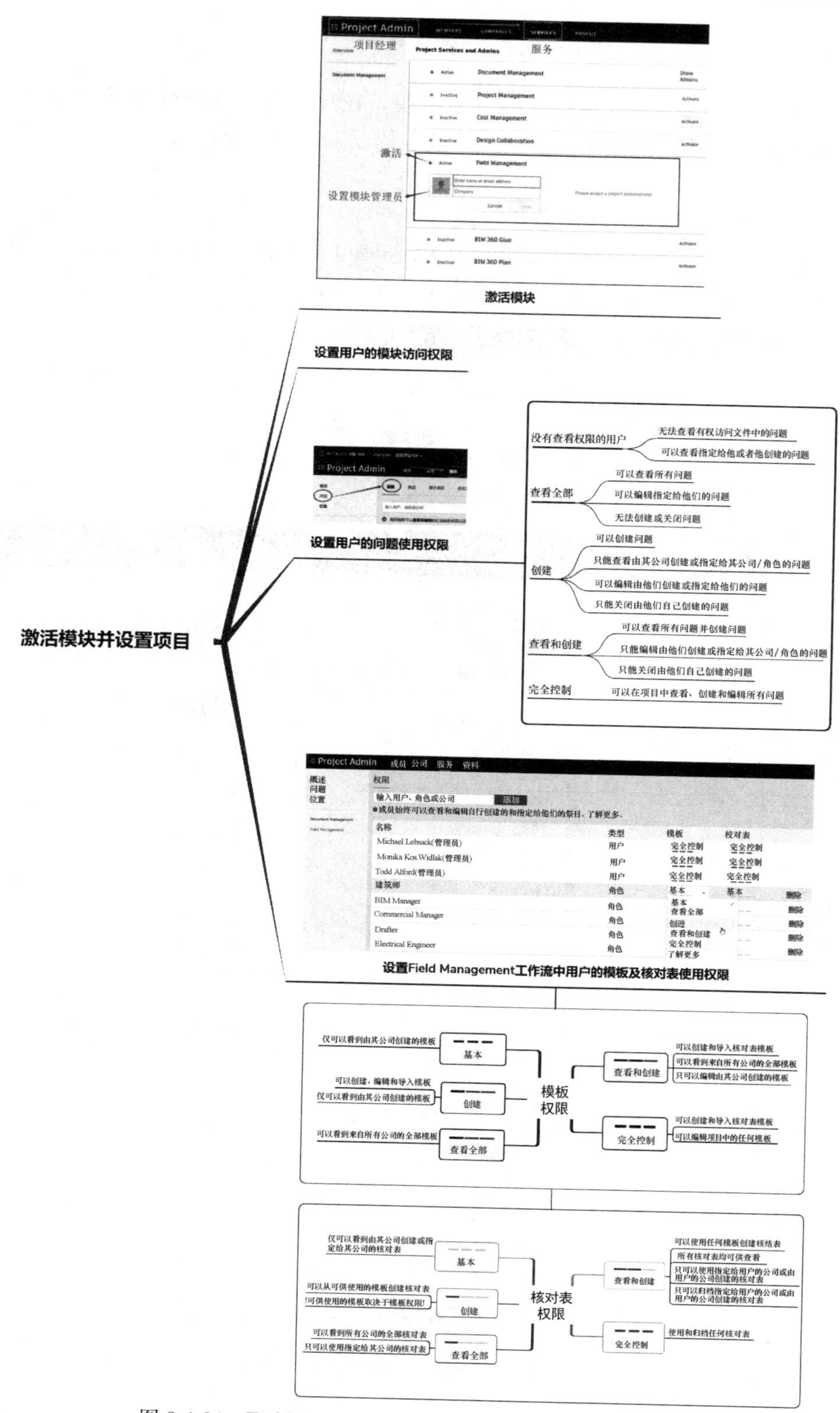

图 3-4-34　Field Management 模块在准备阶段的基本设置

三、Project Management 模块

Project Management 是项目管理的重要模块，在项目信息化协作的准备阶段，我们主要是对其中的工作流及信息交换工具进行基本的设置，确定项目的一些基本信息交互结构与模式。

1. Project Management 模块的基本设置

项目管理员可以在项目管理员模块 Project Admin 中激活“项目管理 Project Management”模块，并且为其设置管理者，可以指定公司、角色、用户为管理者（图 3-4-35）。

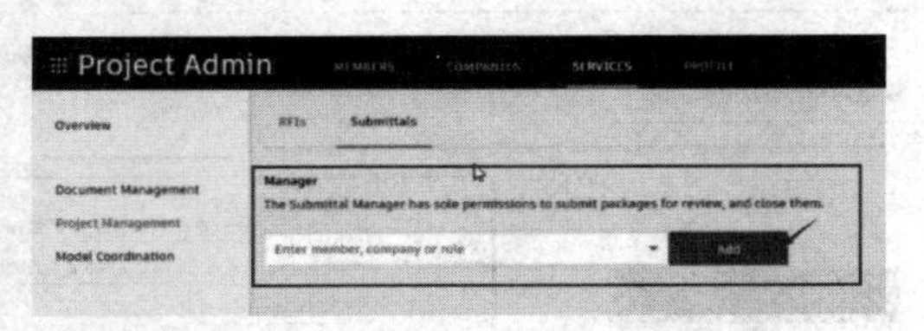

“Project Admin”模块 → “服务” → “提交资料”

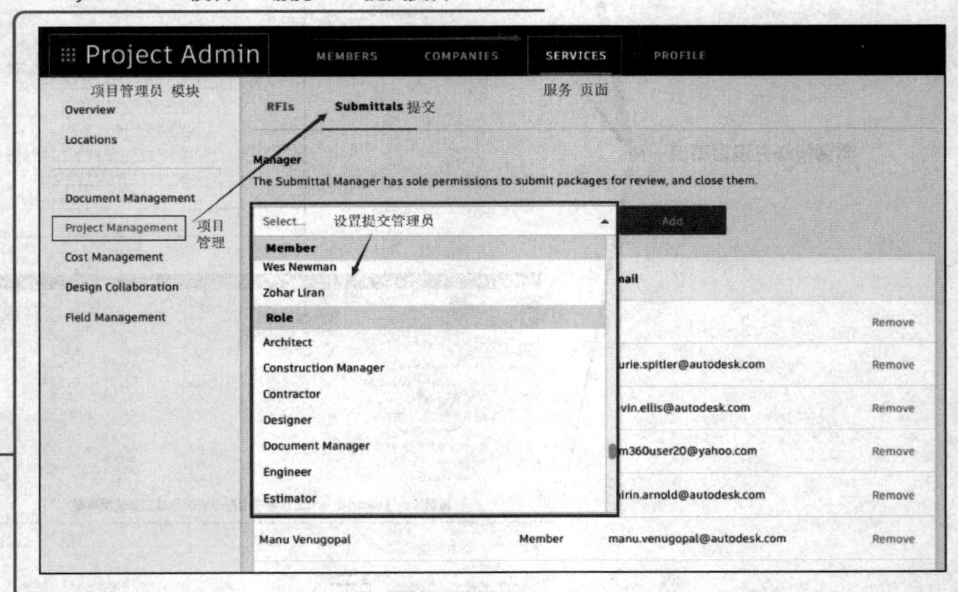

添加提交资料管理者

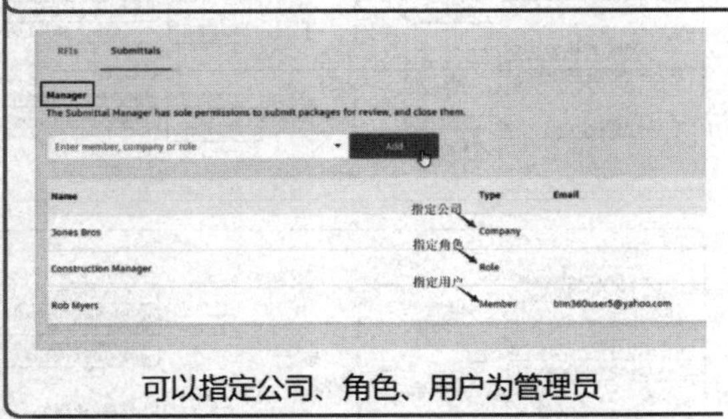

可以指定公司、角色、用户为管理员

图 3-4-35　激活并设置 Project Management 模块（Submittal 工作流示例）

2. RFI 工作流组织

RFI（Request for Information）信息交互工作流是一种信息交互与反馈的流程，它可以形成一种高效的信息交换结构，保证信息交流的便捷性、准确性与安全性。需要注意的是，虽然在 BIM 360 云的技术模块中对 RFI 工作流进行了讲解，但 RFI 工作流是一种信息的交互机制，并非是 BIM 360 建筑云或其他某种信息化工具的专门功能。因此，RFI 工作流的实施并不依赖某种信息化工具，即使不采用信息化技术，也可以完成 RFI 工作流（即使使用二维工程技术图纸也可以应用 RFI 工作流的方式组织协作）。RFI 工作流是一种重要的信息交互组织方式，可以被应用到生产的许多方面，各级项目管理者都应该熟练地掌握 RFI 工作流的基本组织与工作原理。

在 RFI 工作流中有三种团队角色：

“创建者”——提出信息请求（问题），发起一个针对（解决问题）信息的交互工作流程。

“管理者”——控制与协调整个工作流的信息交互，将信息分配至准确的位置。

“审阅者”——对信息请求（问题）作出回应，将针对（解决问题）的信息传递至工作流中。

这三者共同配合完成 RFI 信息交互工作流，使得问题最终得到准确的解决。具体的工作流如图 3-4-36 所示。

信息化协作中在准备阶段布置 RFI 工作流环境的具体实际操作过程（BIM 360 云）如图 3-4-37 所示。

关于 RFI 工作流在信息化协作中的具体工作与操作方法，因不属于信息化协作的准备阶段，我们将在之后的对应章节讲述。

3. Submittal 工作流组织

Submittal 也是一种信息交互工作流，与 RFI 主要应用于针对“问题信息”不同，Submittal 工作流主要针对的是“资料信息”，因此与 RFI 工作流有着完全不同的组织形式（图 3-4-38）。

其中参与的主要团队角色：

承包商——资料提供者：

按照项目需求在提交资料工作流中提交应该承担的工作内容的图纸、数据、样板、产品目录等。

管理者——流程的组织与信息交互配置管理者：

创建 Submittal 工作流，提交资料条目，将条目指定给负责的承包商；创建提交资料包，将提交资料条目添加到提交资料包，并且将资料包指定给负责的承包商。

审阅者——资料审阅者（使用者）：

审阅承包商提供的资料，给予正式回复。

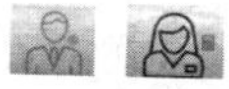

共同审阅者角色——其他资料应用者与审阅者（使用者）：

查看承包商提供的资料包，添加标记、评论和意见。

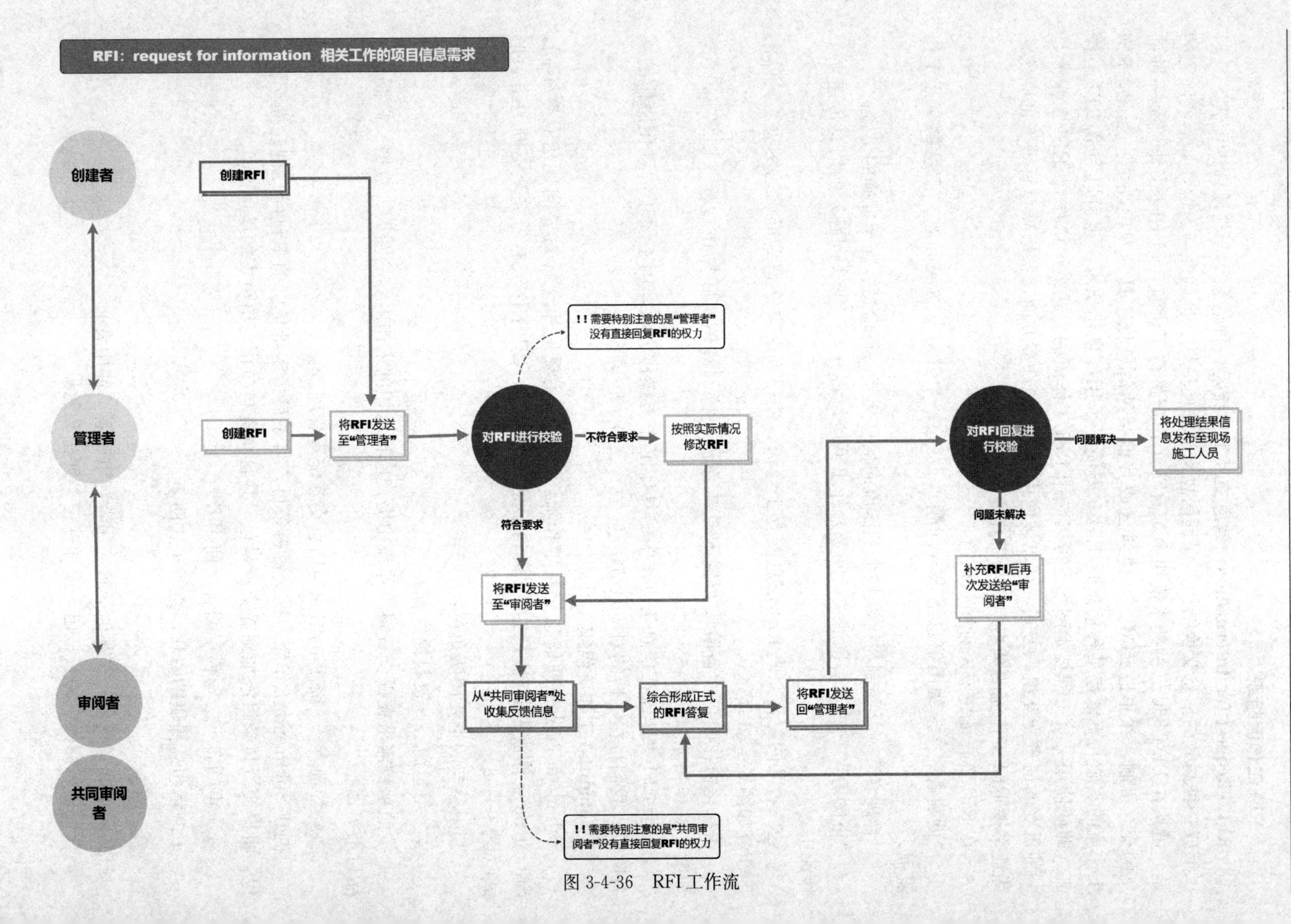

图 3-4-36 RFI工作流

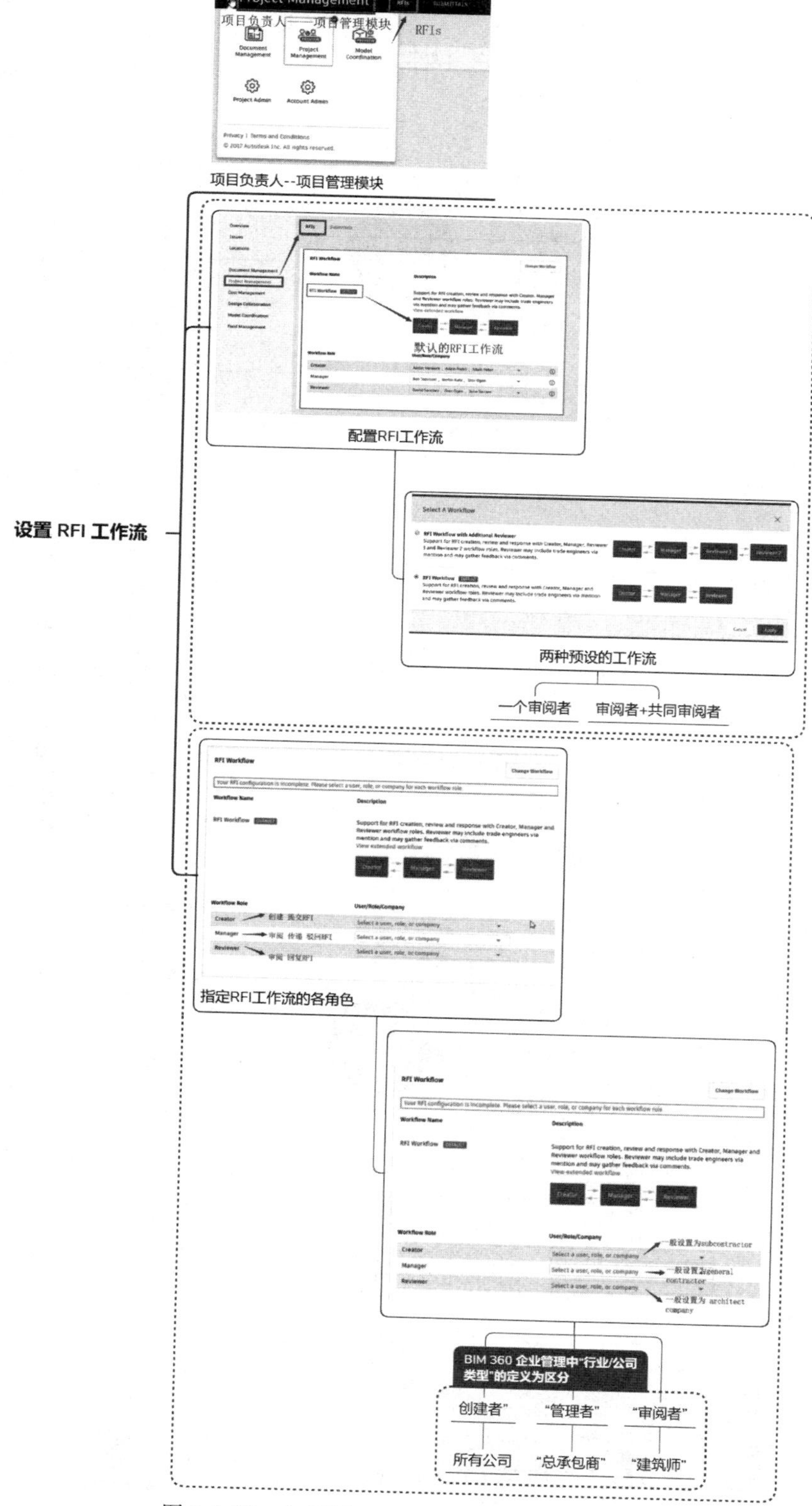

图 3-4-37　在 BIM 360 云上设置 RFI 工作流

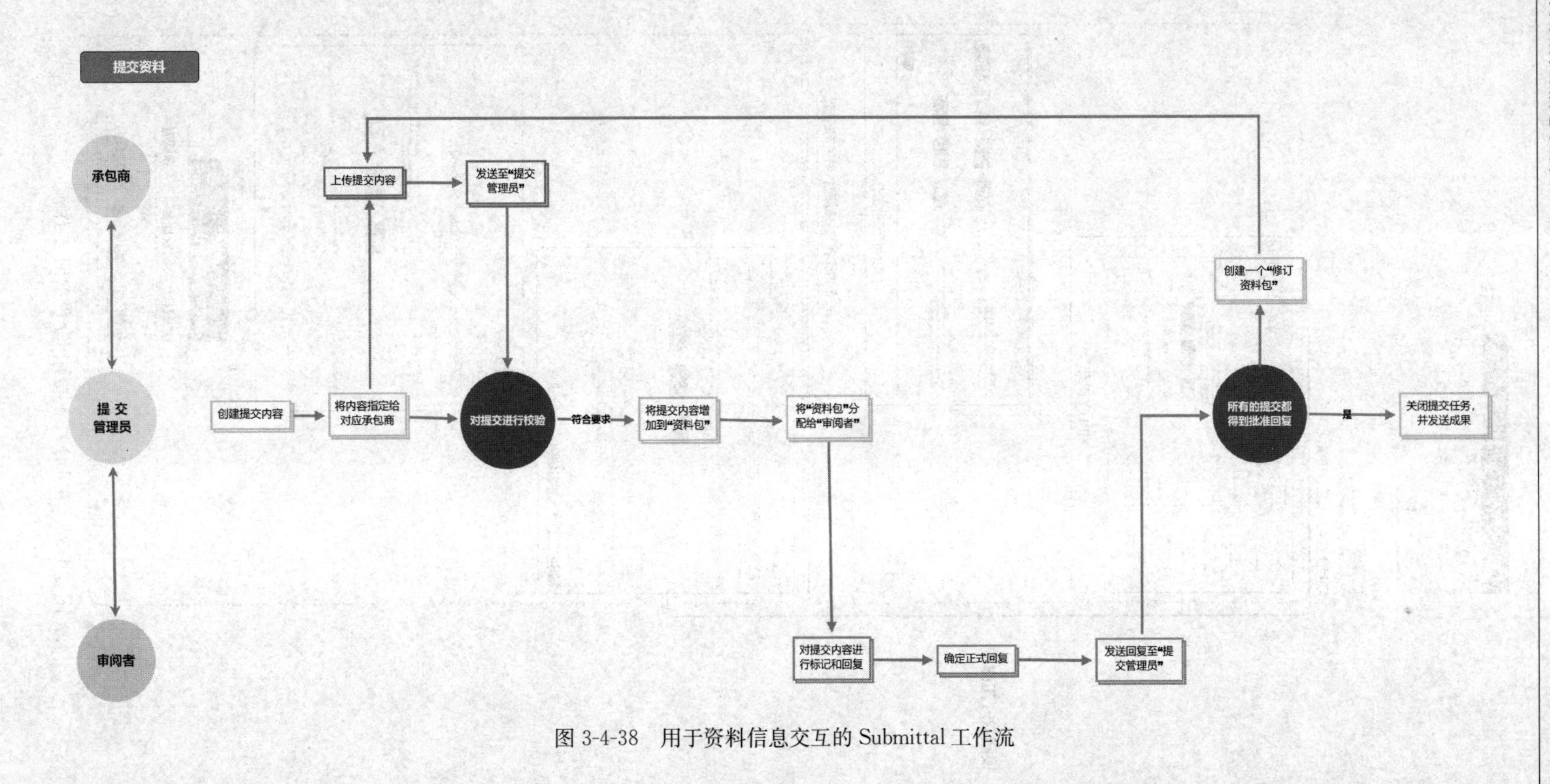

图 3-4-38 用于资料信息交互的 Submittal 工作流

四、Document Management 模块

Document Management 模块是主要的文档管理技术模块，文档的管理对于各级项目管理者是十分重要的工作范畴，许多信息化协作工作也基于文档这种“信息包”而展开，因此关于文档的基本设置在信息化协作的准备阶段十分重要。

Document Management 模块分为四个主要的功能部分——文件夹、审阅（Approval）、附函（Transmittal）、问题（Issue），在信息化协作的准备阶段，项目管理者主要工作应用的工具主要是文件夹部分（图 3-4-39）。

图 3-4-39 用于文档管理的 Document Management 技术模块

1. 文件夹的组织结构

首先需要根据实际项目的使用方和使用需要进行文件夹的设置。设置文件夹及子文件夹的等级关系以及对应的权限（参见项目管理员的基本设置部分），确保信息化协作的结构层级（图 3-4-40）。

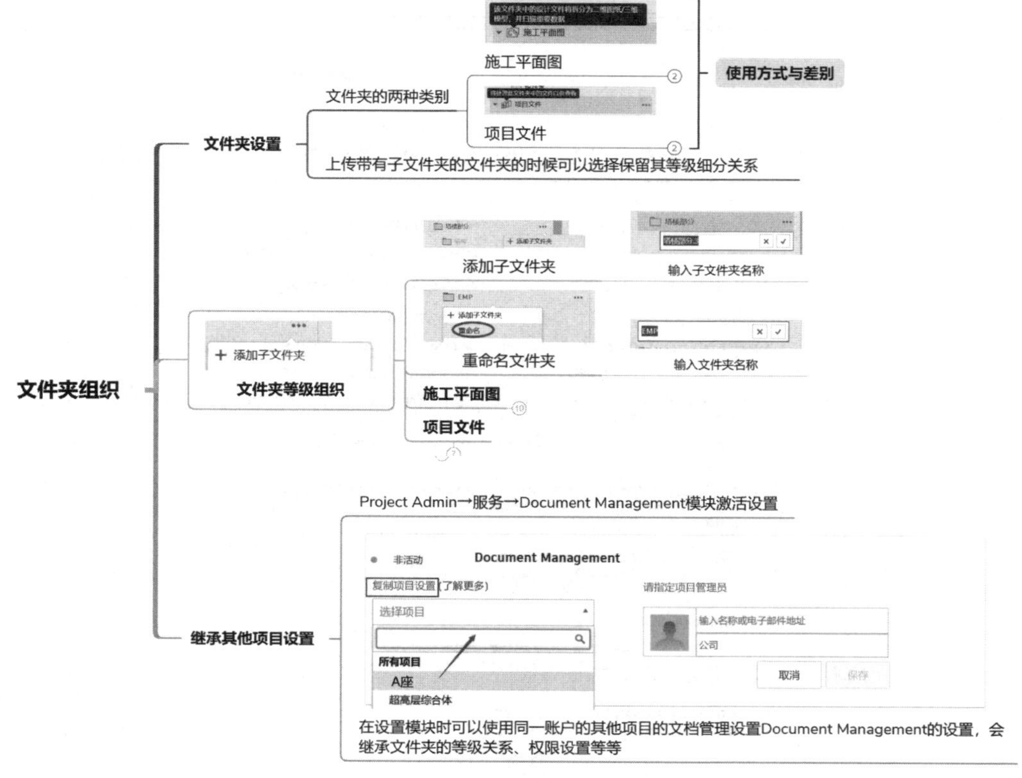

图 3-4-40 文件夹组织

目前的 BIM 360 建筑云平台上，文件夹分为施工平面图和项目文件（图 3-4-41、图 3-4-42）。

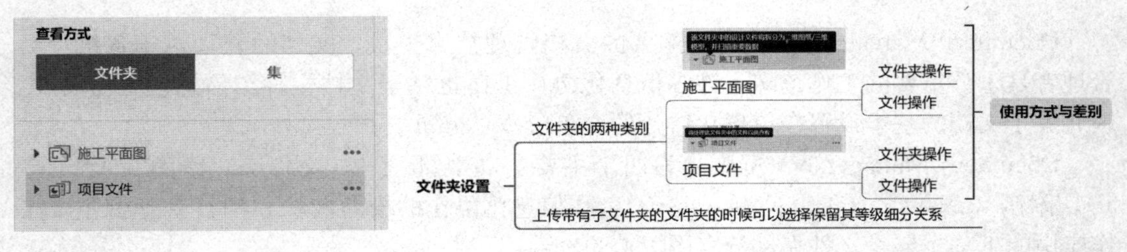

图 3-4-41 文件分类　　图 3-4-42 文件夹的两种类别

其中施工平面图可以存放模型、图纸、PDF 等文件，项目文件则可以兼容大多数格式的文件，它们大部分的操作和内容是一致的，只有少部分的差别——例如只有施工平面图文件夹及其子文件夹支持标题栏功能等。这种工具的设置模式是为了最大范围地兼容现有的建筑生产方式，保证各种数字化程度的建筑生产流程都能进行建筑信息化协作（图 3-4-43）。

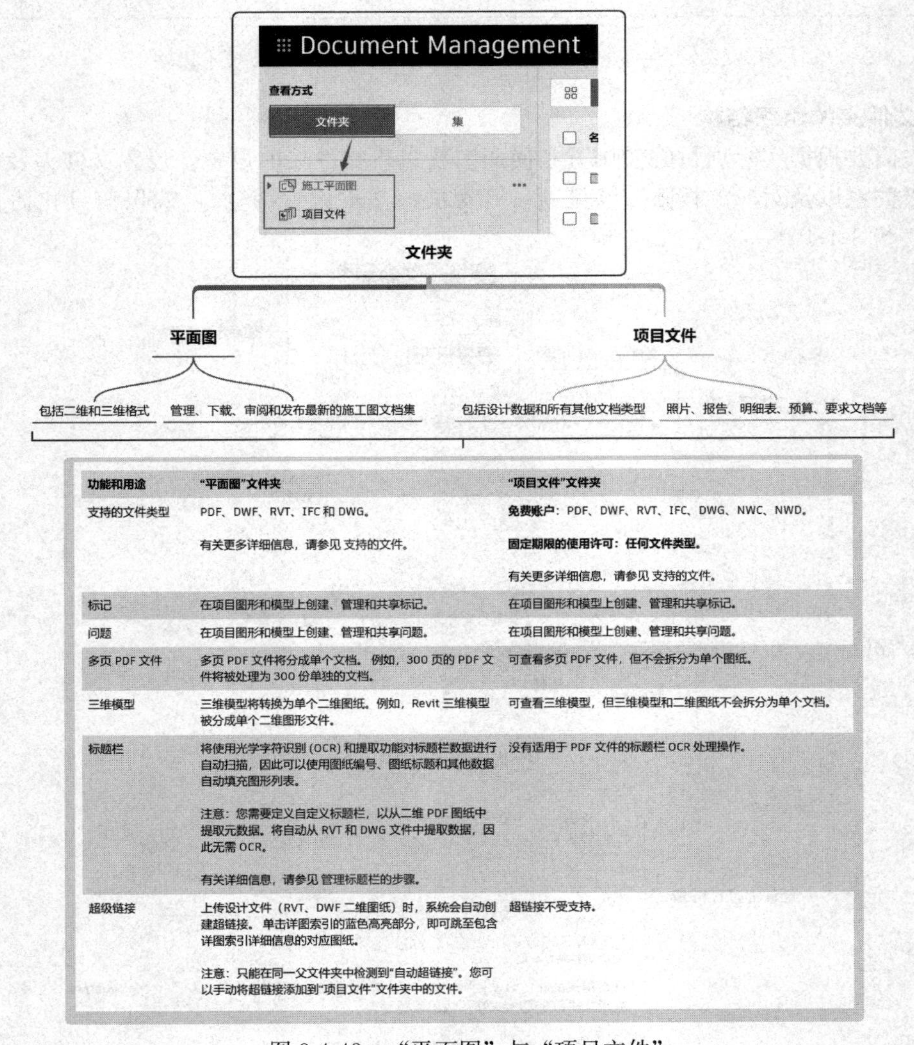

功能和用途	"平面图"文件夹	"项目文件"文件夹
支持的文件类型	PDF、DWF、RVT、IFC 和 DWG。 有关更多详细信息，请参见 支持的文件。	**免费账户**：PDF、DWF、RVT、IFC、DWG、NWC、NWD。 **固定期限的使用许可：任何文件类型。** 有关更多详细信息，请参见 支持的文件。
标记	在项目图形和模型上创建、管理和共享标记。	在项目图形和模型上创建、管理和共享标记。
问题	在项目图形和模型上创建、管理和共享问题。	在项目图形和模型上创建、管理和共享问题。
多页 PDF 文件	多页 PDF 文件将分成单个文档。 例如，300 页的 PDF 文件将被处理为 300 份单独的文档。	可查看多页 PDF 文件，但不会拆分为单个图纸。
三维模型	三维模型将转换为单个二维图纸。例如，Revit 三维模型被分成单个二维图形文件。	可查看三维模型，但三维模型和二维图纸不会拆分为单个文档。
标题栏	将使用光学字符识别 (OCR) 和提取功能对标题栏数据进行自动扫描，因此可以使用图纸编号、图纸标题和其他数据自动填充图形列表。 注意：您需要定义自定义标题栏，以从二维 PDF 图纸中提取元数据。将自动从 RVT 和 DWG 文件中提取数据，因此无需 OCR。 有关详细信息，请参见 管理标题栏的步骤。	没有适用于 PDF 文件的标题栏 OCR 处理操作。
超级链接	上传设计文件（RVT、DWF 二维图纸）时，系统会自动创建超链接。 单击详图索引的蓝色高亮部分，即可跳至包含详图索引详细信息的对应图纸。 注意：只能在同一父文件夹中检测到"自动超链接"。您可以手动将超链接添加到"项目文件"文件夹中的文件。	超链接不受支持。

图 3-4-43 "平面图"与"项目文件"

在前期设置中，需要对两种文件夹分别进行文件夹的命名、等级组织以及权限定义（图 3-4-44）。

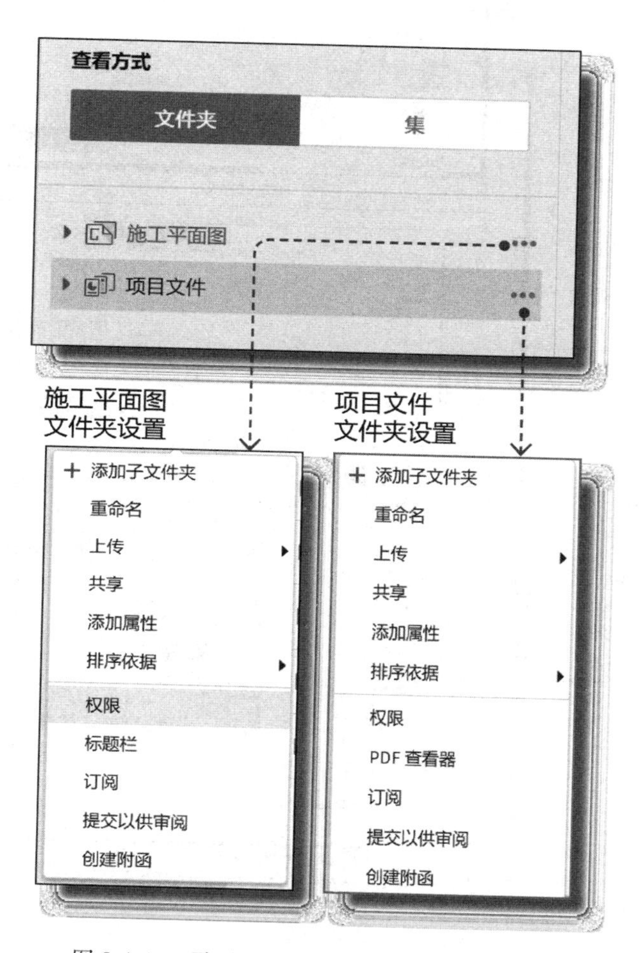

图 3-4-44　需要对两种文件类别分别进行设置

施工平面图和项目文件的基本操作相似，但是只有施工平面图支持标题栏识别，而项目文件则可以进行 PDF 查看器的设置。两者都可以通过“添加属性”来为文件夹增加附加信息（图 3-4-45）。

在生产中利用文件夹操作工具来创建和编辑文件夹，主要目的是依据信息化协作的信息层级关系确定项目中文件夹的等级组织关系（图 3-4-46）。

在实践过程中，施工平面图文件夹主要用于存放设计和施工过程中各方的设计模型、文件等，因此一般以专业和规程设置文件夹。而对于大型的项目可以进行分区、分阶段再分规程的文件夹等级设置，在实际生产中应根据实际项目和公司使用需求，依据具体情况进行选择和设置，切不可死板套用（图 3-4-47）。

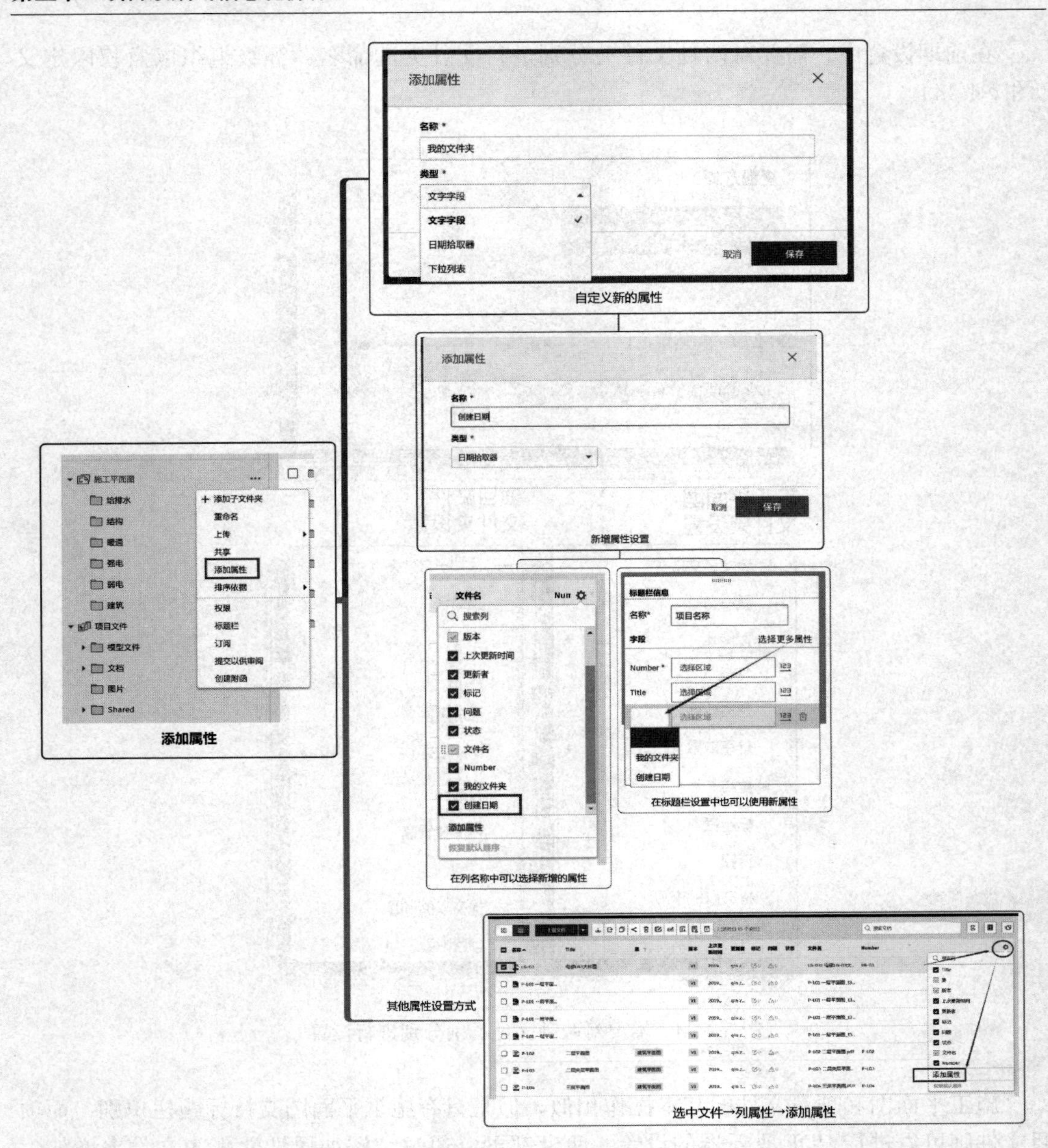

图 3-4-45　增加的属性可以在布局模板、标题栏设置的时候使用，在文件列表中显示

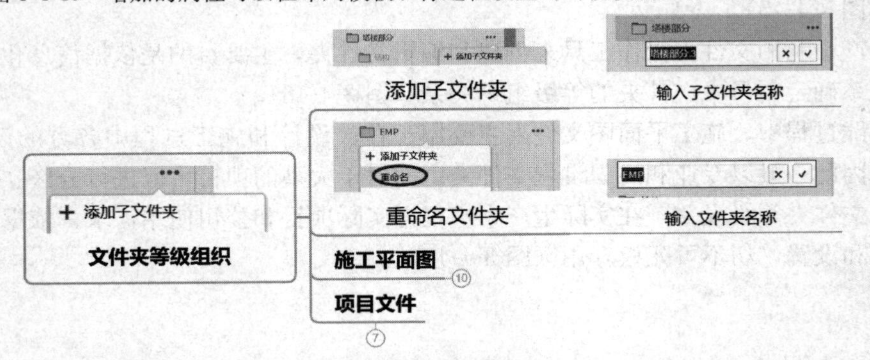

图 3-4-46　确定文件夹的层级结构关系

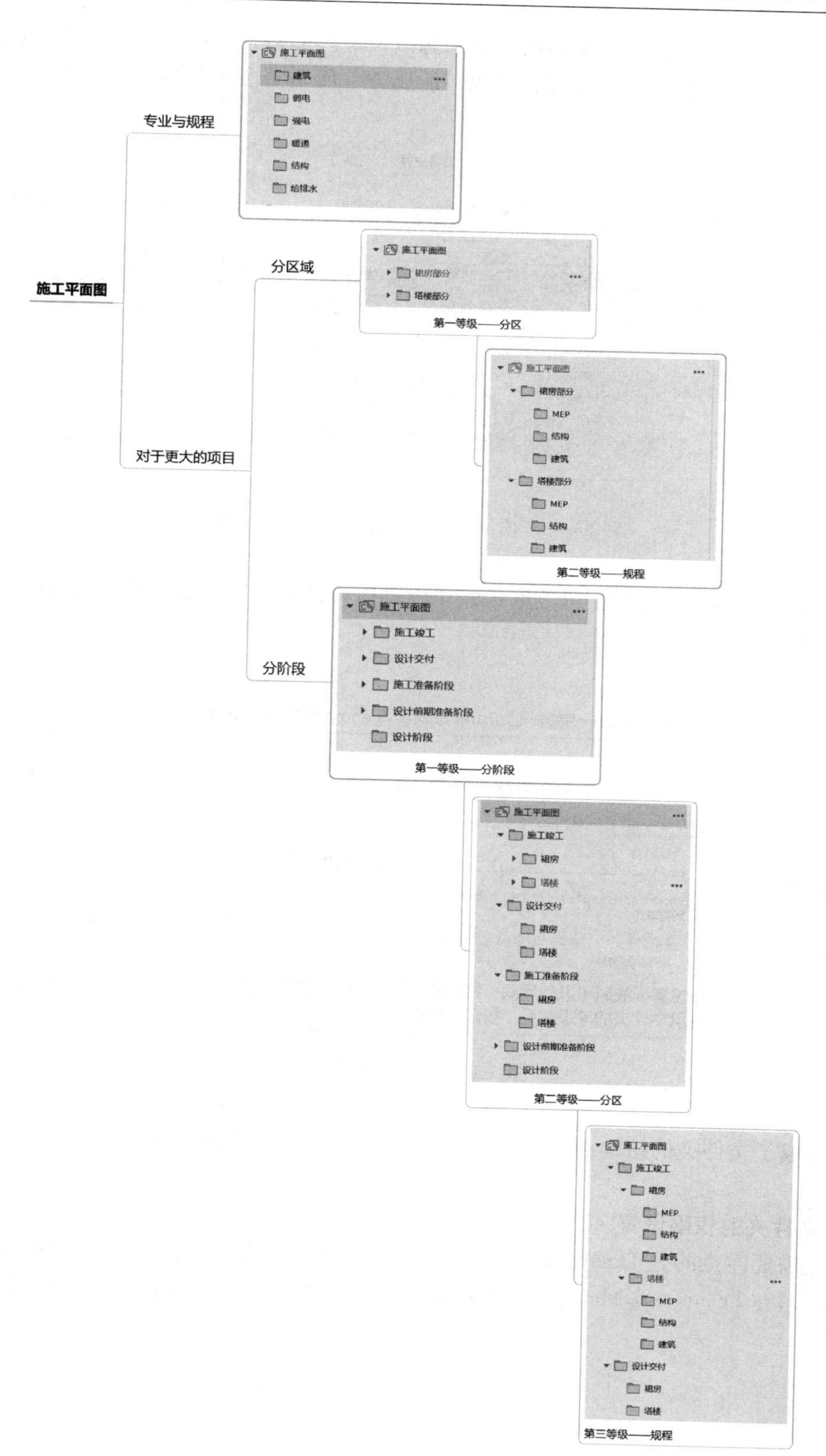

图 3-4-47　施工图平面文件夹建议的组织关系

在实践中，项目文件包括更多的信息来源以及更多的格式，所以文件夹的设置方式也更为灵活——可以根据文件的格式、来源、所属方、所属阶段等进行设置（图 3-4-48）。

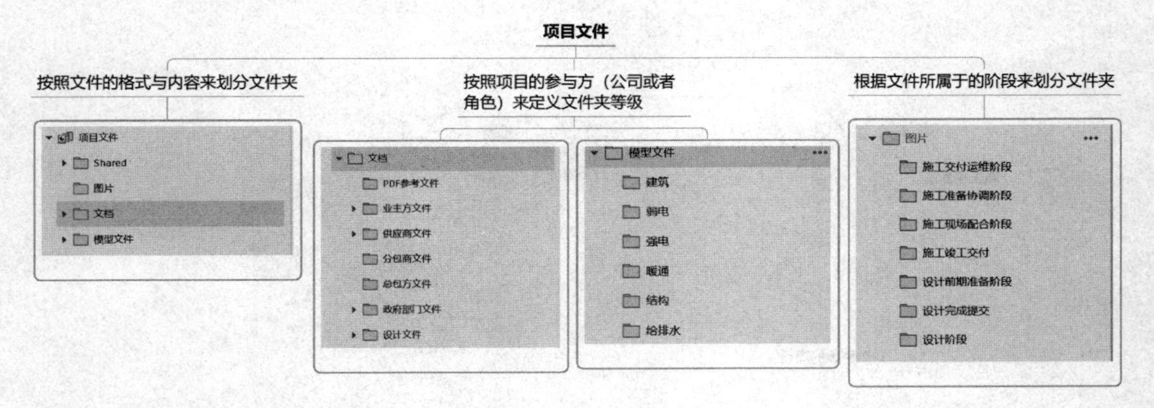

图 3-4-48　项目文件文件夹建议的组织关系

对于文件夹的组织设置，可以继承账户中其他项目的设置，节省反复设置的时间和精力（图 3-4-49）。

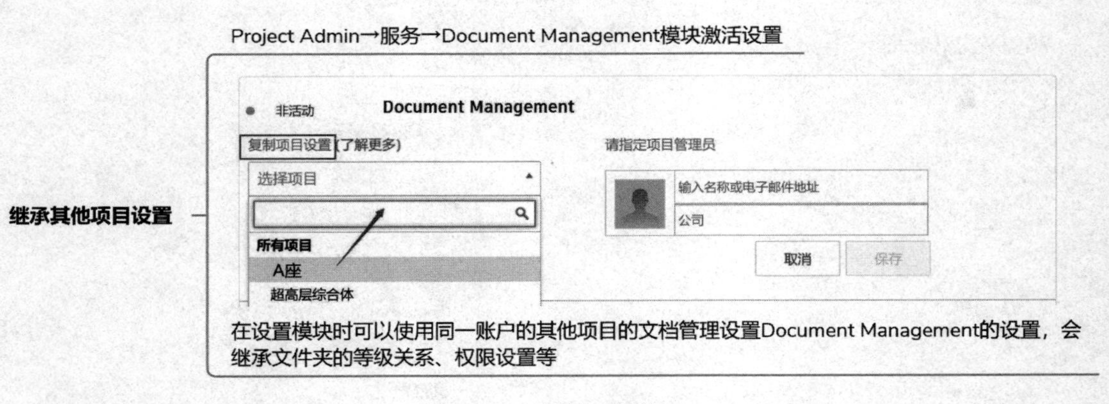

图 3-4-49　继承项目设置

在完成了文件夹的结构组织后，下一步就需要对不同等级的文件夹进行相应的权限设置。

2. 文件夹的权限设置

首先需要注意的是 Document Management 的权限设置并不在 Project Admin 模块中完成，而是在 Document Management 模块中针对每个文件夹进行有针对性的自定义设置（图 3-4-50）。

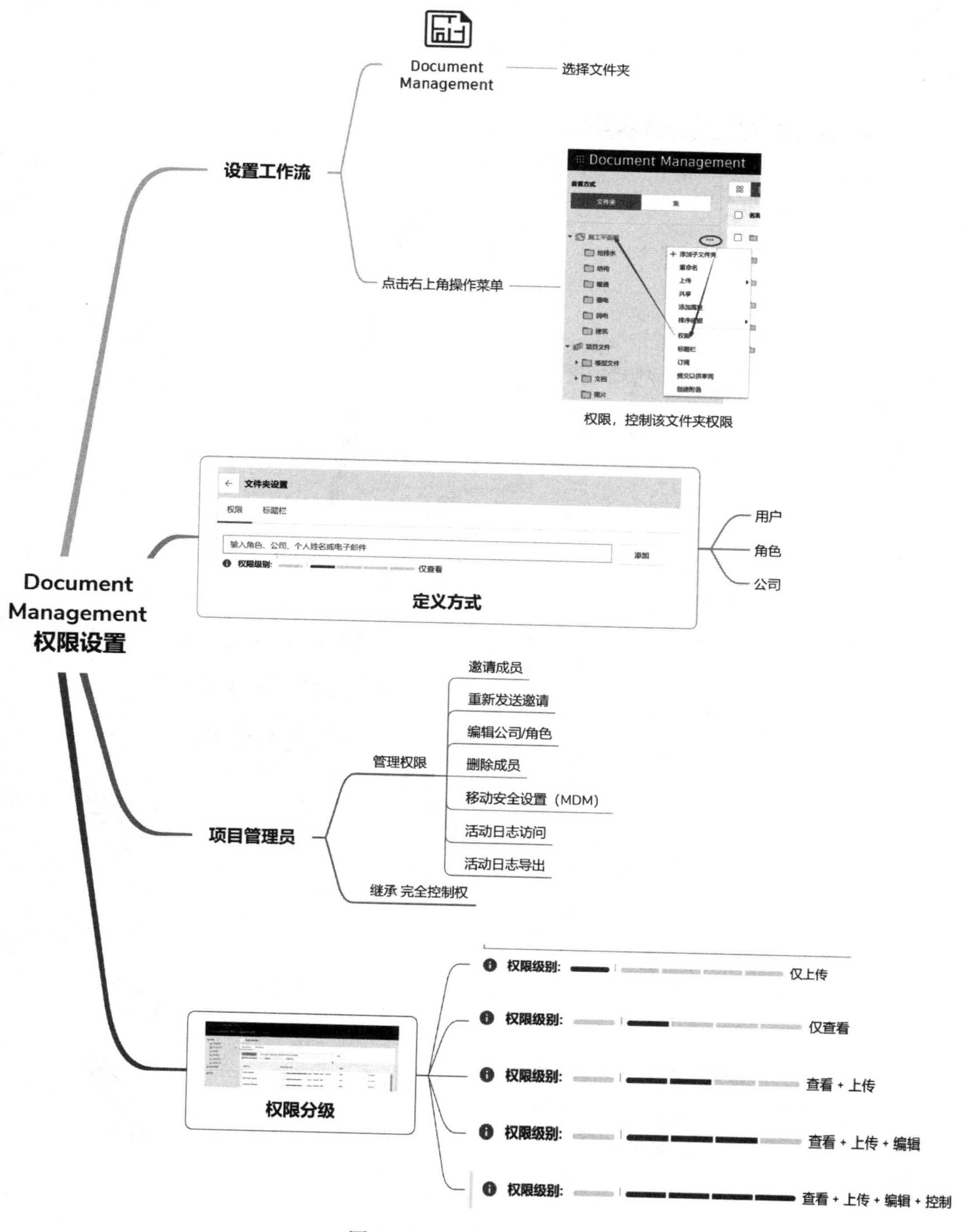

图 3-4-50 文件夹权限设置

在 Document Management 中权限分为五个级别，每个权限拥有不同的对应的文件夹操作权限、文件操作权限、协作任务权限（图 3-4-51）。

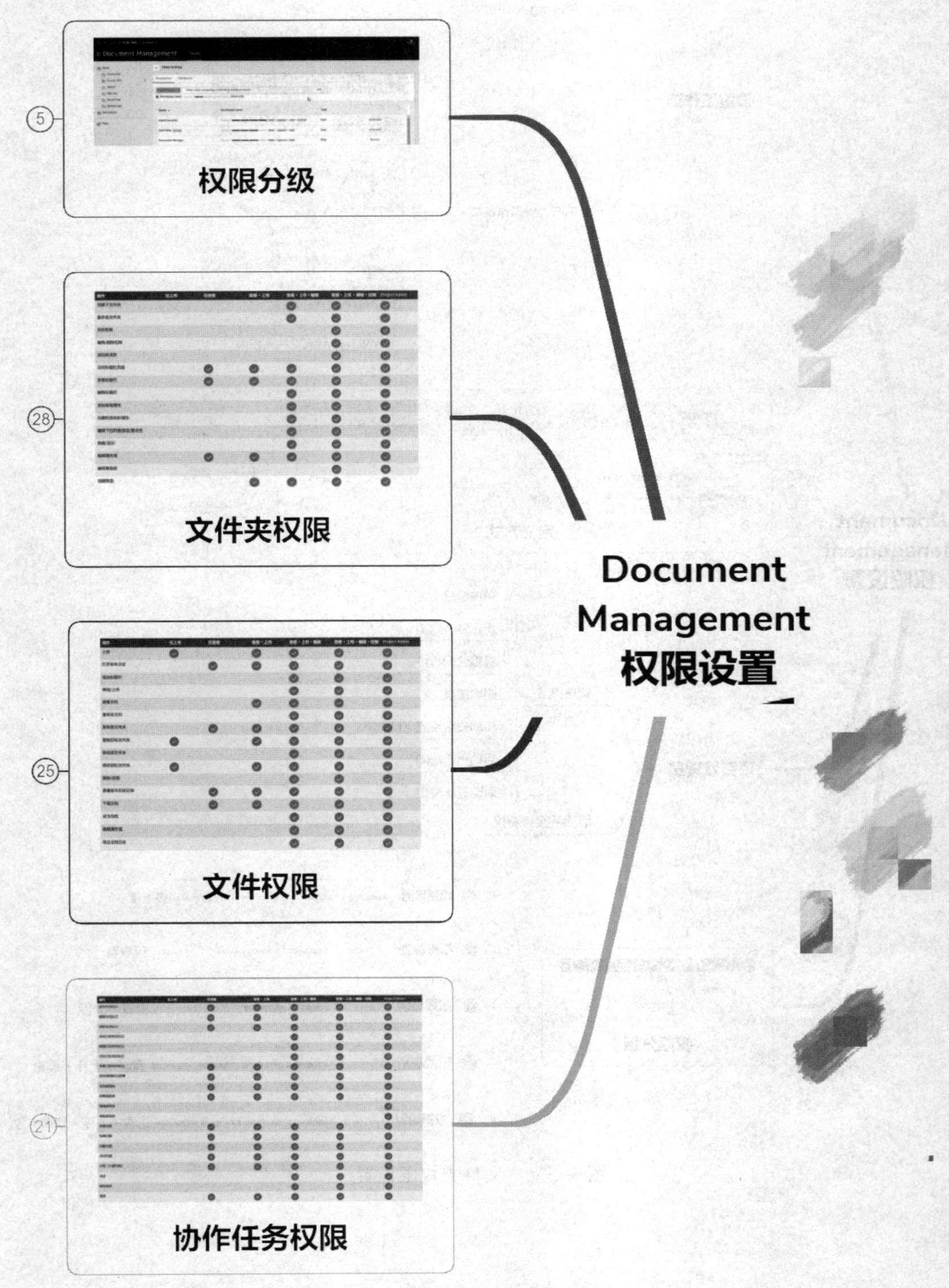

图 3-4-51 文件夹权限

其中文件夹的分级操作权限如图 3-4-52 所示。

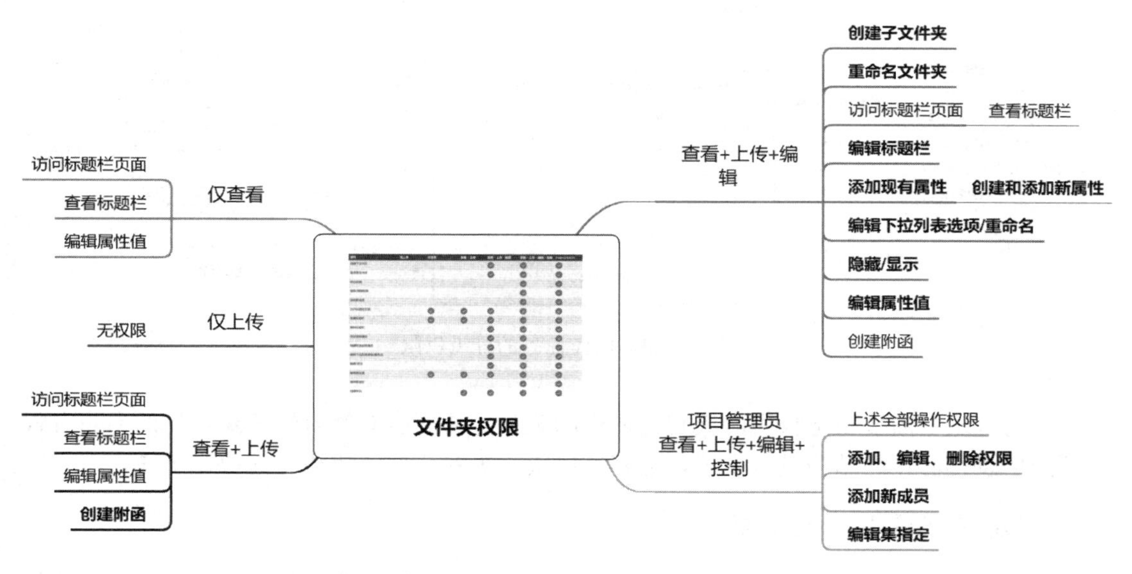

图 3-4-52 文件夹权限分级设置

文件的分级操作权限如图 3-4-53 所示。

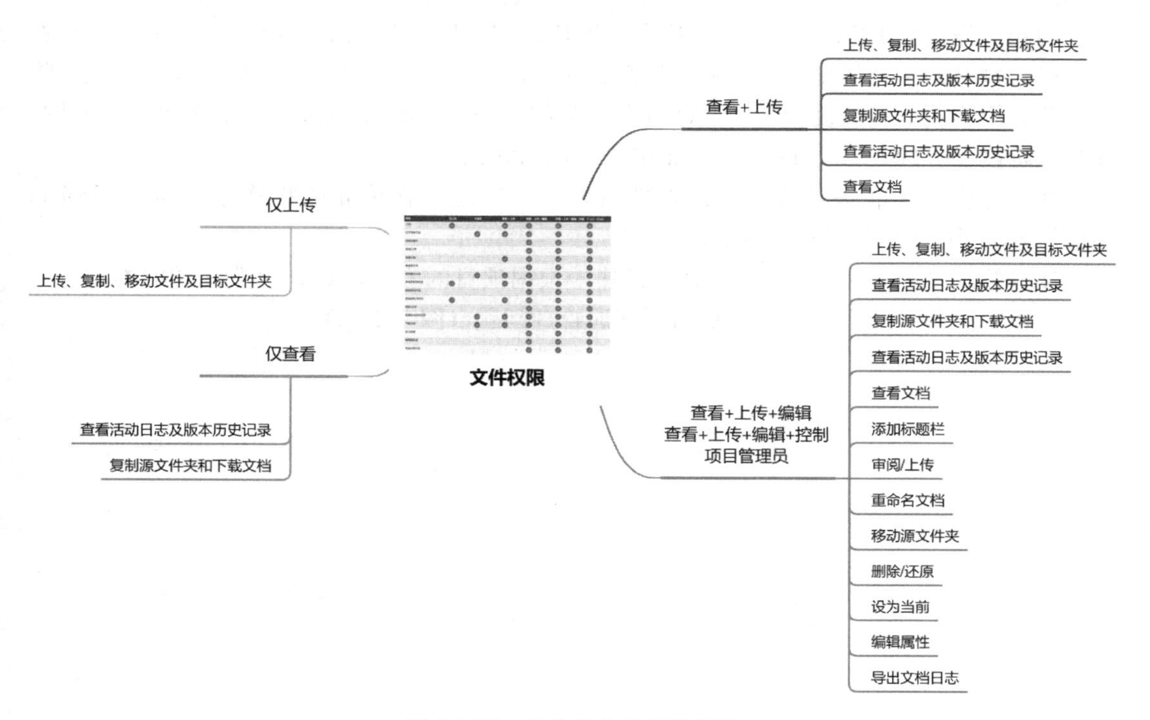

图 3-4-53 文件的分级权限设置

协作任务的分级权限如图 3-4-54 所示。

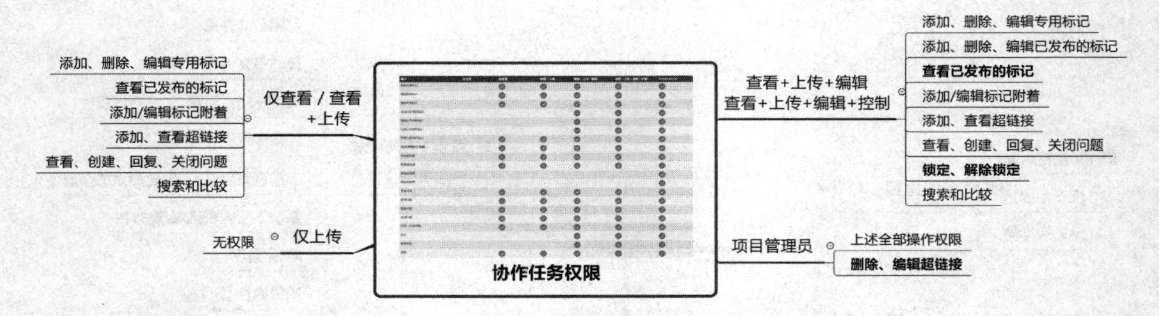

图 3-4-54　协作任务的分级权限

项目管理员需要熟悉权限的级别和操作的关系，从而能有针对性地对项目的参与者权限按照信息化协作的结构进行设置，更好、更快、更安全地完成相关的协作工作。

五、问题（ISSUE）工作流

问题（ISSUE）的概念范畴并非仅仅是“生产出现的问题”，而是包含需要完成的任务、需要解决的冲突等，是待解决的事件的意思。这种范围歧义主要是中文翻译产生的，可以通过英文单词“issue”来更好地理解这一概念，在目前并没有更好的、更简明扼要的翻译的情况下，可以将“问题”这一概念简单地理解为“需要解决的事情”。

问题工作流是 BIM 360 云上涉及多个模块、多个阶段通用的、用于解决生产中存在的疑惑与冲突的多种信息沟通相关工具组成的工作流。对于这个跨阶段的工作流，我们将在本节介绍问题的基本设置，在设计阶段部分的 Document Managment 中介绍文档问题、在施工阶段部分的 Field Management 中介绍现场问题。

在信息化协作准备阶段，项目管理员涉及的问题工作流相关操作主要是在 Project Admin 模块中设置问题权限（图 3-4-55）。

项目管理员可以在 Project Admin 模块中根据项目的实际需要，设置问题的类型、子类型、根本原因、基本属性等，从而更好地管理问题（图 3-4-56）。

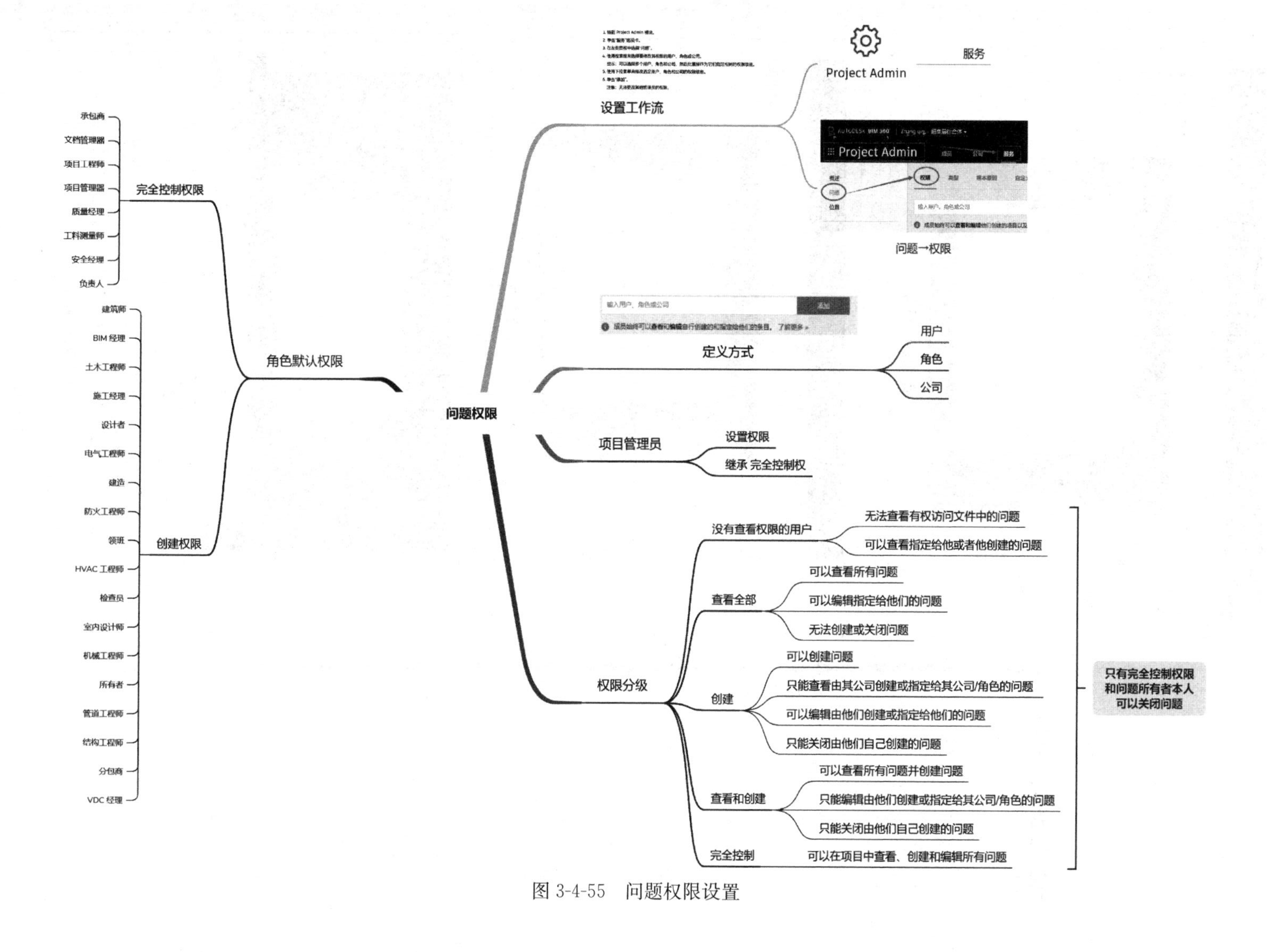

图 3-4-55　问题权限设置

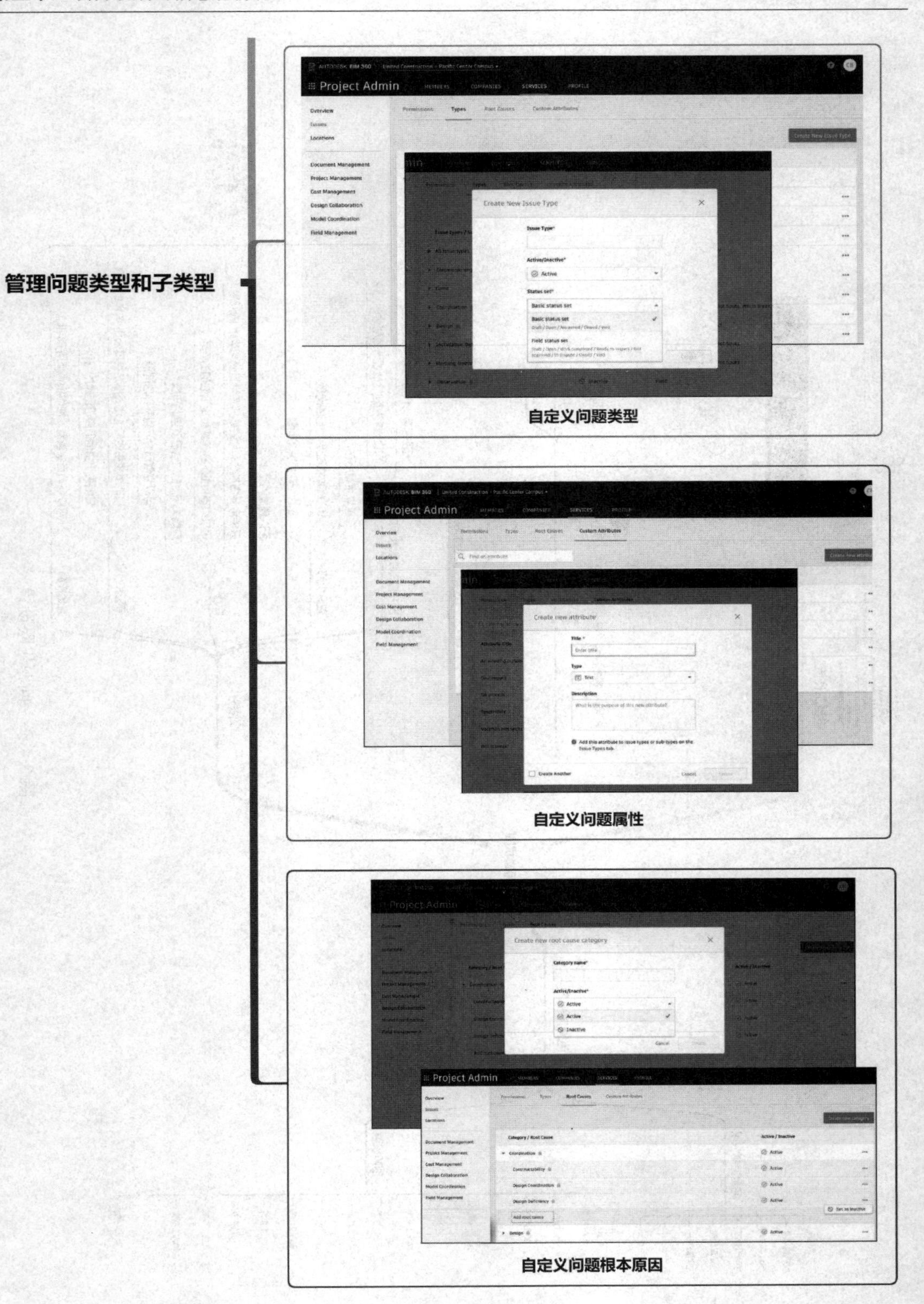
管理问题类型和子类型
Project Admin
Create New Issue Type
自定义问题类型
Project Admin
Create new attribute
自定义问题属性
Create new root cause category
Project Admin
自定义问题根本原因

图 3-4-56 管理问题

第五节 设 计 阶 段

在完成了准备阶段的工作后，接下来我们将以建筑的生产流程中各个团队参与协作的顺序，为读者深入展开讲解各个团队的项目信息化协作工作（图 3-5-1）。

广义的设计过程包括建筑前期的策划过程、城市的设计过程、与各种设计中可能涉及的专业领域与团队的交流过程，而并非仅仅是设计方案产生与发展的过程。设计作为建筑生产实质上开始的第一部分工作（准备阶段的工作是为生产准备一个信息化协作的环境，而并非开始了生产），对于建筑生产是十分重要的。

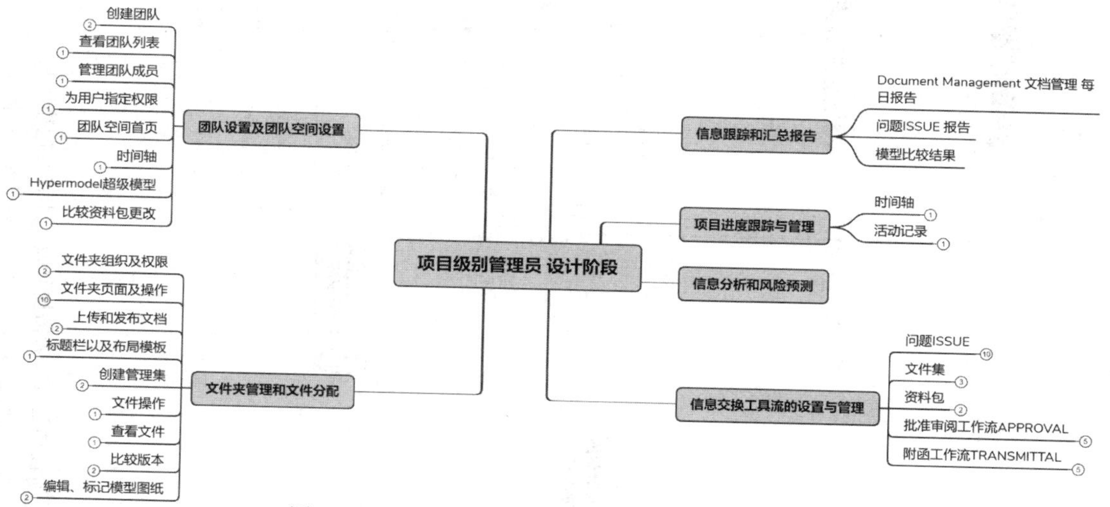

图 3-5-1 项目级信息化协作设计阶段的工作范畴

在信息化的生产流程中，协作由原本的线性变为网状的动态结构，信息之间存在拓扑的关系，却不被时间与位置约束。在这种情况下，读者需要抛弃原本严格按照时间划分生产团队的工作流思维，转而按照信息的特征与在全流程中的关系来进行团队与工作的划分，因此设计阶段的项目信息化协作还有着一个重要的学习内容——了解在信息化生产与协作中，设计团队所处理的信息范畴，这种工作的范畴反过来定义了什么是“设计阶段”与“设计团队”，甚至在某些角度上重新定义什么是“设计”。

在信息化的生产中，我们以信息为核心，以信息的关系和结构范畴去划分团队与生产阶段。

因此学习信息化协作的设计阶段相关内容的同时，也是了解信息化生产中设计阶段所承担的工作范畴与内容的过程。因而无论对于项目管理者、设计部分团队的管理者还是参与者来说，都是需要不同程度掌握的重要知识与技能范畴（图 3-5-2）。

信息化协作设计阶段的协同工作主要是由 Design Collaboration 和 Document Management 技术模块完成。这其中 Document 文档管理对于信息化协作来说更加基础，对于工作的组织也更偏向于信息的基础工作，对于管理十分重要；而 Design 设计协作则更贴近于设计工作中的协作问题，更加贴近生产，对于应用十分重要。因为设计的信息化协作是基于信息协作结构与信息的分配展开的，因此在学习的顺序上，正常的掌握顺序应该是先学习 Document Management，后学习 Design Collaboration。但以笔者的实践经验来看，

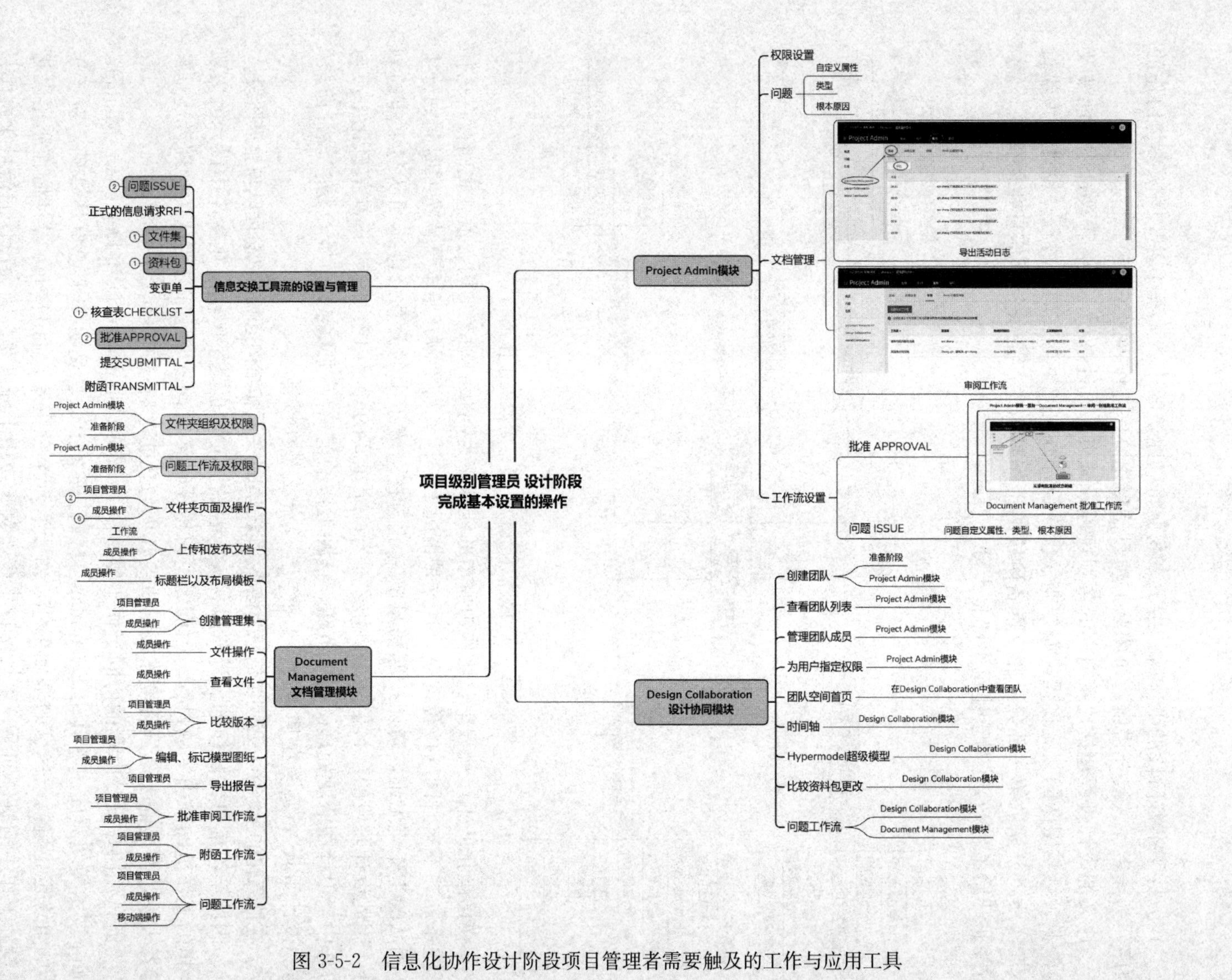

图 3-5-2　信息化协作设计阶段项目管理者需要触及的工作与应用工具

在具备一定的基本基础后，建筑的学习往往从实践开始，带着问题与探索的兴趣再进行基础理论与技能的学习效果更好，这时往往可以更加深刻地认识到“枯燥且平淡无奇”的基础部分的重要性，也更容易联系到实践中。而如果按照正常的顺序，学生将因为枯燥且没有自身体会认识的重要性而对基础部分缺乏耐心，在学了实践部分后并不能第一时间与基础部分学习的知识产生联系，往往还需要再返回去进行学习，浪费时间且效果不好。

因此在本节中，我们调整了 Design Collaboration 与 Document Management 的顺序，先进行 Design Collaboration 的讲解，调动学习兴趣的同时产生大量的疑问，进而可以促进对 Document Management 的掌握，因此在进行 Design Collaboration 学习时如果产生疑问不要担心，这并非是自身理解的问题，而是因为调整了基础与实践学习的顺序——越多的疑问将带来越好的学习成果。

一、Project Admin 模块

我们在信息化协作的准备阶段已经学习了 Project Admin 模块的基本设置与信息权限的设置等信息化协作的准备工作。在设计阶段将更加深入地处理问题与管理文档，从而保证设计团队的协作正常进行。

1. 管理问题的类型与子类型（图 3-5-3）

2. 设计文档管理——活动日志（图 3-5-4）

3. 设计文档管理——批准工作流设置（图 3-5-5）

二、Design Collaboration 设计协同

Design Collaboration 模块作为信息化设计协作的重要组成部分，与 Document Management 模块共同帮助多个团队协作并行、快速准确地完成设计过程中的信息交互工作（图 3-5-6）。

Design Collaboration 模块的信息化协作是同时面对项目的设计管理者与一般参与者的，对于团队的管理者来说需要掌握的是——创建和管理团队、添加和管理成员、文件夹组织和权限管理、问题权限和问题工作流设置。而对于团队成员则需要掌握——如何使用团队空间、团队文件夹、时间轴以及资料包，包括如何从 Revit 发布模型文件、如何使用 Hypermodel、如何创建并处理问题、如何创建、使用资料包。其中团队成员需要掌握的具体实践操作部分将在针对团队成员的信息化协作部分——执行级协作中进行详细介绍。

1. 创建团队

要完成多个团队的工作管理，首先项目管理员需要创建“团队”并指定团队文件夹，随着团队的创建，会自动创建共享文件夹以及团队时间线（时间轴）如图 3-5-7 所示。

在完成创建团队的工作后，将在 Document Management 中默认生成共享、团队、团队已使用文件夹等（图 3-5-8）、在 Design Collaboration 中生成团队空间并在时间轴中显示团队时间线，团队成员可以在时间线上创建资料包，并且使用其他团队的资料包(图 3-5-9)。

其中合作的团队可以查看资料包的修改内容，从而决定是否或者何时使用资料包。这样可以保证信息畅通的基础上，减少不必要的繁复操作，保证阶段性的时间节点（例如，在中间汇报节点时，设备专业可以暂时不更新建筑专业的无关修改等）。资料包的选择本质上其实是对于信息的选择，是相关各级管理者需要掌握的信息配置工作。

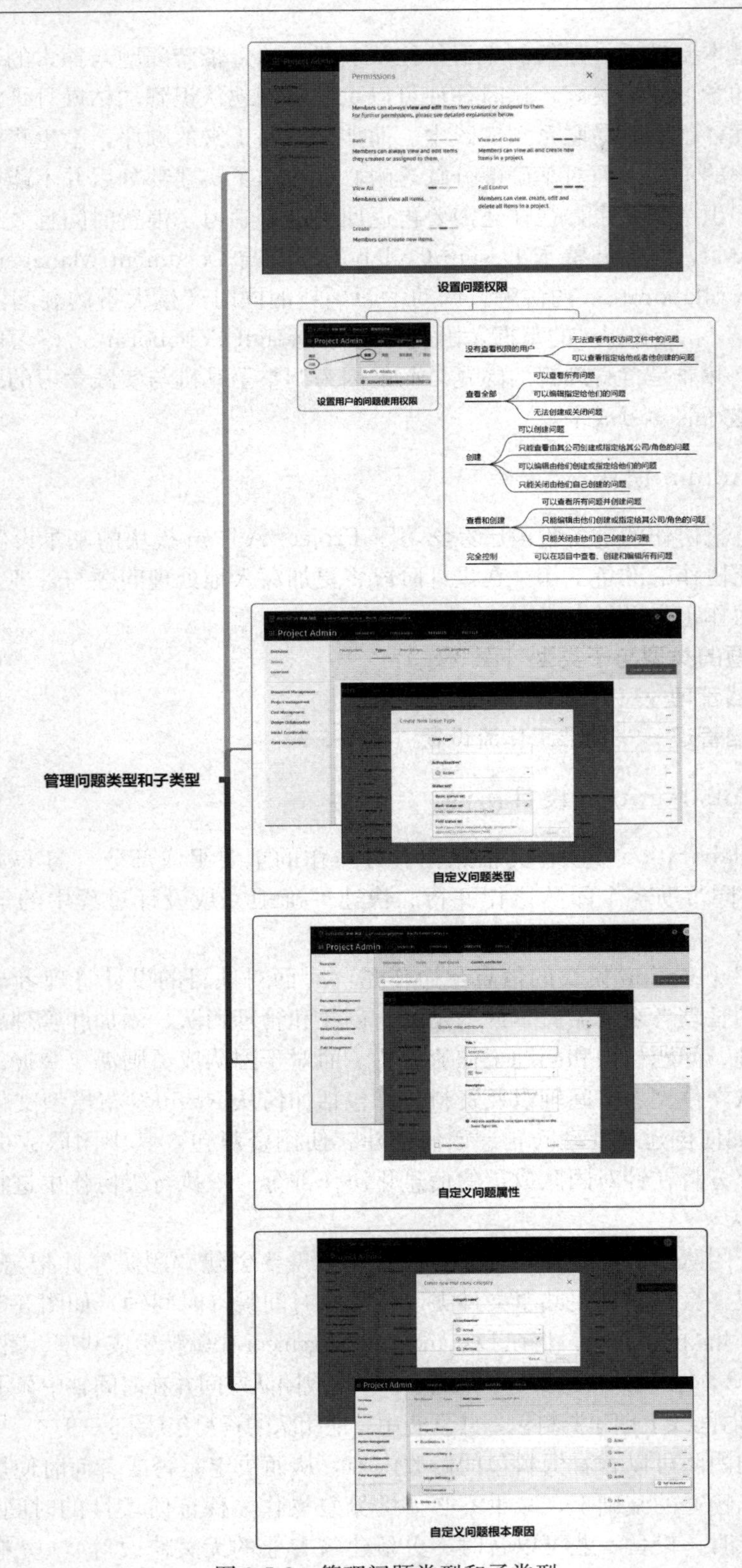

图 3-5-3 管理问题类型和子类型

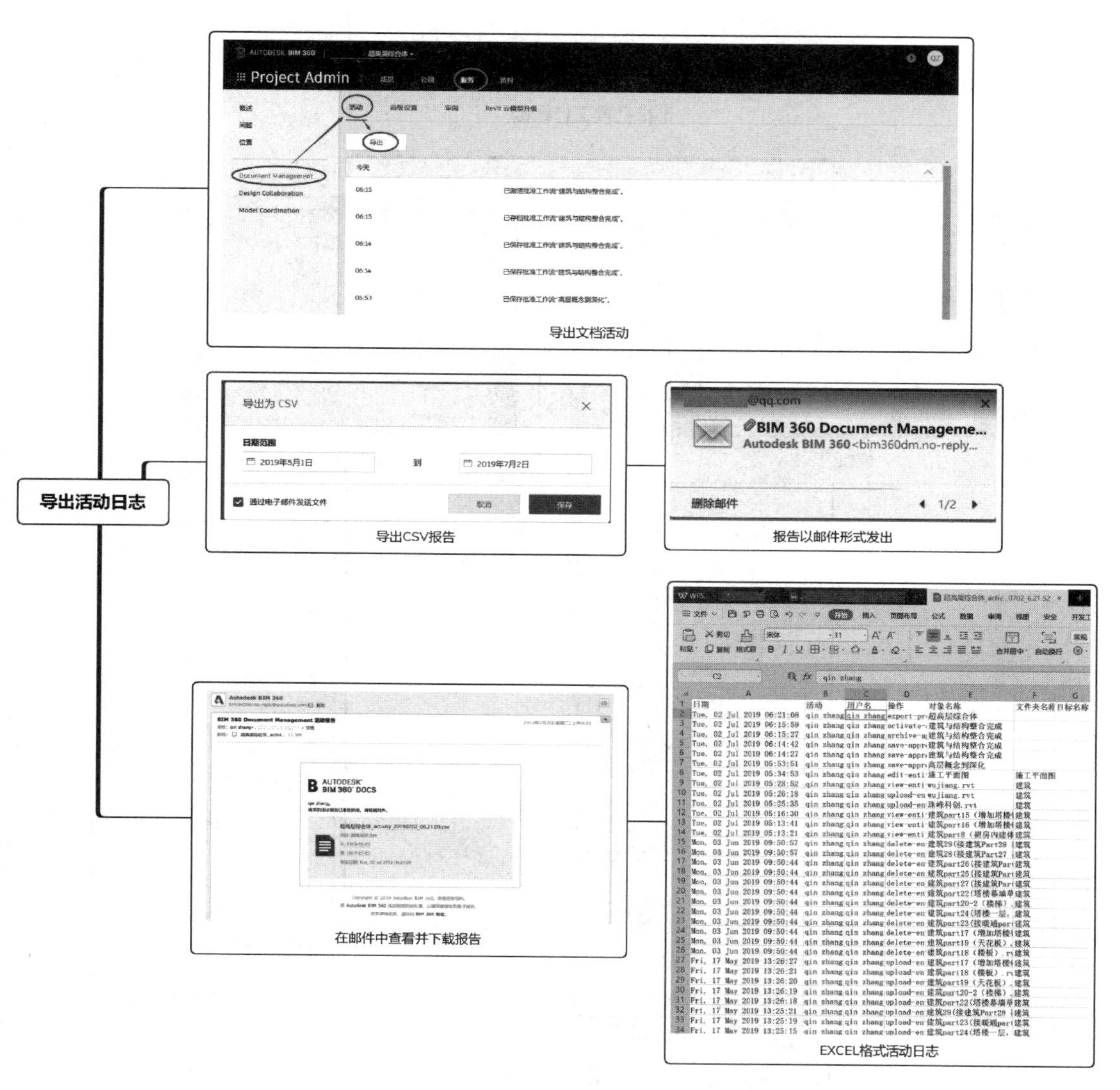

图 3-5-4 设计活动日志文档管理

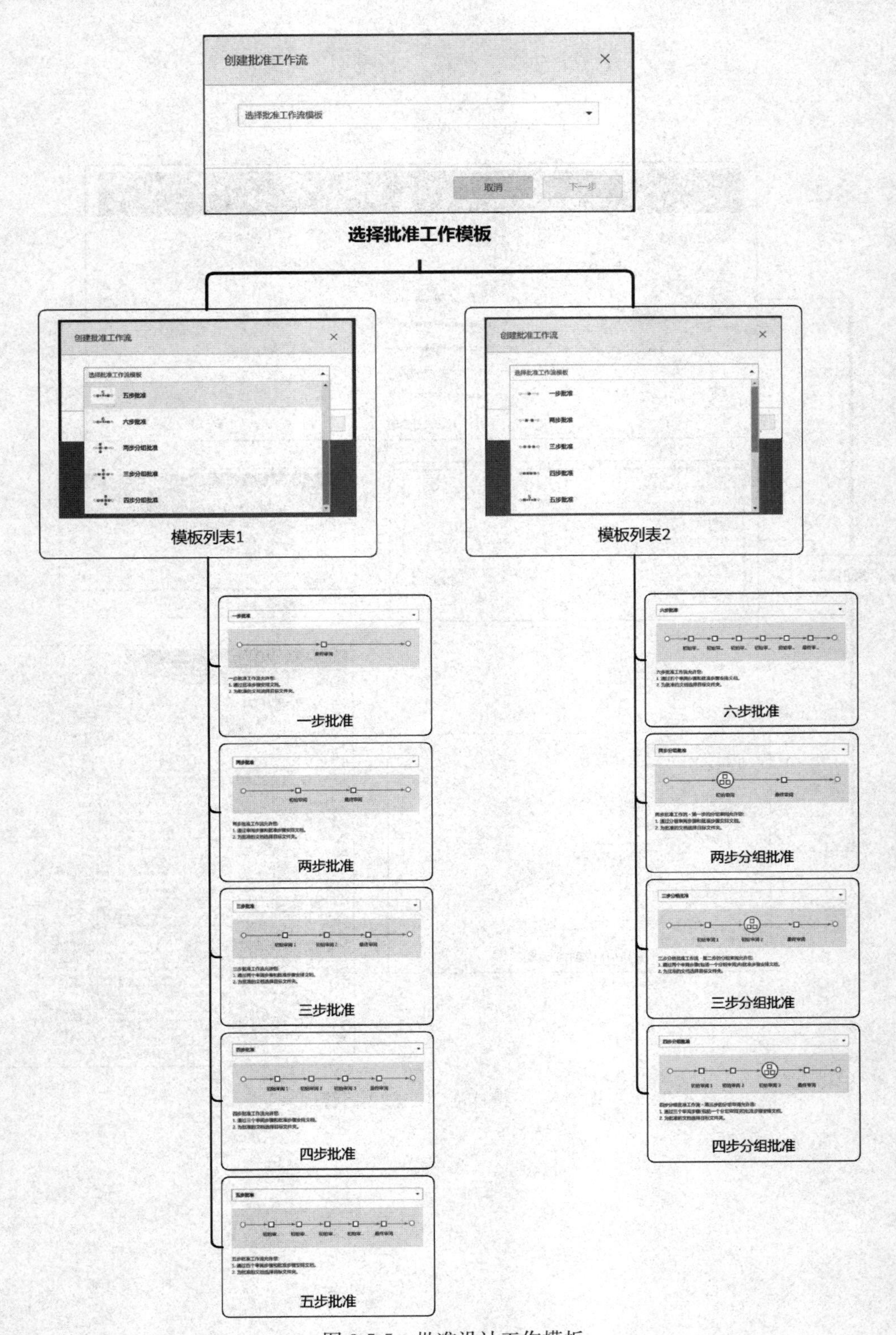

图 3-5-5　批准设计工作模板

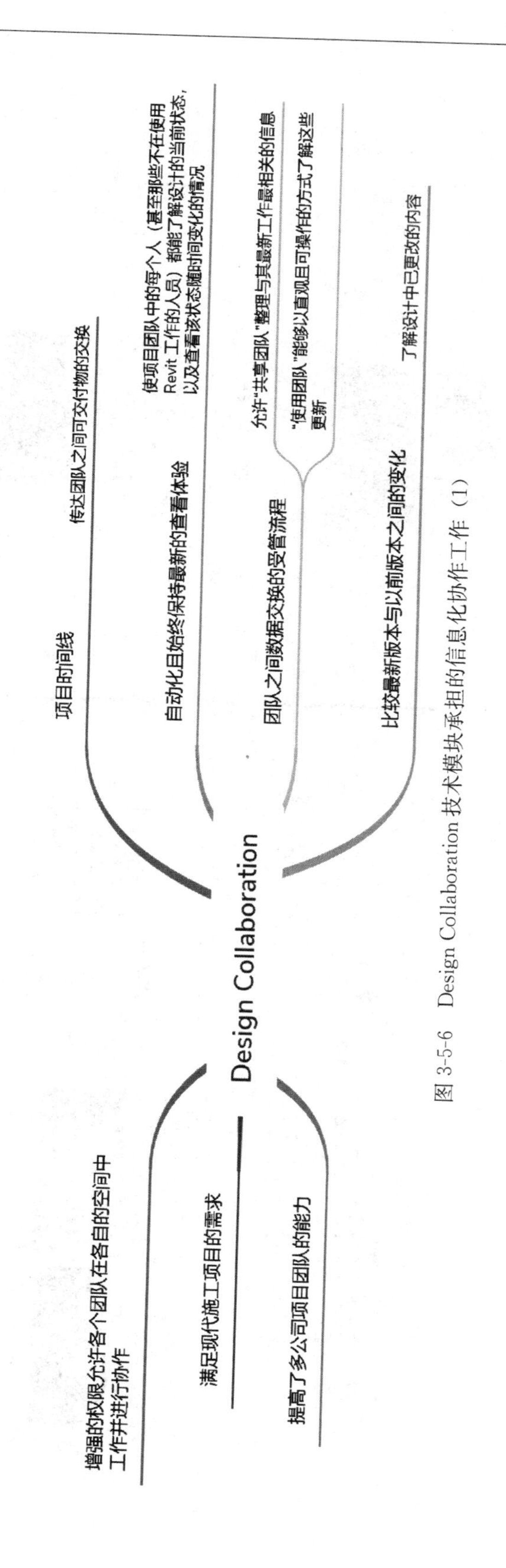

图 3-5-6　Design Collaboration 技术模块承担的信息化协作工作（1）

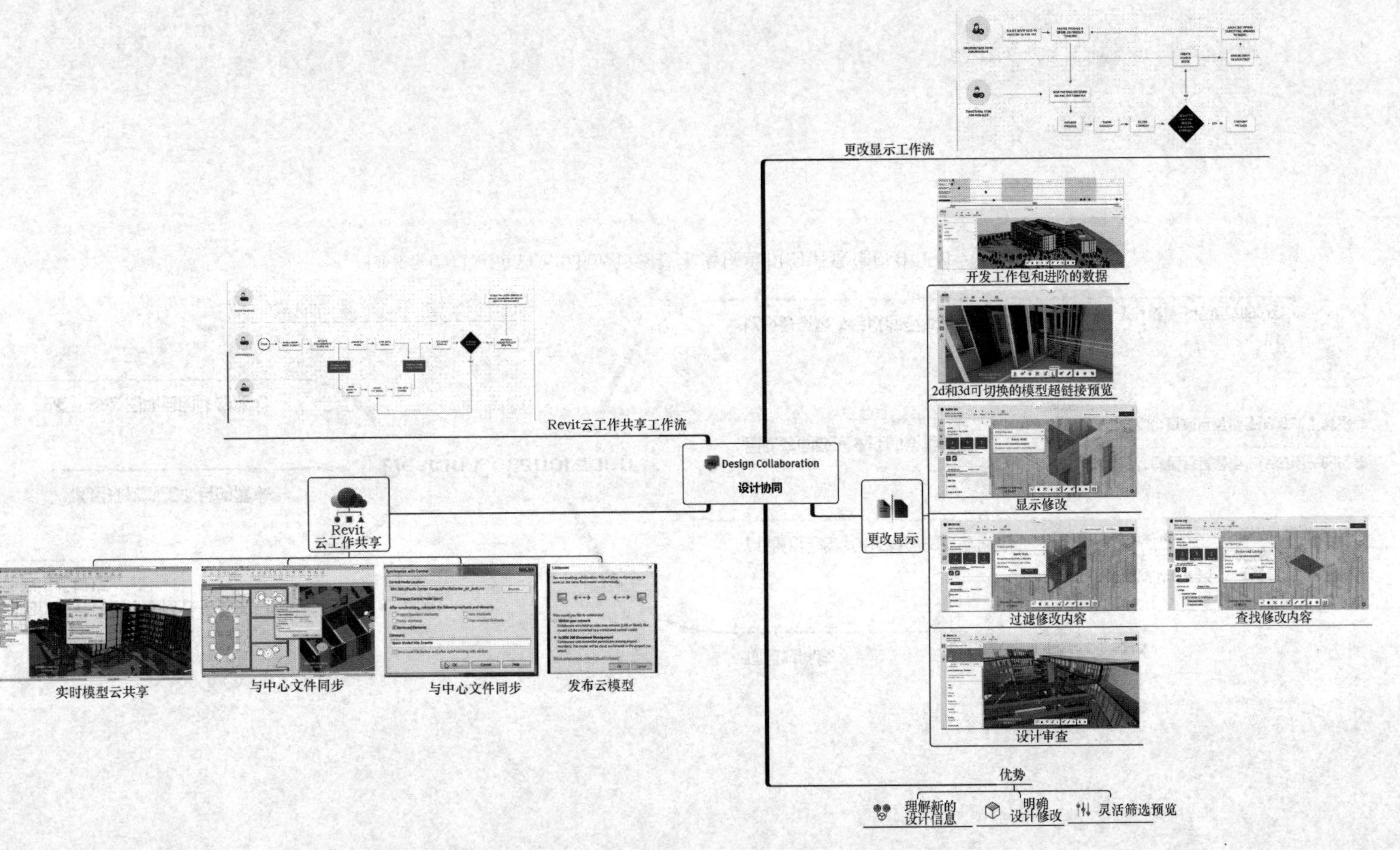

图 3-5-6　Design Collaboration 技术模块息化协作（2）

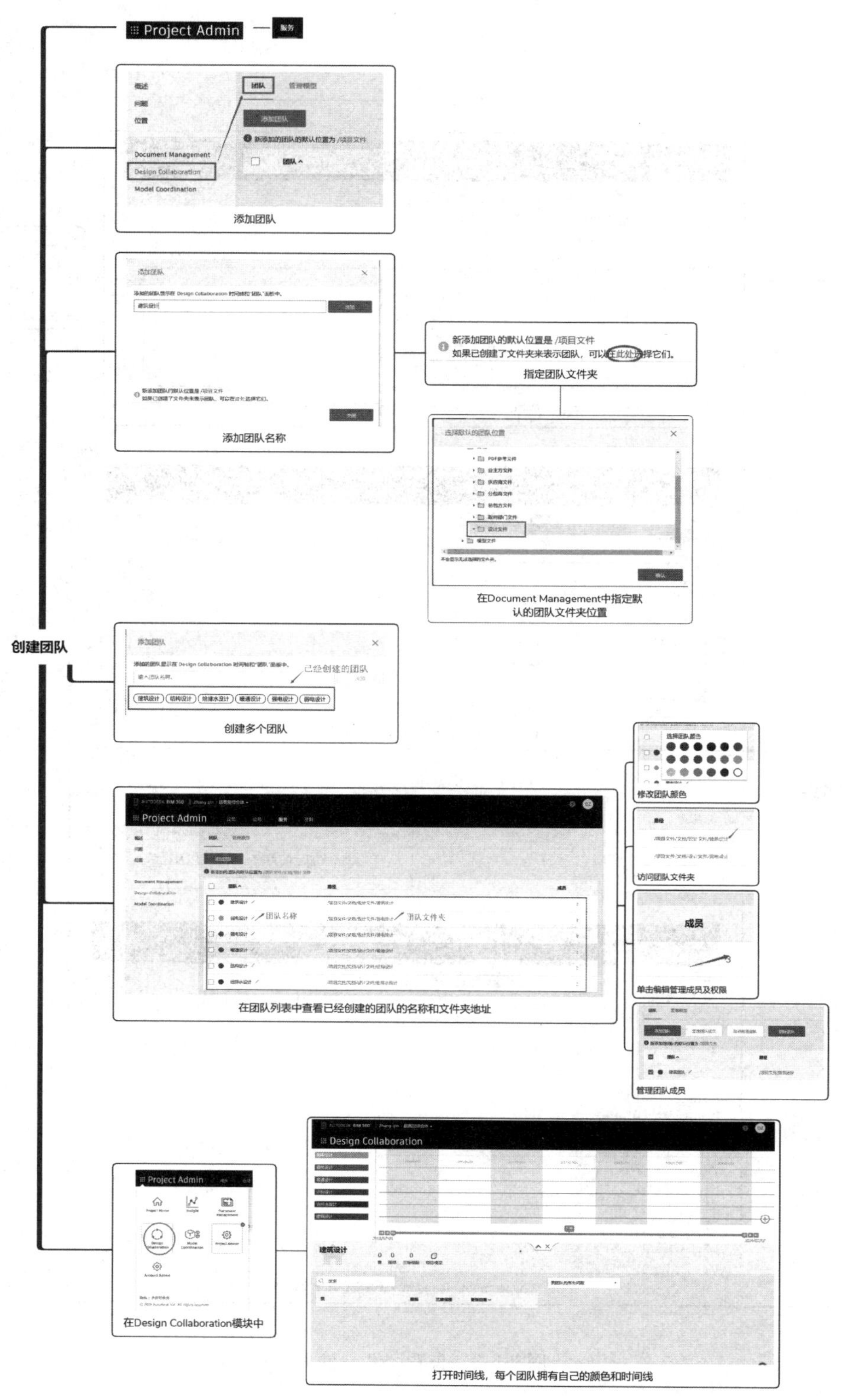
Project Admin
服务
团队
添加团队
Document Management
Design Collaboration
Model Coordination
添加团队
添加团队名称
新添加团队的默认位置是 /项目文件
如果已创建了文件夹来表示团队，可以在此处选择它们。
指定团队文件夹
在Document Management中指定默认的团队文件夹位置
创建团队
已经创建的团队
创建多个团队
选择团队颜色
修改团队颜色
访问团队文件夹
成员
单击编辑管理成员及权限
管理团队成员
Project Admin
团队名称
团队文件夹
在团队列表中查看已经创建的团队的名称和文件夹地址
Design Collaboration
建筑设计
在Design Collaboration模块中
打开时间线，每个团队拥有自己的颜色和时间线

图 3-5-7　创建团队

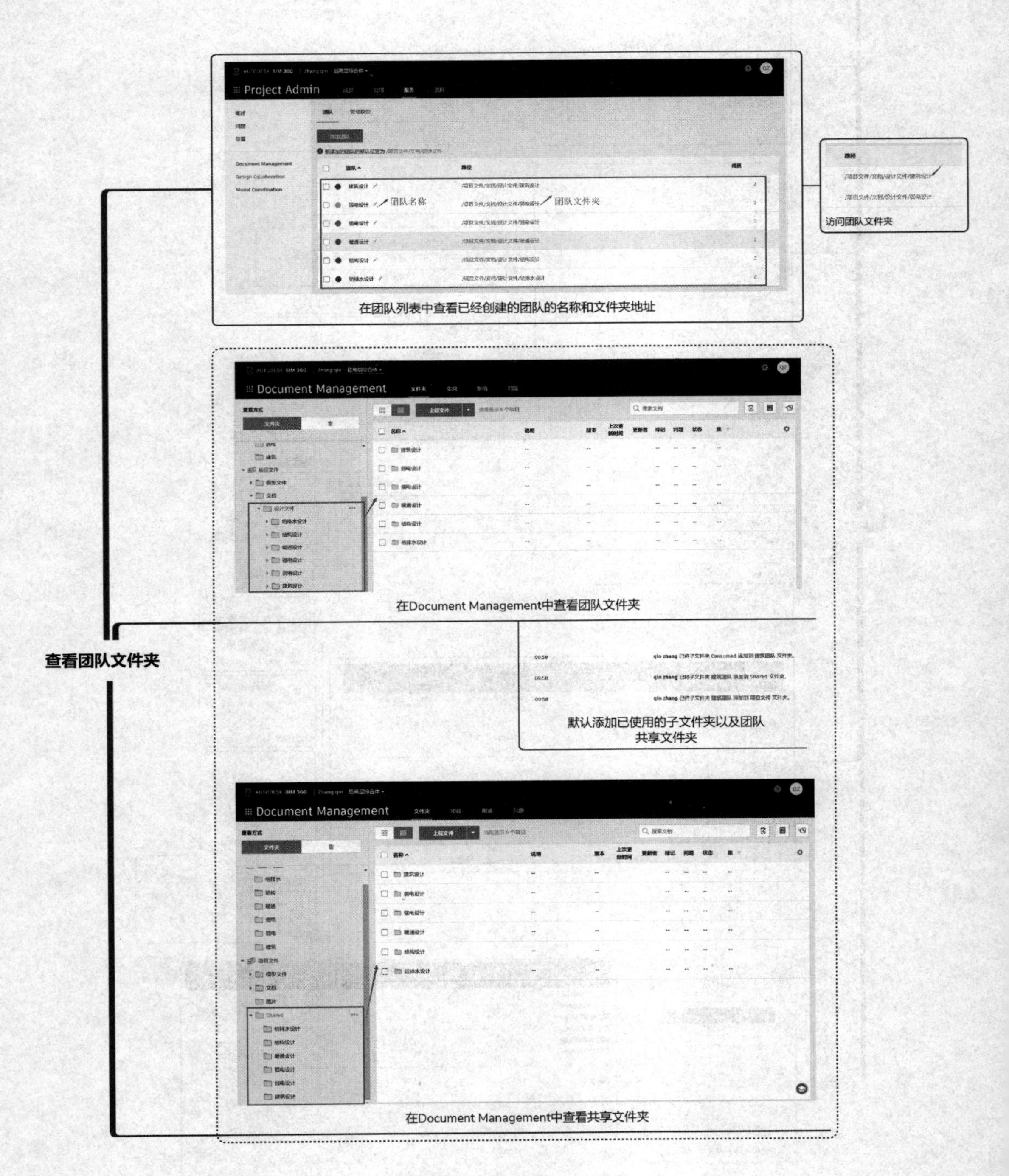

图 3-5-8 查看团队文件夹

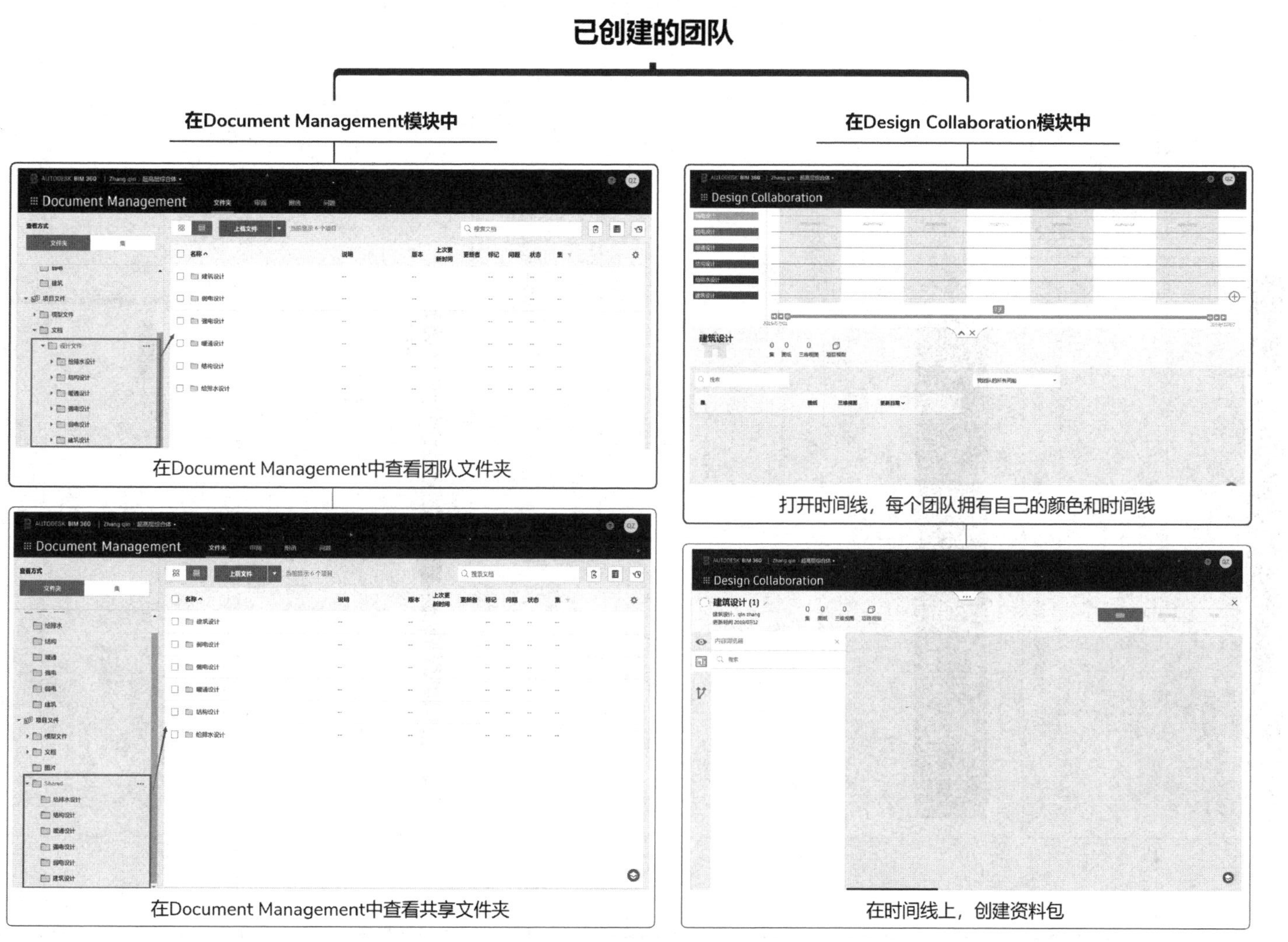

图 3-5-9　已创建的团队将激活相关的团队信息交互技术模块

2. 管理团队（图 3-5-10、图 3-5-11）

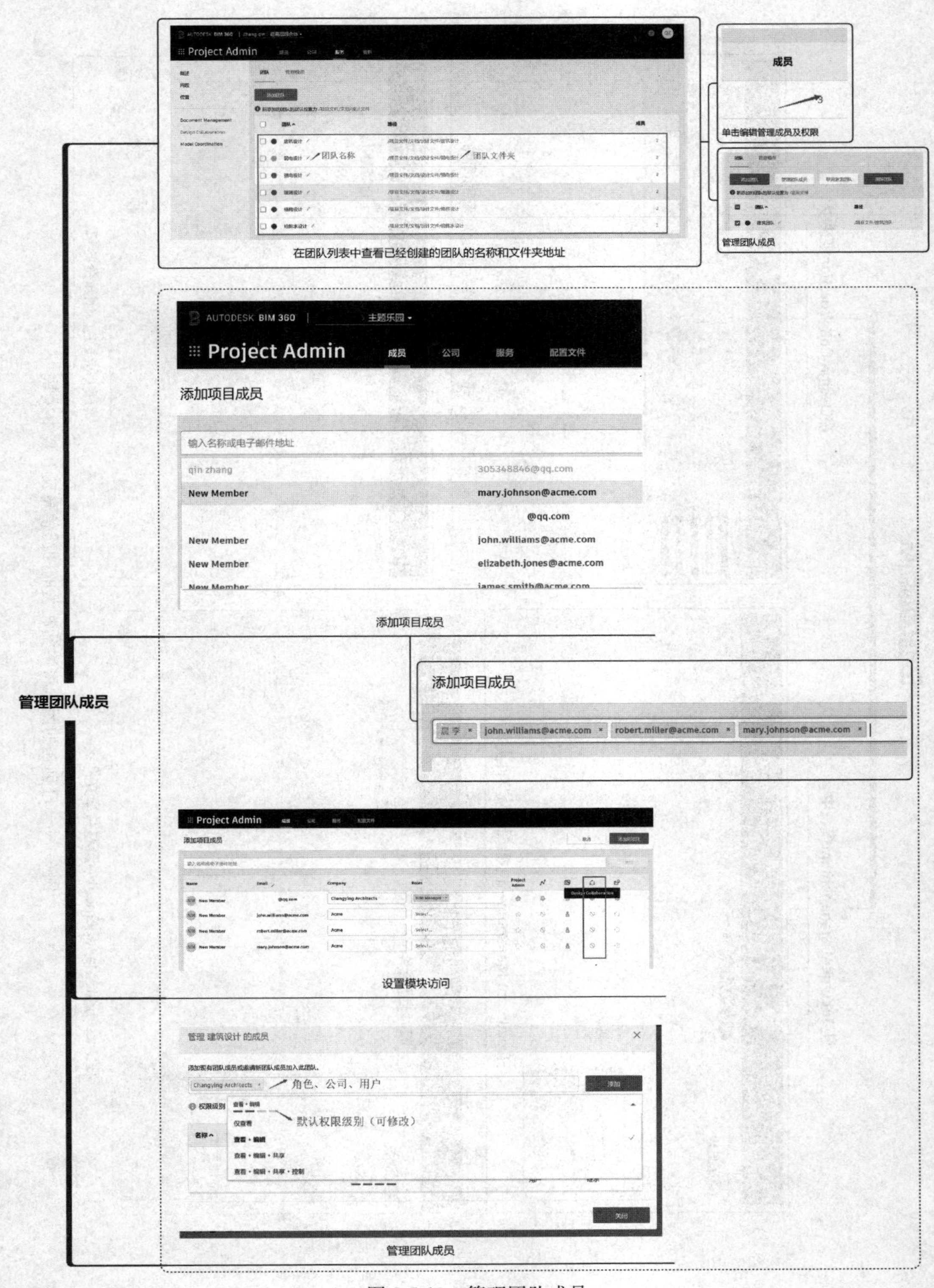

图 3-5-10　管理团队成员

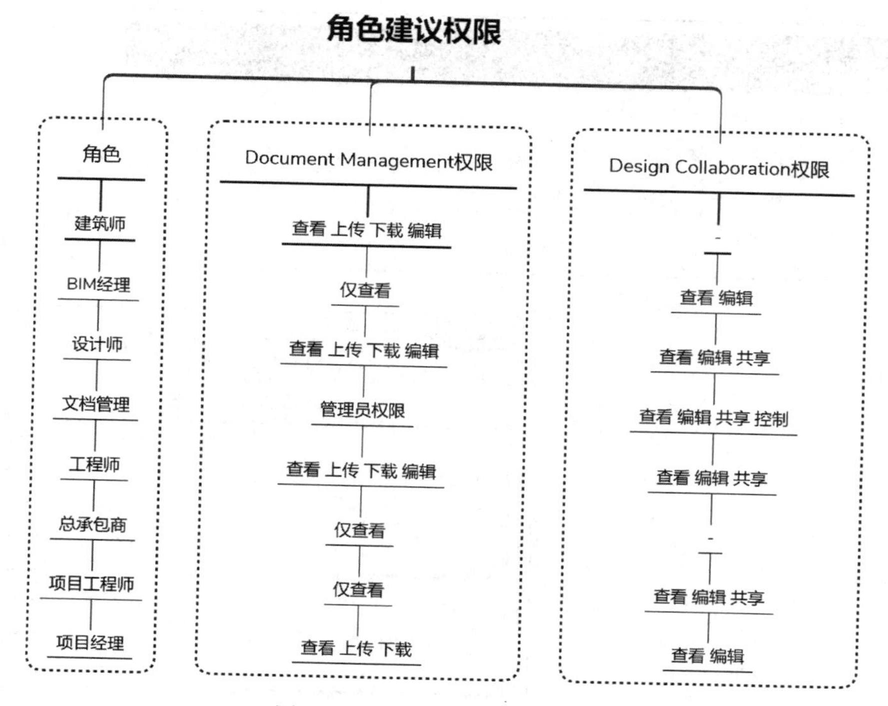

图 3-5-11　团队成员的权限设置

3. 在 Design Collaboration 中查看团队（图 3-5-12、图 3-5-13）

4. 时间轴

时间轴可以简单理解为团队中各种配合成员的工作进度轴，时间轴的本质作用是为信息（资料包等）增添时间坐标属性，在生产中的直观作用就是让参与成员的工作情况与进度更加明确，也让彼此的配合更加的透明通畅（关于在时间轴上进行的资料包相关操作，将在之后的执行级信息化协作中详细叙述）如图 3-5-14 所示。

5. Hypermodel 超级模型

运用超级模型功能可以摆脱软件的限制实时查看模型对象，增强了设计的可视化观察和操作，从而可以更好地预判设计修改的结果，更好地进行多团队的设计整合（图 3-5-15）。

在 Hypermodel 超级模型中可以比较资料包更改，可以直观地观察资料包之间产生的更改（图 3-5-16、图 3-5-17）。

6. 问题工作流

在准备阶段第一次接触到问题工作流的时候，我们就已经介绍了这一工作流的基本情况。在设计阶段，使用 Design Collaboration 或者 Document Management 都可以创建问题，发起问题工作流并且可以查看彼此创建的问题（图 3-5-18～图 3-5-21）。

一旦问题被提出，本质上等于将一部分信息以问题的形式建立了一种拓扑关系，形成一个新的有结构的信息包，在应用平台的体现其实就是各种资料包与文档，因此对于问题工作流的大部分内容我们将在文档 Document Management 部分进行讲解。

7. 设计审阅工作流

将在 Document Management 部分进行详细的讲解。

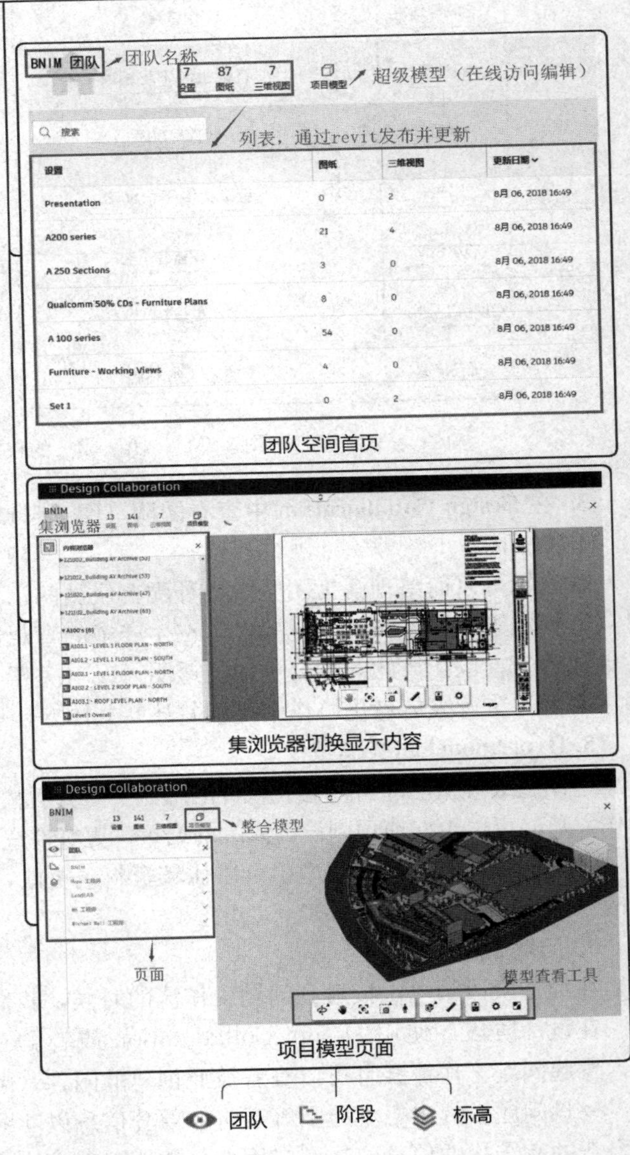

图 3-5-12　团队空间首页

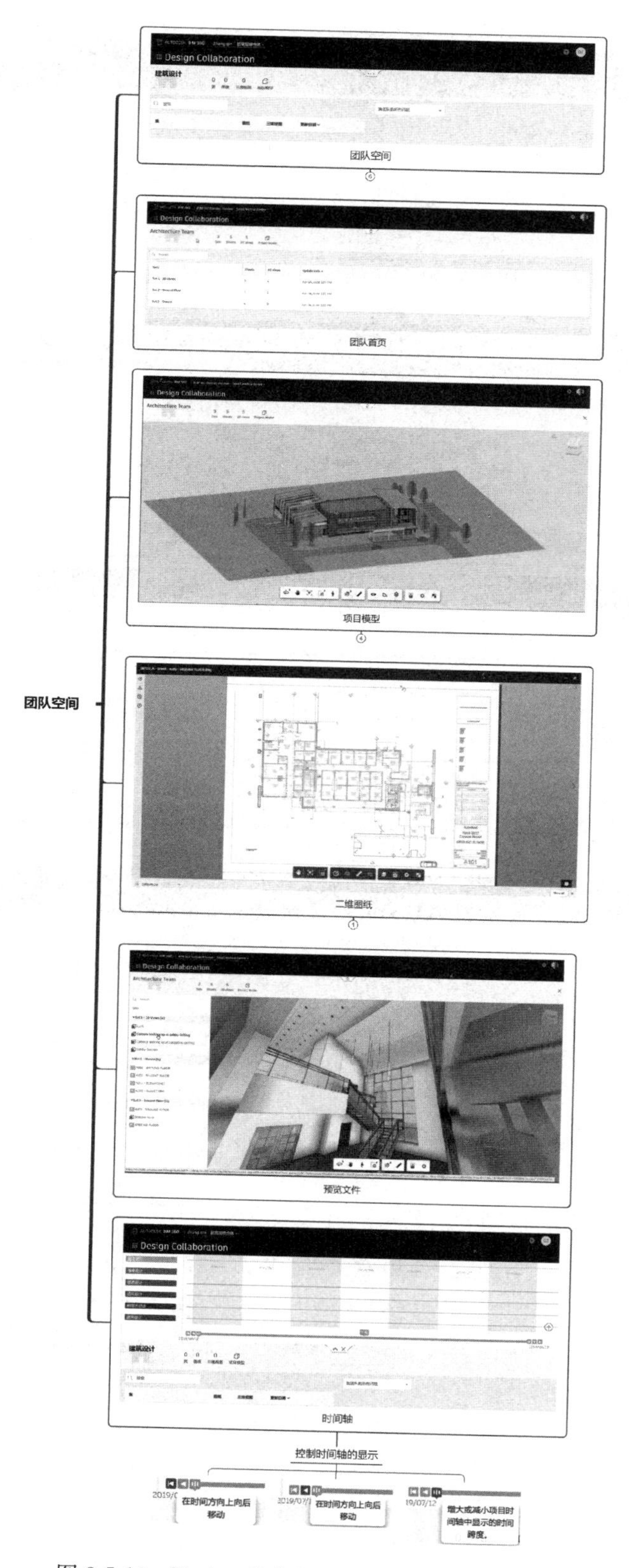

图 3-5-13　Design Collaboration 中的团队空间

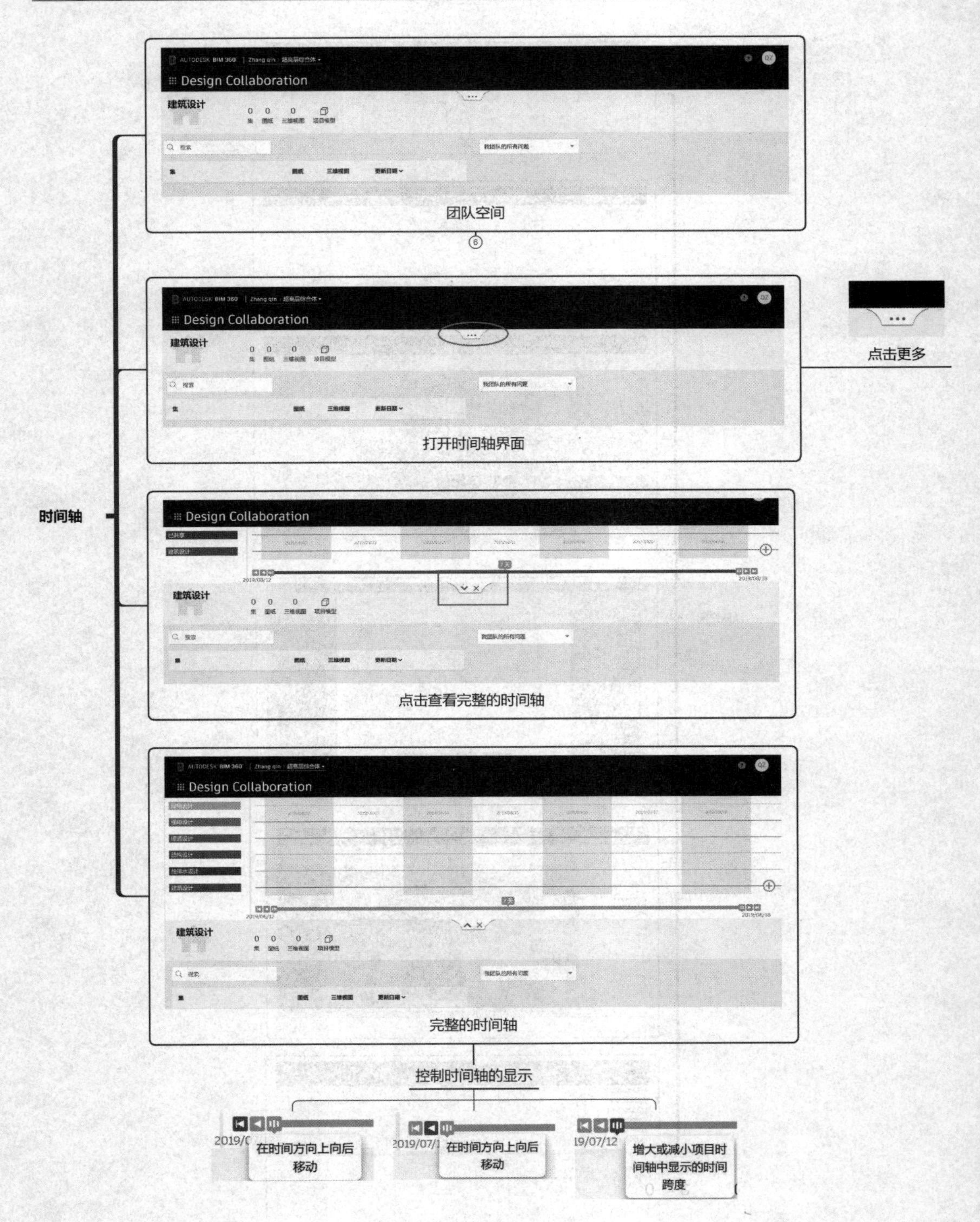
时间轴
Design Collaboration
建筑设计
团队空间
点击更多
打开时间轴界面
点击查看完整的时间轴
完整的时间轴
控制时间轴的显示
在时间方向上向后移动
在时间方向上向后移动
增大或减小项目时间轴中显示的时间跨度

图 3-5-14　时间轴

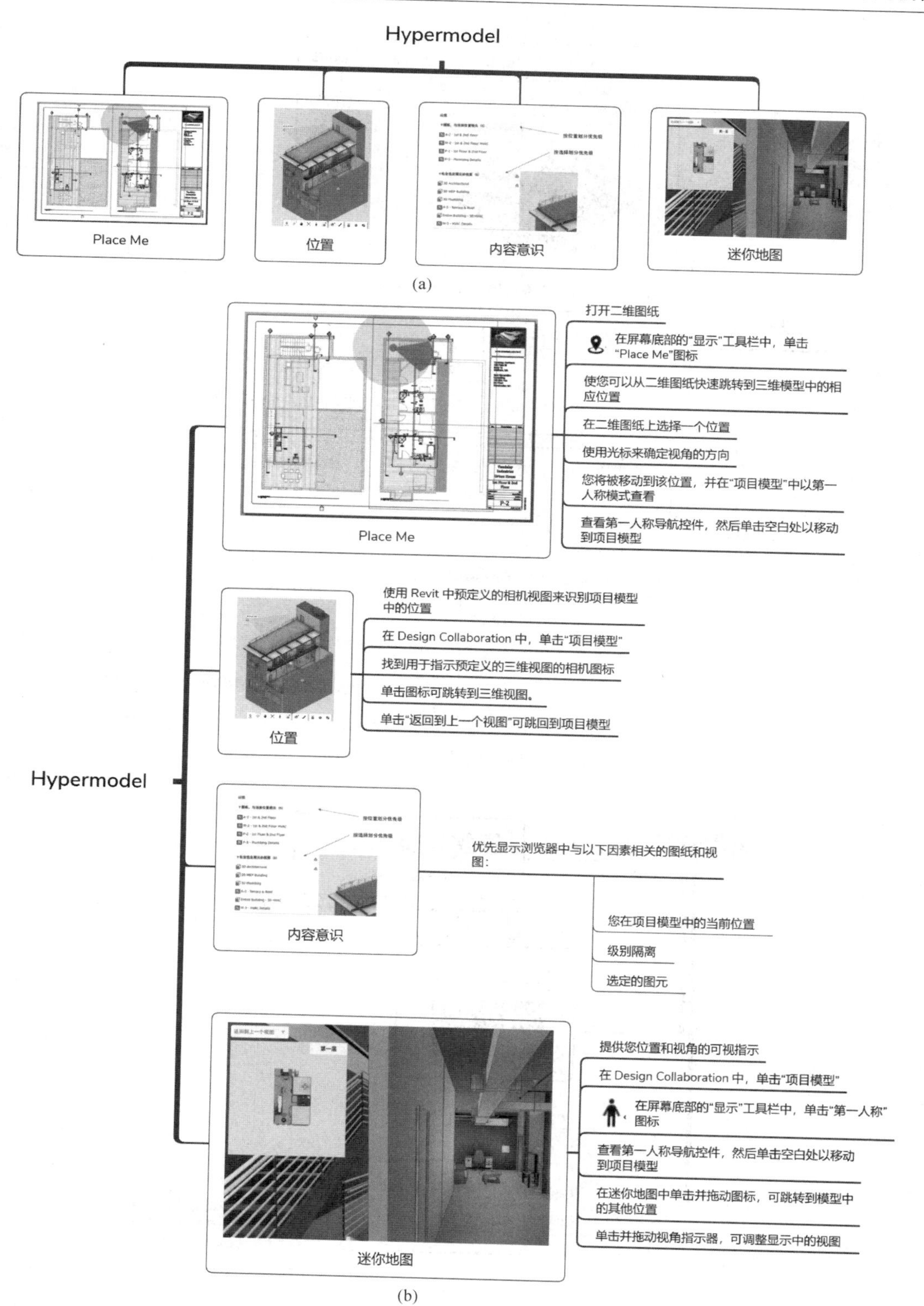

图 3-5-15 Hypermodel 超级模型模块及其功能

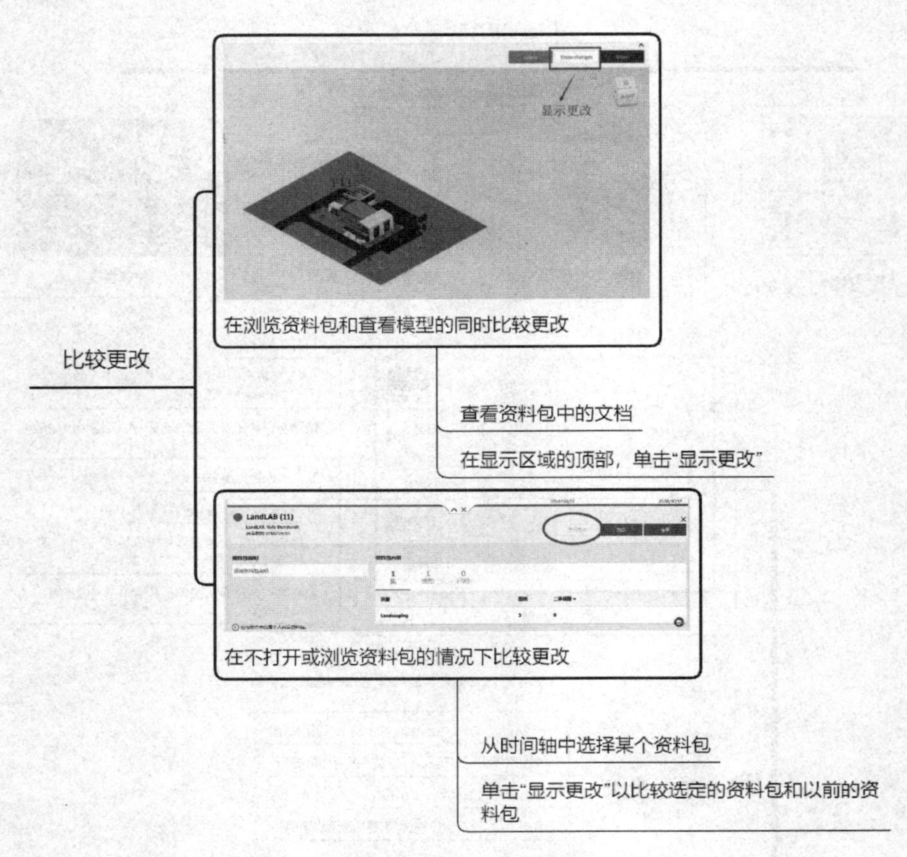

图 3-5-16　比较资料包的更改

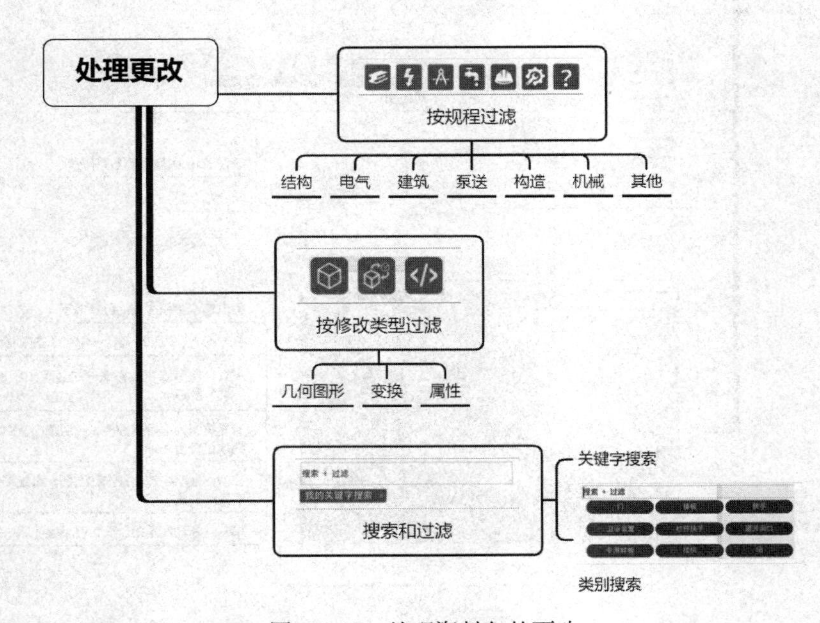

图 3-5-17　处理资料包的更改

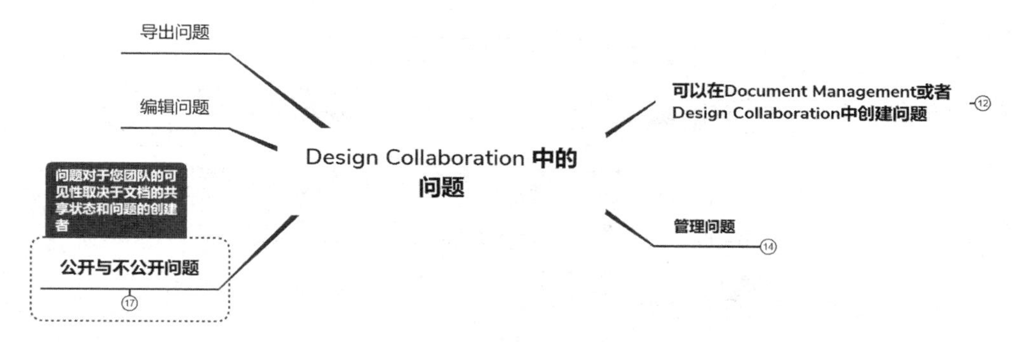

图 3-5-18　设计阶段的问题工作流

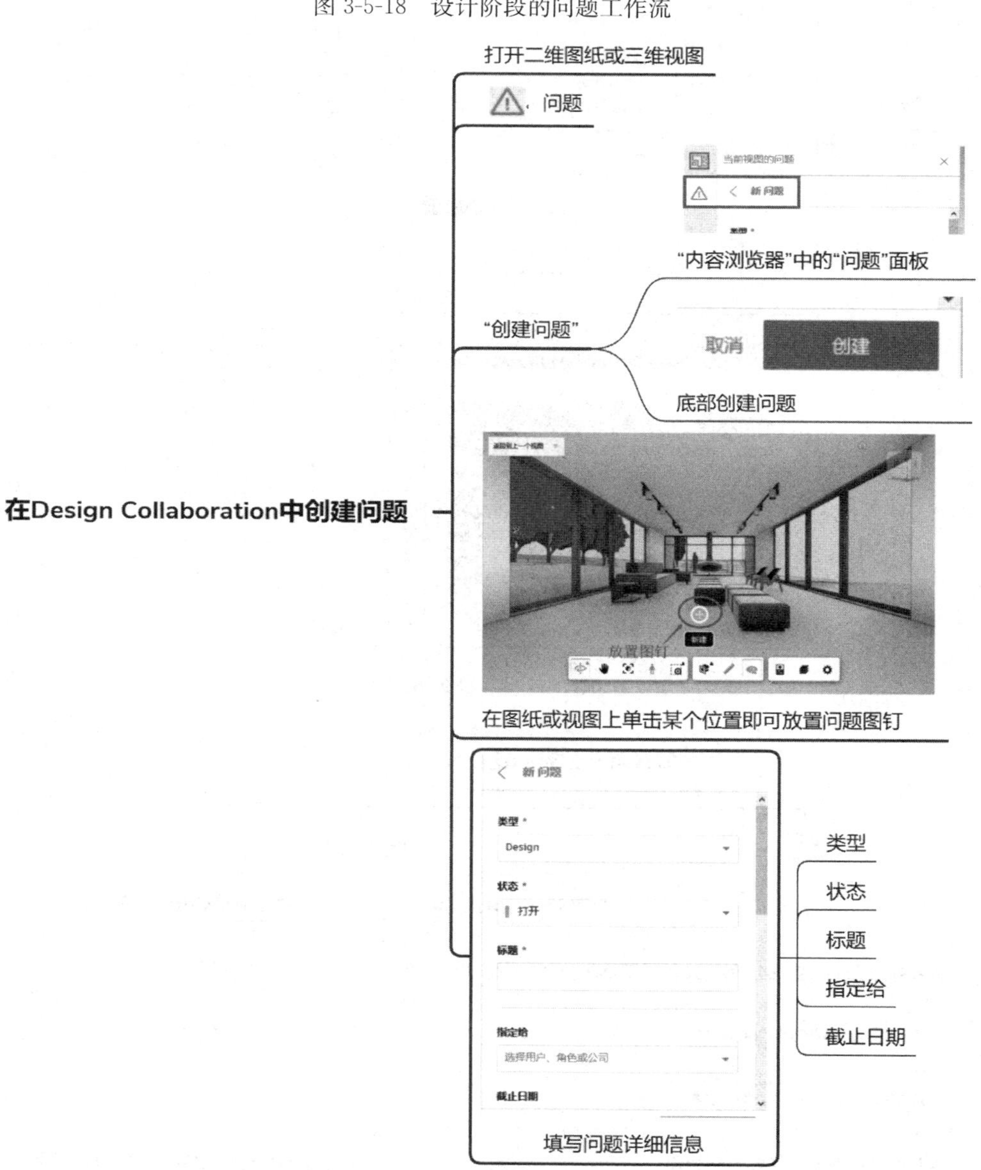

图 3-5-19　创建问题

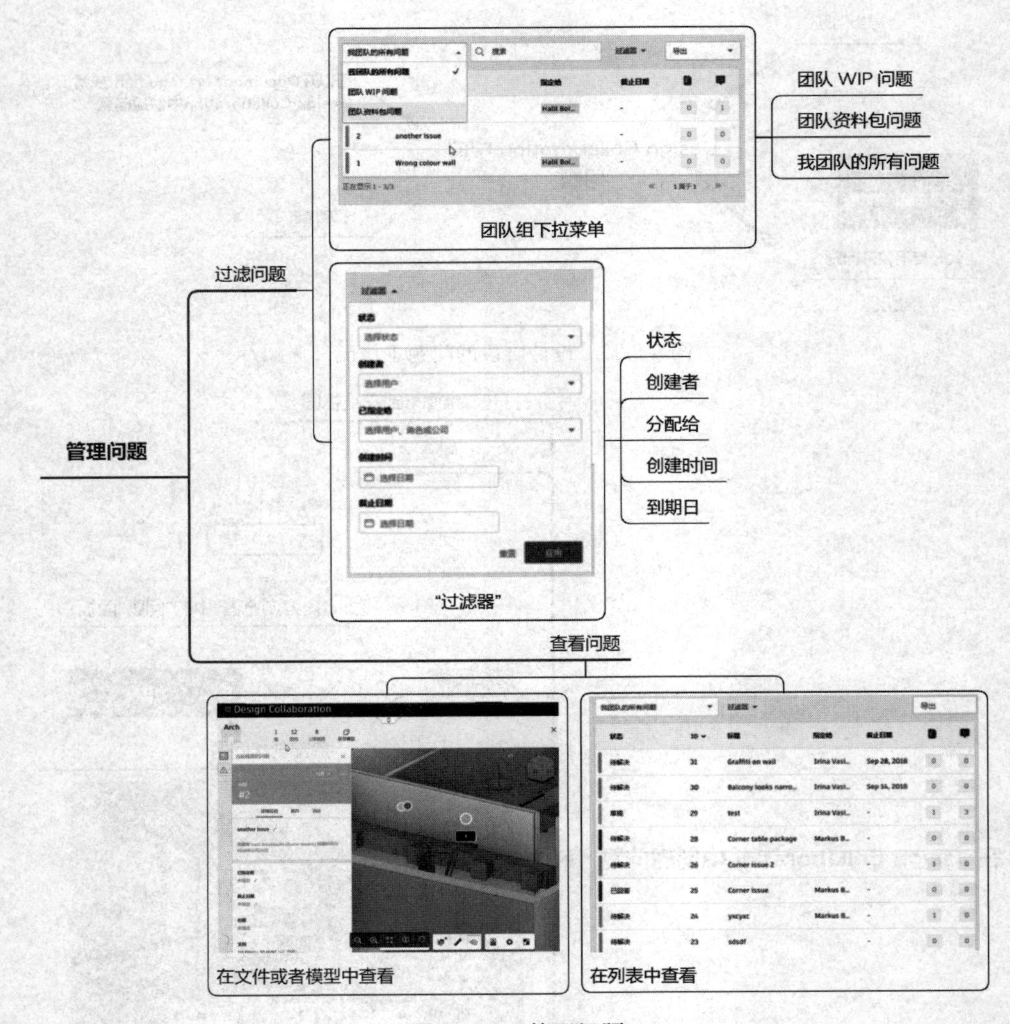

图 3-5-20　管理问题

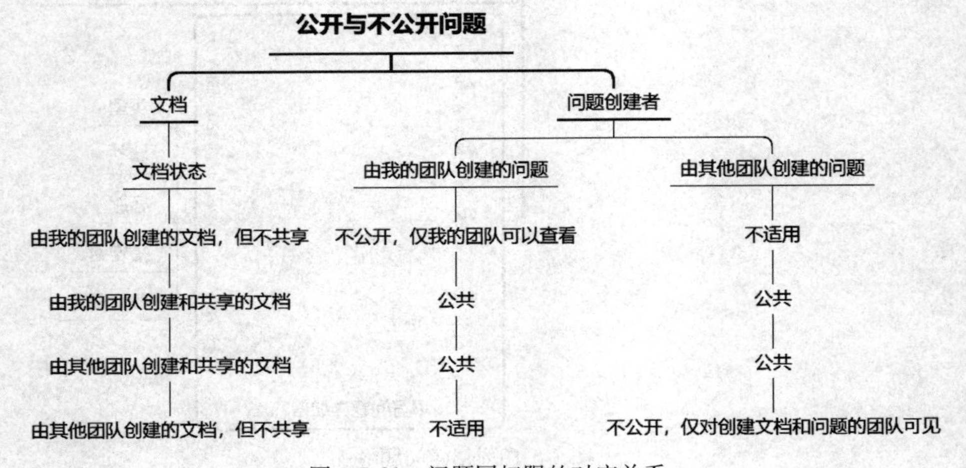

图 3-5-21　问题同权限的对应关系

三、Document Management 模块

准备阶段完成基本的设置后，在设计阶段将对 Document Management 中的相关技术模块进行详细的实践讲解。

在前文我们就强调过，文档是信息的集合，也是信息化协作很多工作进行与组织的基本依托单位。因此对于文档的设置，既是各个层级的协作基本原则设置与协作信息分配模式设置，也是各个层级的信息化生产工作可以顺利展开的保障。虽然相对于其他针对生产的部分（如服务与设计的 Design 部分）来说，文档部分的工作看似“枯燥且毫无帮助”，但其实却对于复杂的工作展开十分必要，这就好比我们想要阅读饱含深情与内涵的文章之前先要进行枯燥的识字过程一样——你很难在学习每个汉字的时候准确地得知它的作用，但这却是对于你的未来学习最重要的。笔者在许多信息技术的教学实践中也深有体会，学生总是会第一时间专注于“立刻能产生实际效果”的功能，而对于枯燥的基本设置相关学习不屑一顾。但软件工具与日常的纸笔这些工具最大的区别就在于它是一个具有逻辑的系统，因此在跳过了“枯燥且没有直接生产用处”的基本设置学习后，一旦离开课堂，学生在生产中立刻就困难重重，许多学生将问题归结为“工具不适应工作的问题”，从而放弃了花费大量时间学习的新技术，而这时往往半小时到一小时的“枯燥的基本设置”学习就能让许多工具立刻可以在生产中顺畅地应用。因此，希望能重视起文档以及前文或后文许多基本设置部分的学习工作，相对于直接解决问题的技术模块，这些解决“信息的问题”的基本模块其实更为重要。

首先我们先来复习下 Document Management 技术模块的四个主要的部分：文件夹、审阅（APPROVAL）、附函（TRANSMITTAL）、问题（ISSUE），如图 3-5-22 所示。

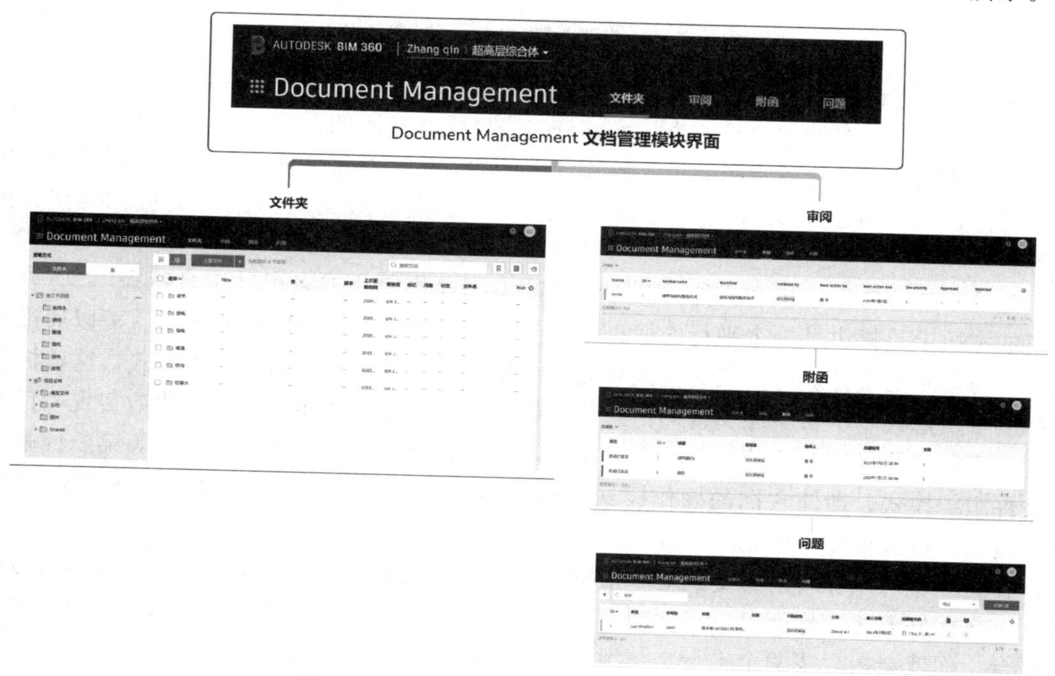

图 3-5-22 Document Management 技术模块

1. 文件夹

Document Management 中提供两种设计文件的组织与查看方式——文件夹与集（集合，SET）（图 3-5-23）。

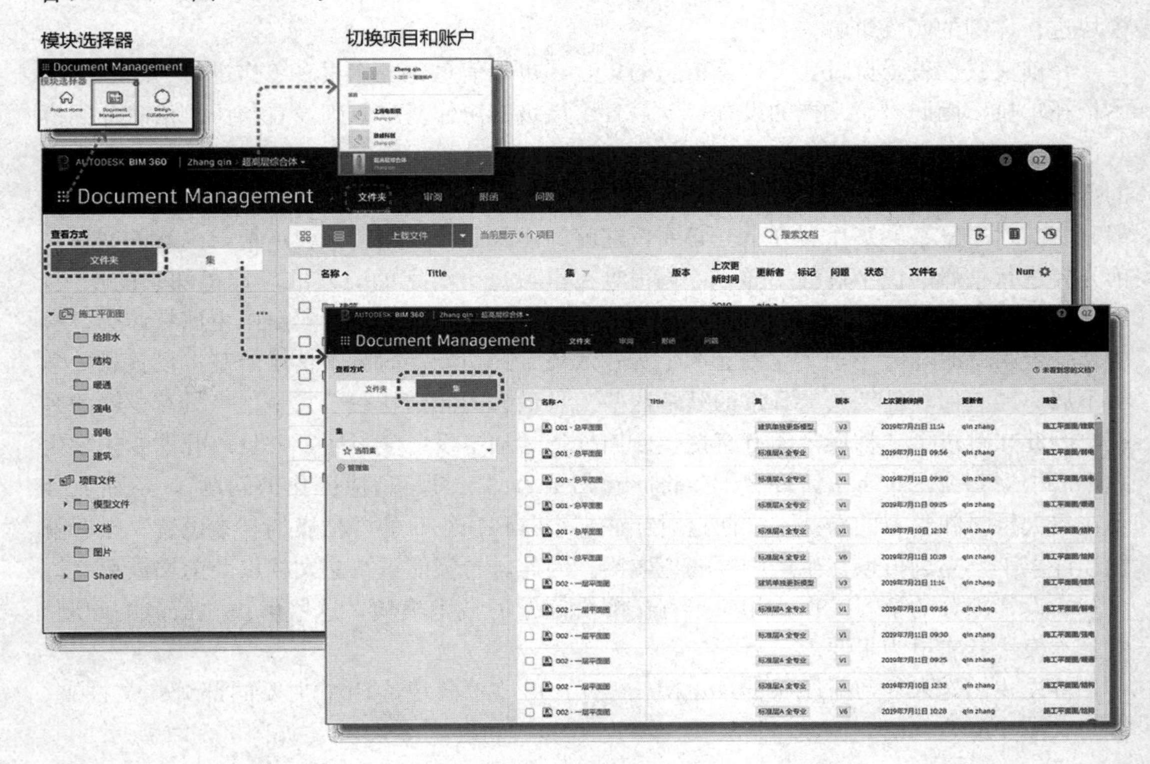

图 3-5-23 两种文件的组织与查看模式

其中文件夹的组织与查看模式，与我们在前文准备阶段所讲述的方法基本一致，在设计阶段需要重点注意的主要是一个技术部分——属性与权限的设置（图 3-5-24）。

集是我们在设计阶段常用的另一种管理文件的方式，对于文件夹中的文件还可以通过集来管理，可以将多个文件夹中的文件汇总至一个集进行文档信息的交流、提交、传递等。

此处不应该专注于集和文件夹两种方式的不同操作模式或者说“工具特点”，应该看到集的本质上是提供了一个平行的信息组织与分类方式。在具备两种方式后就可以通过对文件夹与集中的文件进行不同的范围划分进而排列组合出不同的信息分类方式，这就极大地扩展了信息技术平台所能支持的信息化协作模式的种类，从而可以尽可能地实现项目管理者关于信息化协作方式的构想。因此即使没有集，也会有文件夹、文档夹等第二种第三种文件组织模式，即使它们的操作模式一致，两套平行系统仍提供了大量的交叉组合可能，进而可以提供多种信息配置方式。

在这里也可以显著地感受到对于信息化协作的方法学习大于具体工具学习这句话的意义——掌握好方法，你就可以在面对不同的软件时去针对地寻找功能——如面对新的建筑云平台，你就会去寻找两个平行文档组织方式，而不是两种不同的功能。而你也可以在面对平台选择时作出更准确的判断——只有一套文档组织方式的平台，将在未来的信息化工

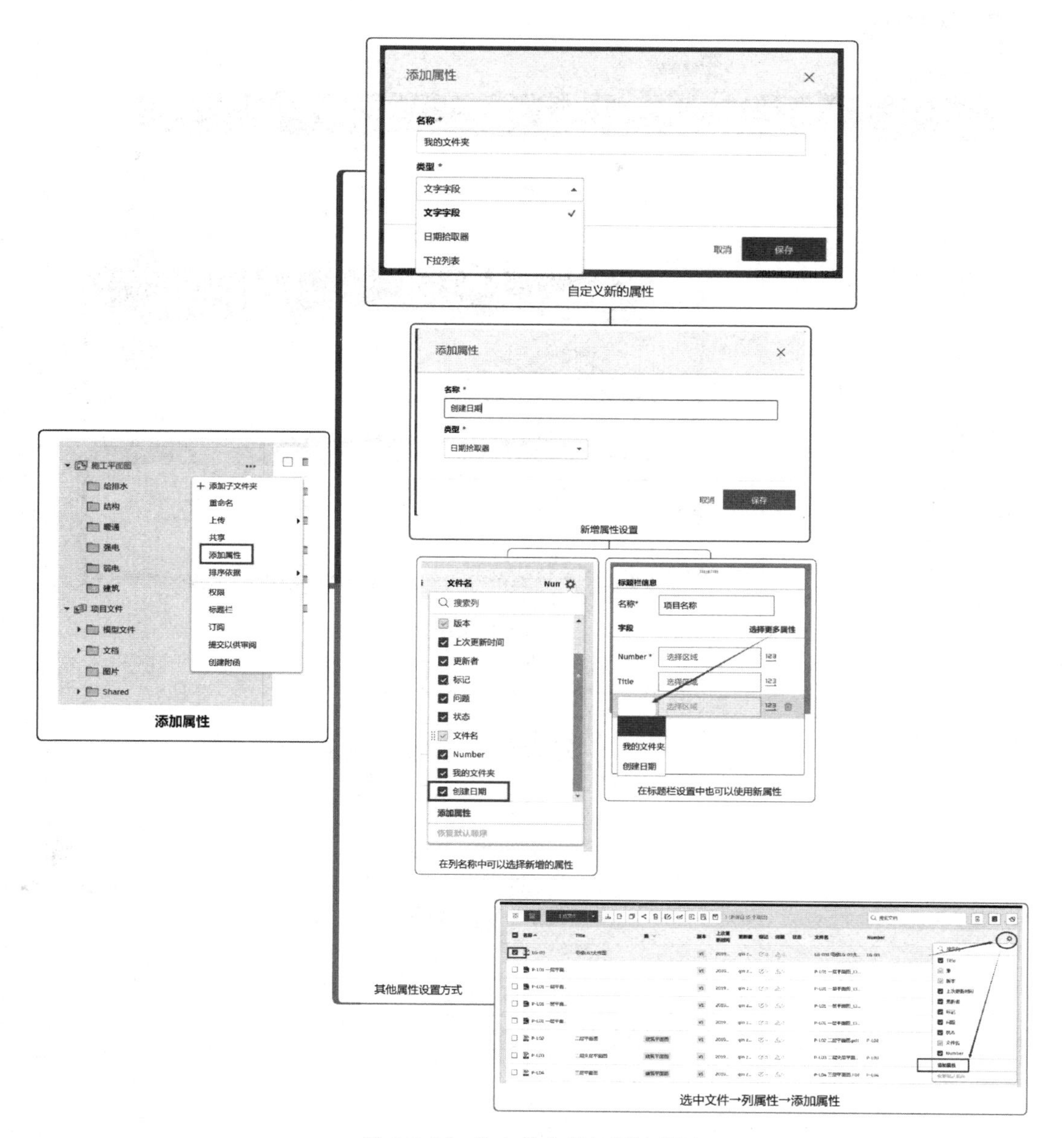

图 3-5-24　为文件夹增加属性设置

作组织上大大受限，即使它上面功能绚丽繁复，但是未来的工作流组织仍会相对的死板与单调。而这么重要的影响却在看似“不重要与枯燥”的基本文档设置模式上就决定了（图 3-5-25～图 3-5-28）。

2. 审阅与审阅工作流

审阅是设计工作中十分重要的信息交流过程，是保证建筑设计可以顺利完成的必要过程。审阅是团队之间不同工作经验的工程师进行交流的过程，审阅流程的顺畅能确保经验丰富的工程师的经验可以最大限度地覆盖至团队的方方面面（图 3-5-29、图 3-5-30）。

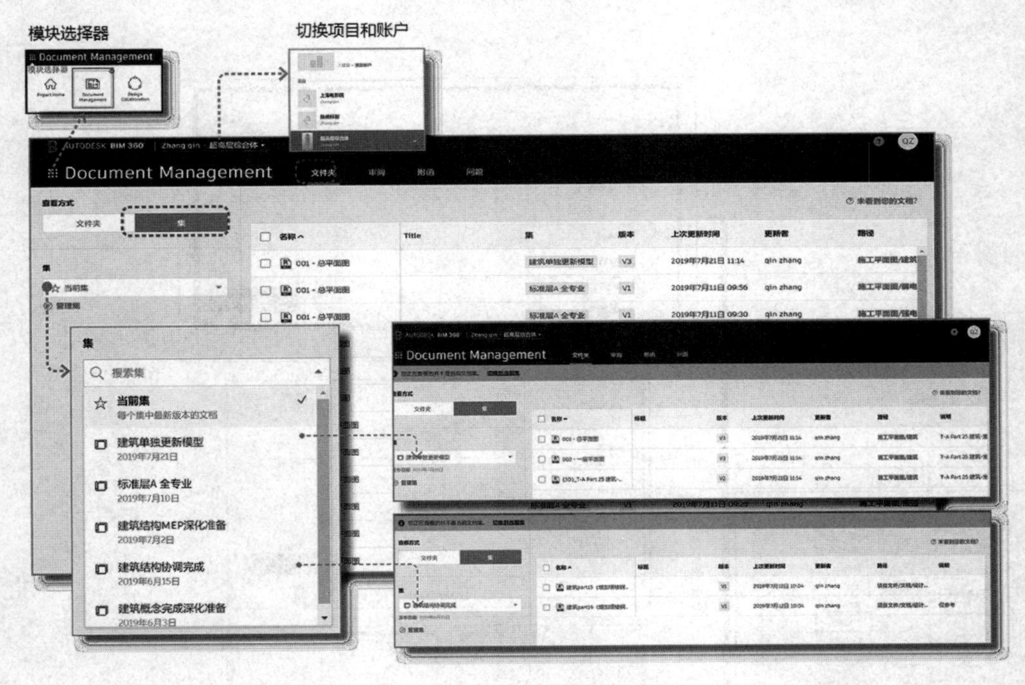

图 3-5-25　使用集来组织文件

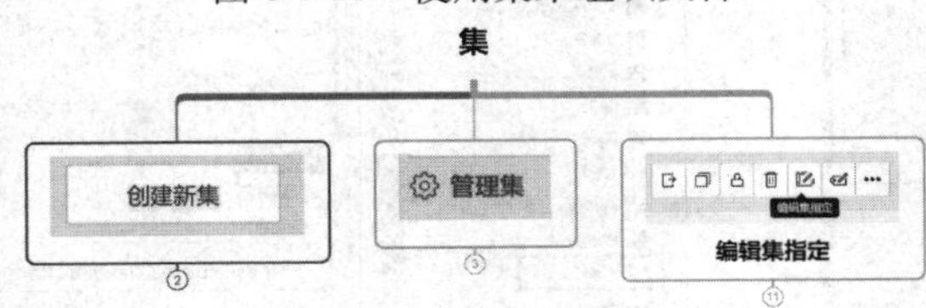

图 3-5-26　集的基本功能

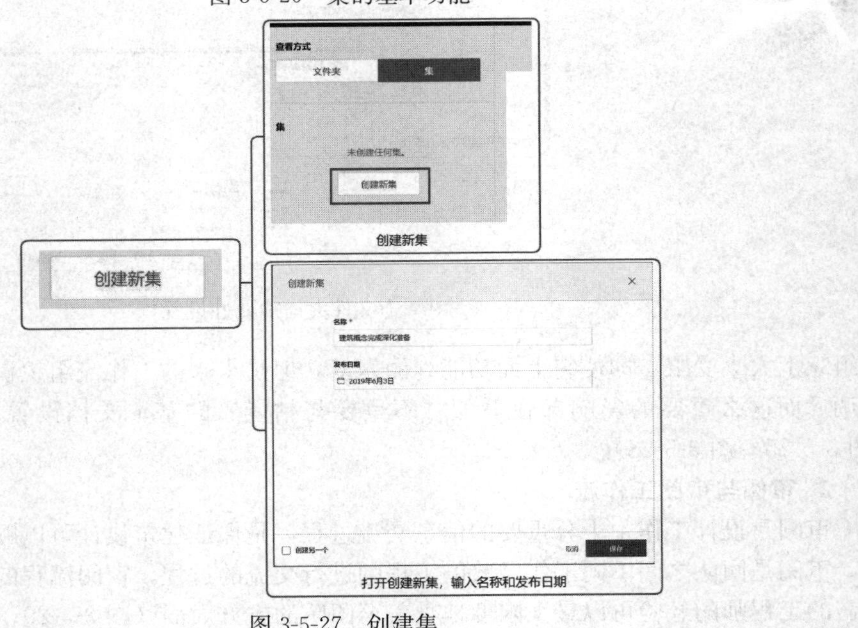

图 3-5-27　创建集

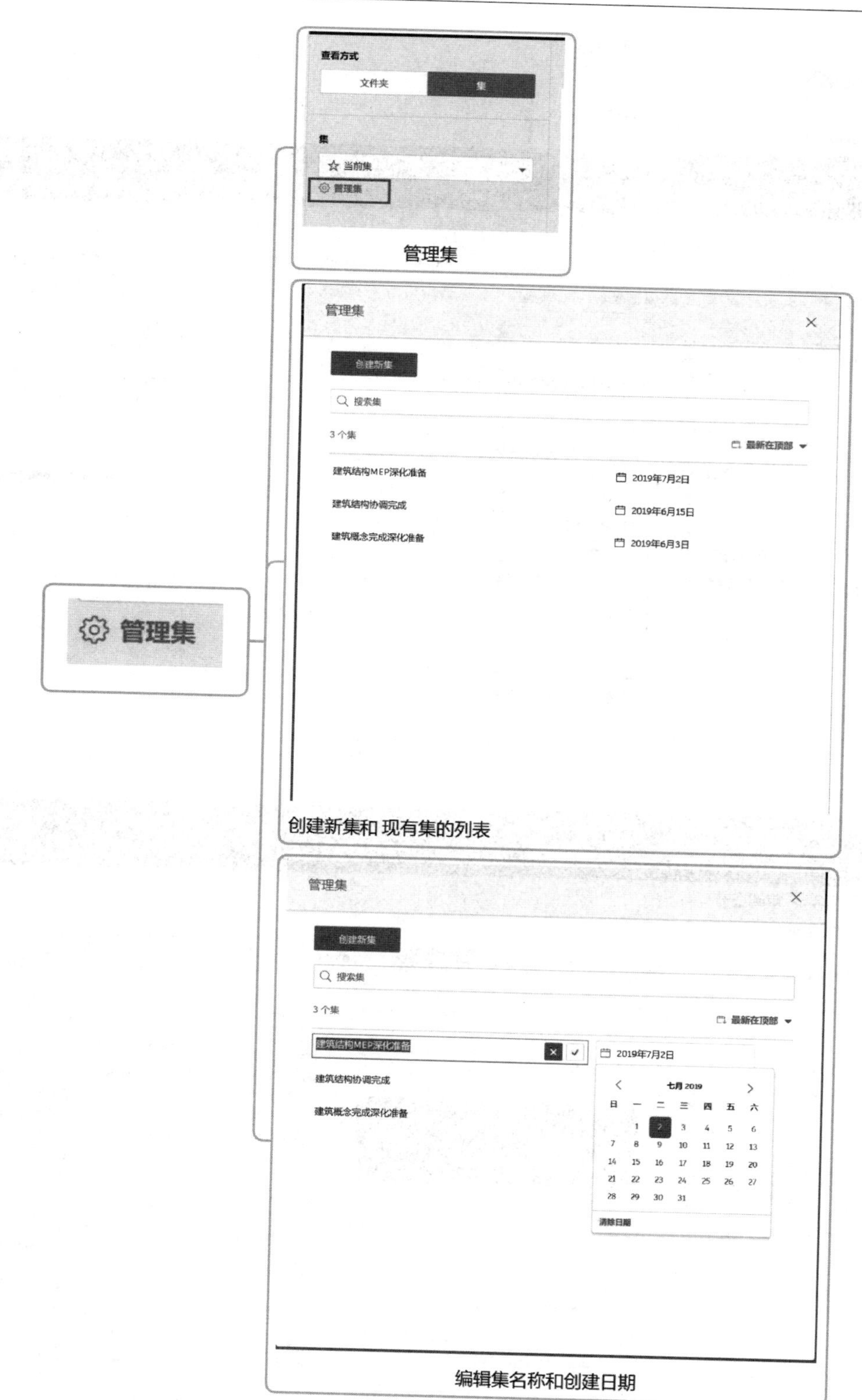
查看方式
文件夹
集
集
当前集
管理集
管理集
管理集
创建新集
搜索集
3 个集
最新在顶部
建筑结构MEP深化准备
2019年7月2日
建筑结构协调完成
2019年6月15日
建筑概念完成深化准备
2019年6月3日
创建新集和 现有集的列表
管理集
创建新集
搜索集
3 个集
最新在顶部
建筑结构MEP深化准备
2019年7月2日
建筑结构协调完成
建筑概念完成深化准备
七月 2019
清除日期
编辑集名称和创建日期

图 3-5-28　管理集

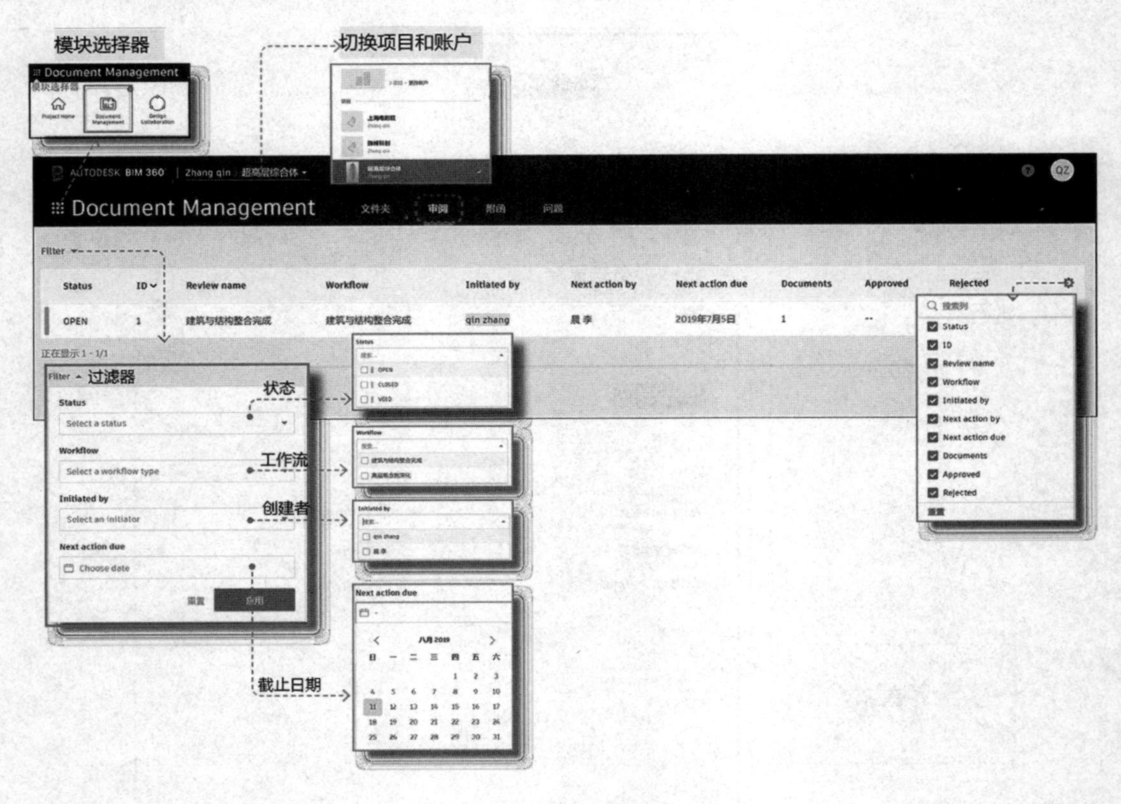

图 3-5-29 审阅界面

图 3-5-30 审阅详情

在审阅详情页面中会显示所选审阅的细节信息——包括标题、截止日期、创建者和指定的审阅者、审阅的文件、版本、标记和评论信息以及审阅的进程。

审阅工具的作用是为了实现审阅信息工作流，这里要向读者强调一下，审阅工作流与 RFI 工作流一样，是一种信息交互的组织方式，并不依赖于具体工具，使用任何工具都可以组织审阅工作流，因此 Document Management 中的审阅相关工具的作用是“在信息化平台上实现审阅工作流的信息交互”而并不是审阅工作流是信息平台的功能。因此，在学习的过程中需要更加关注审阅工作流的组织与信息的流动，通过“信息—实现”的方式在具体的工具操作过程中同时学习信息的交互组织，最终达到掌握审阅工作流以及工具实践应用的两个目的。

审阅与批准是密不可分的，因为审阅本身在“审查阅读相关信息结果”的同时，主要的作用就是对这部分成果进行批示，提出各种建议，也就是“批准”。因此，在信息化平台上，审阅工作流是批准及审阅综合的工作流程（图 3-5-31～图 3-5-35）。

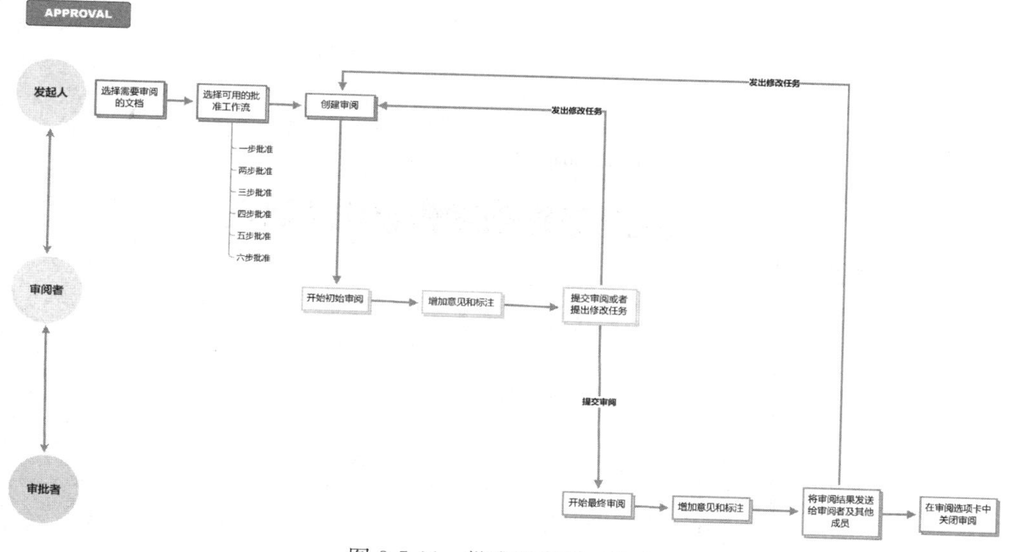

图 3-5-31　批准及审阅工作流

最终的审阅流程在信息平台上具体实现方式以图 3-5-36 为读者直观地详细展示。

3. 附函

Document Management 中的附函（TRANSMITTAL）是用于正式文档传递的工作流（图 3-5-37）。正式文档指的是已经经过审阅修改定稿的最终或阶段性的完成文件、归档文件。因此，附函工作可以简单理解为传统工作中的最终文件提交与汇总工作（虽然在操作上与范围上有所不同）。在附函工作流中，接受者会收到通知提醒，在收到发送者发送的项目图形、模型和其他文档的同时，也包含发送者的说明和描述、文件的版本等详细信息，以及需要对文件进行的操作内容等。对比于传统的过程，信息化的正式文件传递过程主要有三点优势：首先，使沟通更简洁、有效、及时，发送与接收的过程都十分简洁（没有传统方式需要准备一大堆软件甚至版本进行一一查看），而且因为及时的提醒记录也避免出现人为的遗忘过程；其次，传递的信息量大大增加；最后，通过信息化的传递过程，使文档的传递和操作活动都可以被记录、查询，既保证了信息的完整性和工作流程的透明，也责任分明，便于管理者的管理和监控（图 3-5-38）。

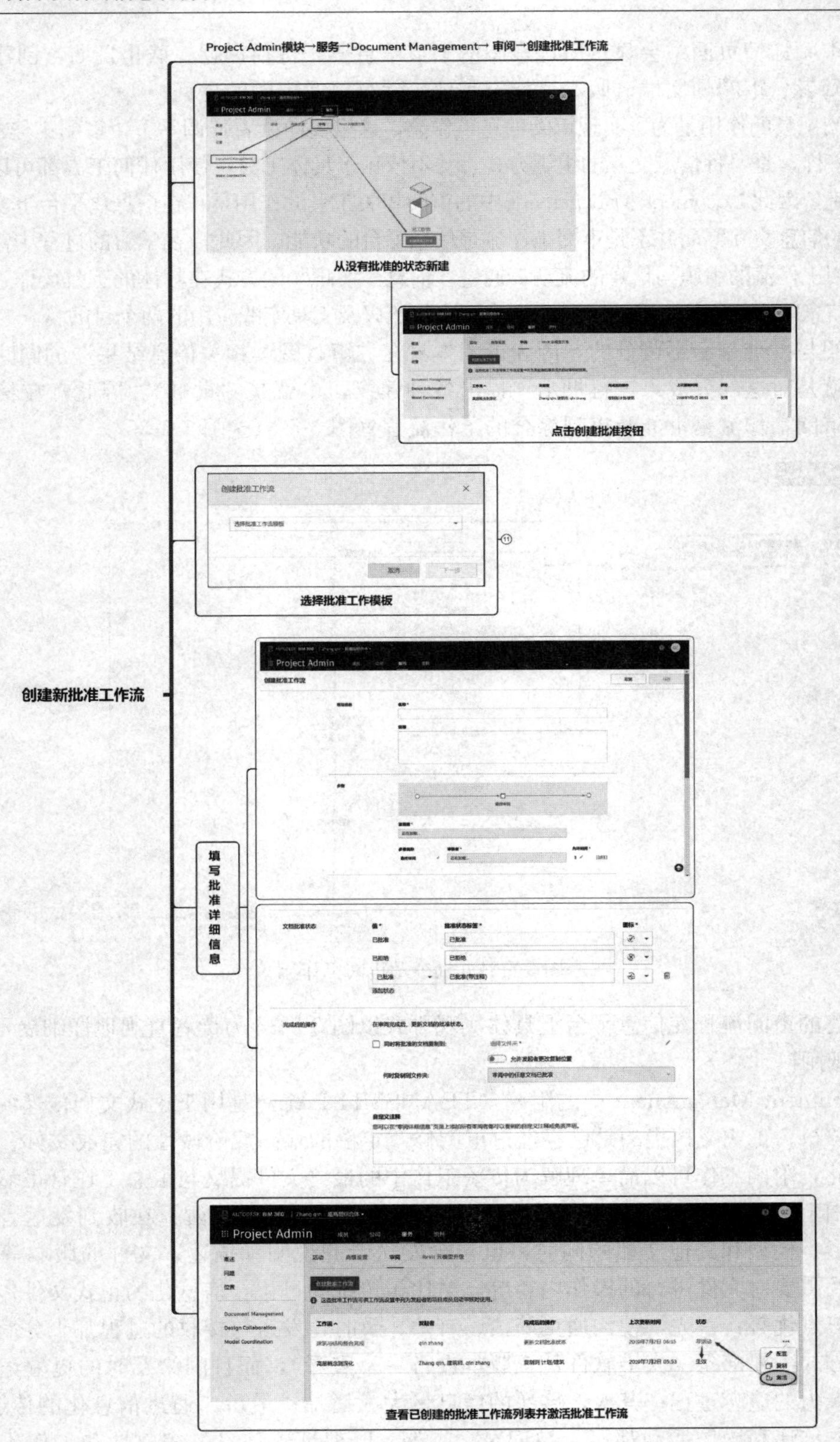

图 3-5-32　创建批准工作流

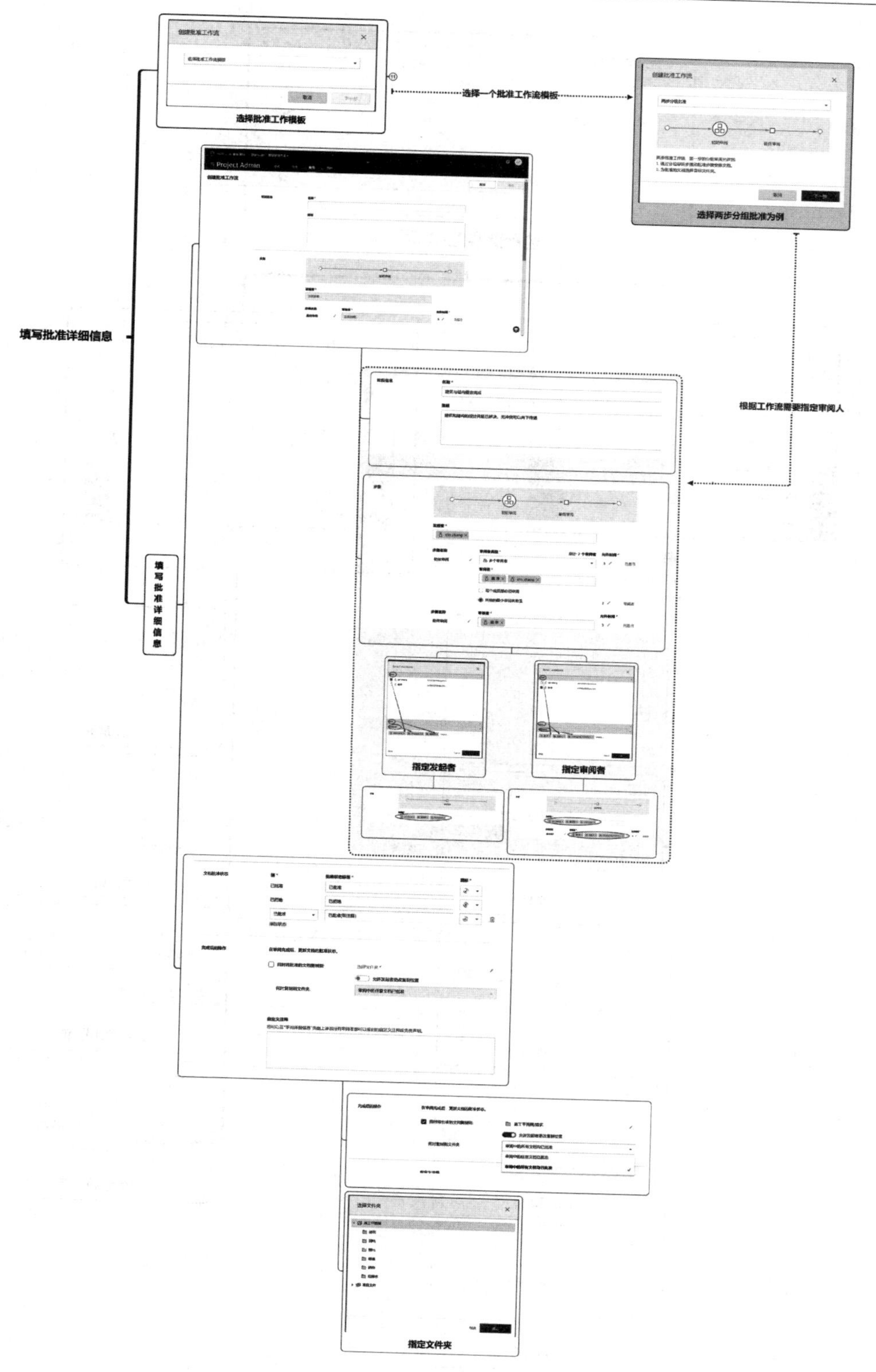

图 3-5-33　填写批准详细信息

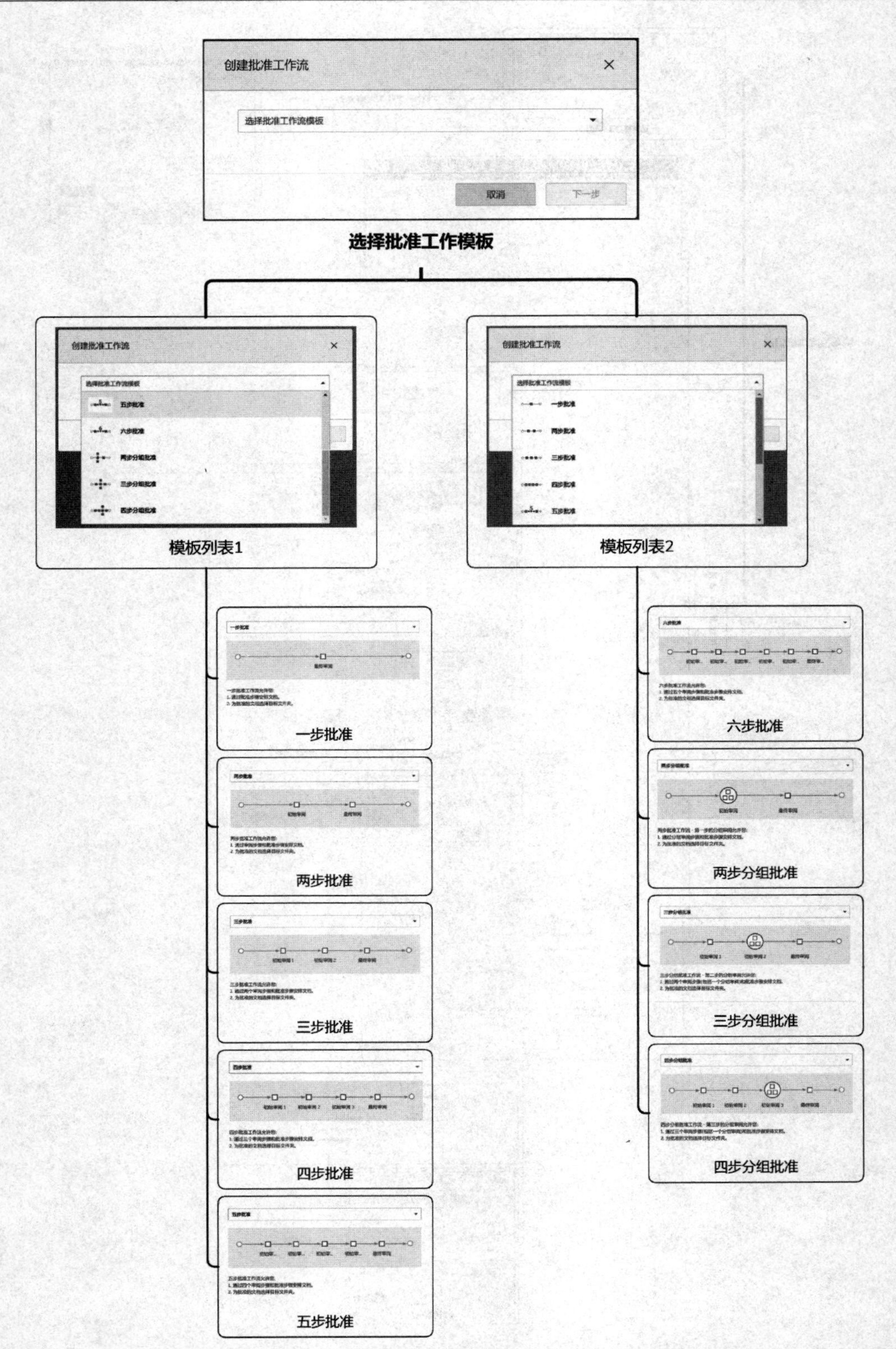

图 3-5-34　选择合适的批准工作流模板（批准工作流模板在准备阶段的 Project Admin 中进行设置）

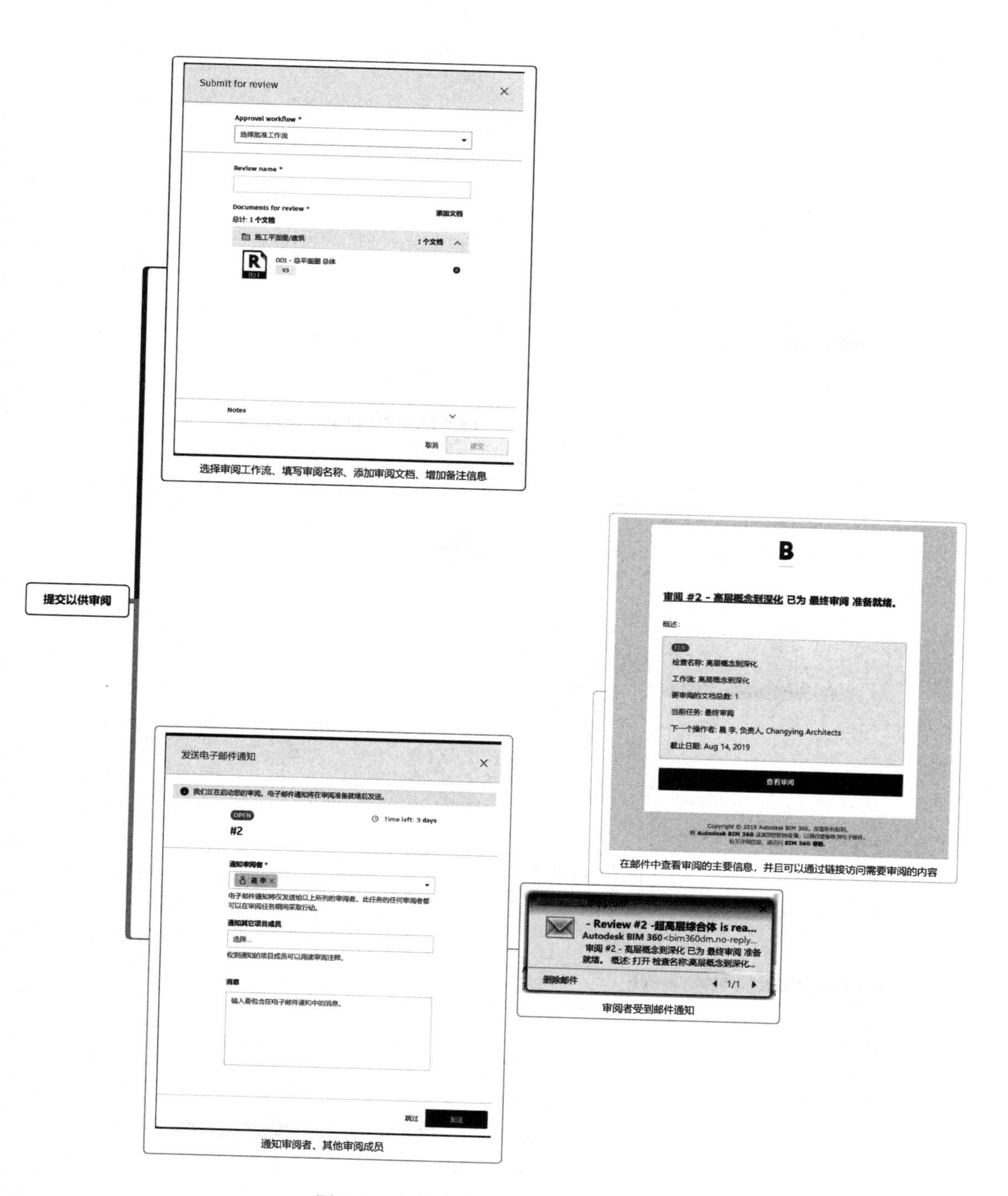

图 3-5-35　提交审阅，进入审阅流程

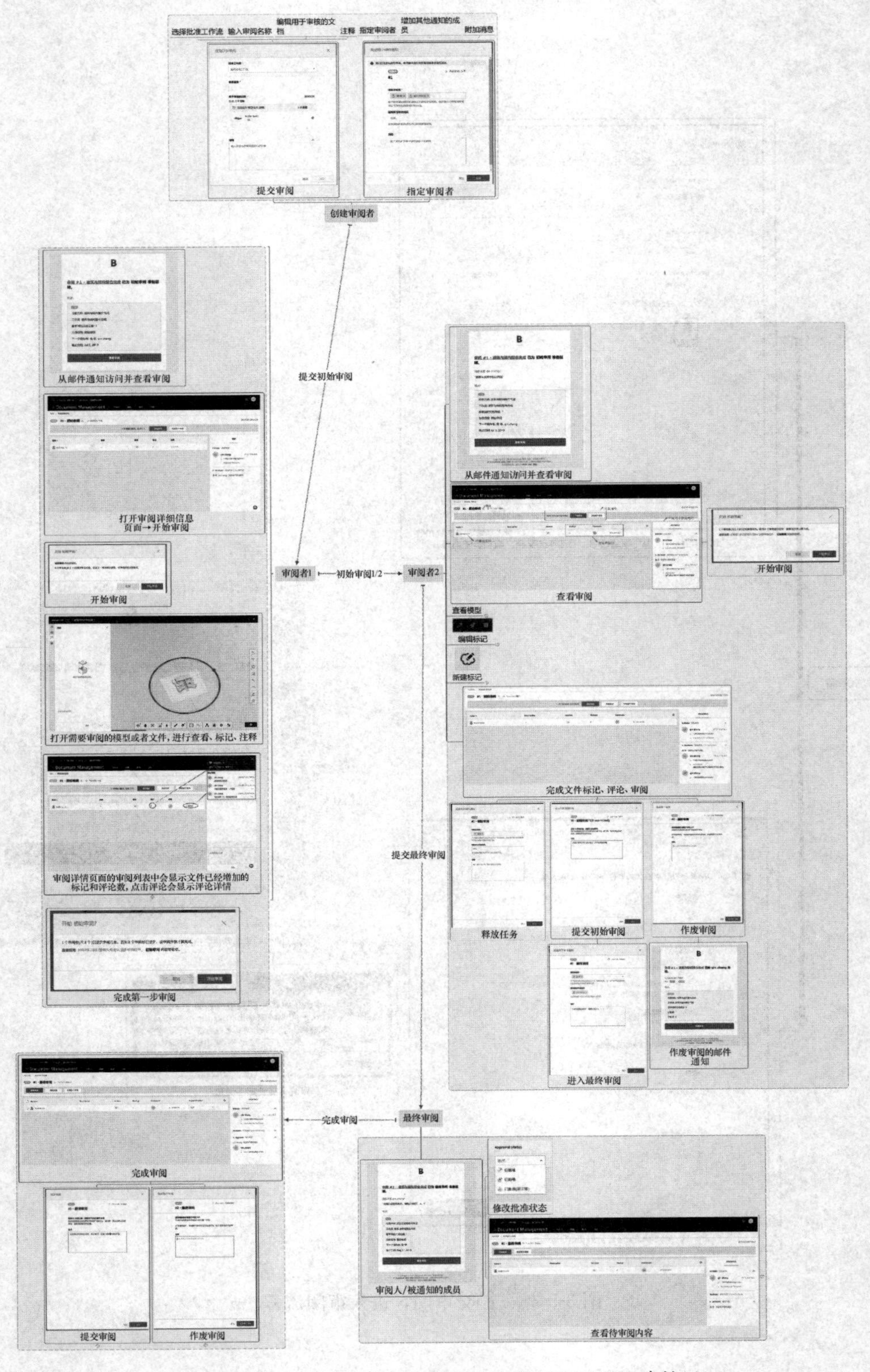

图 3-5-36 在建筑云平台上实现审阅流程（BIM 360 建筑云）

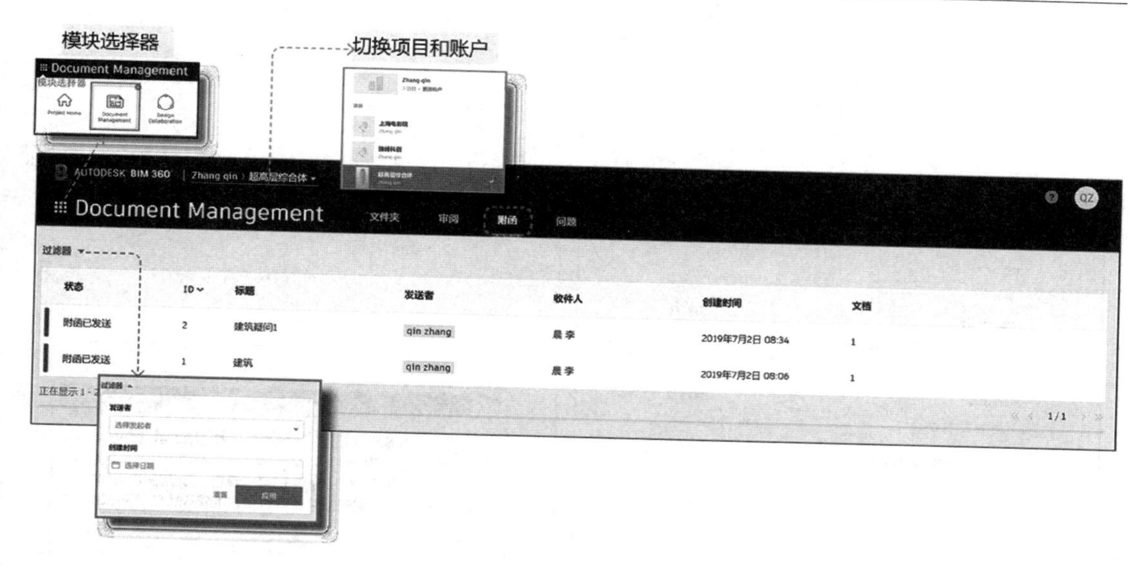

图 3-5-37　附函界面

附函 › 附函详细信息

附函已发送　# 1 - Folder 1.1 - First transmittal test

下载 ZIP 文件

名称	标题	集	版本	上次更新时间	更新者
110	ELEVATIONS		V1	2019年1月11日 14:06	Michael Lebsack
120	FLOOR PLAN		V1	2019年1月11日 14:06	Michael Lebsack
130	TYPICAL SECTION		V1	2019年1月11日 14:06	Michael Lebsack
140	DIAGONAL BRACING DETAILS		V1	2019年1月11日 14:06	Michael Lebsack
150	DIAPHRAGM ACTION and MISC DETAILS		V1	2019年1月11日 14:06	Michael Lebsack
160	TRUSS DIAGRAMS		V1	2019年1月11日 14:06	Michael Lebsack

图 3-5-38　附函详细信息页面（此图为官方教程图）

附函在 Document Management 以及 BIM 360 云端的工作中，作为正式的文件传递方式，是日常工作中会经常使用的工作流。项目管理员和项目成员都应该了解并正确使用附函工作流（图 3-5-39、图 3-5-40）。

4. 问题工作流（ISSUE）

我们在之前的准备阶段已经介绍了问题工作流，这是一个跨阶段的工作流。正如我们在前文设计阶段的 Design Collaboration 部分所陈述的，在设计阶段我们主要在 Document Management 中完成问题工作流的实践操作，因此在这一部分我们主要讲解设计阶段的问题工作流的实践方法（图 3-5-41～图 3-5-43）。

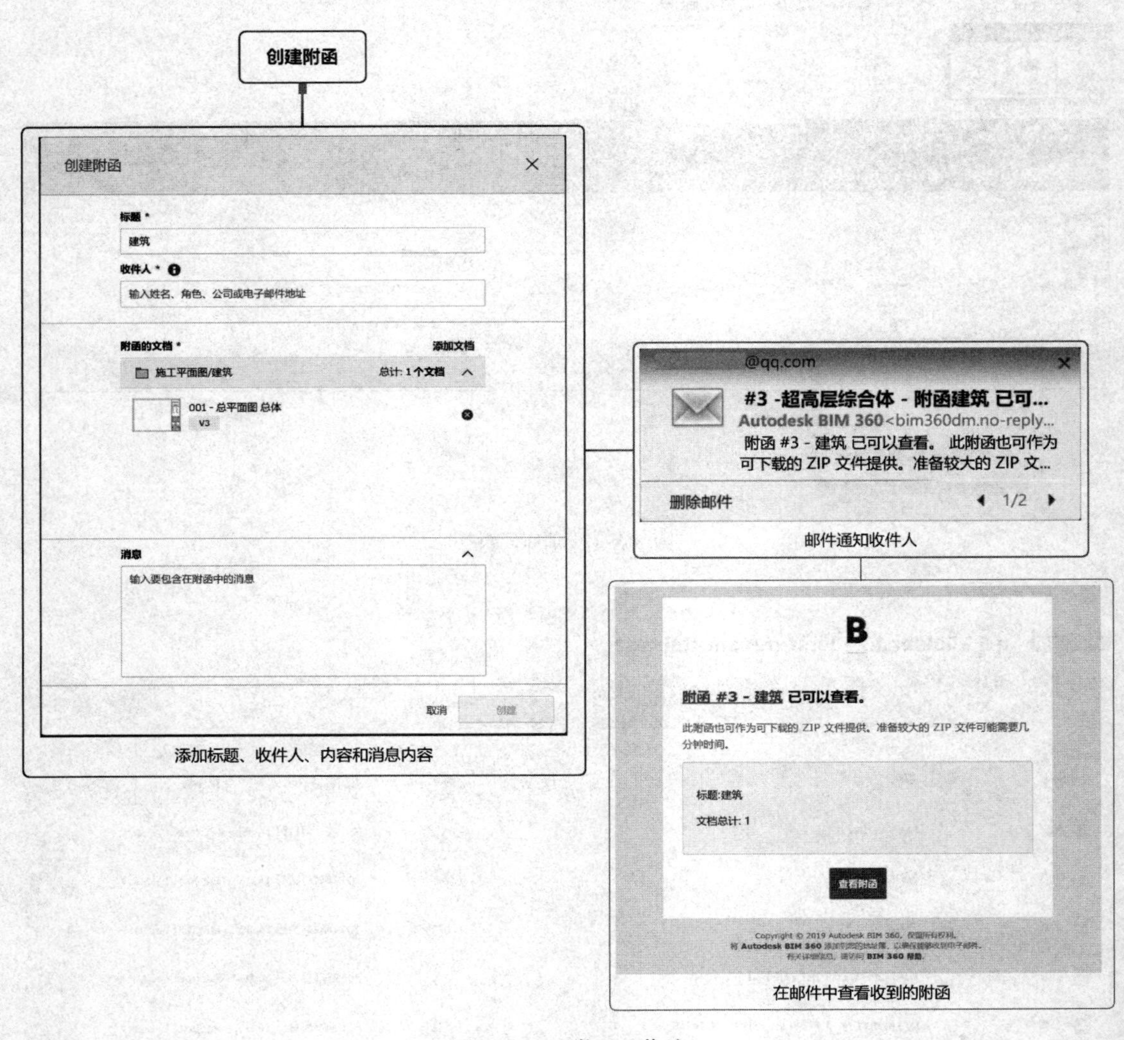

图 3-5-39 附函工作流

（1）创建问题（图 3-5-44、图 3-5-45）

（2）查看问题（图 3-5-46～图 3-5-48）

（3）移动端（图 3-5-49～图 3-5-52）

5. 项目管理者需要掌握的文档管理工具与工作流

从文档（信息集合）的角度来看，团队管理者与团队参与者的一个分工区别在于参与者的工作重心在创建文档（信息集合）的过程，而管理者的工作重心除此之外还有对——许多已经由团队完成的信息成果——文档的管理上。其实从信息的角度来看，文档的管理也是对于信息的整合、分类、传递与分流配置的处理，因此项目管理者（包含各级管理者）也是项目的主要文档管理者，对于文档的管理是项目管理者必须要掌握的核心能力。接下来，我们将用图示的方式清晰地介绍项目管理者涉及的文档管理工作相关的工具应用。

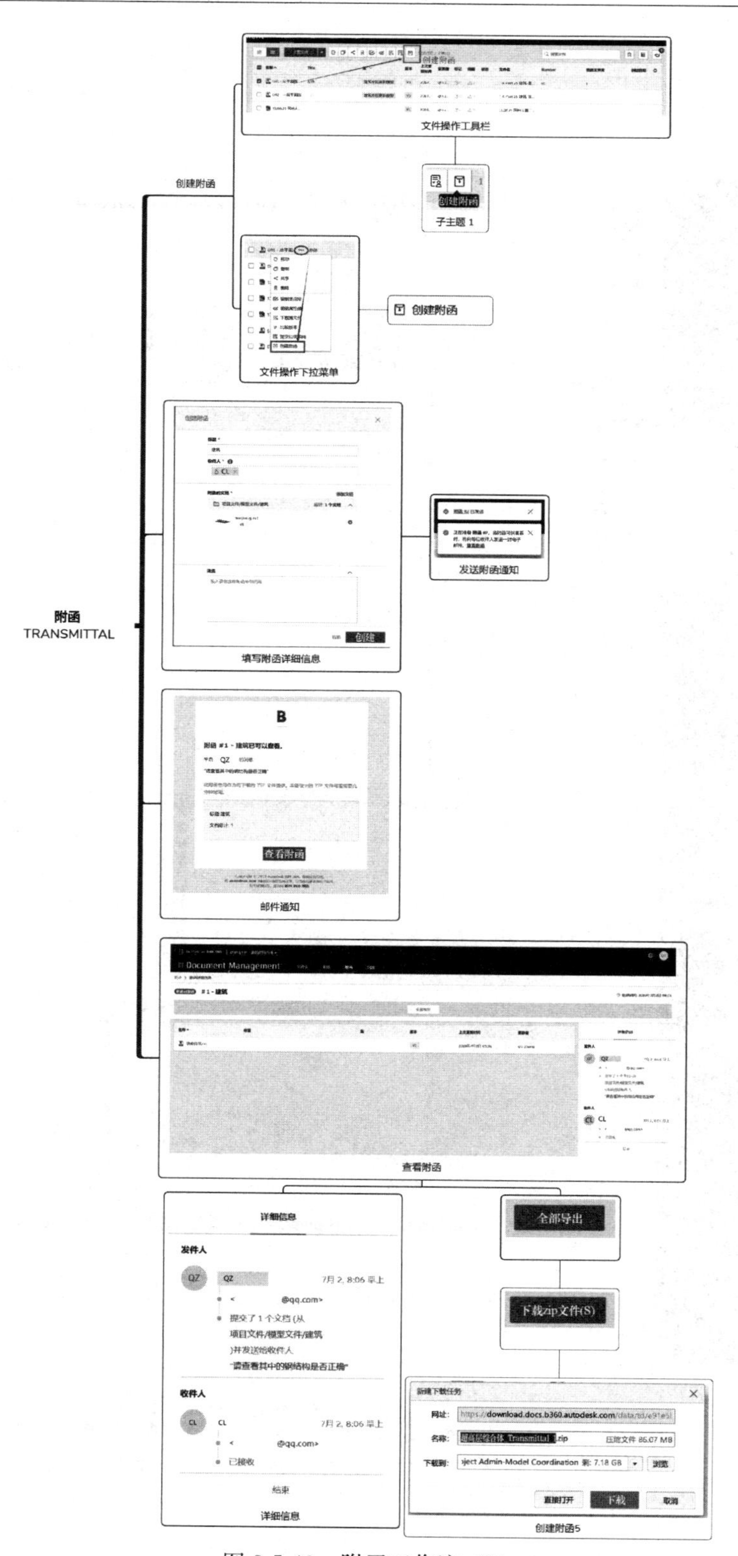

图 3-5-40　附函工作流（2）

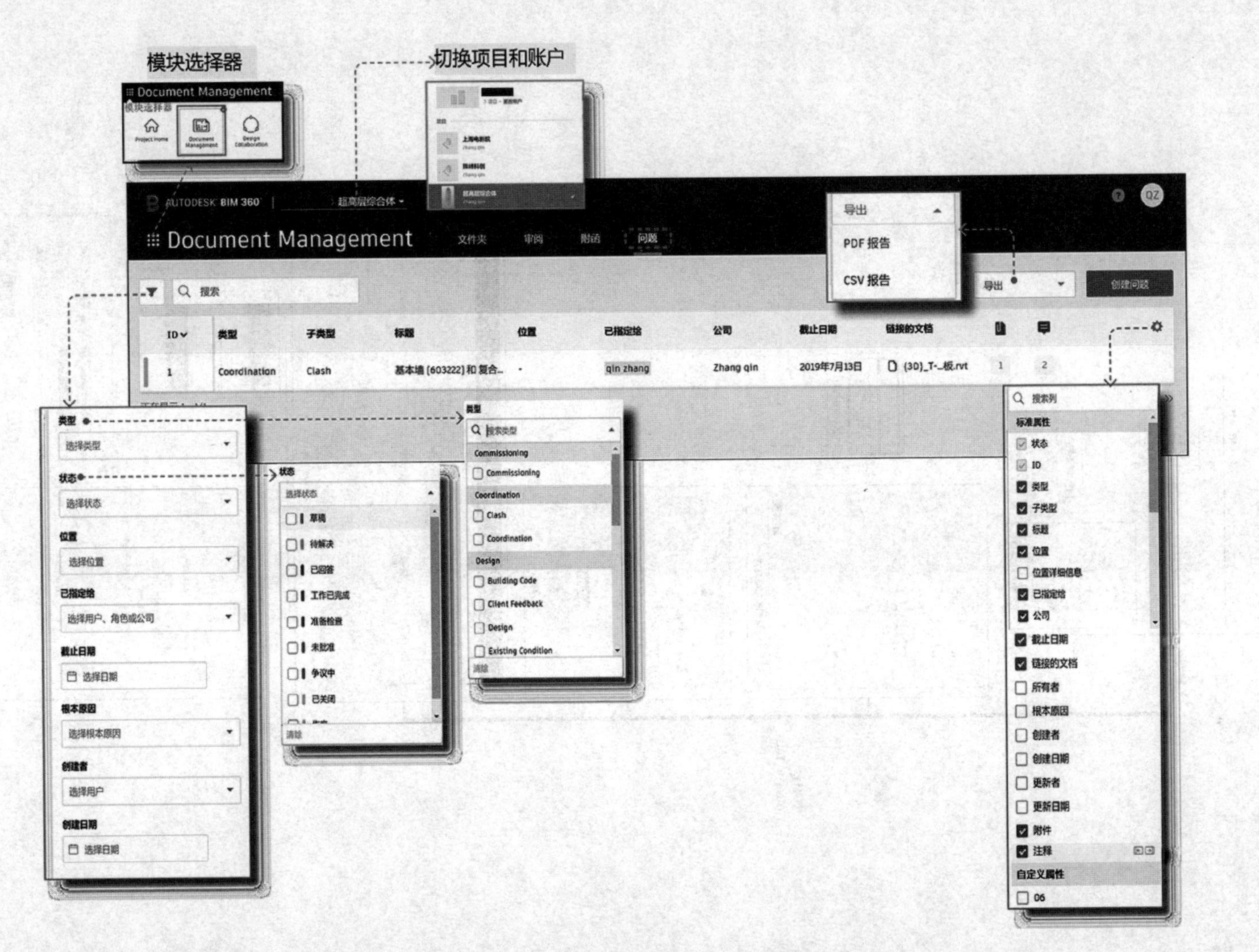

图 3-5-41　问题页面显示现有的问题列表以及问题的基本类型

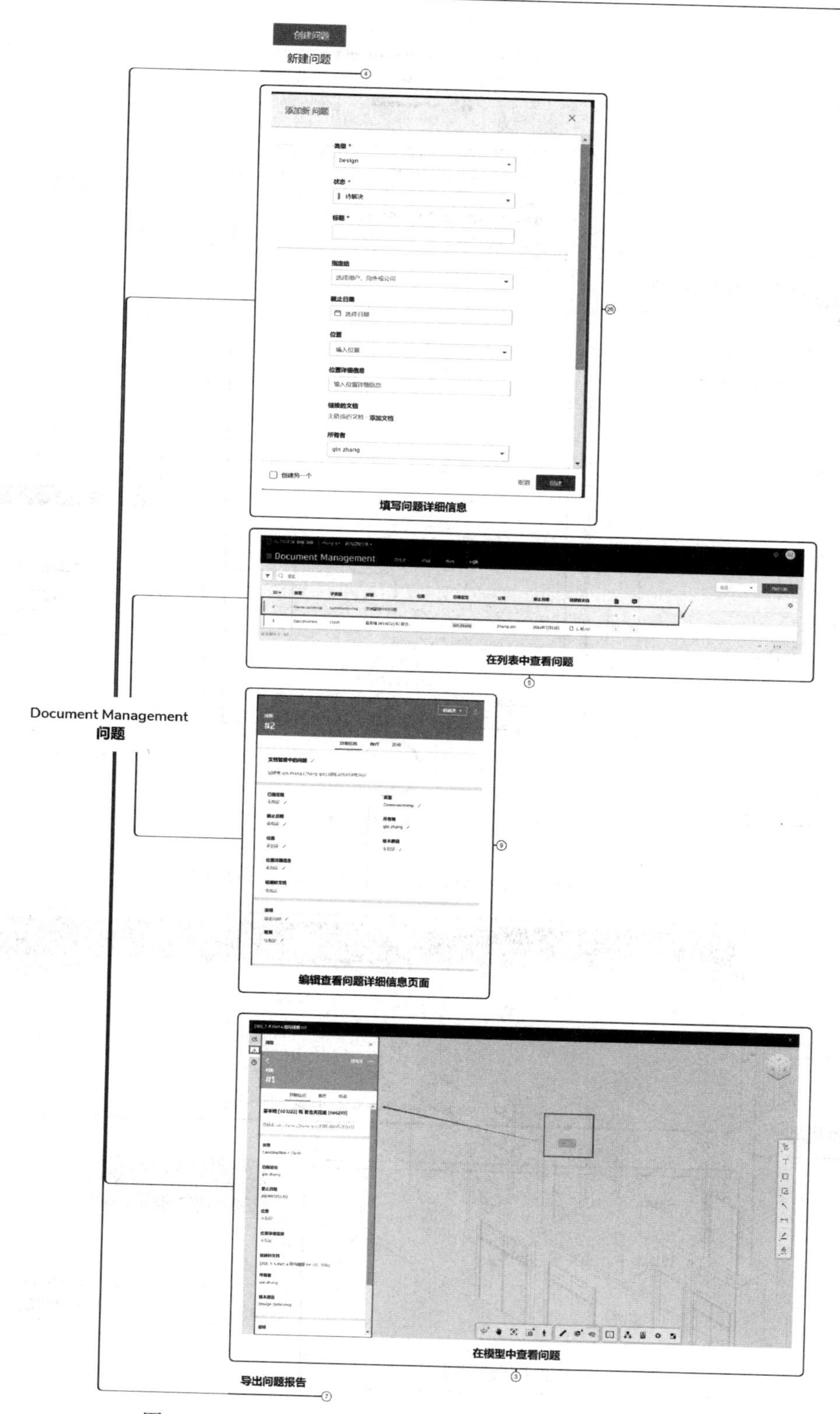

图 3-5-42　Document Management 中的问题（计算机端）

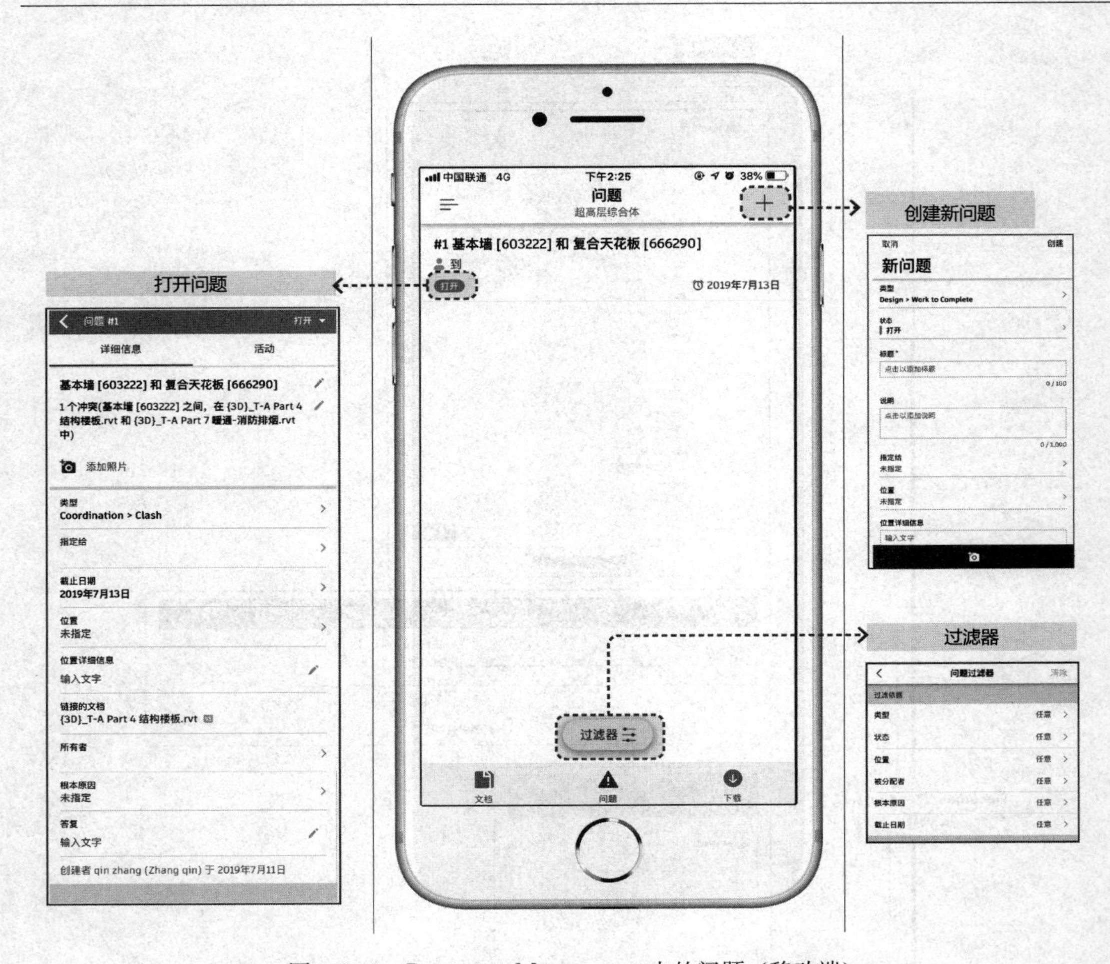

图 3-5-43 Document Management 中的问题（移动端）

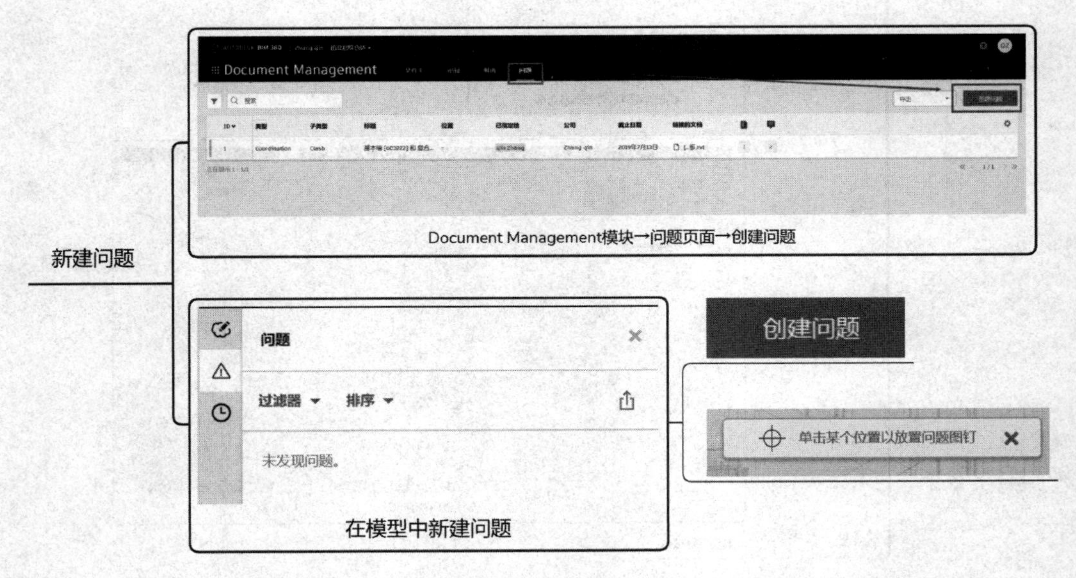

图 3-5-44 创建问题

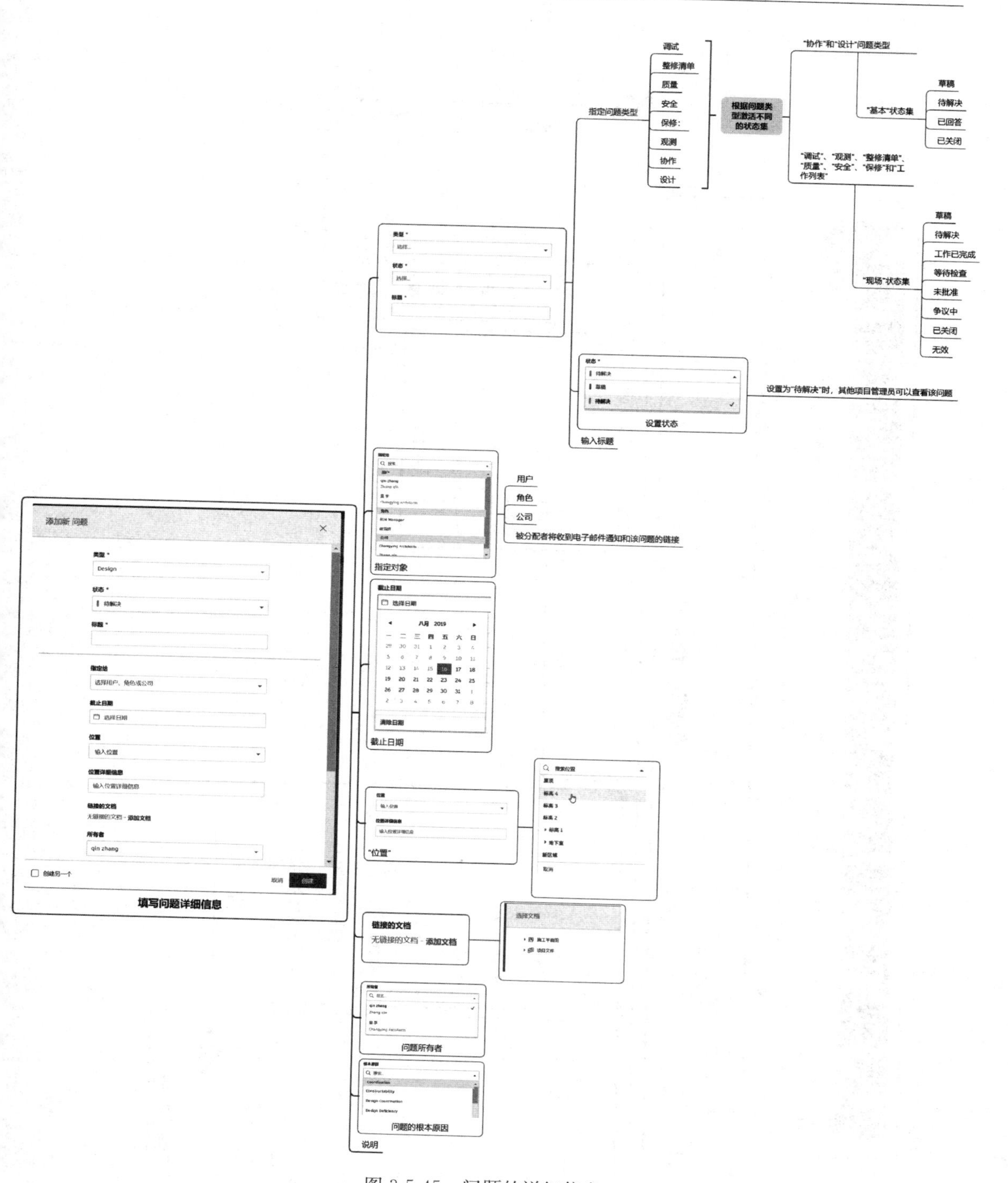

图 3-5-45 问题的详细信息

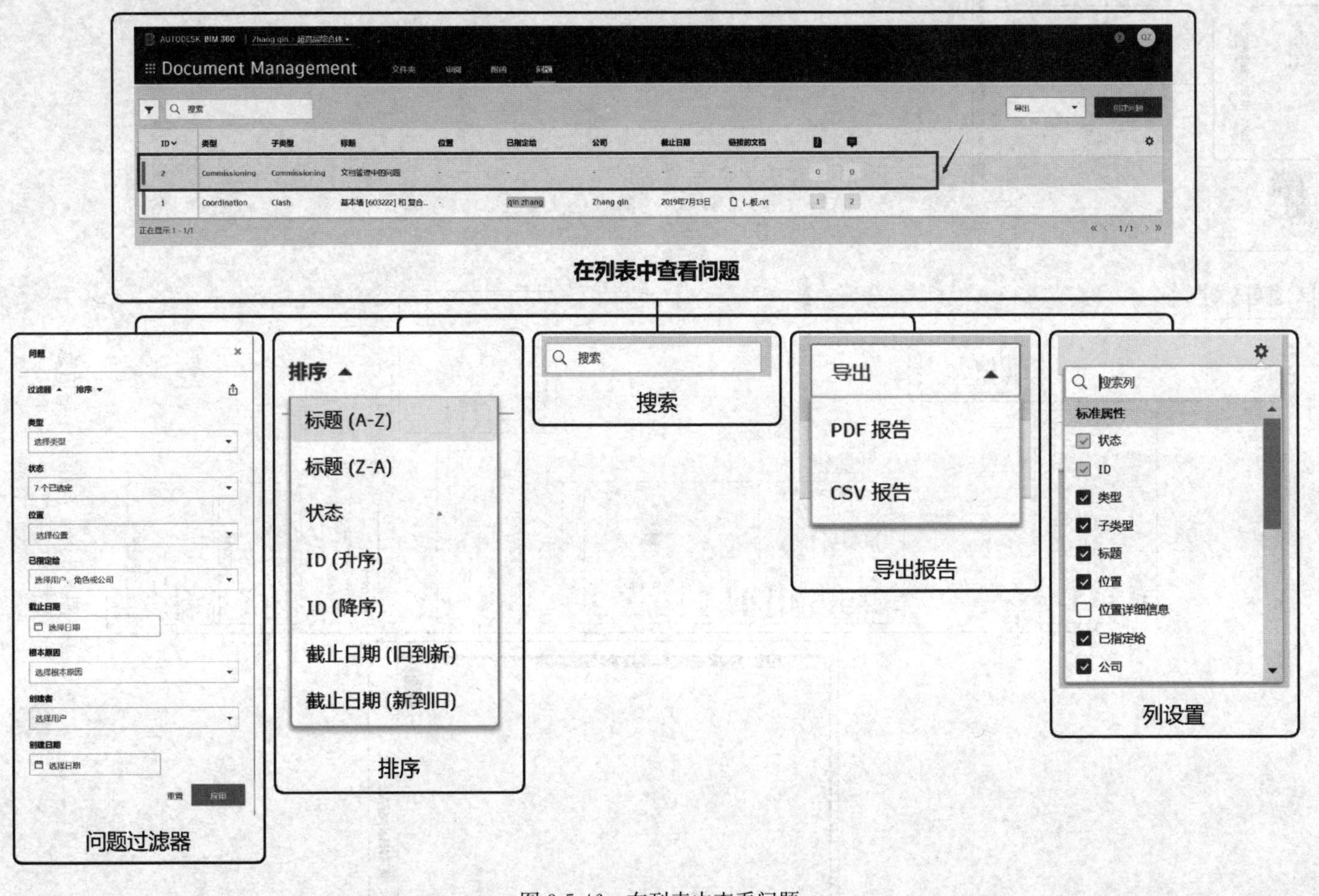

图 3-5-46　在列表中查看问题

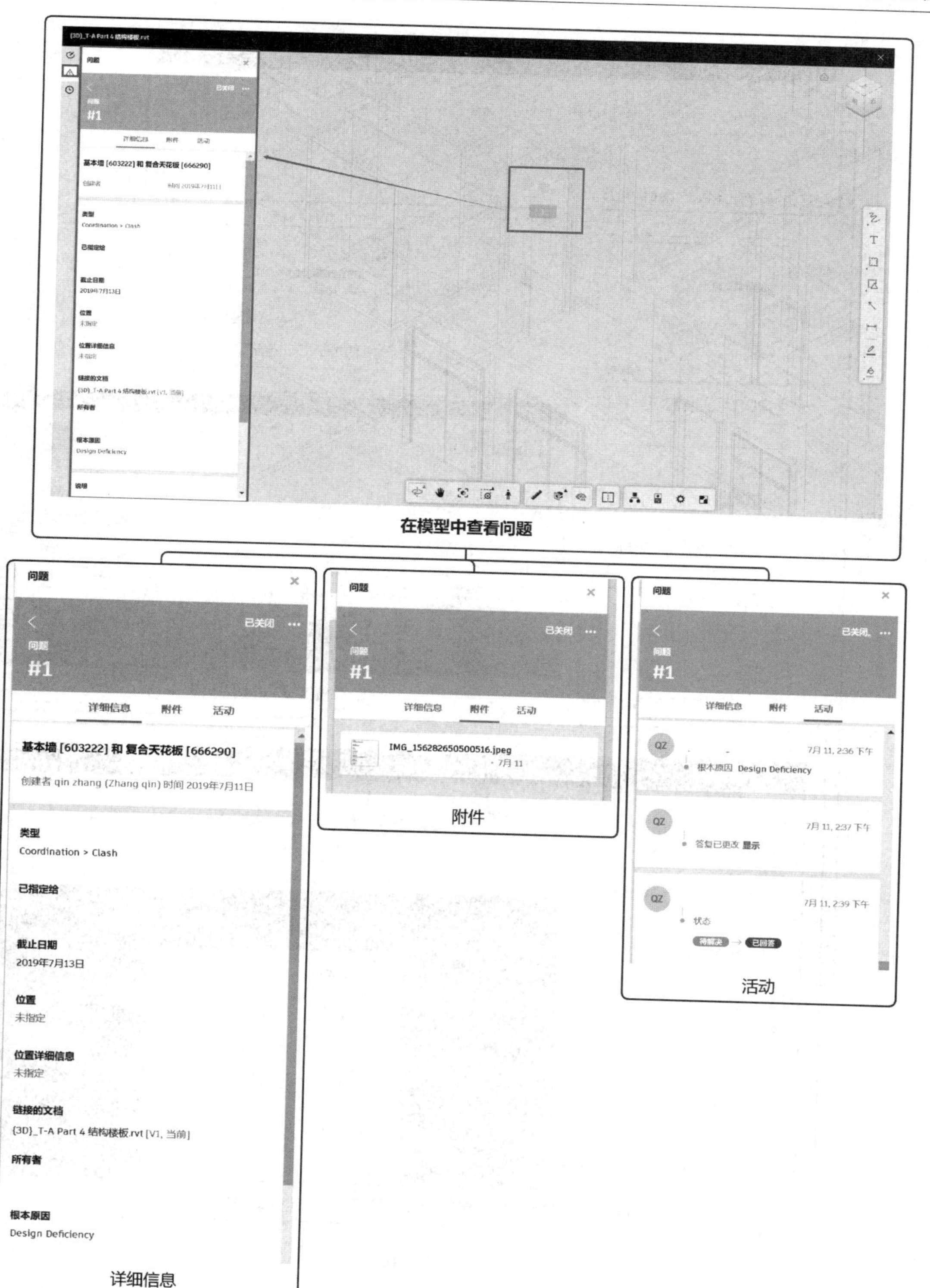

图 3-5-47 在模型中查看问题

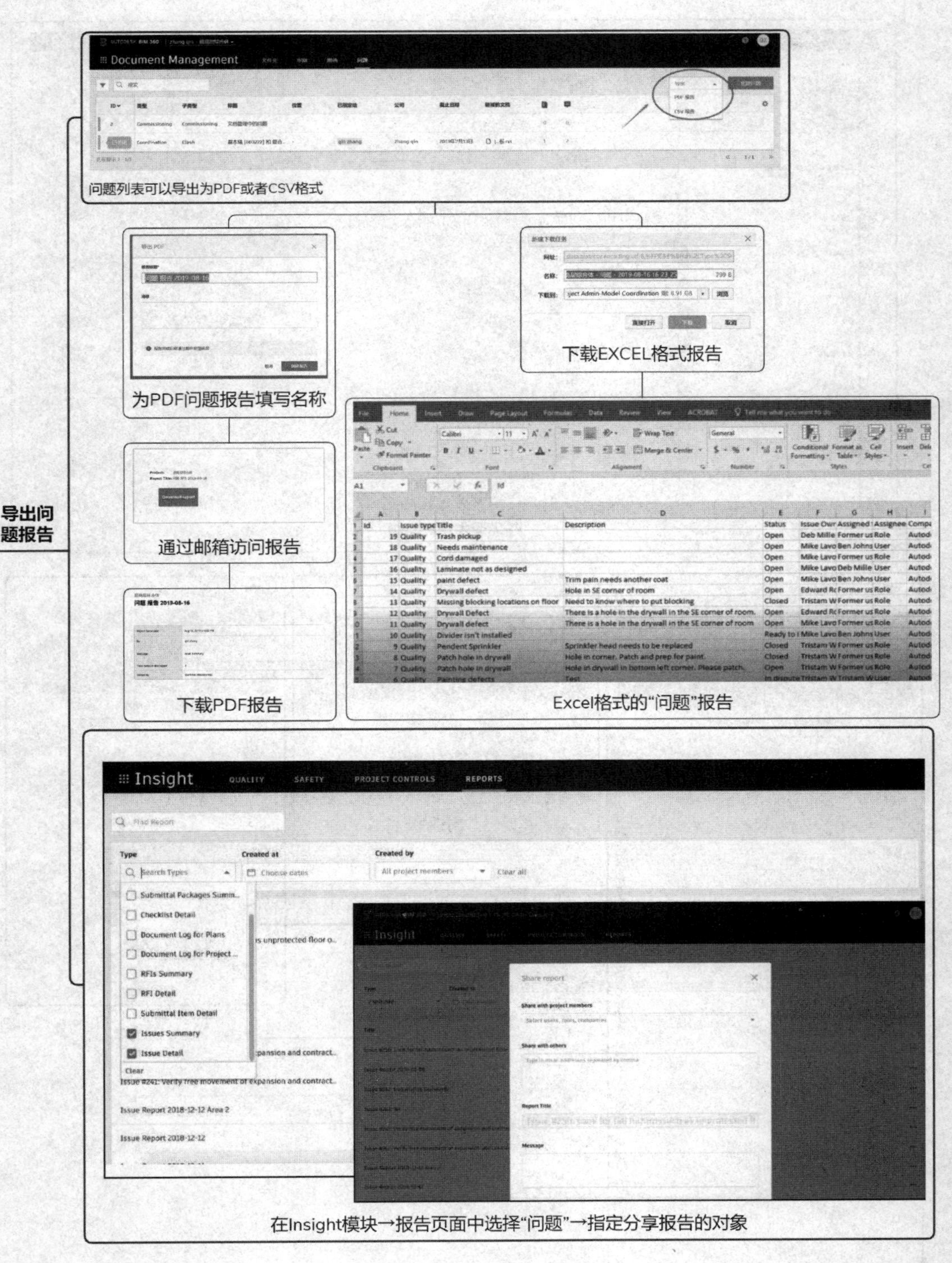

图 3-5-48　导出问题报告

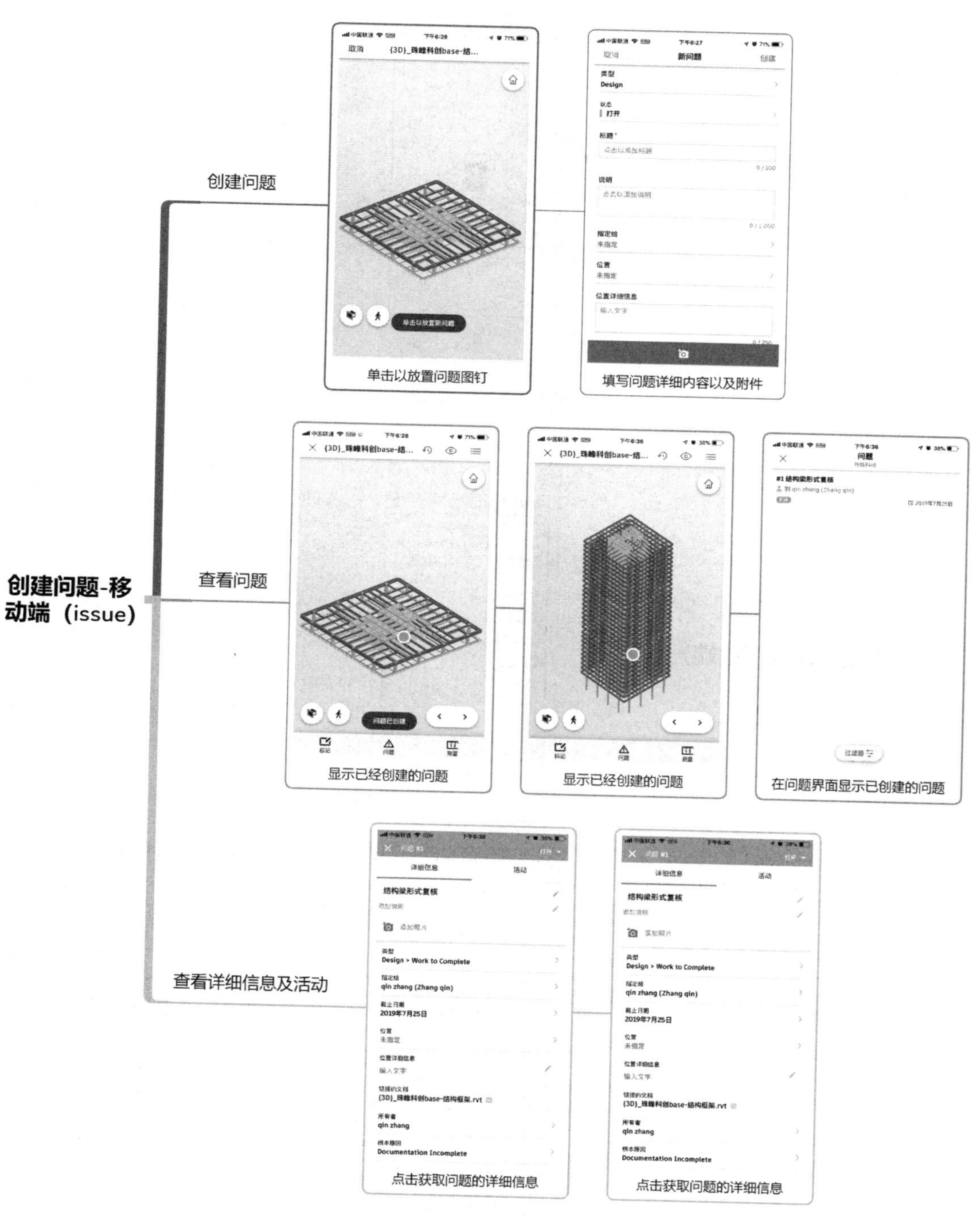

图 3-5-49　在移动端进行问题操作

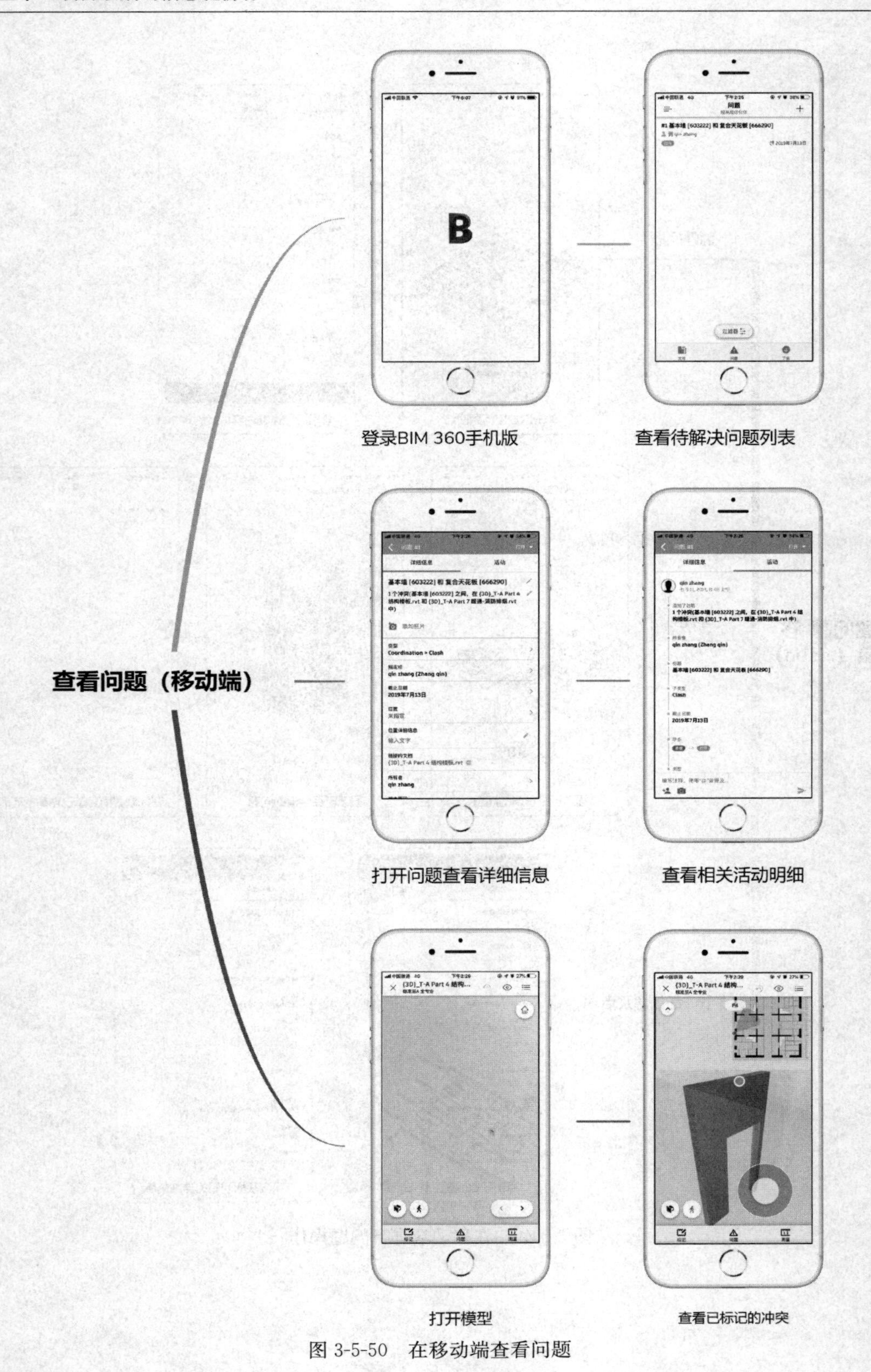

图 3-5-50　在移动端查看问题

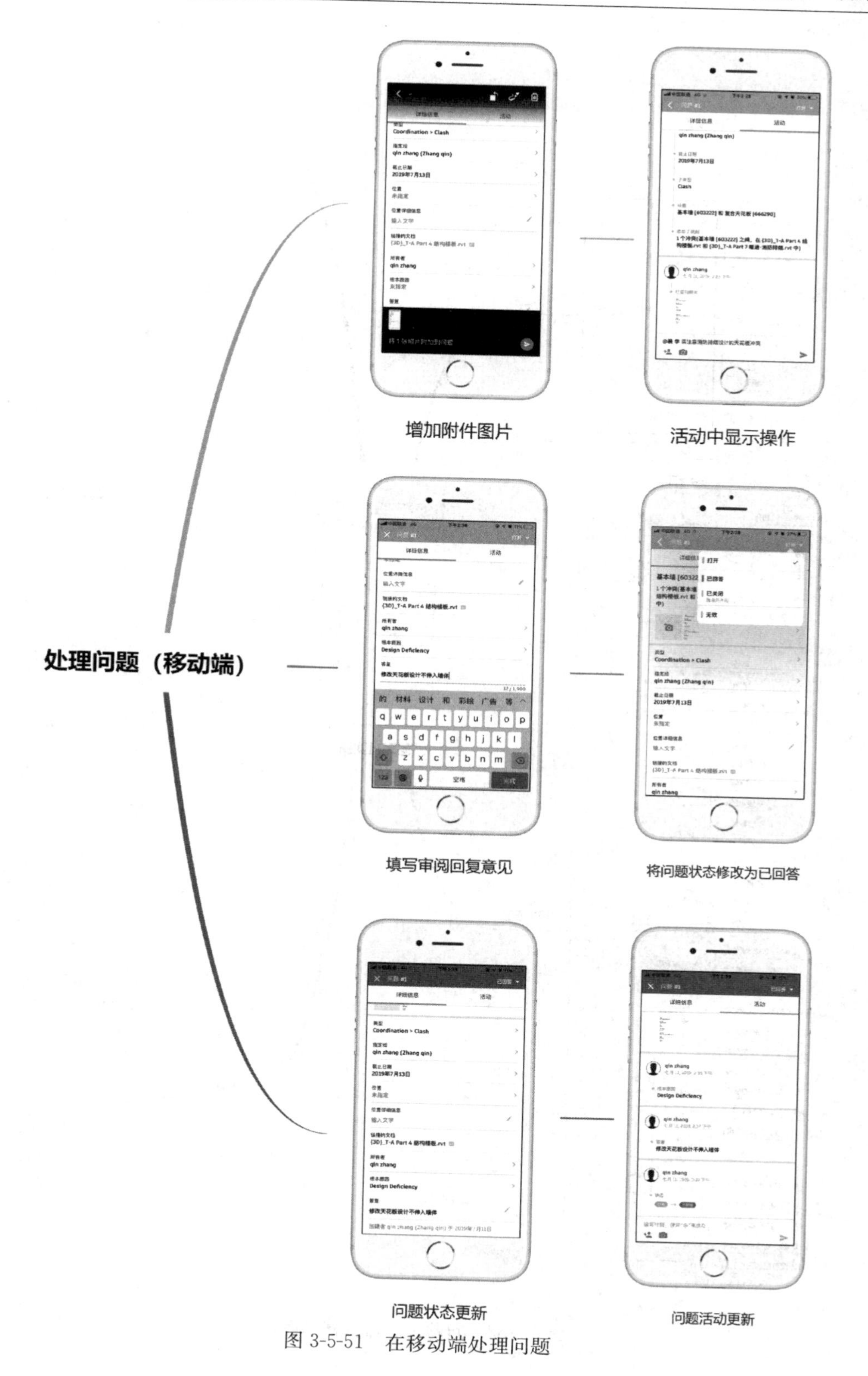

图 3-5-51　在移动端处理问题

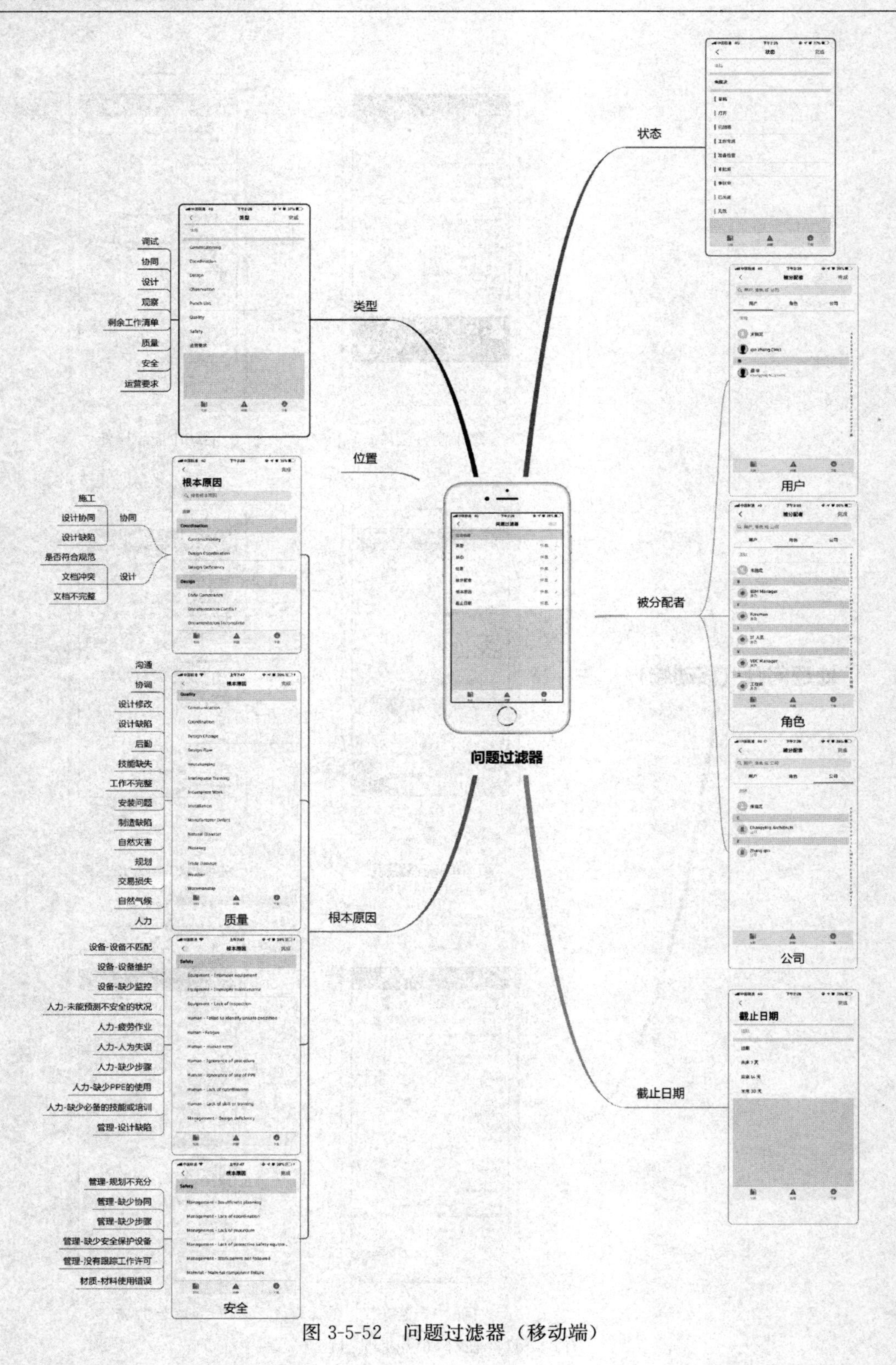

图 3-5-52　问题过滤器（移动端）

（1）文件管理（图 3-5-53、图 3-5-55）

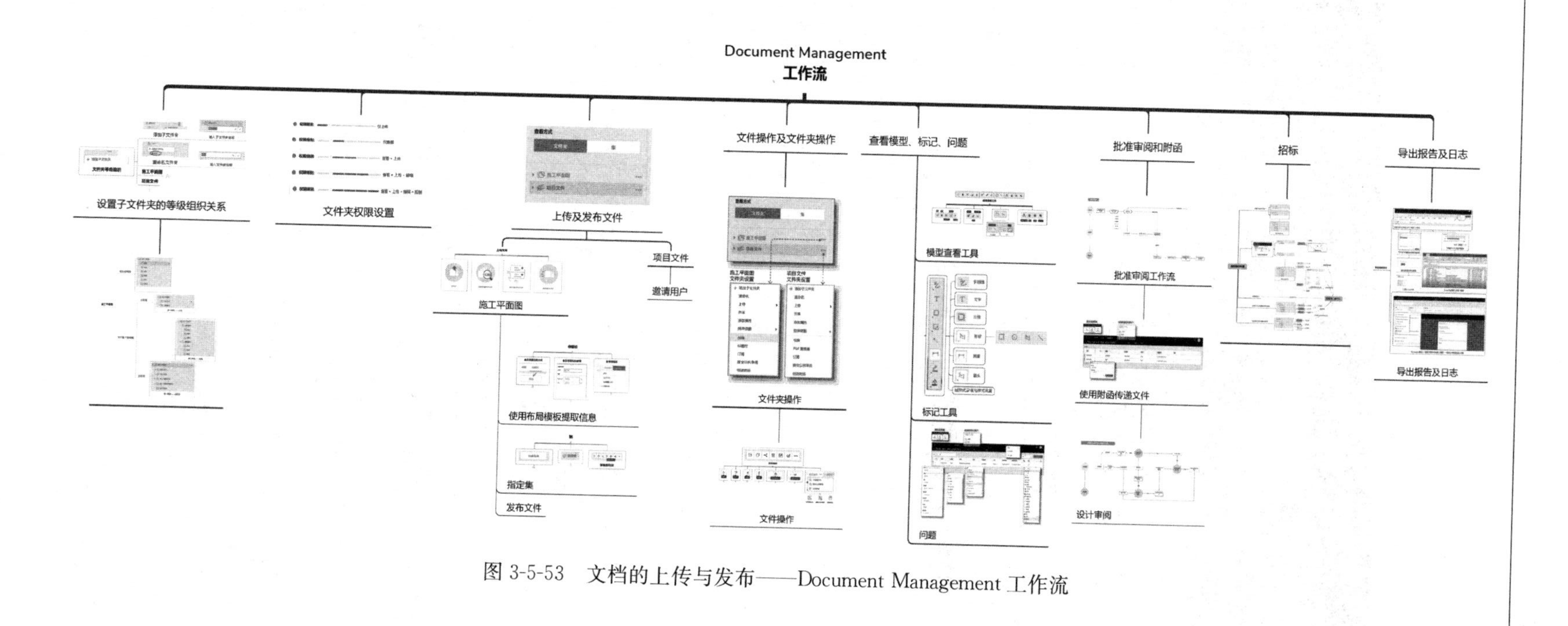

图 3-5-53 文档的上传与发布——Document Management 工作流

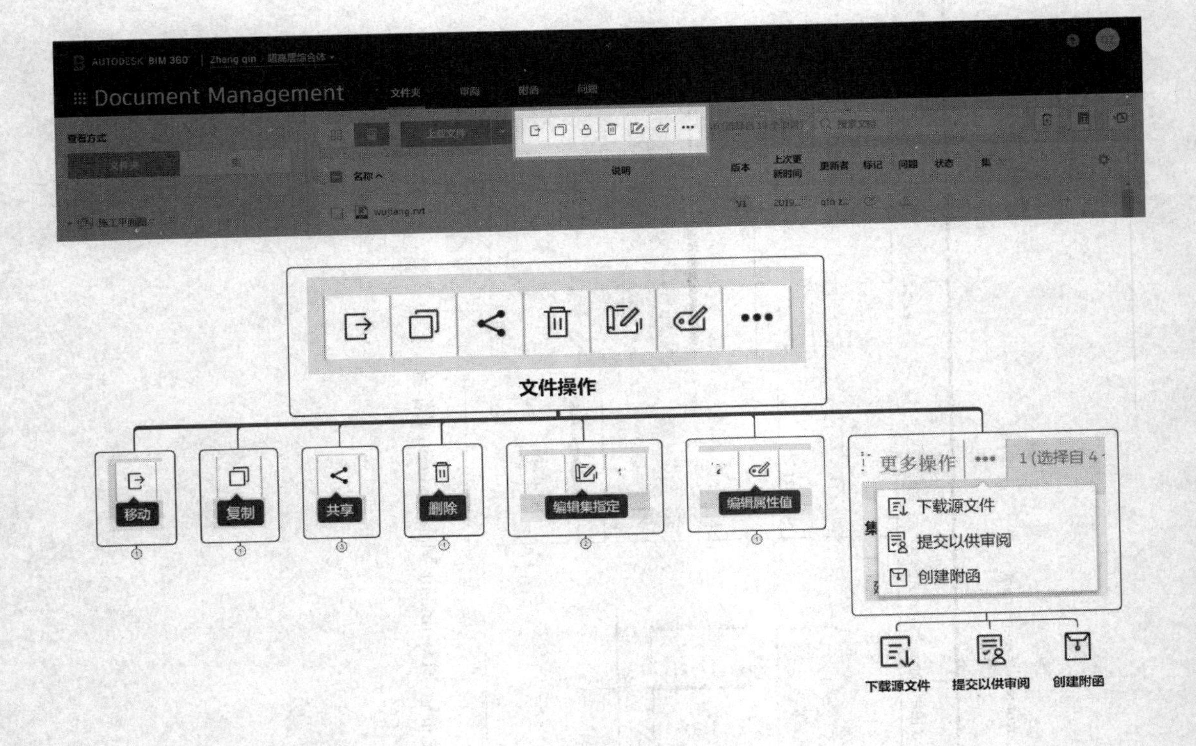

图 3-5-54 文件操作

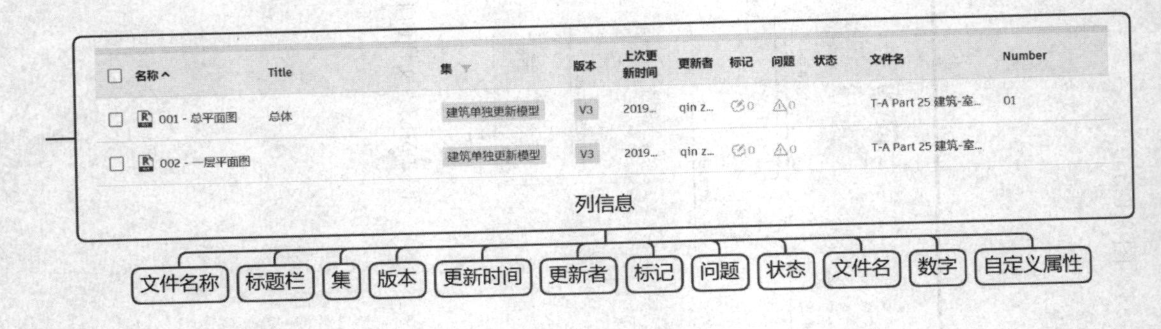

图 3-5-55 查看文件列表

（2）模型文件的查看与管理（图 3-5-56～图 3-5-58）

（3）文件标记（图 3-5-59～图 3-5-61）

（4）文件比较与导出报告（图 3-5-62～图 3-5-64）

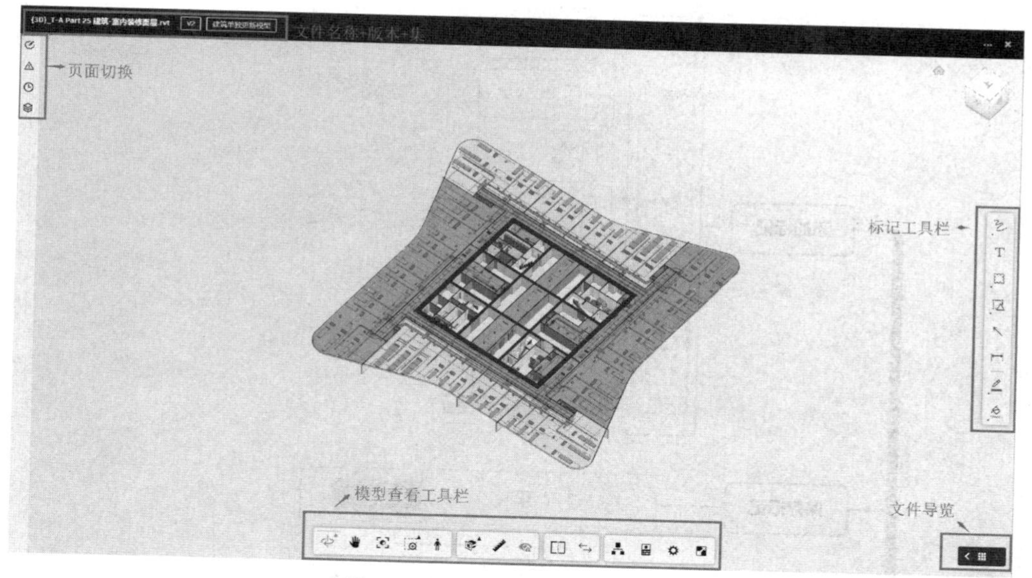

图 3-5-56 查看与管理模型（1）

图 3-5-57 查看与管理模型（2）

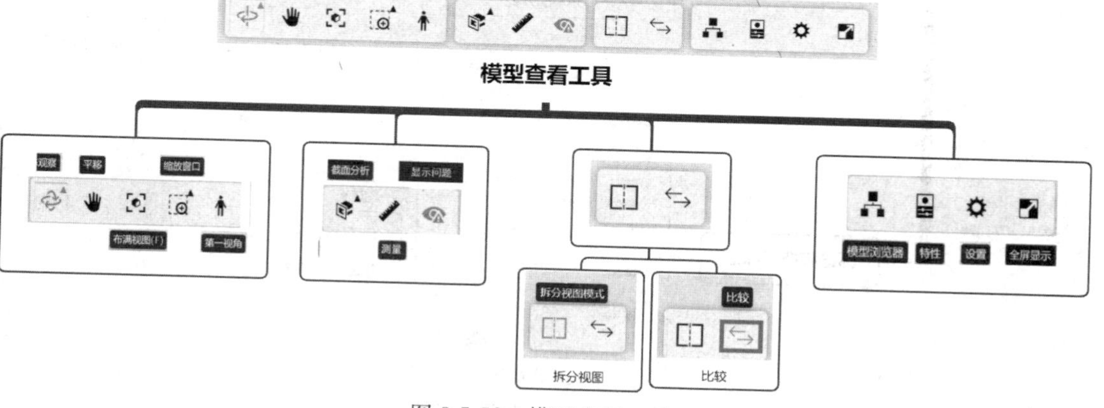

图 3-5-58 模型查看工具

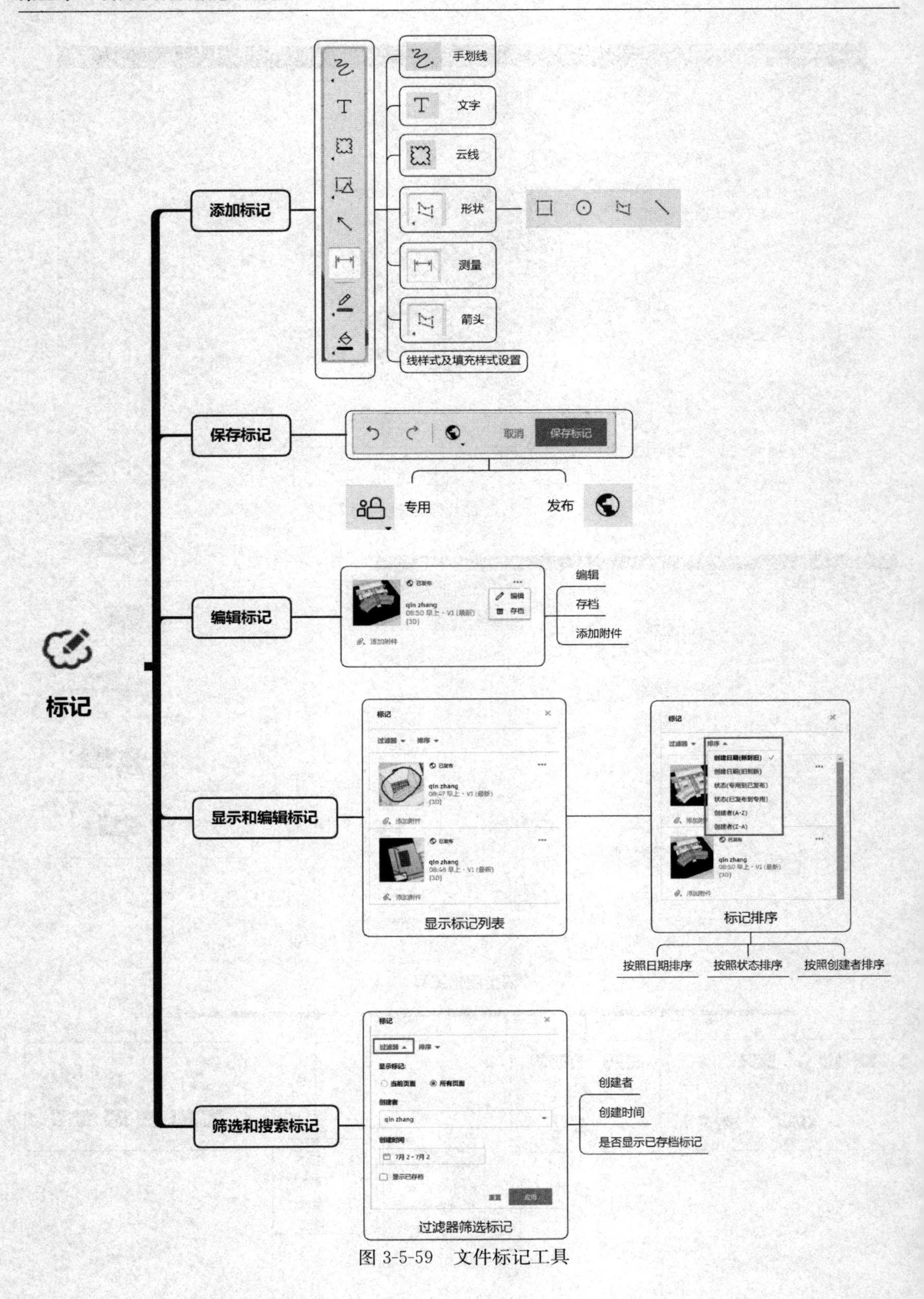

图 3-5-59　文件标记工具

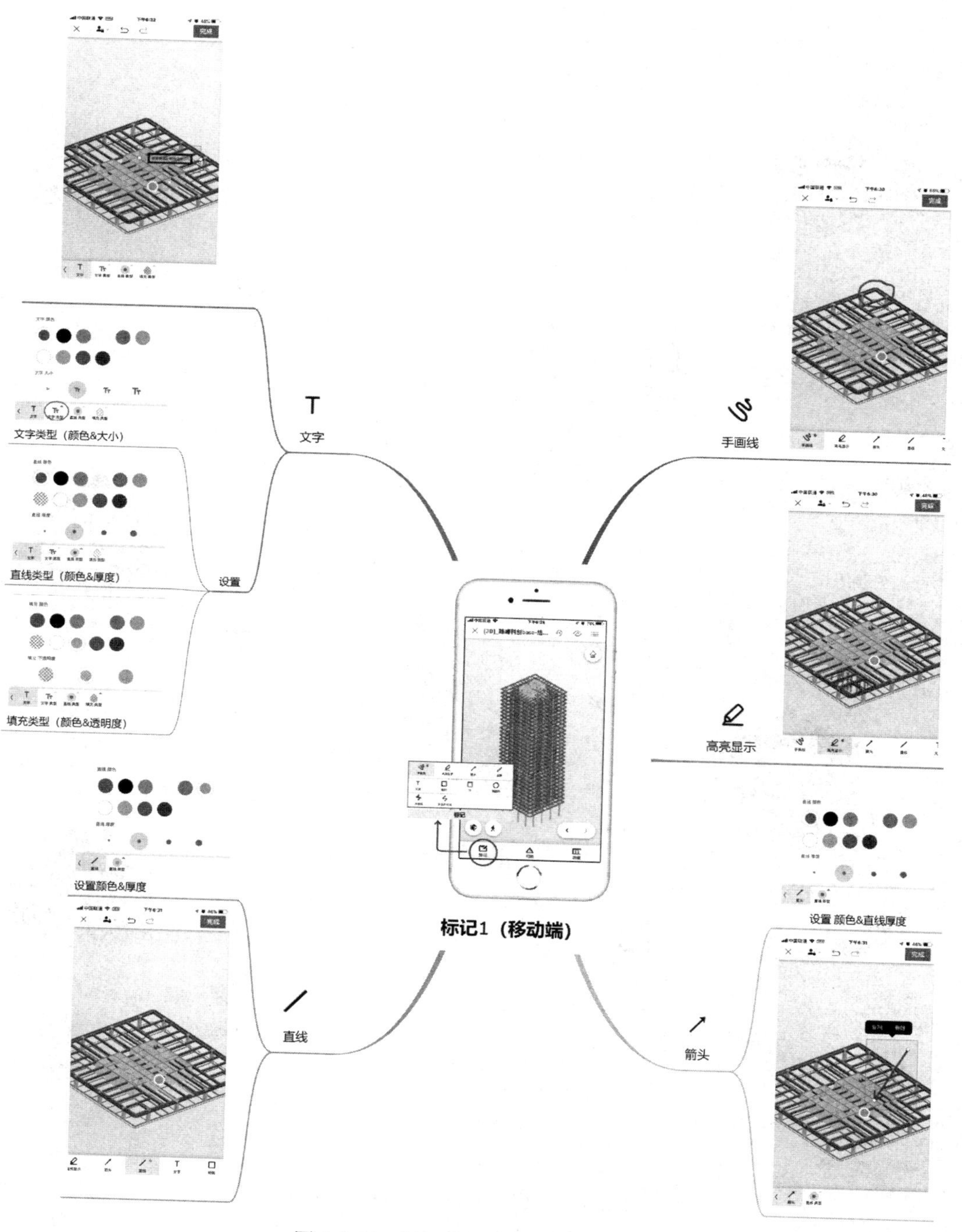

图 3-5-60 标记模型文件（移动端）

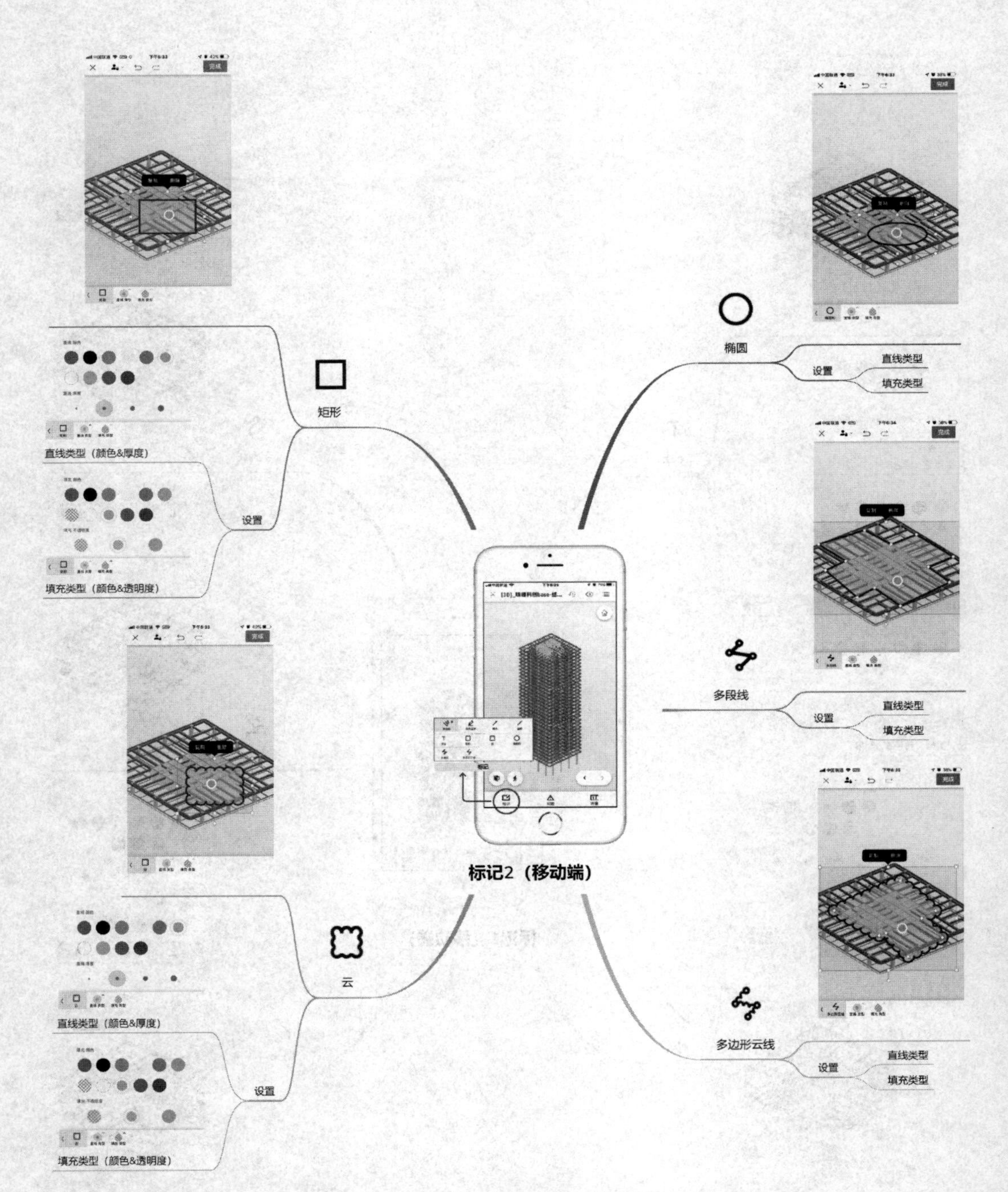

图 3-5-61 标记模型文件（移动端 2）

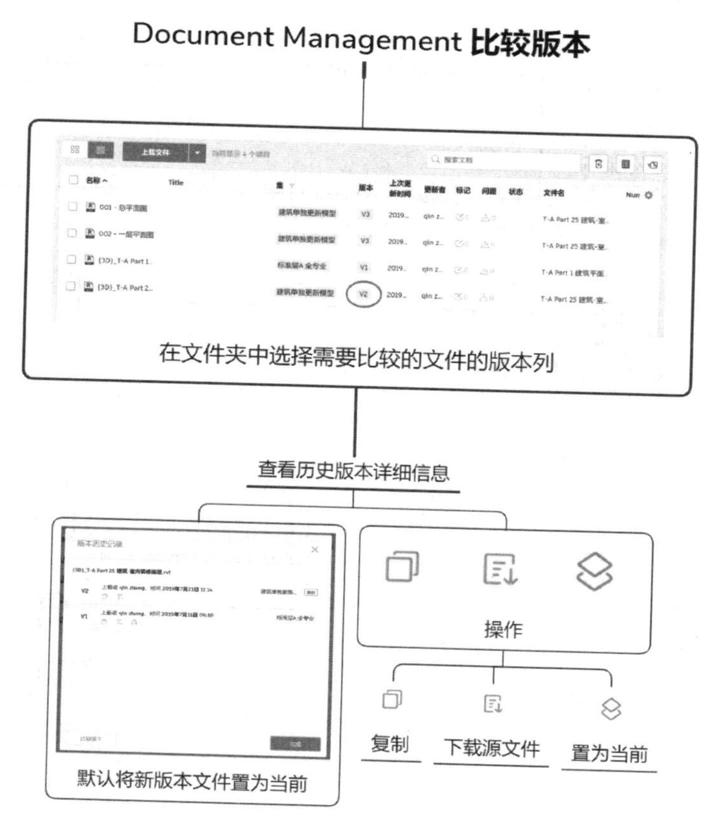

图 3-5-62　文件版本比较（具体操作在后文项目成员中有详细介绍）

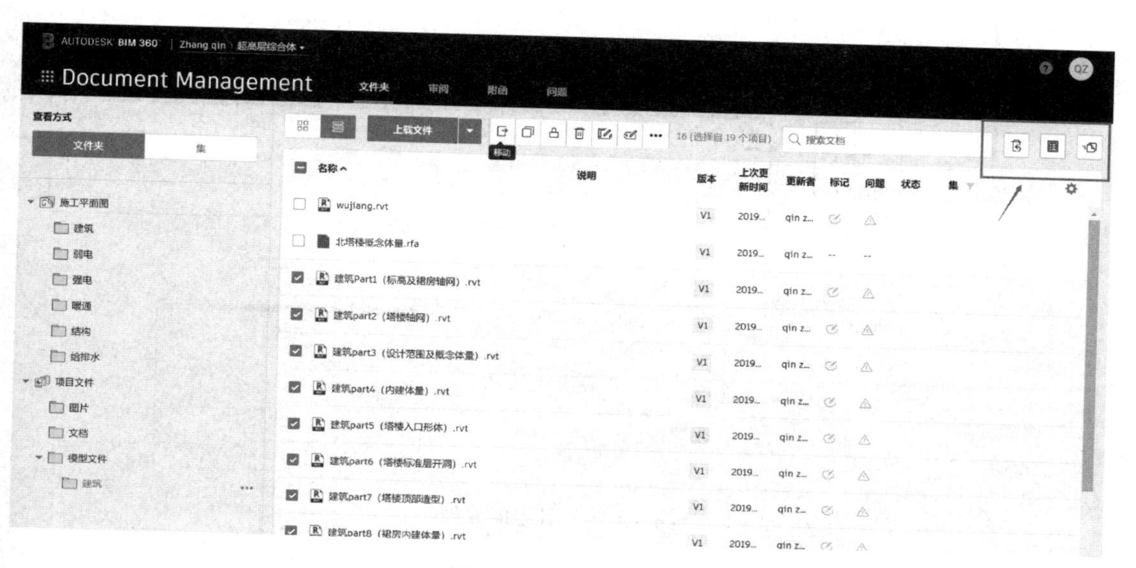

图 3-5-63　导出文件

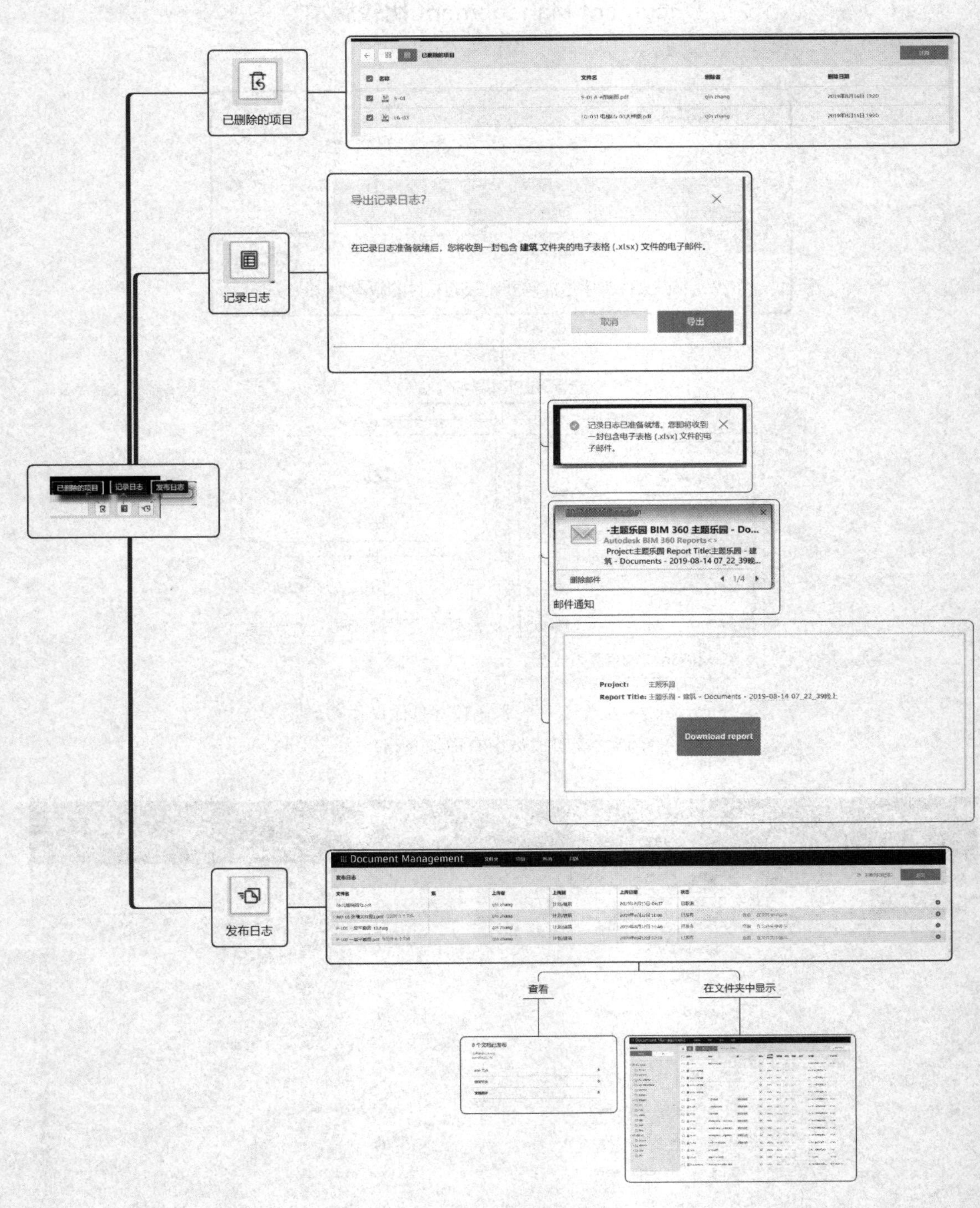

已删除的项目
记录日志
发布日志
导出记录日志?
在记录日志准备就绪后，您将收到一封包含 建筑 文件夹的电子表格 (.xlsx) 文件的电子邮件。
取消
导出
记录日志已准备就绪。您即将收到一封包含电子表格 (.xlsx) 文件的电子邮件。
-主题乐园 BIM 360 主题乐园 - Do...
Autodesk BIM 360 Reports
删除邮件
邮件通知
Project: 主题乐园
Download report
Document Management
查看
在文件夹中显示

图 3-5-64 日志的处理

第六节 施工准备阶段

施工准备阶段可能是一个相当陌生的词汇。其实在传统的生产协作过程中也存在这一阶段，只不过因为两个原因造成这一阶段在传统生产协作中并不明显：首先，传统建筑生产协作中协同工作的团队较少，类型较单一，因此一些施工准备工作被认为是“非建筑生产”的工作，没有整合进建筑生产的流程，自然也就“没有”了这部分工作；其次，传统的生产协作中并不存在信息的系统管理与处理，即信息的整合、分类、分流和传递的大量系统工作，设计阶段和施工阶段的信息交互是以简单的移交工程技术图纸进行的，因此也不存在这样一个阶段。

其实通过上文的叙述应该已经感受到，施工准备阶段是一个十分重要的阶段，其工作内容对于施工的顺利展开是非常重要的，而且对于运维的一些工作展开也是非常重要的。传统的生产协作是因为技术手段的限制造成没有办法展开这部分工作，也因为这样造成了很多后续生产中的问题。对于信息化的生产协作来说，技术手段已经足以支撑解决前面所述的两个主要问题，因此，施工准备阶段就成了信息化生产协作中一个独立的、非常重要的阶段。

最重要的一点是，对于信息化的建筑生产而言，可以应用计算机在虚拟的环境中对建筑的真实生产过程（施工）进行过程与结果的监测，从而发现许多可能的问题进行提前排除，这个“排除问题”的过程也是很多人对原本的数字技术、BIM 技术和信息技术的第一直观了解。很多人都是通过“碰撞检查”第一次感受到先进信息技术的作用的，而这部分在传统的设计过程之后、施工过程之前的问题排查工作，也从侧面反映出施工准备阶段的必要性和对生产带来的巨大帮助。

尤其是对于项目管理者来说，施工准备阶段更是牵扯到大量的团队管理工作，首先来看下施工准备阶段的工作内容（图 3-6-1）。

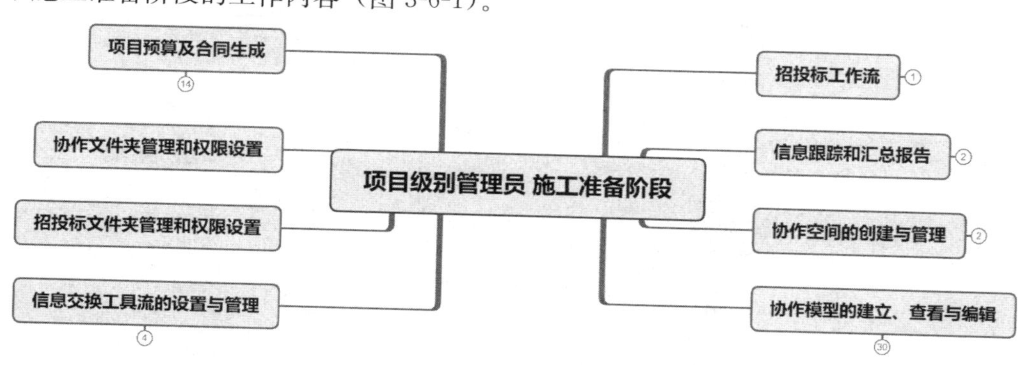

图 3-6-1 施工准备阶段项目管理员的主要工作内容

一、Project Admin 模块

1. 创建协作空间

可以为不同的项目组成部分或者不同的团队创建不同的协作空间（图 3-6-2），但是目前本书实践讲解采用的 BIM360 云平台技术只支持同时激活 10 个协作空间（图 3-6-3）。

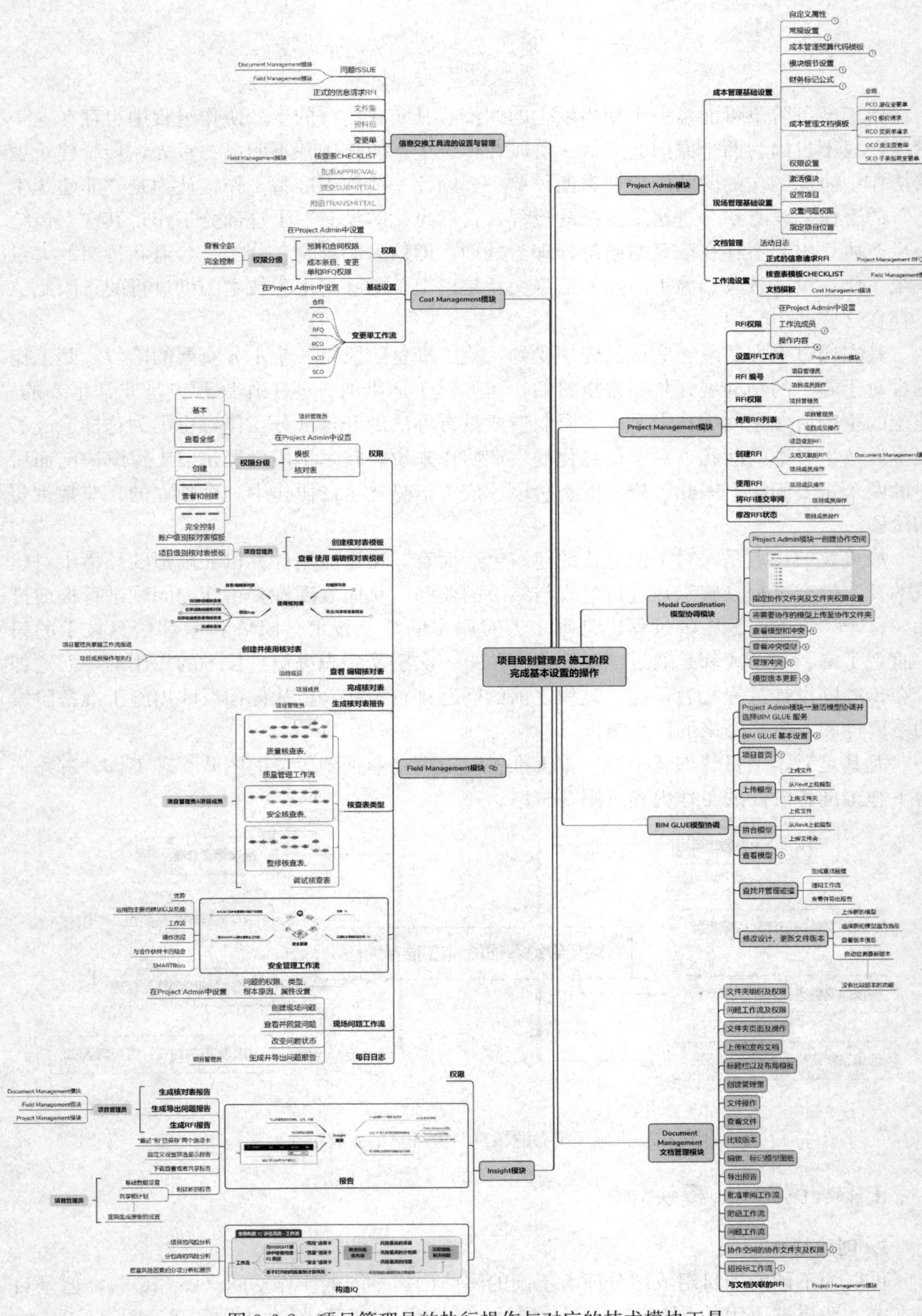

图 3-6-2　项目管理员的执行操作与对应的技术模块工具

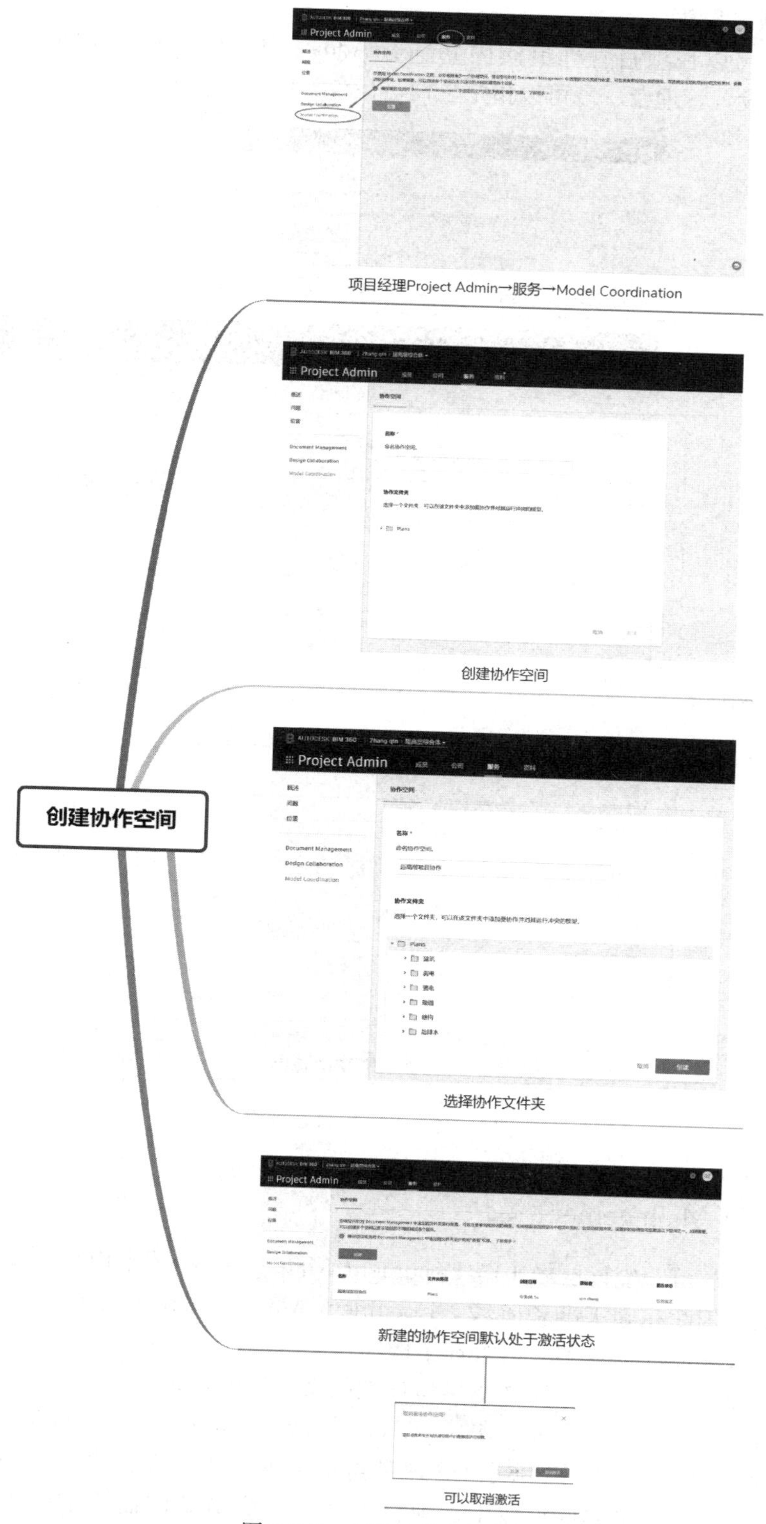
Project Admin
项目经理Project Admin→服务→Model Coordination
Project Admin
创建协作空间
创建协作空间
Project Admin
选择协作文件夹
Project Admin
新建的协作空间默认处于激活状态
可以取消激活

图 3-6-3 创建协作空间

2. 资料与成本管理

项目管理员可以在项目管理员模块 Project Admin 中激活“项目管理 Project Management”模块，并设置管理者——可以指定公司、角色、用户为管理者（图 3-6-4、图 3-6-5）。

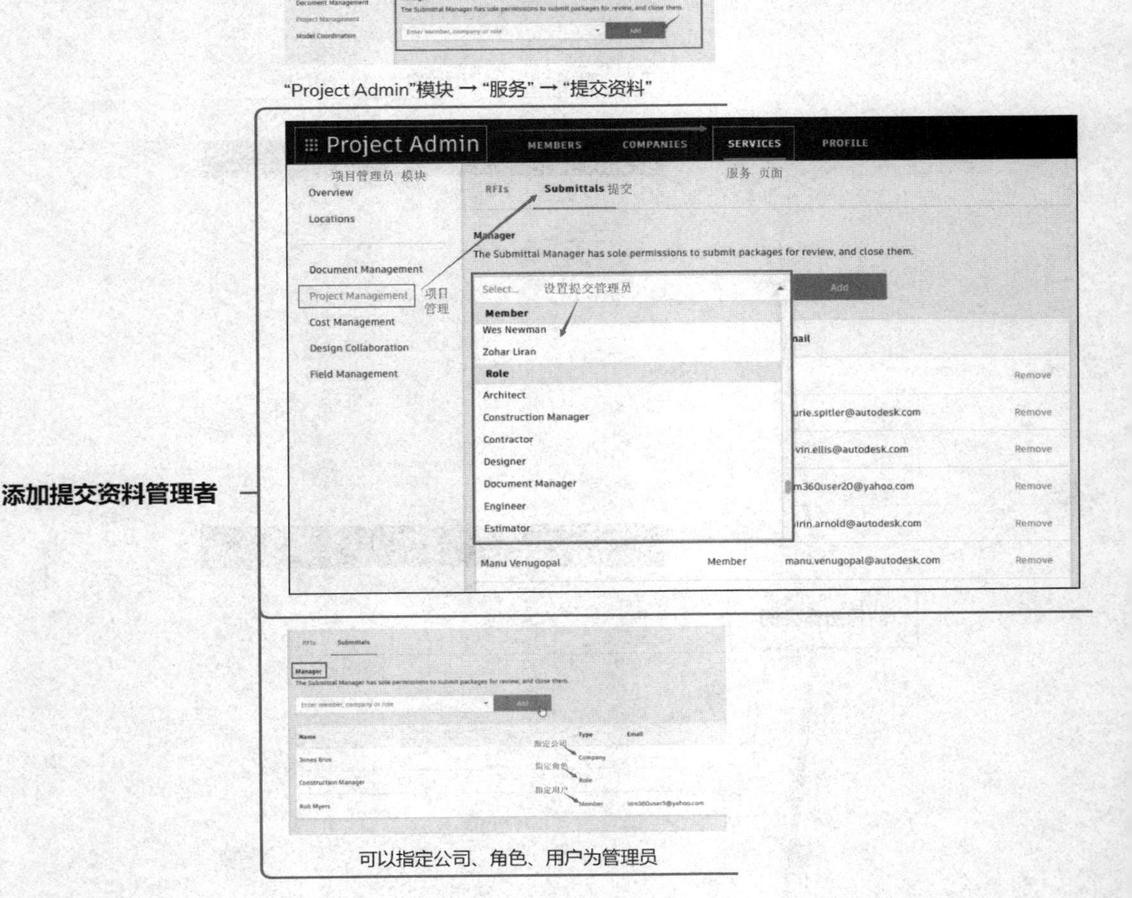

图 3-6-4　设置资料管理者

二、Document Management 模块

通过前文的学习，应该已经了解 Document Management 技术模块主要是进行文档相关操作工作的，因此在施工准备阶段，Document Management 技术模块主要是与其他模块进行配合完成相应的信息整合与管理工作。

1. 与 Model Coordination 协作提供协作空间文件夹的管理

在施工准备阶段，Document Management 模块同 Model Coordination 模块配合完成模型的碰撞检查和协调。这其中项目管理员需要了解流程、设置协作空间及文件夹（图 3-6-6），并且为团队指定文件夹权限；项目管理员和成员共同需要掌握 Document Management 查看文件，比较文件，标记，在 Model Coordination 中查看碰撞冲突、处理冲突

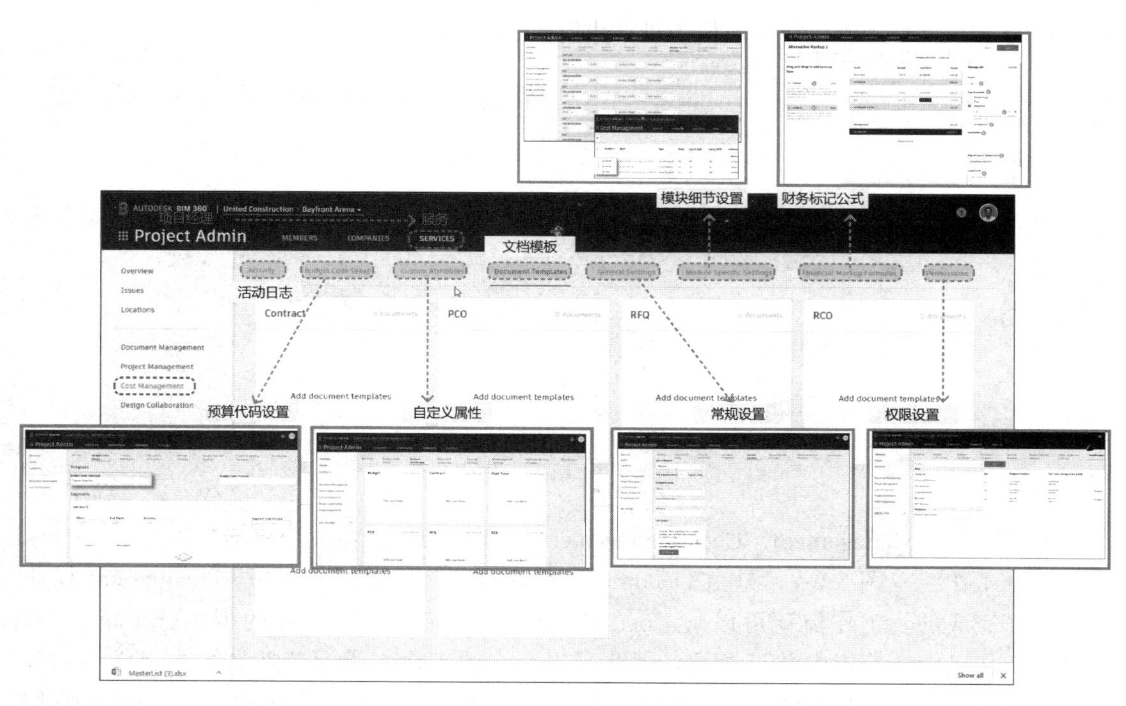

图 3-6-5　成本管理技术模块 Cost Management 的基本设置

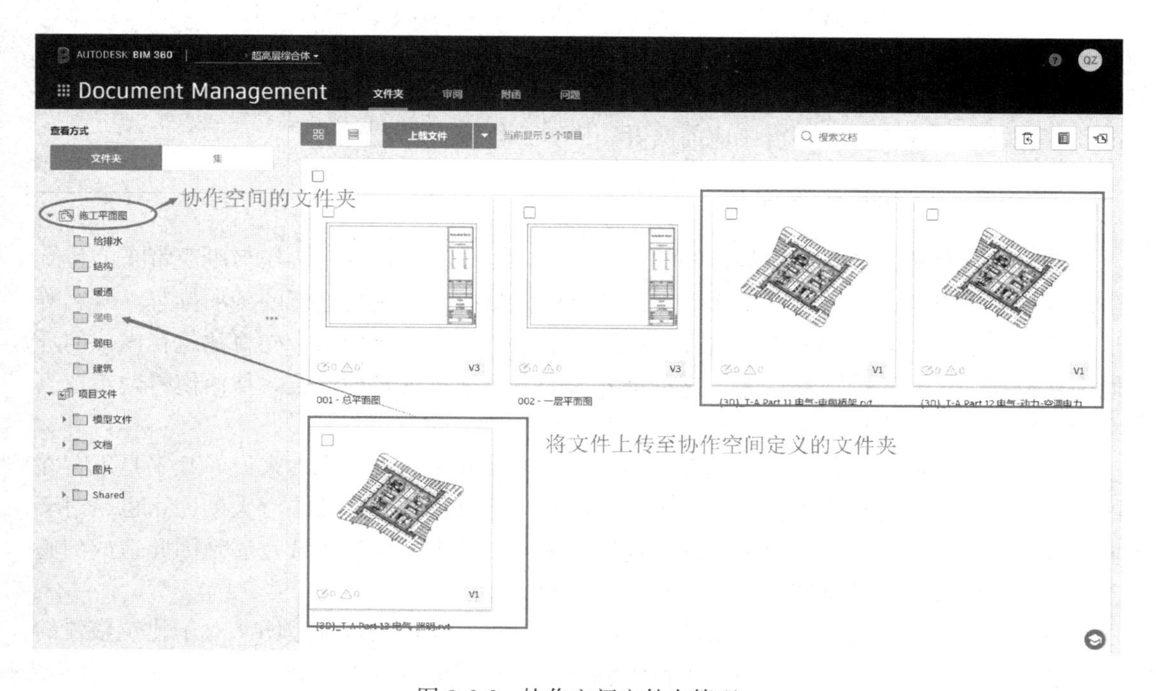

图 3-6-6　协作空间文件夹管理

→创建问题/忽略冲突等。其中项目管理员相关的碰撞检查与协调的相关实践工作我们将在之后的 Model Coordination 模块中进行讲解。

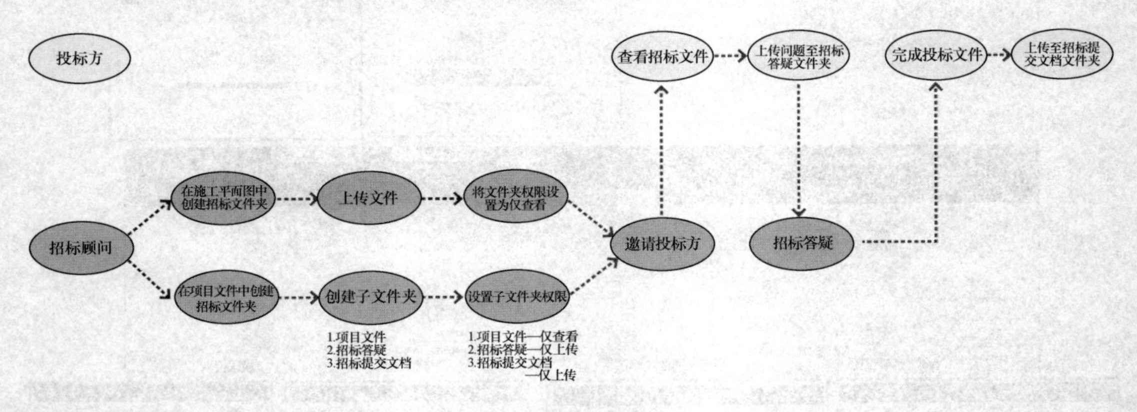

图 3-6-7　招标工作流

2. 与 Field Management、Cost Management 等模块协作，完成招投标工作流

招标工作流（图 3-6-7）是由 Document Management 模块同 Field Management 模块共同工作完成的，工作流还可以与 Cost Management 衔接。在目前的市场分工情况下，此部分工作可能在工作中并不涉及，因此可视自身的工作与学习范畴自行决定学习的程度。作为管理者，尤其是公司层面的管理者（或立志于成为这种管理者的），即使不掌握操作，最好还是对此有一定程度的了解（图 3-6-8）。

在工作流中，项目管理员需要掌握工作流的设置，邀请招标顾问/代理并设置角色权限；招标顾问/代理需要掌握流程、文件夹管理、权限设置。而对于投标方，因为仅需要接受邀请，查看文档与上传文档，操作十分简单，不需要专门的培训与学习就可以掌握，因此容易融入工作流，并不需要像前两者一样对工作流有深入了解。

三、Model Coordination 模块

冲突排查是施工准备阶段最重要的一项工作，也是建筑信息化协作与生产带来的传统生产模式中所没有的一项重要工作。对计算机中虚拟的信息模型进行的各项排查，其实等于对建筑按照设计方案建成后的情况进行综合检视。这实质上相当于先将建筑在虚拟的环境中建造出来，然后用“马后炮”这种最容易的方式来排查各种错误，从而使得建筑在真实世界更顺利、可靠地被建造出来。

在虚拟世界中的修改成本比起在现实世界中发现问题的修改成本来说，几乎是不存在的，因此对于冲突的检查不仅仅是一个对于后续生产过程顺利展开的巨大助力，也是对于成本解约控制的极大帮助，无论是减少现场因为冲突带来的施工浪费；还是因此造成的施工人员的时间成本缩减都能为建筑工程带来巨大的经济收益。

与此同时，因为信息生产带来的丰富的各种信息，使得项目管理团队对于建筑整体的情况掌握得十分清楚，在安排施工工作时就可以因时因地制宜地去制定施工计划，组织多团队在施工时相对完美地配合，而不会出现传统流程中对于最终结果的控制力弱导致的施工顺序相对固定（譬如为了避免未来可能出现的严重管线问题，在施工中会让管线体积相

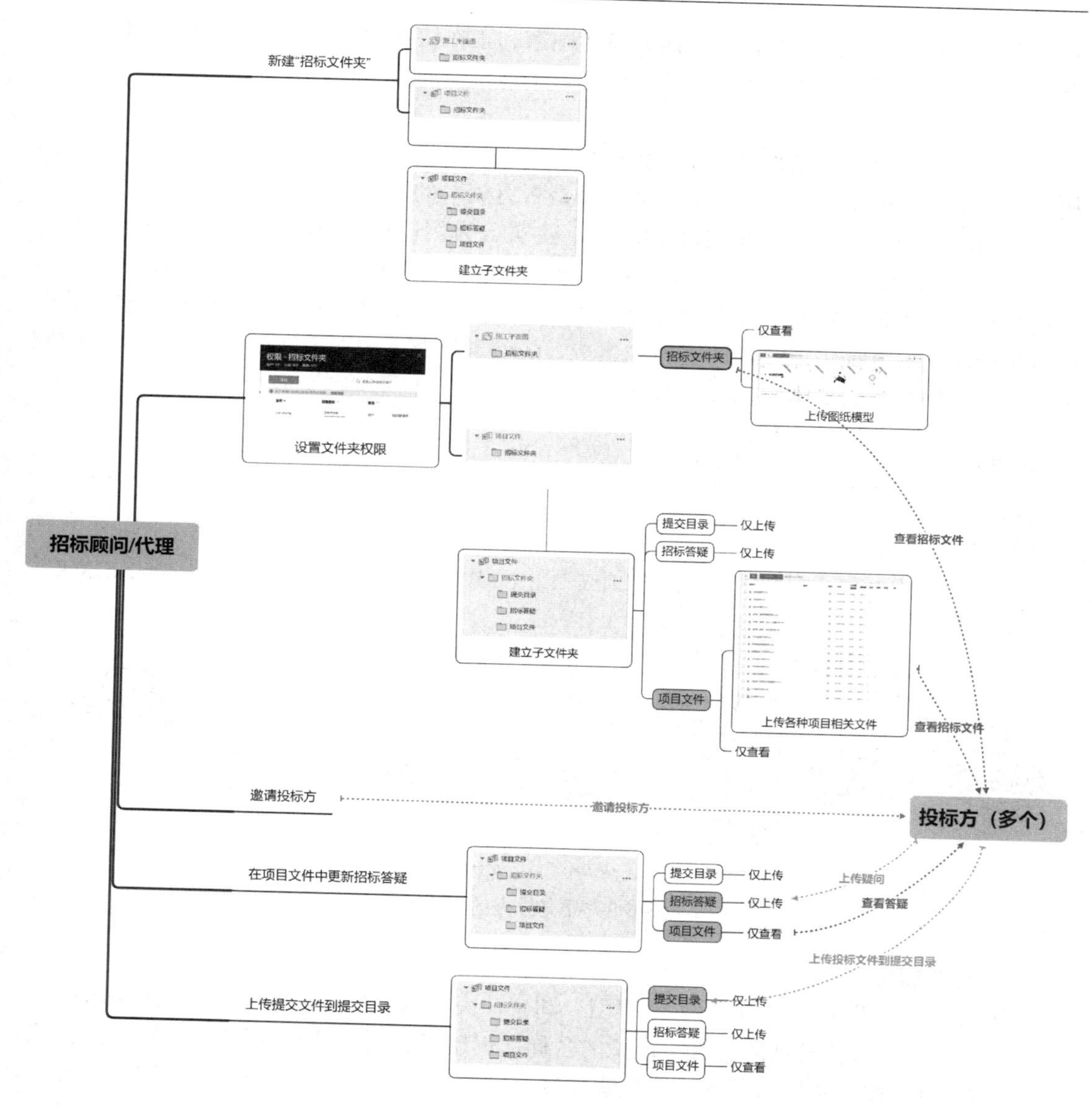

图 3-6-8 招标相关工作

对较大的暖通专业先进行施工，这时候在施工的组织上就要迁就某团队的时间安排，生产组织的固定造成很多时间与生产力被白白浪费）。

这种对于传统施工问题的“施工前解决”还会带来生产模式上的转变，这一点是需要读者注意到的。这种模式的转变就是因为施工准备阶段排查了大量的施工问题后，施工中大部分问题处于“可控制”状态下，因此可以采用规模化的工厂生产完成——即我们经常提到的预制。预制更加符合未来的社会生产发展趋势，因此必将成为未来的建筑生产主流。即使从人力的角度来讲，我国目前建筑市场上的人口红利可预见将在一段时间内消失，之后带来的劳动力缺口也将要求我们的行业将大量的现场生产工作转入工厂生产，以机械替代人力，这也是现今欧美建筑业的现状，所以其实对于信息技术是否会成为未来建筑生产的主流技术的争执是没有必要的。只要跳出技术的层面，从社会最基本的从事生产的单元——人力上进行观察，对于西方发达国家和正在快速发展进行“质”的转变的我国来说，这种应用规模集约化生产代替传统建筑工地作业的新生产方式都是必将会在不久的将来就会到来的。

因此作为面向中国未来建筑业的各位从业者来说，稍微有一些远见的话，早一些掌握相应的技术都是毋庸置疑，且不应该怀疑“是否有用”的。

对于具体的实践操作，我们以 BIM 360 建筑云为例进行简单的介绍。在 BIM 360 云中，Model Coordination 模块同 Document Management 模块结合可以通过创建协作空间来进行模型的管理、审阅、冲突的检查和解决等——即本部分提到的冲突排查。从而帮助建筑生产团队更好地完成设计的实施和建造，降低现场施工的误差和风险，提高交付的质量，节约时间和人力成本（图 3-6-9、图 3-6-10）。

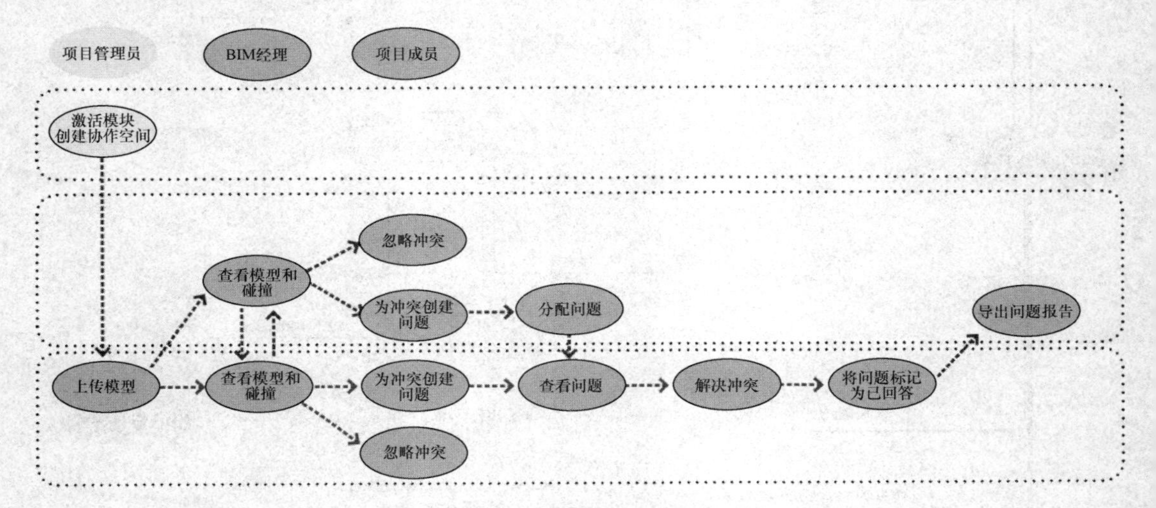

图 3-6-9　冲突排查的工作流

1. 查看模型

Model Coordination 模块分为“模型”和“冲突”两个部分。在模型的功能部分可以查看模型列表（包括模型的总数、模型的名称、创建者、更新日期以及同自身上传的模型的冲突数目）、按名称搜索模型、用过滤器过滤模型列表（创建者、公司、日期）、选择和管理协作空间（图 3-6-11～图 3-6-16）。

模型浏览器中的模型对象和对象的特性显示面板中都有一个与模型对象对应的数字编号，这个 ID 与模型对象是一一对应的，是数字模型的信息化身份 ID。可以通过它来进行模型的搜索、定位以及管理。千万不要小看这一串数字，这种唯一性也是信息化工作流、信息模型同现实建造协同的一个重要的基础条件，是建筑云平台可以完成信息化生产协作的基础（图 3-6-17）。

2. 查看冲突

查看冲突是管理冲突的基础工作，良好的查看冲突环境可以让我们更好地进行冲突的管理与排除。默认的情况下，会显示上传至协作文件夹的所有模型文件的冲突计算结果，可以通过过滤器筛选显示的模型，或者通过名称搜索模型来进行定向的、目标范围的冲突排查（图 3-6-18、图 3-6-19）。

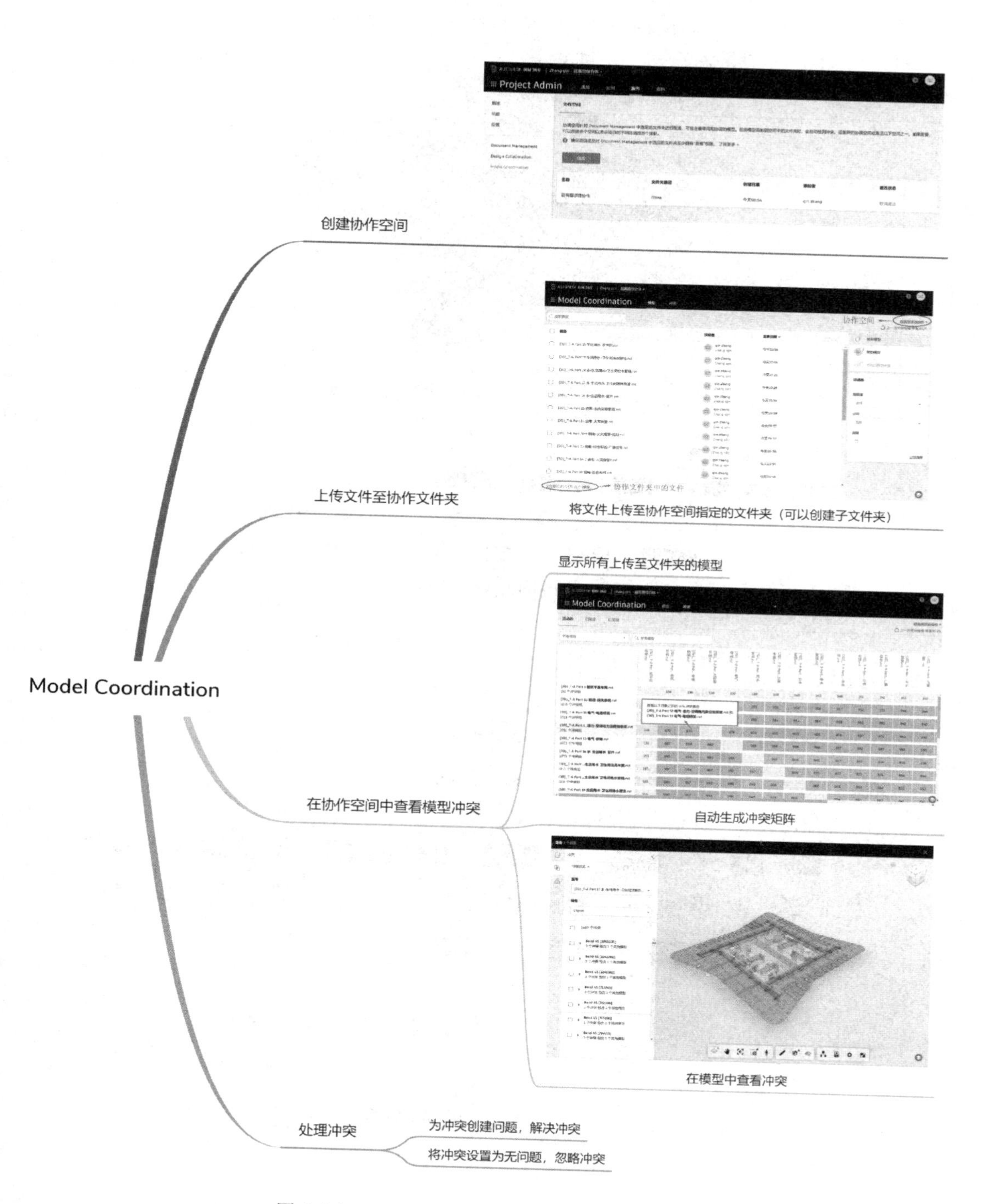

图 3-6-10　Model Coordination 模型协调模块

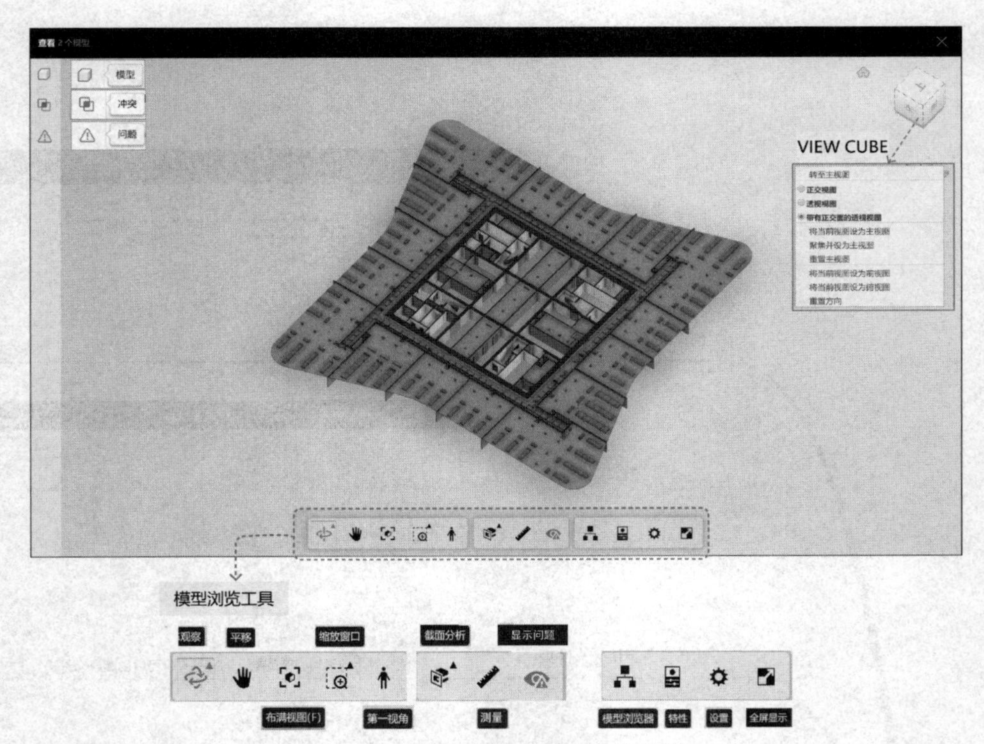

图 3-6-11　Model Coordination 模型界面

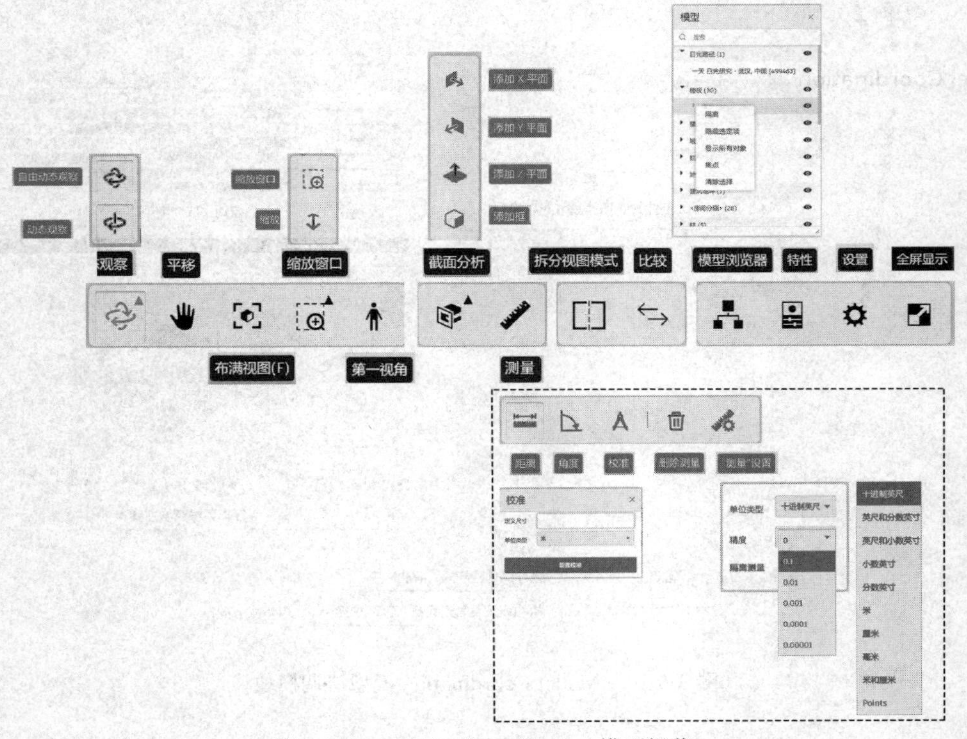

图 3-6-12　Model Coordination 模型操作

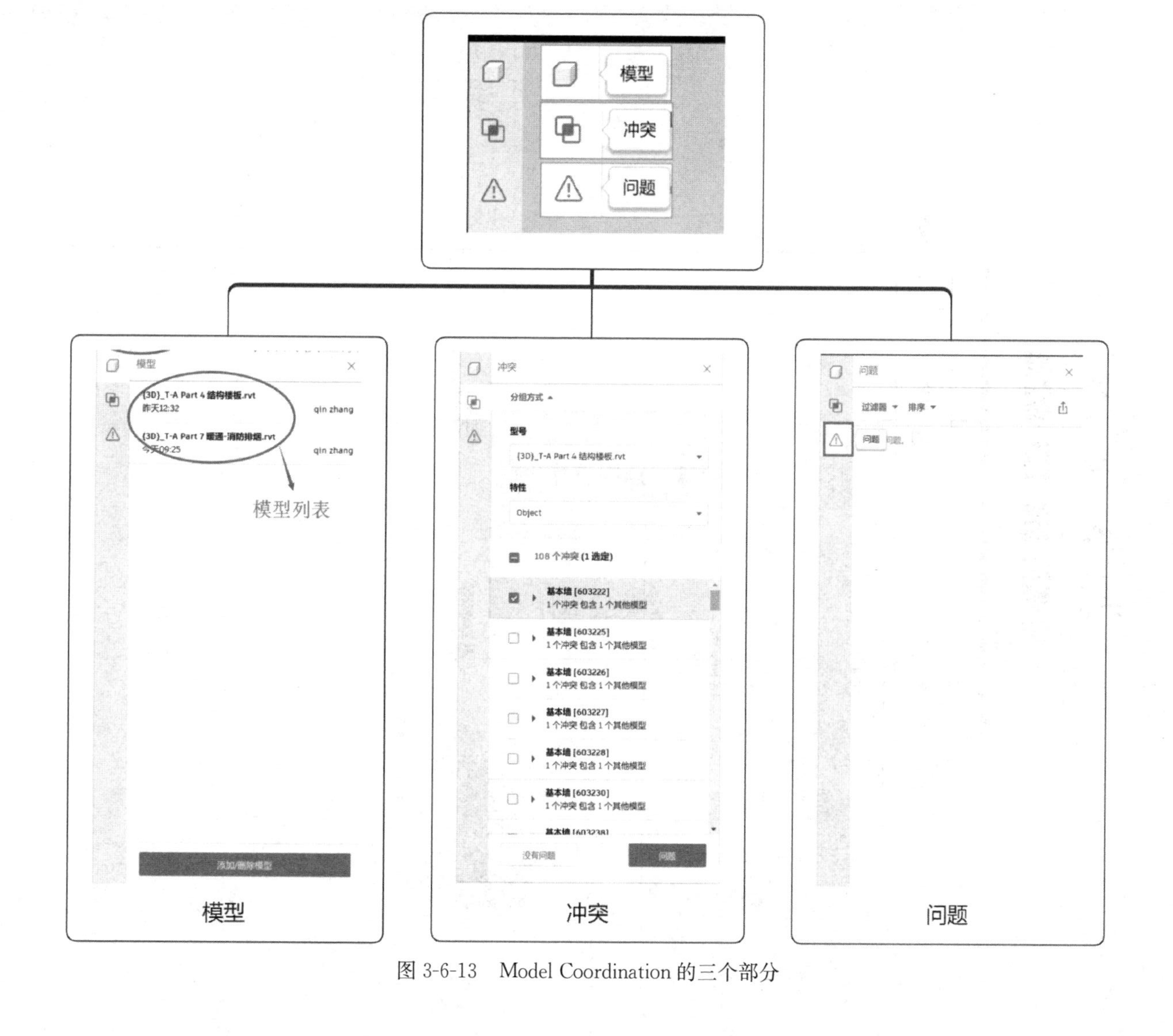

图 3-6-13　Model Coordination 的三个部分

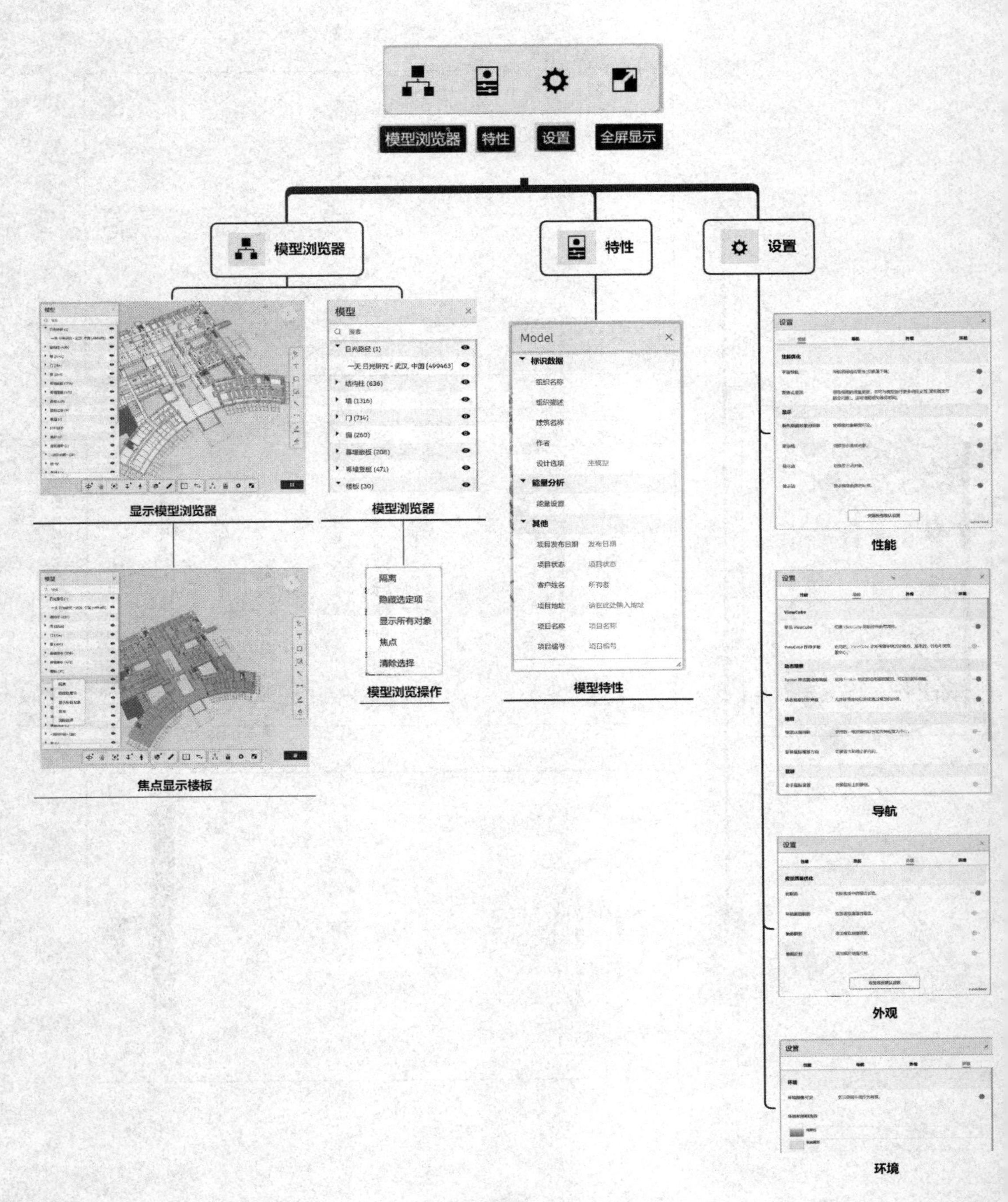

图 3-6-14　模型查看设置

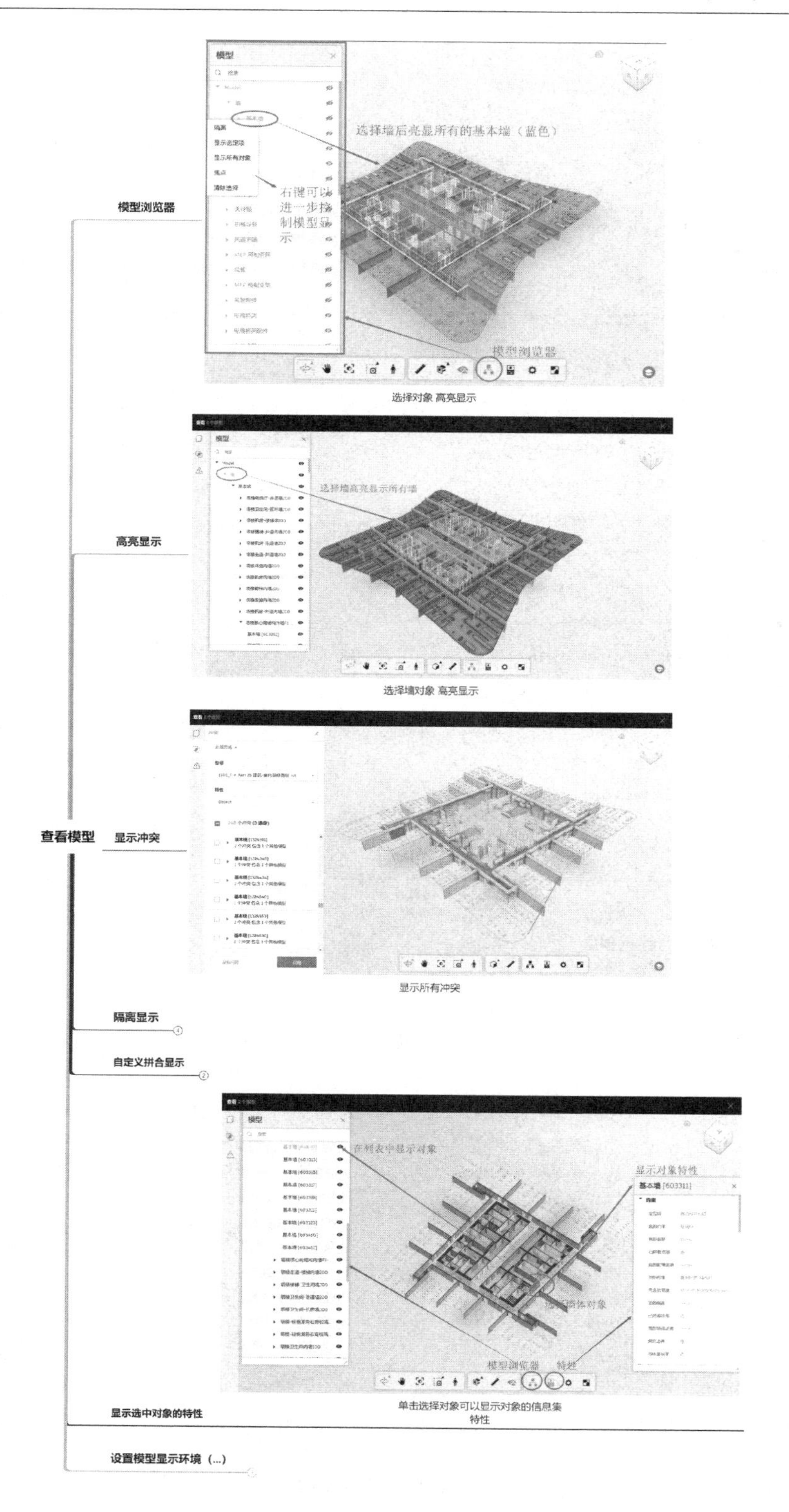

图 3-6-15 多种模型查看模式

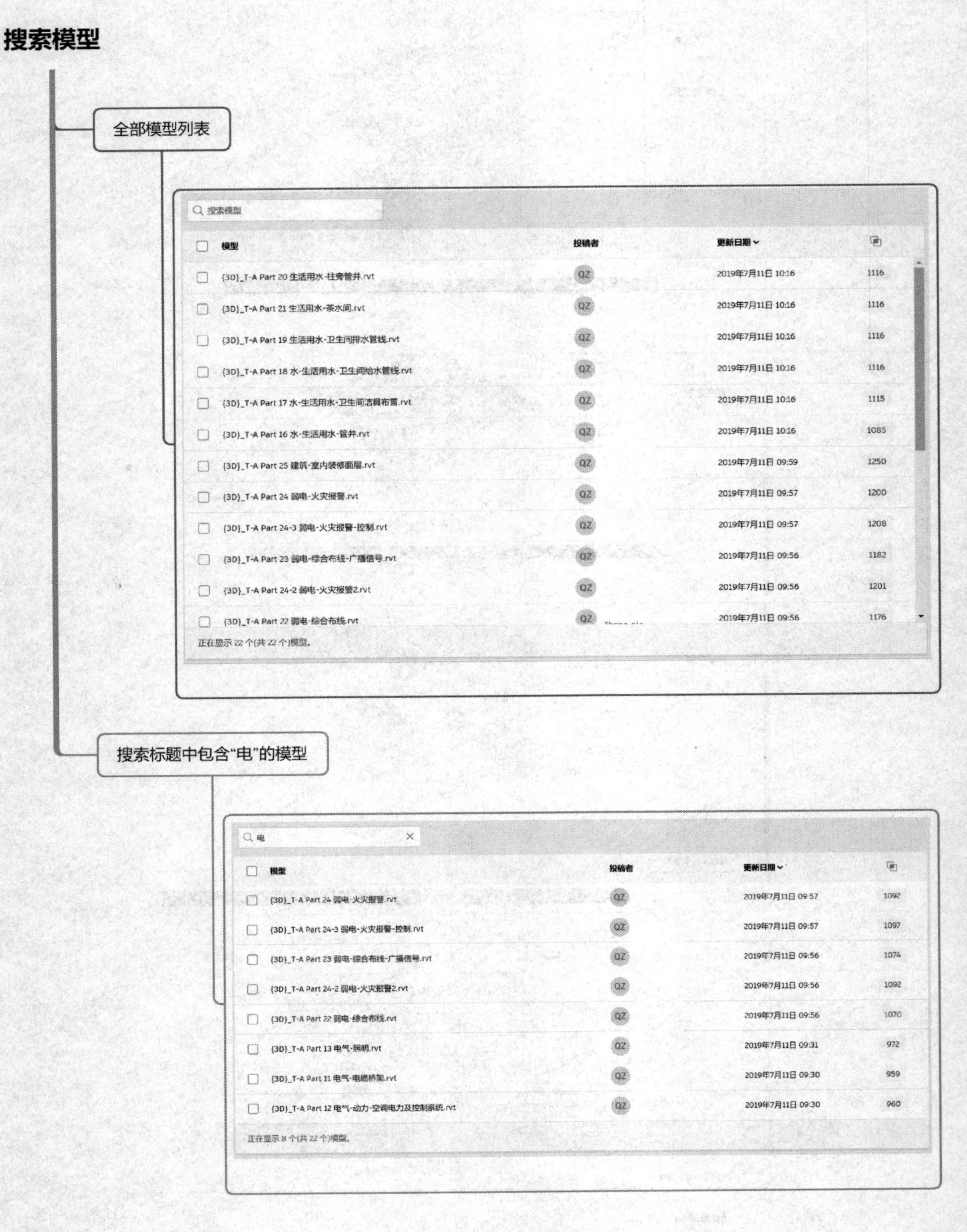
搜索模型
全部模型列表
搜索模型
模型
投稿者
更新日期
{3D}_T-A Part 20 生活用水-往旁管井.rvt
{3D}_T-A Part 21 生活用水-茶水间.rvt
{3D}_T-A Part 19 生活用水-卫生间排水管线.rvt
{3D}_T-A Part 18 水-生活用水-卫生间给水管线.rvt
{3D}_T-A Part 17 水-生活用水-卫生间洁具布置.rvt
{3D}_T-A Part 16 水-生活用水-管井.rvt
{3D}_T-A Part 25 建筑-室内装修面层.rvt
{3D}_T-A Part 24 弱电-火灾报警.rvt
{3D}_T-A Part 24-3 弱电-火灾报警-控制.rvt
{3D}_T-A Part 23 弱电-综合布线-广播信号.rvt
{3D}_T-A Part 24-2 弱电-火灾报警2.rvt
{3D}_T-A Part 22 弱电-综合布线.rvt
正在显示 22 个(共 22 个)模型。
搜索标题中包含“电”的模型
电
{3D}_T-A Part 13 电气-照明.rvt
{3D}_T-A Part 11 电气-电缆桥架.rvt
{3D}_T-A Part 12 电气-动力-空调电力及控制系统.rvt
正在显示 8 个(共 22 个)模型。

图 3-6-16　搜索模型

独一无二的身份信息

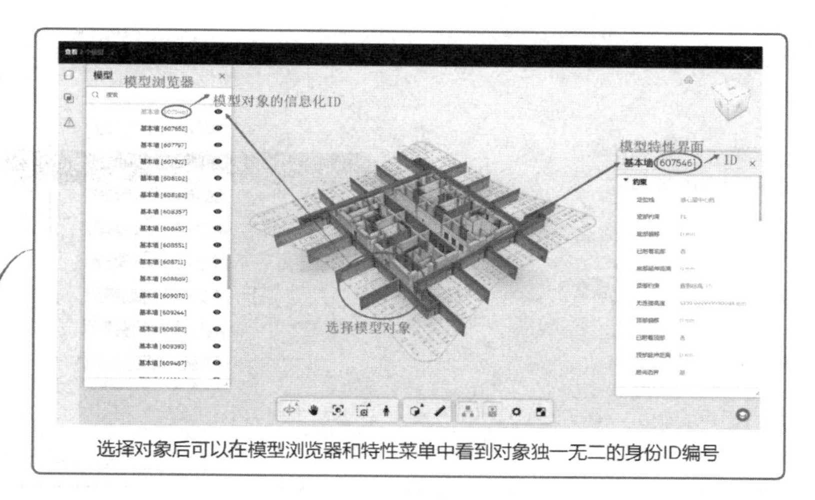

选择对象后可以在模型浏览器和特性菜单中看到对象独一无二的身份ID编号

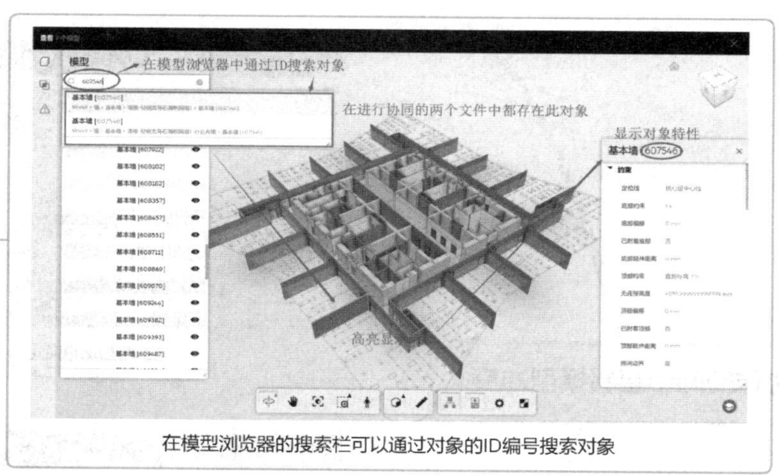

在模型浏览器的搜索栏可以通过对象的ID编号搜索对象

完成搜索后会自动将对象焦点显示

图 3-6-17　查看信息的“身份证”

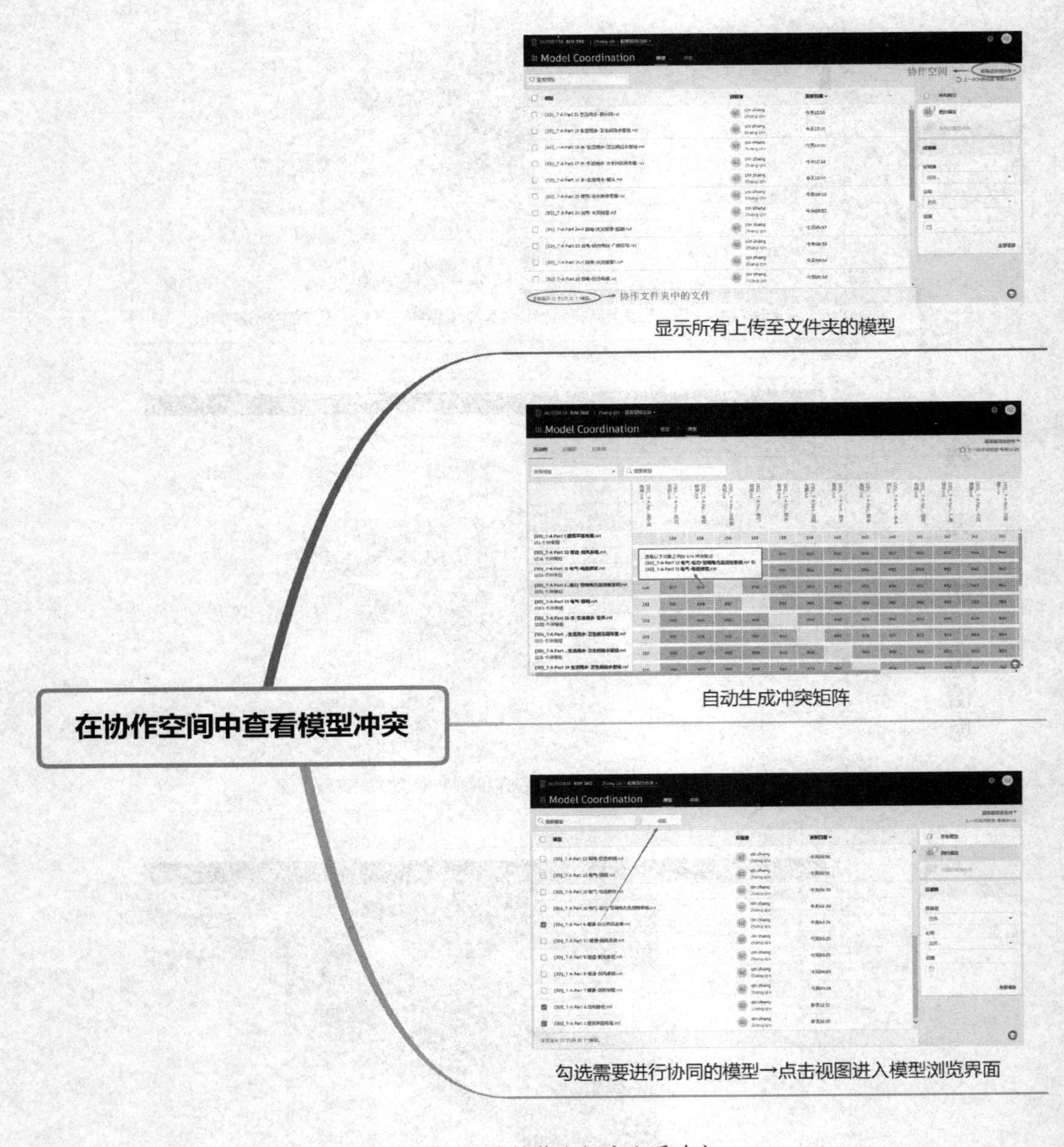

图 3-6-18　在协作空间中查看冲突

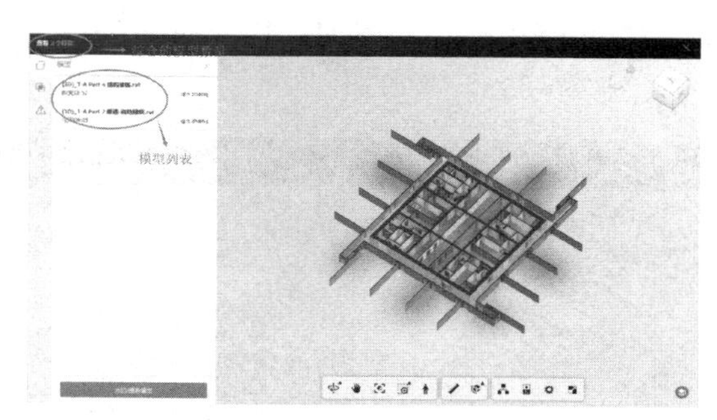

左侧工具栏--模型--会显示模型的数量以及模型列表，可以添加或者删除模型

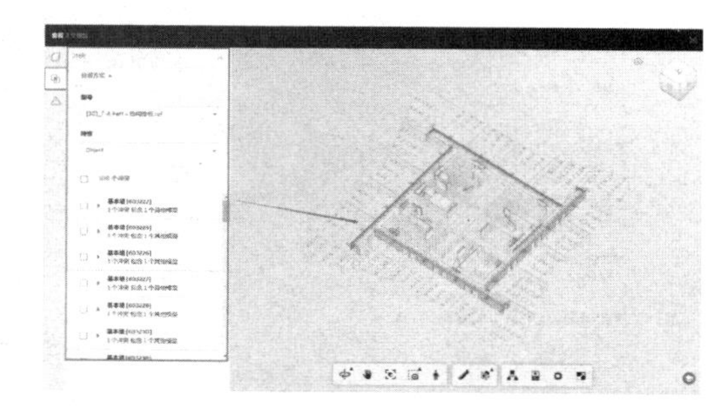

左侧工具栏--冲突--会显示模型中的冲突，可以按照型号和特性进行筛选

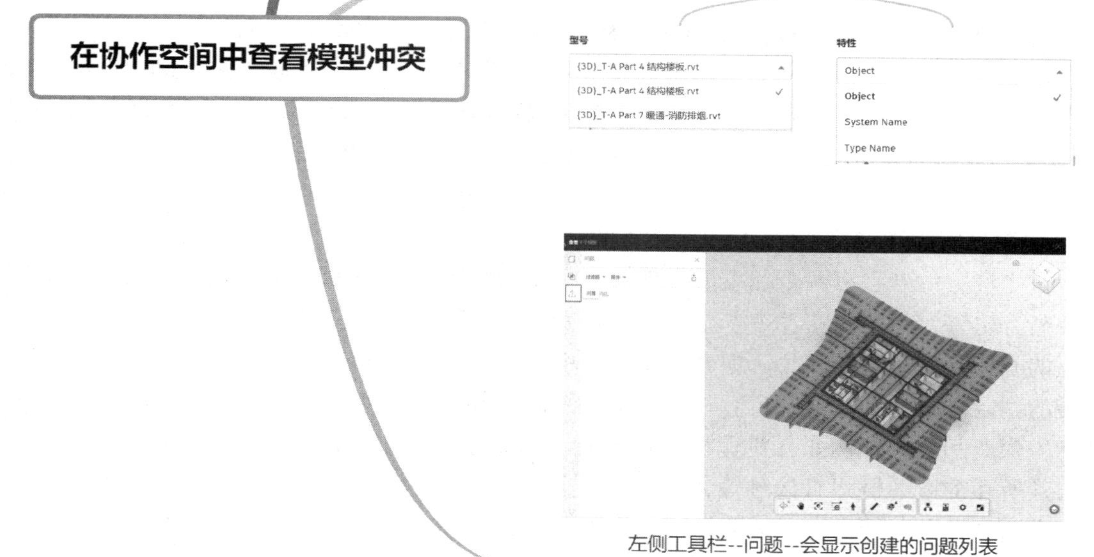

图 3-6-19　打开模型进行查看和编辑

可以看到打开模型选项卡会显示拼合的模型列表，可以通过添加删除模型按钮增加或者减少参与碰撞检查的模型；打开冲突面板会自动显示所有冲突，并且可以针对性地进行筛选（图 3-6-20）。

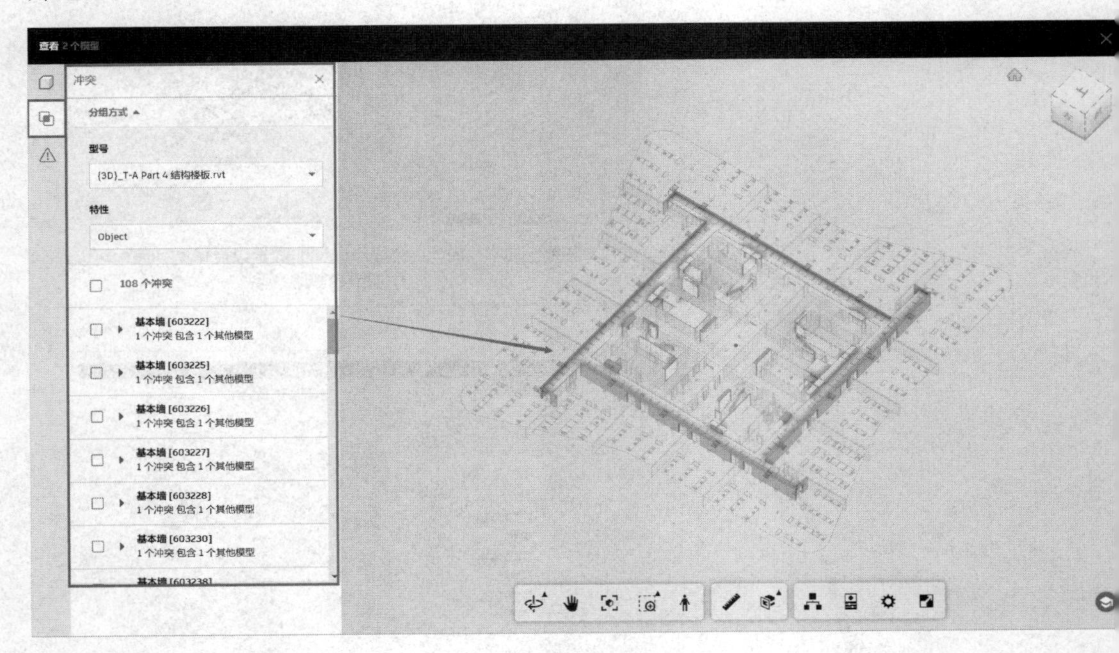

图 3-6-20　针对性地查看冲突

为了更好地观察对象或者冲突，可以对部分模型对象进行隔离显示（图 3-6-21）。

可以根据需求进行隔离和显示的切换，以顶棚的显示和隐藏为例（图 3-6-22）。

通过设置模型的显示环境可以调整模型的显示效果、能更真实地观察模型，除了对于排查各种冲突可以更加直观外，也能迅速提供按需求的、直接的模型展示，帮助不同团队（如业主与设计方、业主与施工方）进行可视化的沟通交流（图 3-6-23）。

在移动端也可以进行同样的操作，极大地方便协作交流（图 3-6-24、图 3-6-25）。

3. 管理与处理冲突

对于冲突的处理有两个基本的工作流——①为冲突创建问题并进行跟踪、处理；②忽略冲突。也许对于“忽略冲突”会有一些疑问——有问题不是就应该解决吗？事实上在生产上的问题确实是需要解决，但并不是所有的冲突都会成为生产上的问题。计算机在进行冲突的判定时是根据数学的运算将有“交集”的全部为我们列举出来，这里面有些冲突是会产生生产问题的，例如一些管线碰撞问题，而有些冲突则是不会产生问题的，如电缆线管与其所在的电缆桥架有接触等。冲突是否会在之后成为生产问题则需要工程师判断，因为存在这“两种”冲突——需要处理的会形成问题的冲突与不需要处理的在实际生产中不会形成问题的冲突——自然就需要两种工作流程加以区分。这里需要再次强调下，在信息化的思维中，这其实是对信息的分类与分流——将冲突信息分为两类并进行相应的分流处理，读者在学习中一定要在具体操作的过程中时刻去对应信息化生产的一些要素，以信息为中心去思考，才能真正地掌握信息化协作而非某种软件。

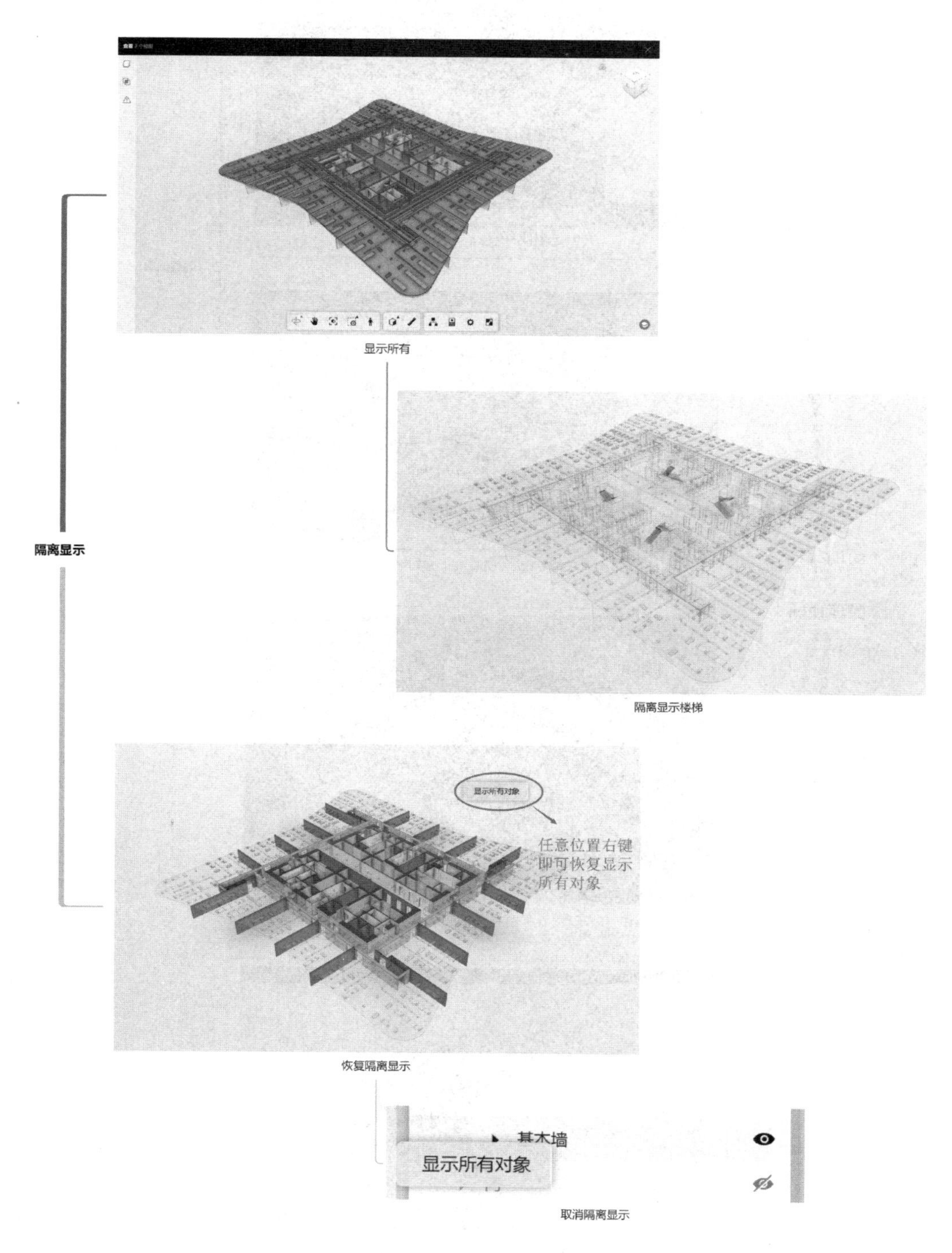

图 3-6-21 模型对象的隔离显示

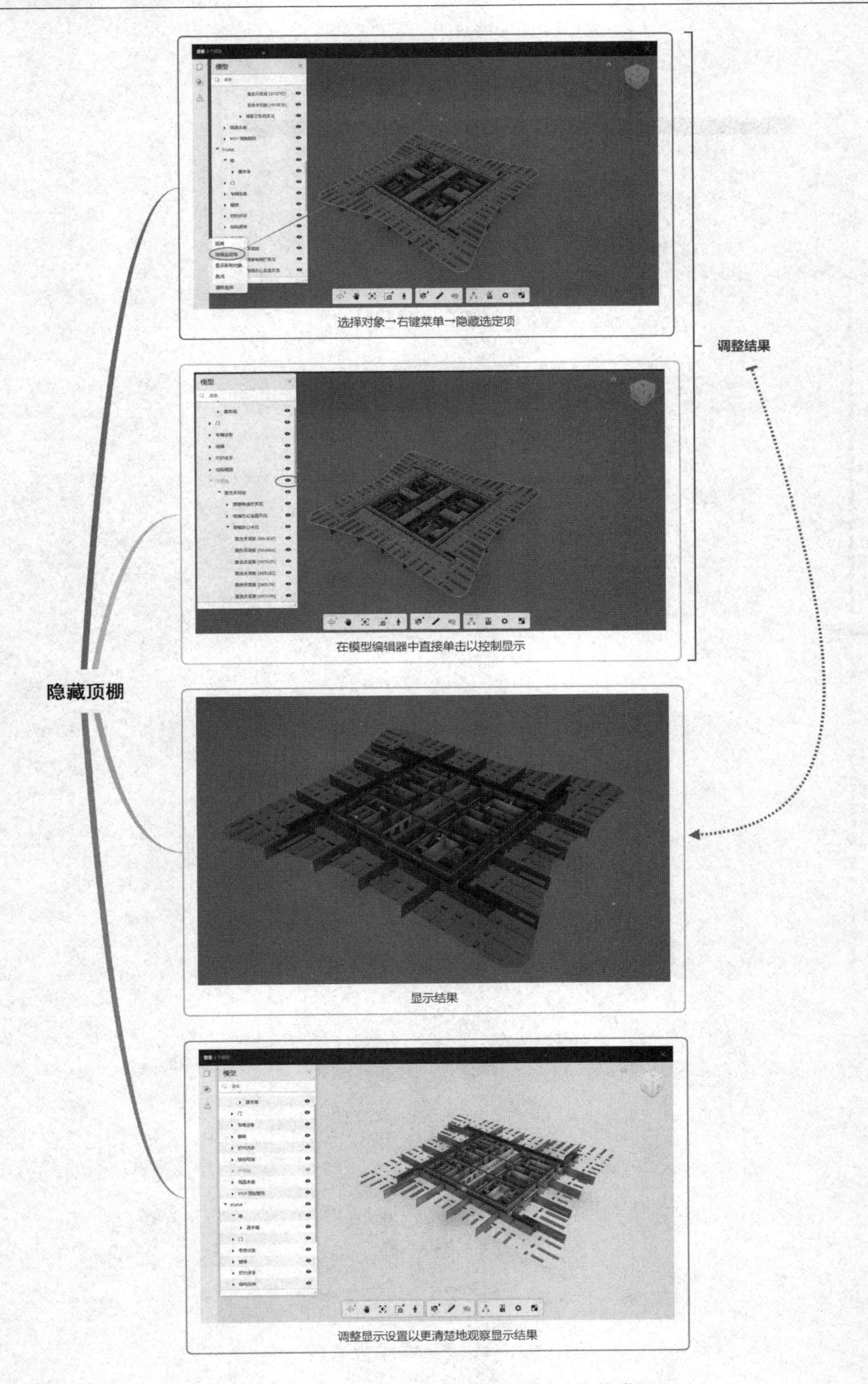

图 3-6-22　模型部分（顶棚）的显示和隐藏

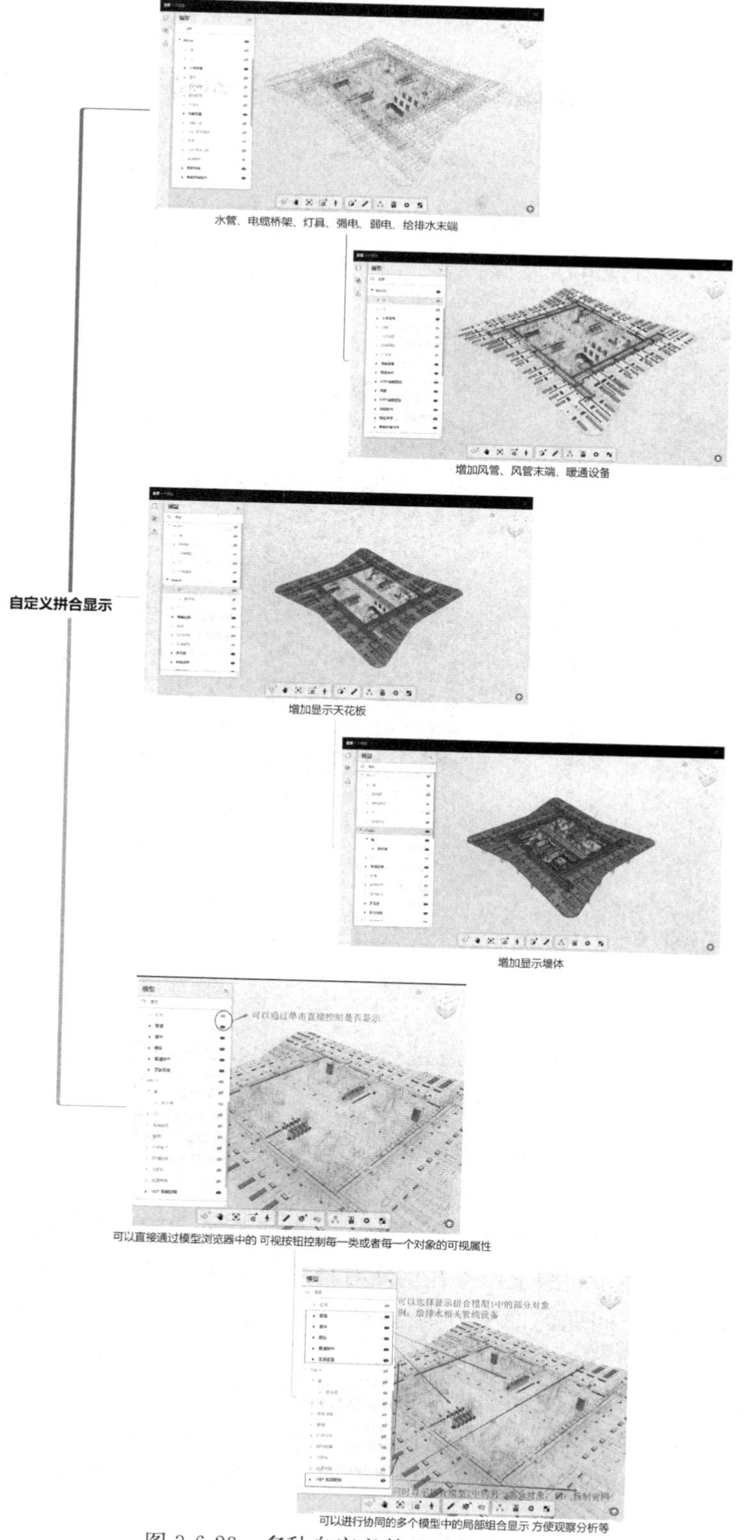

图 3-6-23　多种自定义的显示部件方式

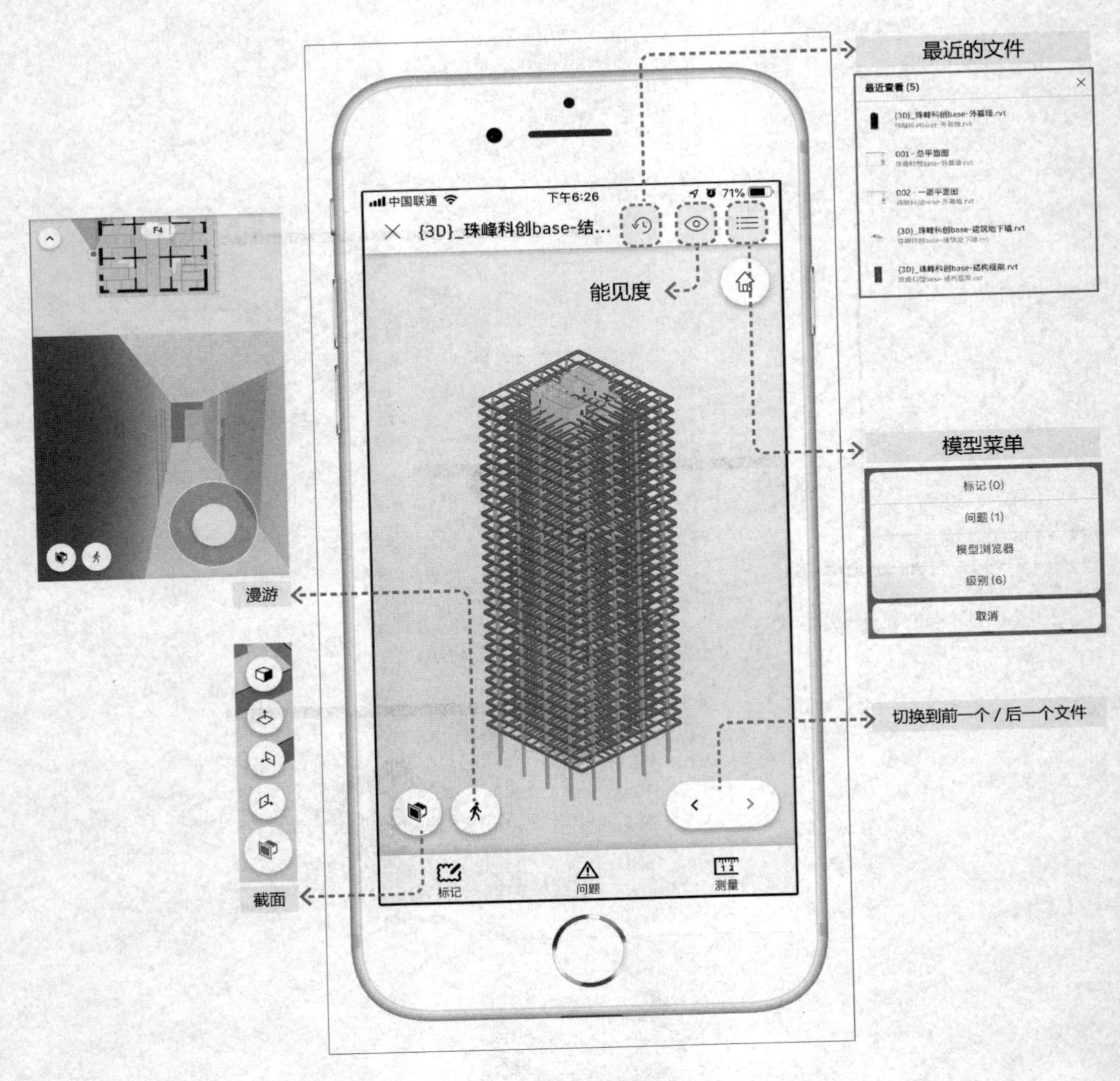

图 3-6-24　在移动端进行模型查看

对于会成为问题的冲突，解决方法是将冲突变成一个“问题”，进入问题工作流，从而得到相应的解决（关于问题工作流在前文有详细的叙述），如图 3-6-26、图 3-6-27 所示。

对于不会形成生产问题的冲突，则选择忽略。这里需要注意，忽略也是一种解决状态，它的意义是——这个冲突不会形成问题，而不是忽略冲突不解决。冲突的两种工作流其实都解决了问题。因此，在实际生产中并不是对于自己不能解决的冲突选择忽略，而是对于不会产生问题的冲突选择忽略，忽略的冲突也是被解决好的。这点一定要切记，否则在生产中选择了忽略会造成冲突已经被认为解决，从而使得其他人也不能发现并解决冲突（图 3-6-28）。

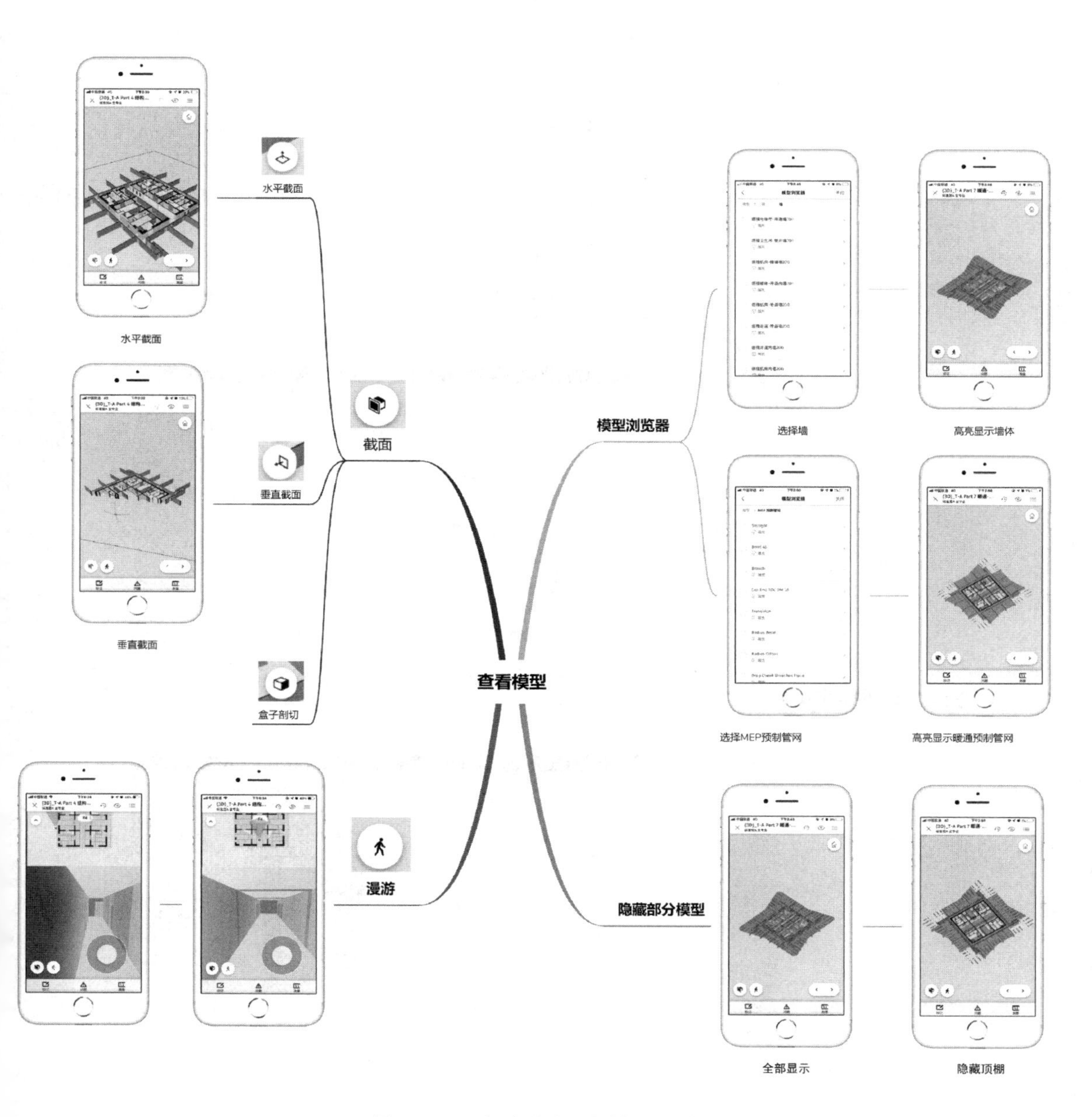

图 3-6-25　在移动端进行模型查看

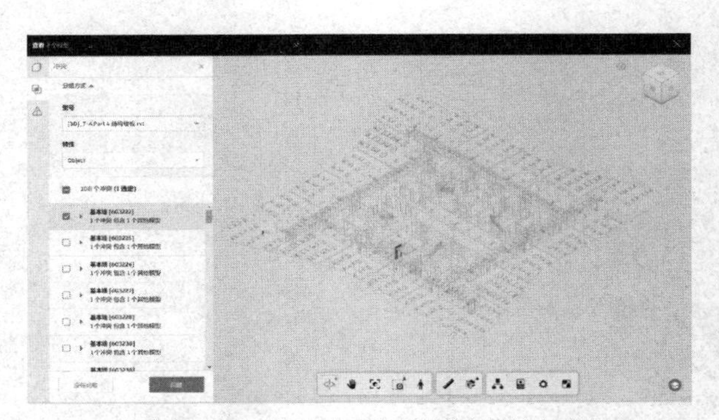

在冲突列表中选择一个对象会孤立显示冲突对象

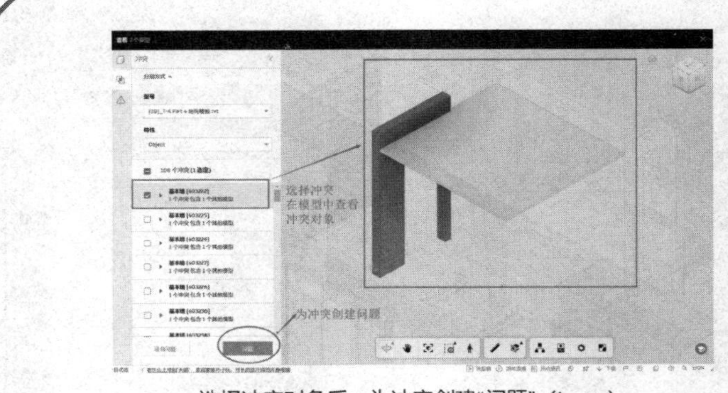

选择冲突对象后→为冲突创建“问题”（issue）

为冲突创建问题1

按照提示在模型视图中单击以防止问题图钉

图 3-6-26　将冲突导入问题工作流（1）

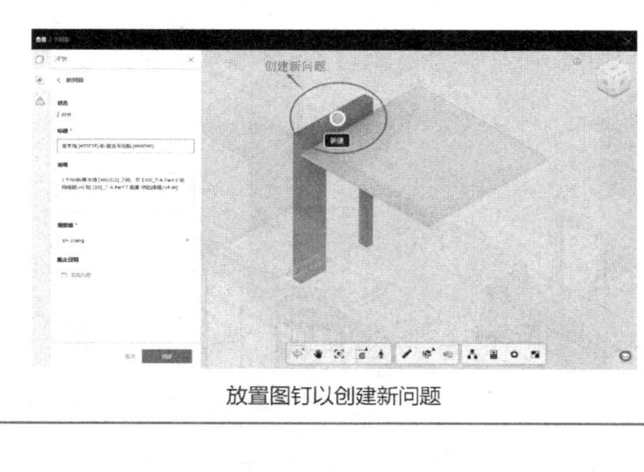

放置图钉以创建新问题

为冲突创建问题2

新建问题ISSUE

问题标题

增加备注

指定解决问题的项目成员

设置问题的解决时限

填写问题标题、备注、解决问题的项目成员、解决问题的时限

完成创建问题，问题待解决

图 3-6-27 将冲突导入问题工作流（2）

4. 更新与比较信息模型

当设计更改造成信息模型更新的时候，信息模型的作者可以将模型重新上传至协作空间对应的文件夹，云端会默认将新版本的文件设置为当前版本，但是同时保存各个版本的模型文件，点击版本打开版本的详细信息可以进行模型比较（图 3-6-29～图 3-6-36）。

四、BIM Glue 模块

Glue 是一个数字化施工技术的集成模块，在施工准备阶段第一次出现在面前。BIM 360 Glue 是这一模块的名称，因为在我们用来举例的欧特克公司的软件体系中，信息化生产流程还没有被概括总结，还停留在 BIM 这一概念下，因此许多工具以 BIM 进行命名。Glue 工具模块最开始是服务于施工生产的 BIM 技术模块，在信息化云平台发展后，被整合进入新的数字工作流中。Glue 可以通过与 Revit、Navisworks 等 BIM 软件的模型共享、拼合，来进行多规程、多团队的项目协作。Glue 支持 PC 端的本地应用、移动端的 APP 以及 Web 网页版的访问，从而让协同工作不受时间、地点以及硬件、软件的限制，可以顺利进行。

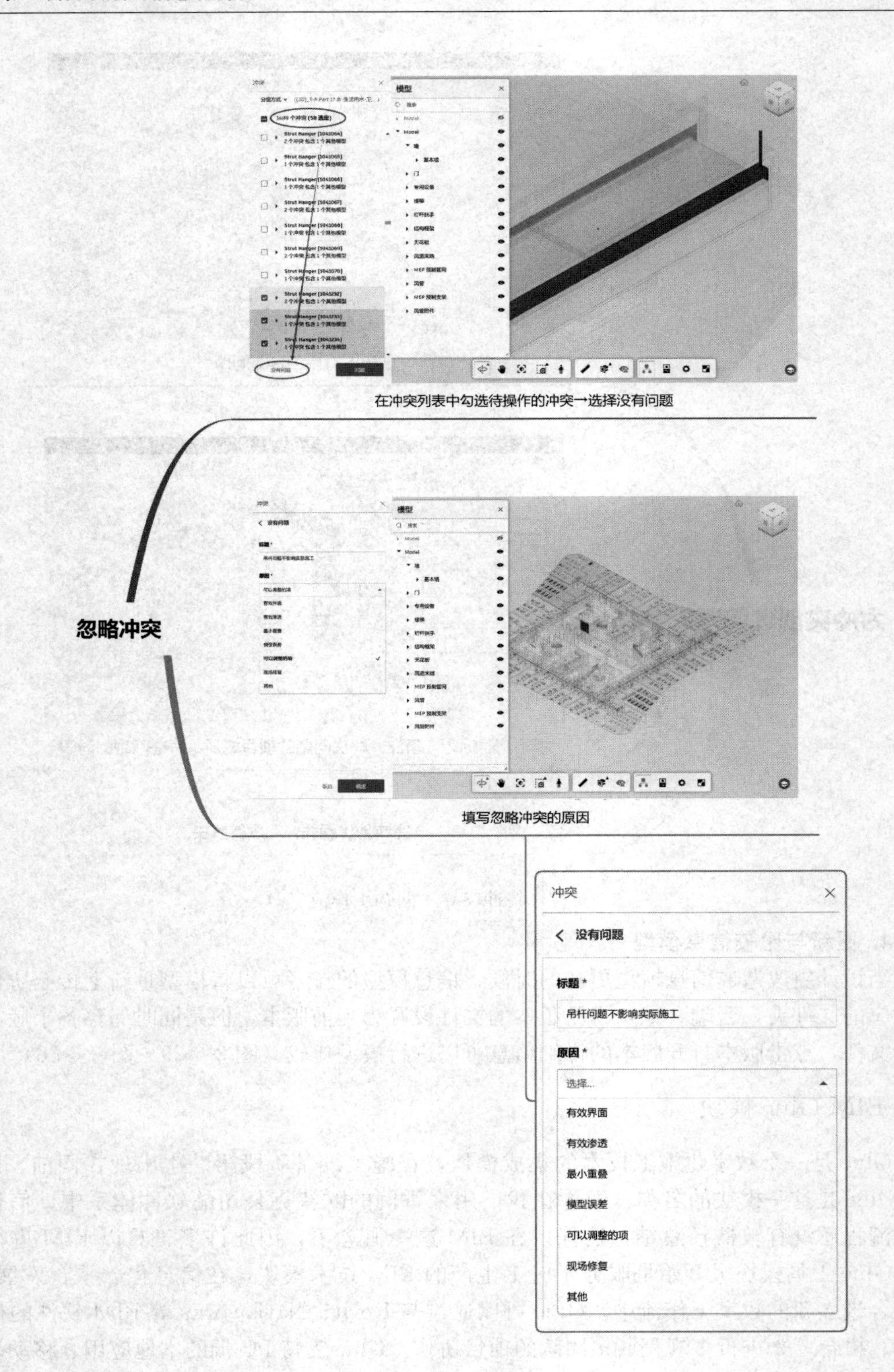
在冲突列表中勾选待操作的冲突→选择没有问题
忽略冲突
填写忽略冲突的原因
冲突
没有问题
标题 *
吊杆问题不影响实际施工
原因 *
选择...
有效界面
有效渗透
最小重叠
模型误差
可以调整的项
现场修复
其他

图 3-6-28　忽略冲突

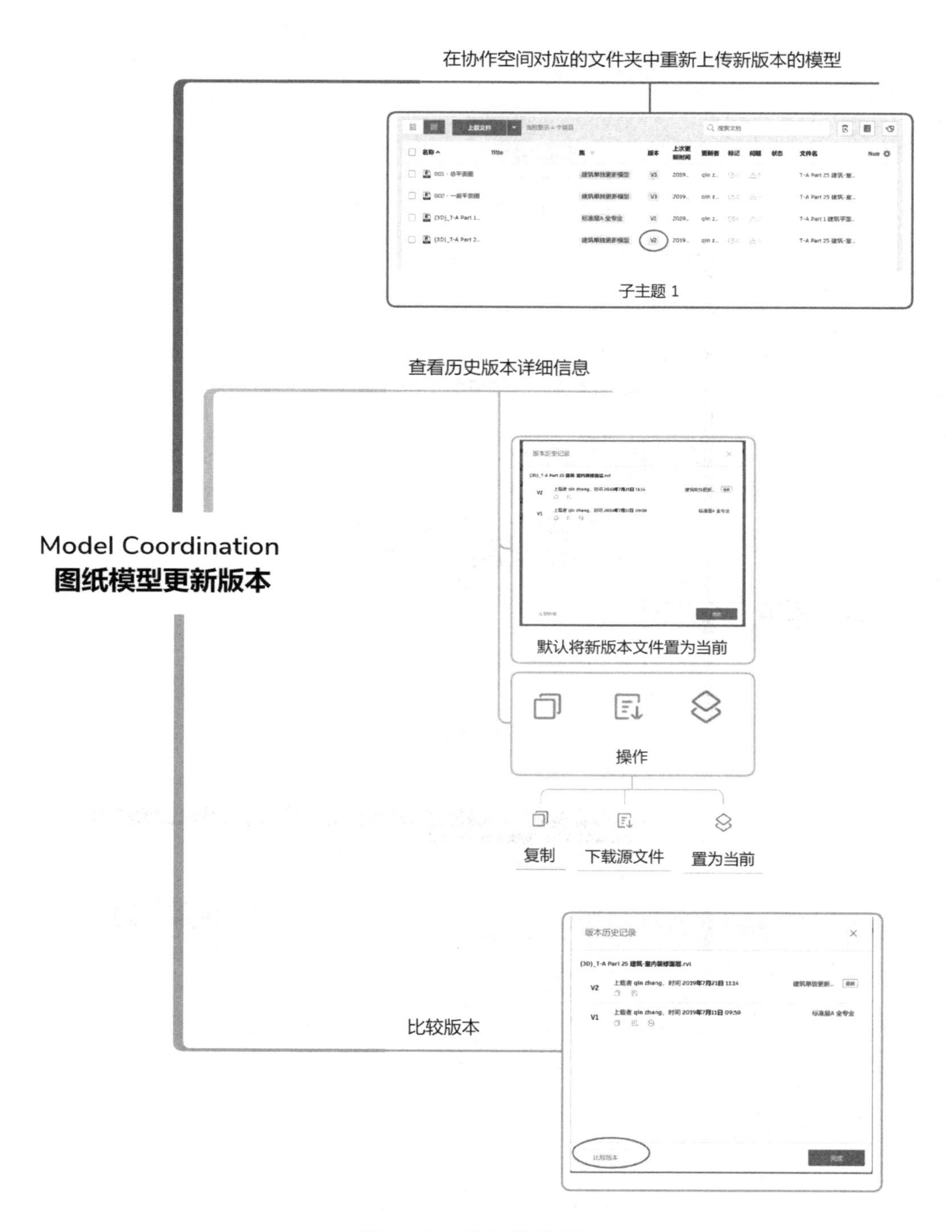

图 3-6-29　信息模型更新

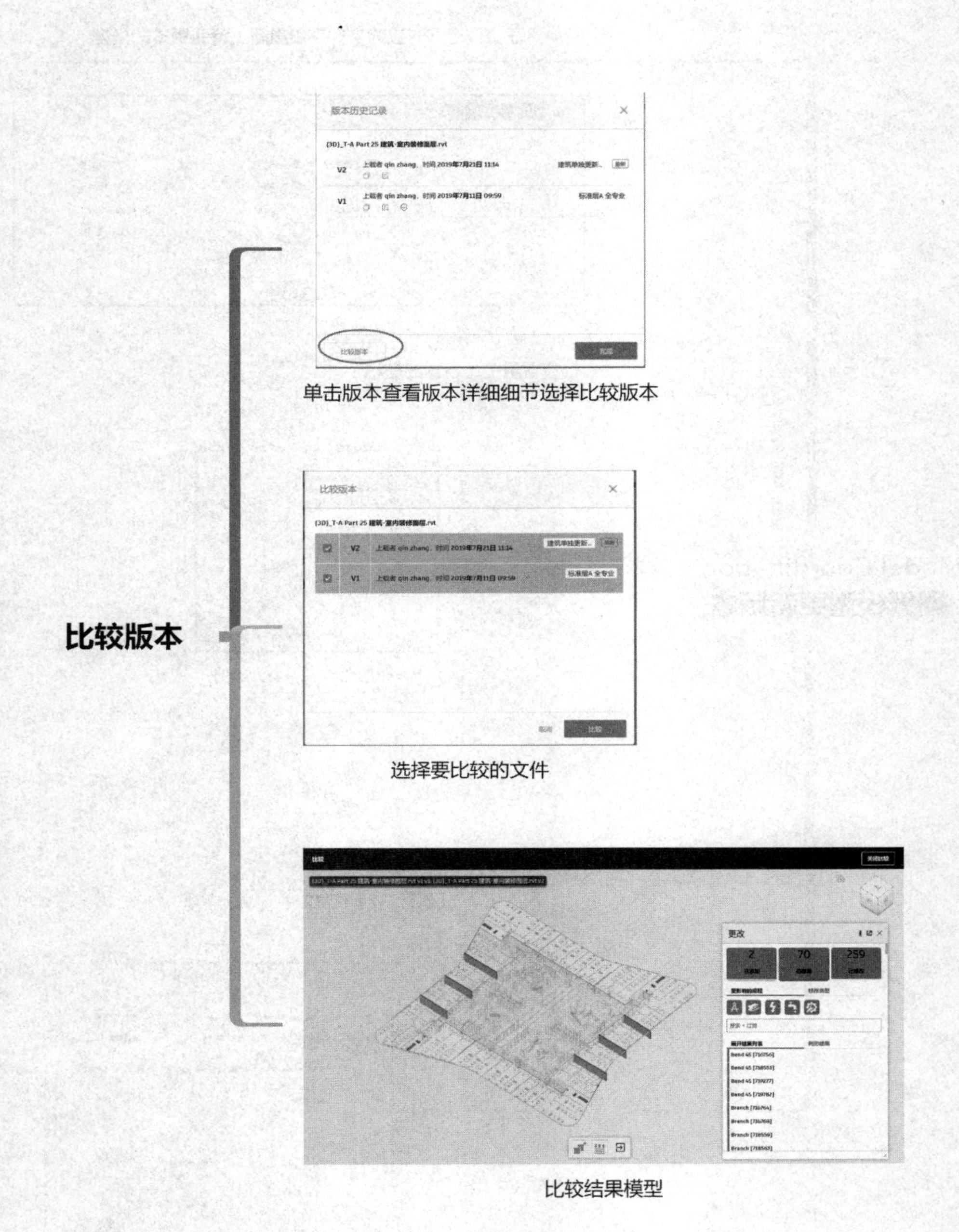

图 3-6-30 比较不同版本的信息模型

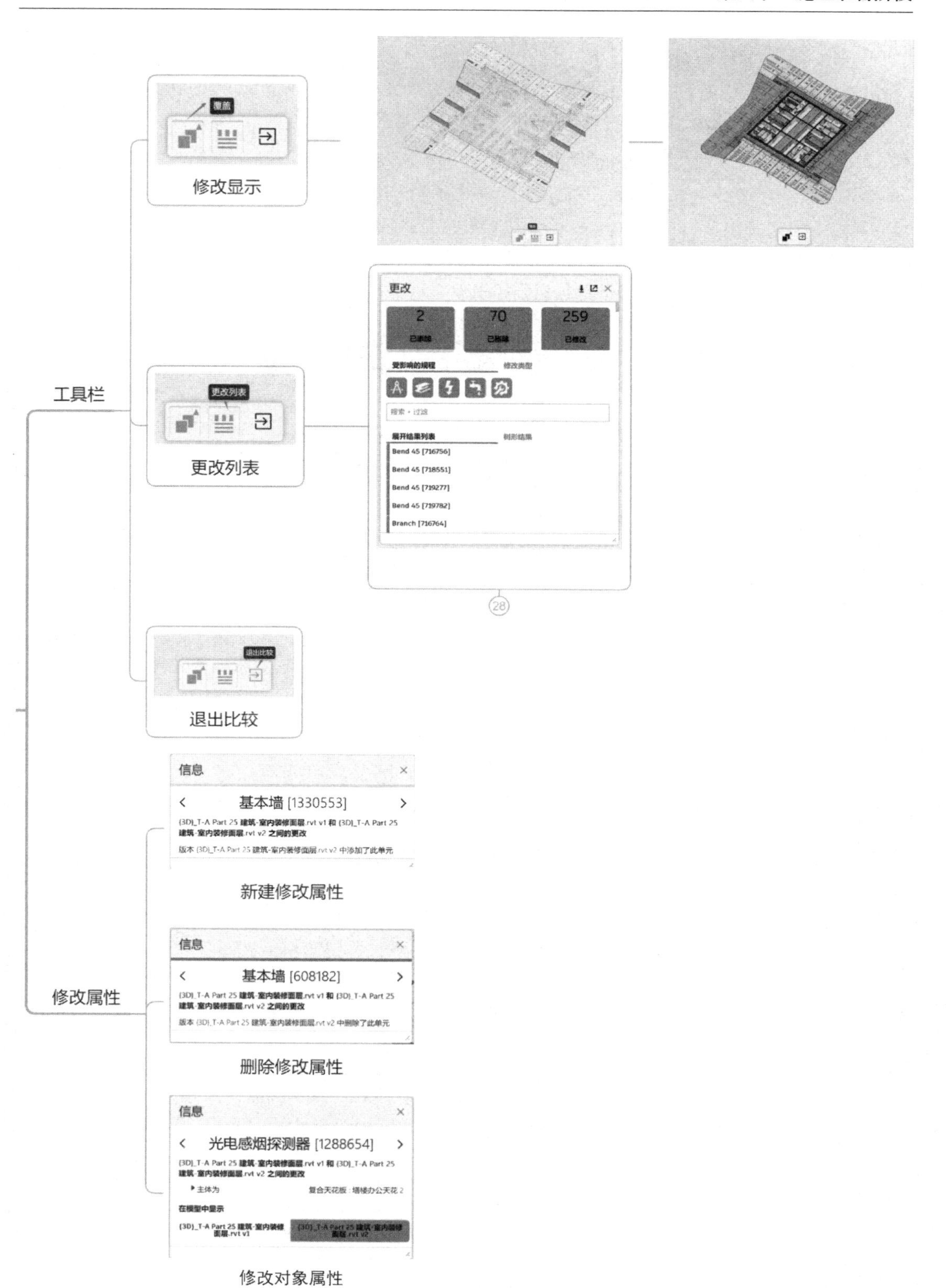

图 3-6-31　比较模型的工具

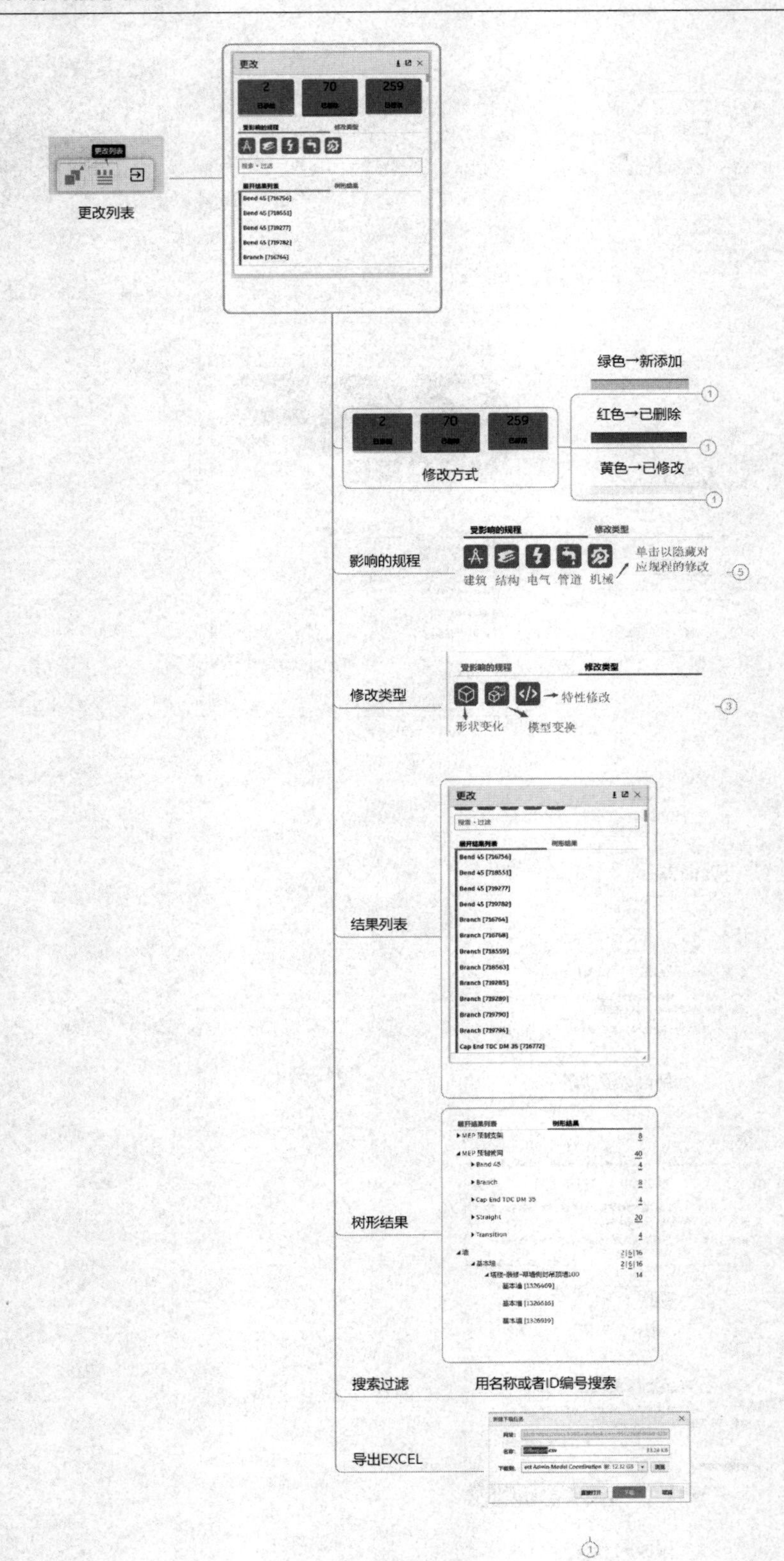
更改列表
更改
2
70
259
修改方式
绿色→新添加
红色→已删除
黄色→已修改
影响的规程
受影响的规程
修改类型
建筑 结构 电气 管道 机械
单击以隐藏对应规程的修改
修改类型
特性修改
形状变化
模型变换
结果列表
树形结果
搜索过滤
用名称或者ID编号搜索
导出EXCEL

图 3-6-32　更改列表

绿色→新添加
红色→已删除
黄色→已修改
修改方式
2
已添加
70
已删除
259
已修改
更改

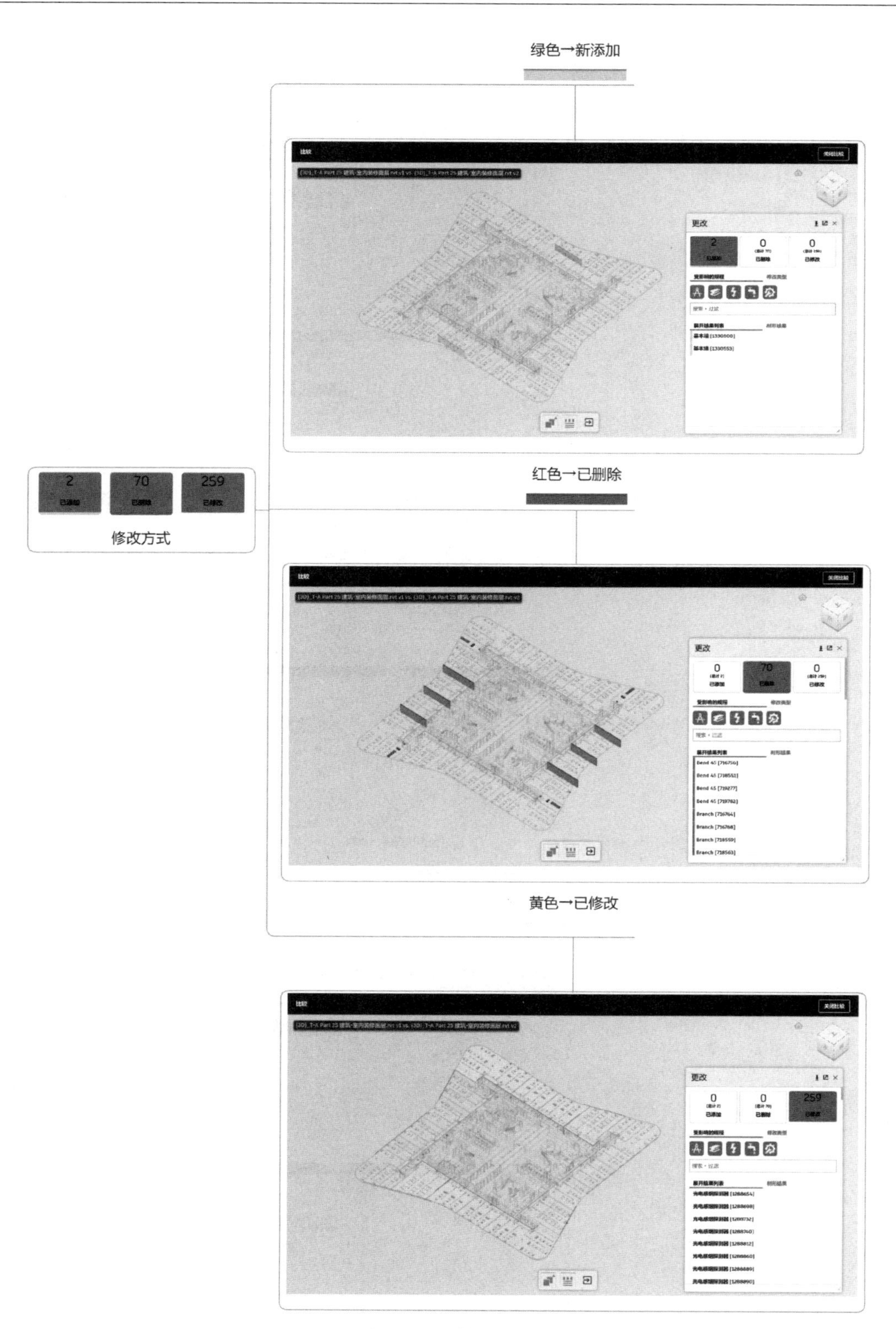

图 3-6-33　修改方式

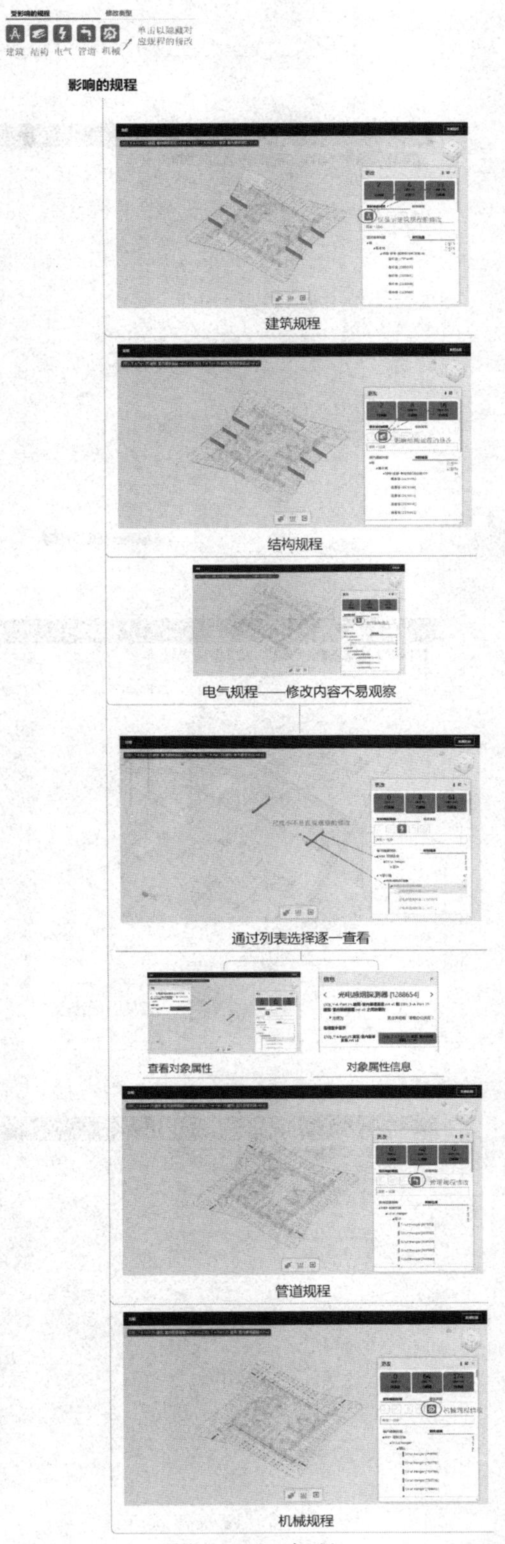
受影响的规程
修改类型
建筑
结构
电气
管道
机械
单击以隐藏对应规程的修改
影响的规程
建筑规程
结构规程
电气规程——修改内容不易观察
通过列表选择逐一查看
查看对象属性
对象属性信息
管道规程
机械规程

图 3-6-34　规程

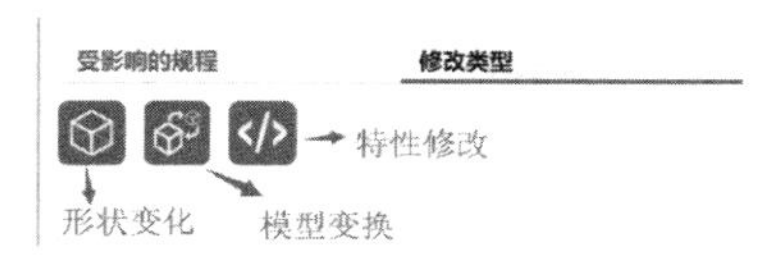
受影响的规程
修改类型
特性修改
形状变化
模型变换

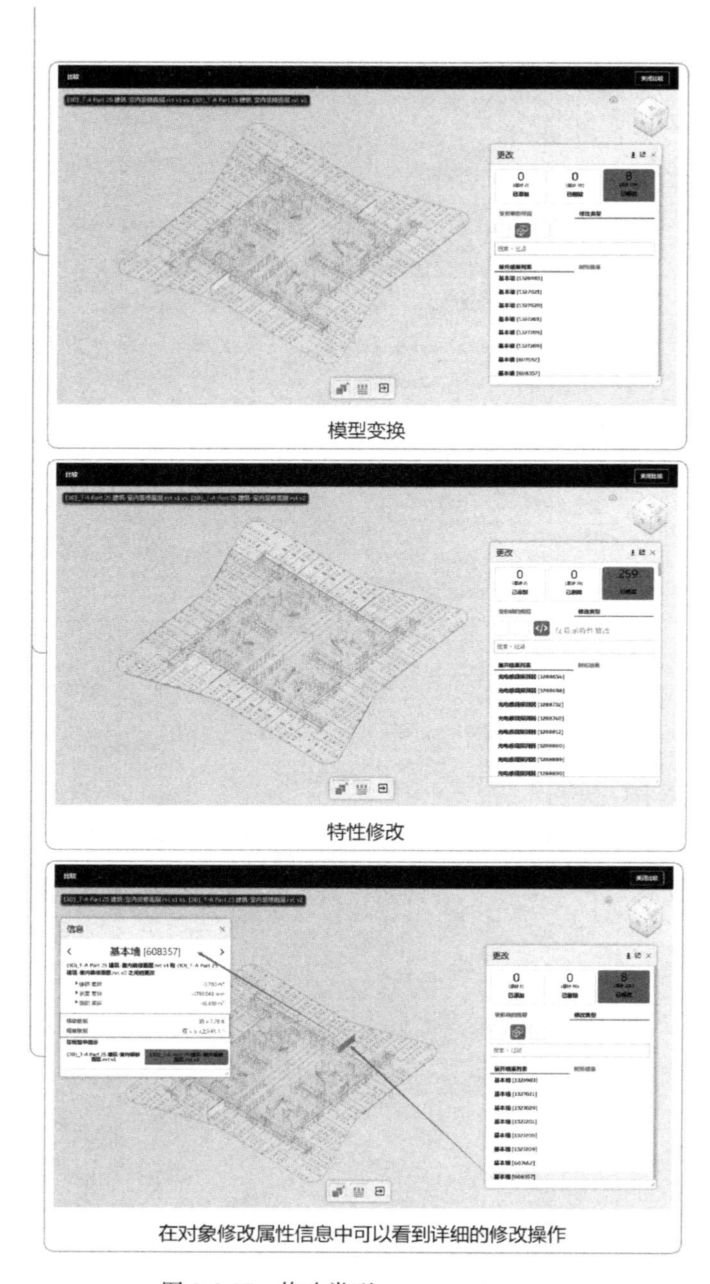
修改类型
模型变换
特性修改
在对象修改属性信息中可以看到详细的修改操作

图 3-6-35　修改类型

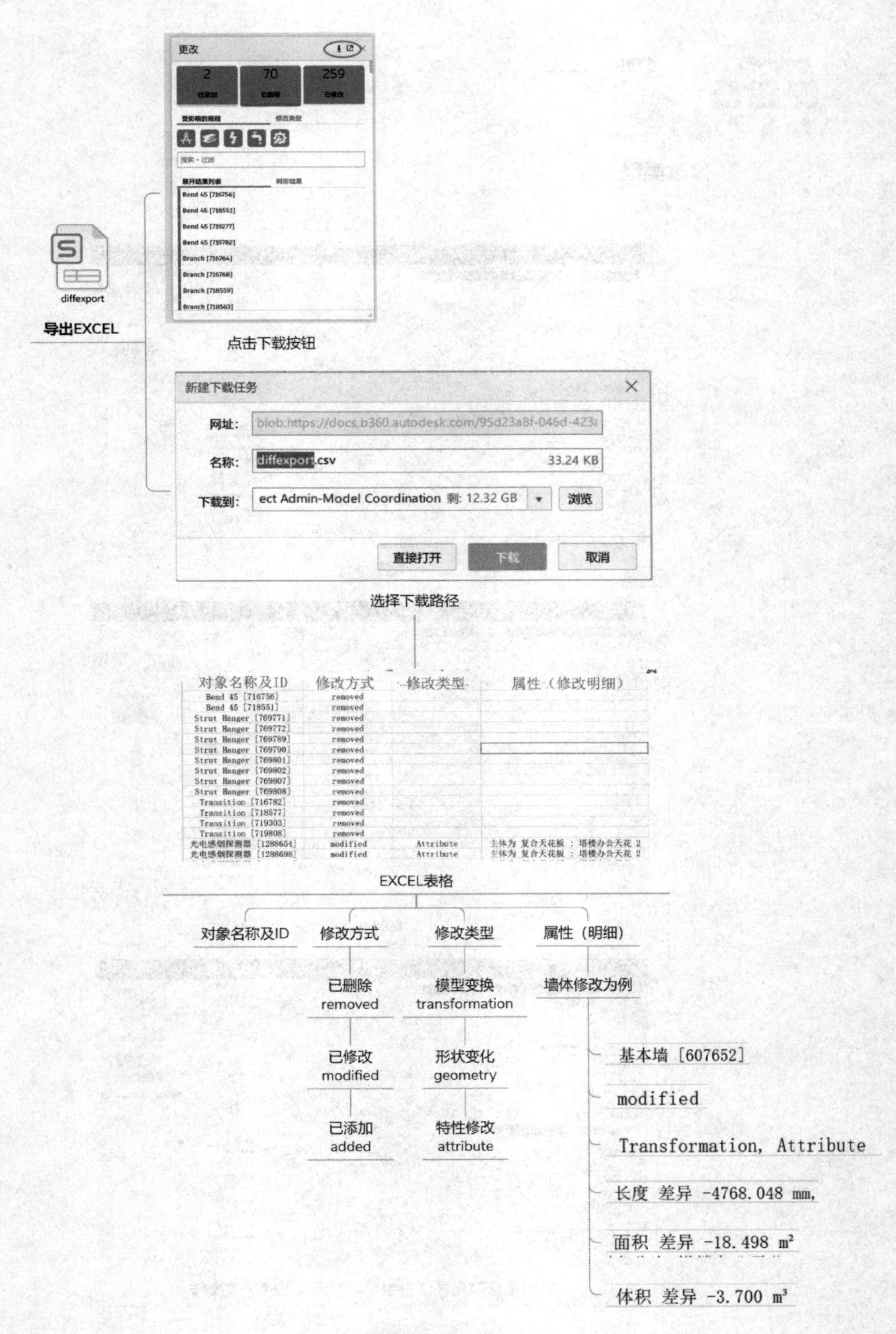

更改
2
70
259
搜索・过滤
Bend 45 [716756]
Bend 45 [718551]
Bend 45 [719277]
Bend 45 [719782]
Branch [716764]
Branch [716768]
Branch [718559]
Branch [718563]
diffexport
导出EXCEL
点击下载按钮
新建下载任务
网址：
blob:https://docs.b360.autodesk.com/95d23a8f-046d-423a
名称：
diffexport.csv
33.24 KB
下载到：
ect Admin-Model Coordination 剩: 12.32 GB
浏览
直接打开
下载
取消
选择下载路径
对象名称及ID
修改方式
修改类型
属性（修改明细）
Bend 45 [716756] removed
Bend 45 [718551] removed
Strut Hanger [769771] removed
Strut Hanger [769772] removed
Strut Hanger [769789] removed
Strut Hanger [769790] removed
Strut Hanger [769801] removed
Strut Hanger [769802] removed
Strut Hanger [769807] removed
Strut Hanger [769808] removed
Transition [716782] removed
Transition [718577] removed
Transition [719303] removed
Transition [719808] removed
光电感烟探测器 [1288654] modified Attribute 主体为 复合天花板 : 塔楼办公天花 2
光电感烟探测器 [1288698] modified Attribute 主体为 复合天花板 : 塔楼办公天花 2
EXCEL表格
对象名称及ID
修改方式
修改类型
属性（明细）
已删除
removed
模型变换
transformation
墙体修改为例
已修改
modified
形状变化
geometry
已添加
added
特性修改
attribute
基本墙 [607652]
modified
Transformation, Attribute
长度 差异 -4768.048 mm,
面积 差异 -18.498 m²
体积 差异 -3.700 m³

图 3-6-36　导出表格

BIM Glue 可以完成的操作内容大致如图 3-6-37 所示，同 Model Coordination 基本相似，但是不能进行不同版本模型的拼合对比，可以简单理解为基于云平台的 Model Coordination 是 BIM Glue 在信息化时代的替代产品。但 BIM Glue 在信息化的生产操作中依然十分重要，这是因为 BIM Glue 经过多年的发展其功能相对成熟，在整合进信息化工作流后，仍然是施工阶段的主要数字应用工具，也是最先进的数字化施工组织与实施工具之

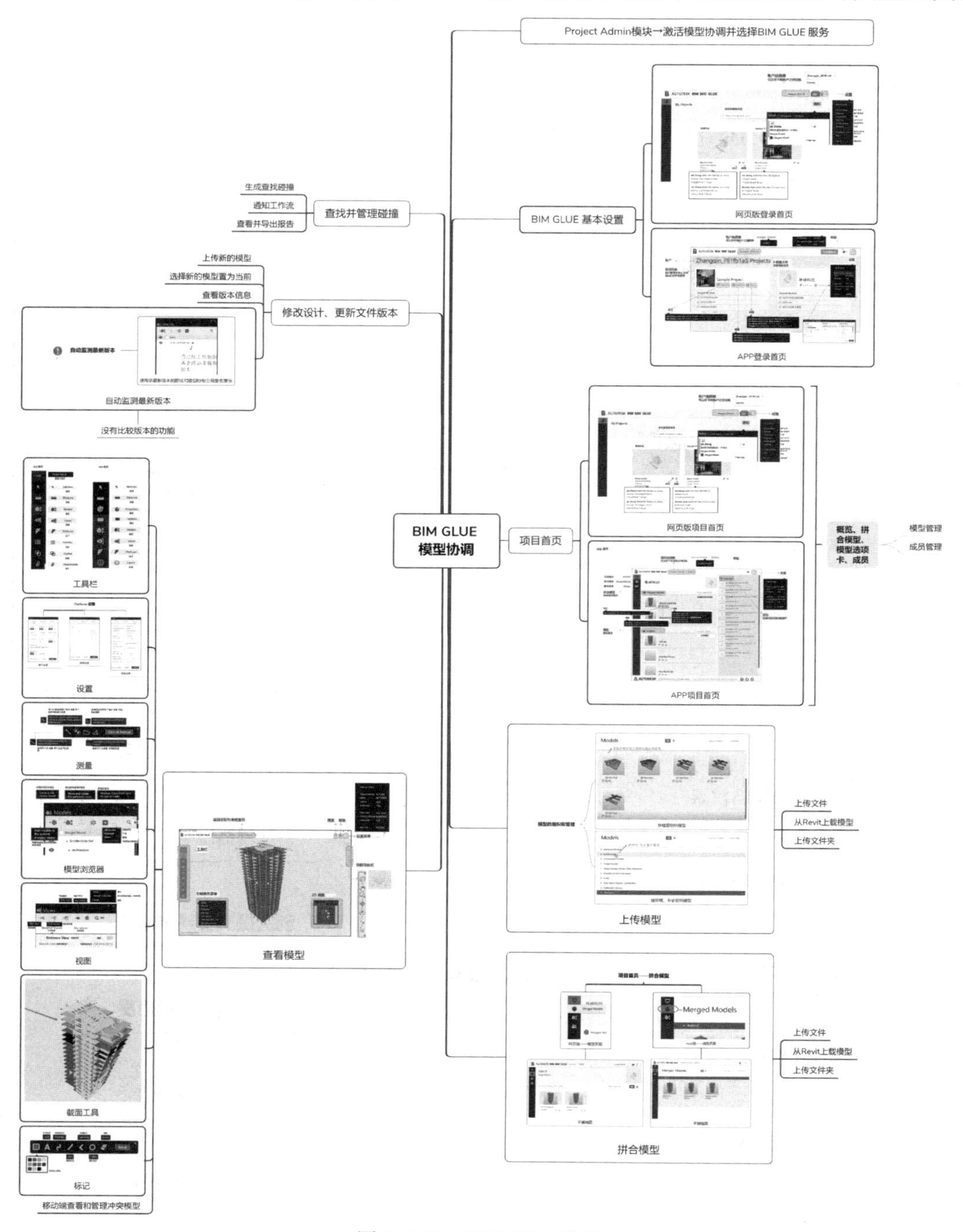

图 3-6-37 BIM Glue 模块

一，目前还不能被其他工具所替代。因此在目前的技术情况下，我们在信息化的施工阶段仍然要大量地依赖 BIM Glue 进行信息化的相关操作。BIM Glue 作为施工工具，许多操作涉及施工中的具体执行层面，内容相对繁复琐杂，因此为了保证对 Glue 部分讲解的完整性也同时保证对于全方位的信息化施工管理有一个整体的理解，我们并没有将 Glue 模块进行拆分，而是将 Glue 的相关内容整体放入执行级协作部分（第四章第五节 BIM Glue）中进行整体介绍。

五、Project Management 模块

提交资料——SUBMITTAL 工作流（图 3-6-38～图 3-6-40）

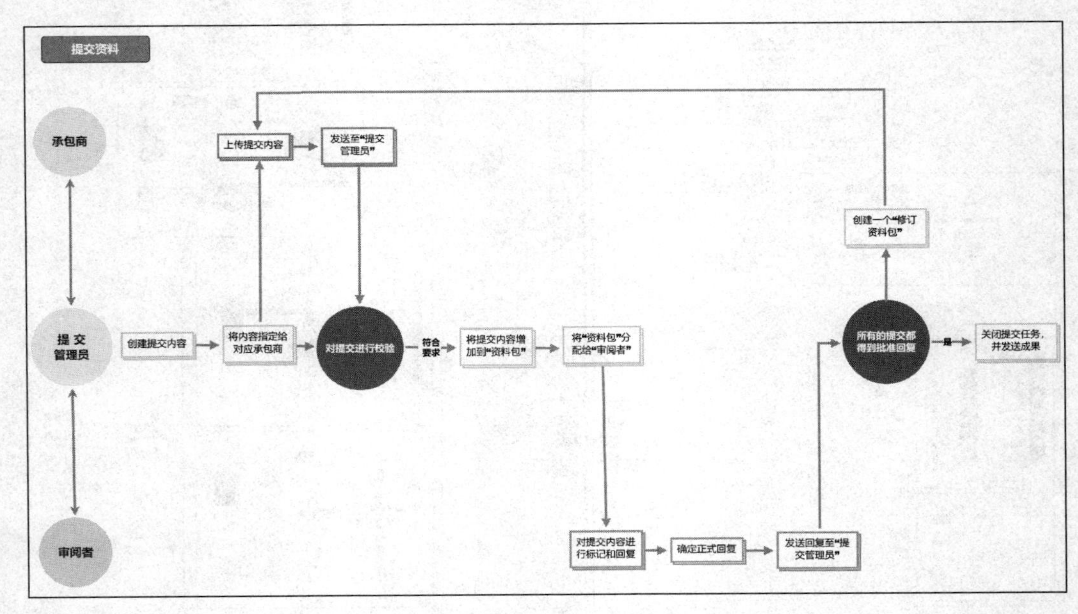

图 3-6-38　资料提交——SUBMITTAL 工作流

提交资料
SUBMITTAL
提交资料权限 1
提交资料状态 15
使用提交资料报告 25
审阅资料包的步骤 38
提交资料附件 7
添加提交资料管理者 3
创建规范说明 6
创建提交资料条目 29
将条目提交给管理员 24
管理者创建资料包 21
提交或返回资料包 21

图 3-6-39　SUBMITTAL 工作流的主要工作内容

该工作流我们在前文中已经有所介绍，在施工准备阶段将进一步深入地介绍这一工作流。

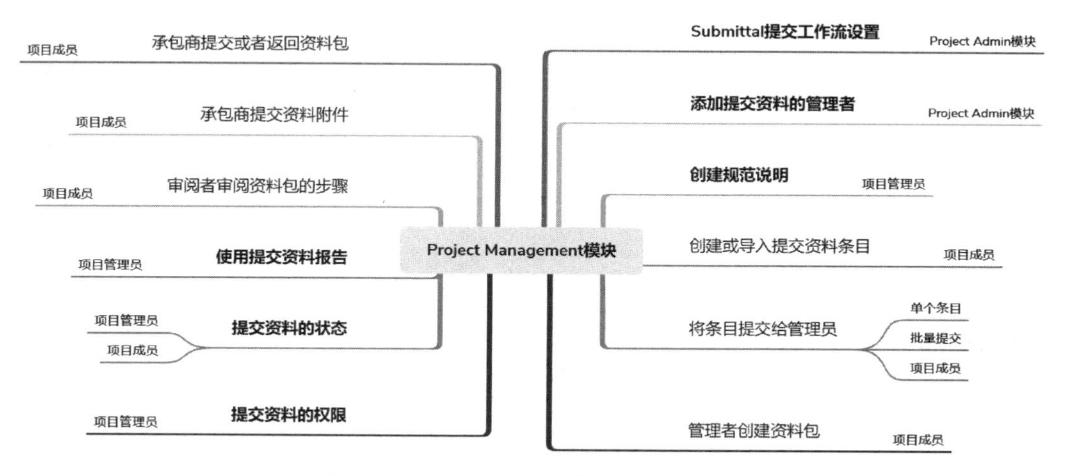

图 3-6-40 Submittal 工作流对应的操作

(1) 添加提交资料的管理者

项目管理员可以在项目管理员模块 Project Admin 中激活“项目管理 Project Management”模块，并且为其设置管理者——可以指定公司、角色、用户为管理者（图 3-6-41）。

图 3-6-41 添加管理者

（2）创建规范说明（可以形成公司的标准化设置）（图 3-6-42）

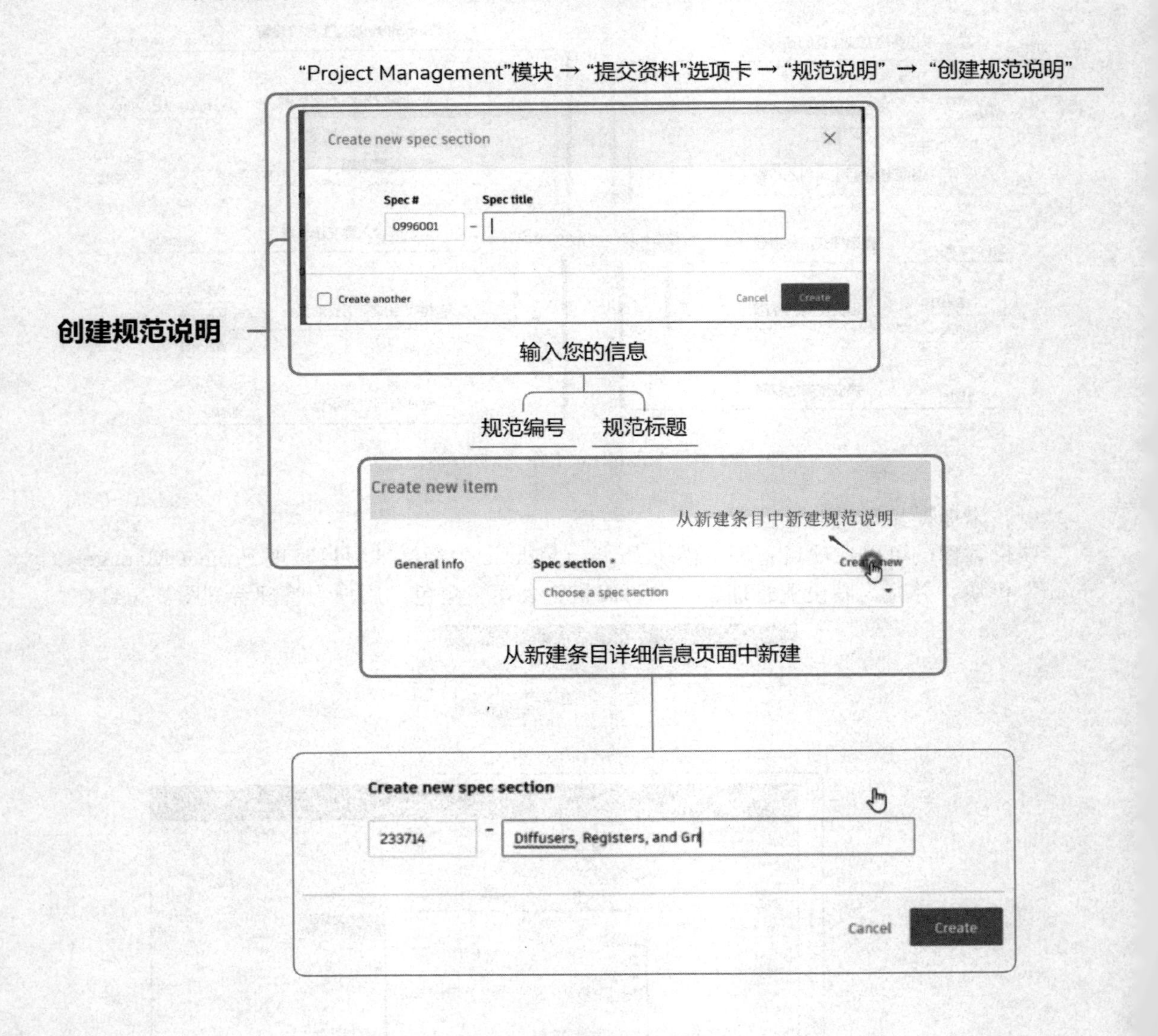

图 3-6-42　创建规范说明

（3）使用提交资料报告（图 3-6-43）

（4）查看提交资料的状态（图 3-6-44）

（5）工作流权限设置（推荐）（图 3-6-45）

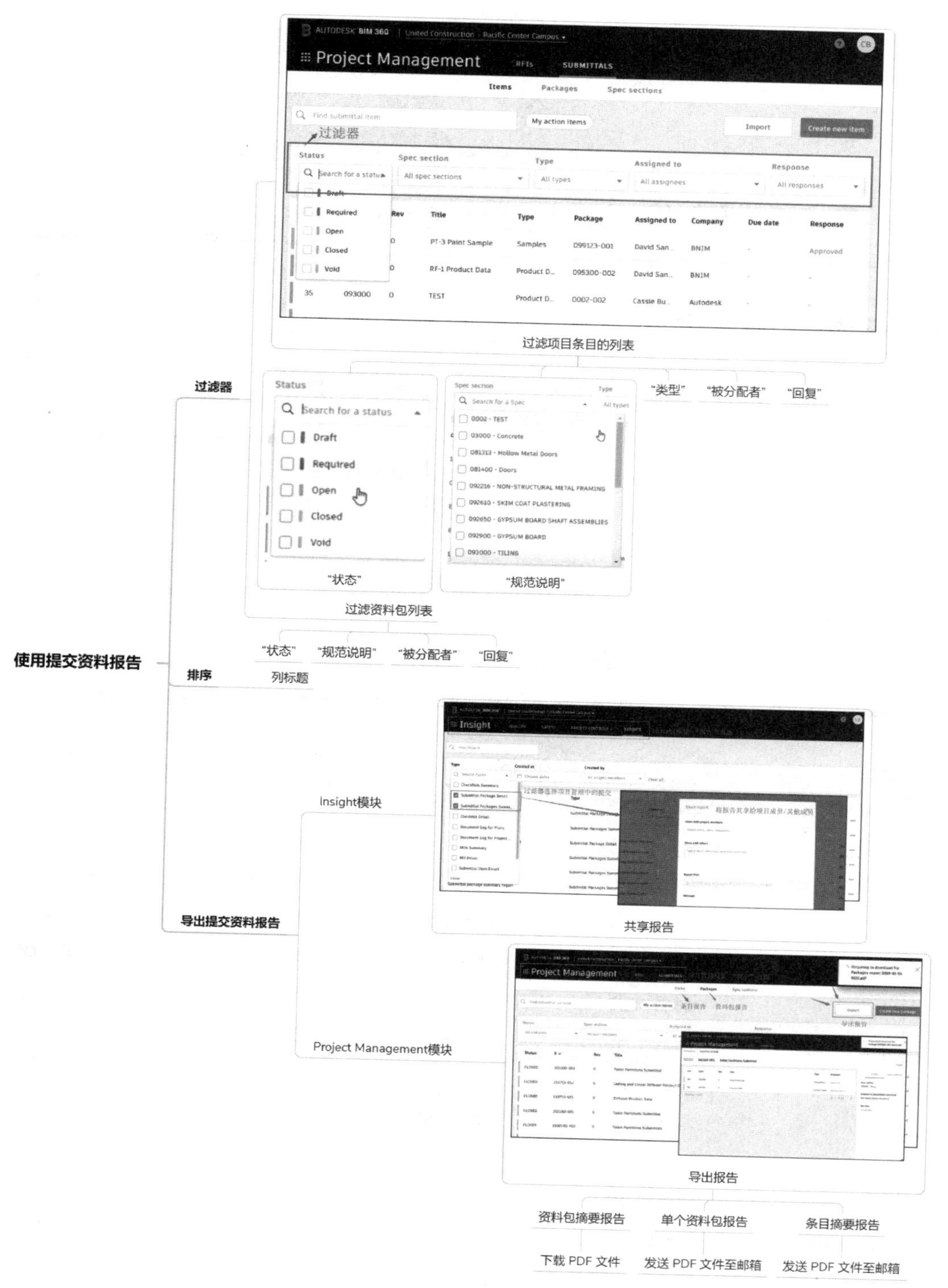

图 3-6-43　使用提交报告

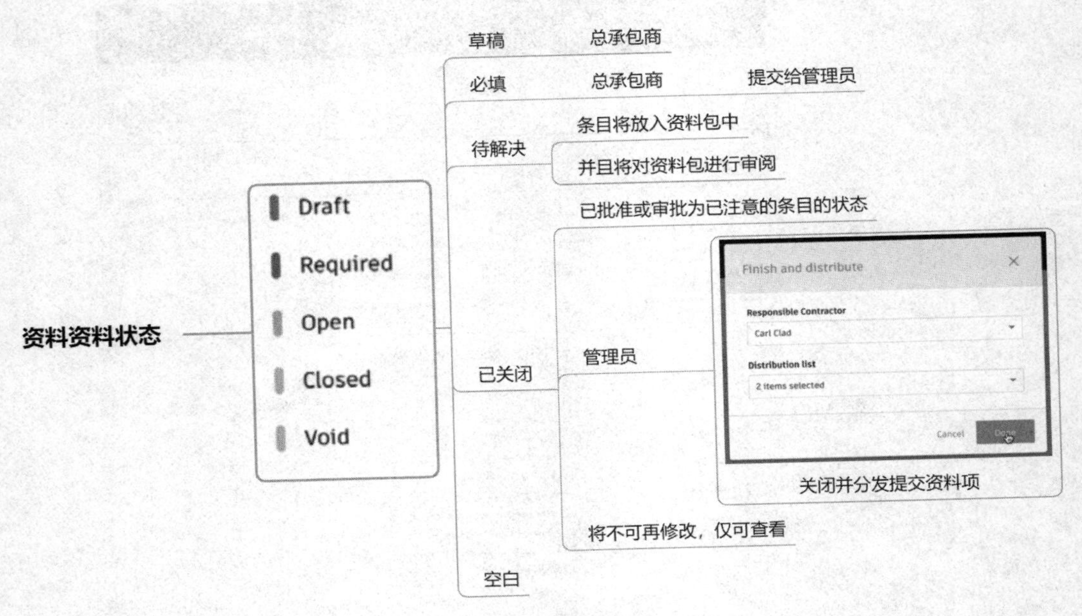

图 3-6-44　提交资料状态

图 3-6-45　工作流推荐权限设置

六、Cost Management 模块

Cost Managment 模块是成本管理技术模块，除了在项目准备阶段的项目经理基本设置外，这是我们第一次接触到它的应用。因为成本管理模块的主要内容是经济与成本管理相关，可视自身专业与岗位情况决定学习程度。关于成本管理技术模块的大量内容我们将在之后的施工阶段详细介绍。

在施工准备阶段，我们仅介绍 Cost Management 中可以与招投标工作流结合的预算设置以及合同生成部分。而在下一节的施工部分，将会结合变更单流程进行详细的成本管理工作流介绍（图 3-6-46）。

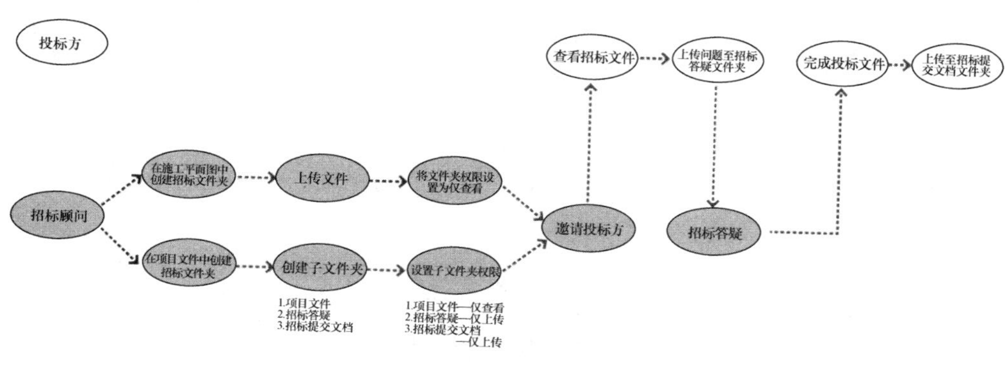

图 3-6-46　招标投标工作流

1. 创建并使用预算代码模板（图 3-6-47）

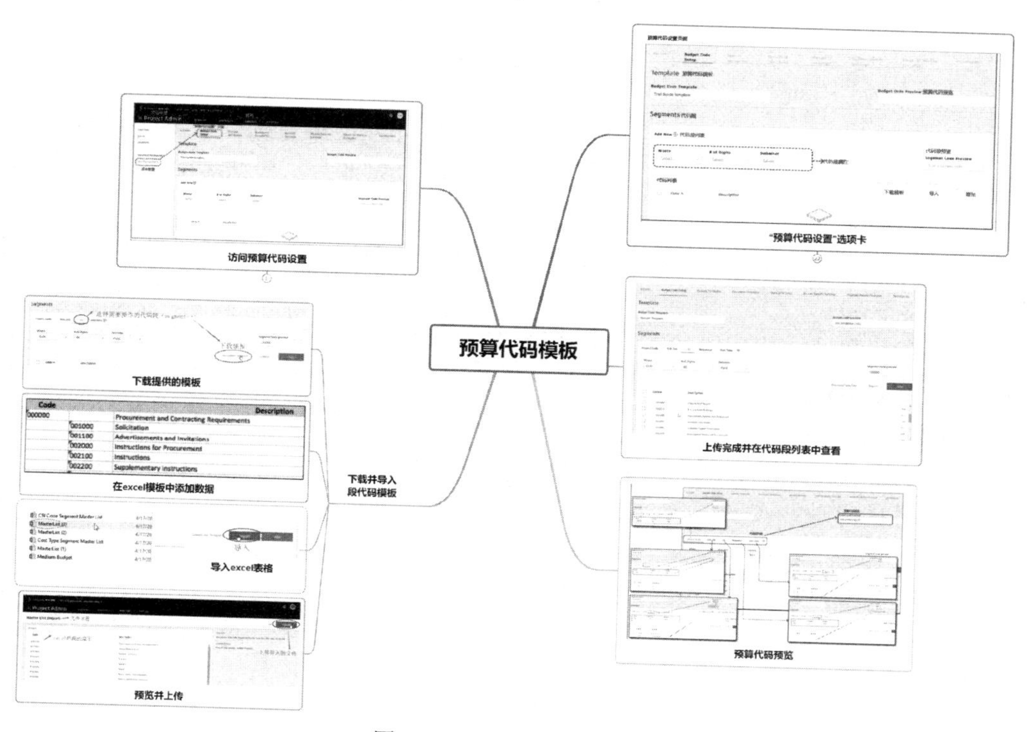

图 3-6-47　预算代码模板

首先需要项目管理与可以在 Project Admin 模块中进行预算代码的设置（图 3-6-48）。

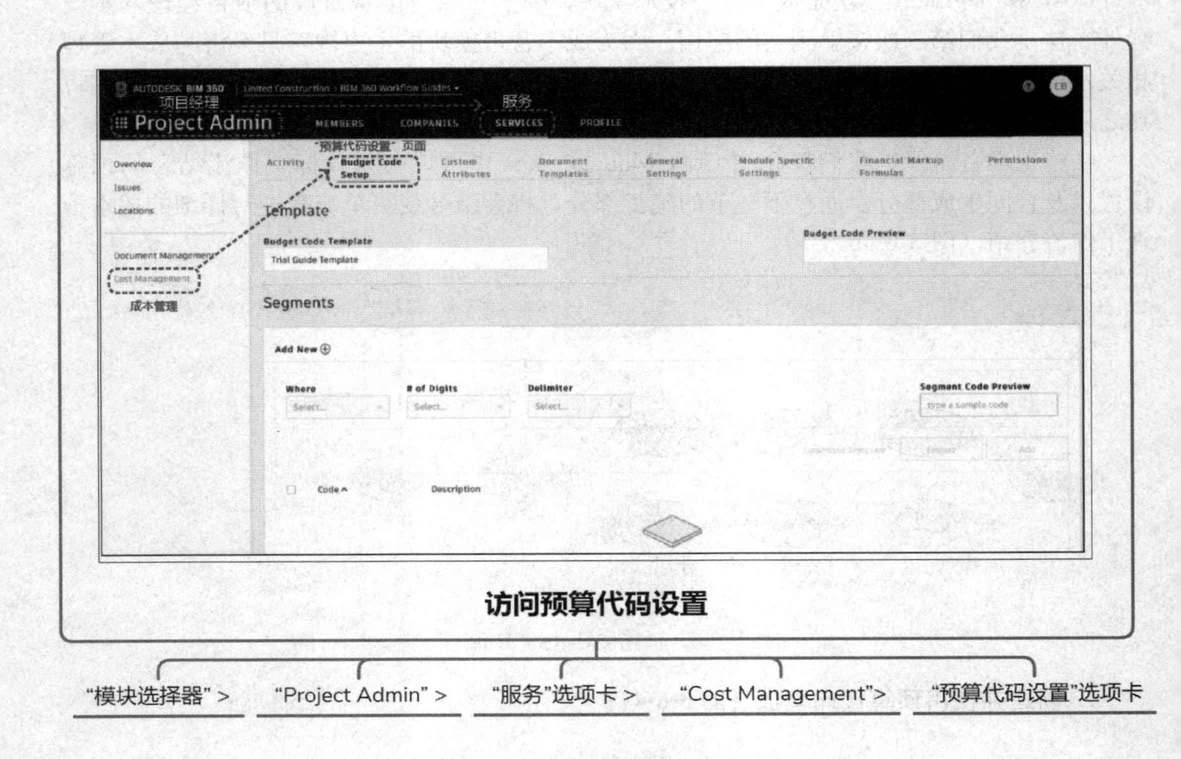

图 3-6-48　访问预算代码设置

在新建了一个预算代码模板后，为其创立代码段（至少需要创立一个代码段）。可以创建多个并分别上传代码段数据，并且分别定义代码段属性——包括显示位置、数字位数以及分隔符号形式（图 3-6-49）。

也可以下载并导入预算代码模板，这样可以将许多公司原本的标准与工作整合入信息工作流（图 3-6-50）。

而预算代码预览与代码段的对应关系可以简要理解为如图 3-6-51 所示的所有显示的代码段的数字和分隔符的顺序组合。

2. 创建并使用预算

预算首页如图 3-6-52、图 3-6-53 所示。

创建预算的过程如图 3-6-54～图 3-6-56 所示。

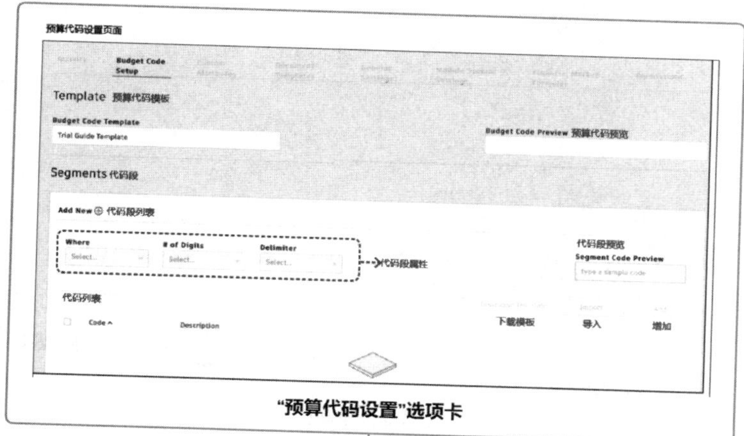

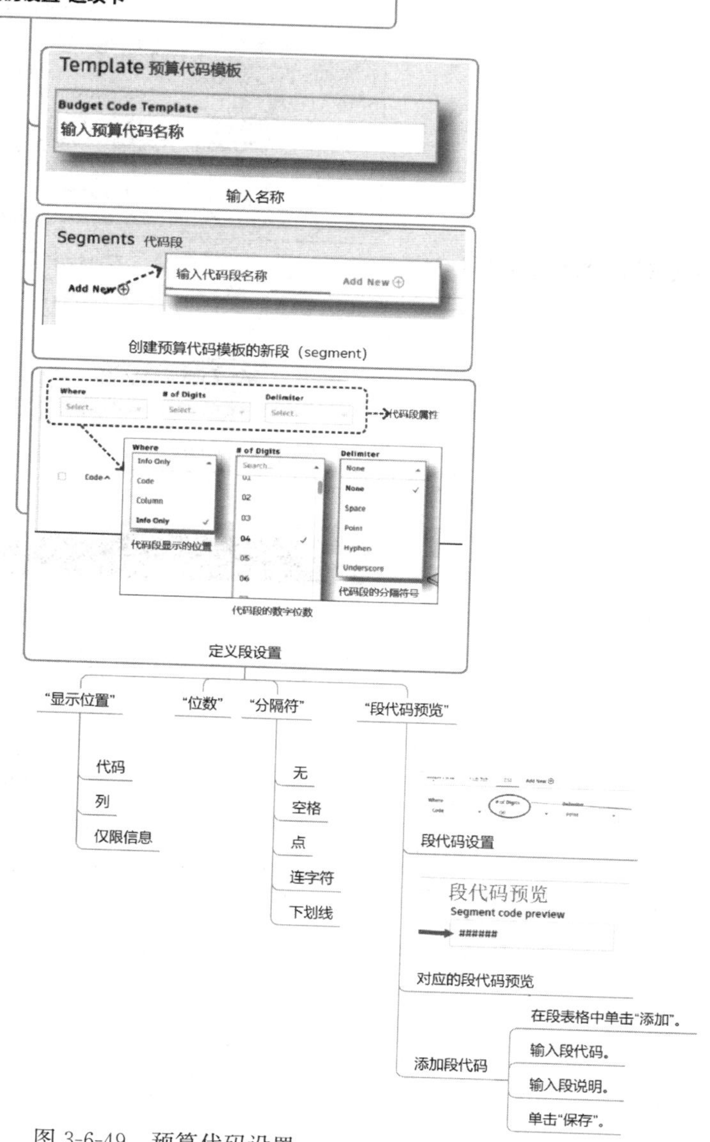

图 3-6-49 预算代码设置

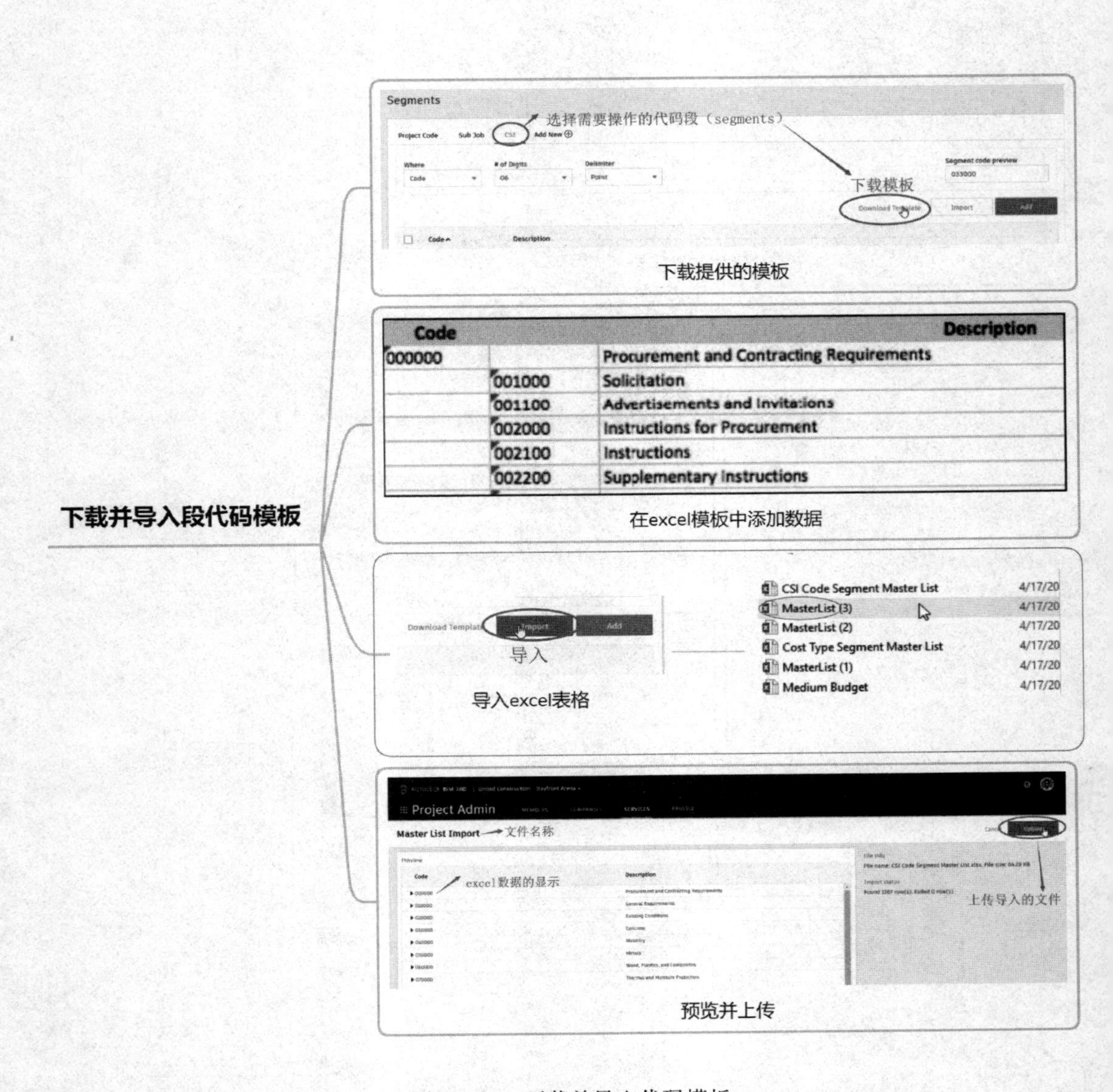

图 3-6-50　下载并导入代码模板

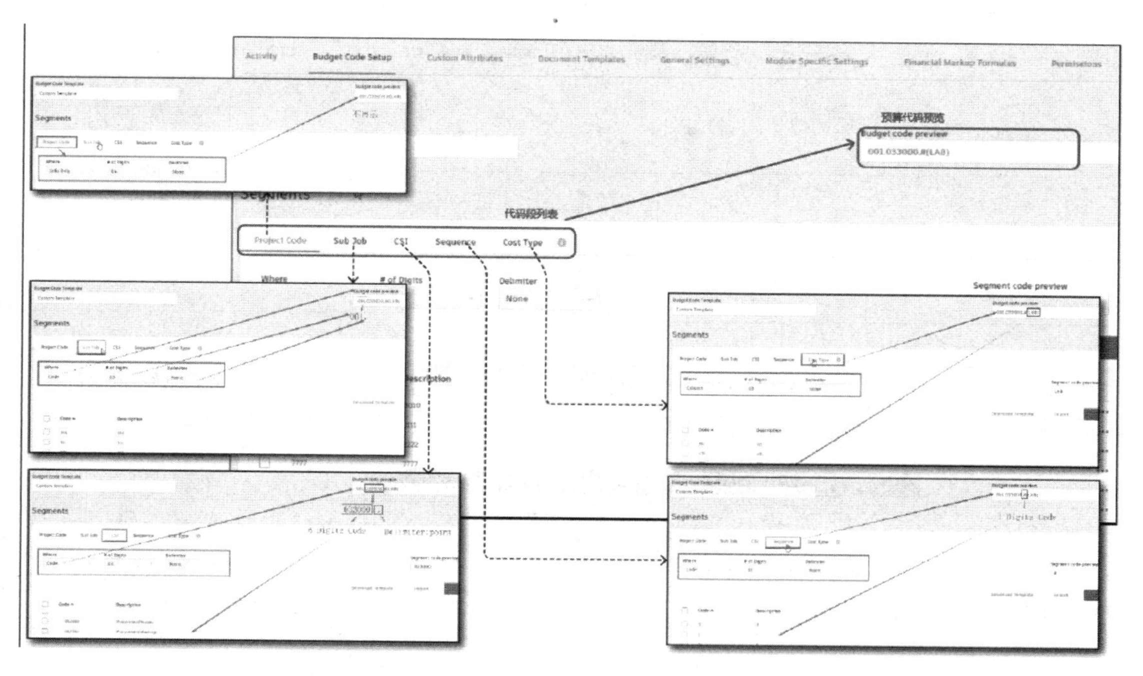

图 3-6-51　预算代码预览与代码段的对应关系

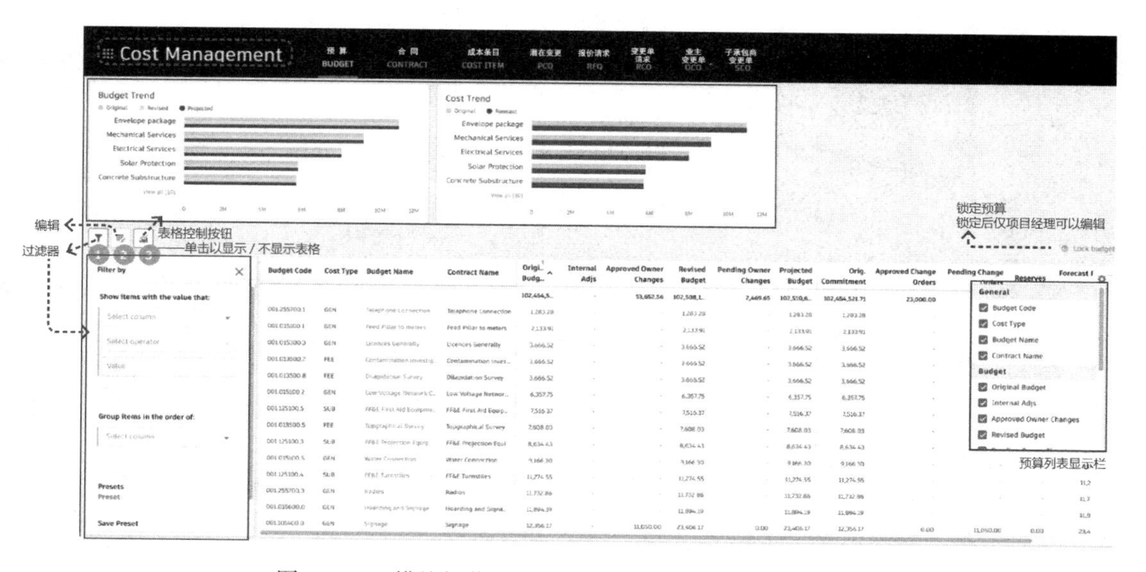

图 3-6-52　模块操作界面（Cost Management 预算首页）

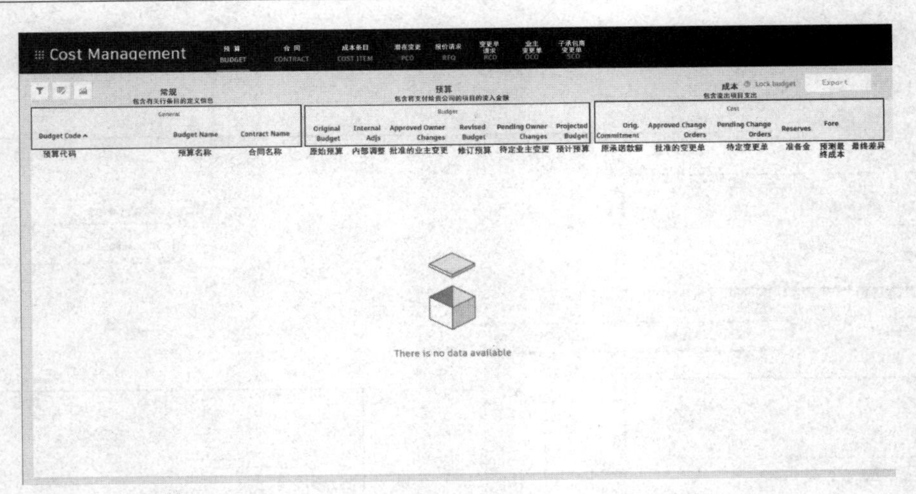

图 3-6-53　模块操作界面（Cost Management 预算显示列表）

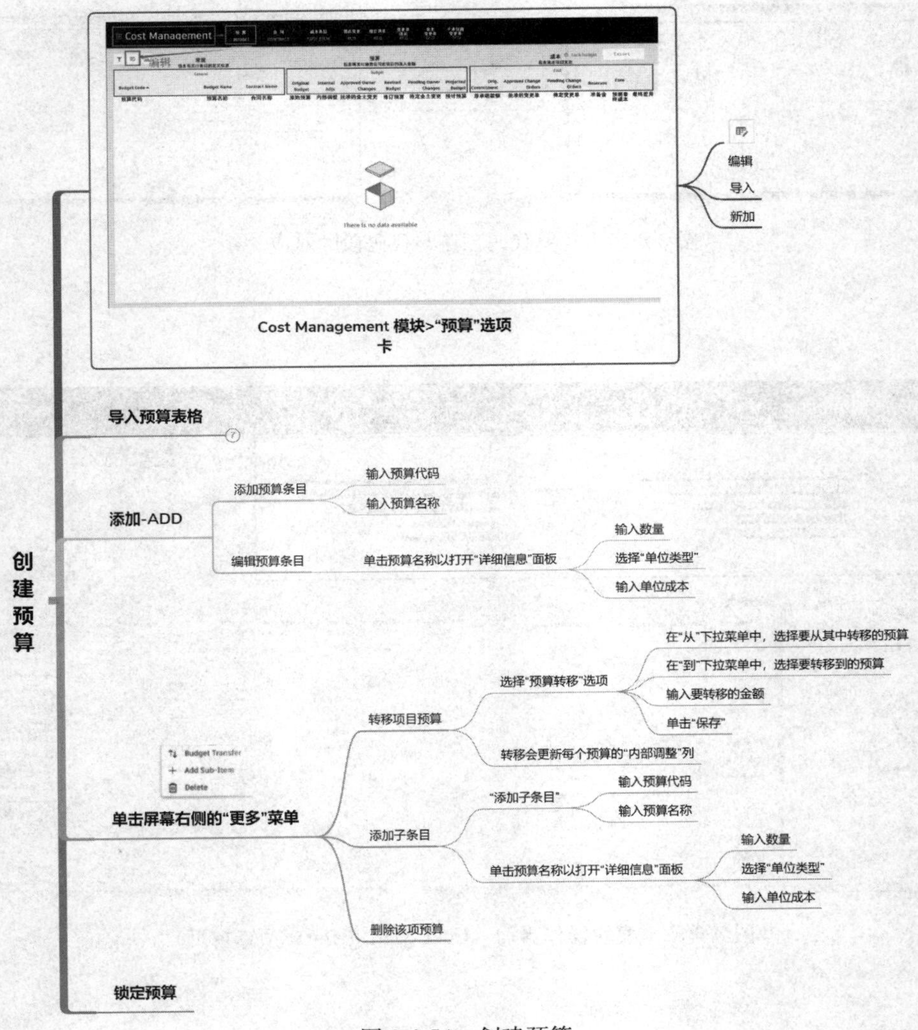

图 3-6-54　创建预算

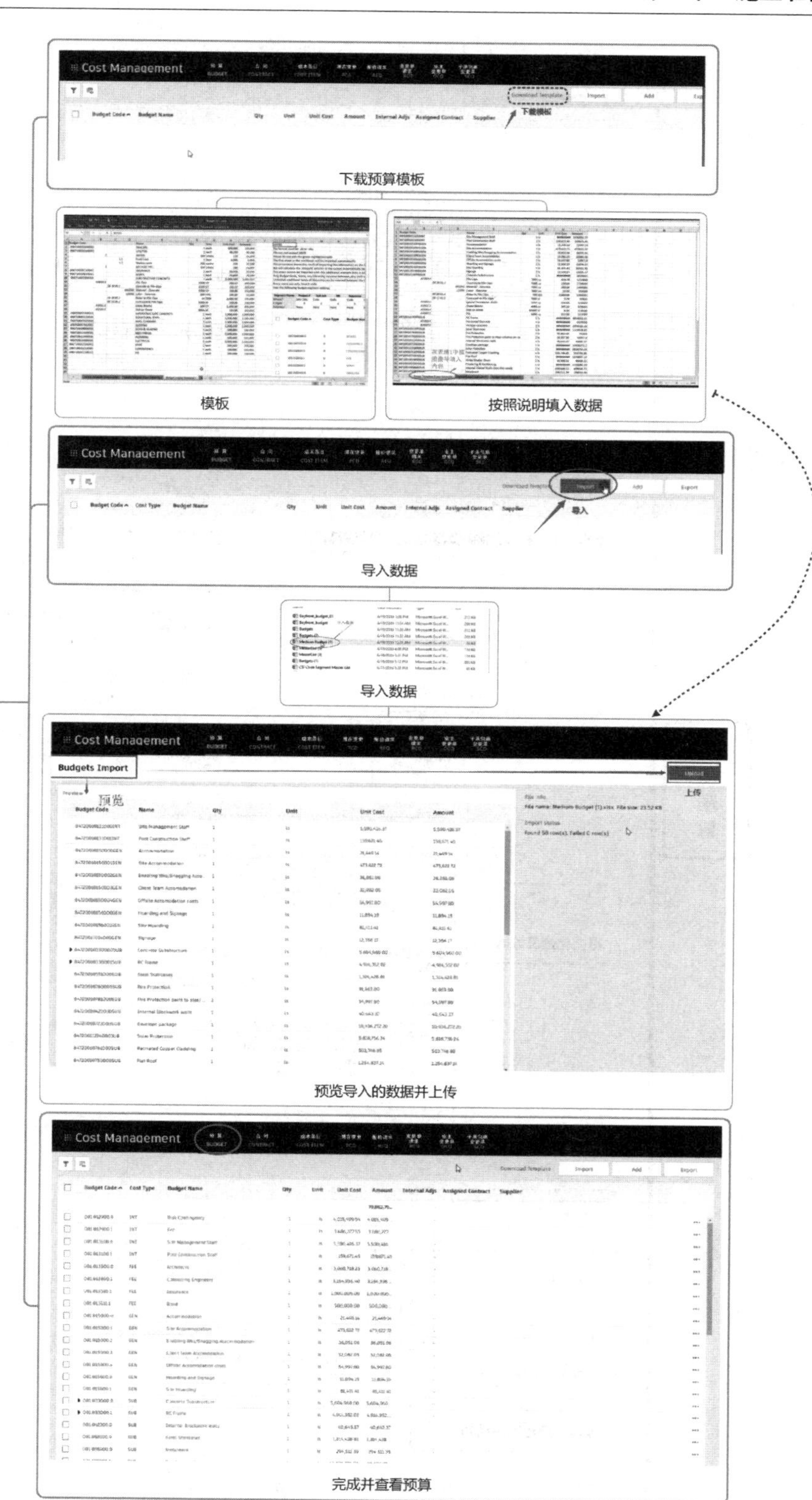

图 3-6-55 导入预算表格

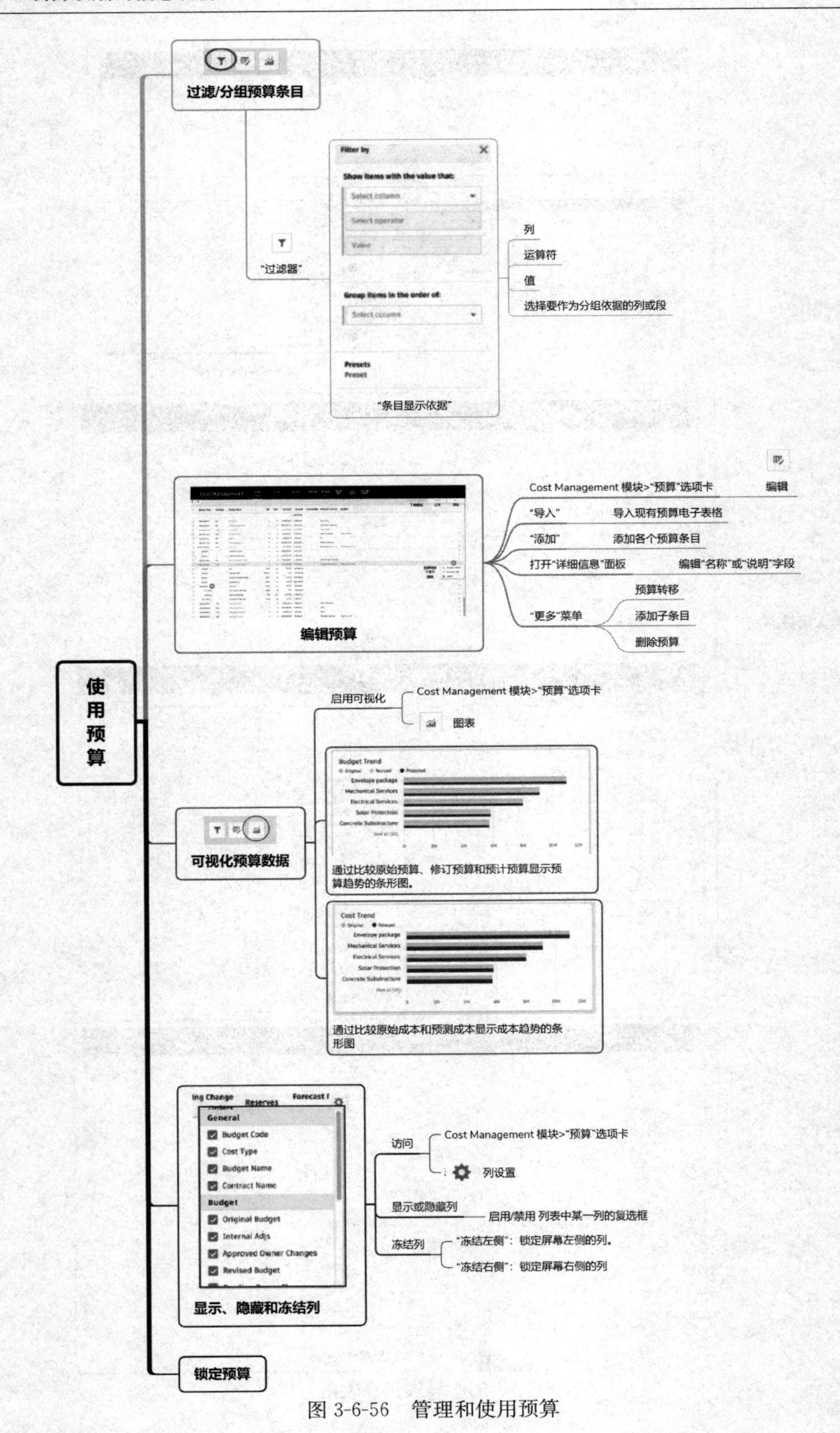

图 3-6-56　管理和使用预算

3. 创建合同（图 3-6-57～图 3-6-60）

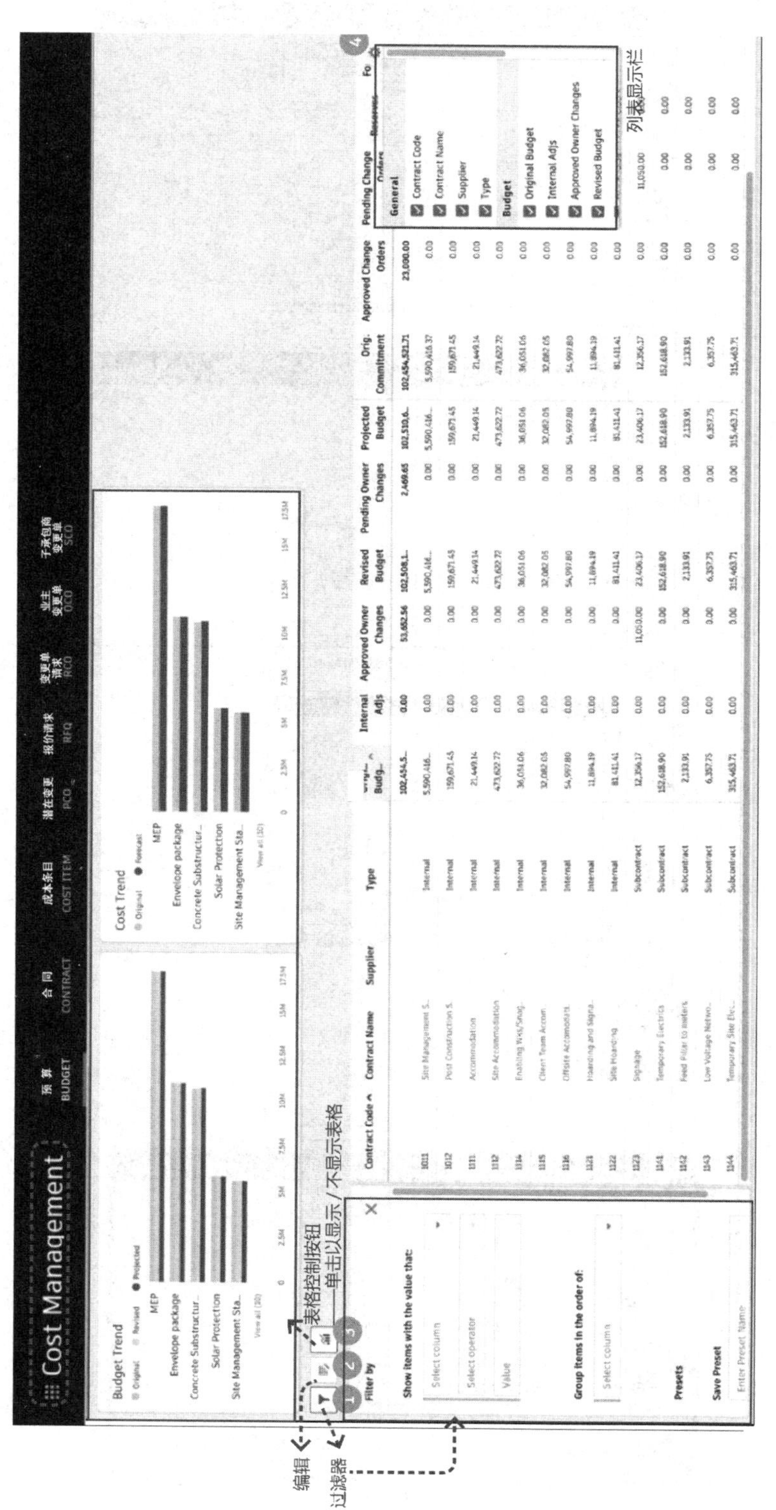

图 3-6-57　合同页面首页

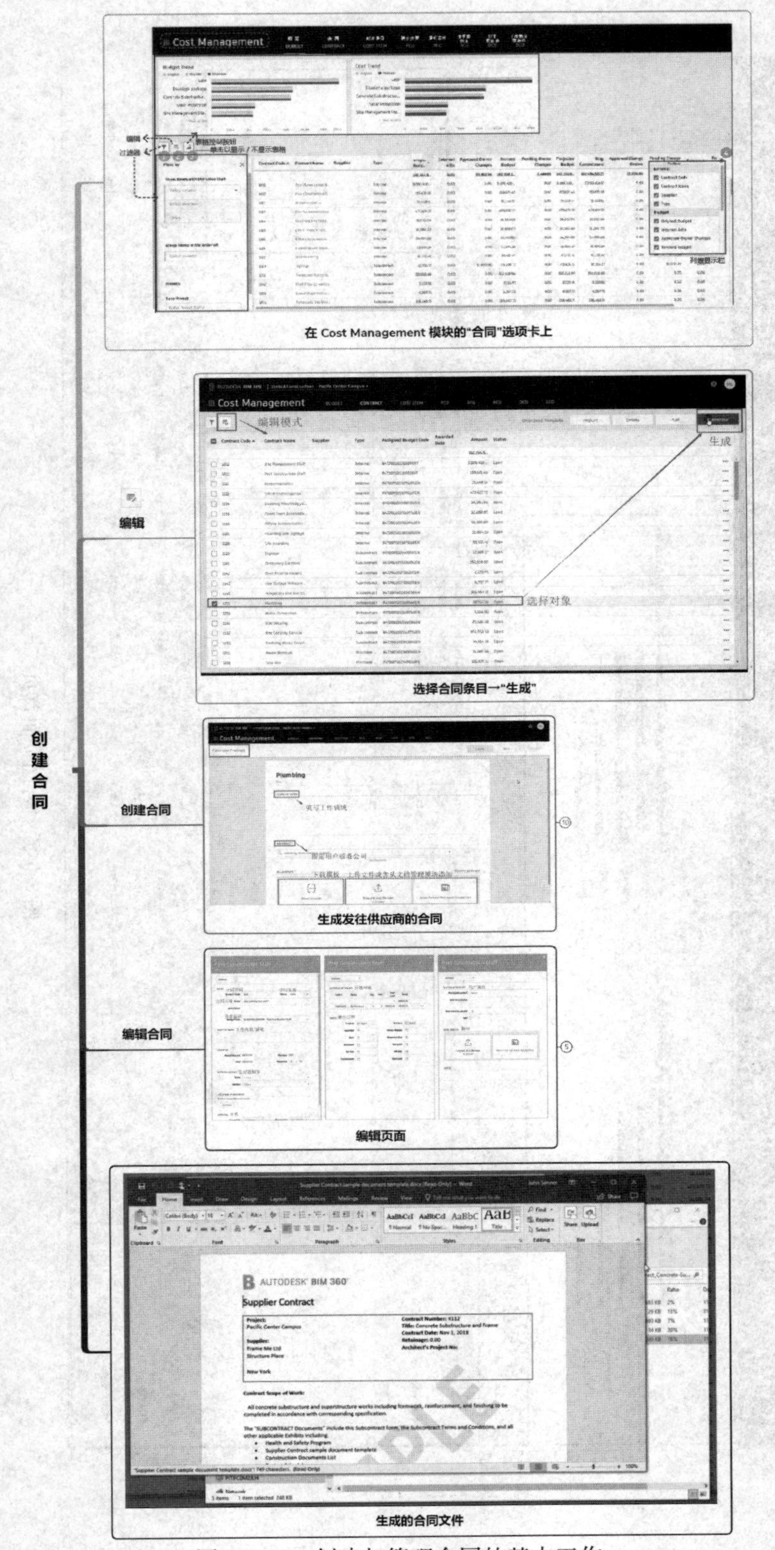

图 3-6-58 创建与管理合同的基本工作

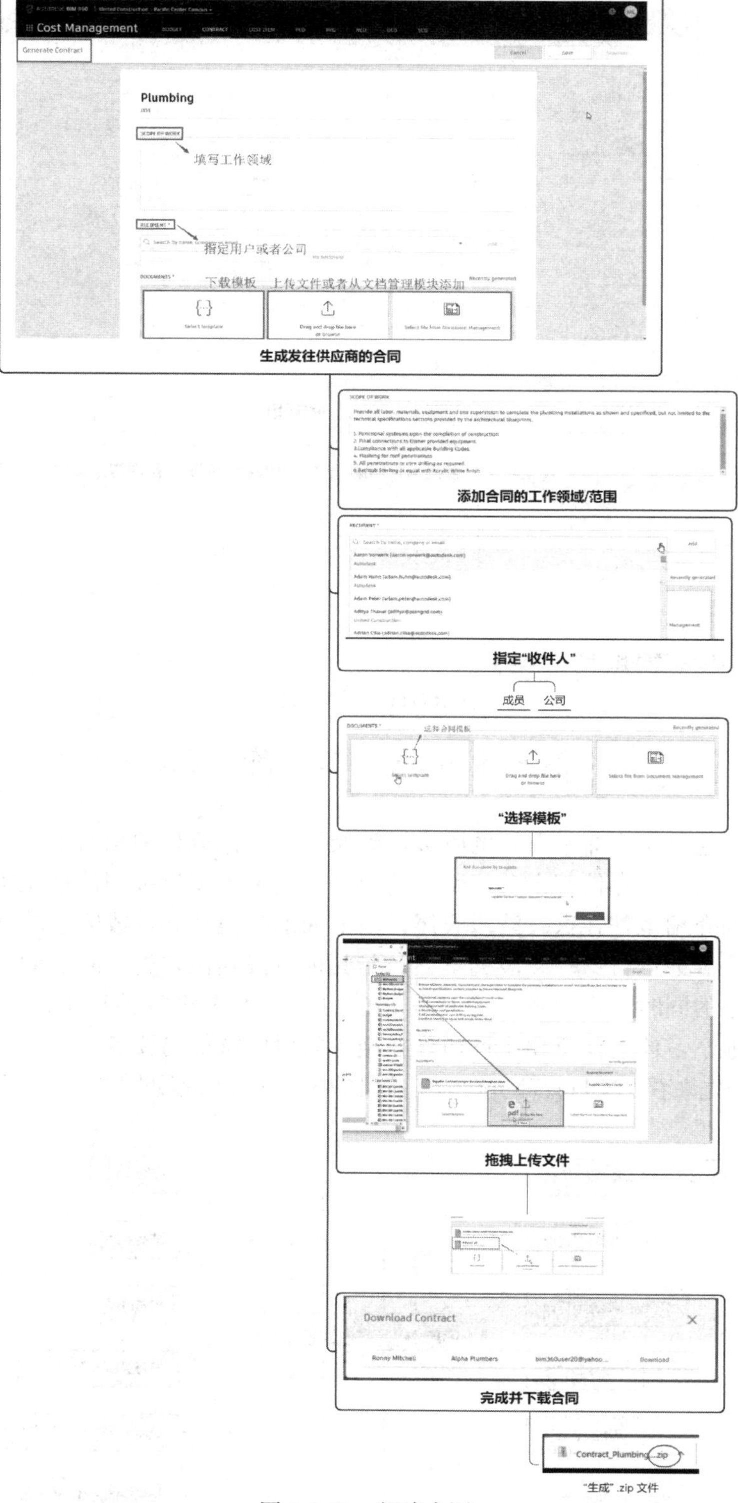
Cost Management
Plumbing
填写工作领域
指定用户或者公司
下载模板　上传文件或者从文档管理模块添加
生成发往供应商的合同
添加合同的工作领域/范围
指定“收件人”
成员
公司
选择合同模板
“选择模板”
拖拽上传文件
Download Contract
完成并下载合同
“生成”.zip 文件

图 3-6-59　新建合同

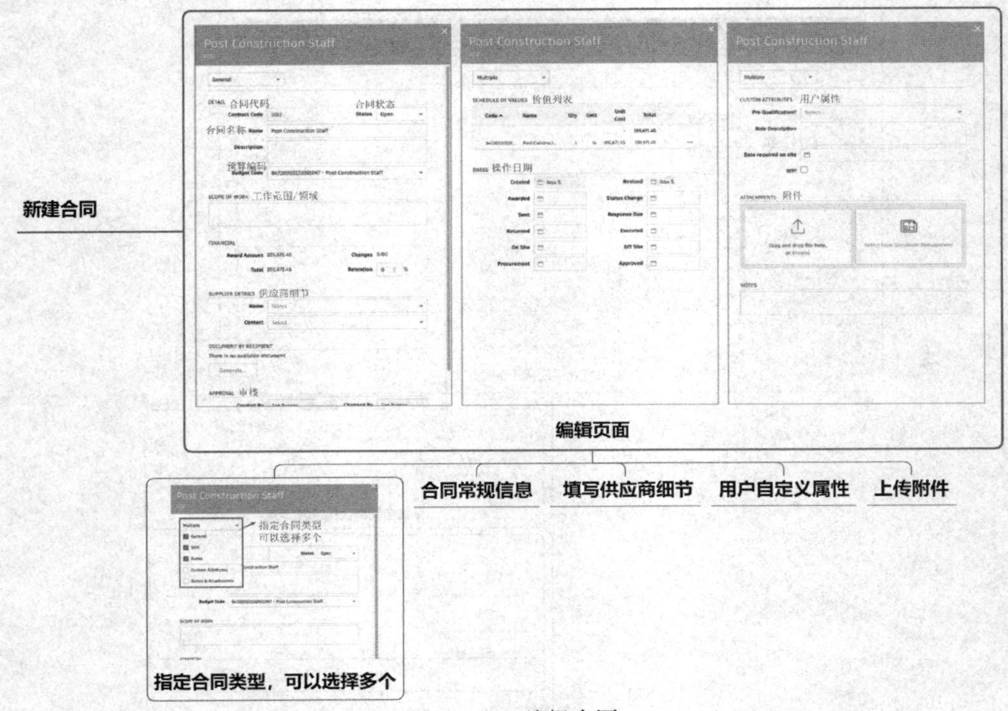

图 3-6-60　编辑合同

第七节　施　工　阶　段

施工阶段是建筑生产非常重要的阶段，涉及许多工作流程和相当多的琐碎工作。施工在建筑生产中的重要性相信都十分清楚，这部分也是关于项目级别信息化协作的最后一部分，许多流程的介绍也都在这一阶段收尾，与前面的阶段共同构成完整的全流程信息化协作，因此需要认真地进行这一阶段的学习。与其他阶段相比，施工阶段的工作相对琐碎分散，在保证耐心的同时，更应该注意从信息的思维角度去将各种技术部分与流程联系起来，才能更好地学习体会信息化生产协作在施工阶段的特征与要点。

首先，我们先来看下项目管理员在施工阶段的主要工作内容如图 3-7-1、图 3-7-2 所示。

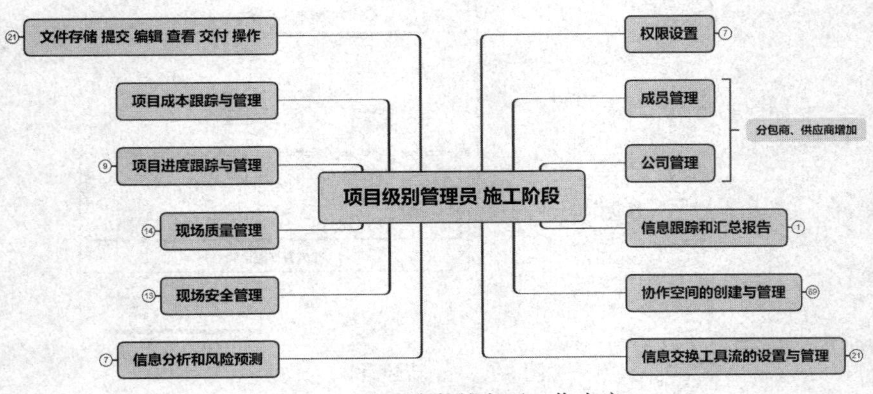

图 3-7-1　施工阶段的主要工作内容

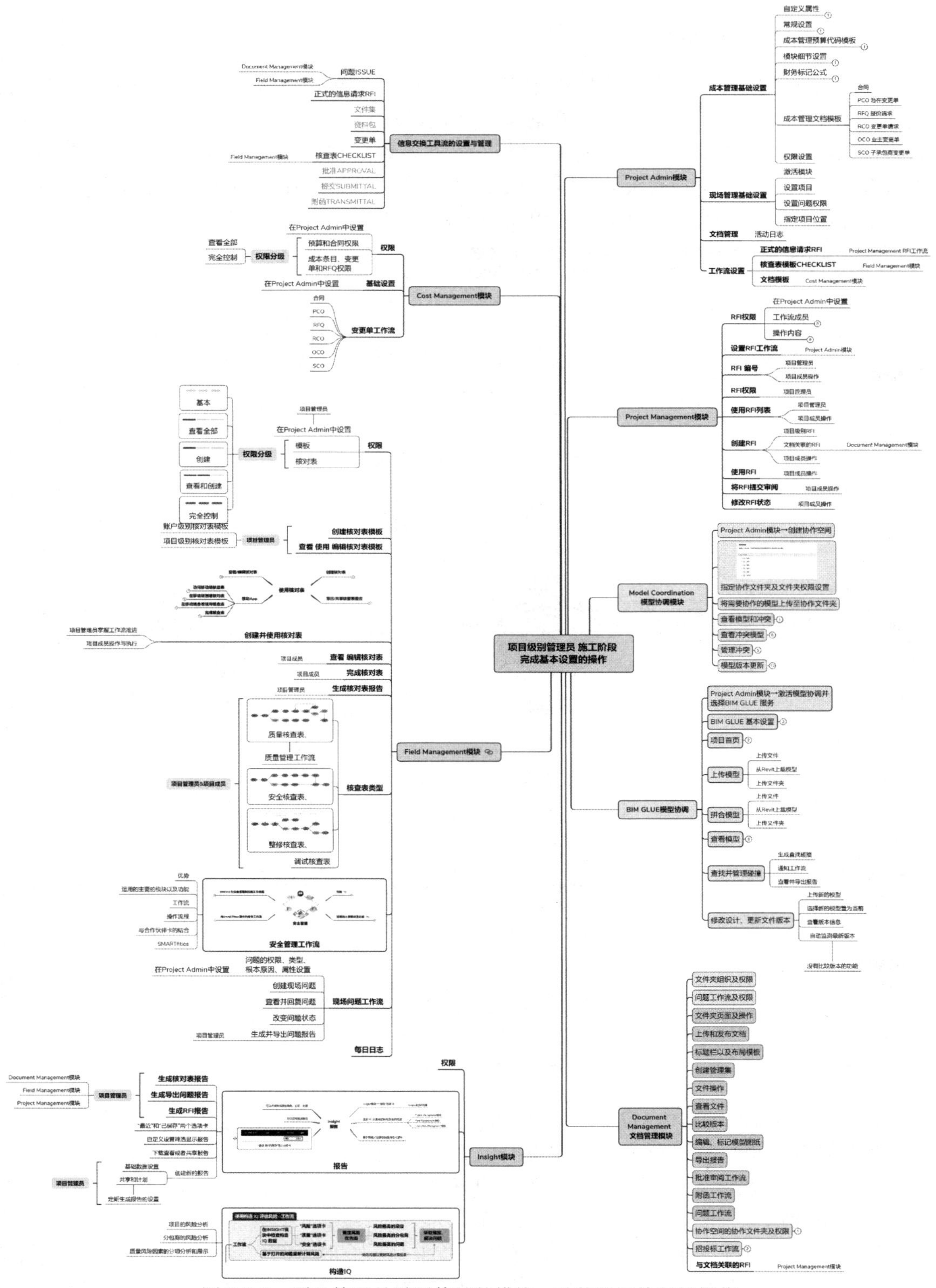

图 3-7-2　项目管理员需要使用的模块、功能以及执行的操作

一、Project Management 模块

在施工阶段的项目级信息化协作中 Project Management 技术模块的应用主要就是创建和管理 RFI 工作流（图 3-7-3）。在前文中我们已经对 RFI 工作流有过一定的介绍（参看本章第四节项目准备阶段对应模块的介绍），在本部分我们将对 RFI 工作流的细节管理进行深入介绍，也就是项目级协作相关的 RFI 工作流管理。而针对于工作流参与成员的具体工作将在下一章执行级别的协作中进行讲解。

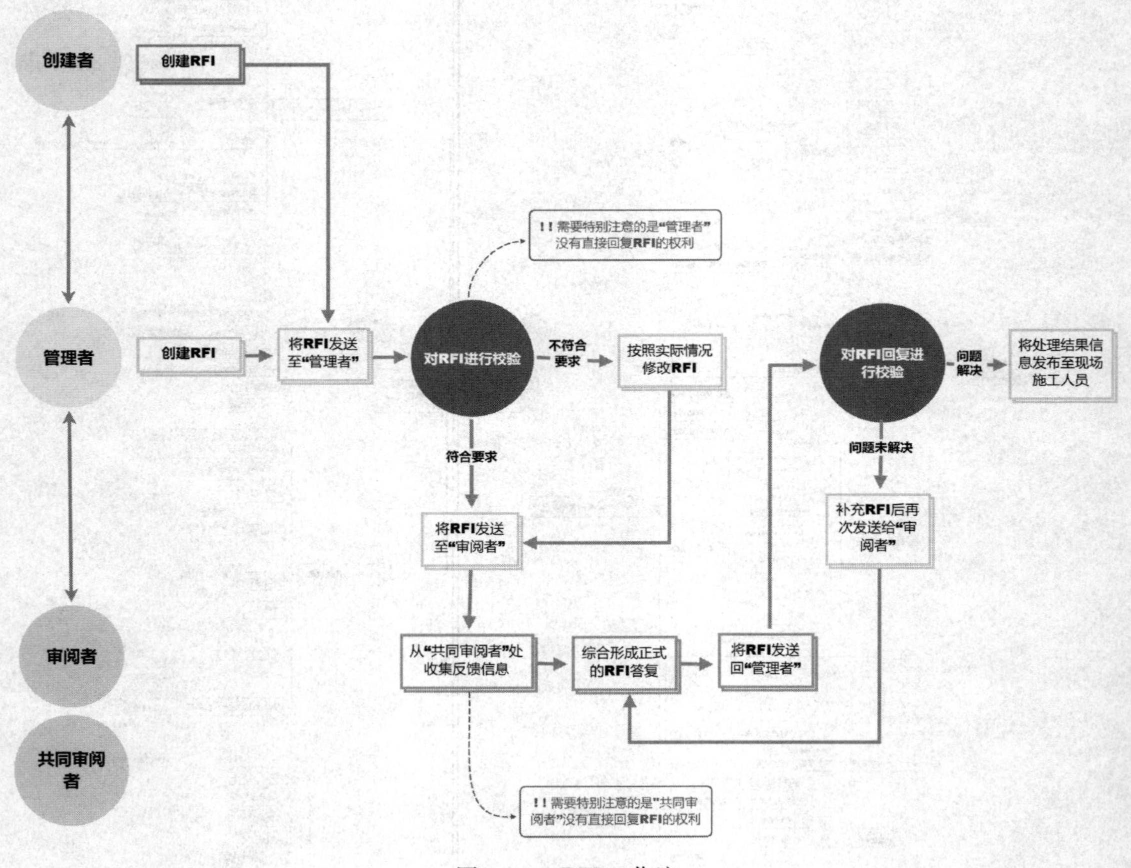

图 3-7-3　RFI 工作流

1. RFI 工作流的基本内容

项目管理员组织与管理 RFI 工作流中涉及的工作范畴（图 3-7-4）。

这其中，一般来说工作流角色分为：“创建者”——所有公司；“管理者”——“总承包商”；“审阅者”——“建筑师/专业工程师”。

这只是一般情况下角色可能的承担团队，并不是一一对应的固定关系，因此在实际生产中切记不要死板套用。要从信息化的角度理解为什么需要有三种角色，它们之间的信息分配关系是怎么样的。

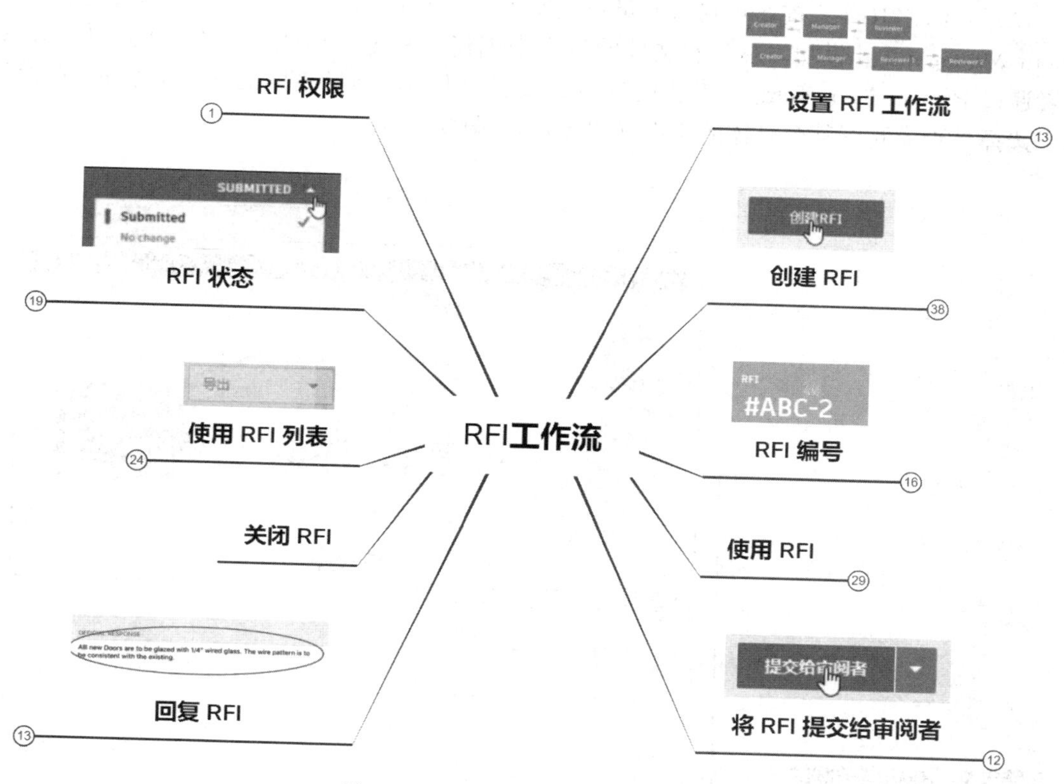

图 3-7-4　RFI 工作流主要组成部分

2. 创建 RFI 工作流（图 3-7-5）

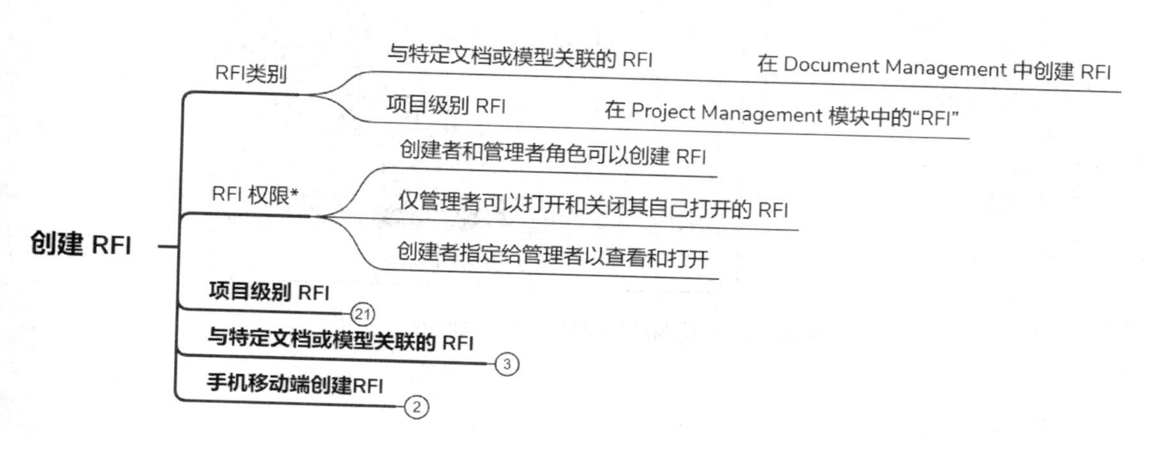

图 3-7-5　创建 RFI 工作流的基本工作内容

在开始创建 RFI 之前，项目管理员首先要了解 RFI 的两种创建方式：可以通过 Document Management 模块，在查看文件的过程中创建与特定文档或模型关联的文件 RFI；或者通过 Project Management 模块创建项目级别的 RFI，项目级别的 RFI 在完成创建后可以选择是否关联到某个具体的文件（图 3-7-6～图 3-7-8）。

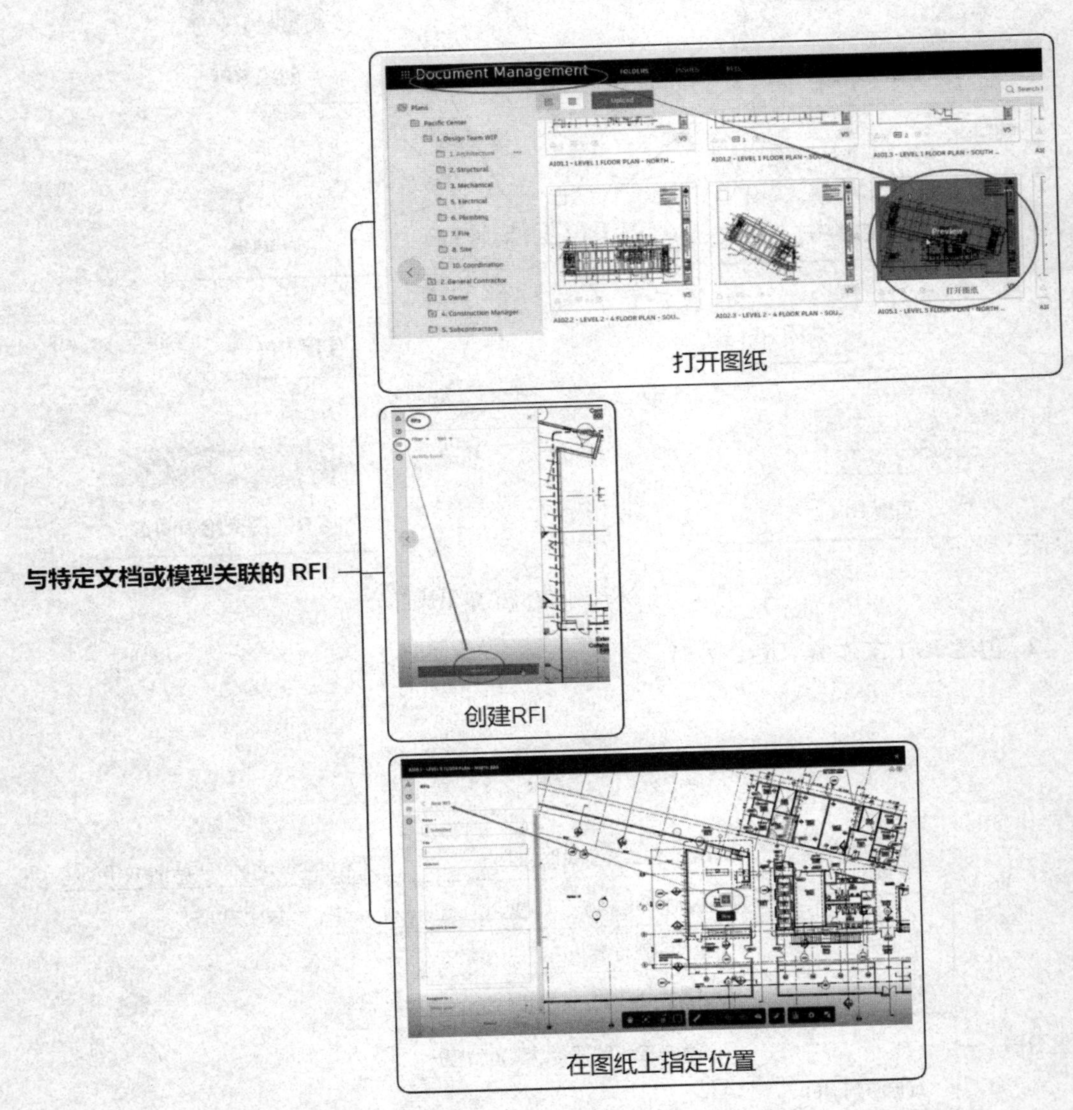

图 3-7-6 创建与特定文档或模型关联的文件 RFI

图 3-7-7　创建项目级别的 RFI

手机移动端创建RFI

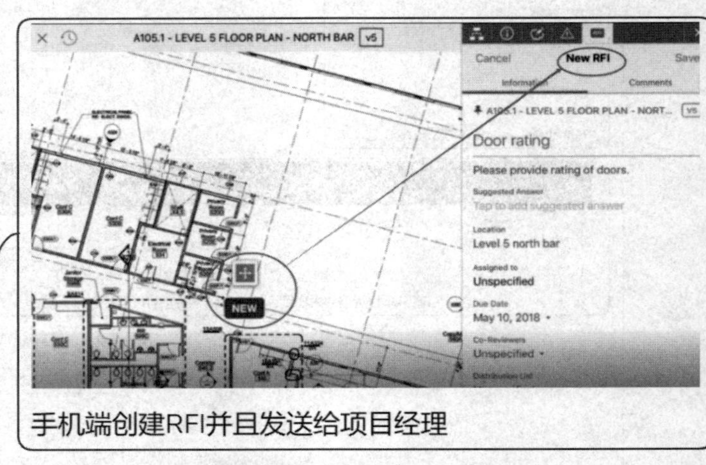

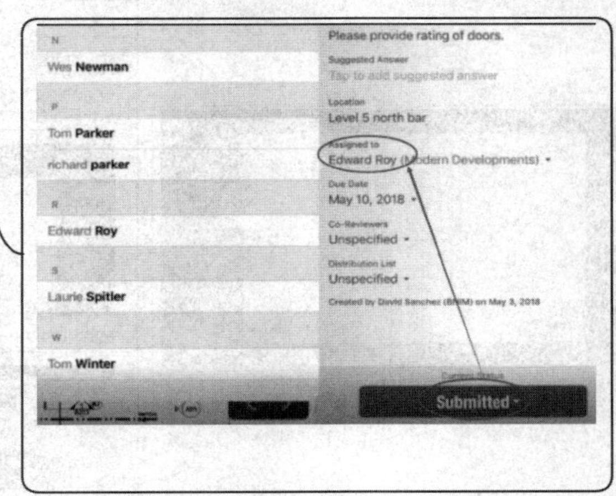

图 3-7-8 在移动端创建 RFI

3. RFI 编号

为了方便管理，项目管理员可以为 RFI 流程编号，这里需要再次强调下，**编号在信息化生产中等于“分配身份 ID”，不应该仅看成是一个简单的操作，而是一种信息的分类和唯一性属性管理**（图 3-7-9）。

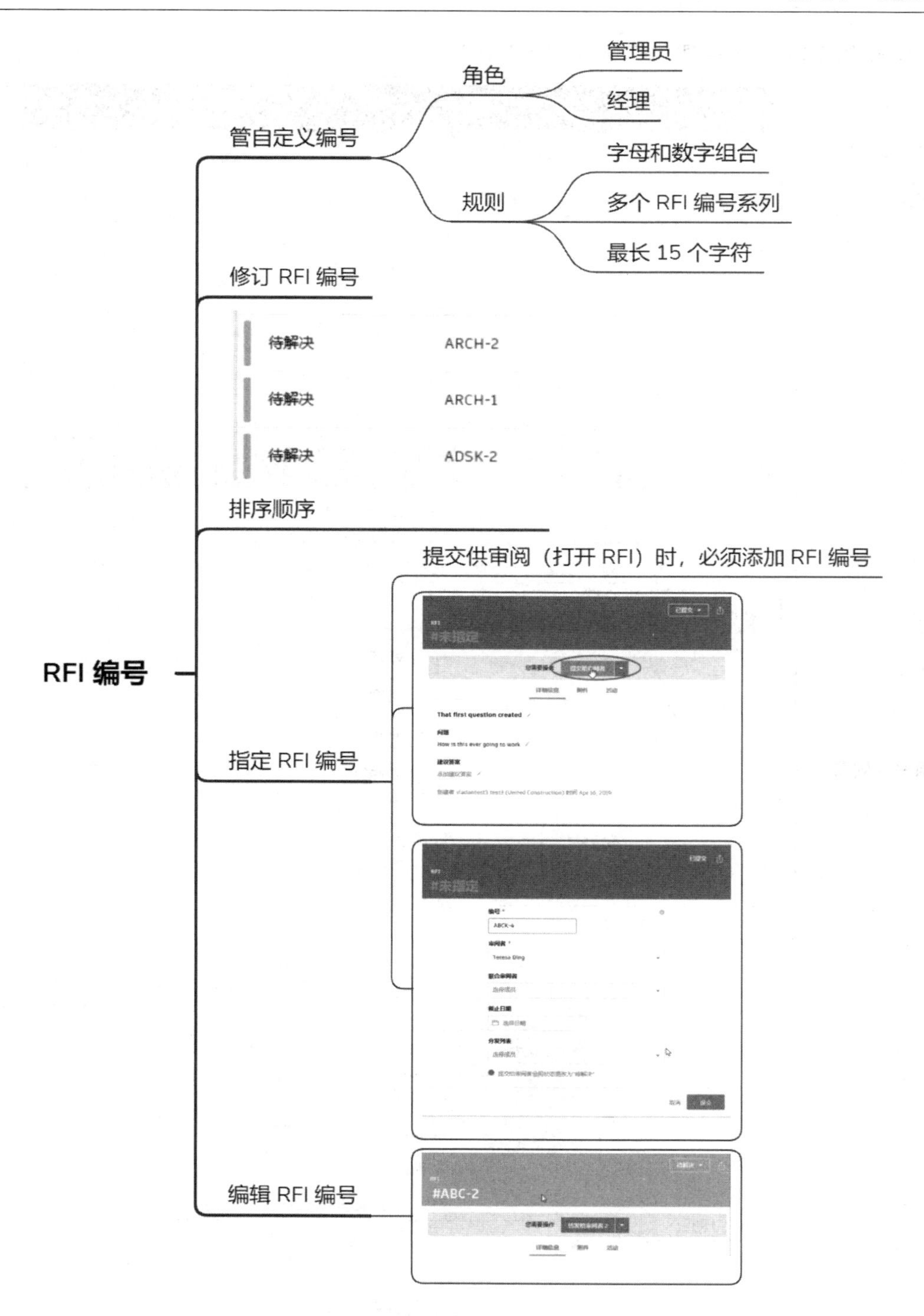
RFI 编号
管自定义编号
角色
管理员
经理
规则
字母和数字组合
多个 RFI 编号系列
最长 15 个字符
修订 RFI 编号
待解决
ARCH-2
待解决
ARCH-1
待解决
ADSK-2
排序顺序
提交供审阅（打开 RFI）时，必须添加 RFI 编号
#未指定
That first question created
指定 RFI 编号
#未指定
ABCK-4
Teresa Ding
#ABC-2
编辑 RFI 编号

图 3-7-9　RFI 编号

4. 使用 RFI 列表管理工作流（图 3-7-10）

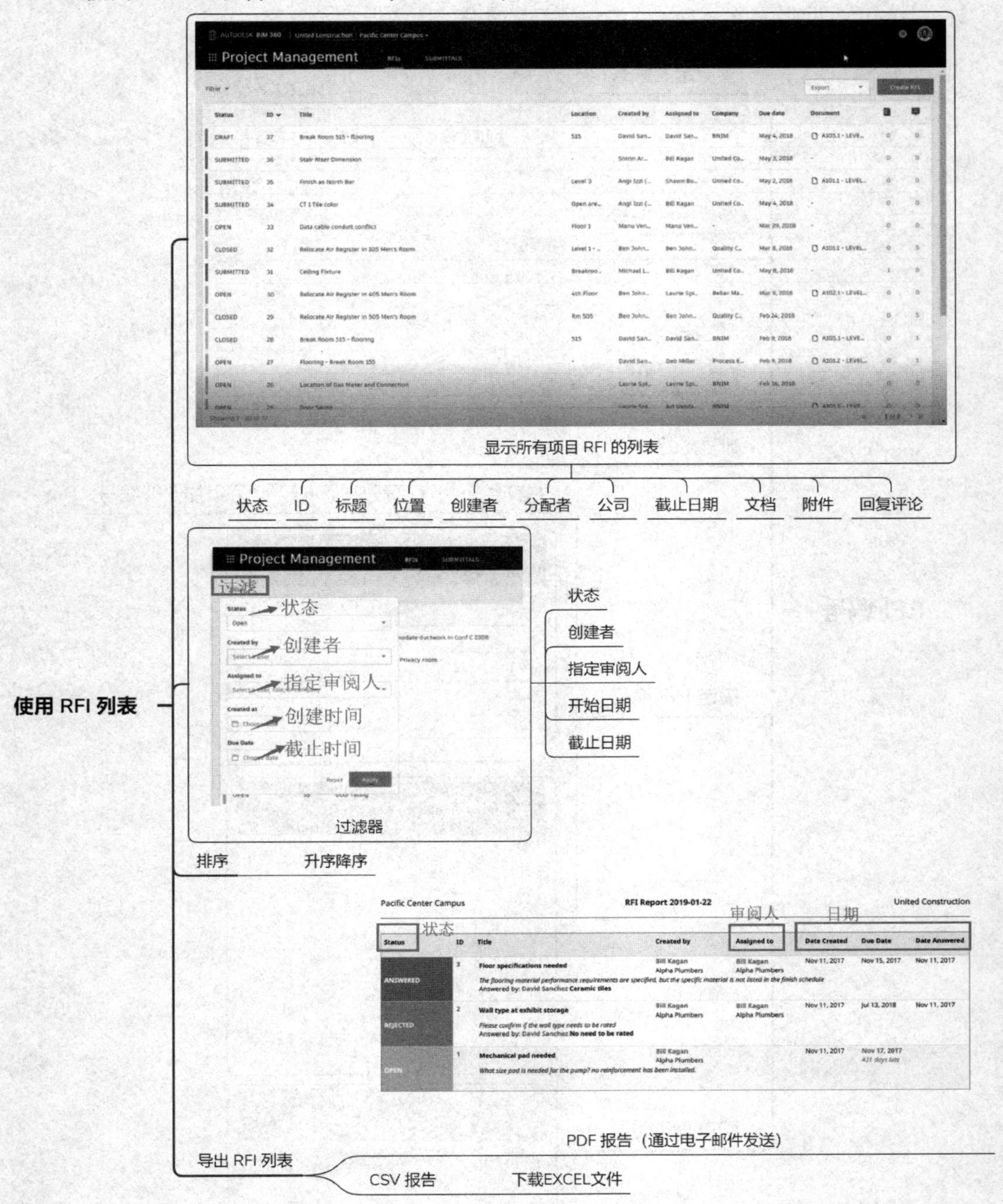

图 3-7-10　使用 RFI 列表管理 RFI

5. RFI 工作流状态管理（图 3-7-11）

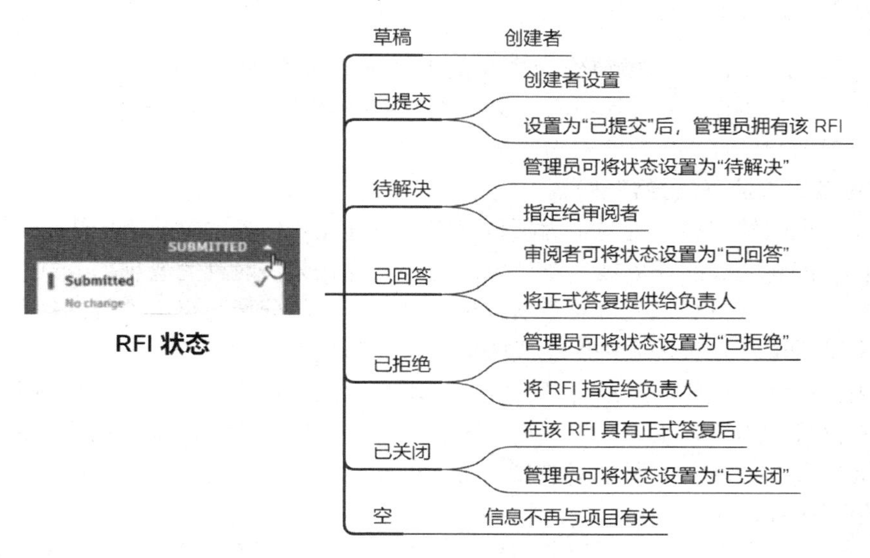

图 3-7-11　RFI 工作流状态管理

6. RFI 权限分配（建议设置）

根据在工作流中的不同定位，每一个角色所具有的 RFI 操作权限如图 3-7-12 所示（建议）。

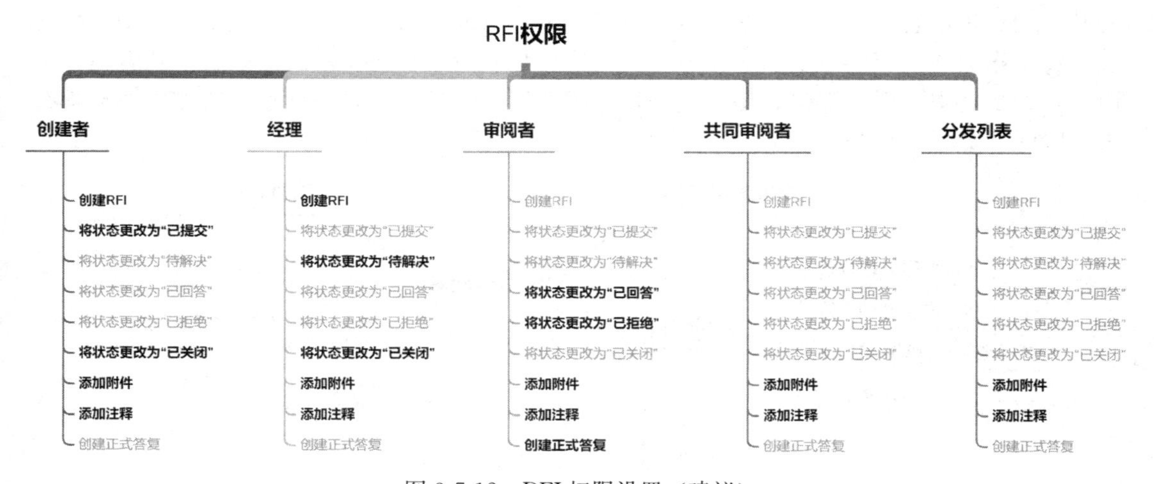

图 3-7-12　RFI 权限设置（建议）

二、Field Management 模块

Field Management 技术模块作为主要的现场管理技术集合，在施工阶段承担着许多现场工作的信息化协作任务，在这里主要介绍核对表工作流（质量管理）、安全管理与问题工作流（现场问题处理）三个部分。

1. 核对表工作流（质量管理）

核对表，也叫核查表，指的是为项目确定阶段性完成任务的供检查应用的列表。在核查表中，项目需要完成的任务被一一列举，譬如需要在某一时刻完成顶棚、某一时刻完成墙面等。核查表是项目管理人员对于项目生产进度工作的分配与组织安排的一种体现，是项目管理人员对项目是否按照进度完成的审核与控制。

核对表工作流是重要的质量管理方式，这里需要注意，作为重要质量管理手段，核对表工作流不仅仅应用于施工现场的管理，还应用于建筑信息化生产全流程的质量管理。但因为在现场的质量管理中使用频率较高，层次也比较丰富，因此我们将这部分内容的主要讲解放在施工阶段。

简单来说，这是一张布满了任务的表格，如同所有的任务表格一样，完成每项任务后该团队就会标记完成，这样项目管理员就可以根据自己拟订的核查表按照自己确定的信息化工作流程来监控项目的完成情况。核查表是项目管理员对于信息化生产流程的计划与安排的具体实施技术模块，虽然看似简单，却具有十分重要的作用。

我们将从核对表的基本创建与实践应用两部分来介绍核对表的相关工作，其中核对表的基本创建是信息化平台的基本技术操作，提供基本的核对表功能；而实践应用则是核对表相关工作流在生产实践中的应用方式，是信息化质量管理协作模式的讲解。两者对比来说，前者是基本的平台操作，是我们进行流程讲解的依托；后者是信息化协作生产流程组织，因此后者是本部分学习的重点（图 3-7-13）。

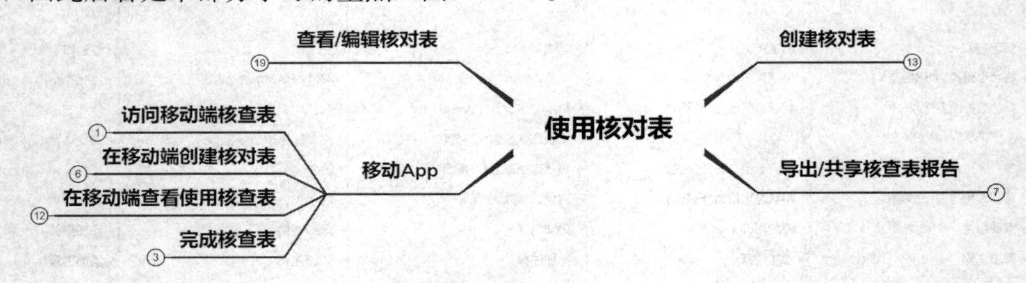

图 3-7-13　核对表相关工作

核对表的基本创建包含核对表模板的创建和具体核对表的创建两部分，其中核对表模板的创建牵扯到企业标准的制定问题，相对于具体核对表的创建作为项目管理者应该更加深入地了解其相关原理。

（1）核对表模板：

项目管理员在 Field Management 的模板选项卡中可以创建新的项目级别核对表模板（图 3-7-14～图 3-7-15）。

账户级别的核查表模板和项目级别的核查表模板都可以通过导入上传与下载，如图 3-7-16～图 3-7-18 所示。

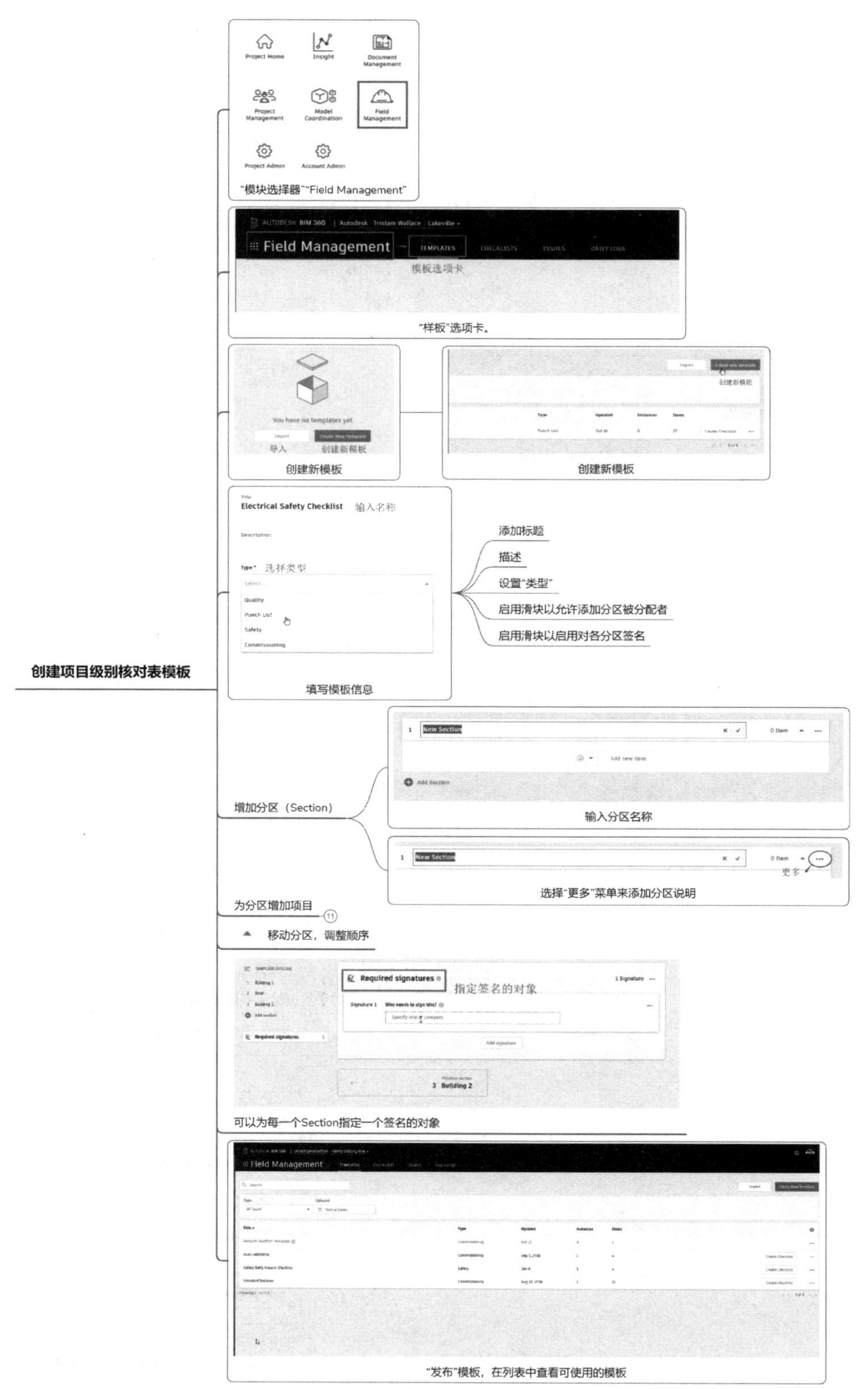

图 3-7-14　创建项目级别核对表模板

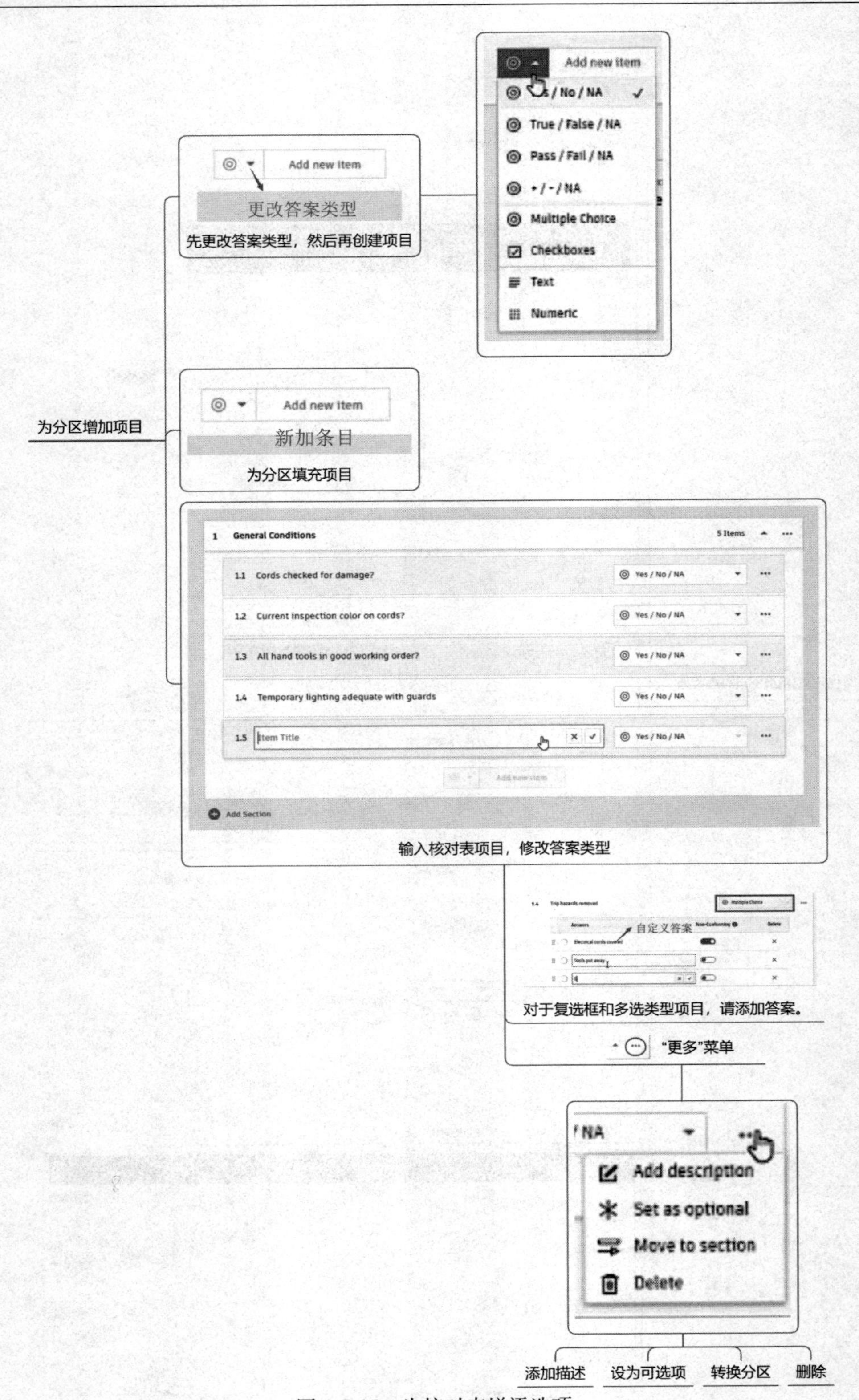

图 3-7-15　为核对表增添选项

图 3-7-16 导入核对表模板

如果模板文件多还可以根据名称进行搜索、根据类型和更新日期进行筛选（图 3-7-19）。

选择模板名称可以激活模板编辑界面，对选定的模板进行编辑，但是账户级别的核查表模板不能在 Field Management 模块中直接编辑，而且只能由账户管理员权限级别进行编辑（图 3-7-20）。

（2）创建核对表：

创建核对表可以由拥有权限的用户在 Field Management 技术模块中执行操作，PC 端和移动端都可以创建、查看和编辑核对表（图 3-7-21、图 3-7-22）。

在实际的工作过程中，对于核对表的实际应用主要可以从两个方面来看待：首先是从核对表的工作方式上，可以将核对表分为确认核对表和流程核对表；其次是从核对表类型上，常用的有安全核对表、整修核对表（Punchlist）以及质量核对表(图3-7-23)。

在工作方式上，“确认核查表”通常用于验证某个设定的主体——可能包含各专业、各公司的协同工作，一般同时间先后顺序无关，按照分工来设置核查表条目的分区。而“流程核查表”则主要用于指导生产中的操作流程——将已经系统化、模式化、重复的信息化工作流传递给不熟悉的个人或者多个合作方，从而避免误操作或者漏操作，一般按照时间顺序，按照工作阶段来组织核查表条目的分区（图 3-7-24）。

在核对表的类型上，主要有质量核对表、安全核对表、整修核对表。在这一部分主要介绍质量核对表和整修核对表相关的工作流，以及它们与问题工作流共同构成的施工阶段重要的信息化协作工作——信息化质量管理（图 3-7-25、图 3-7-26）。

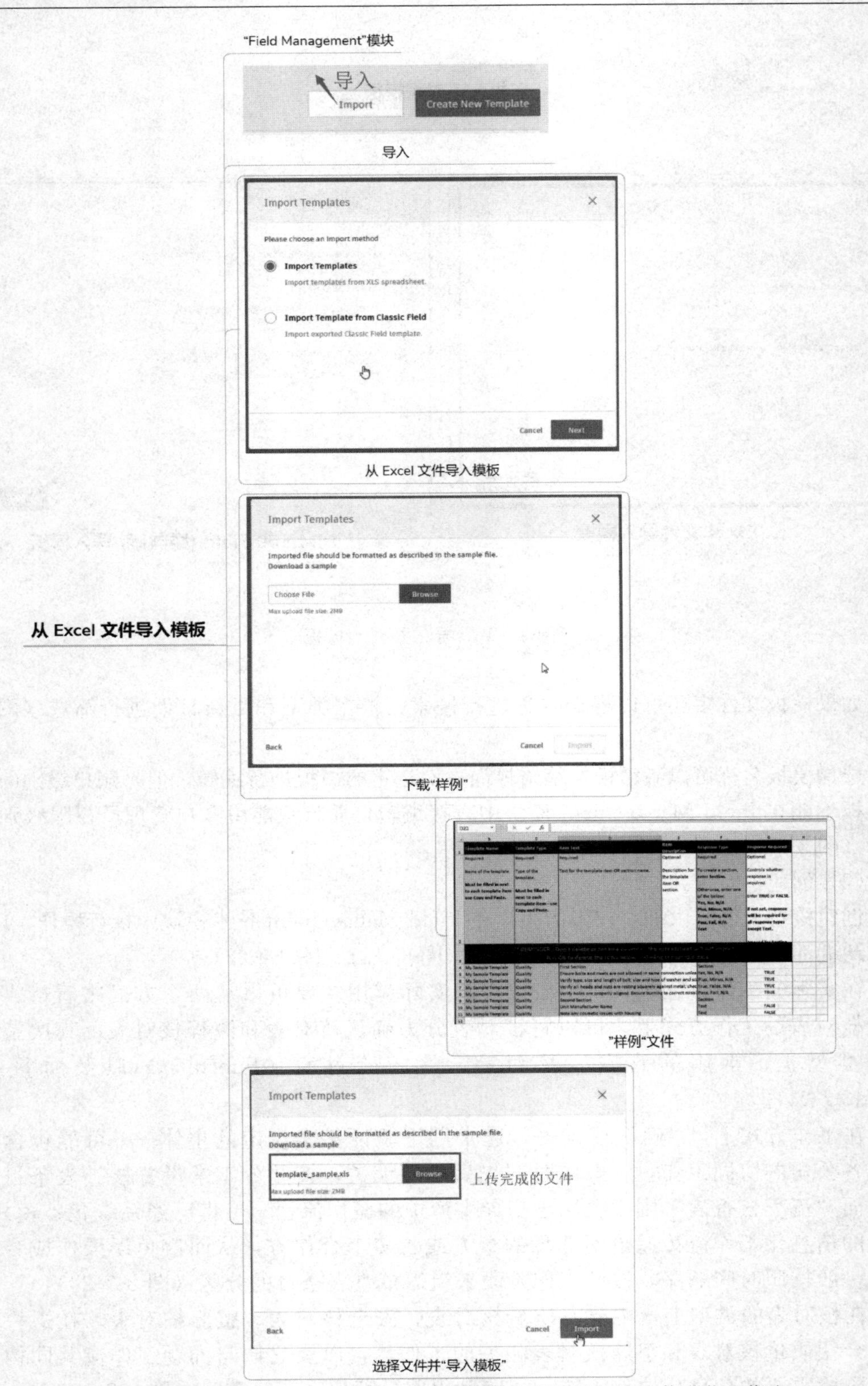

图 3-7-17　从 Excel 文件导入模板（将企业原有流程标准整合入信息化工作流）

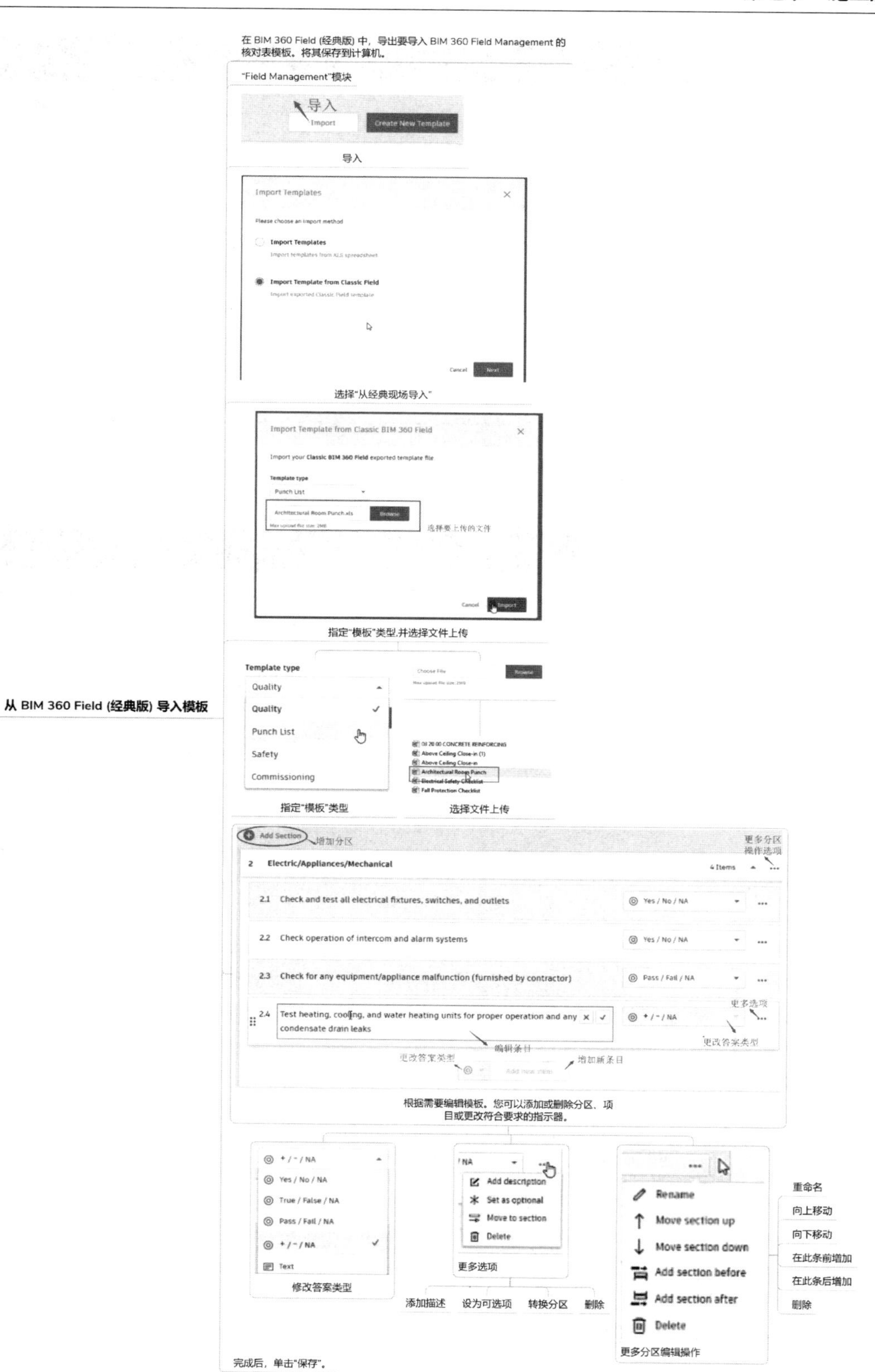

图 3-7-18　从 BIM 360 Field 导入

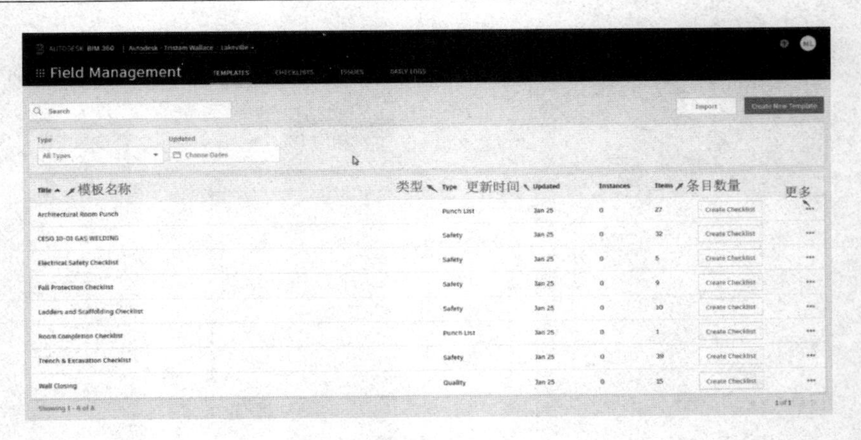

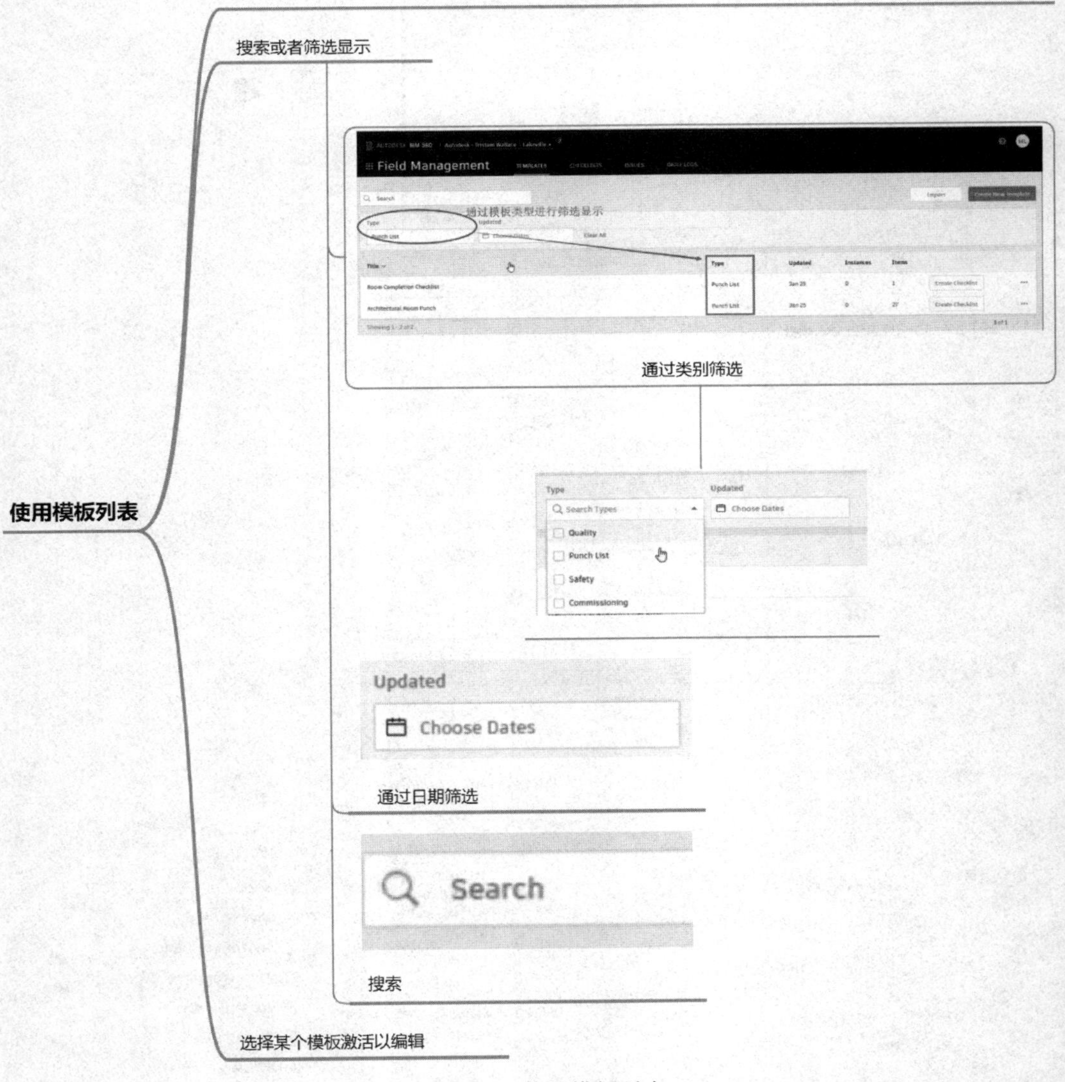

图 3-7-19 使用模板列表

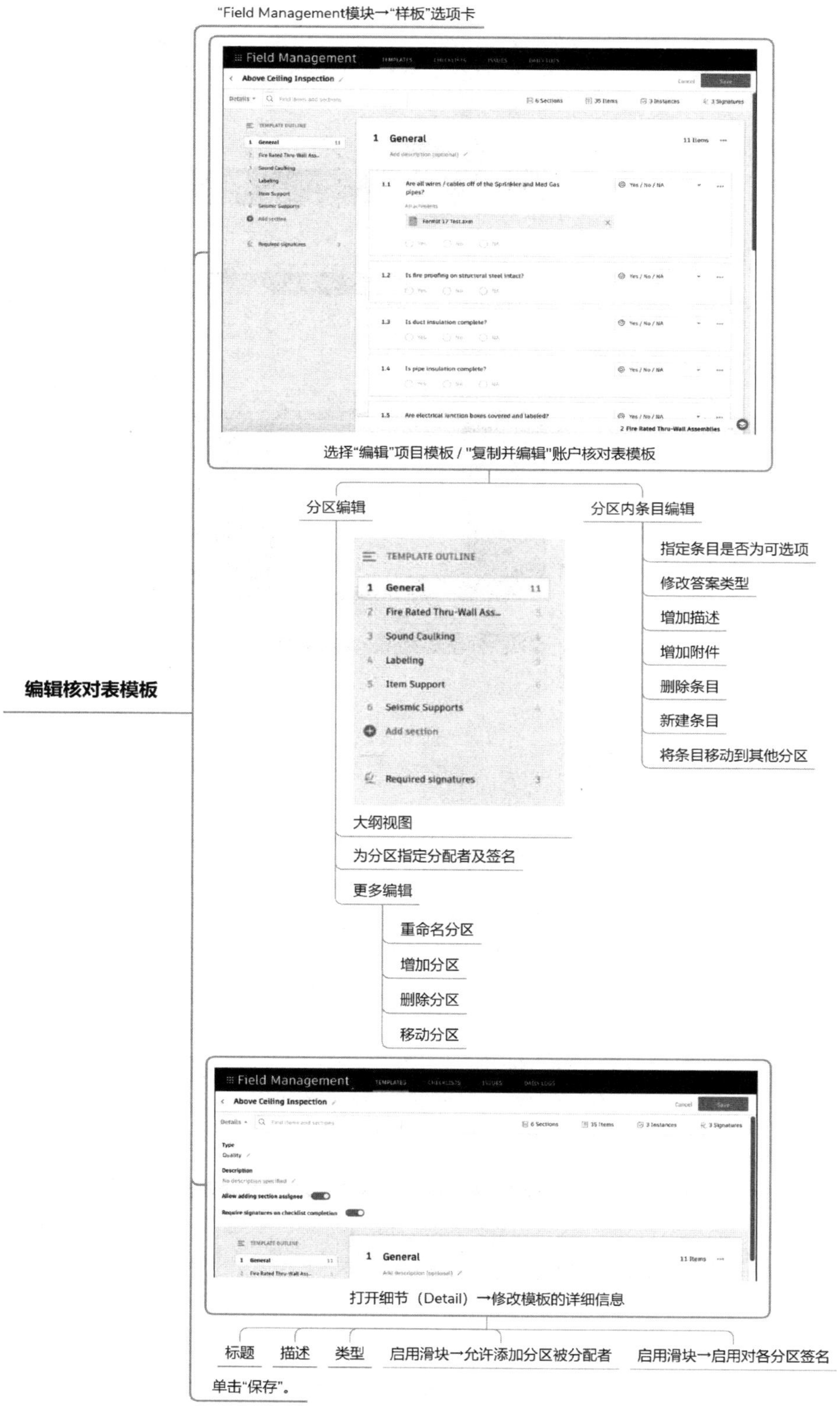

编辑核对表模板

"Field Management模块→"样板"选项卡

选择"编辑"项目模板 / "复制并编辑"账户核对表模板

- 分区编辑

  - 大纲视图
  - 为分区指定分配者及签名
  - 更多编辑
    - 重命名分区
    - 增加分区
    - 删除分区
    - 移动分区
- 分区内条目编辑
  - 指定条目是否为可选项
  - 修改答案类型
  - 增加描述
  - 增加附件
  - 删除条目
  - 新建条目
  - 将条目移动到其他分区

打开细节（Detail）→修改模板的详细信息

- 标题
- 描述
- 类型
- 启用滑块→允许添加分区被分配者
- 启用滑块→启用对各分区签名

单击"保存"。

图 3-7-20　编辑核对表模板

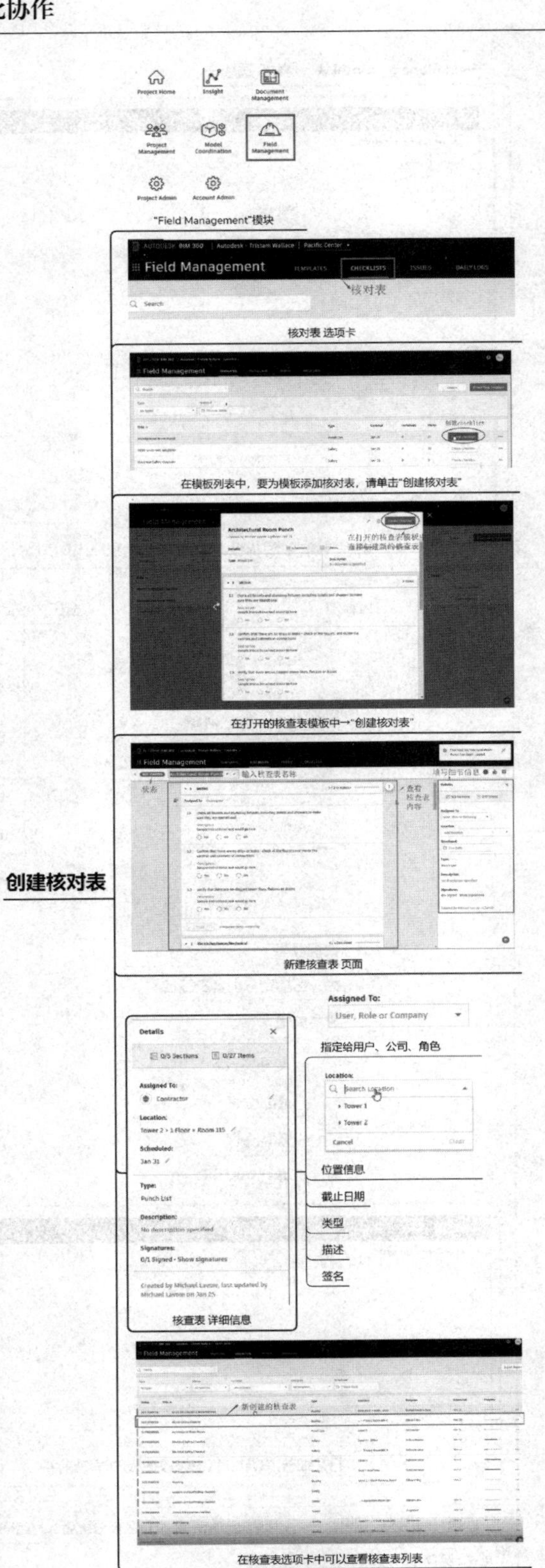

图 3-7-21　从 PC 端创建核对表

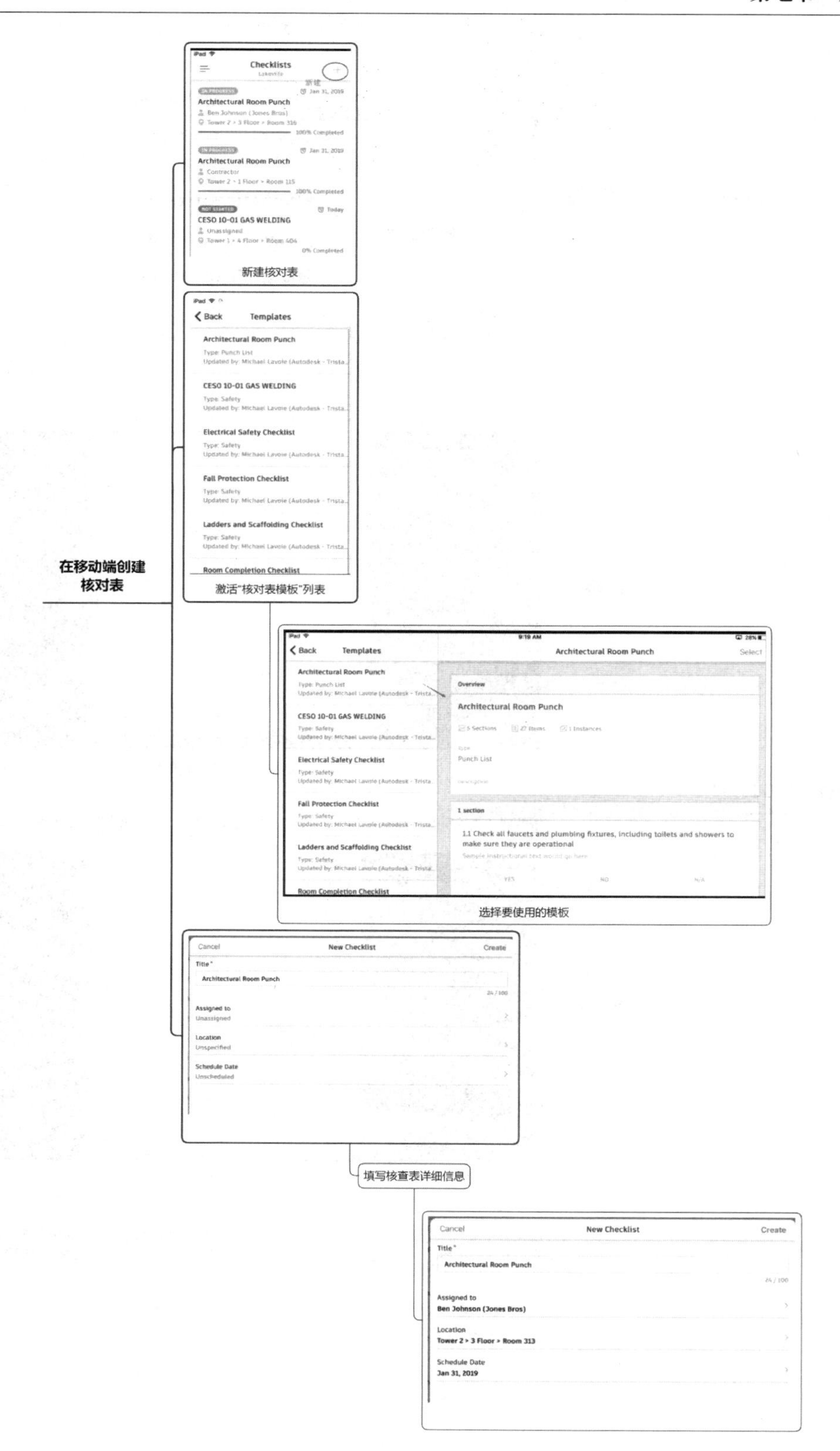

图 3-7-22　在移动端创建核查表

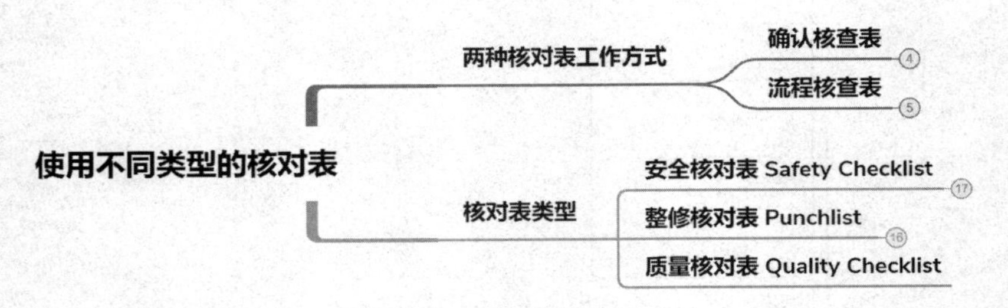

图 3-7-23 不同类型的核对表

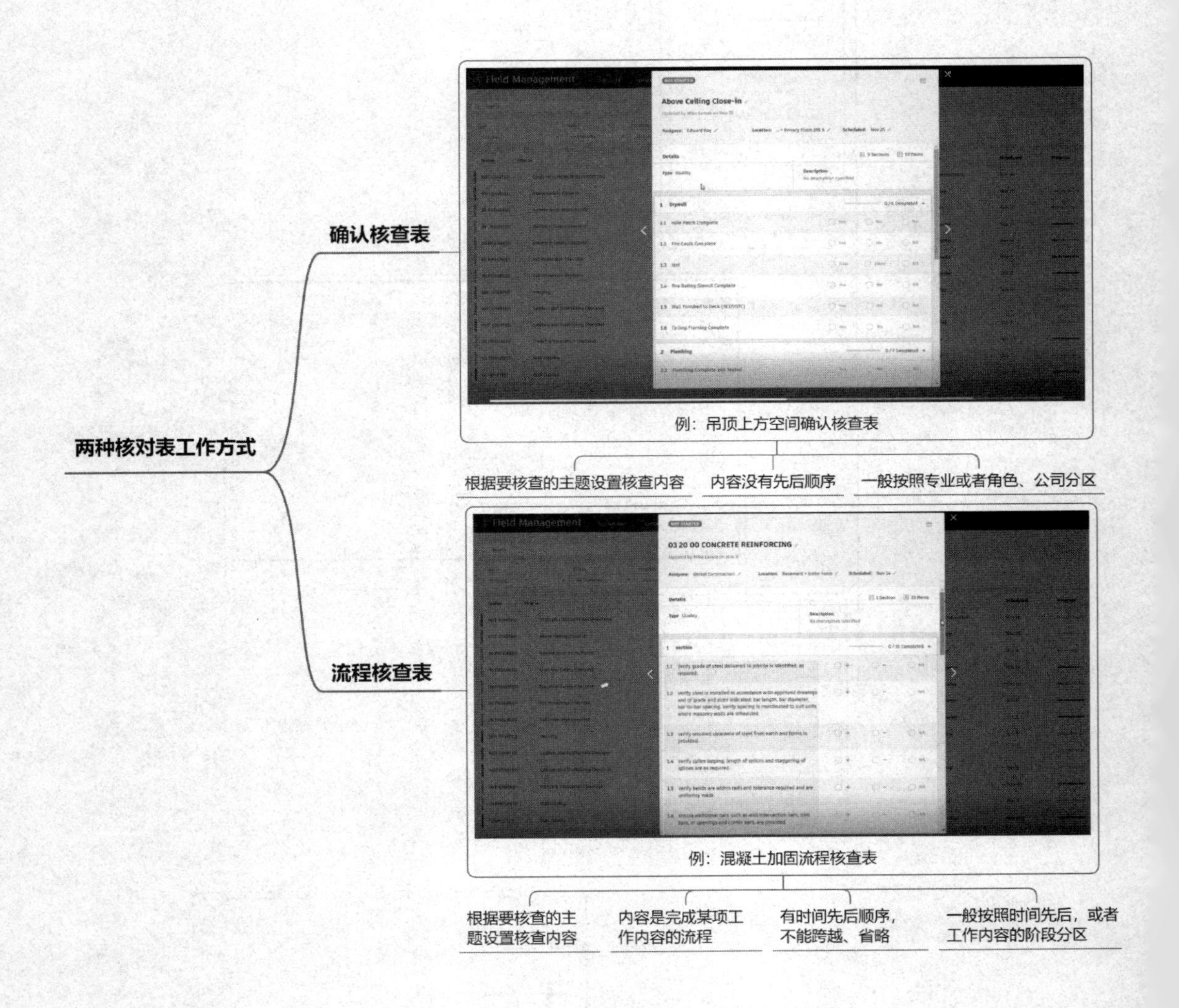

图 3-7-24 两种核对表工作方式

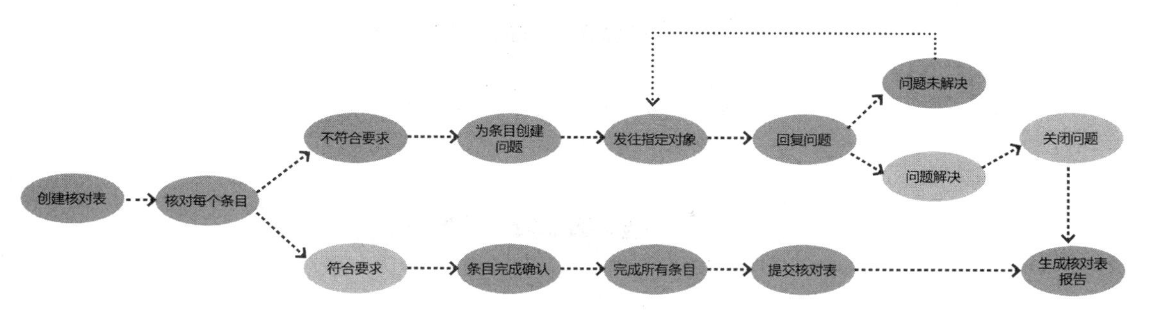

图 3-7-25 质量核对表工作流

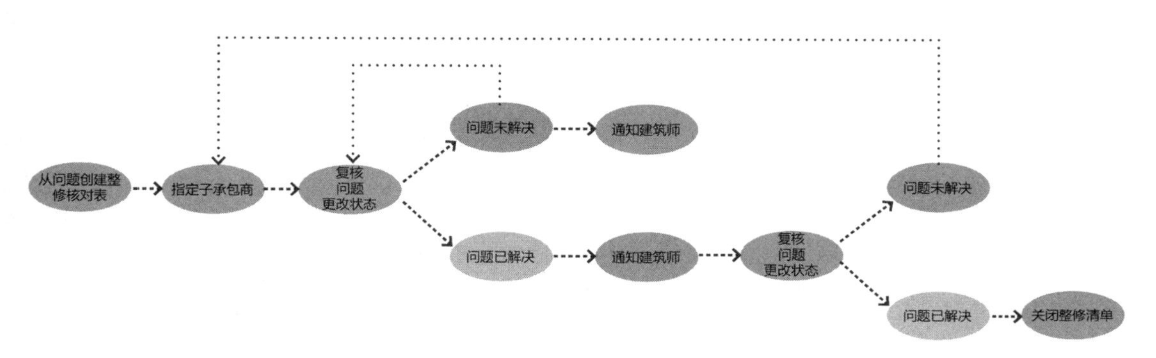

图 3-7-26 整修核对表工作流

整修核对表可以由承包商、分包商、业主等从问题发起，而后发往子承包商予以确认，再发给设计师确认修改内容从而最终解决问题。

质量核对表、整修核对表以及问题的创建、跟踪、回复（问题工作流）共同构建起了信息化协作质量管理工作流的工作基础——通过核对表和问题工作流的组织，现场发现的问题可以及时地传递到对应的责任人进行审阅、回复并得到处理，从而迅速有效地解决现场问题，保证施工顺利、正确地进行（图 3-7-27）。

2. 安全管理工作流

对于现场工作而言，由于涉及的工作内容繁杂，不能要求每一个从业者熟悉所有的设计、施工内容和流程，这种实际存在的生产现状对于施工和施工操作者本身都有潜在的危险。在建筑信息化生产协作中，通过将有经验、有先例的可重复的工作创建安全核对表，可以降低对末端操作人员的基础知识与经验要求，在降低项目经理、项目监理的繁重工作的同时，也能更有效地降低误操作、漏操作的风险，并且预测可能的风险并且自动予以提示（图 3-7-28～图 3-7-30）。

在信息化生产协作中（以 Autodesk BIM 360 为例），安全管理主要结合安全核对表（Safety Checklist）和问题工作流（ISSUE）以及 Insight 模块中的预测分析、报告的功能进行工作（图 3-7-31、图 3-7-32）。

在先进的建筑信息技术平台上，可以通过与其他相关专业技术的快速结合达到更强大的安全管理能力。例如在 BIM 360 云平台上，就可以通过合作伙伴卡 Partner Cards 同其他平台结合进行更智能化的安全管理，例如同 SMART fit ios 结合的安全工作流（图 3-7-33、图 3-7-34）。

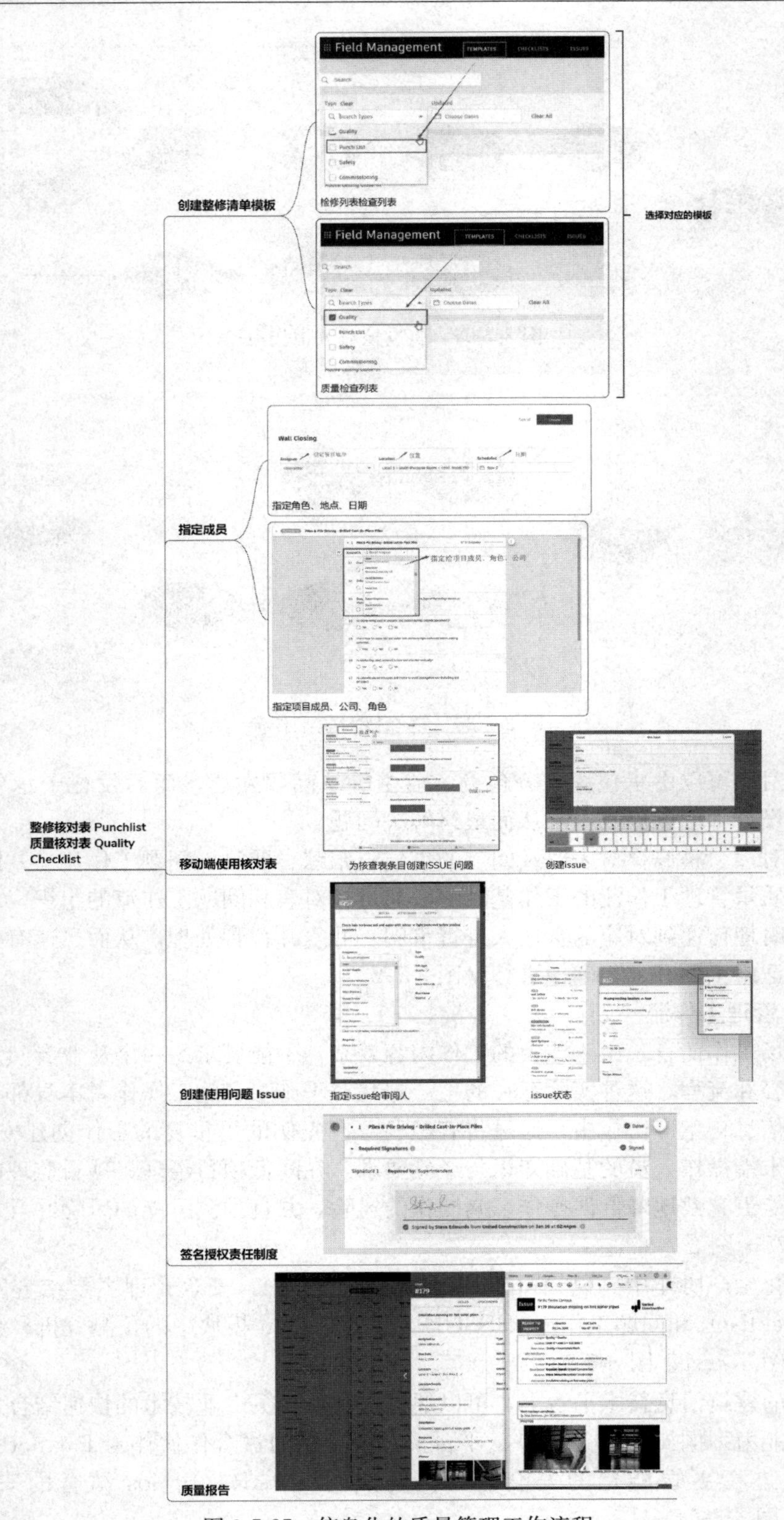

图 3-7-27 信息化的质量管理工作流程

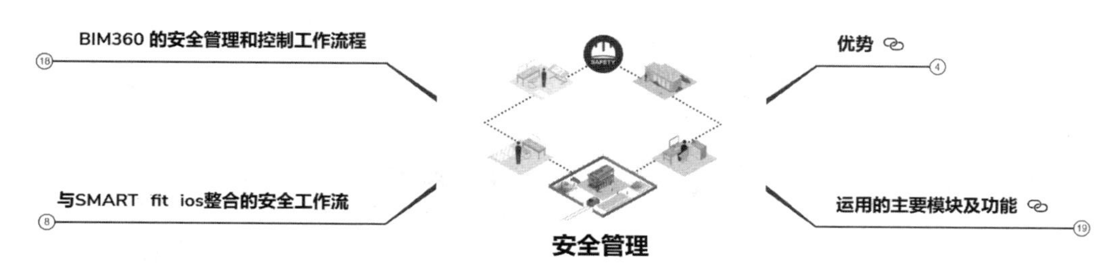

图 3-7-28　信息化的现场安全管理

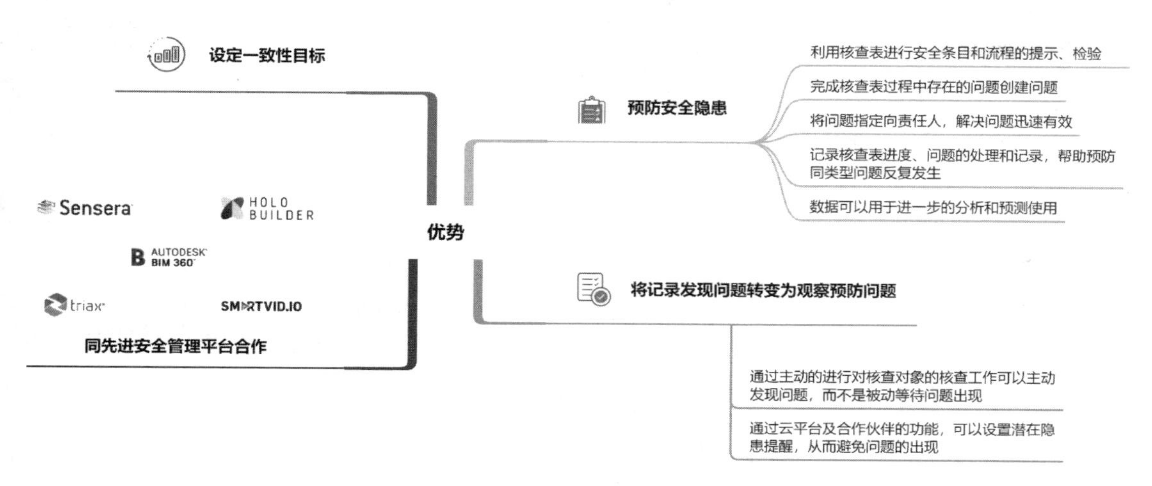

图 3-7-29　信息化安全工作流的优势

图 3-7-30　安全管理运用的主要的技术

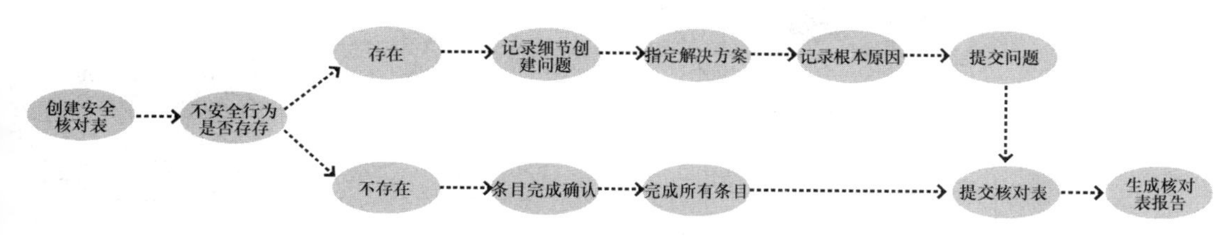

图 3-7-31　安全管理核对表工作流

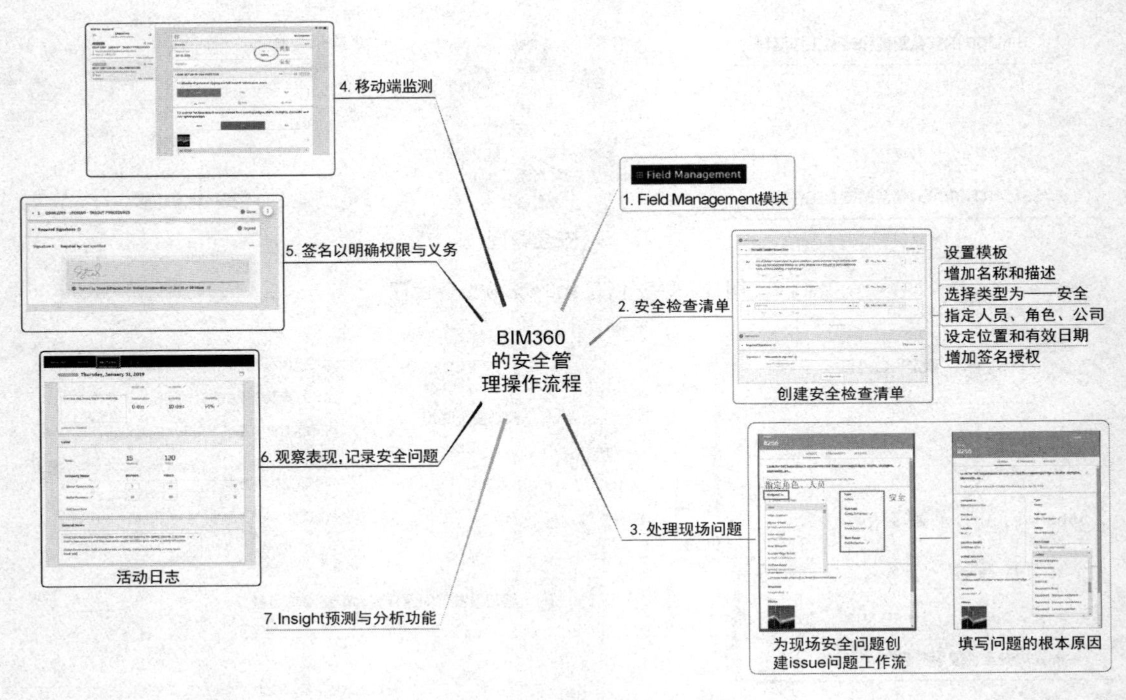

图 3-7-32　安全管理工作的操作流程

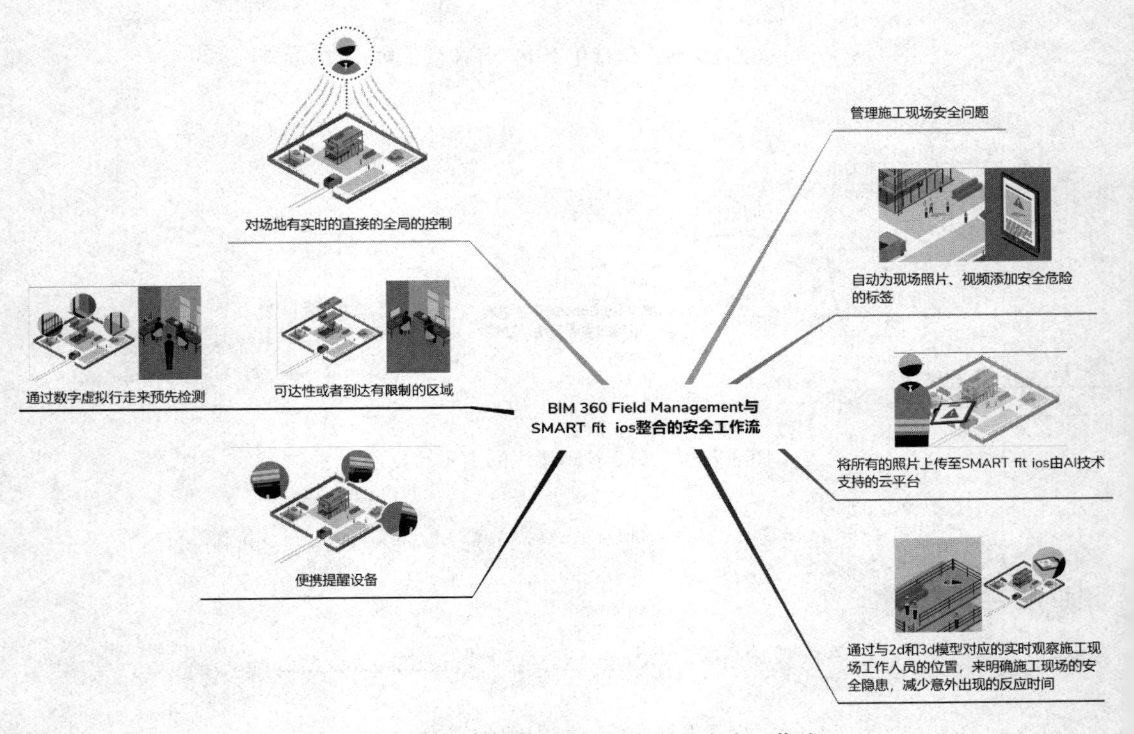

图 3-7-33　与其他技术平台整合后的安全工作流

图 3-7-34　SMART fit ios 平台

3. 现场问题处理

在质量管理工作流和安全管理工作流中，除了核对表之外都需要使用问题来实现现场同设计方、业主方的互动交流，因此在这里需要详细介绍 Field Management 中问题工作流的使用方法（图 3-7-35）。

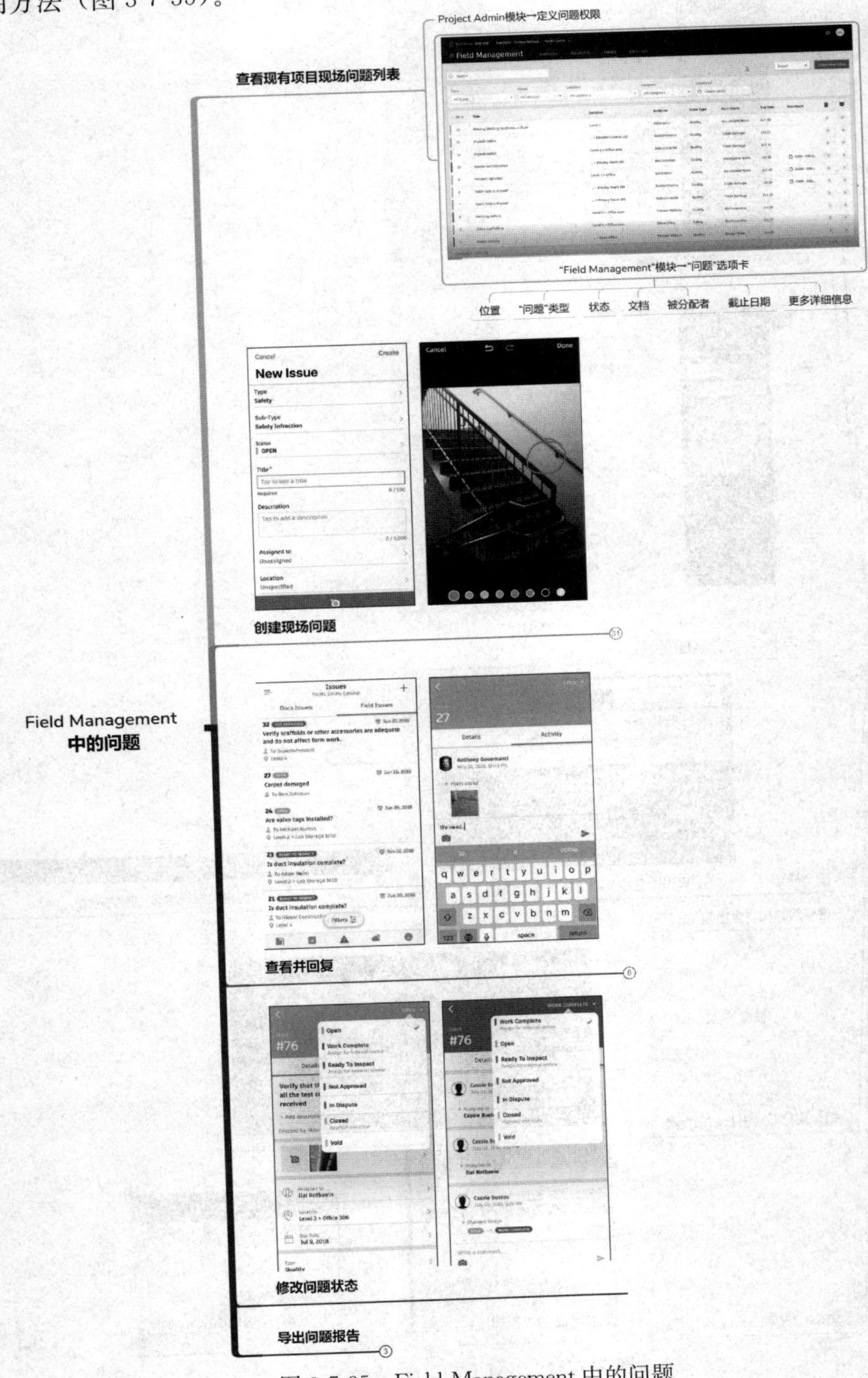

图 3-7-35　Field Management 中的问题

创建现场问题，如图 3-7-36 所示。

图 3-7-36 创建现场问题

创建的问题可以由项目管理员指派给回复的对象，并且向对象发送邮件通知，被指派的对象可以通过邮件直接访问问题以及问题相关的照片及模型，查看问题并回复问题（图 3-7-37）。

完成问题的回复，问题的审阅者可以将问题状态修改为“已回答”。在确认问题已解决后，问题的创建者或项目管理员可以关闭问题（图 3-7-38）。

在实际现场的工作开始前或者进行过程中，项目管理员可以在 Project Admin 模块中根据项目的实际需要，设置问题的类型、子类型、根本原因和基本属性，从而更好地管理问题（见 Project Admin 模块中对于问题的设置操作）。

对于项目已经创建的问题列表，可以导出问题报告，还可以通过 Insight 模块生成并将报告分享给指定的对象（图 3-7-39）。

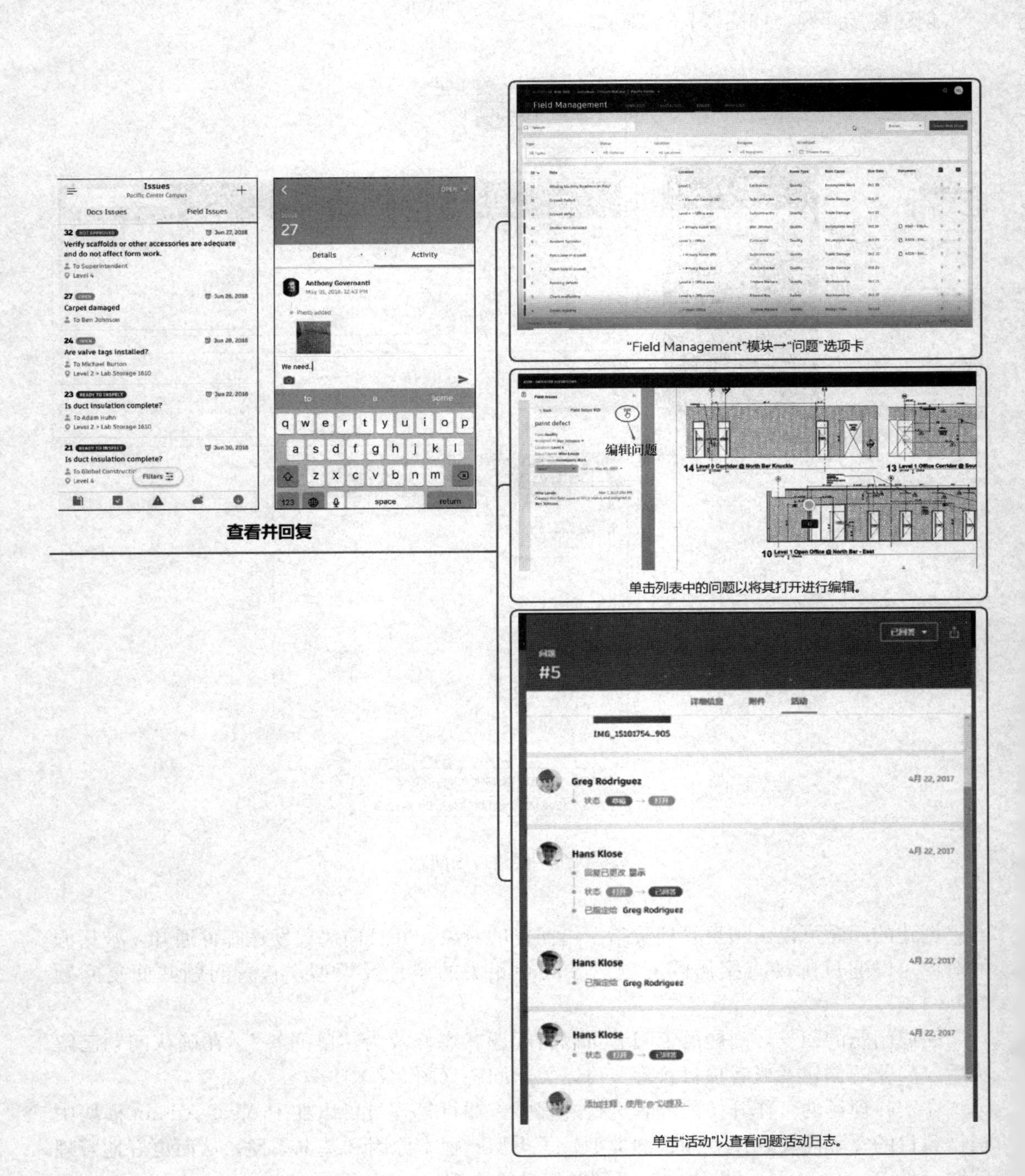

图 3-7-37　查看并回答问题

图 3-7-38　修改问题状态

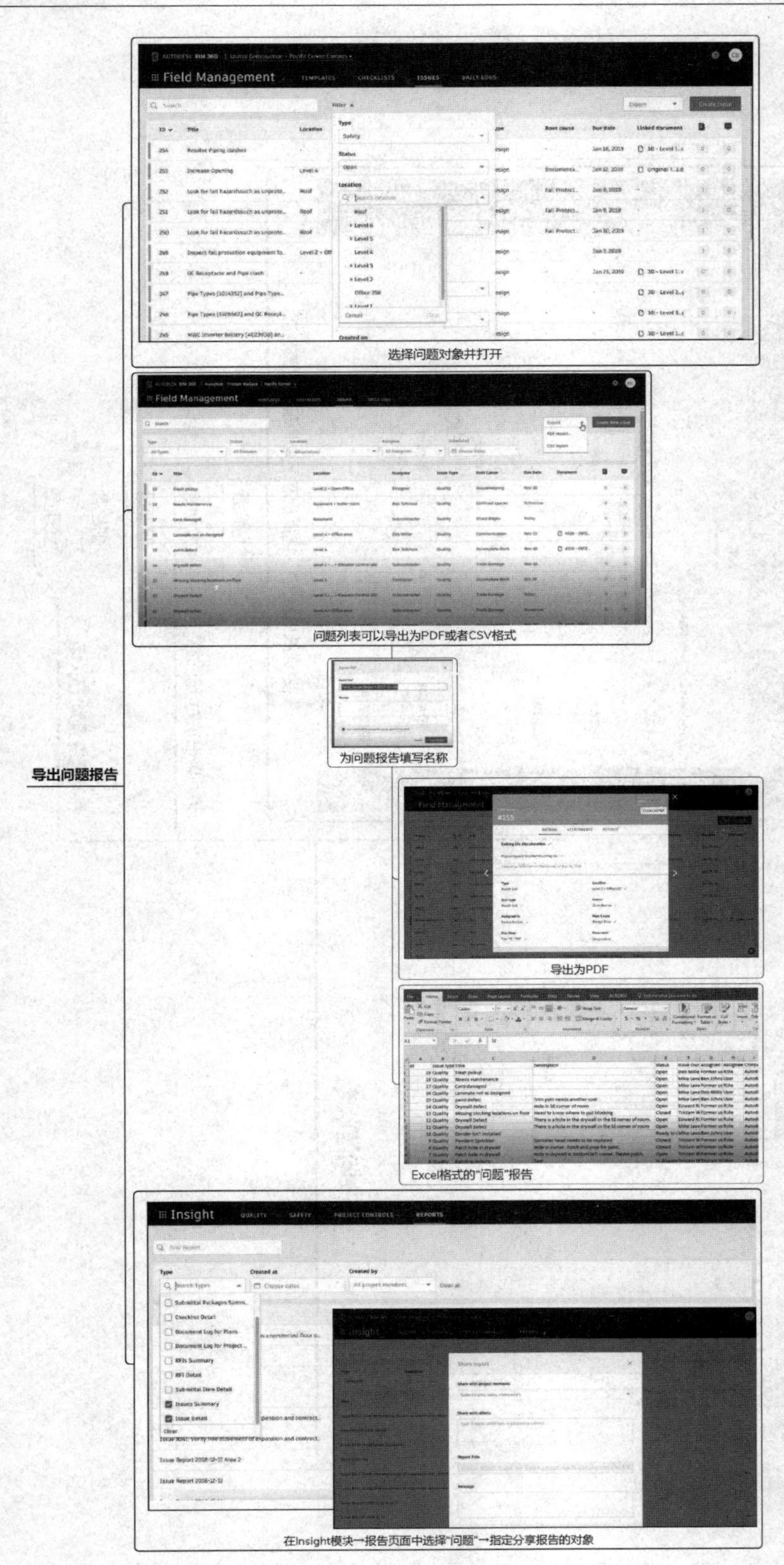

图 3-7-39 导出问题报告

对于信息化建筑平台上进行的协调工作和操作内容，可以在模块中生成每日日志，用于记录、观察每天的所有工作内容，既可以方便项目的施工管理，也可以为未来的生产改进提供大数据基础（图 3-7-40）。

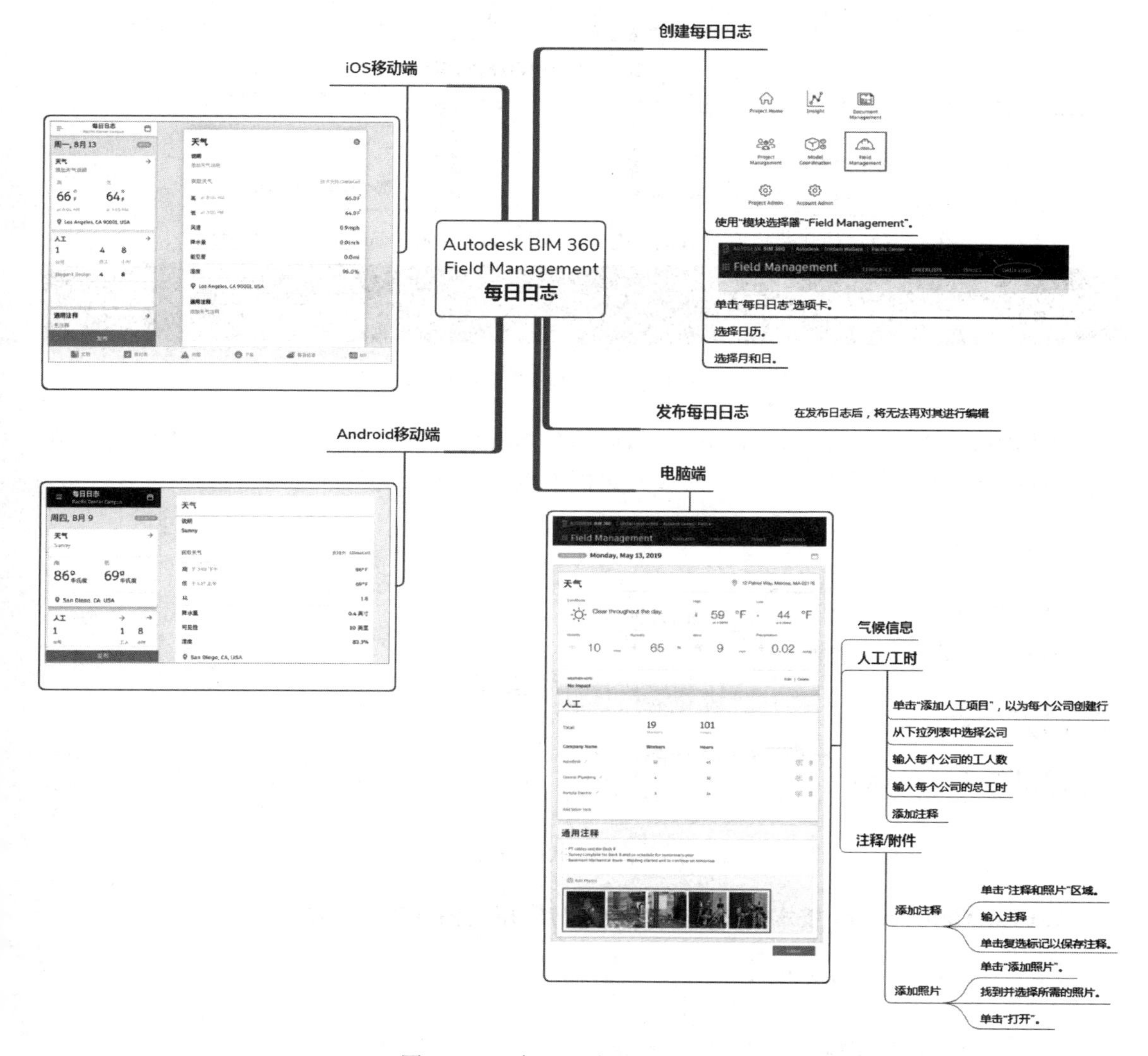

图 3-7-40　每日日志记录生产数据

三、Cost Management 模块

Cost Management 成本管理/造价管理模块可以为业主、项目经理、总承包商等各方提供实时更新整合的信息，用来更好地监控成本和管理资金的流动（图 3-7-41）。

可以看到，基于信息技术云平台的管理不仅灵活、便捷、安全，而且可以实时跟踪、实时更新并且可以保证各方的信息同步一致。现有的 Cost Management 技术模块所提供的主要功能有预算的定义和设置、成本的定义和设置、自动生成合同和价格征询单、变更单的相关操作以及将变更、成本整合到预算和成本中的自定义及自动更新功能(图 3-7-42)。

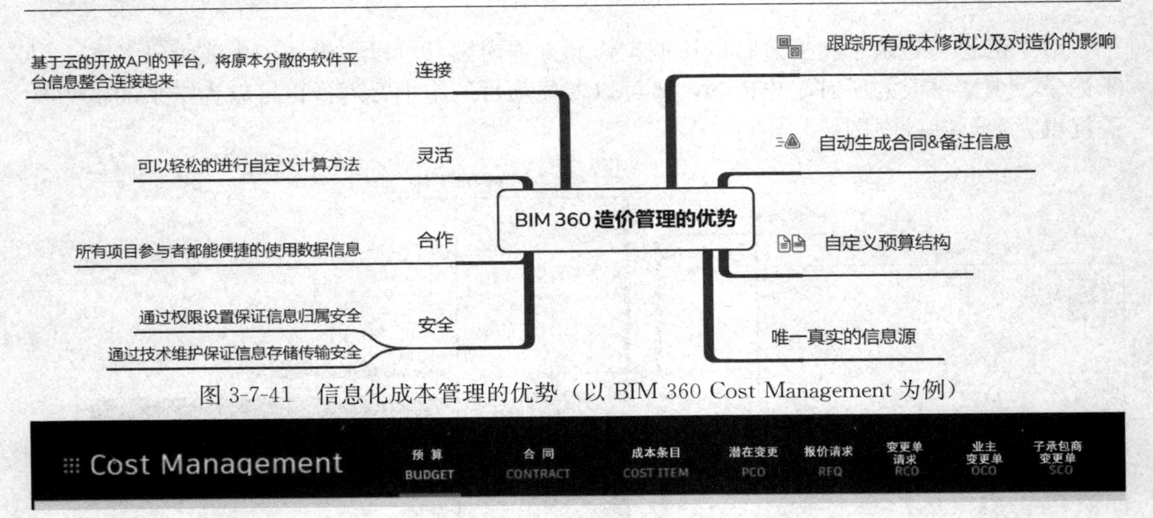

图 3-7-41 信息化成本管理的优势（以 BIM 360 Cost Management 为例）

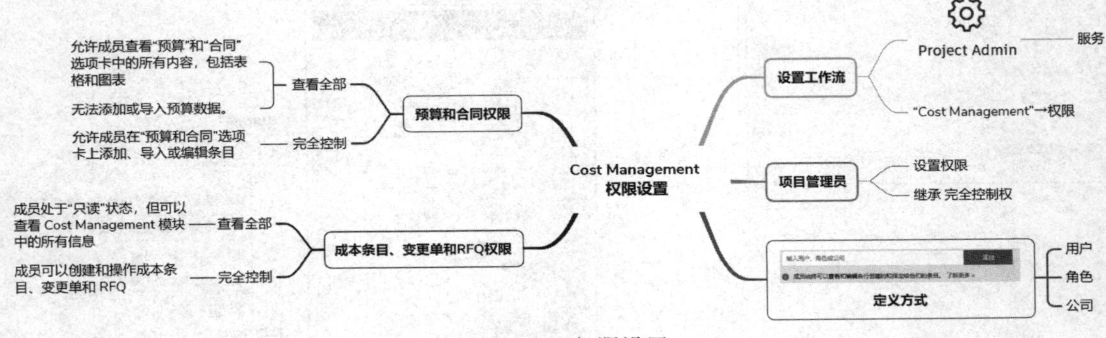

图 3-7-42 Cost Management 模块提供的功能页面

实际的成本管理过程中，首先进行公司的基本常规设置以及人员的权限设置（可以在不同项目间通用的预算代码、预算模板、文档模板等）如图 3-7-43 所示。

图 3-7-43 权限设置

1. Cost Management 技术模块的基本设置与应用（图 3-7-44、图 3-7-45）

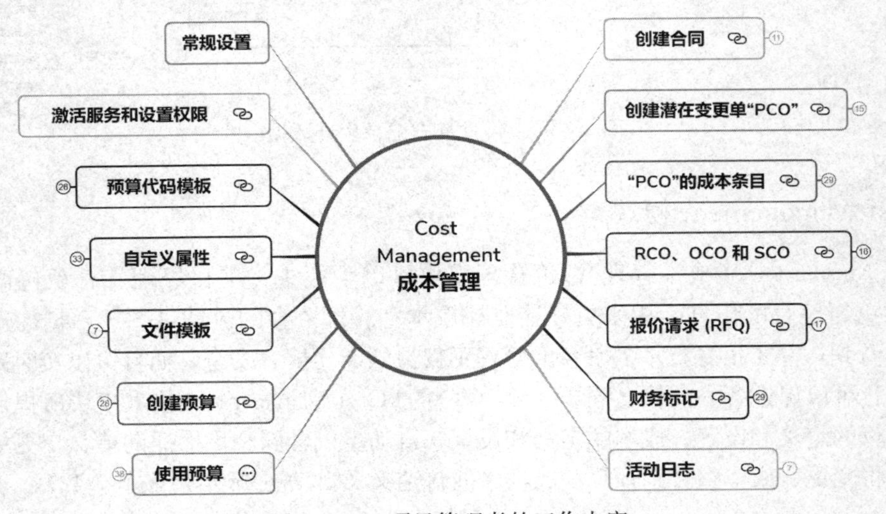

图 3-7-44 项目管理者的工作内容

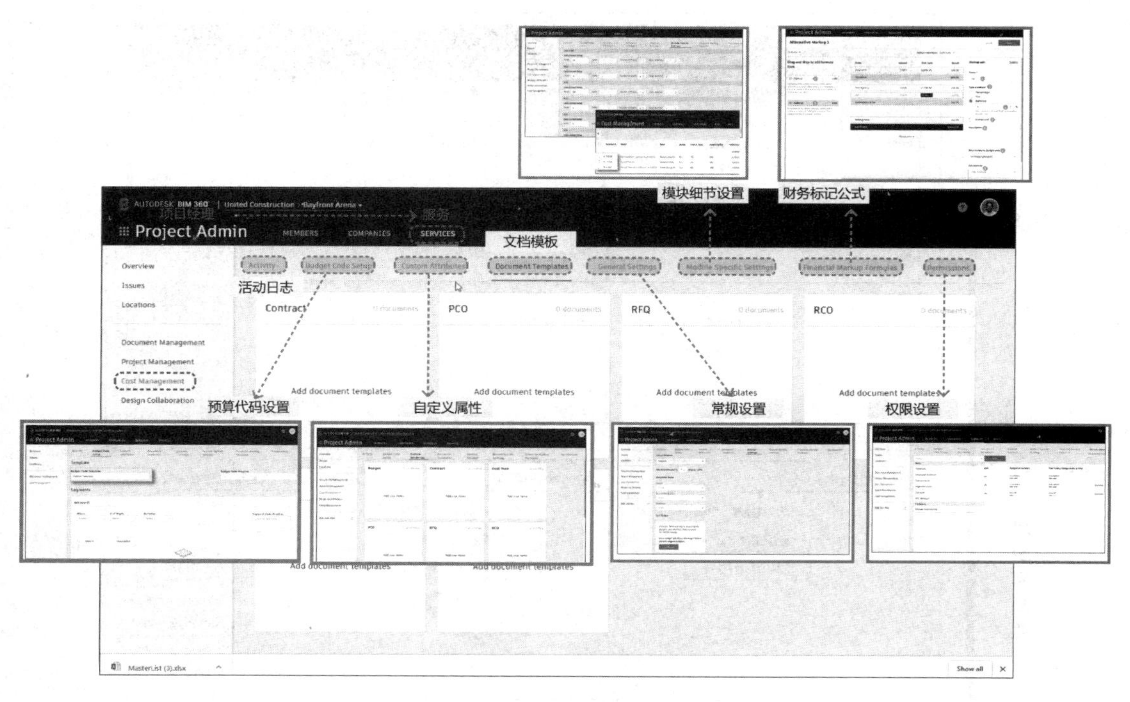

图 3-7-45　项目经理服务操作界面

其中常规设置、激活服务和设置权限详见信息化协作的准备阶段——Project Admin 模块。自定义属性、文件模板的设置、常规设置、模块细节设置、财务标记公式编辑等基本设置与操作如图 3-7-46～图 3-7-52 所示。

2. 预算管理

预算的基本相关平台操作——预算代码模板的创建和使用、创建预算、使用预算、创建合同，已经在施工准备阶段的 Cost Management 模块中进行了详尽的讲解。

在施工阶段的预算管理中，主要介绍的是在实际施工过程中产生的 PCO（潜在变更）管理的信息化工作流（因此对于基本操作就不再赘述）。以 BIM 360 建筑云平台为例，在 Cost Management 模块中可以通过对每一个具体的条目创立 RFQ（报价请求）来向相关责任方（分包商或者供应商等）获取价格以及对预算和造价的可能的影响。在获取价格后，总包商向业主提出 RCO（变更单请求），Cost Management 会根据业主审核批准的变更结合“原始预算”自动计算生成“修订预算”。同时还会将业主尚未审核批准的变更计算生成“预计预算”用以判断可能的预算的变更（图 3-7-53～图 3-7-55）。

在这一过程中，每一个潜在变更可以单独生成 PCO 提交给业主审核，也可以多个 PCO 合并成为一个 RCO（变更单请求）发送给业主（图 3-7-56）。

同样的，业主对于变更单请求的处理，可以针对每一个 RCO 回复 OCO（业主变更单），或者将多个 RCO 合并回复（图 3-7-57）。

进一步通过 OCO（业主变更单）生成 SCO（子承包商变更单）发送至具体的分包商、供应商等服务的直接提供方（也是在上一步骤中的价格提供方）从而得到最终的成本更新（图 3-7-58～图 3-7-60）。

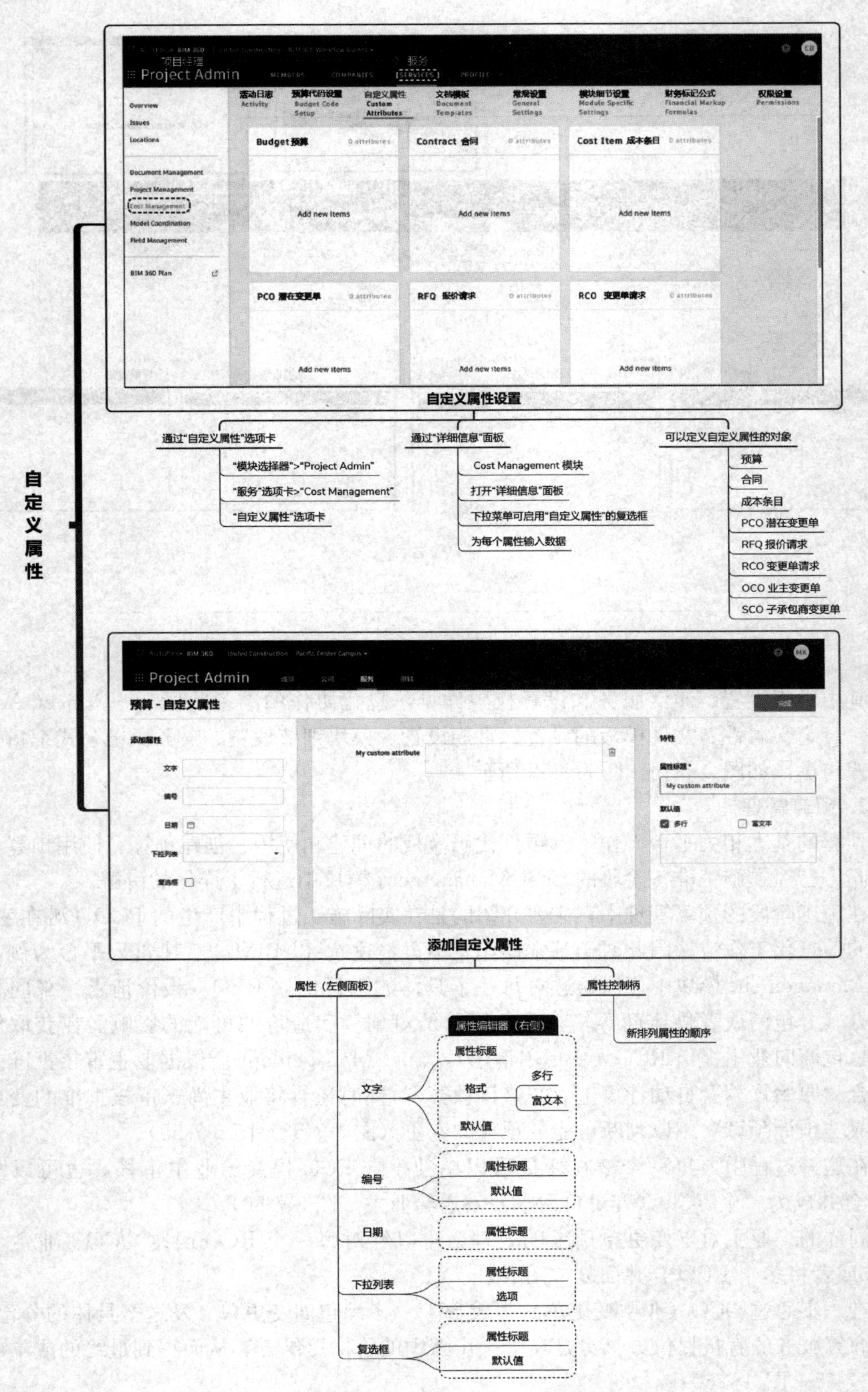

图 3-7-46　成本管理——自定义属性

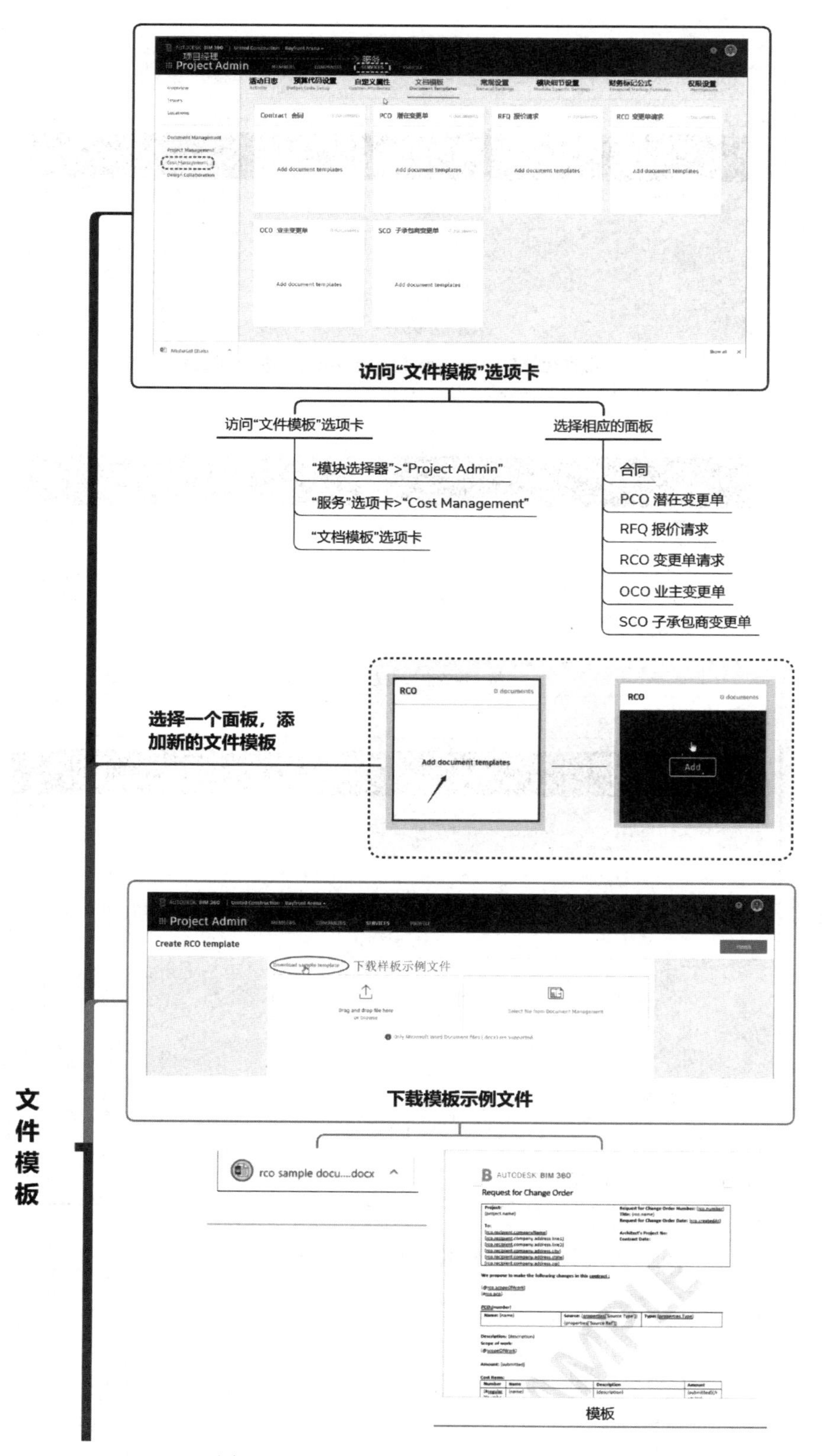

图 3-7-47　成本管理——文档模板（1）

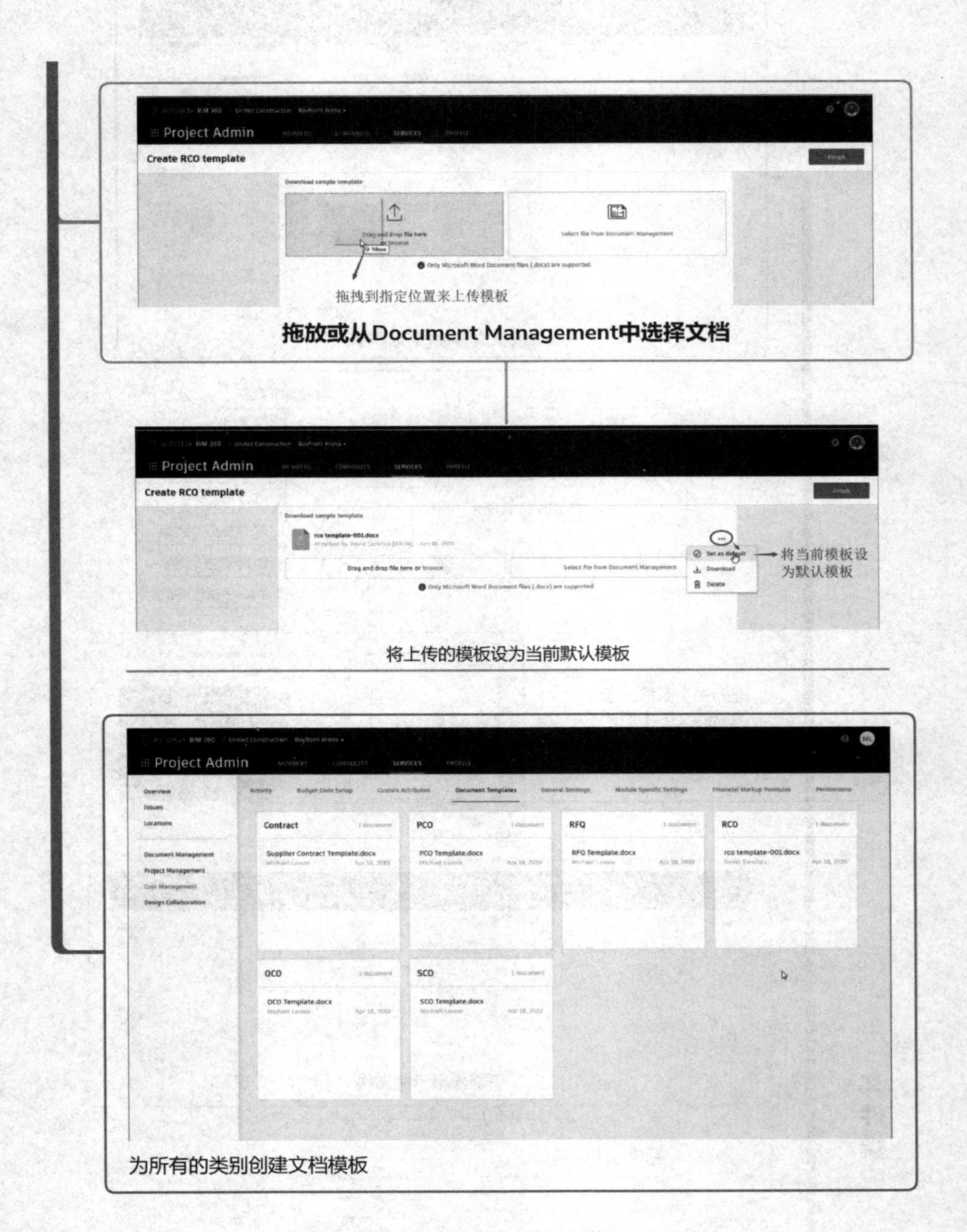

图 3-7-48　成本管理——文档模板（2）

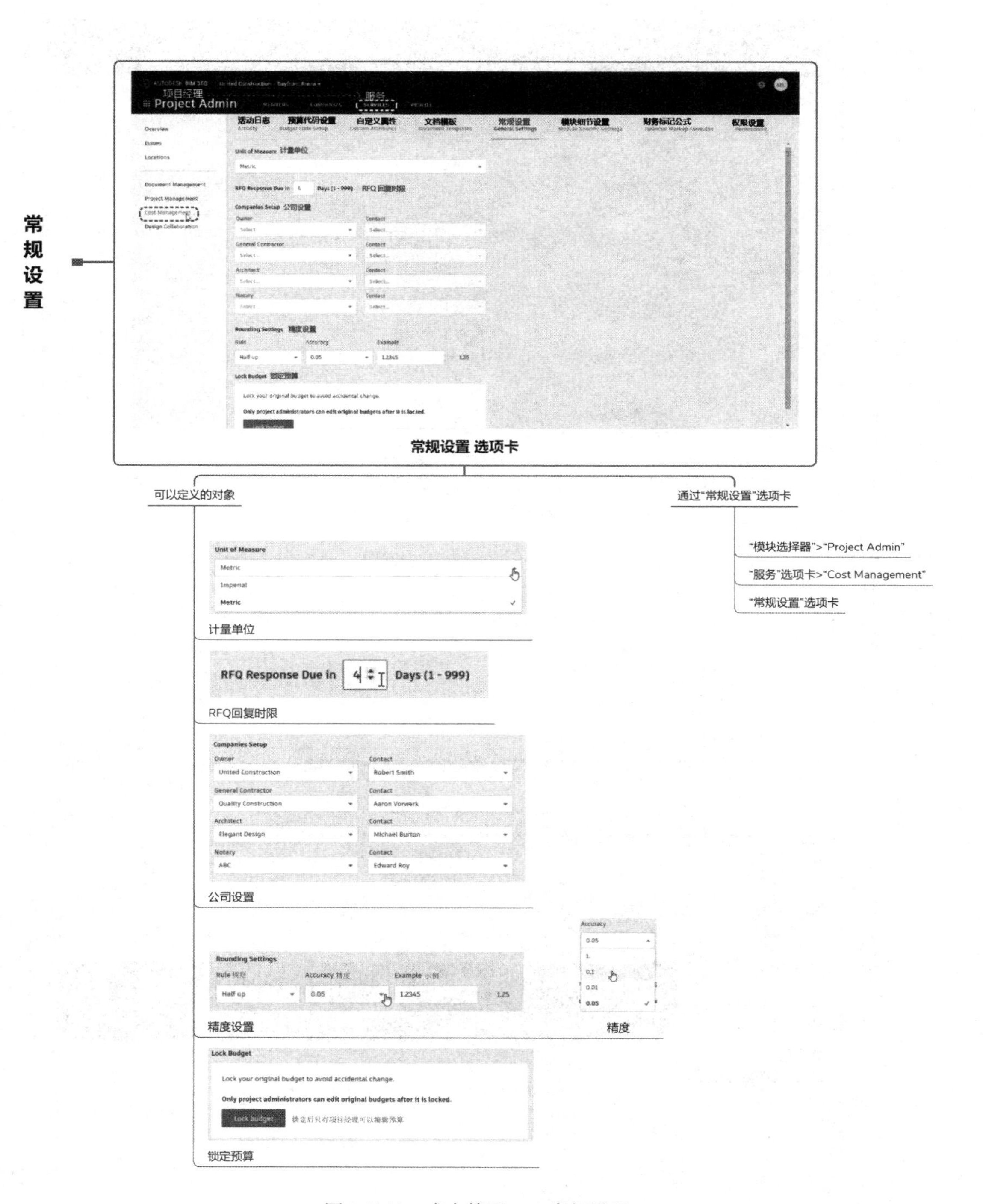

图 3-7-49　成本管理——常规设置

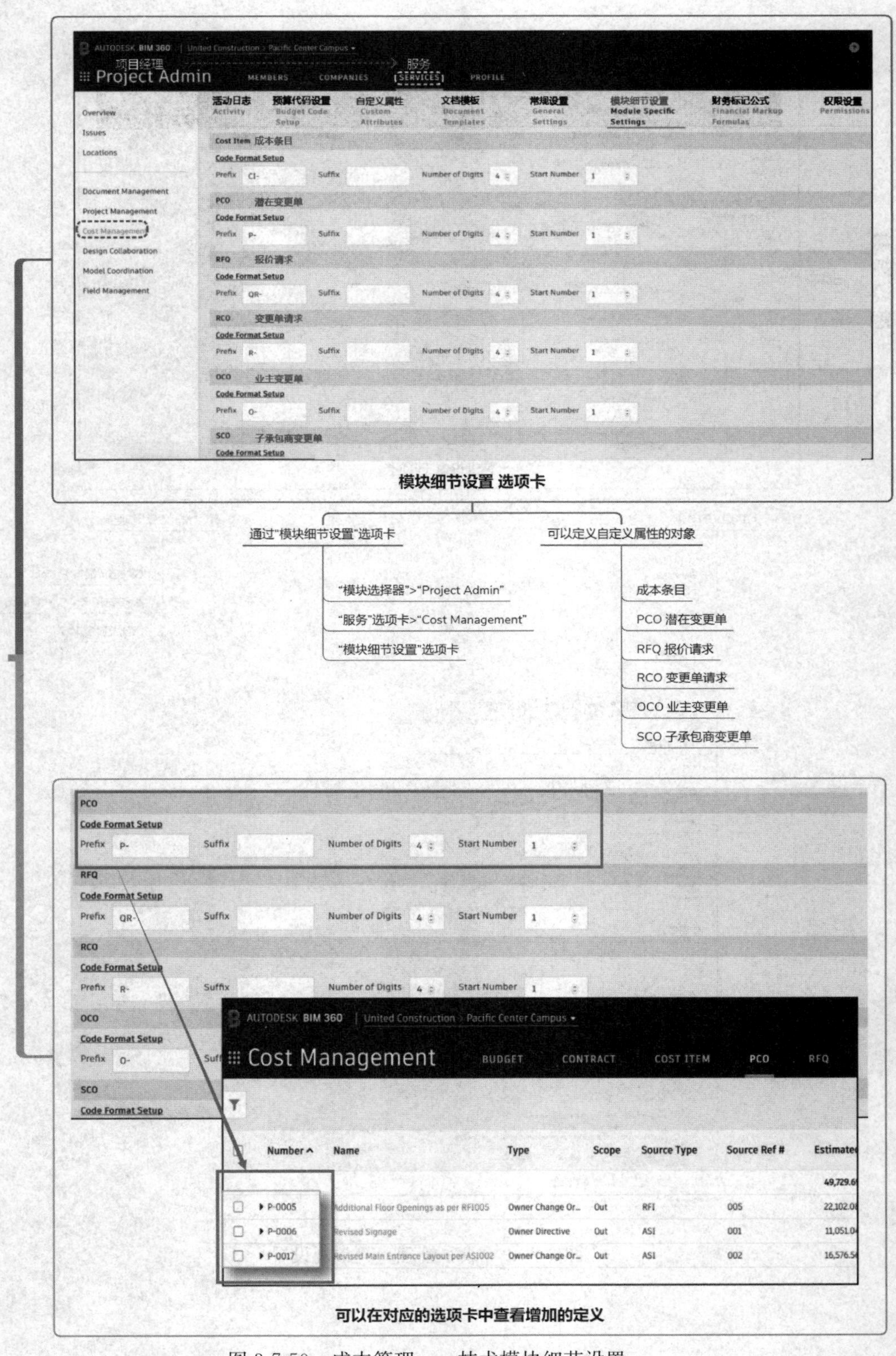

图 3-7-50　成本管理——技术模块细节设置

图 3-7-51　成本管理——财务标记公式

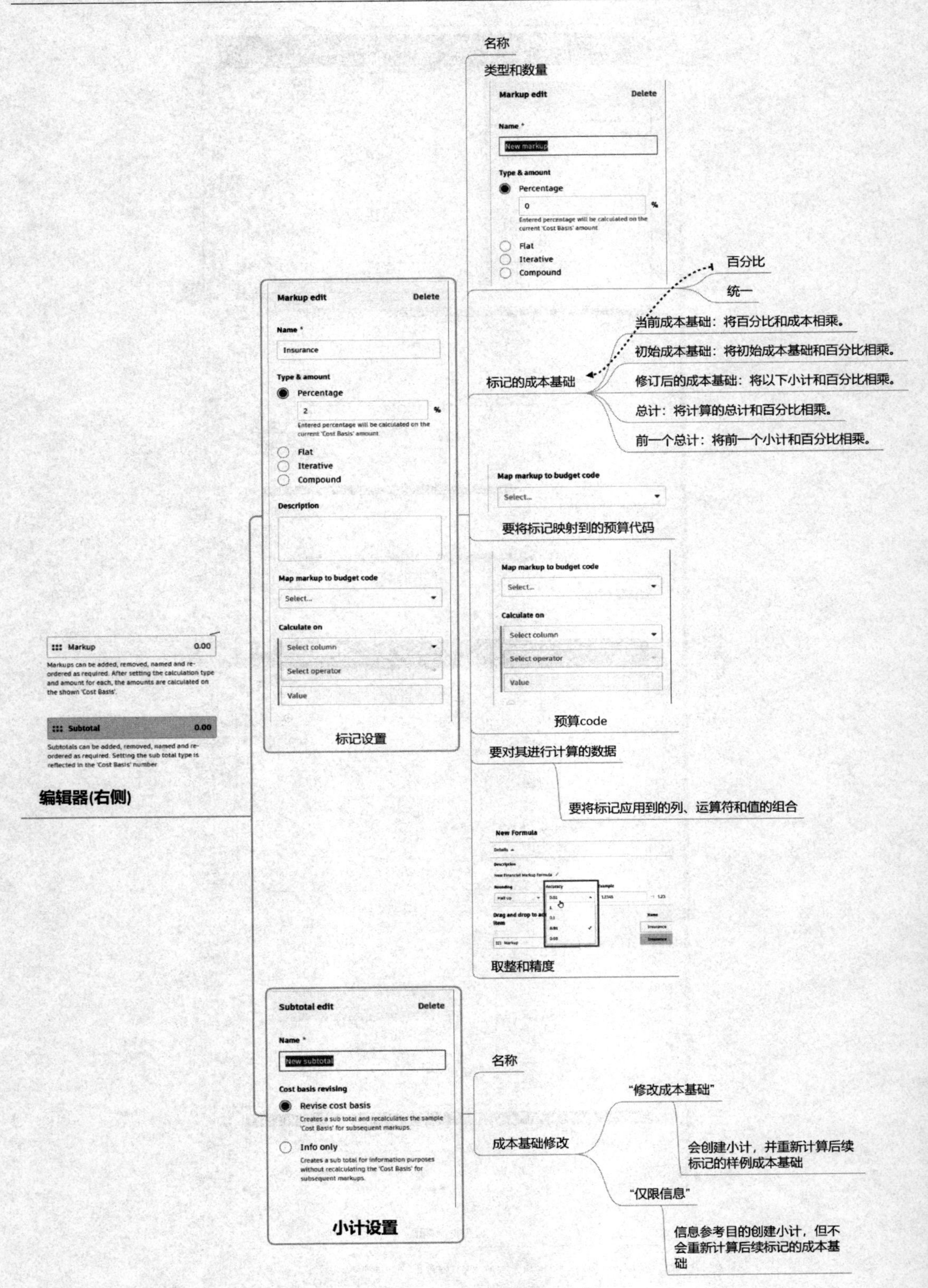

图 3-7-52　财务标记公式编辑

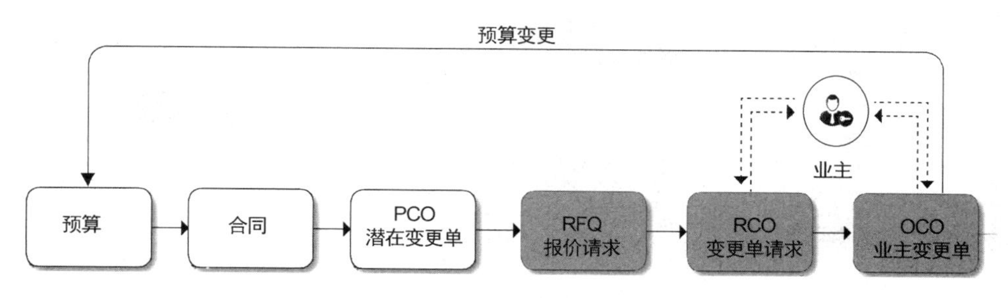

图 3-7-53　简单的预算变更工作流（部分）

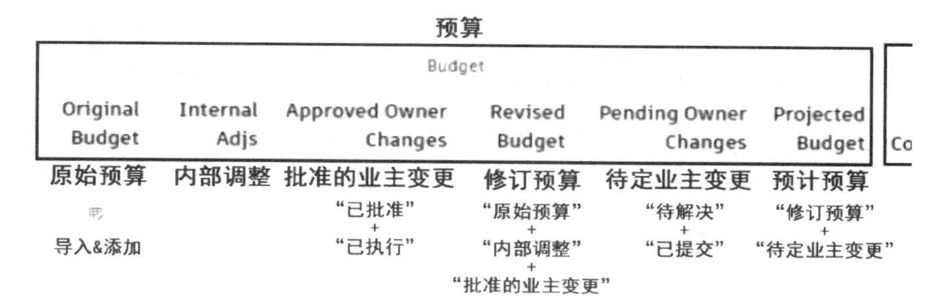

图 3-7-54　预算列表的内容和计算方式

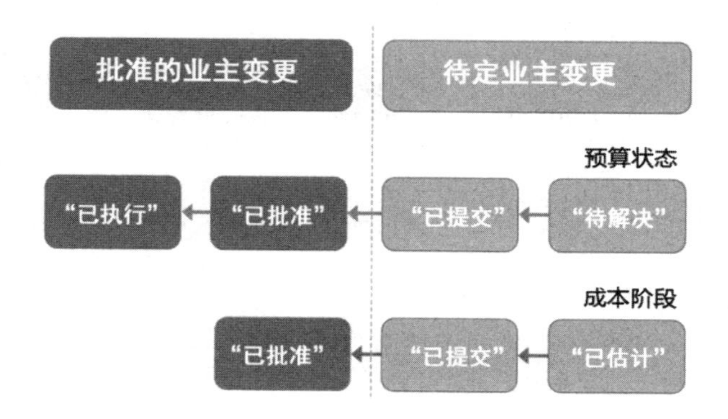

图 3-7-55　批准的和待定的业主变更所对应的预算状态

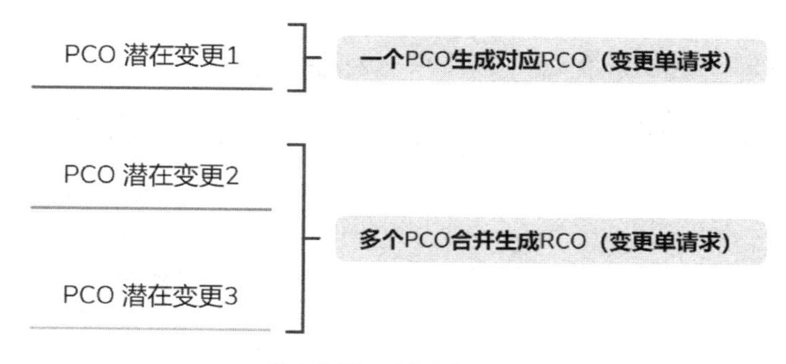

图 3-7-56　PCO 与 RCO

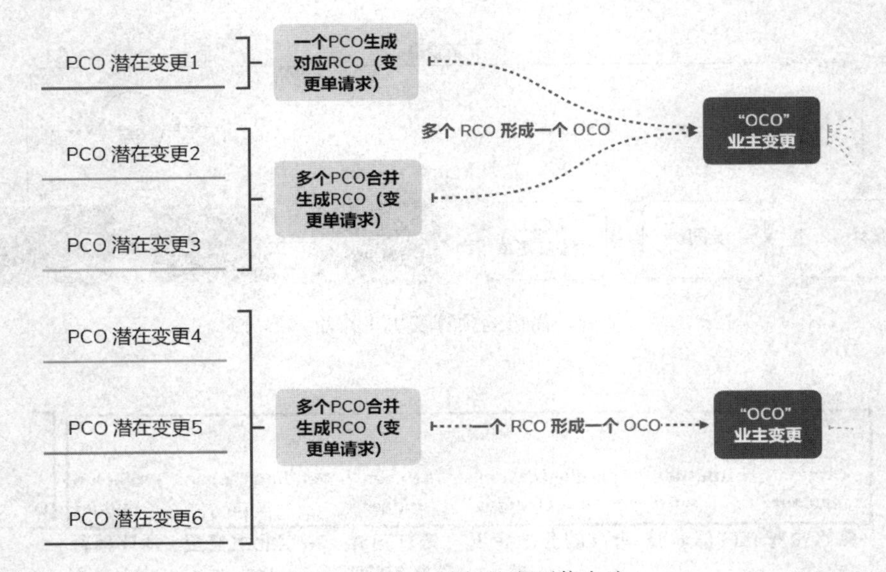

图 3-7-57　业主回复的变更信息流

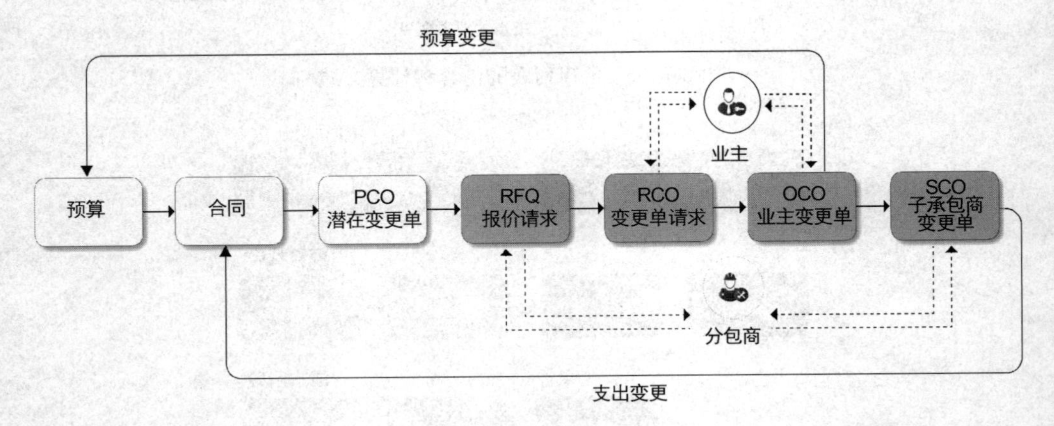

图 3-7-58　包含最终支出变更的完整工作流

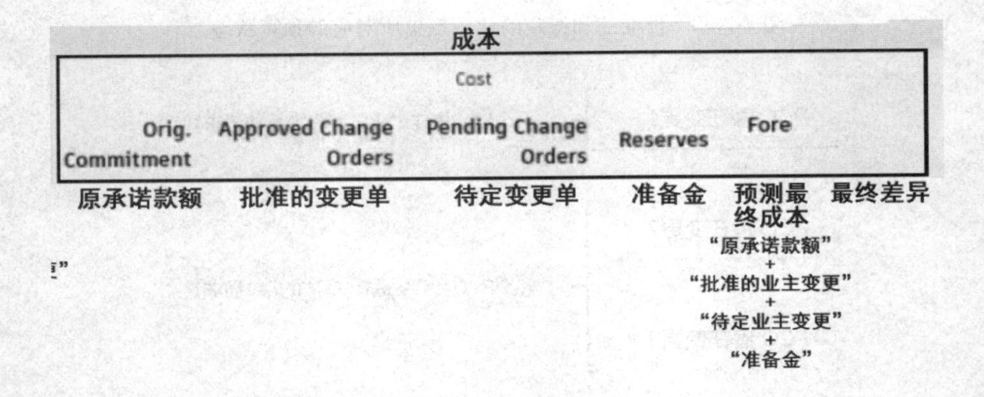

图 3-7-59　成本列表的内容和计算方式（最终差异＝"预计预算"－"预测最终成本"）

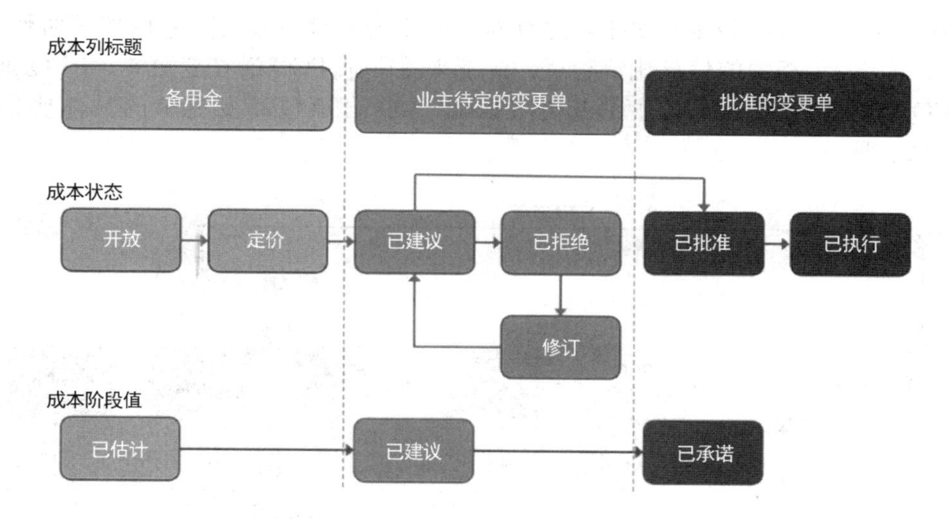

图 3-7-60　备用金、变更单对应的成本状态

与前面的各种变更单流程一样，业主变更单 OCO 也可以生成一个子承包商变更单 SCO，或者针对一个或者多个子承包商同时创建多个 SCO（图 3-7-61）。

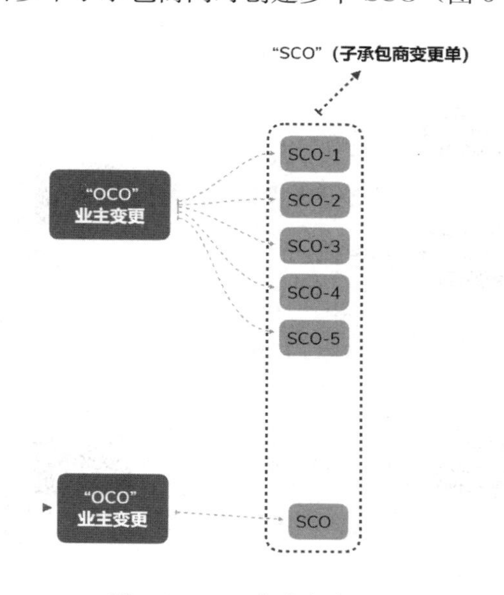

图 3-7-61　一个或多个 SCO

在介绍完信息化的工作流组织之后，接下来会着重介绍组成这一工作流的基本元素——变更单，这一在施工过程中对于成本和预算产生影响的重要管理手段相关的变更单系列工作流，不同类型的变更单的创建、使用方式，变更单之间的关系等问题。

3. 变更单管理

成本管理过程中一个重要的需要处理的流程即成本的变更，这有可能是各种原因导致的——施工反复、材料价格波动、制造误差、操作失误、设计修改等。而如何更好地追踪、管理、实时监控和预测这些变更对成本造成的影响是成本管理的一个重要工作内容，而在 Cost Management 技术模块中，这种对于变更的管理就是变更单的相关协作流程。在上一小节了解了相关的信息化流程后，接下来就带来 PCO 潜在变更单、RCQ 询问价格、RCO 变更单请求、OCO 业主变更单以及 SCO 自承包商变更单的具体协作流程（图 3-7-62、图 3-7-63）。

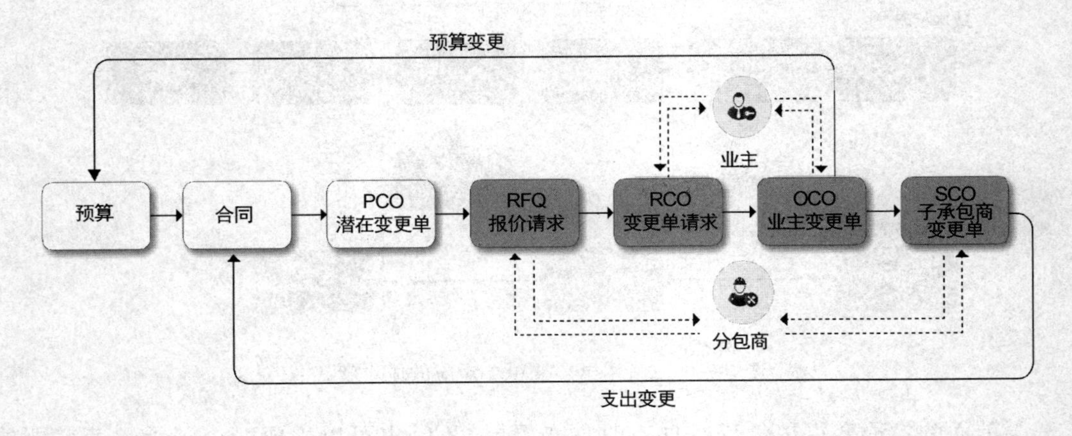

图 3-7-62　变更的完整工作流

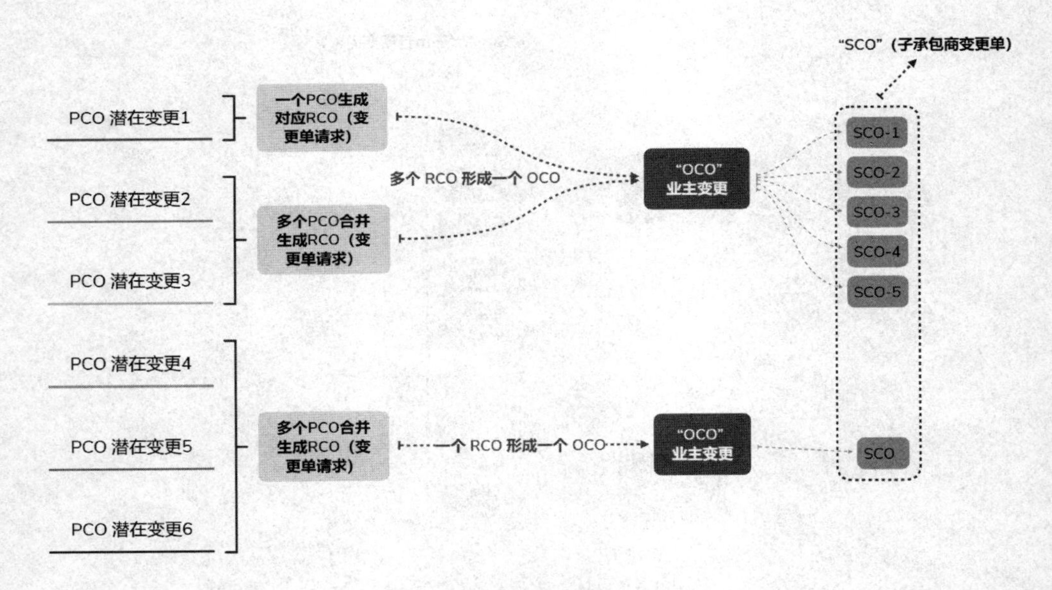

图 3-7-63　各种变更单相互之间的关系

首先，对于可能的变更需要创建潜在变更单 PCO（图 3-7-64）。

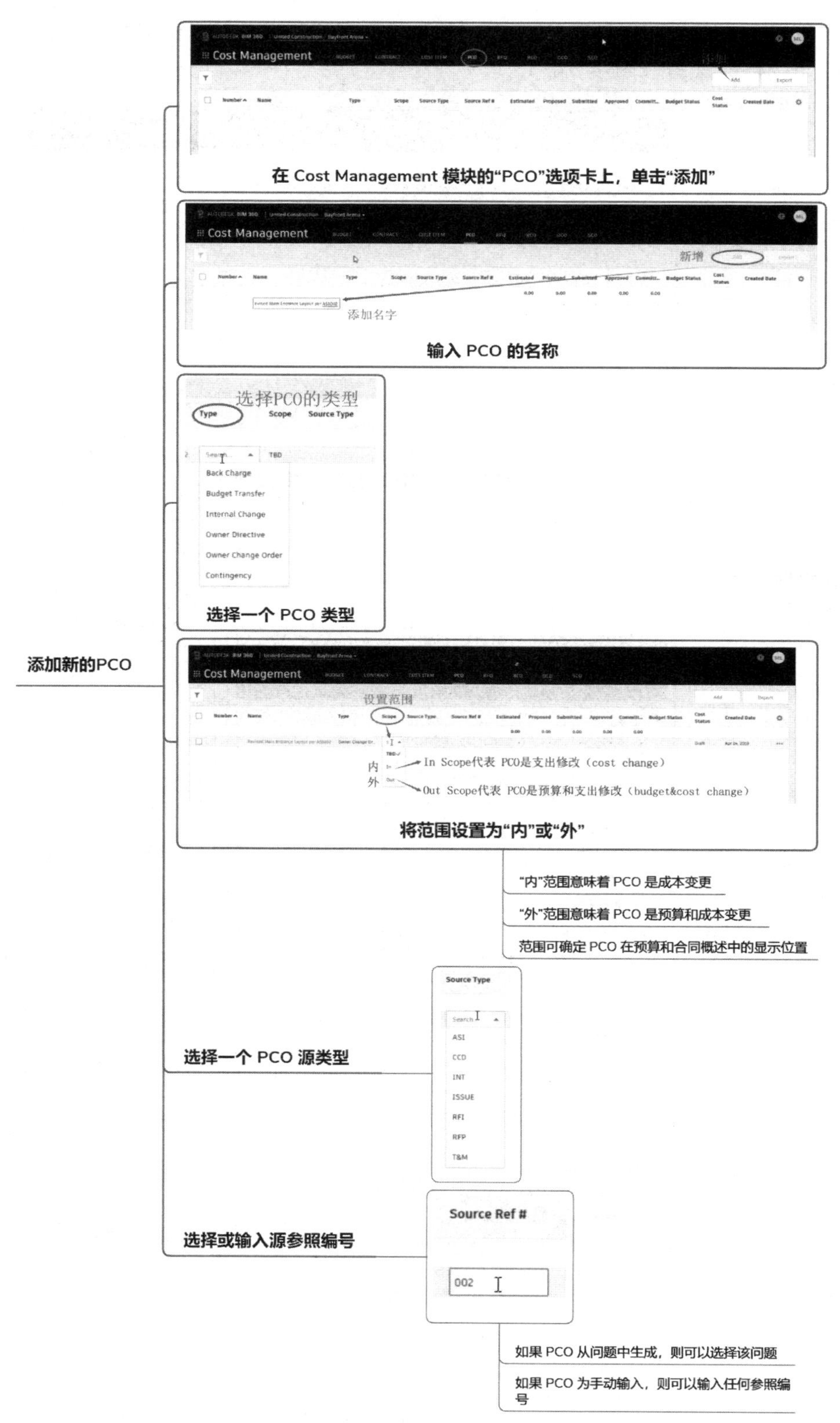
添加新的PCO
Cost Management
添加
在 Cost Management 模块的“PCO”选项卡上，单击“添加”
Cost Management
新增
添加名字
输入 PCO 的名称
选择PCO的类型
Type
Scope
Source Type
TBD
Back Charge
Budget Transfer
Internal Change
Owner Directive
Owner Change Order
Contingency
选择一个 PCO 类型
Cost Management
设置范围
内
外
In Scope代表 PCO是支出修改（cost change）
Out Scope代表 PCO是预算和支出修改（budget&cost change）
将范围设置为“内”或“外”
“内”范围意味着 PCO 是成本变更
“外”范围意味着 PCO 是预算和成本变更
范围可确定 PCO 在预算和合同概述中的显示位置
选择一个 PCO 源类型
Source Type
ASI
CCD
INT
ISSUE
RFI
RFP
T&M
选择或输入源参照编号
Source Ref #
002
如果 PCO 从问题中生成，则可以选择该问题
如果 PCO 为手动输入，则可以输入任何参照编号

图 3-7-64 创建 PCO

对于已经创建的 PCO，可以从 PCO 选项卡查看列表单击名称可以打开详细信息页面进行进一步的修改编辑（图 3-7-65）。

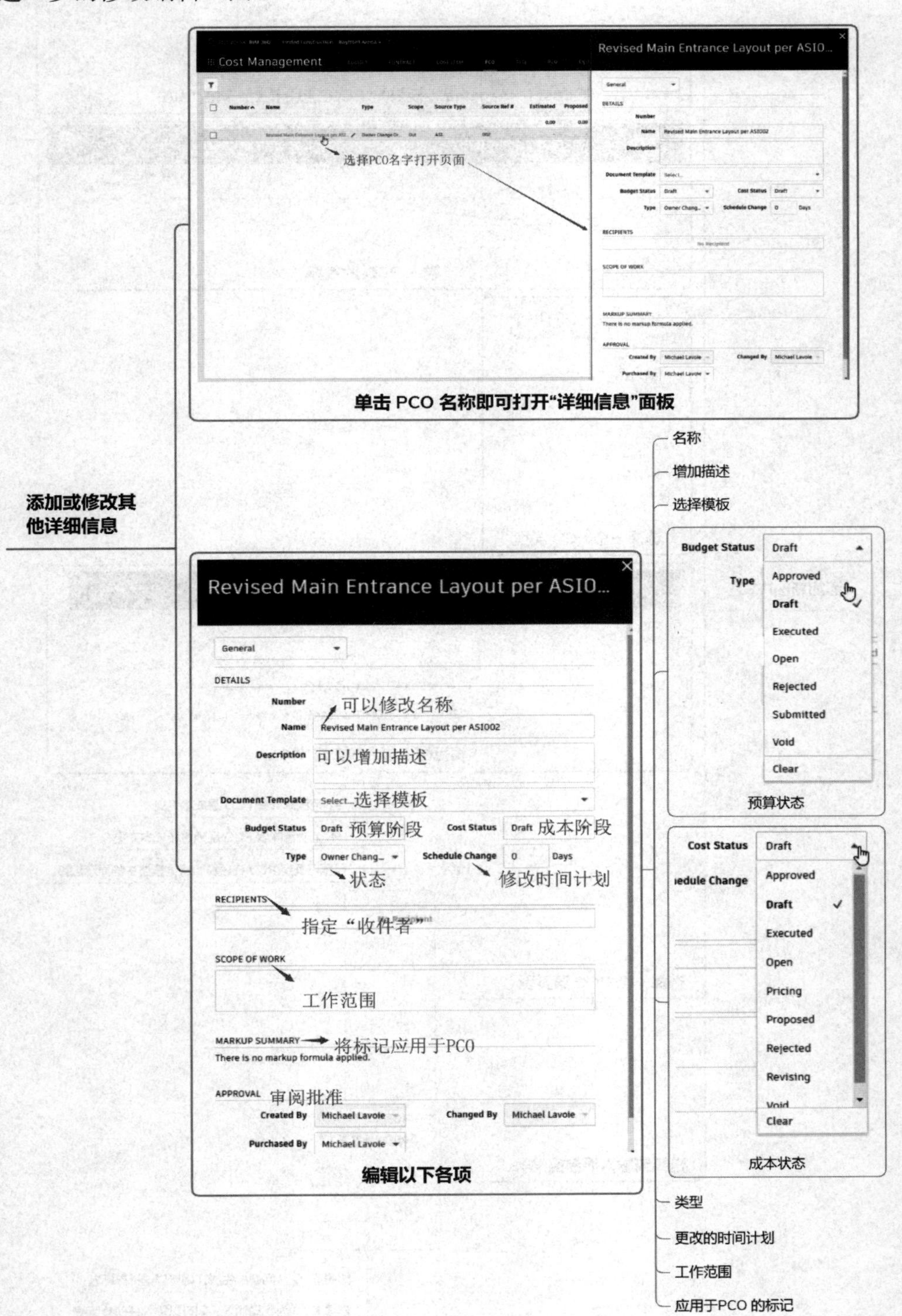

图 3-7-65　修改 PCO

对于 PCO 而言，还可以进一步定义其成本条目（Cost Item），如图 3-7-66 所示。

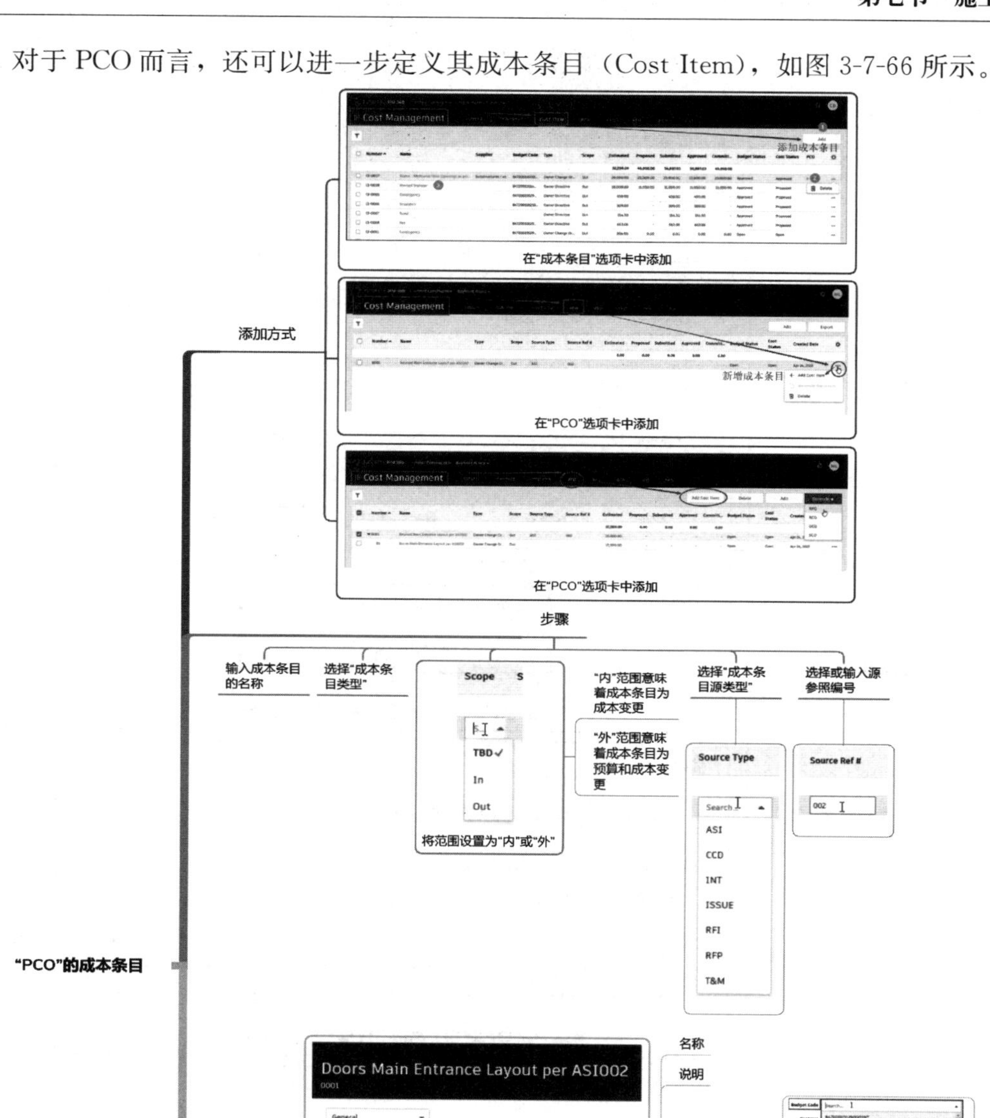

图 3-7-66 PCO 成本条目

对于每一个成本条目还可以进一步添加成本子条目，来将一个对象拆分成不同内容来观察和分析（图 3-7-67）。

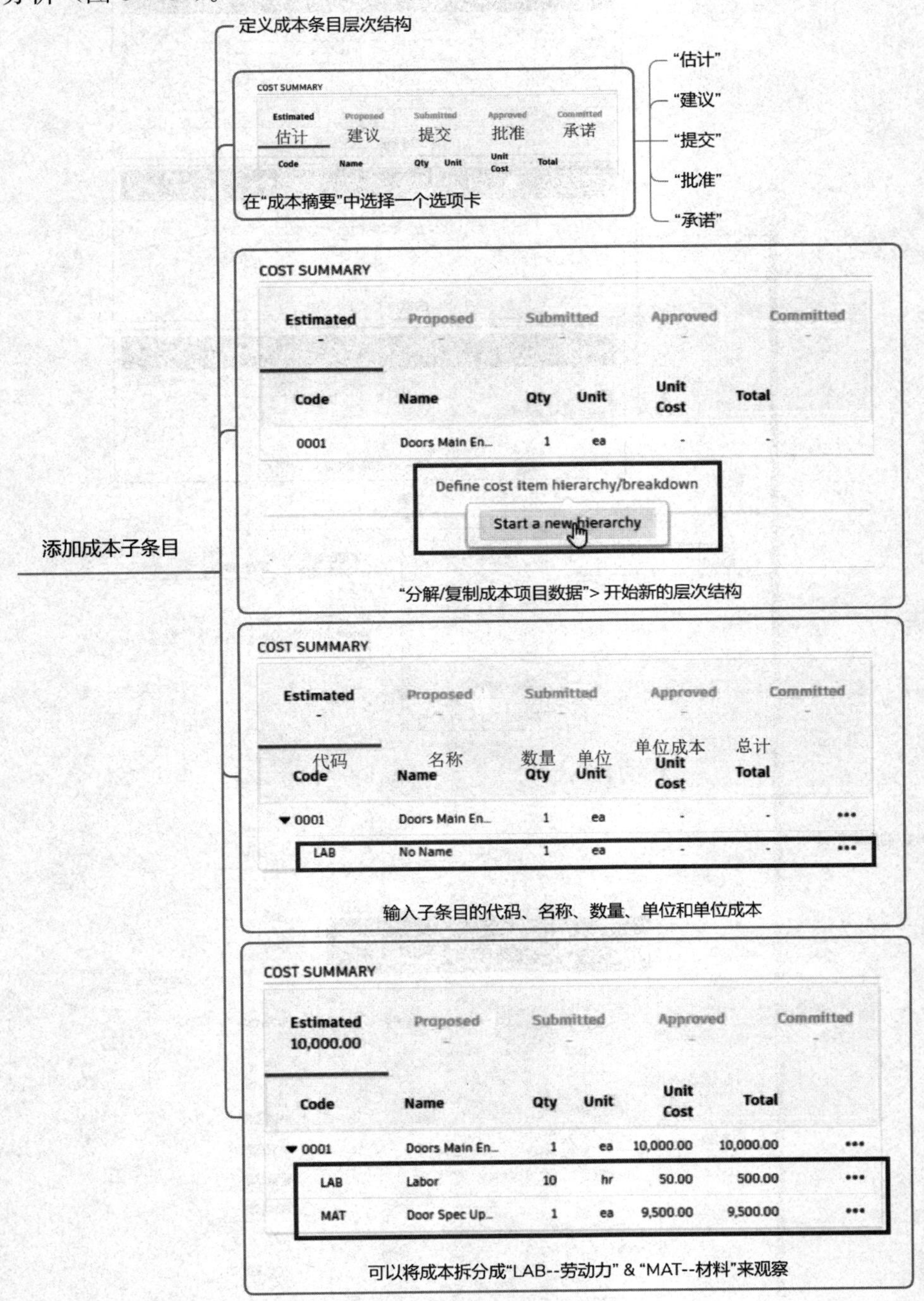

图 3-7-67　成本子条目

其次，由 PCO 生成 RFQ（报价请求）。

在生成了 PCO 的基础上，可以由 PCO 生成 RFQ 来对潜在的变更可能产生的成本变化进行定量。在 PCO 界面中选择需要询问价格的一个或者多个条目，而后生成 RFQ，发往变更对应的供应商、施工方或者生产商等子承包商来获取价格（图 3-7-68）。

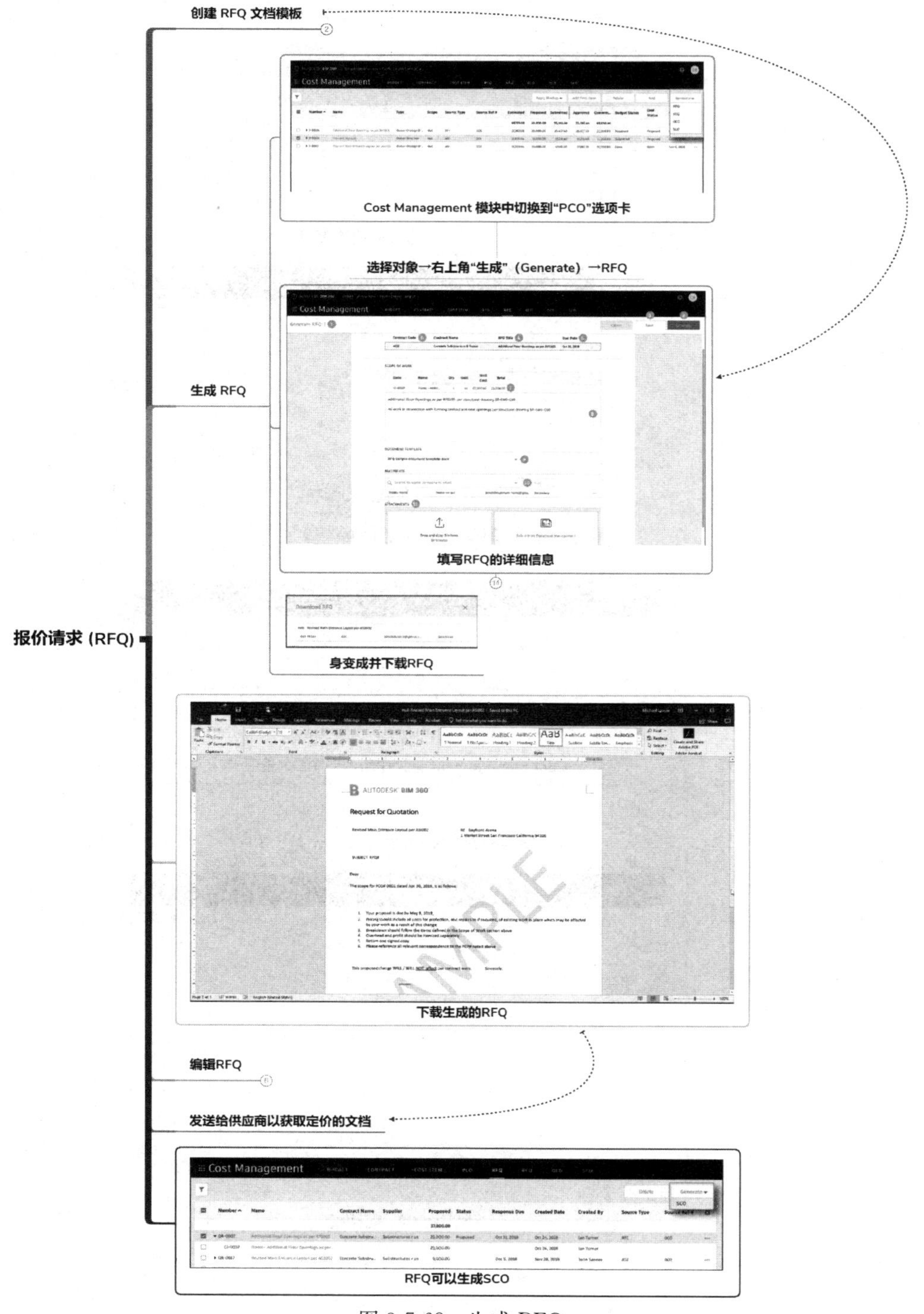

图 3-7-68　生成 RFQ

由项目管理员创建 RFQ 文档模板（图 3-7-69、图 3-7-70）。

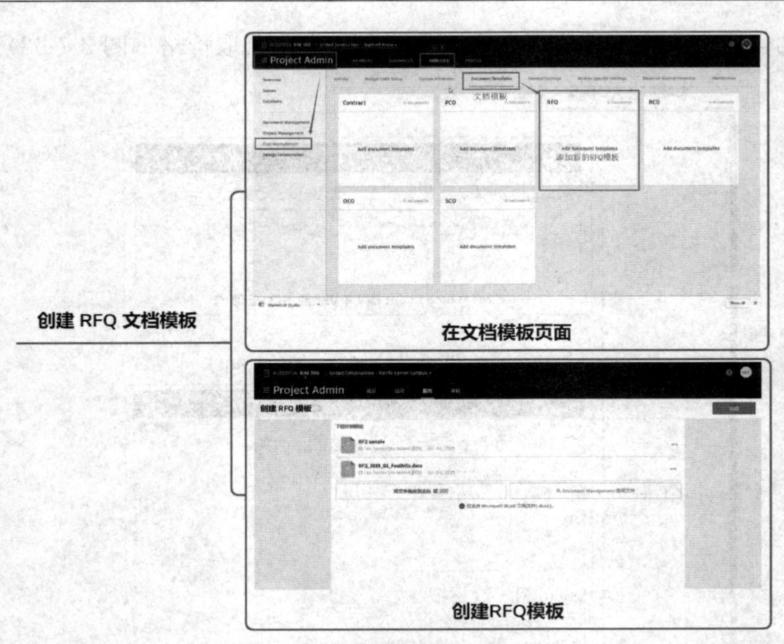

图 3-7-69　创建 RFQ 文档模板

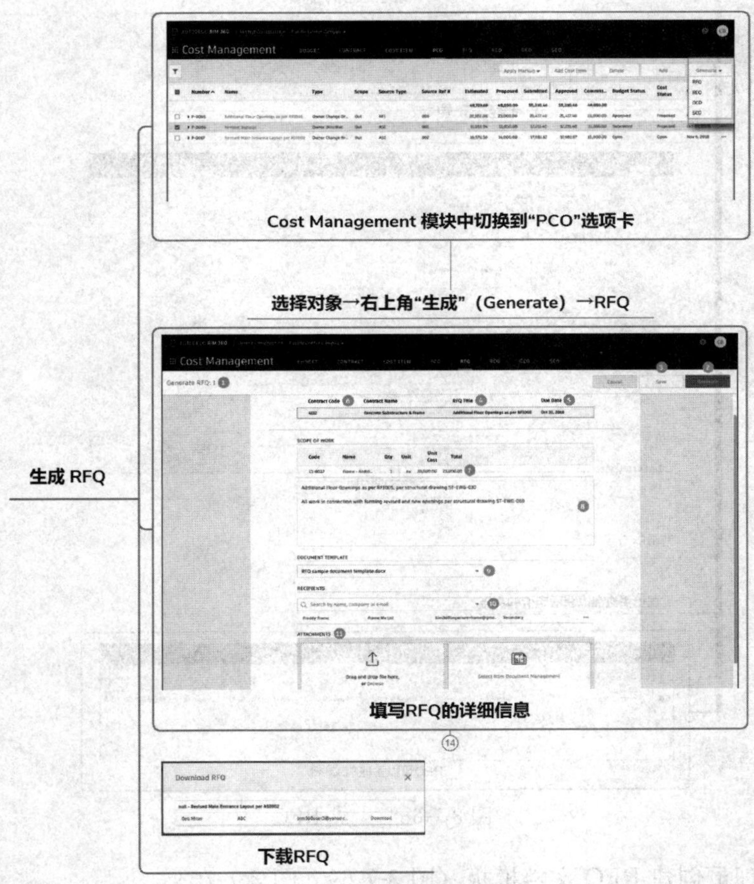

图 3-7-70　选择模板生成 RFQ

RFQ 详细信息中可以进行定义和编辑具体内容（图 3-7-71、图 3-7-72）。

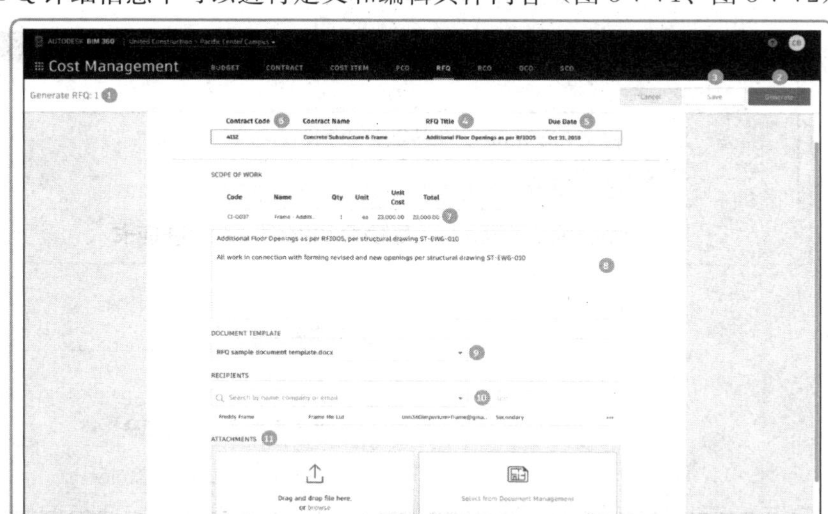

填写RFQ的详细信息

1. 每一个成本条目对应生成一个RFQ
2. 生成
3. 保存
4. RFQ 标题
5. 到期日
    - 默认情况下，RFQ 的响应到期日期设置为创建后 7 天
    - 切换到“Project Admin”模块中的“服务”选项卡
    - 在“常规设置”子选项卡上，更改“RFQ 响应到期日期”的值
6. 合同代码
7. 成本条目信息
8. 范围说明

DOCUMENT TEMPLATE *
RFQ Template.docx
RFQ Template.docx
Clear

9. 选择模板

RECIPIENTS *
Search by name, company or email
Aaron Vorwerk (aaron.vorwerk@autodesk.com)
Quality Construction
Alan Gilbert (alan.gilbert@autodesk.com)
Autodesk
Alexis Gomez (alexis.gomez@autodesk.com)
Autodesk
Amarpreet Sandhu (amarpreet.sandhu@autodesk.com)
Autodesk
Andrew Mayo-Smith (andrew.mayosmith@autodesk.com)
United Construction

10. 指定收件人
11. 添加其他附件

图 3-7-71　RFQ 详细信息

图 3-7-72 编辑 RFQ 信息

通过 PCO 还可以生成 RCO、OCO 以及 SCO。其中 RCO 是变更单申请，通常由总包方或者项目经理根据所需要进行的变更发往业主进行申请；OCO 是业主对于收到的变更单申请和变更的回复；而 SCO 是最终发往变更执行方的变更执行文档。通过管理和控制这几种变更，信息化数字平台可以自动计算并且更新已经产生的预算变化和成本波动（已经批准实施的变更），并且预测可能的变化和波动（未批准实施的变更）。因为 RCO、OCO、SCO 的具体操作过程比较相似，将在一起进行介绍（图 3-7-73、图 3-7-74）。

为对应的变更单种类创建文档模板（RCO 模板、OCO 模板、SCO 模板），如图 3-7-75所示。

图 3-7-73　变更之前存在的关系

创建对应的变更单，如图 3-7-76 所示。

可以由一个或者多个 PCO 条目生成 RCO 变更单申请（图 3-7-77）。

由 PCO 或者 RCO 可以生成 OCO（业主变更单），如图 3-7-78 所示。

PCO、RCO 和 OCO 都可以用于生成 SCO（子承包商变更单），如图 3-7-79 所示。

在生成变更单并下载完成后仍可以对其进一步地编辑并且重新下载或者发送（图 3-7-80～图 3-7-83）。

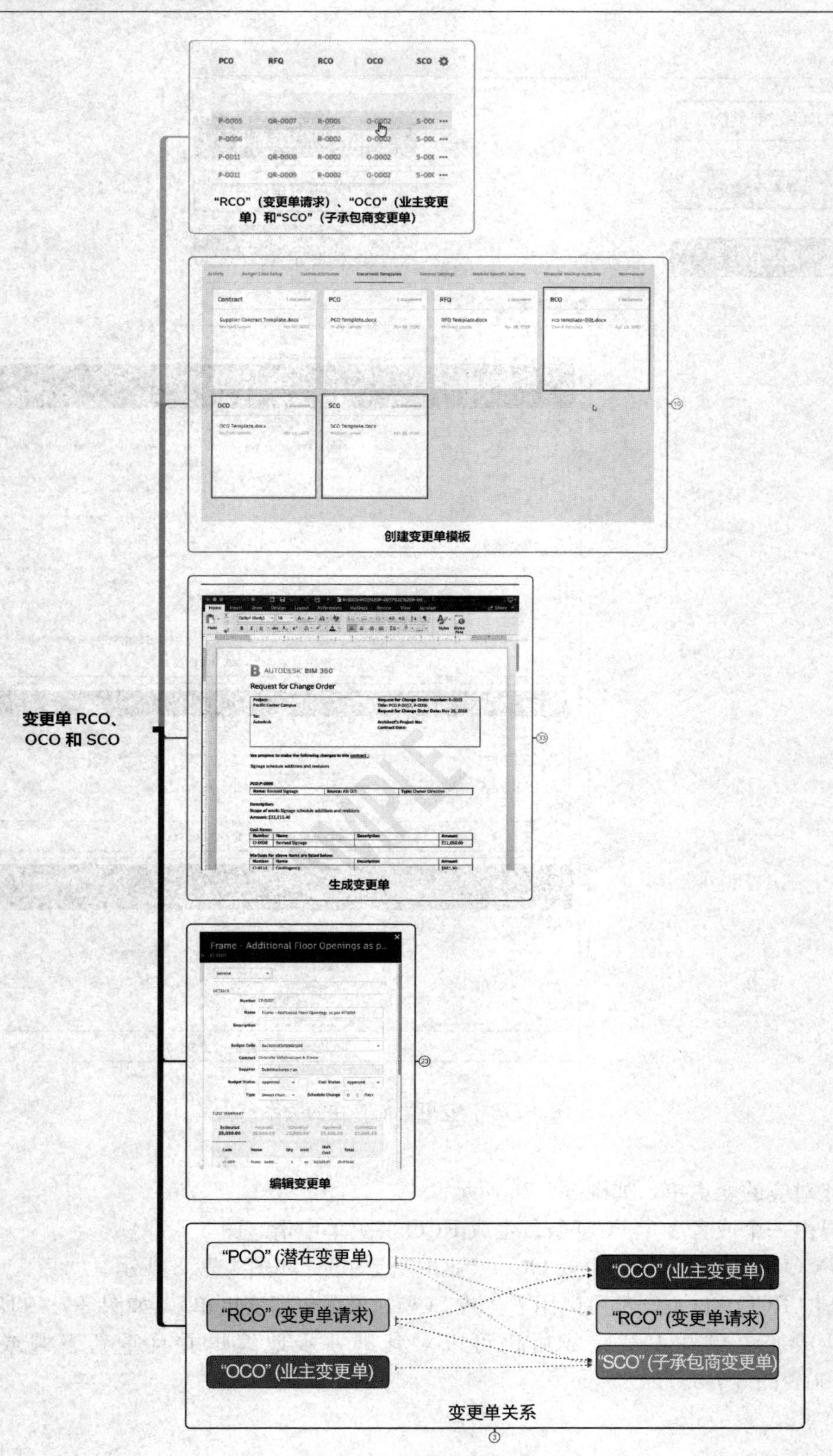

图 3-7-74　RCO，OCO 和 SCO

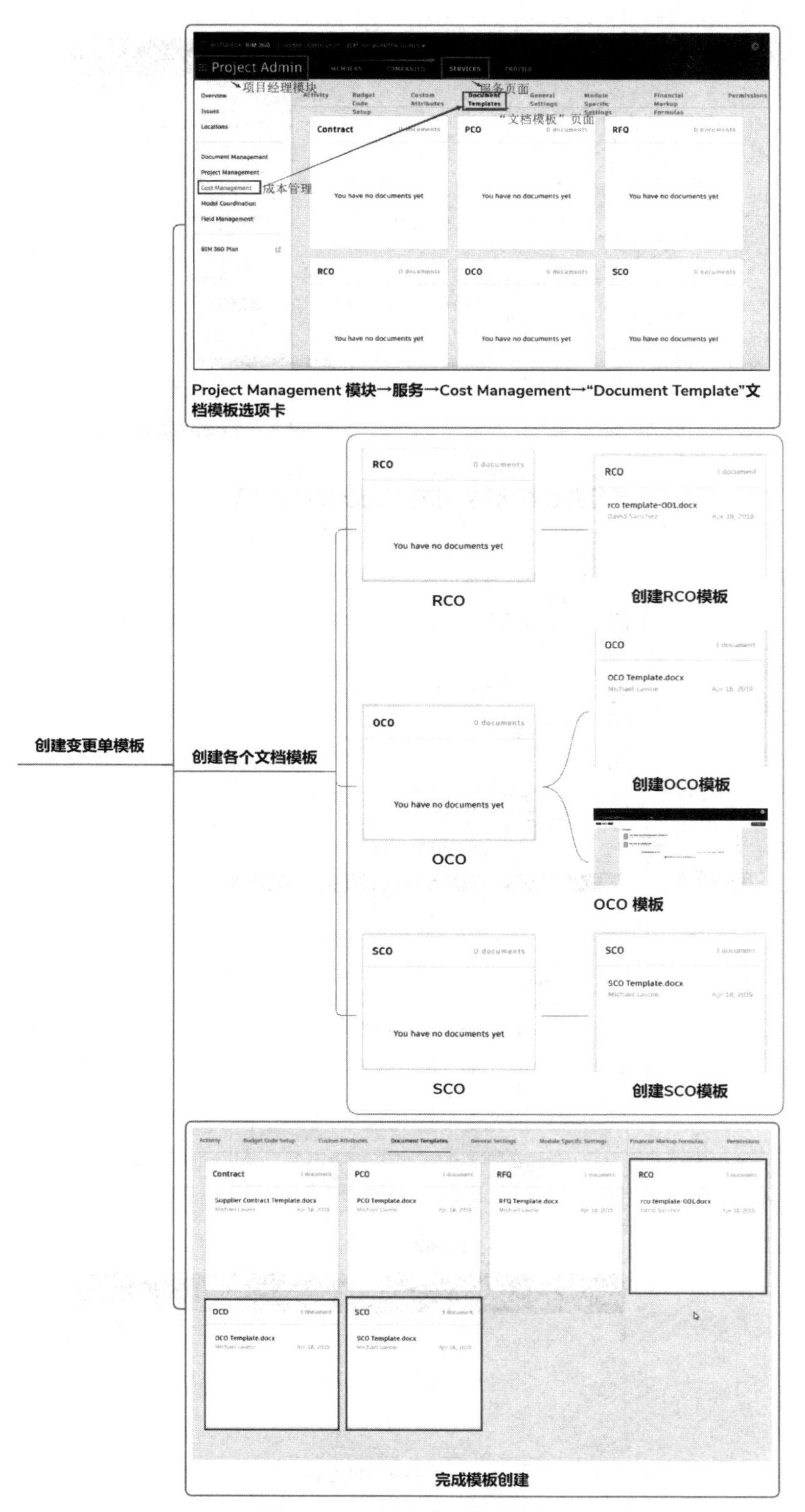

图 3-7-75　创建变更单模板

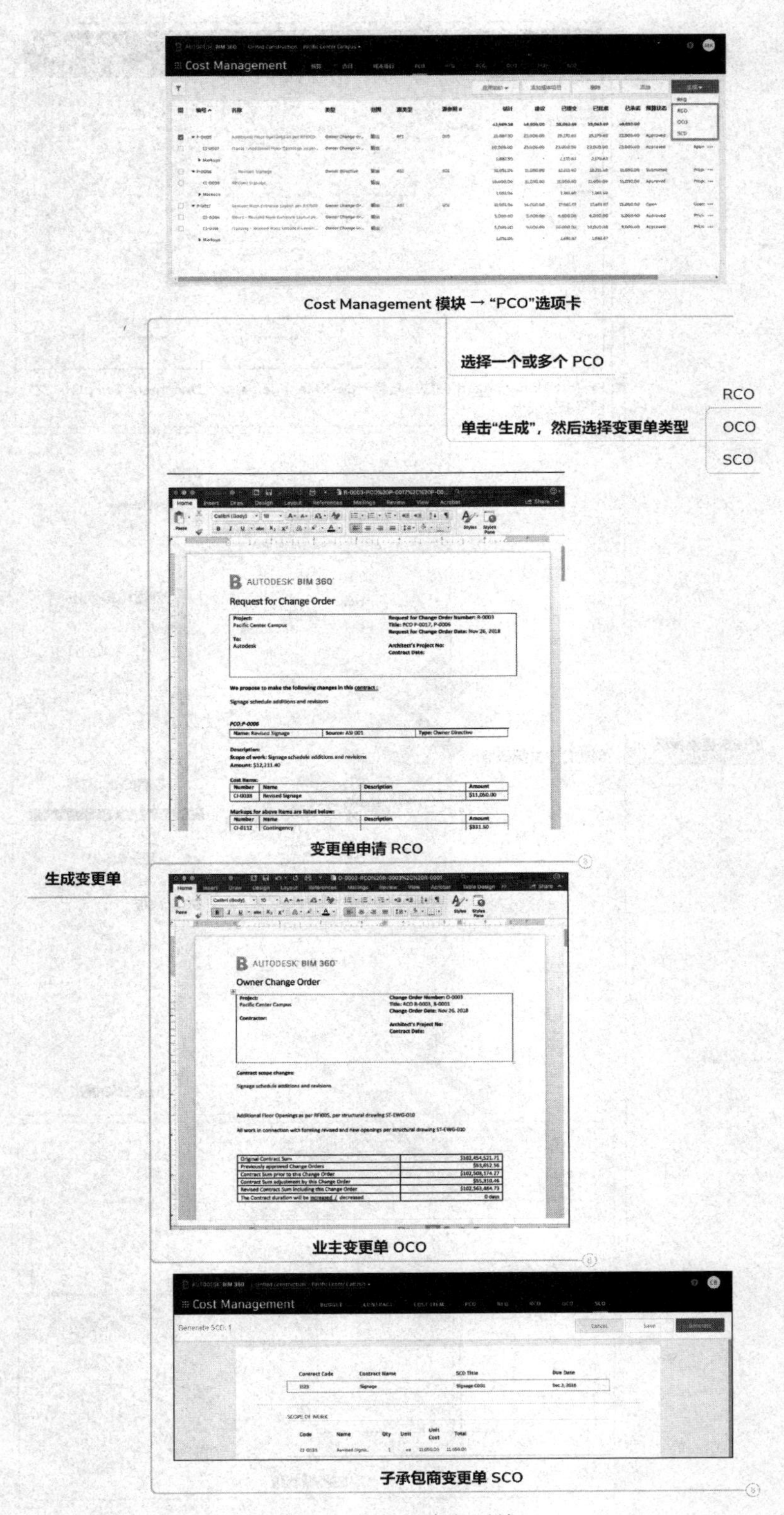
Cost Management
Cost Management 模块 → “PCO”选项卡
选择一个或多个 PCO
单击“生成”，然后选择变更单类型
RCO
OCO
SCO
AUTODESK BIM 360
Request for Change Order
变更单申请 RCO
生成变更单
AUTODESK BIM 360
Owner Change Order
业主变更单 OCO
Cost Management
子承包商变更单 SCO

图 3-7-76　创建变更单

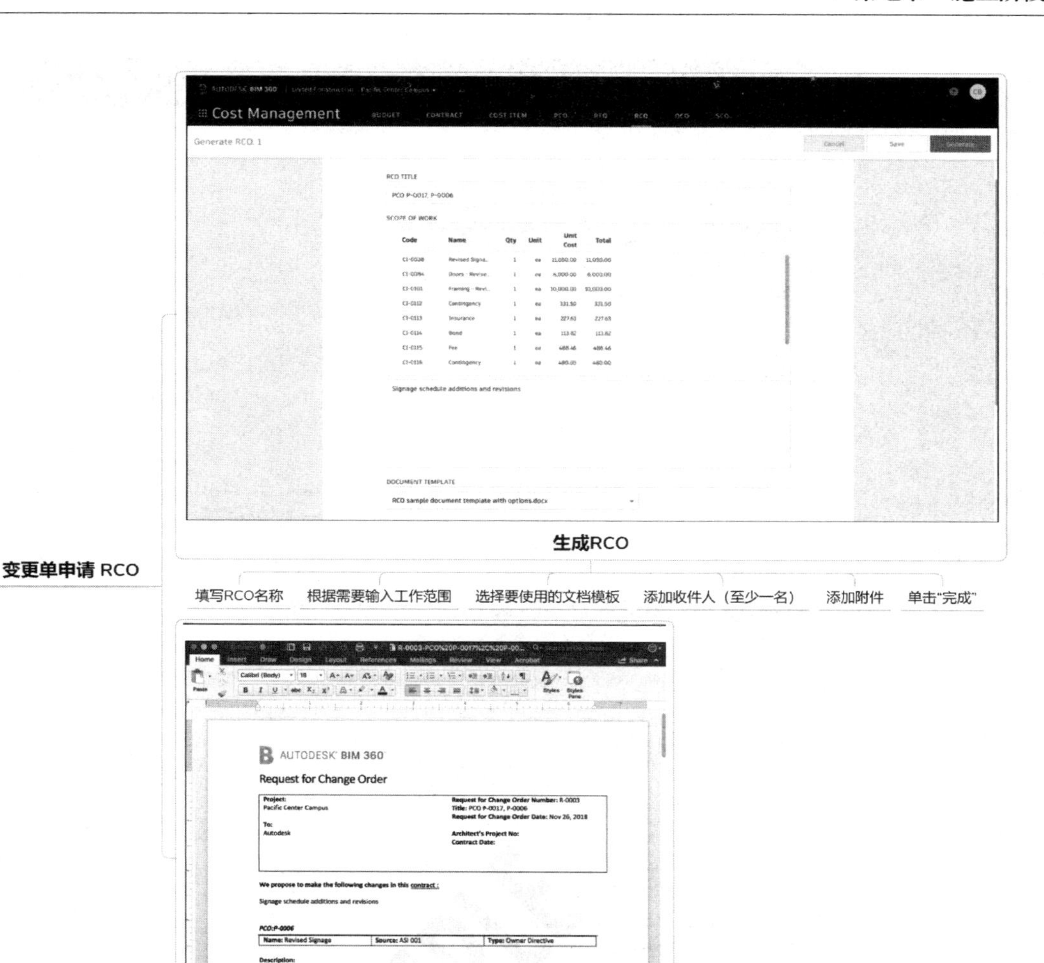

图 3-7-77 由 PCO 生成 RCO

四、Insight 模块——预测与分析

Insight 模块是为项目管理者提供预测与分析，辅助项目管理者进行信息化协作组织与生产决策的信息技术模块。Insight 模块为项目负责人提供“项目概述”页面，默认提供项目的风险、分包商的风险、问题、质量风险因素的展示和分析，帮助项目负责人观测项目的现有或者潜在风险，以便及时采取措施。

1. 风险评估——构造 IQ

构造 IQ，看英文（Construction IQ）就可以理解这是一个关于智能建造的模块。构造 IQ 其实是一个 AI 类的建筑信息化技术集合，可以帮助项目管理员更好地分析从现场和管理员设置中提取的数据信息，并进行风险评估（图 3-7-84）。

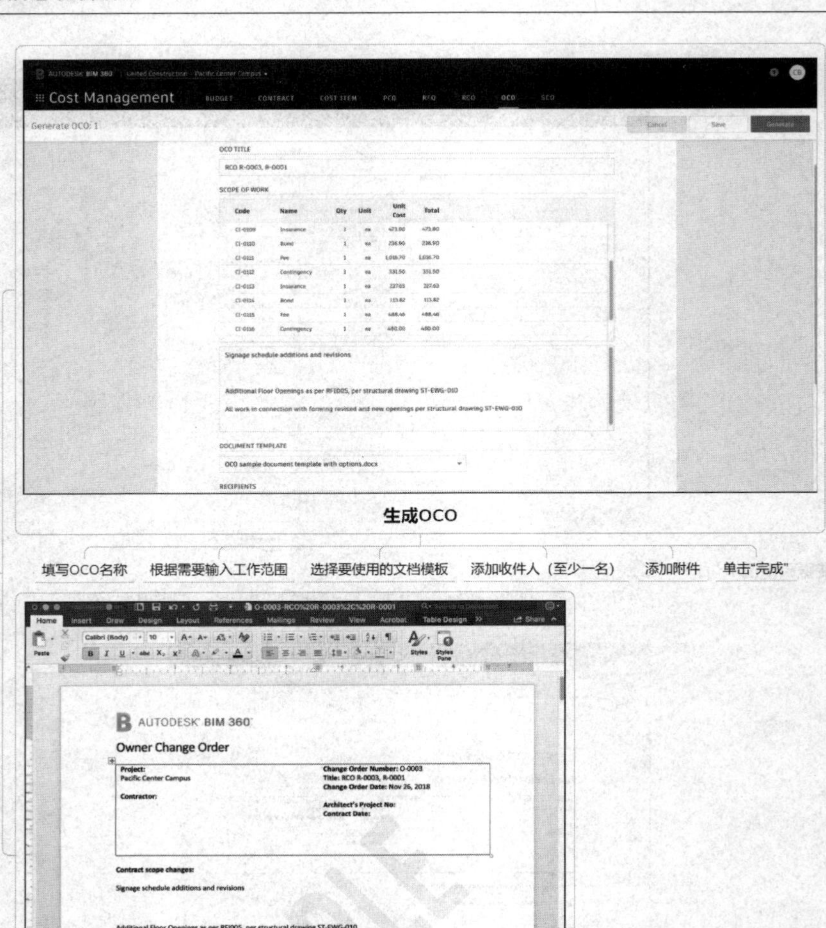

图 3-7-78　生成 OCO

图 3-7-79　生成 SCO

图 3-7-80 编辑变更单

图 3-7-81 编辑 RCO

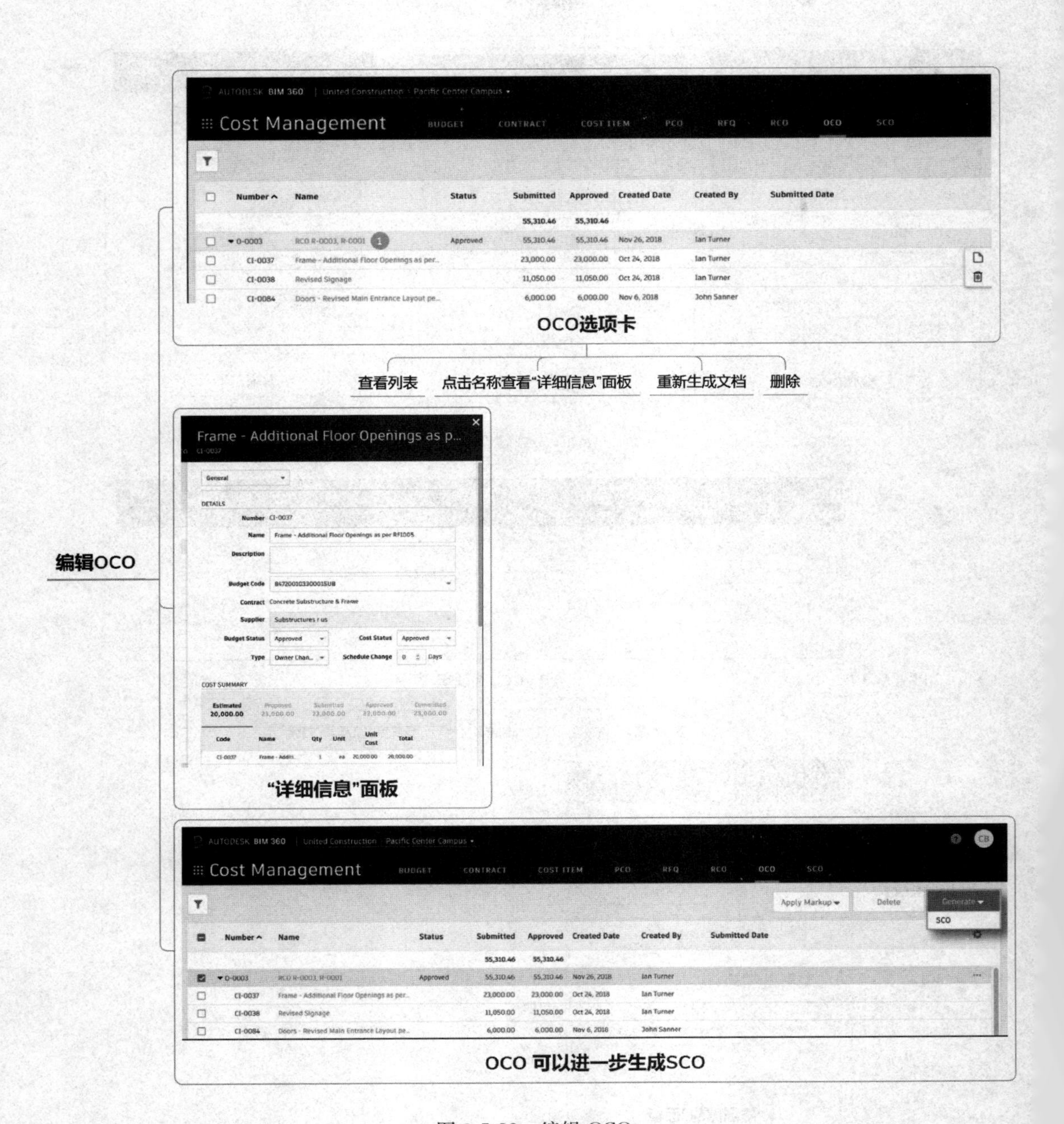
Cost Management
OCO选项卡
查看列表
点击名称查看"详细信息"面板
重新生成文档
删除
编辑OCO
Frame - Additional Floor Openings as p...
"详细信息"面板
Cost Management
OCO 可以进一步生成SCO

图 3-7-82　编辑 OCO

图 3-7-83 编辑 SCO

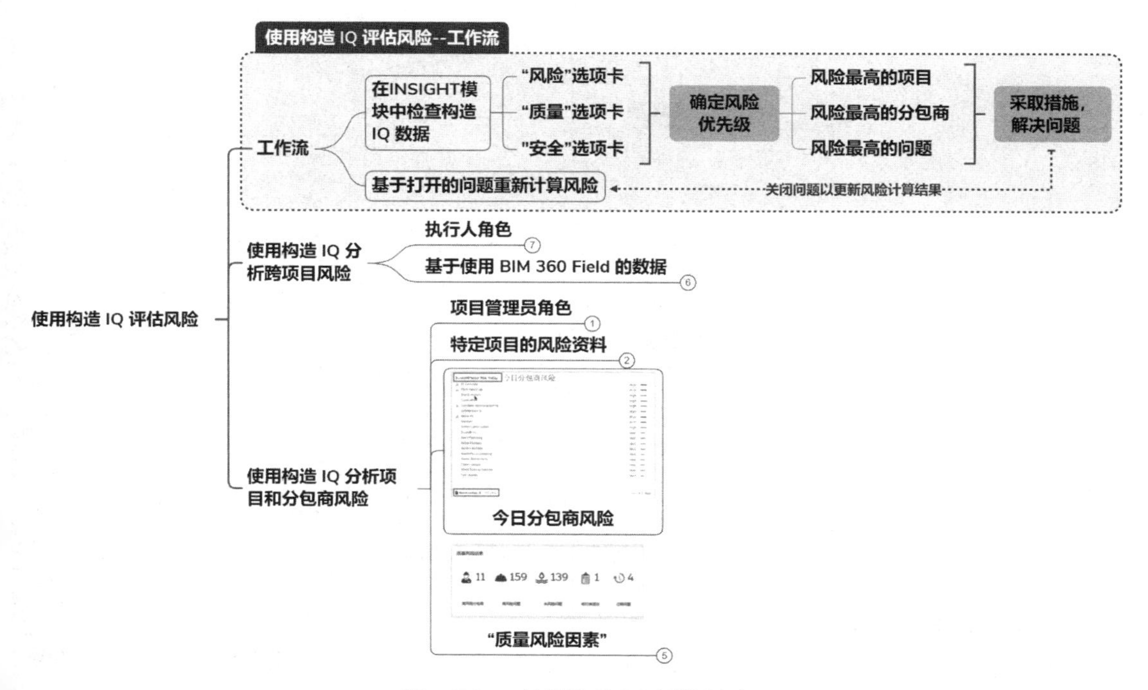

图 3-7-84 使用构造 IQ 评估风险

针对项目管理员，构造 IQ 提供针对项目的风险分析、分包商的风险分析以及对质量风险因素的分项分析和展示，并且分析结果可以供 Insight 模块的其他技术使用（图 3-7-85）。

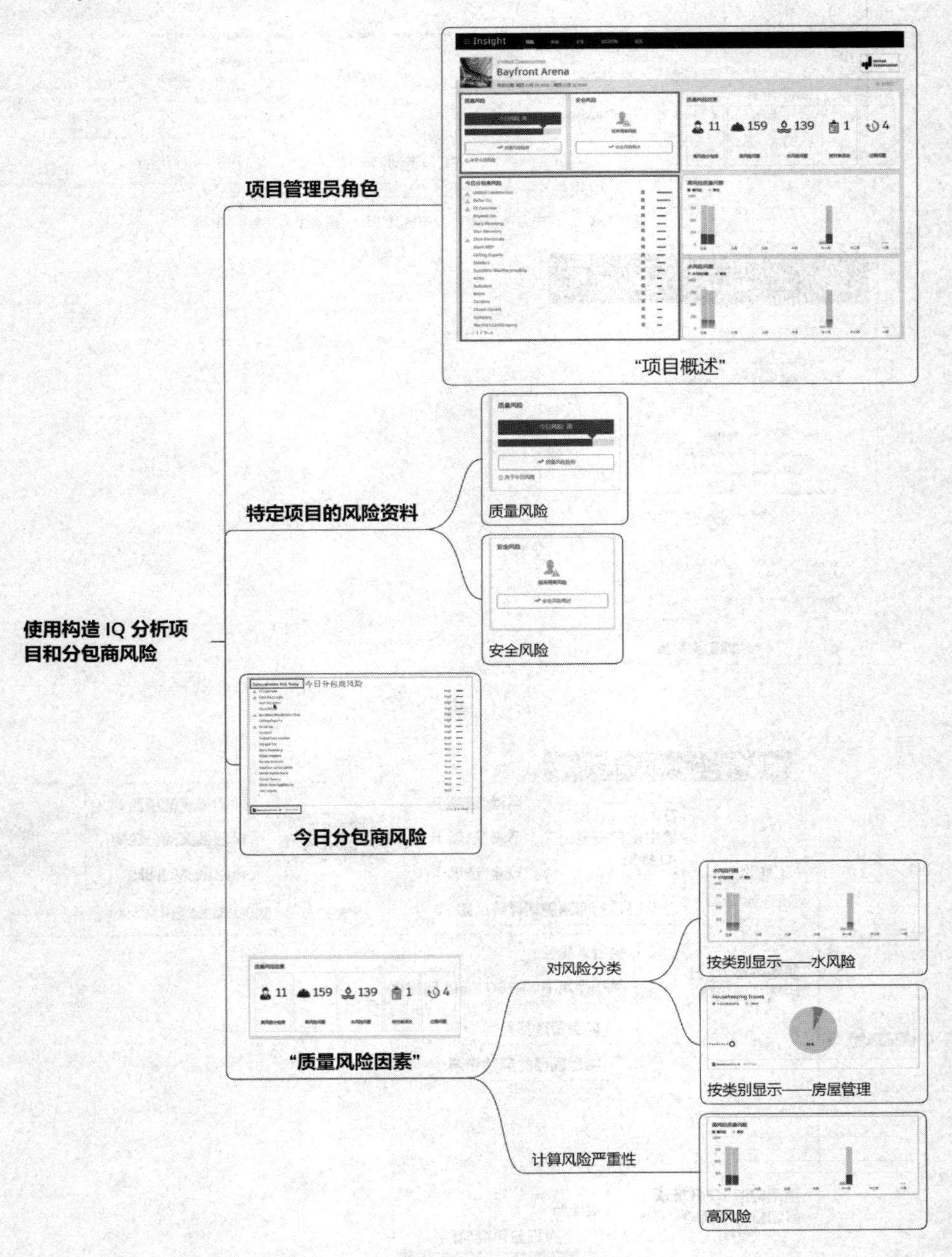

图 3-7-85　使用构造 IQ 进行项目风险分析

2. 信息报告（Report）

除了数据统计、可视化展示、风险预测等分析功能，Insight 还为管理工作提供"报告"工作流——主要服务于文档管理 Document Management、项目管理 Project Management 以及现场管理 Field Management 三个技术模块。

在 Insight 模块中可以执行的报告相关操作如图 3-7-86、图 3-7-87 所示。

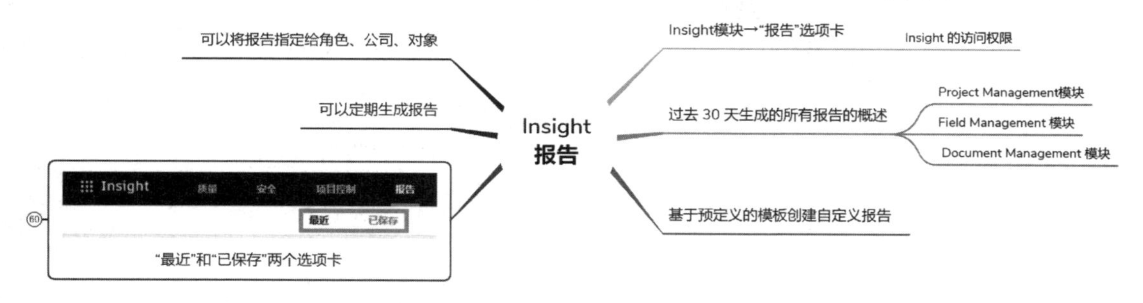

图 3-7-86　Insight 报告的相关操作

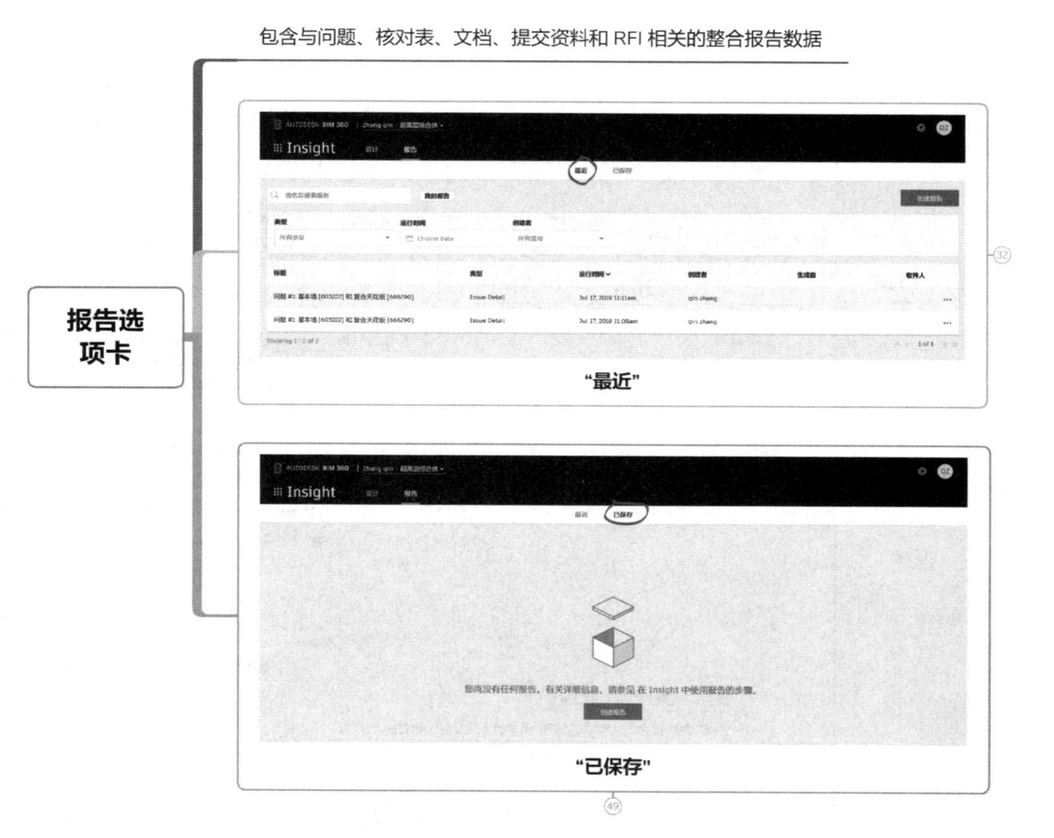

图 3-7-87　报告选项卡

报告工作流主要是由项目管理者及相关的三个管理模块的管理员（一般是团队管理者）组织并操作执行的，将管理工作的阶段性信息进行成果汇总（信息的整合），供自身工作、同其他合作方交流、备案待查或者向上级管理者或业主方进行汇报时使用。在报告中，有"最近"和"已保存"两个技术模块。

"最近"选项卡会显示在其他模块中已经生成的可以用于生成报告的信息源——RFI、问题（ISSUE）、核对表（CHECKLIST），以及已经创建的报告等。项目管理者可以按照自定义设置进行筛选显示，将报告下载查看或者共享给指定对象等（图 3-7-88）。

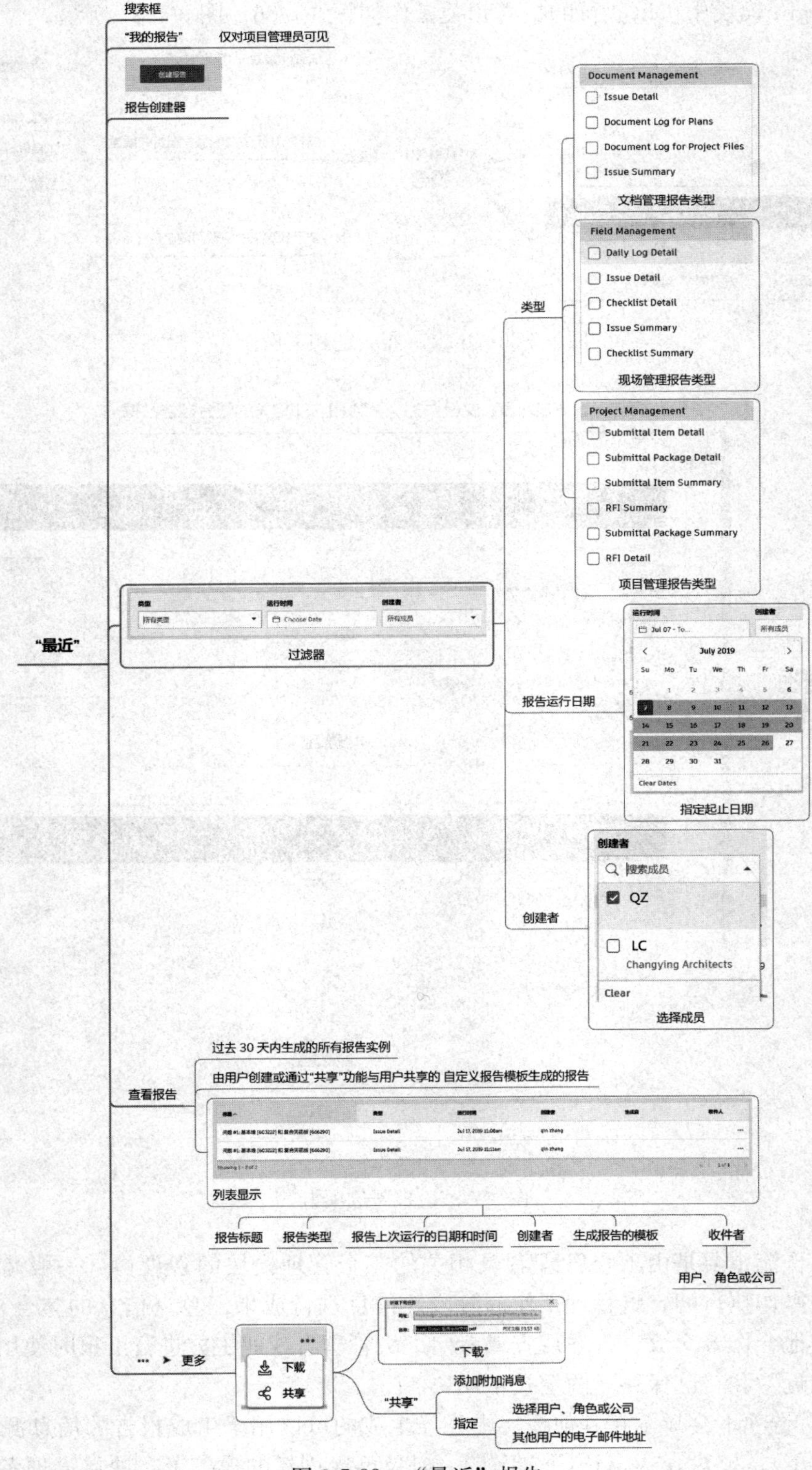

图 3-7-88 "最近"报告

“已保存”界面仅显示已经创建的报告，并可以用于创建新的报告（图 3-7-89）。

图 3-7-89　“已保存”报告

项目管理员可以在 Insight 中创建新的报告（图 3-7-90）。

创建报告过程中填写的信息分为基础数据和共享与计划两部分（图 3-7-91、图 3-7-92）。

通过在 Insight 中进行报告的定期和预定义设置，可以在项目进展过程中当源数据发生变化时按照设定的周期自动生成报告，方便项目管理员有针对性地进行查看。同时也方便项目经理等管理人员更快速便捷地将报告展示的结果传递给项目业主或者其他合作伙伴，辅助相关人员进行生产监督和决策。

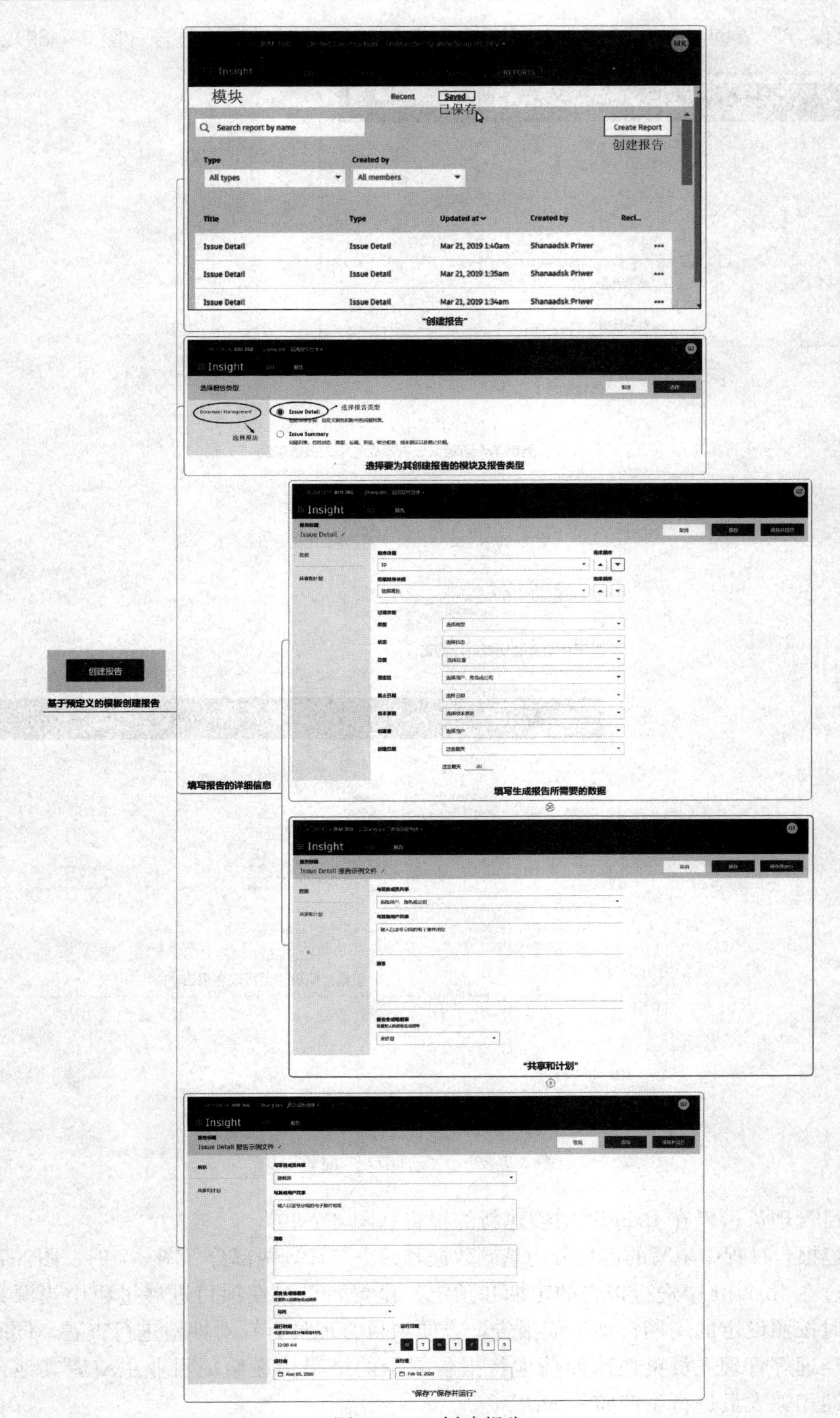

Insight
模块
Recent
Saved
已保存
Search report by name
Create Report
创建报告
Type
All types
Created by
All members
Title
Type
Updated at
Created by
Issue Detail
Issue Detail
Mar 21, 2019 1:40am
Shanaadsk Priwer
Issue Detail
Issue Detail
Mar 21, 2019 1:35am
Shanaadsk Priwer
Issue Detail
Issue Detail
Mar 21, 2019 1:34am
Shanaadsk Priwer
“创建报告”
Issue Detail
Issue Summary
选择报告类型
选择模块
选择要为其创建报告的模块及报告类型
创建报告
基于预定义的模板创建报告
填写报告的详细信息
填写生成报告所需要的数据
“共享和计划”
“保存”“保存并运行”

图 3-7-90　创建报告

图 3-7-91 报告的基础数据设置

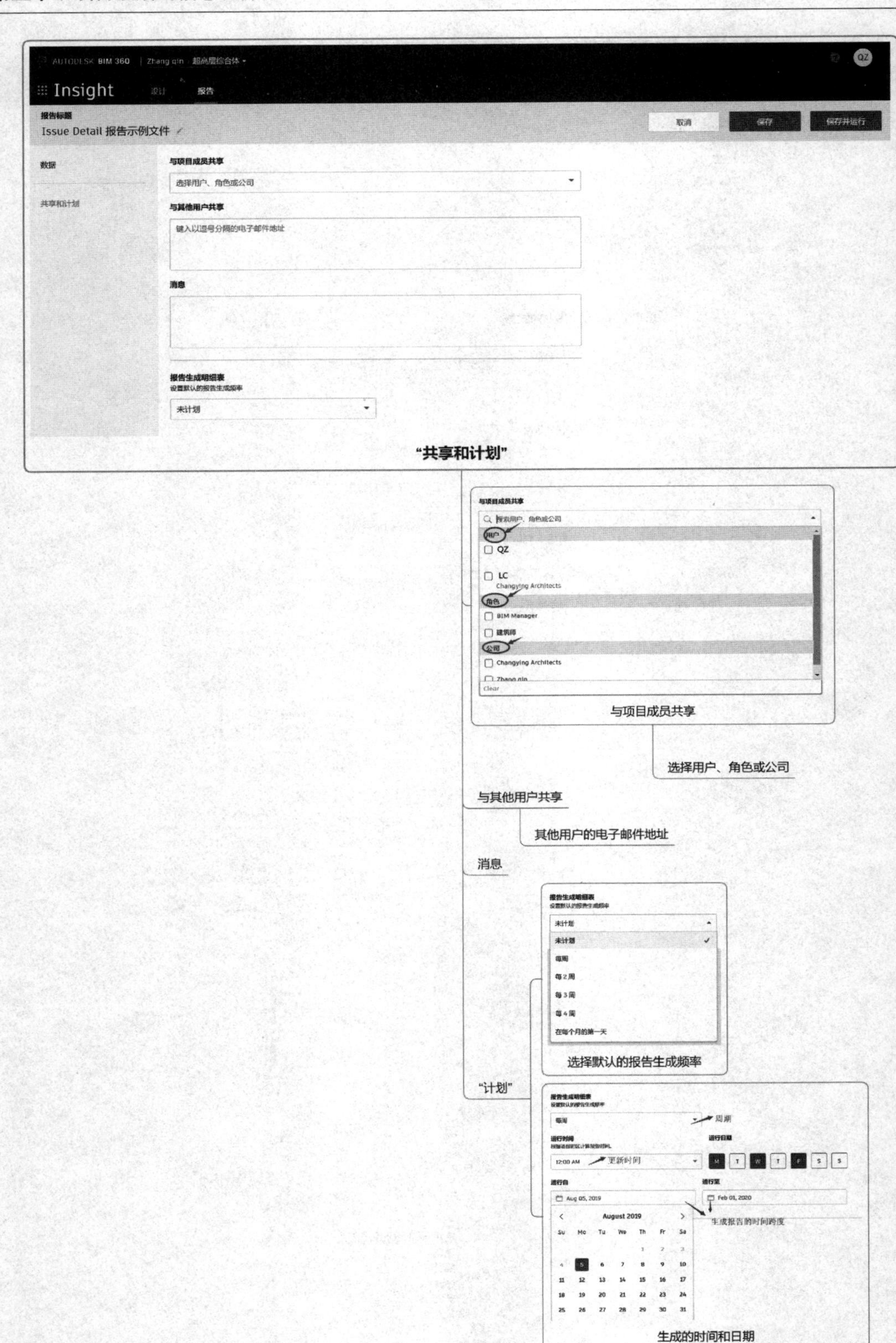

图 3-7-92　共享和计划中对报告进行定期生成设置

执行级的信息化协作

首先，可能会产生一个疑问——公司管理者的信息化协作相关叫公司战略级，项目管理者的信息化协作相关叫项目级，为什么团队成员的信息化协作相关不叫成员级而叫执行级呢？这是因为我们对于信息化协作的划分并非是以个人在生产中的角色进行的，而是以对于信息的整合、处理、分配的层级进行的，也就是信息系统和信息化协作结构的逻辑层级来进行的。在信息化协作的信息结构中，处于最末端的是针对信息的直接处理与传递，而不是对于信息协作结构与工作流的处理。这种对于流程与协作结构上分配下来的信息进行相应的处理，并将处理完成的信息传递回流程与协作结构的工作，其实就是一种对于信息化协作与生产流程所安排好的“工作”的直接执行，因此根据信息工作的特征，将这部分处于协作结构末端的生产协作定义为执行级的信息化协作。

此外，项目的成员是一个模糊而动态的概念。首先，对于项目成员而言，不同的项目，角色的不同造成成员需要承担的任务、具有的权限和技能、参与的工作及团队都有所差异，因此成员只是一个相对于管理者的相对概念，并非一个绝对的工作范畴概念，用成员这一概念来确定工作范畴过于模糊。其次，许多对于信息的直接处理工作也是项目管理者和公司管理者需要在生产中进行的，这时候如果以区别管理者的成员来确定这一层级的协作，显然会引起较大的歧义与误区。

如果公司级和项目级的信息化协作是一个大树的树干和树枝，执行级的信息化协作就好比树叶，组成整个信息化协作的末端结构，所有的树叶都处理着各自的信息，并通过枝干联系在一起。因此在这一级的协作中，我们将主要关注每个“树叶”处理信息的方式以及与对应“枝干”的信息交互。这其中，“树叶”处理的工作其实是由成员通过自身的专业知识完成的，而信息化协作则是提供了“树叶”与“枝干”方便的信息交互。

执行级的相关信息化协作工作虽然是各级项目工作人员都会涉及的，但在各级项目工作人员的工作内容中占比是不同的。相对于管理人员，执行级的信息化协作工作是项目组成团队中大量的团队普通成员与工程师在信息化协作中面对的主要工作，也是占比最大的、最重要的信息化工作。

因为执行级项目协作的特征——关注于信息处理的具体操作与具体的技能应用，因此在进行执行级项目协作的讲解时不再以生产流程与协作结构作为主线，而是以具体的操作技术模块为单元进行讲解。也因为执行级项目协作的这种信息处理范畴与工作特征，执行级的项目协作因为应用工具不同产生的特异性最强，通用性则最低，工作方式与技能因采用的数字化工具不同而存在较大差异，因此在使用并非本书所依托讲解的工具进行相关工作处理时，可能需要较多的时间去熟悉所采用工具的相关功能。

本书选择以一般民用建筑市场中通用性较好的欧特克公司（Autodesk）的产品进行相关工作与具体技能的介绍，这是因为书籍的篇幅始终有限，我们不能也不可能在一本书中对所有的工具进行穷尽的讲解，这既不符合客观规律，也不符合本书以信息化原理为核心、工具应用辅助理解的创作初衷。因此只能选择一个最可能使用的、通用性较好的工具作为依托对于这部分工作进行介绍，如果不是你所使用的工具，希望你可以理解并见谅。

接下来我们将以欧特克公司的建筑云技术平台为例，以具体的技术模块信息处理为单元，进行执行级项目信息化协作的讲解（图 4-1）。

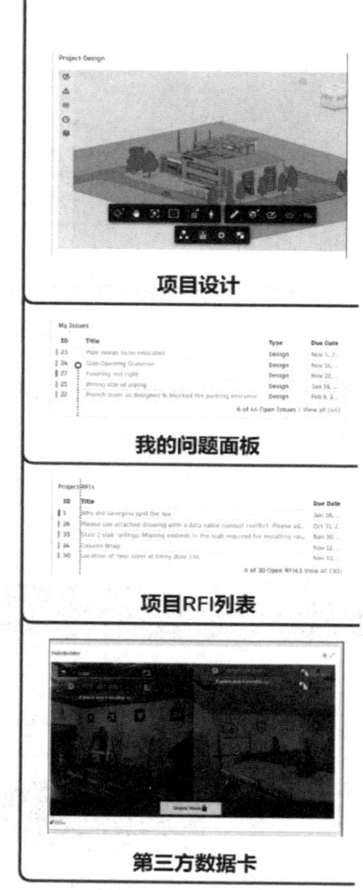

图 4-1　项目首页

第一节　Document Management 技术模块

一、文件夹页面

在文件夹页面（图 4-1-1）的左上角可以切换模块、切换账户和项目。查看方式中提

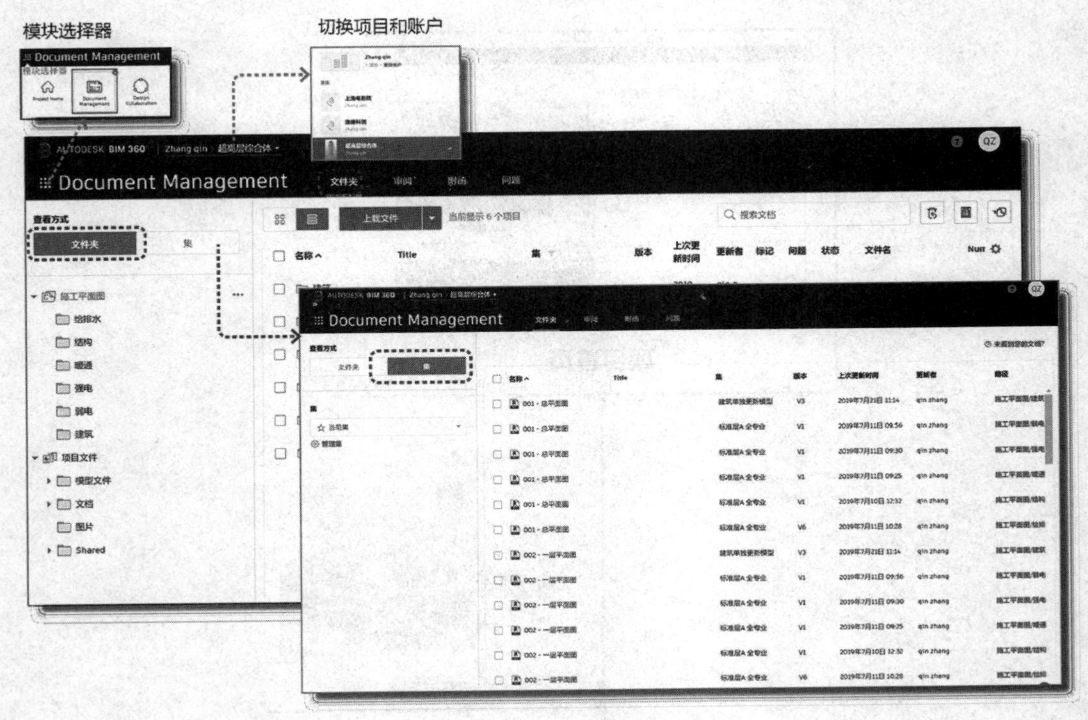

图 4-1-1　文件夹页面

供了文件夹中的两个主要的文件组织模式——文件夹和集（SET）（图 4-1-2），其中文件夹有两种显示模式，如图 4-1-3、图 4-1-4 所示。

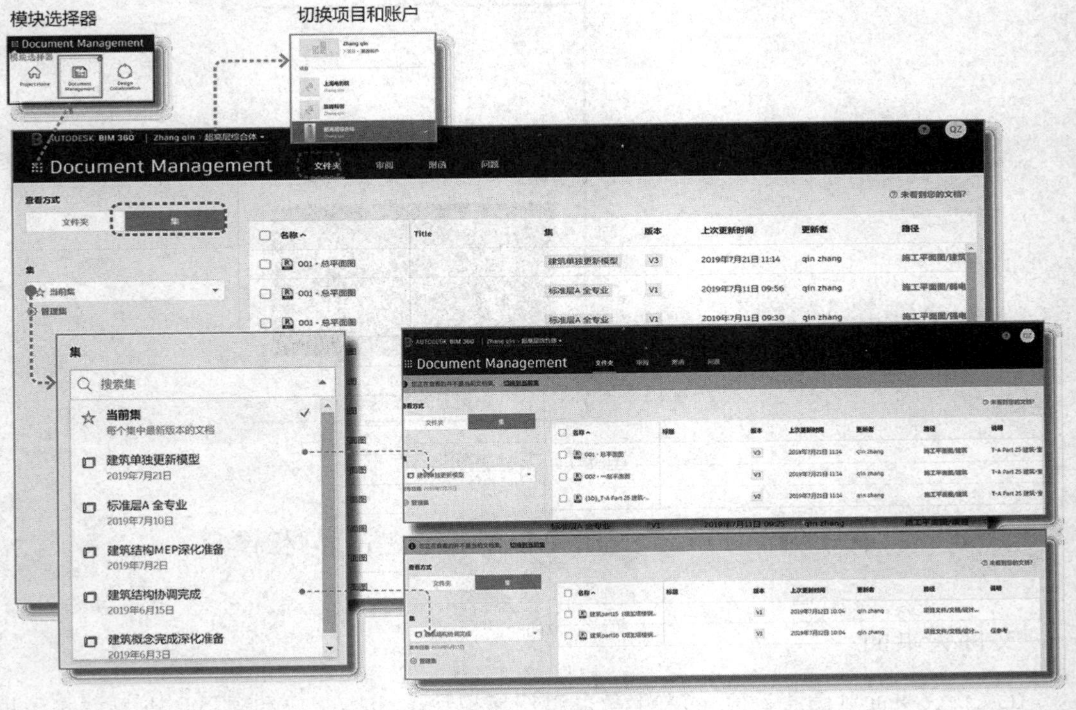

图 4-1-2　集

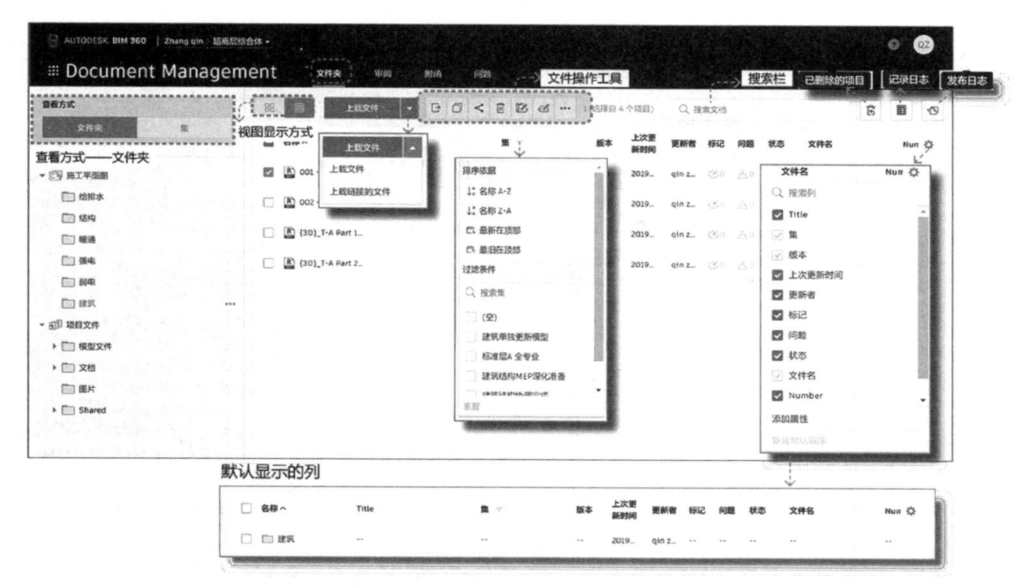

图 4-1-3 列表显示的文件夹页面

图 4-1-4 平铺显示的文件夹/文件

左侧的查看栏中可以看到文件夹的等级关系大纲图。BIM 360 建筑云提供两个基本的文件夹——施工平面图和项目文件，可以在这两个文件夹中设置子文件夹以继续工作。需要注意的是，文件一旦上传至指定的文件夹，不可以在这两种类型的文件夹之间移动或者复制。

根据实际项目的使用方和使用需要可以对文件夹进行个性化设置、文件夹组织与相关的权限设置。文件夹分为施工平面图和项目文件——其中施工平面图可以存放模型、图纸、PDF 等文件，项目文件则可以兼容大多数格式的文件。两者大部分的操作和内容是一致的，只有少部分的差别——例如只有施工平面图文件夹及其子文件夹支持标题栏功能等。这部分内容因为在前文中有过详细介绍（详见第三章第四节对应部分），因此就不再赘述。在这里只通过详细的图示来阐述下施工平面图和项目文件的具体操作如图 4-1-5、图 4-1-6 所示。

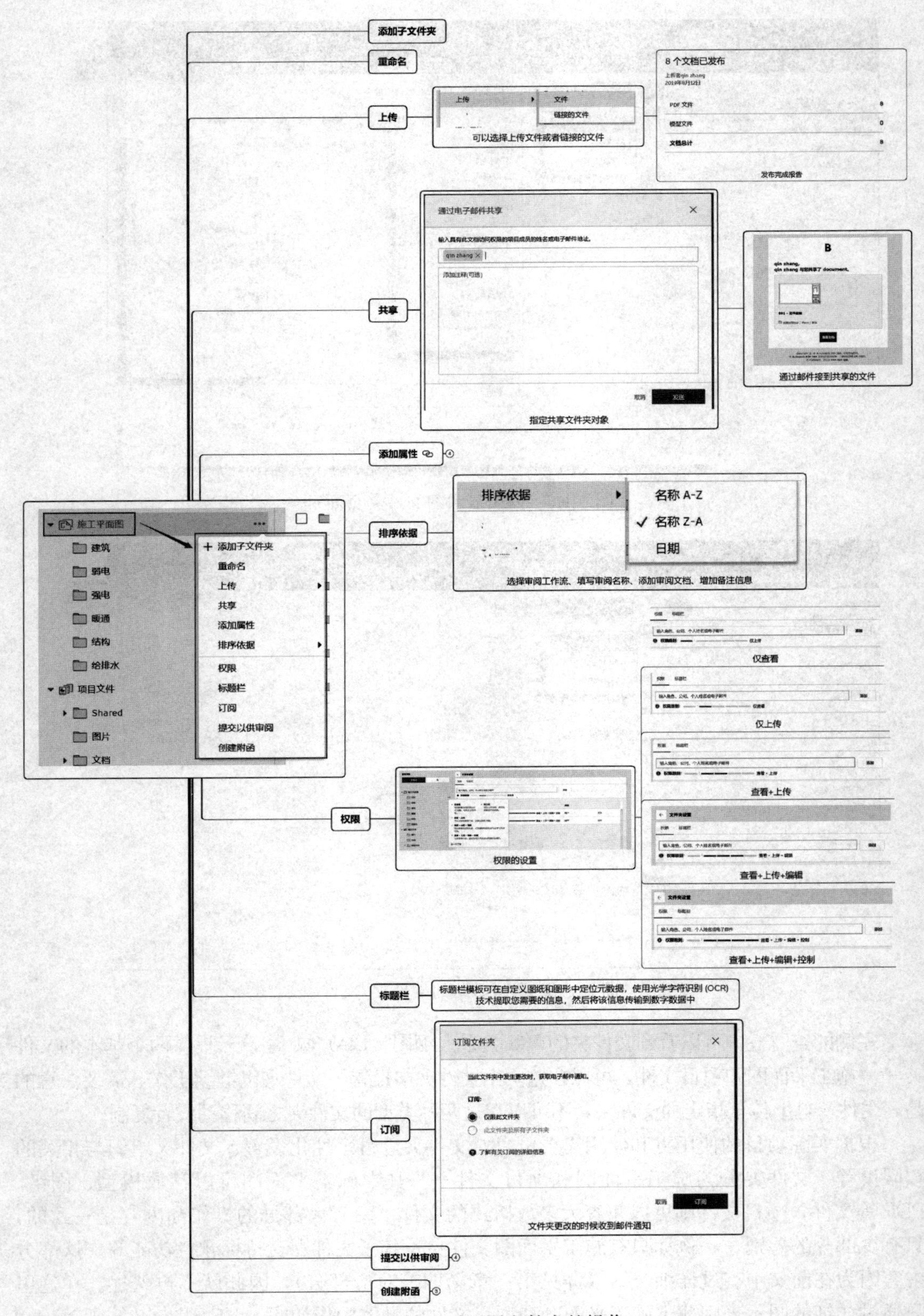

图 4-1-5　施工平面图文件夹的操作

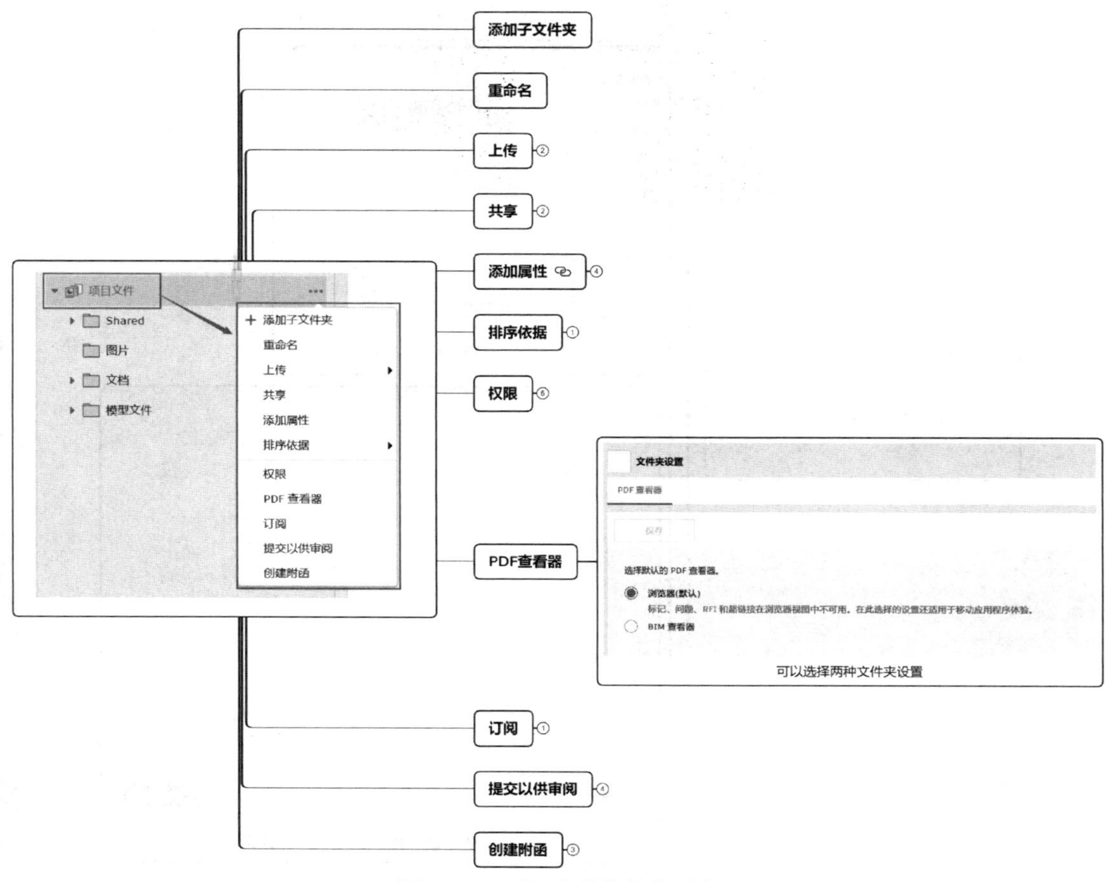

图 4-1-6　项目文件的操作列表

施工平面图文件夹主要用于存放设计和施工过程的各方的设计模型、文件等，一般建议以专业和规程设置文件夹，对于大型的项目可以进行分区、分阶段再分规程的文件夹等级设置（根据实际项目和公司使用需求自由地选择和设置）。在完成了文件夹的基本设置后可以上传相关文件至指定文件夹。

二、集（Set）

前文提到过，文件夹中的文件还可以通过集来管理。可以将多个文件夹中的文件汇总至一个集进行文档信息的交流、提交、传递等（如图 4-1-7～图 4-1-10）。

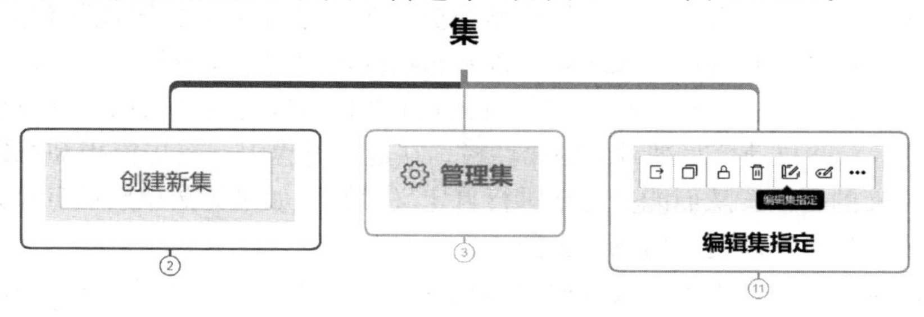

图 4-1-7　使用集管理文件

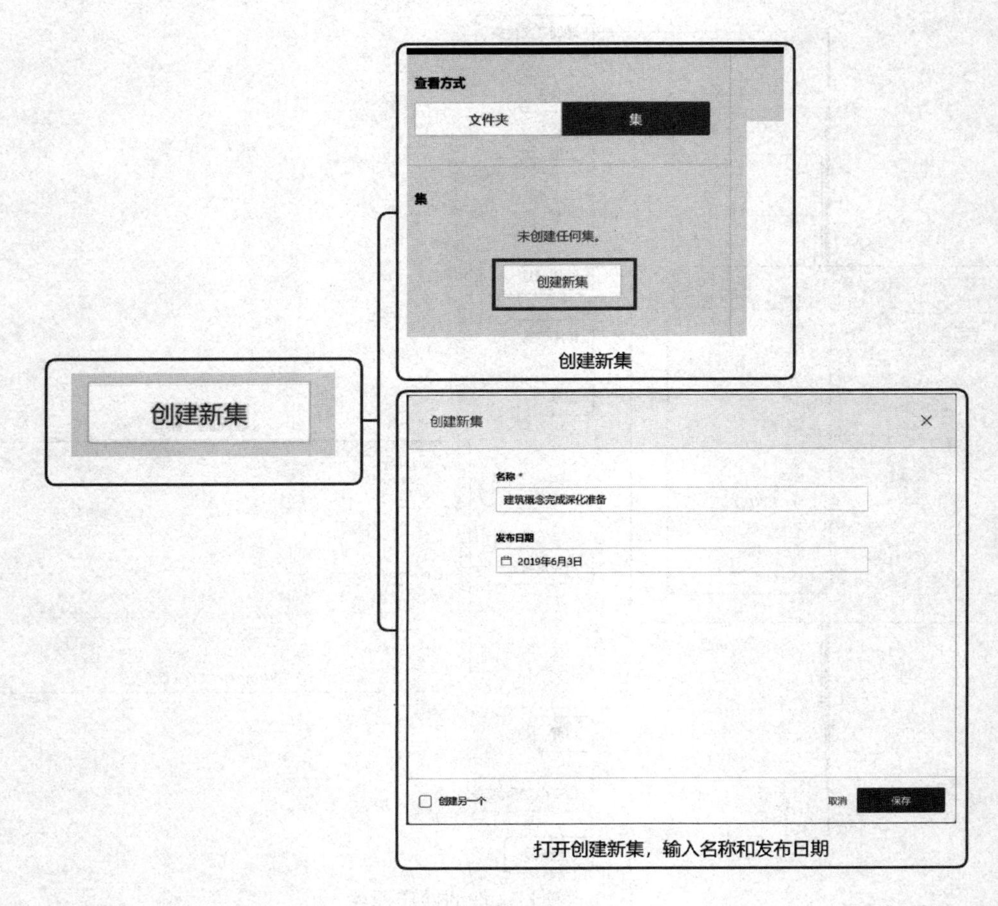

图 4-1-8　创建集

三、上传和发布文件

要开启 BIM360 云协作的相关工作，首先需要将文件上传至云平台。Document Managment 模块可以通过定义布局模板对上传的文件进行扫描和识别，方便管理（通过定义标题栏来识别图纸中的信息），如图 4-1-11 所示。

有多种方式可以上传文件——可以通过文件夹页面的上传按钮上传文件；或者在文件夹操作菜单中选择上传文件，并为上传的文件选择布局模板和指定集（图 4-1-12）。

上传完成后进入审阅文件可以查看文件的列表、格式、缩略图（PDF 文件会被拆分成单个页面展示，拥有二维视图的三维模型会拆分为三维和多个二维视图独立显示），在这一步中仍然可以进行集的指定和编辑，以及布局的创建和定义（图 4-1-13）。

根据定义的布局模板，Document Managment 会自动进行图纸的扫描以及信息的提取（OCE 识别技术）并自动填写进对应的属性栏。在这一过程中，布局模板和标题栏设置中可以使用自定义的属性，从而能更好地进行自定义设置（如果无法识别信息可以重新定义使用的布局模板后再重新提取信息）如图 4-1-14 所示。

完成审阅确认的文件内容以及提取的信息后，可以通过点击全部发布进入发布流程。发布完成后会显示发布概览页面并同时发送邮件提醒，通过邮件可以查看发布概览并通过

图 4-1-9 管理集

链接访问发布日志查看上传发布的文件集。

可以通过发布的日志或者直接点击上传的目标文件夹查看已经上传的文件（平铺显示、列表显示）。在文件夹列表中，可以通过文件操作工具栏对所选文件的所属集进行编辑，需要注意的是每一个文件只可以拥有一个集归属，如果需要将已经在集中的文件指定给另一个集，需要先将它从原有集中删除（信息协作的基本特征——信息的唯一性属性），如图 4-1-15 所示。

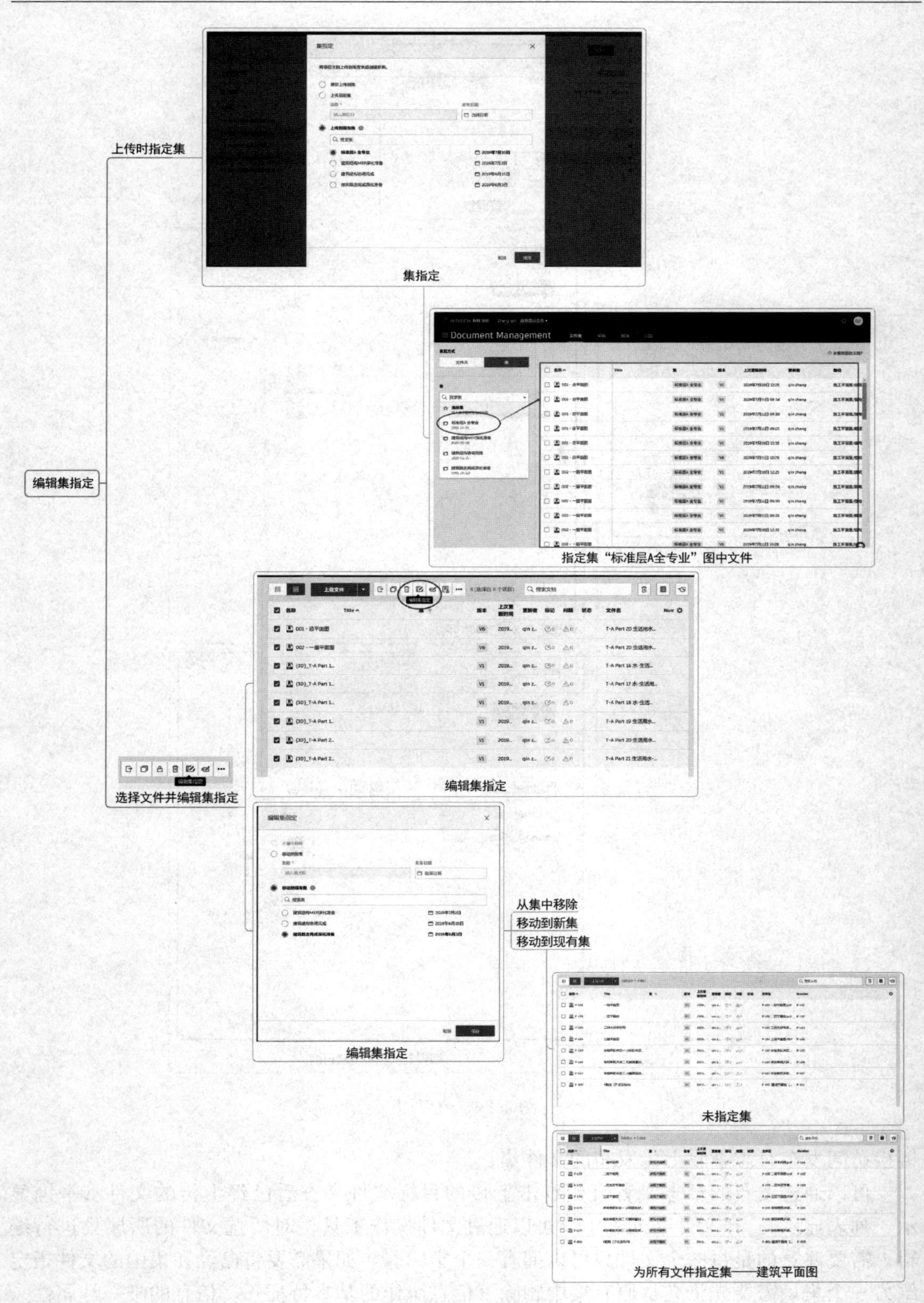

图 4-1-10 为文件指定集以及编辑特定集

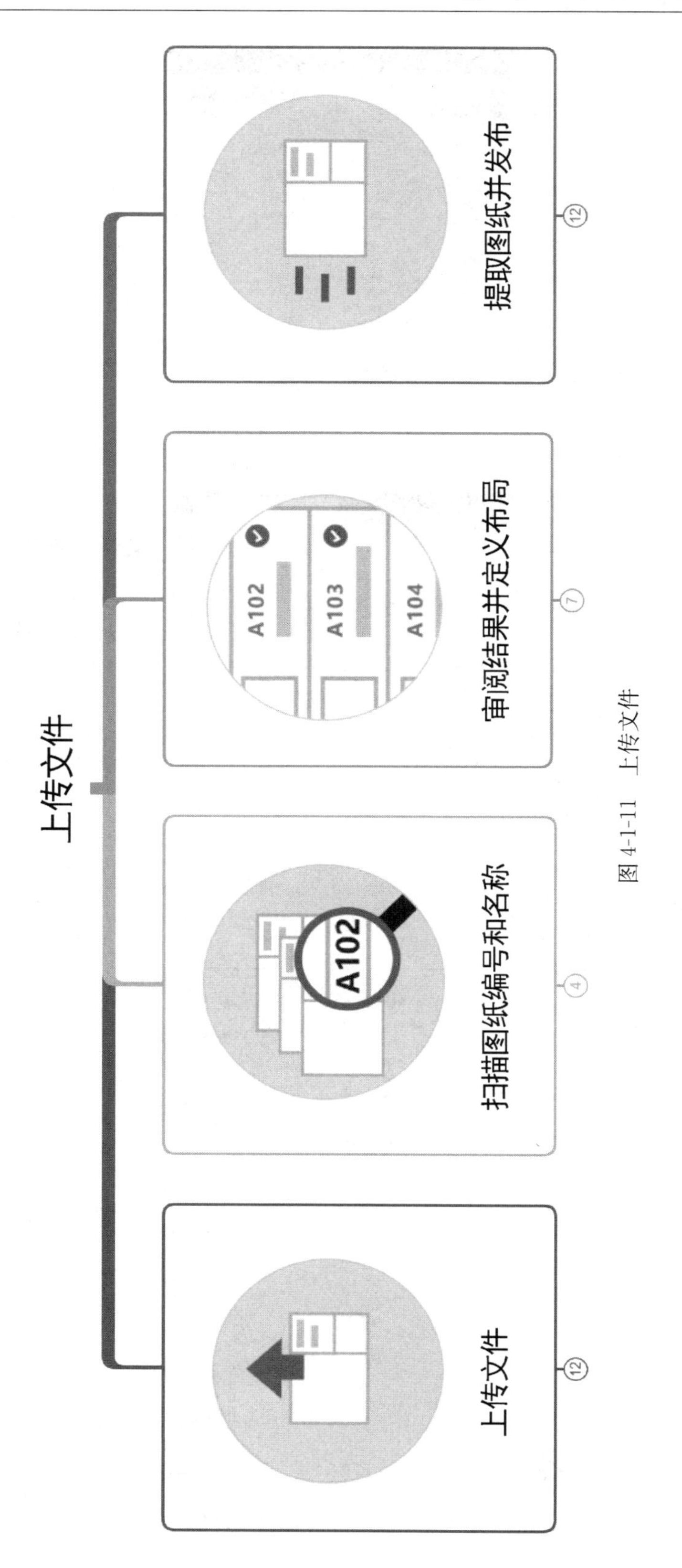
上传文件
上传文件
12
扫描图纸编号和名称
4
A102
审阅结果并定义布局
7
A102
A103
A104
提取图纸并发布
12

图 4-1-11　上传文件

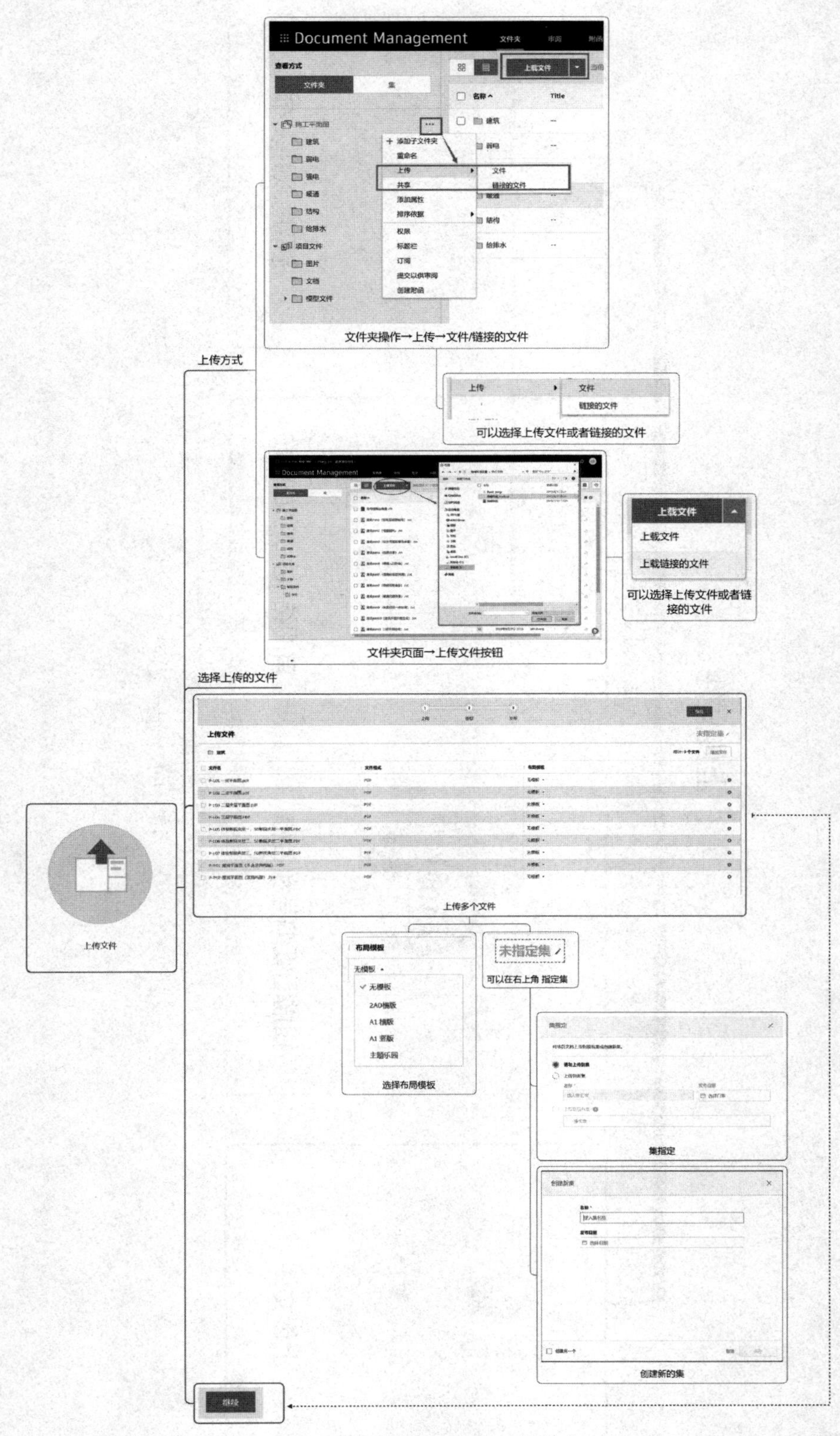

图 4-1-12　上传文件的具体操作

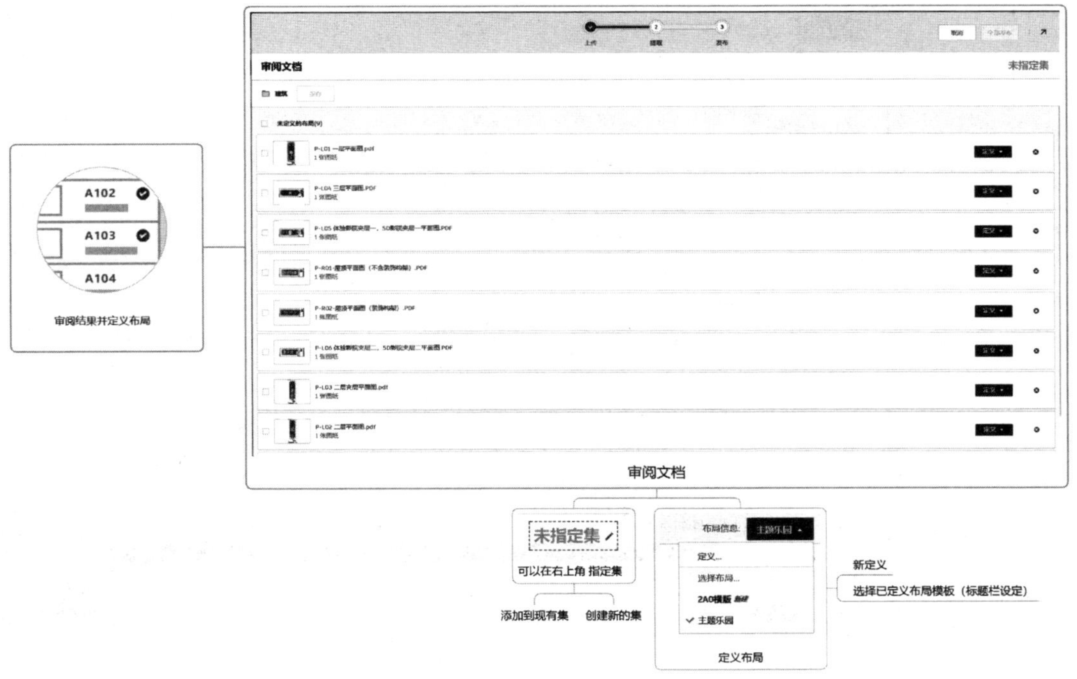

图 4-1-13 审阅上传文件

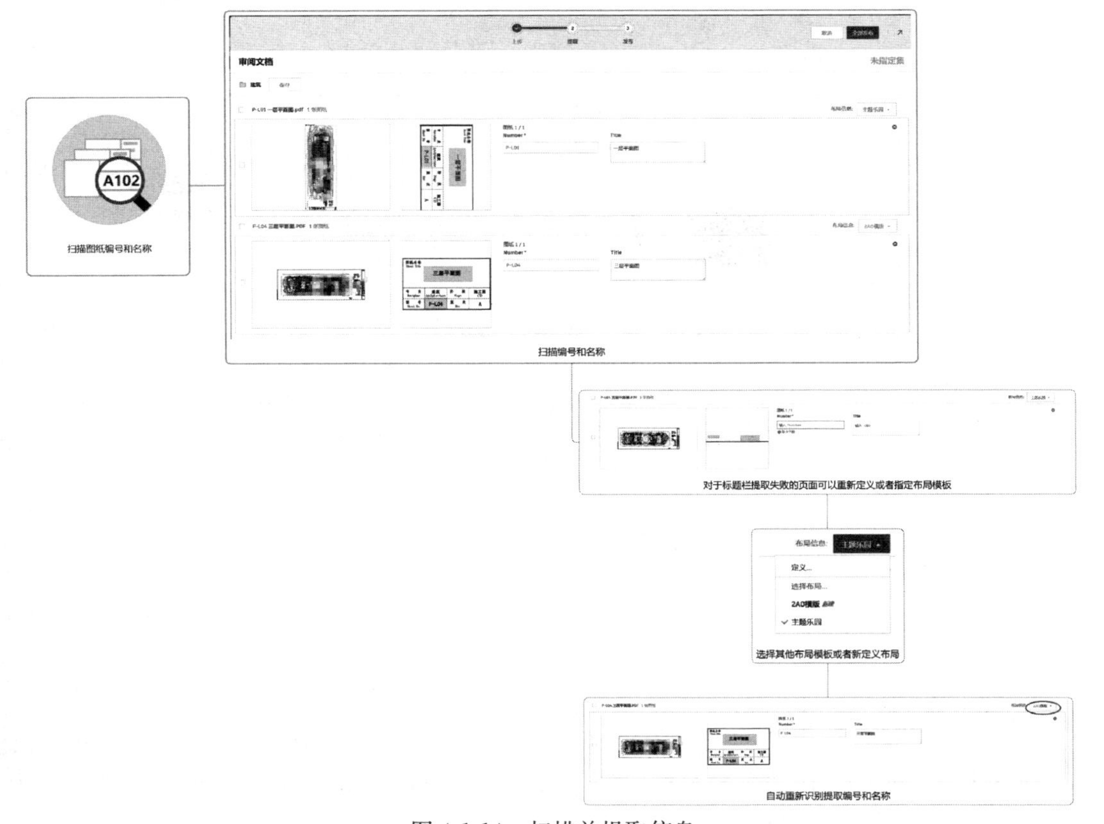

图 4-1-14 扫描并提取信息

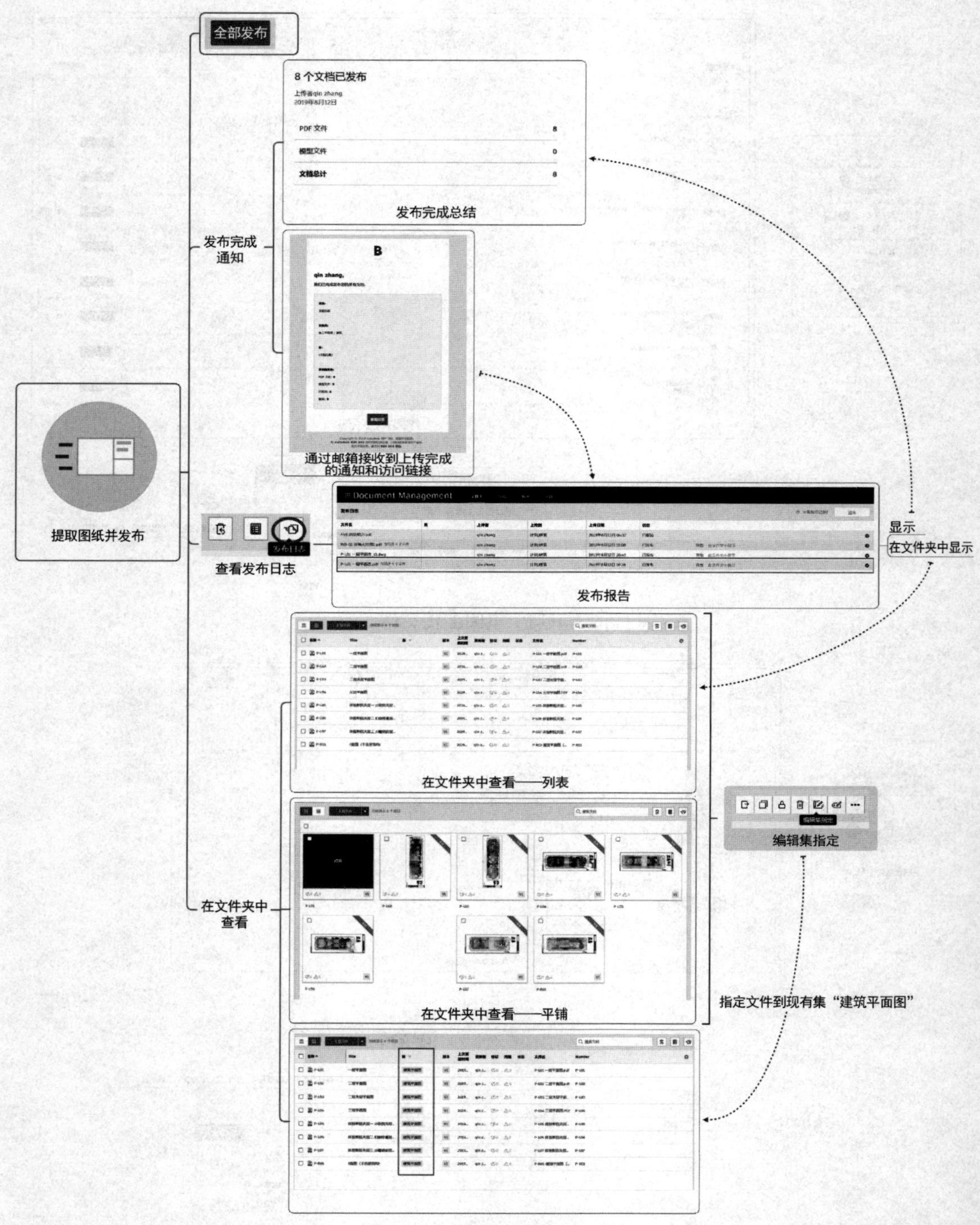

图 4-1-15　发布文件

四、标题栏/布局模板定义

上述上传过程中使用的布局模板，是 Document Management 施工平面图文件夹中为提取上传的二维图纸的信息所提供的功能（图 4-1-16～图 4-1-18）。

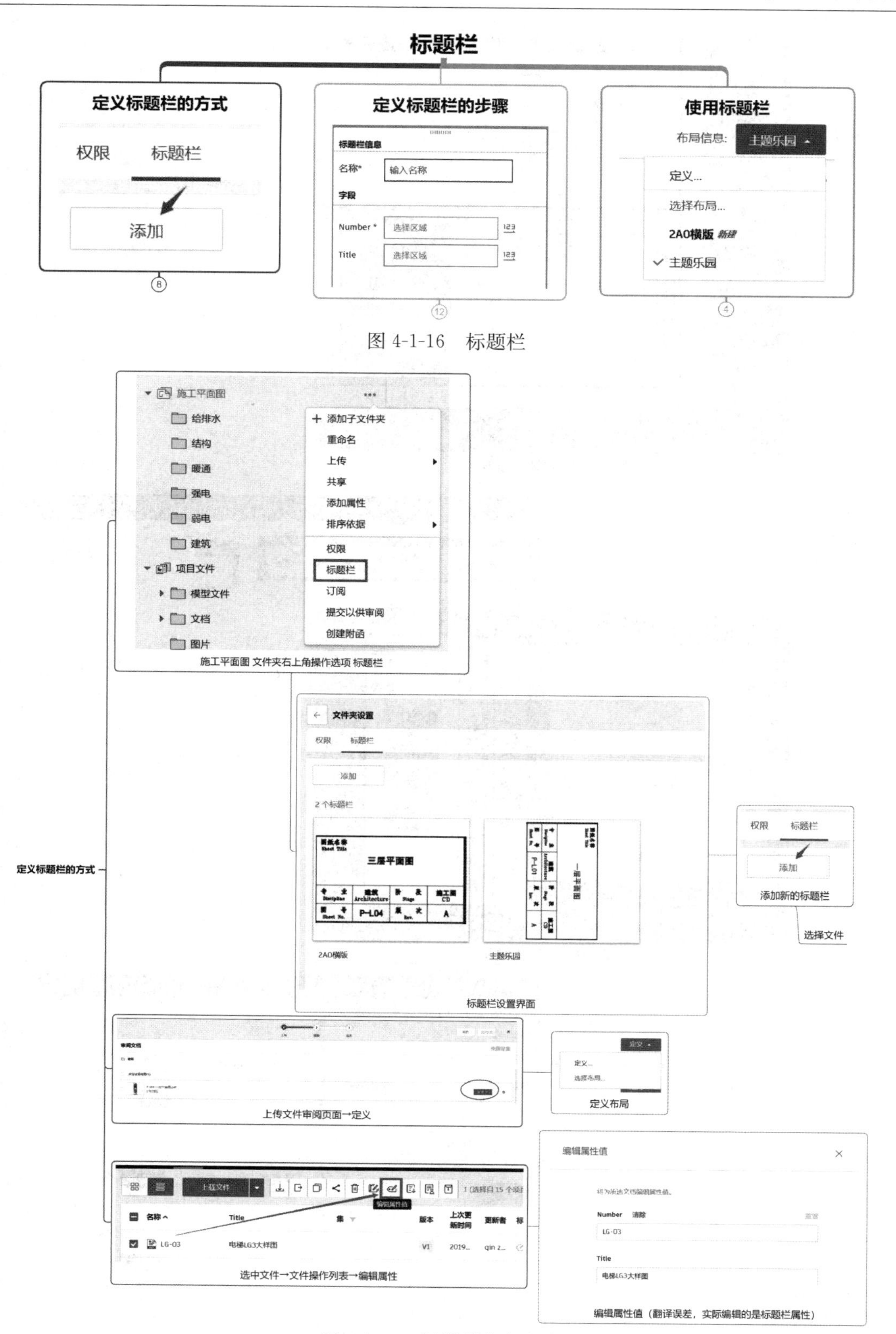

图 4-1-16 标题栏

图 4-1-17 标题栏定义方式

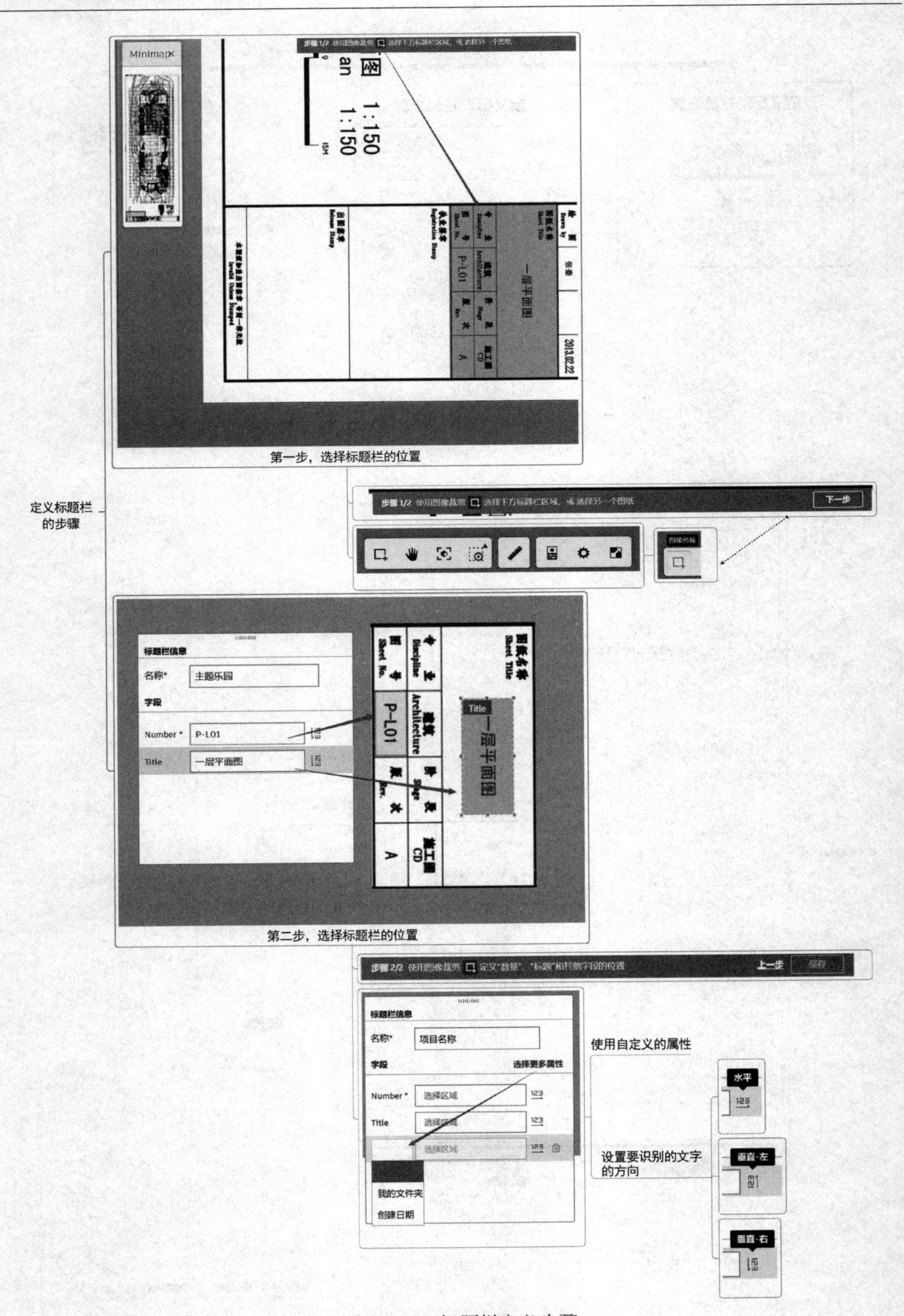

图 4-1-18　标题栏定义步骤

完成标题栏的定义后，可以在上传文件的时候使用标题栏设置（布局模板）来批量提取文件信息，省去文件整理归类和属性设置的机械工作（图 4-1-19）。

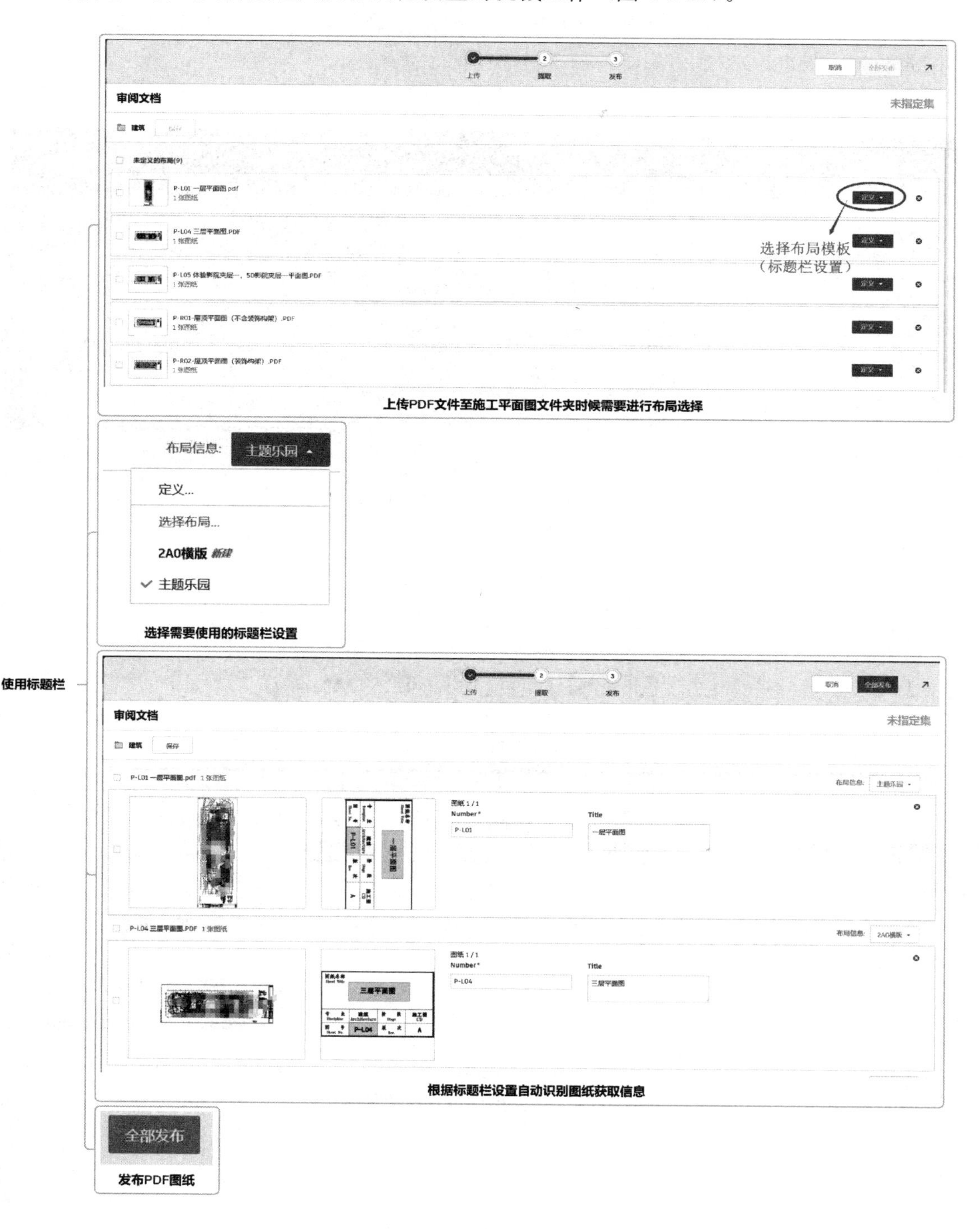

图 4-1-19　使用标题栏

五、文件操作

上传文件完成后在文件列表中选择一个或者多个文件会激活文件操作工具栏（图 4-1-20～图 4-1-23）。

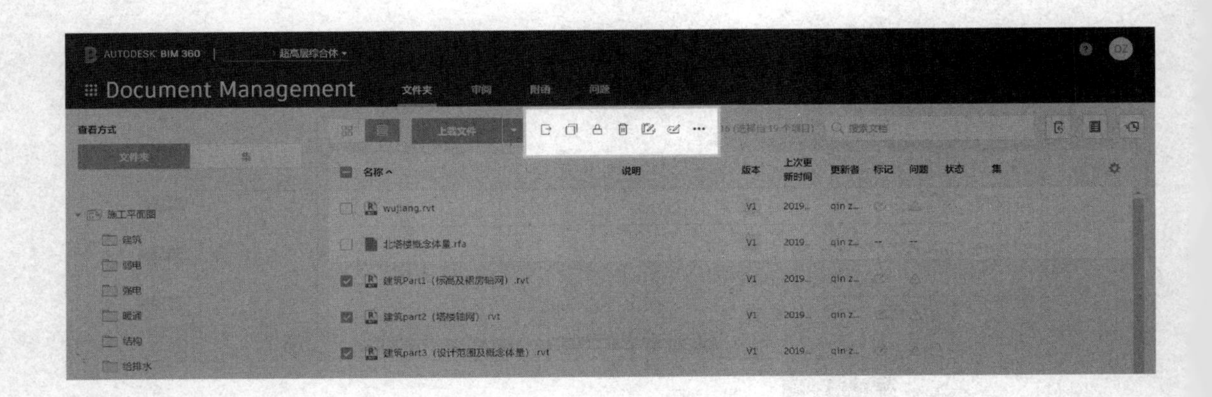

图 4-1-20　文件操作工具栏

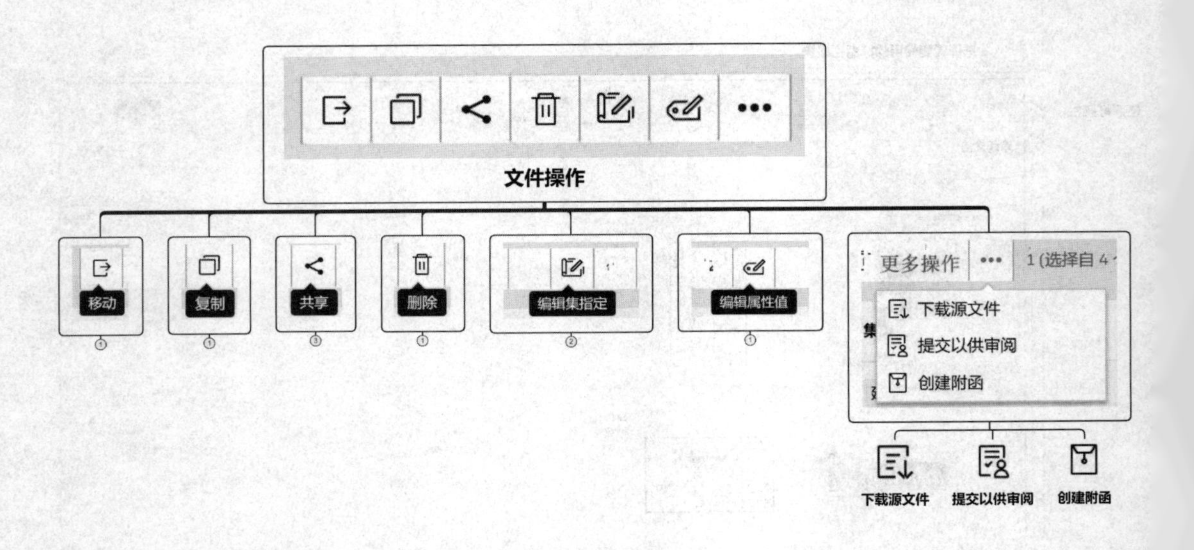

图 4-1-21　文件操作工具栏的具体工具

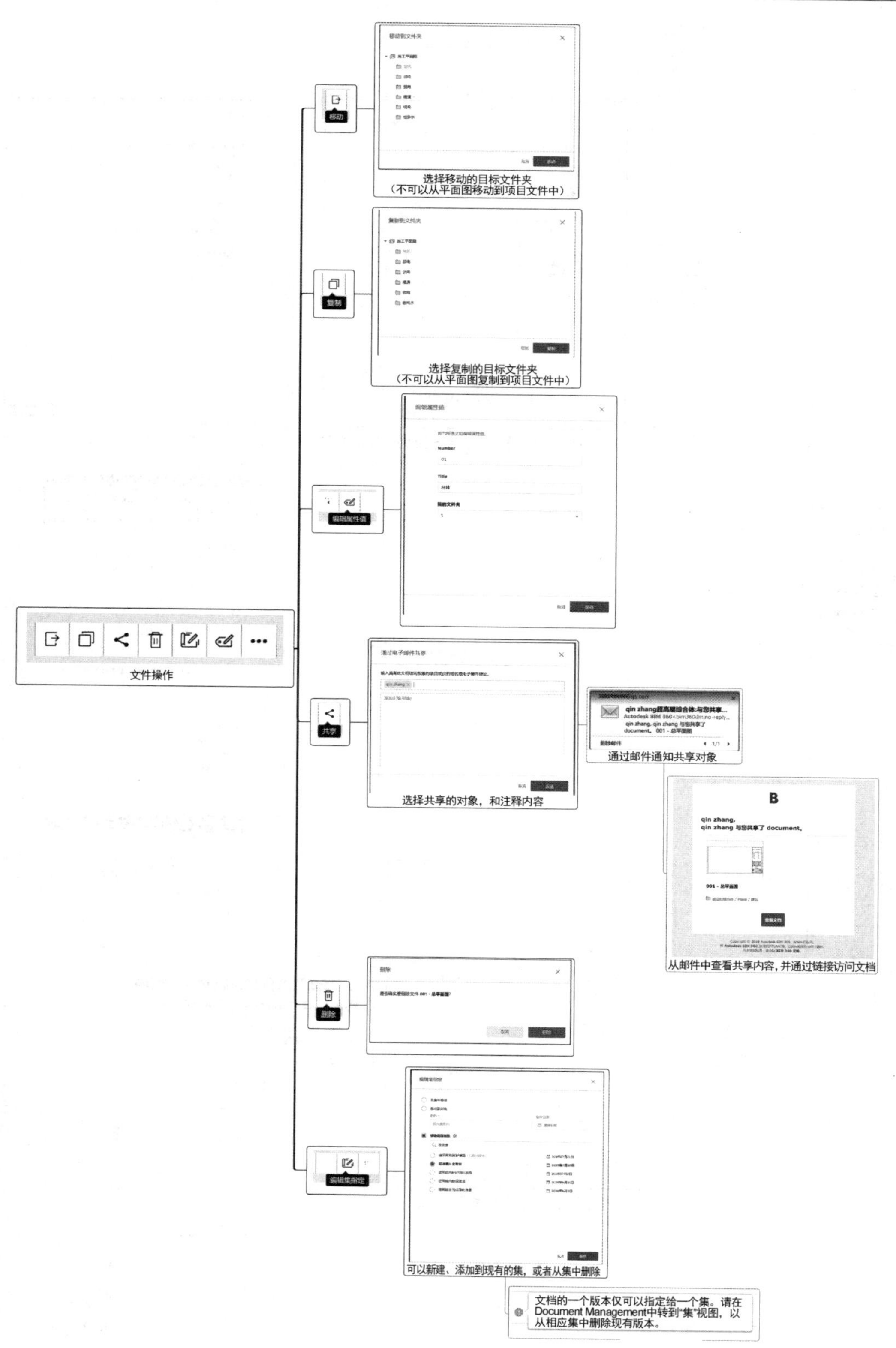

图 4-1-22　具体的工具应用（1）

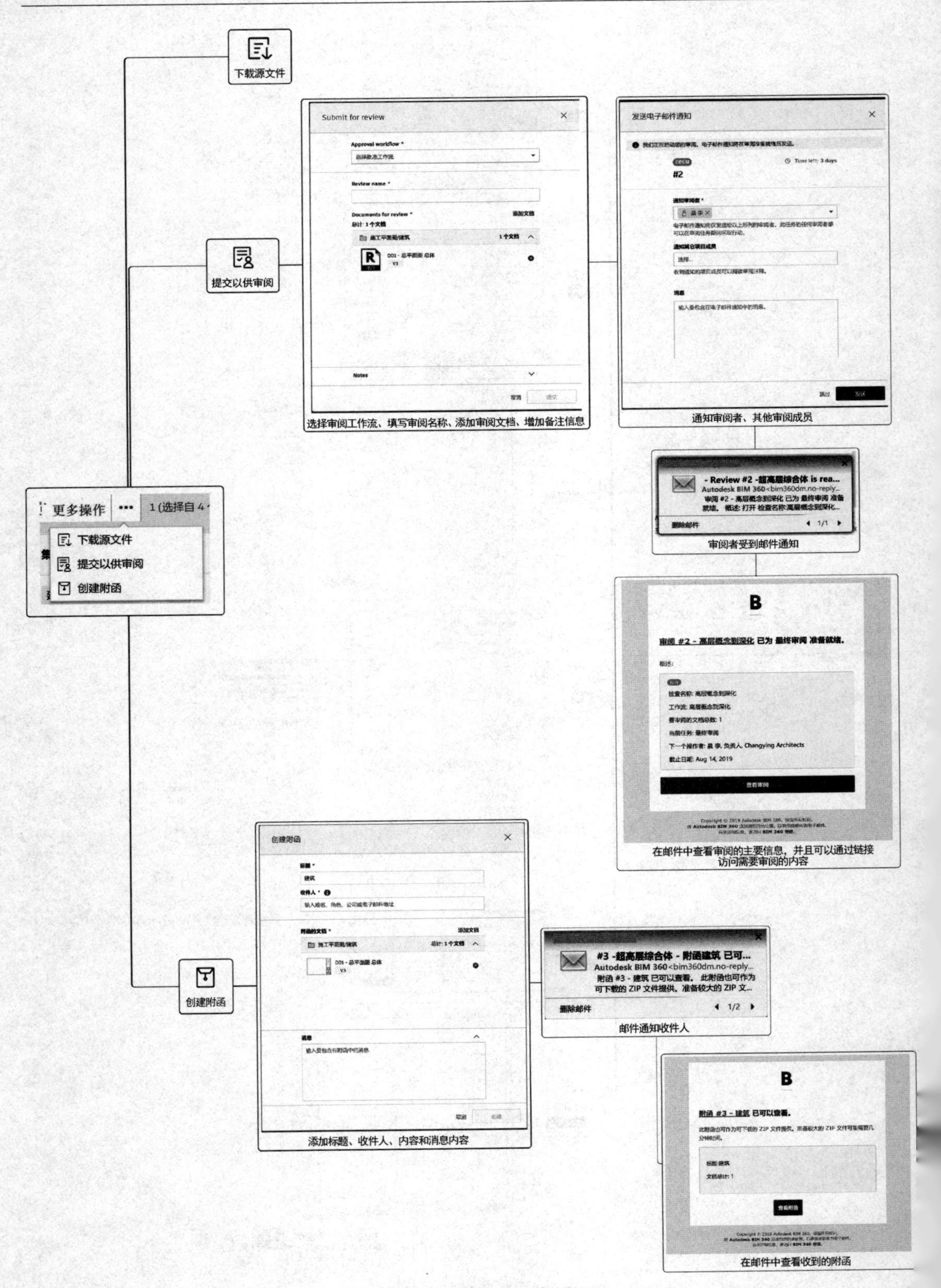

图 4-1-23　具体的工具应用（2）

六、查看文件

查看项目文件如图 4-1-24 所示。

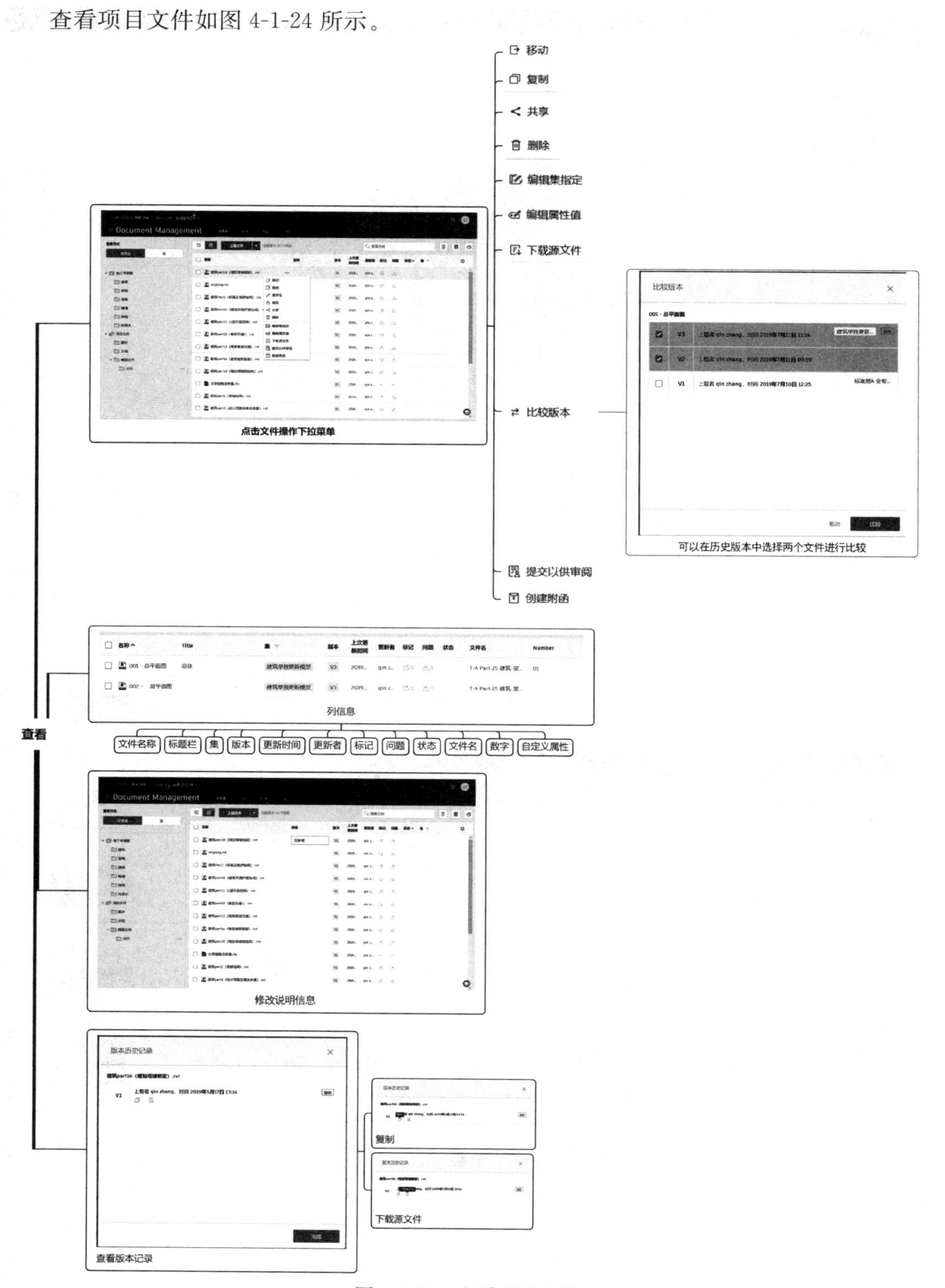

图 4-1-24　查看项目文件

还可以通过单击打开模型或者二维图形查看（图 4-1-25）。

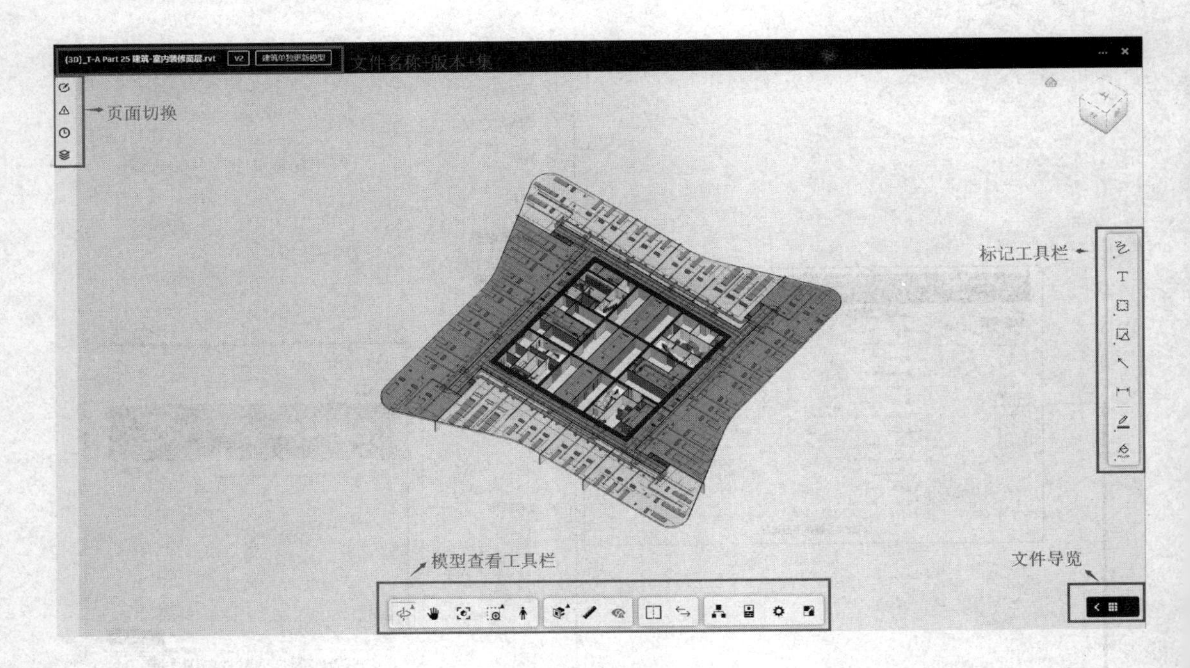

图 4-1-25　查看模型

1. 基本工具（图 4-1-26）

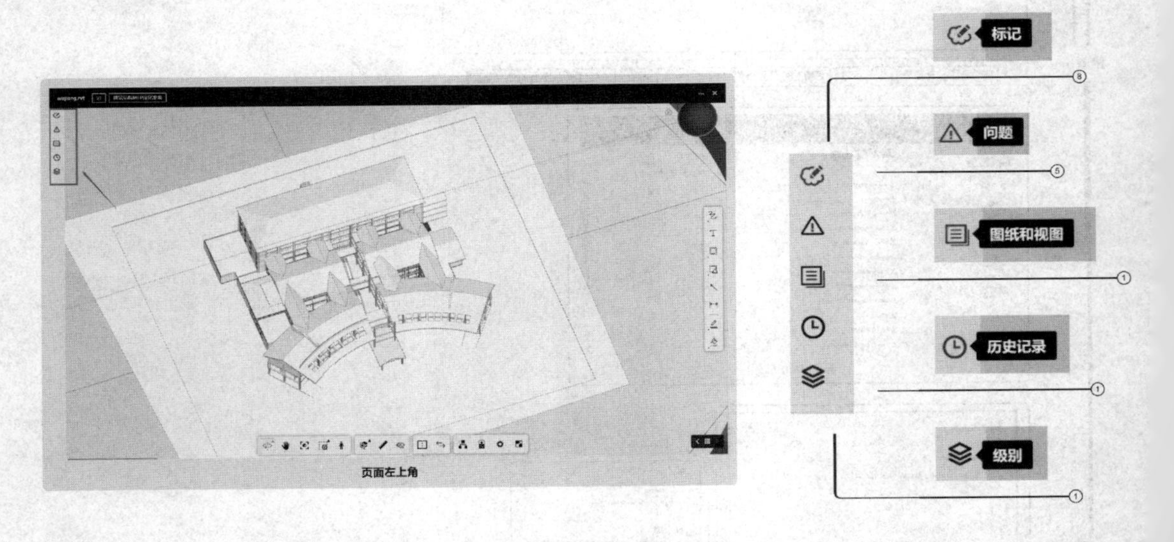

图 4-1-26　查看模型左侧工具栏可进行的操作

2. 标记（图 4-1-27）

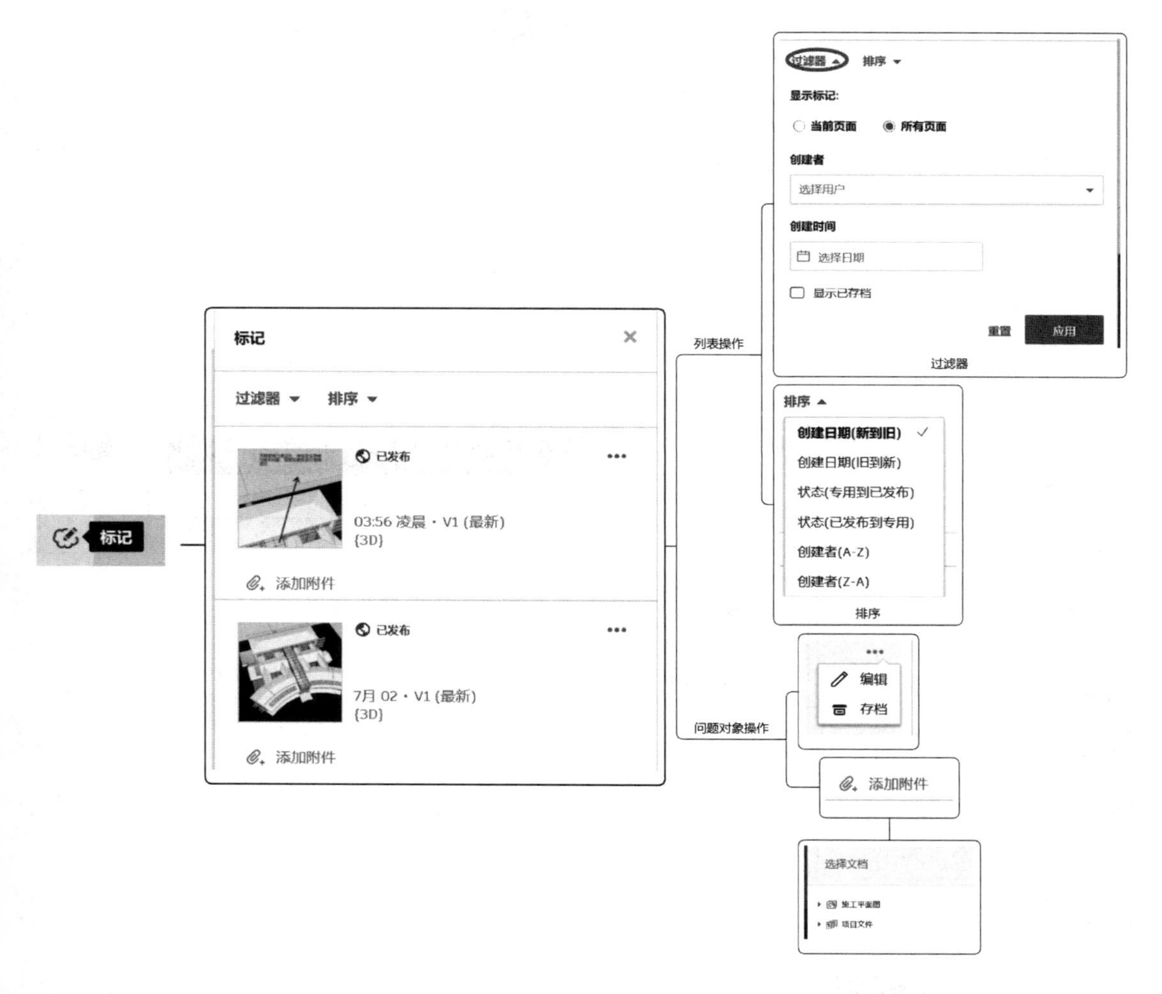

图 4-1-27　标记模型

3. 问题（图 4-1-28）

4. 历史记录（图 4-1-29）

5. 级别（图 4-1-30）

6. 模型查看工具（图 4-1-31）

其中拆分视图和比较是文档浏览中独有的功能，其余三个模块同 Model Coordination 中对于碰撞模型的查看工具相同（图 4-1-32）。

截面分析工具可以灵活地改变模型的显示，更好地观察和展示模型（图 4-1-33、图4-1-34）。

最后的属性模块组可以帮助使用者更好地控制模型显示、模型信息与模型展示（图 4-1-35、图 4-1-36）。

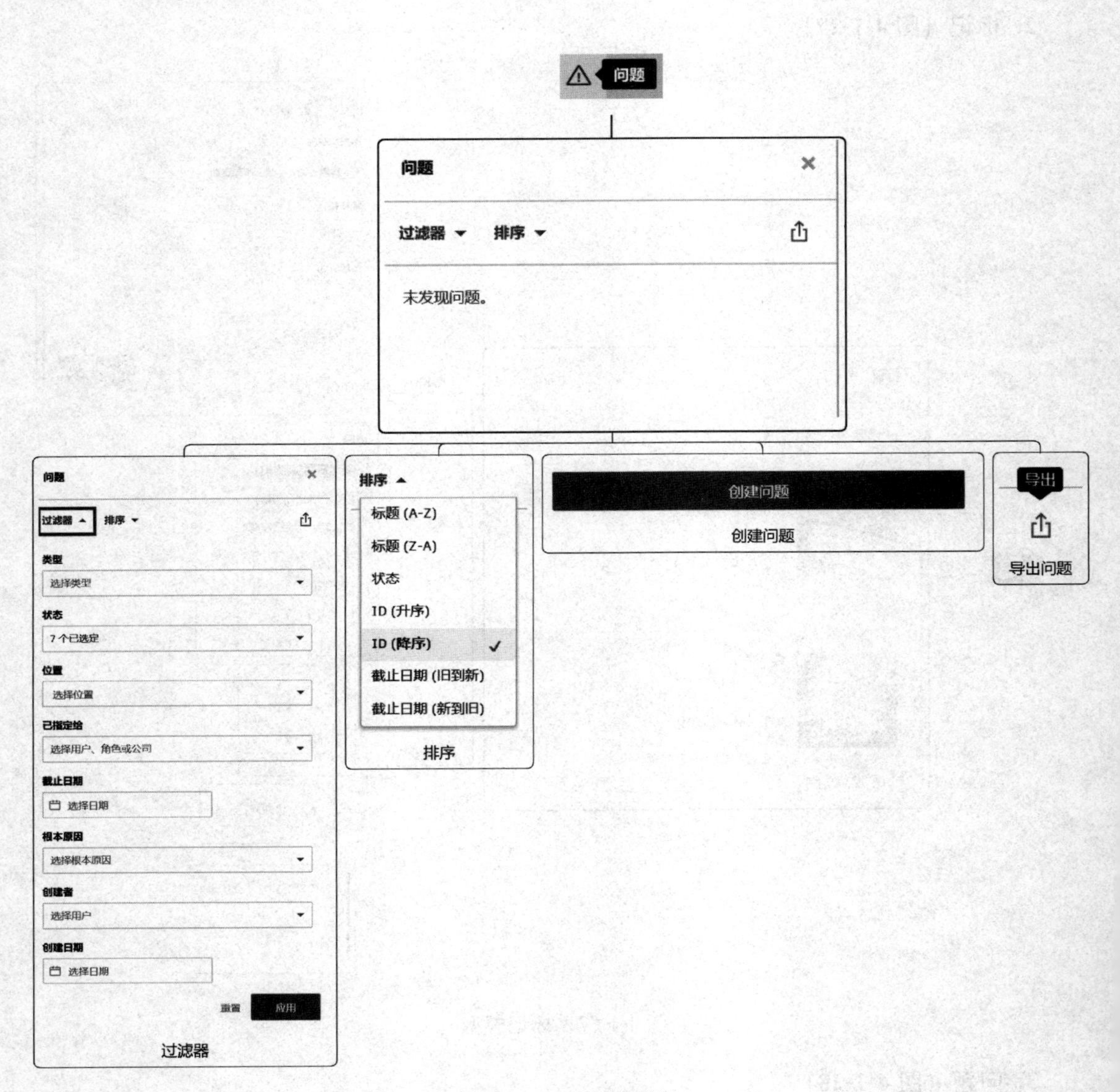

图 4-1-28 创建问题

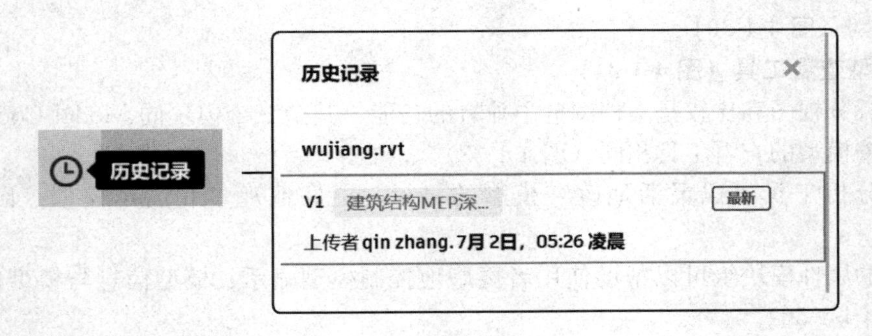

图 4-1-29 历史记录

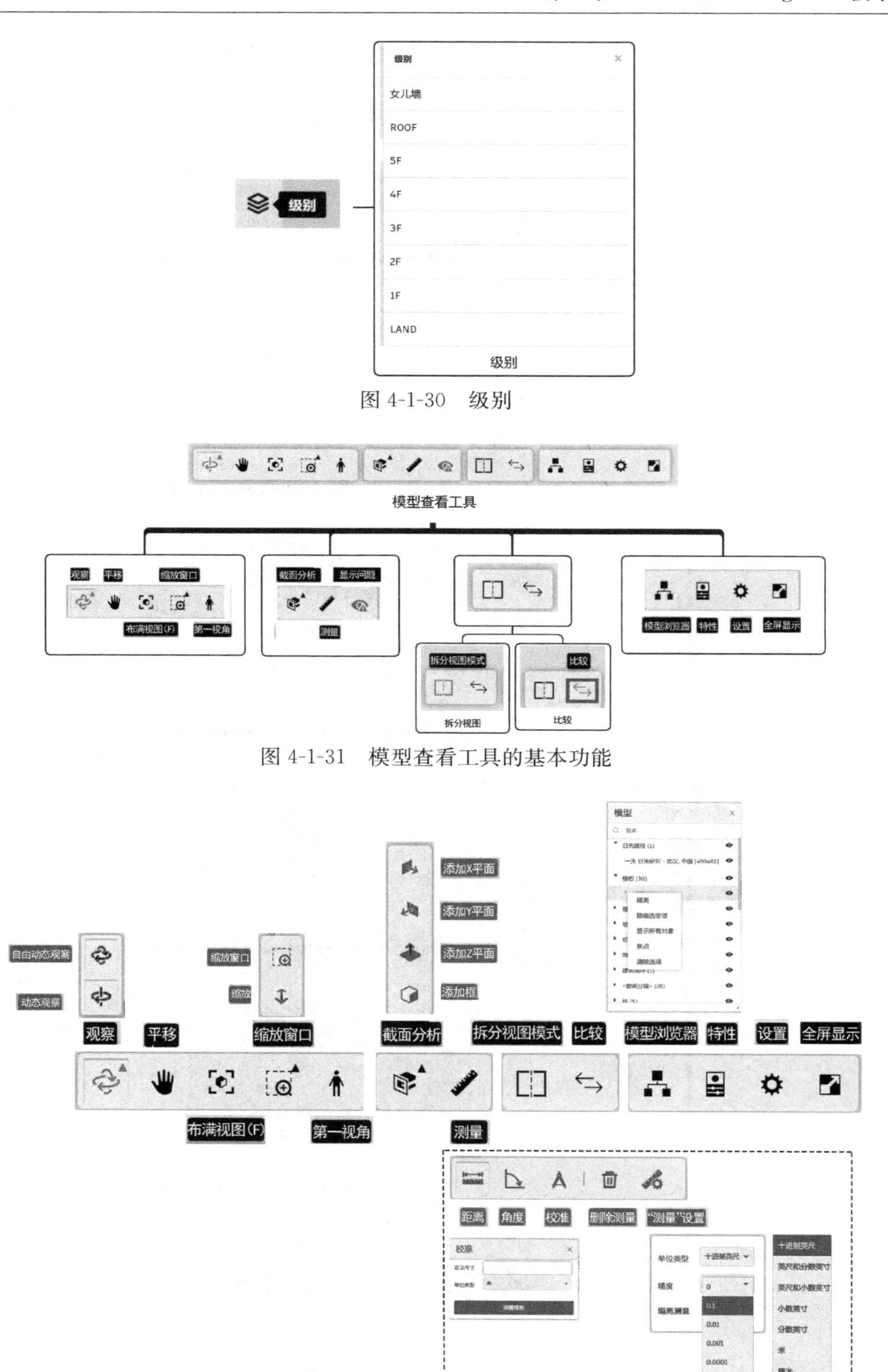

图 4-1-30　级别

图 4-1-31　模型查看工具的基本功能

图 4-1-32　模型查看工具的功能详解

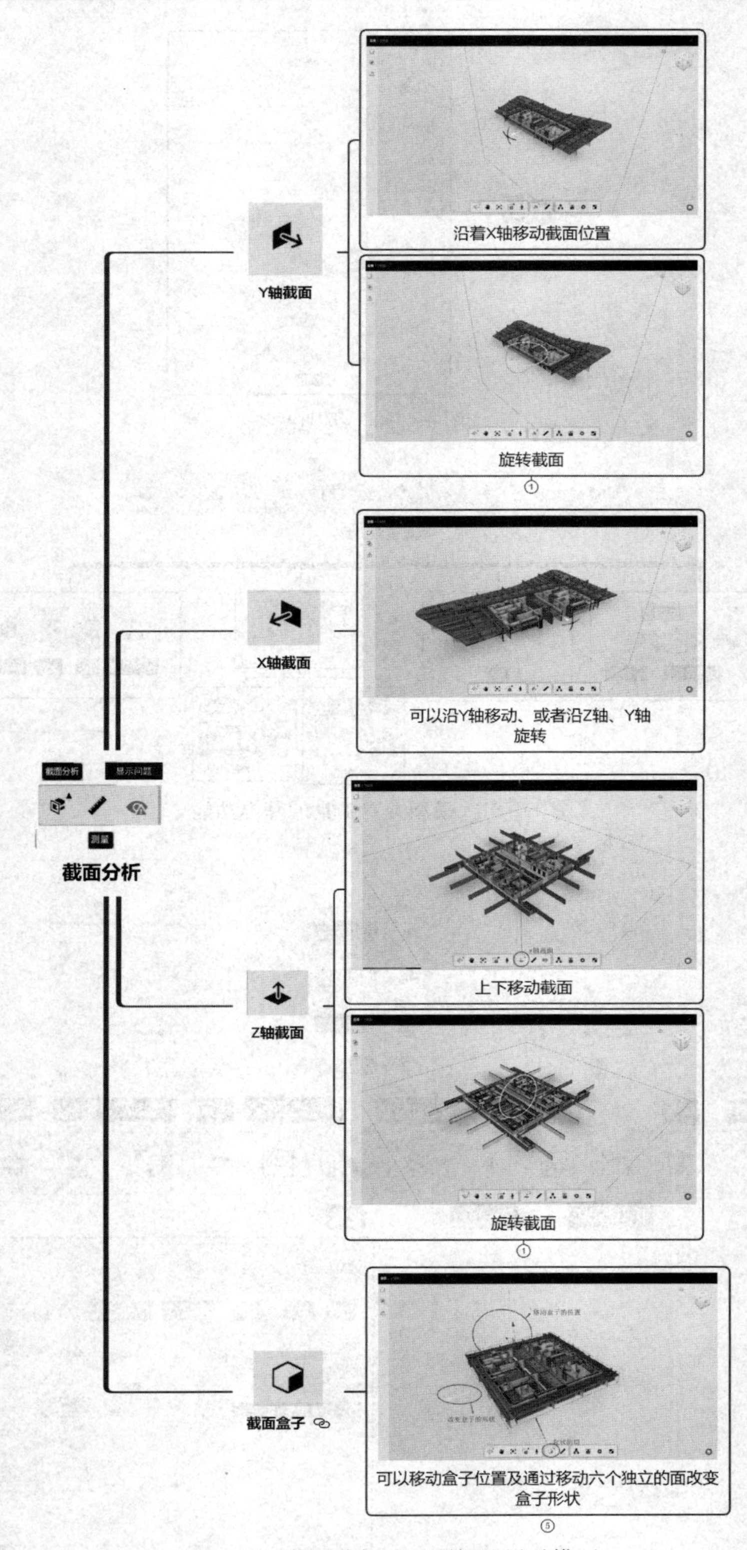

图 4-1-33　截面分析可以更好地展示模型

图 4-1-34 “截面盒子”提供多种视角细致观察

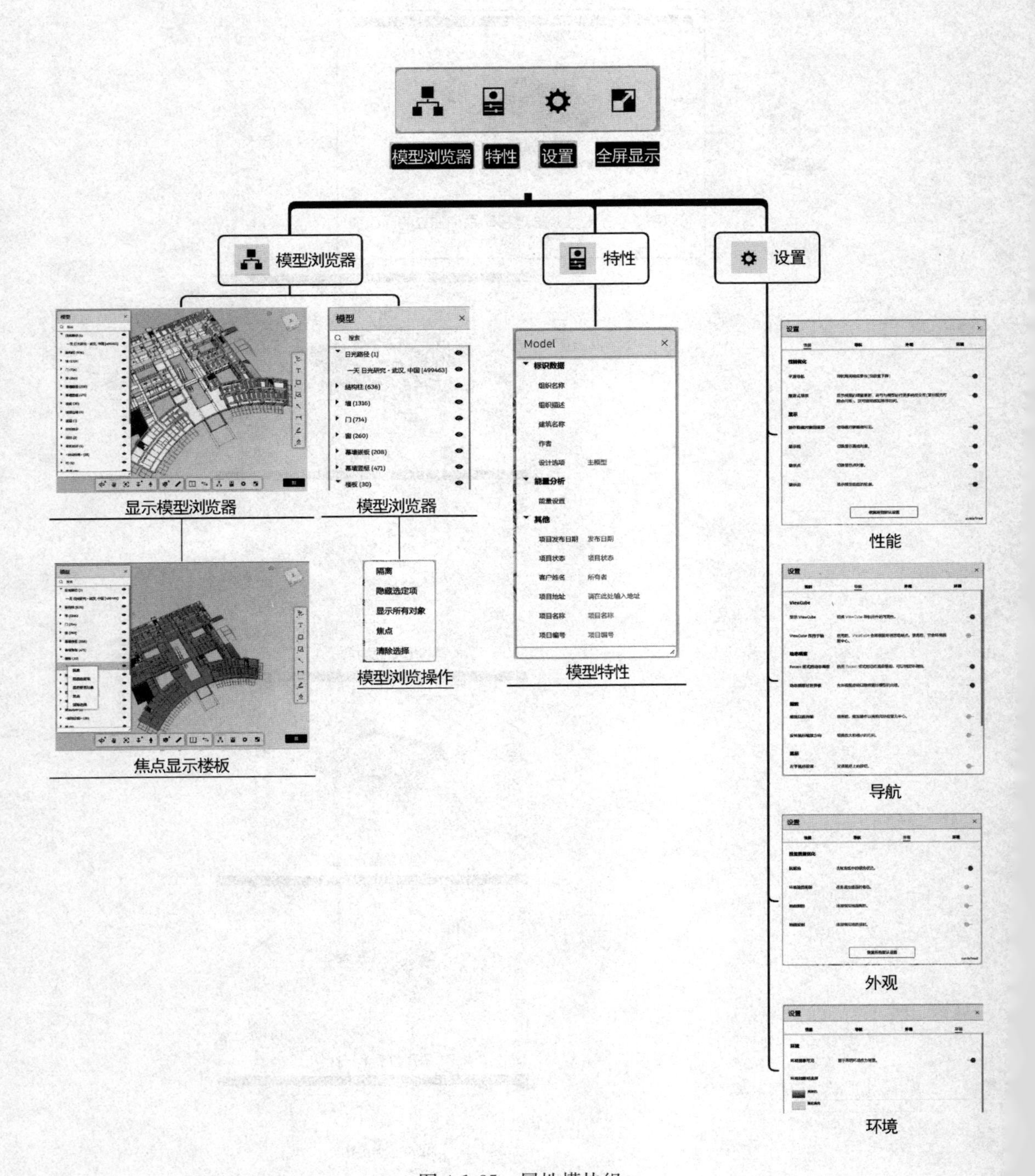
模型浏览器
特性
设置
全屏显示
模型浏览器
特性
设置
显示模型浏览器
模型浏览器
模型
日光路径 (1)
一天 日光研究 - 武汉, 中国 [499463]
结构柱 (636)
墙 (1316)
门 (714)
窗 (260)
幕墙嵌板 (208)
幕墙竖梃 (471)
楼板 (30)
Model
标识数据
组织名称
组织描述
建筑名称
作者
设计选项
主模型
能量分析
能量设置
其他
项目发布日期
发布日期
项目状态
项目状态
客户姓名
所有者
项目地址
请在此处输入地址
项目名称
项目名称
项目编号
项目编号
模型特性
隔离
隐藏选定项
显示所有对象
焦点
清除选择
模型浏览操作
焦点显示楼板
性能
导航
外观
环境

图 4-1-35　属性模块组

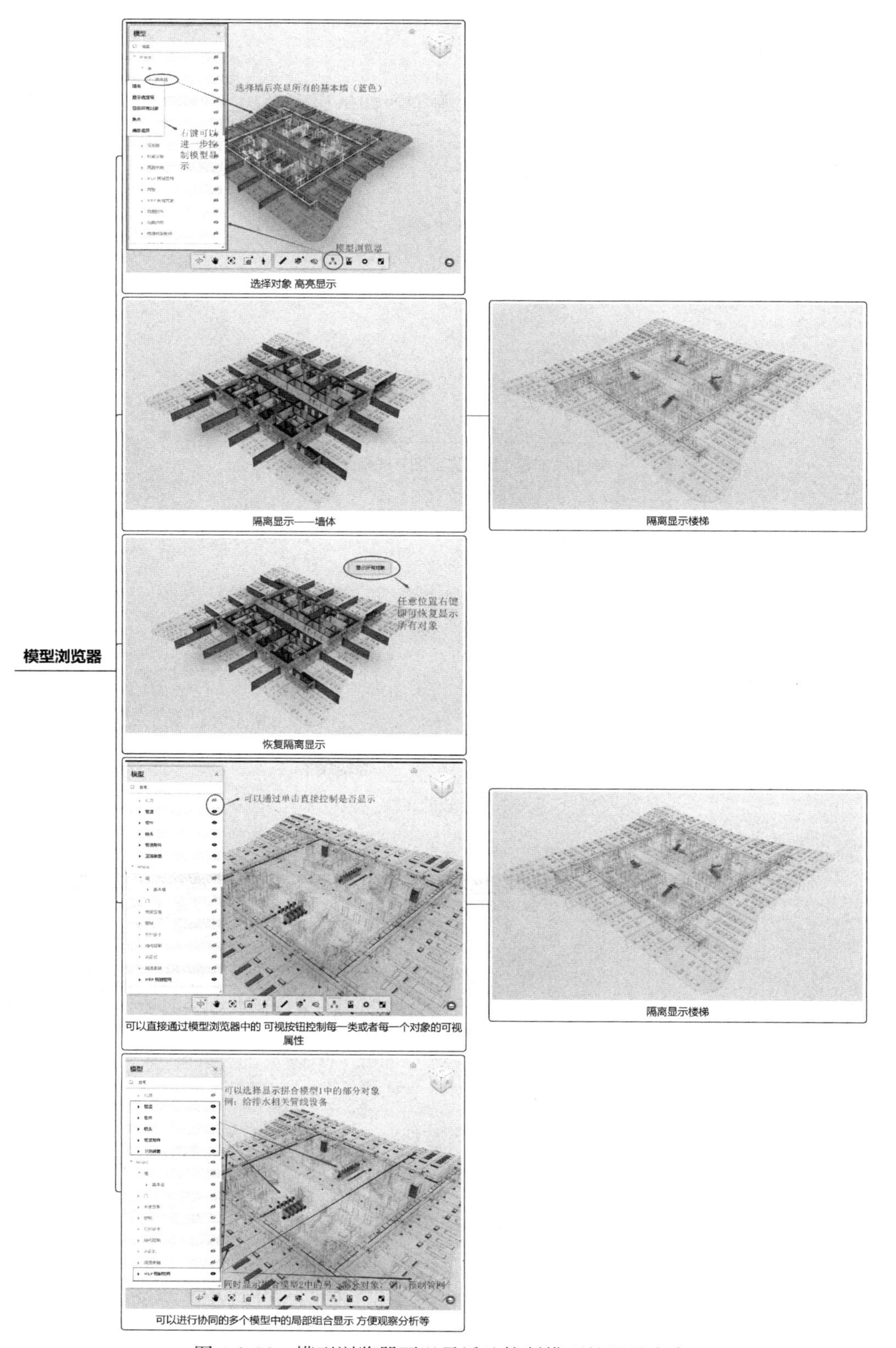

图 4-1-36　模型浏览器可以灵活地控制模型的显示内容

七、比较版本

选择比较版本的文件后打开拼合的对比模型，如果有多个历史版本，可以任意选择两个文件进行比较（图 4-1-37）。

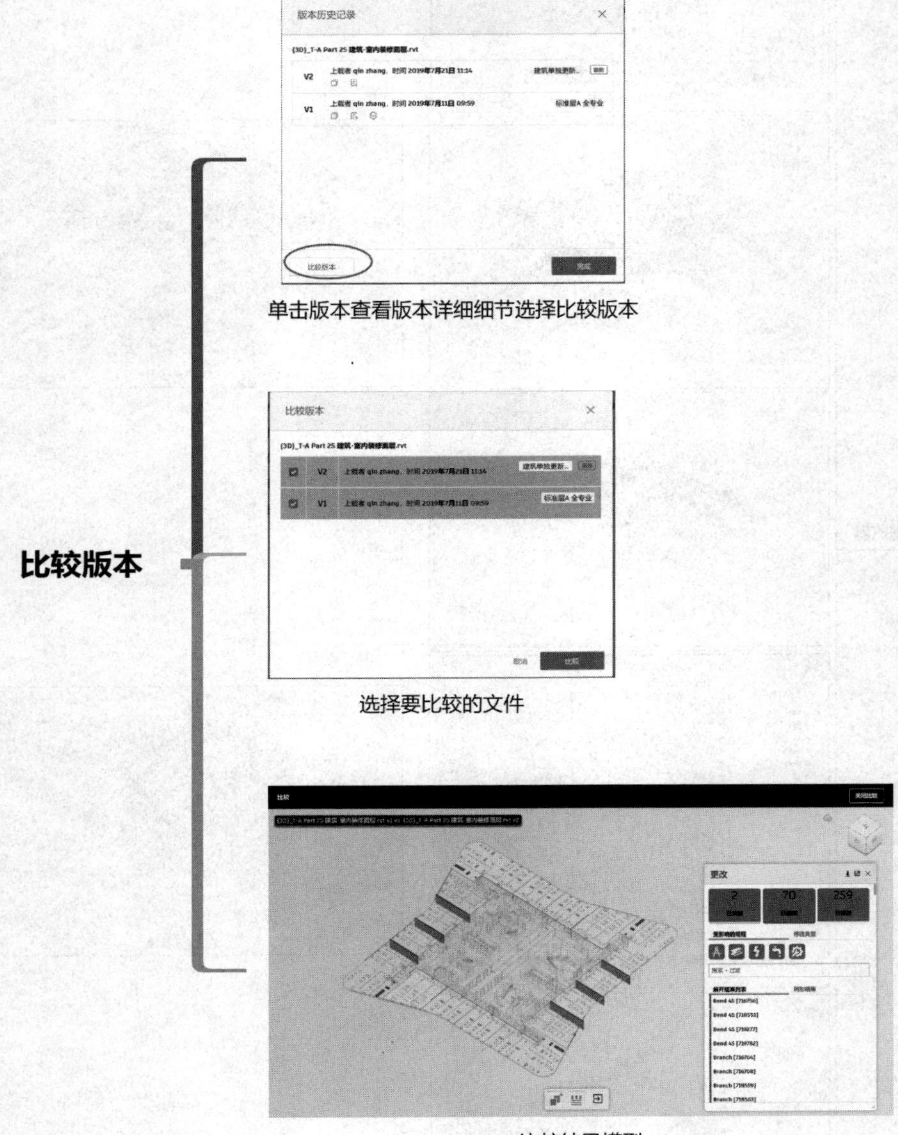

图 4-1-37　比较版本

八、审阅

审阅部分的相关工作流在前文已经有过详细介绍（详见第三章第五节），在执行级的信息化协作我们将详细地讲解参与审阅工作流的各种信息处理工作的具体实施与操作方式。

首先，创建审阅者将需要审阅的文件提交审阅，平台会邮件通知审阅者（图 4-1-38）。

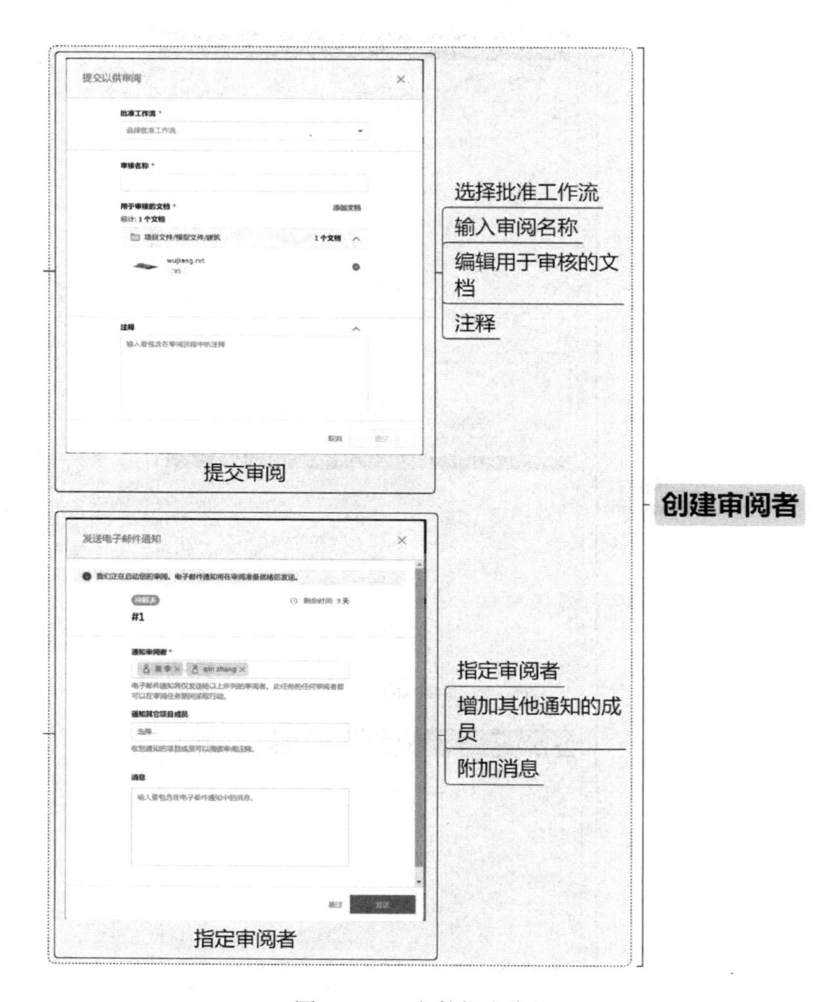

图 4-1-38　文件提交审阅

1. 第一次初始审阅（图 4-1-39）

初始审阅
审阅者1

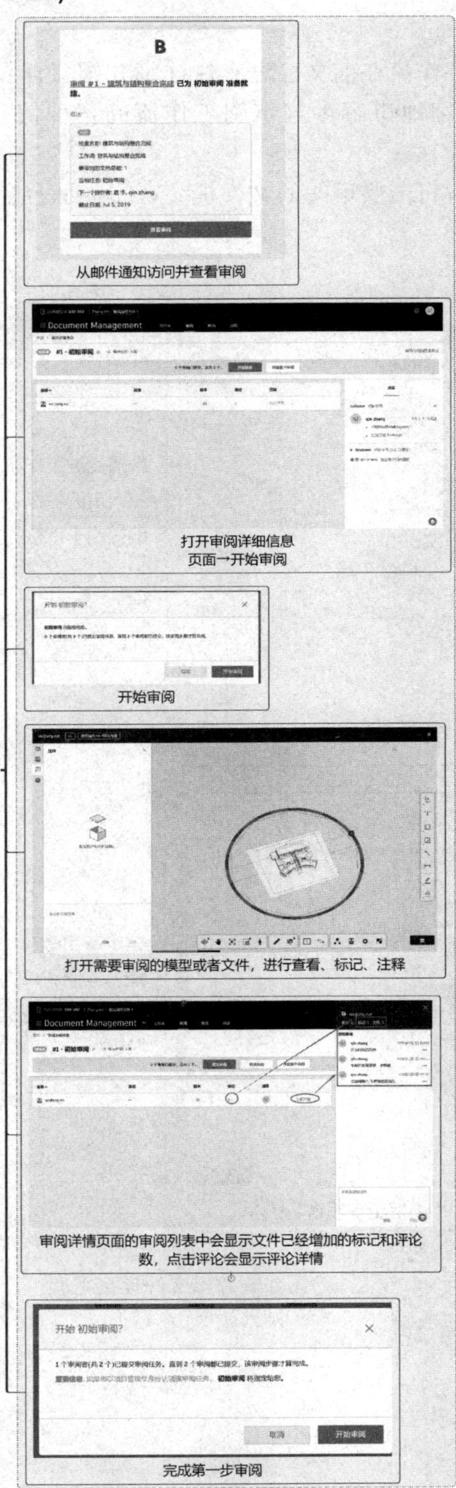

图 4-1-39　第一次初始审阅

2. 第二次初始审阅

审阅者 1 完成后提交审阅，审阅者 2 会进行第二步初始审阅（图 4-1-40）。

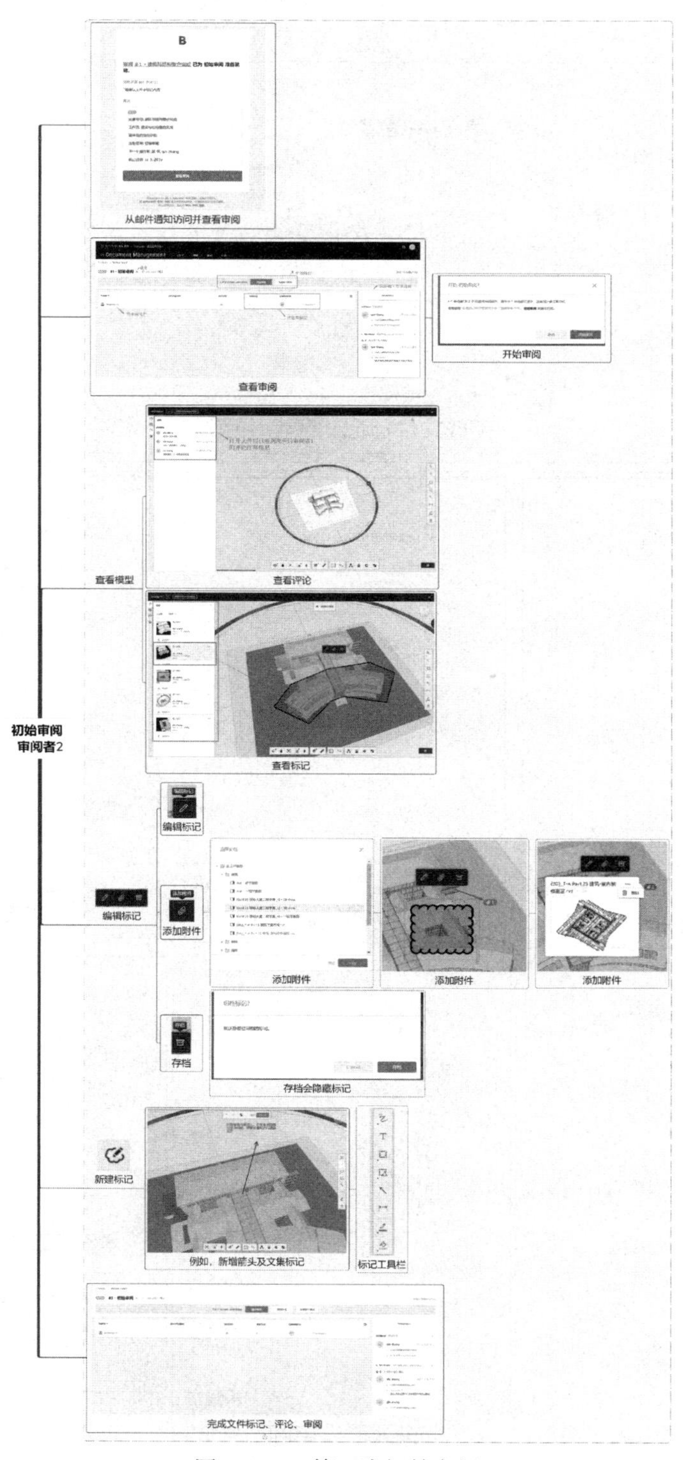

图 4-1-40　第二次初始审阅

3. 最终审阅

两个初始审阅者都完成初始审阅并提交后，文件将批准提交进行最终审阅（图 4-1-41～图 4-1-44）。

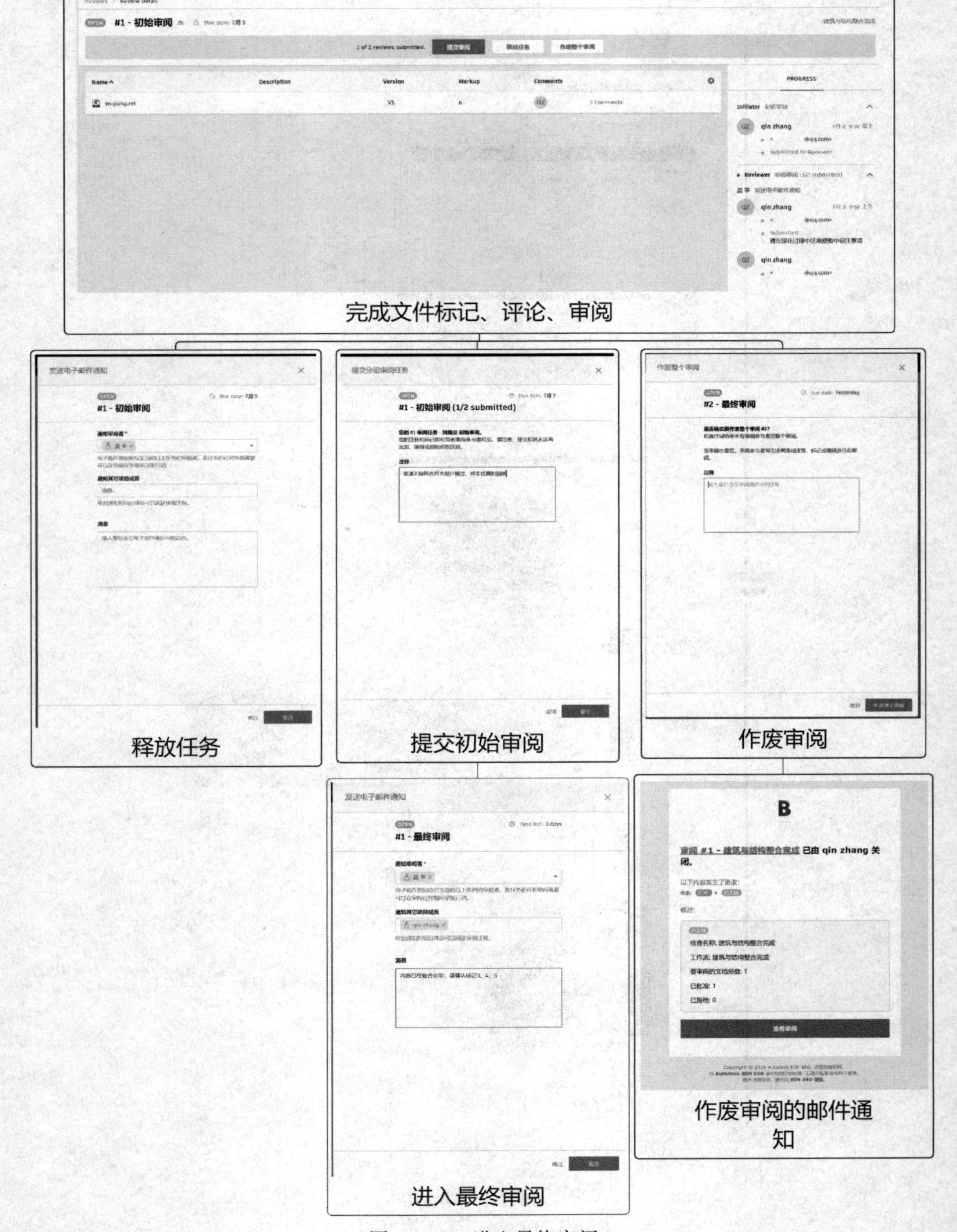

图 4-1-41 进入最终审阅

图 4-1-42 最终审阅人完成最终审阅并修改审阅状态

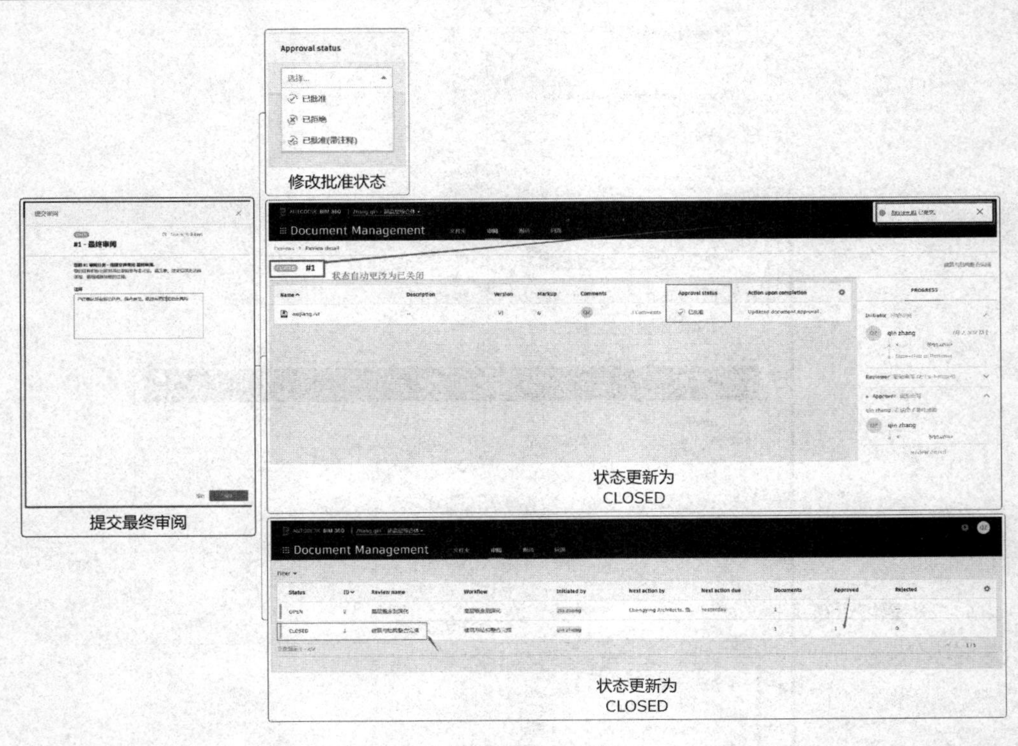

图 4-1-43　完成审阅

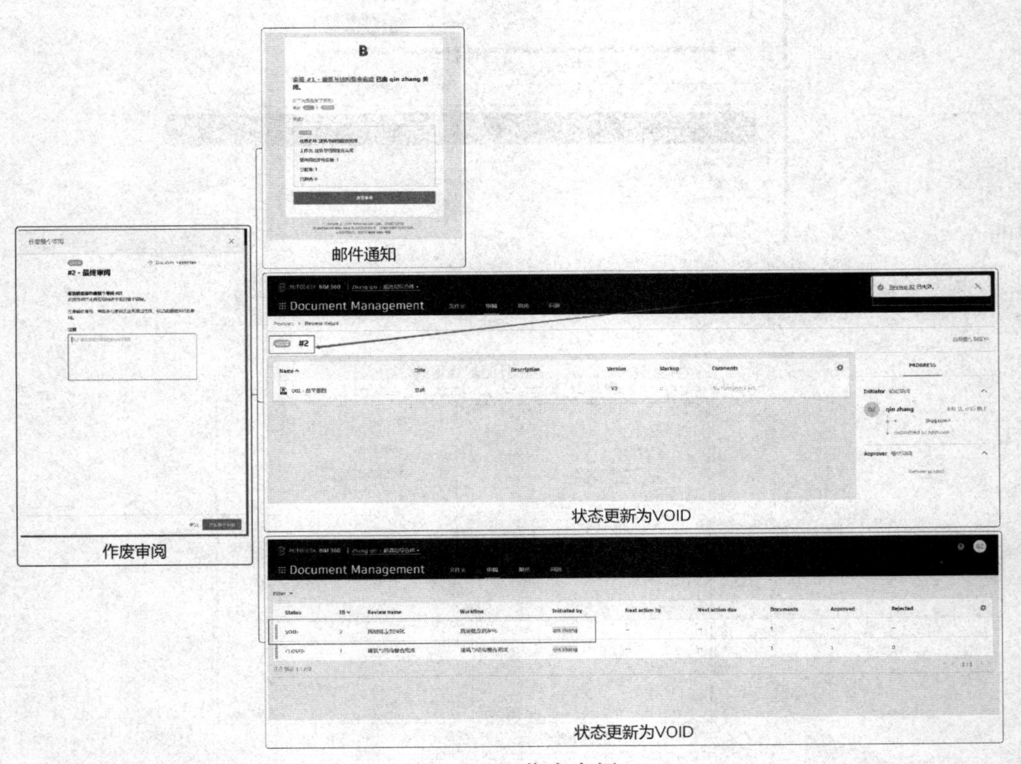

图 4-1-44　作废审阅

第二节　Design Collaboration 模块

一、发布信息模型

发布信息模型就是将储存在 PC 本地的模型上传至信息化协作空间中成为协作模型。在采用欧特克公司的建筑云平台进行信息化协作时，其主要的 PC 端信息模型构建工具是 Revit（图 4-2-1～图 4-2-4）。

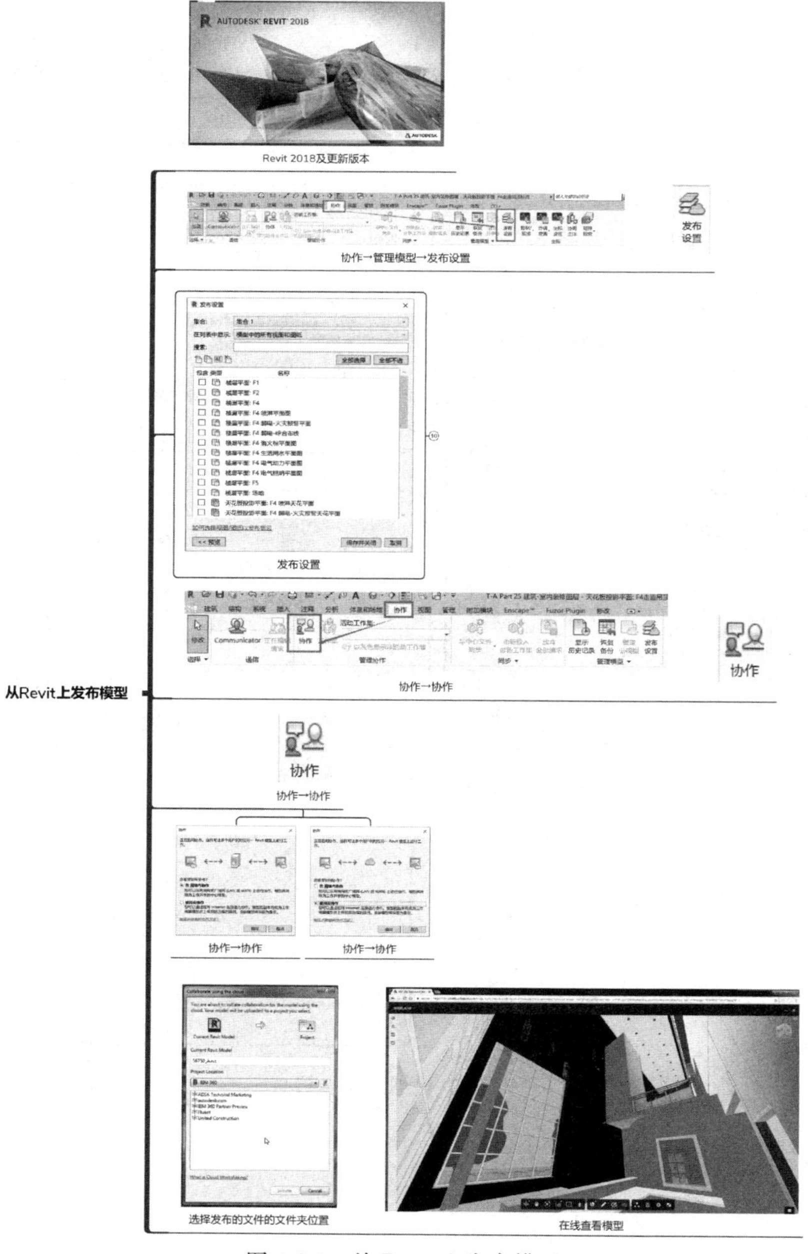

图 4-2-1　从 Revit 上发布模型

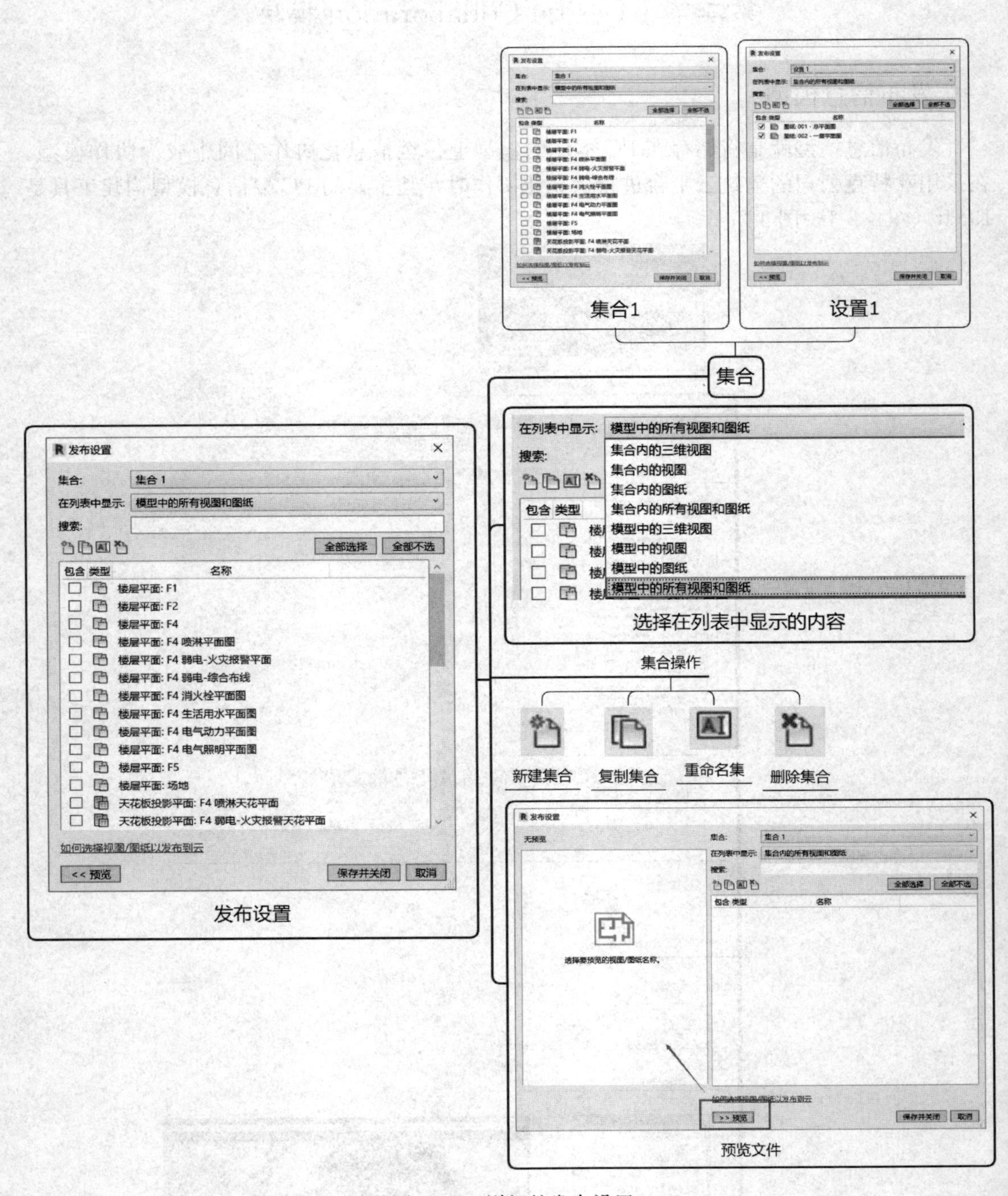

图 4-2-2　详细的发布设置

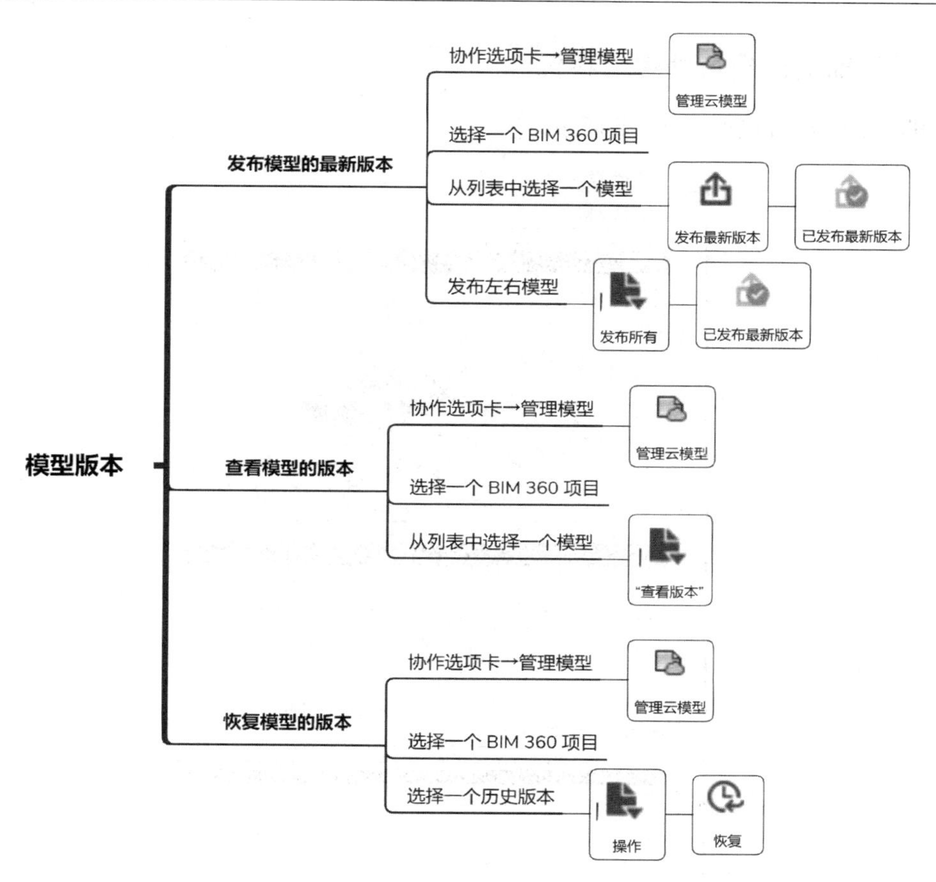

图 4-2-3 更新版本重新发布

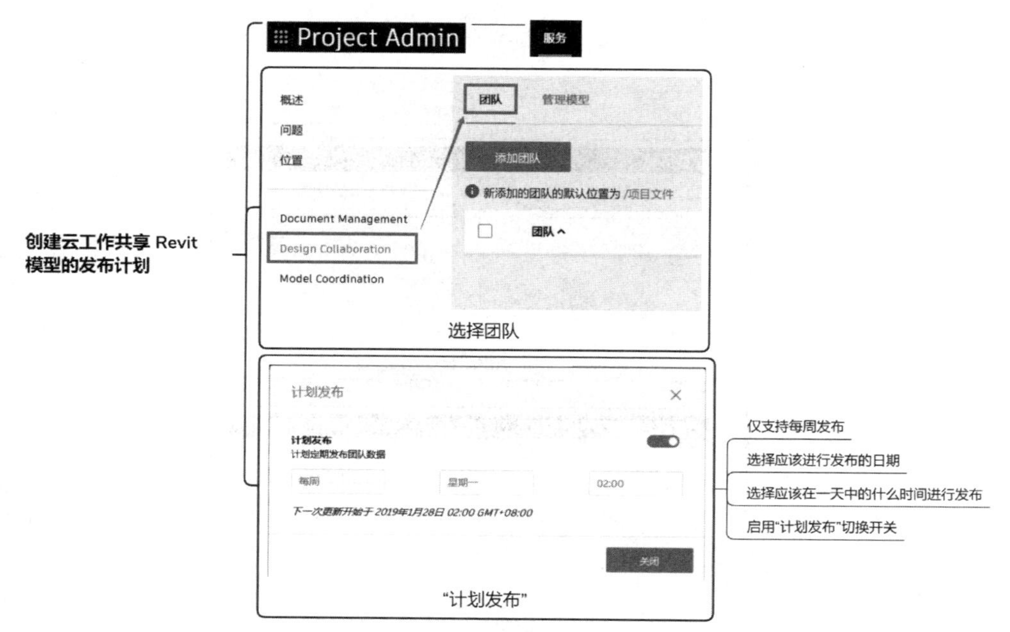

图 4-2-4 设置计划发布信息模型

二、在时间轴上创建与处理资料包

时间轴上的资料包如图 4-2-5 所示。

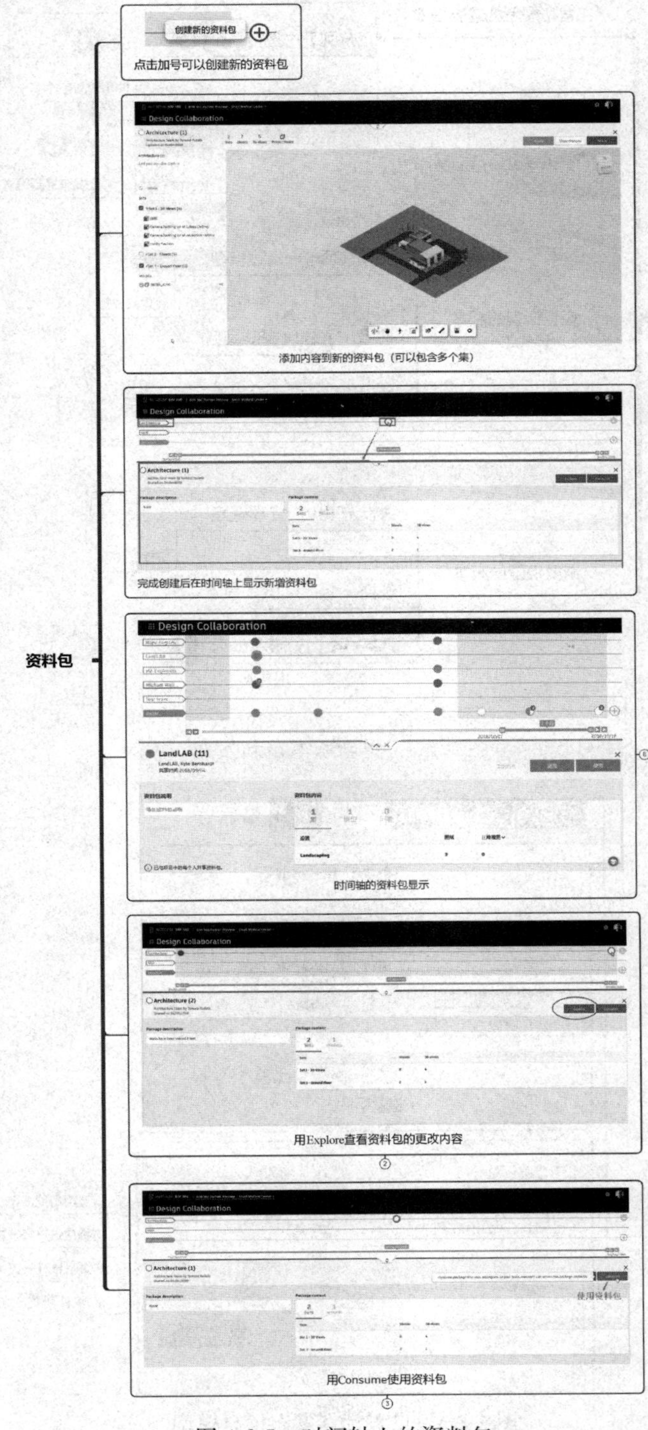

图 4-2-5　时间轴上的资料包

资料包的使用状态可以直观地从它在时间轴上的显示观察得知，直观高效（图 4-2-6）。

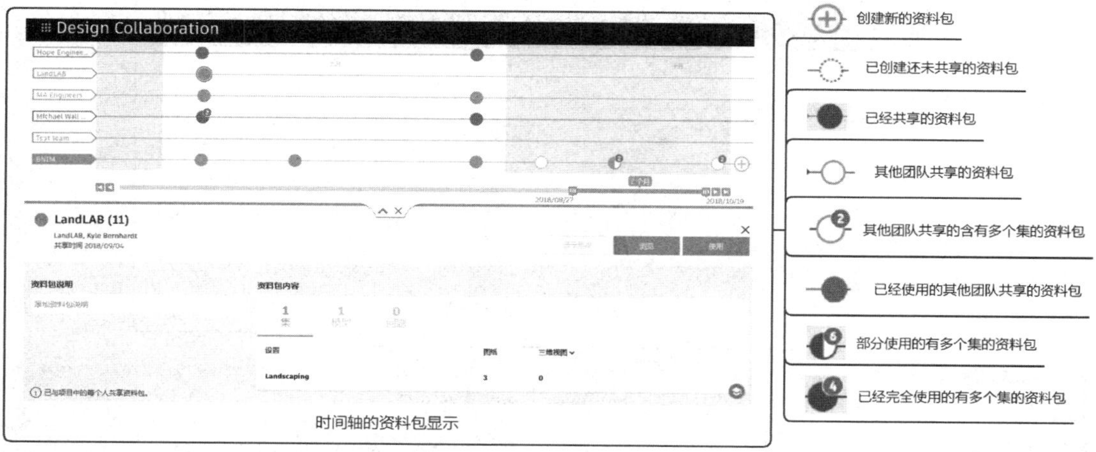
Design Collaboration
Hope Engineer
LandLAB
MA Engineers
Michael Wall
Test team
BNIM
2018/09/27
2018/10/19
LandLAB (11)
资料包说明
资料包内容
Landscaping
时间轴的资料包显示
创建新的资料包
已创建还未共享的资料包
已经共享的资料包
其他团队共享的资料包
其他团队共享的含有多个集的资料包
已经使用的其他团队共享的资料包
部分使用的有多个集的资料包
已经完全使用的有多个集的资料包

图 4-2-6　资料包的使用状态

在选择使用资料包之前，可以先用 Explore 对资料包进行观察和判断（图 4-2-7、图 4-2-8）。

Design Collaboration
Architecture (2)
Package description
Package content
用Explore查看资料包的更改内容
显示更改
显示更改

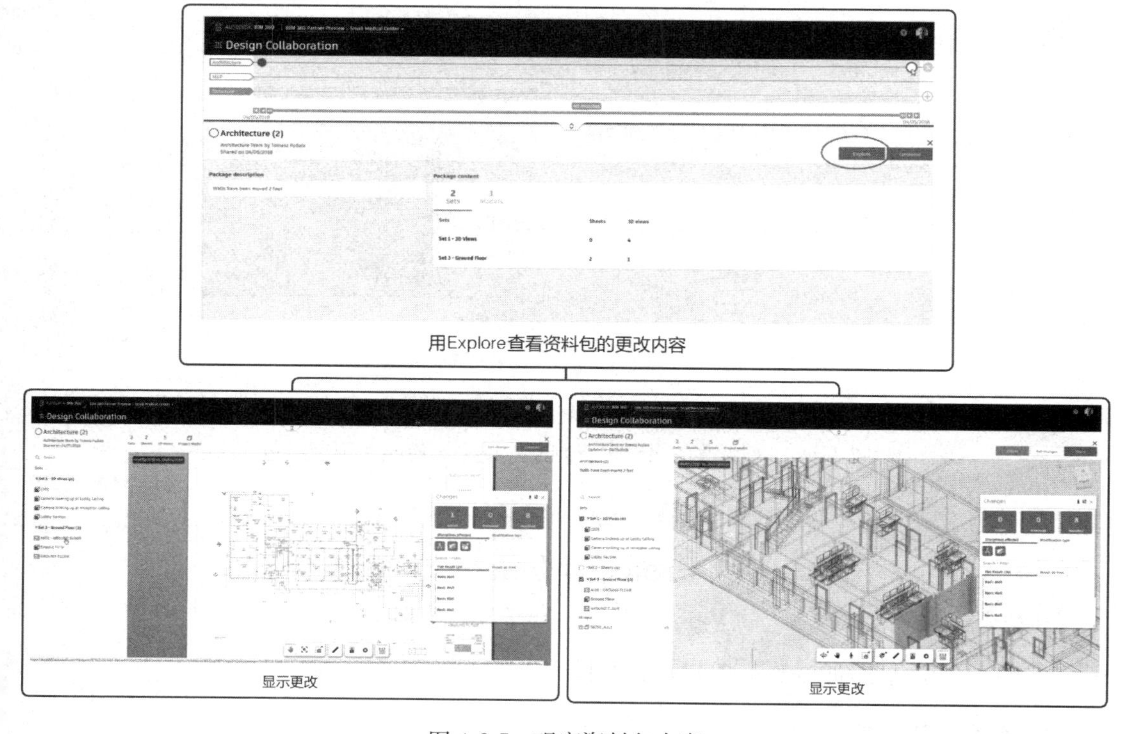

图 4-2-7　观察资料包内容

使用资料包会将资料包中的信息文件作为外部链接接入文件中，可以根据团队的设计需求进行调整、更新。

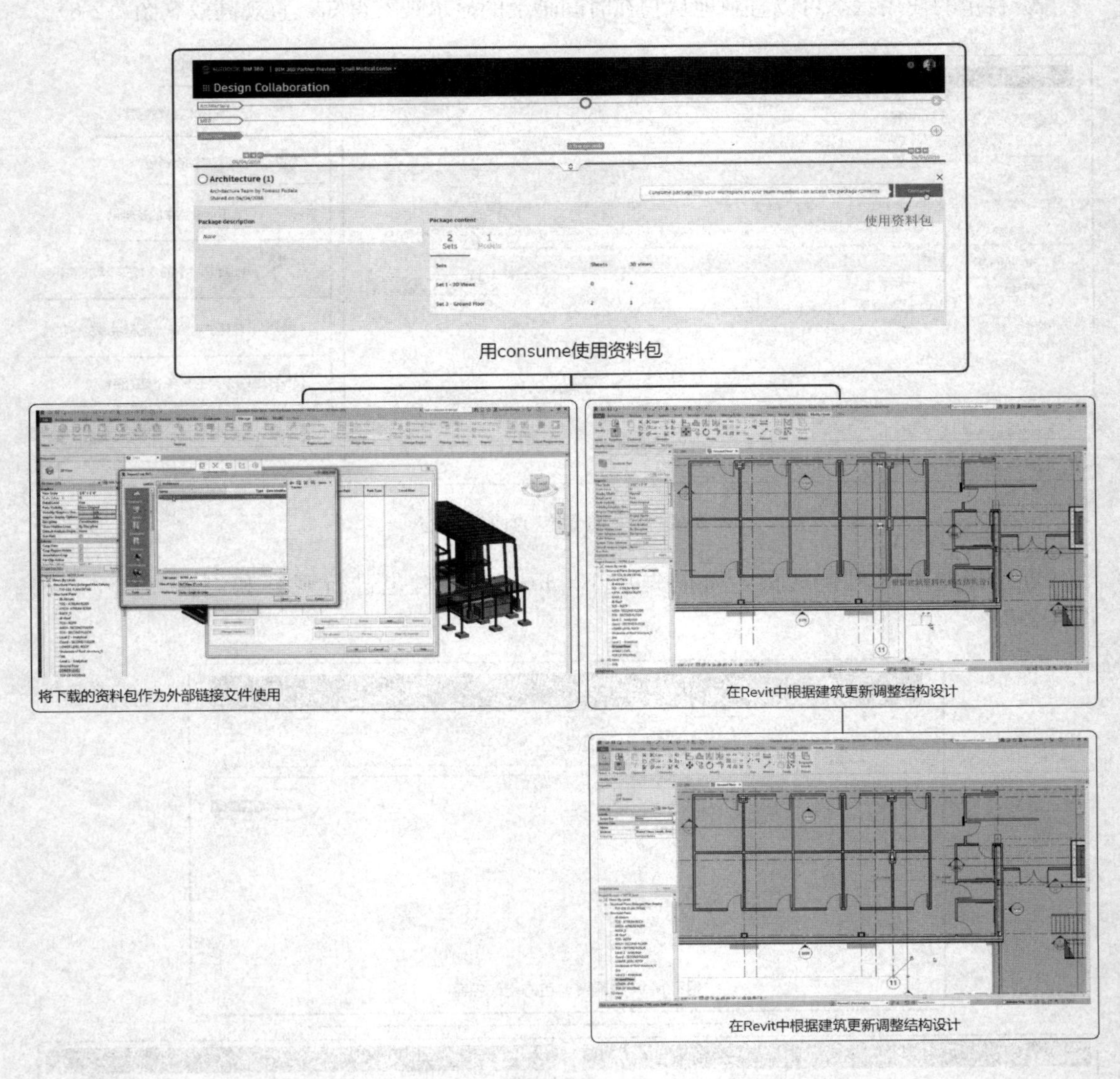

图 4-2-8　对更改的内容进行判断，以决定何时使用资料包

第三节　Project Management 模块

一、RFI 工作流中项目成员的具体工作

1. 使用 RFI（图 4-3-1）

项目负责人--项目管理模块
显示所有项目 RFI 的列表
状态
ID
标题
位置
创建者
分配者
公司
截止日期
文档
附件
回复评论
查看或编辑
使用 RFI
编辑 RFI
详细信息
附件
注释
顶部选项卡
活动
对详细信息的更改
显示修改的历史记录
附件
单击RFI名称→查看 RFI 的详细信息
在 RFI 的底部，输入注释
协作
添加文档
添加附件
添加共同审阅者

图 4-3-1　使用 RFI

2. 将 RFI 提交给审阅者（图 4-3-2）

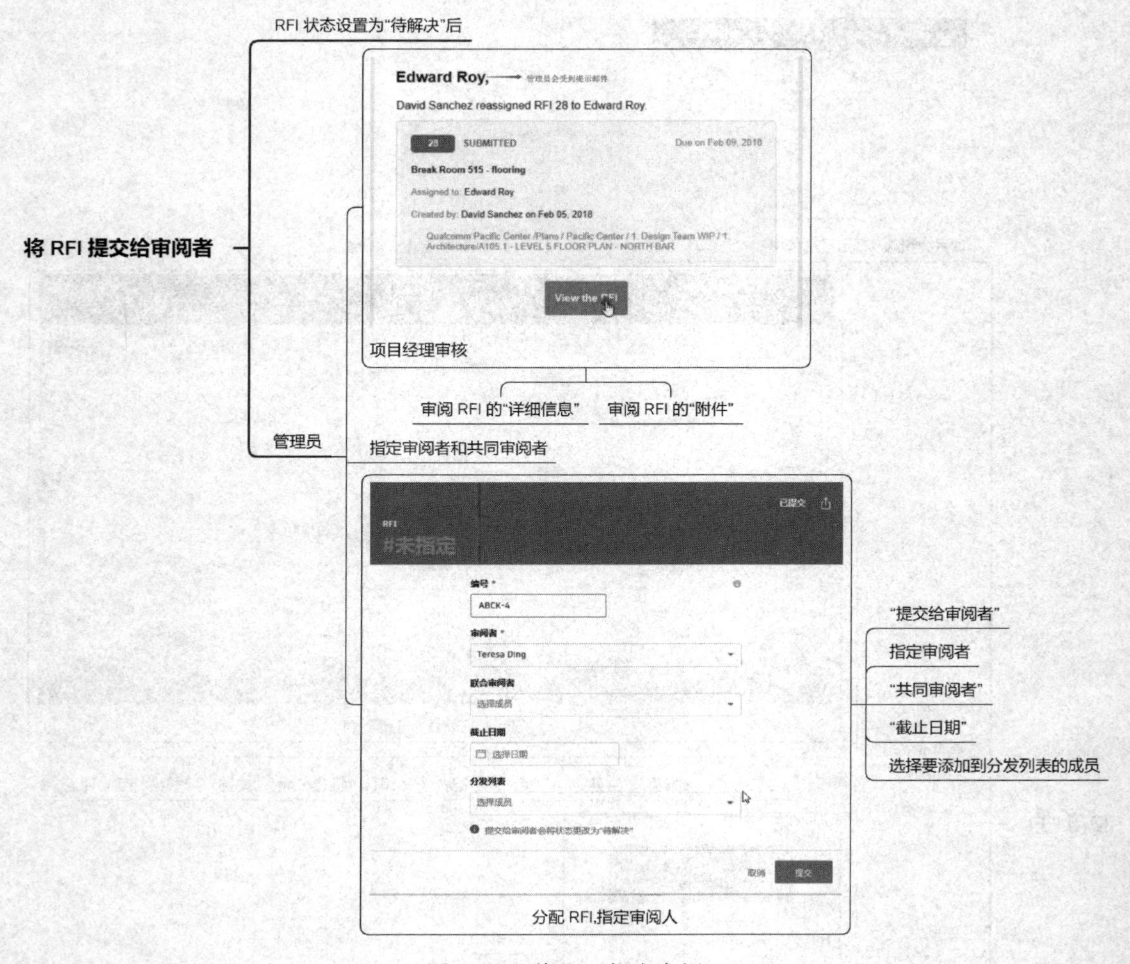

图 4-3-2　将 RFI 提交审阅

3. 回复与关闭 RFI（图 4-3-3）

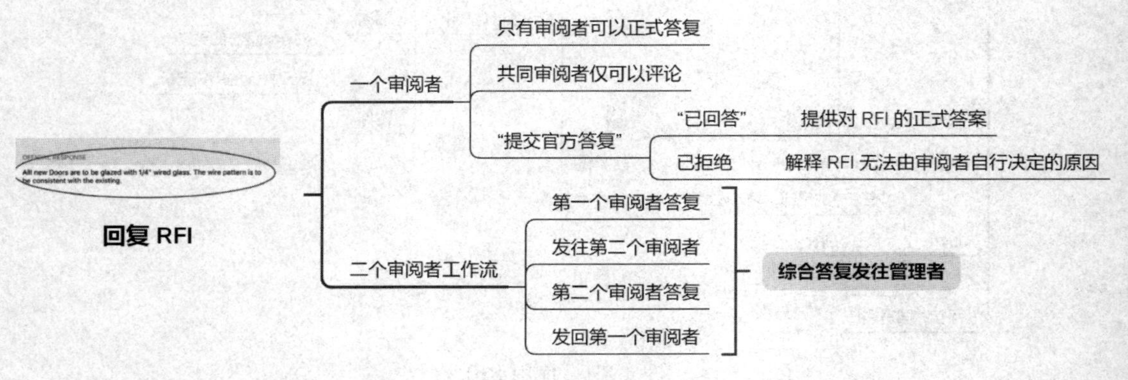

图 4-3-3　回复与关闭 RFI

4. RFI 列表（图 4-3-4）

5. 查看 RFI 状态（图 4-3-5）

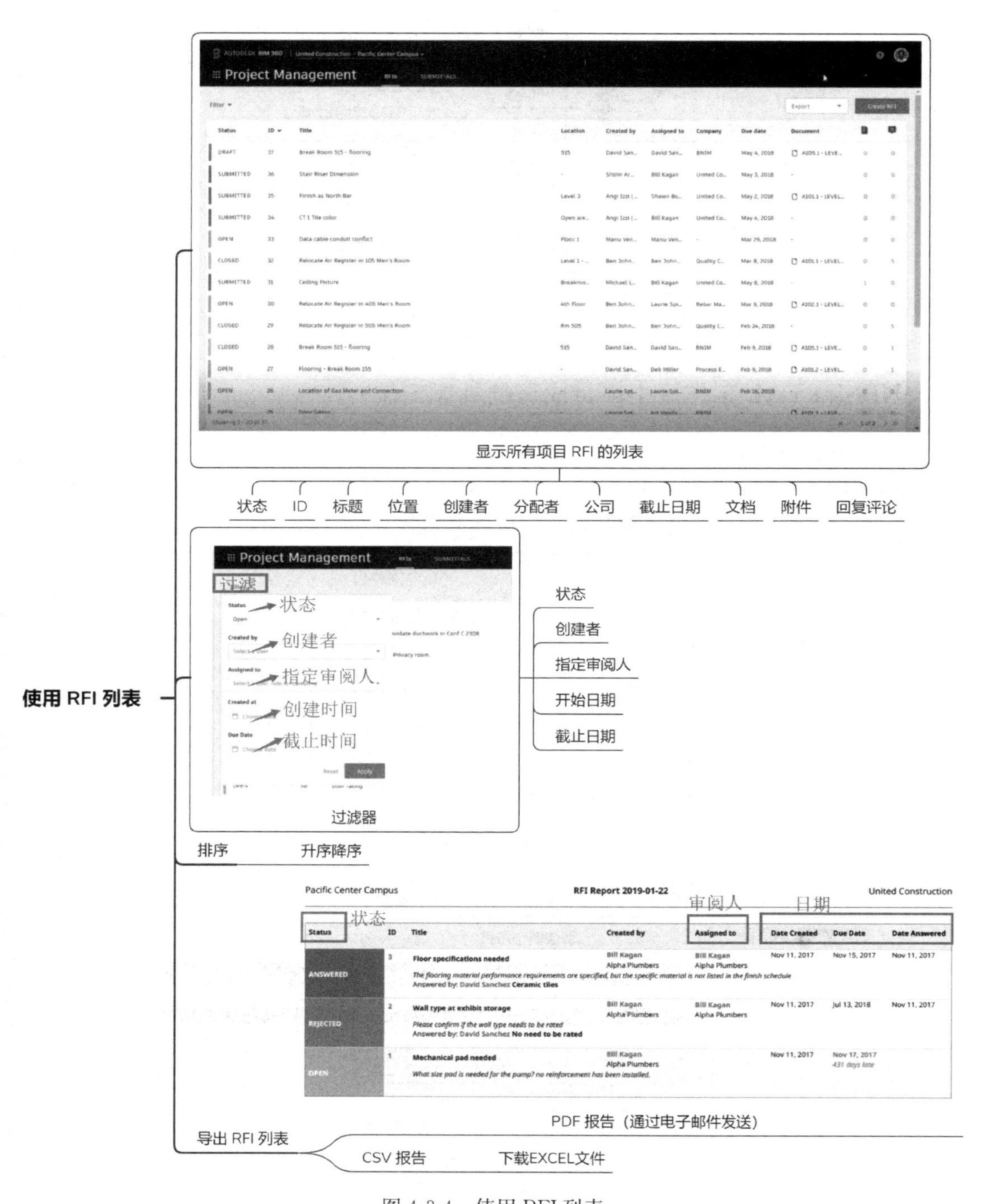

图 4-3-4　使用 RFI 列表

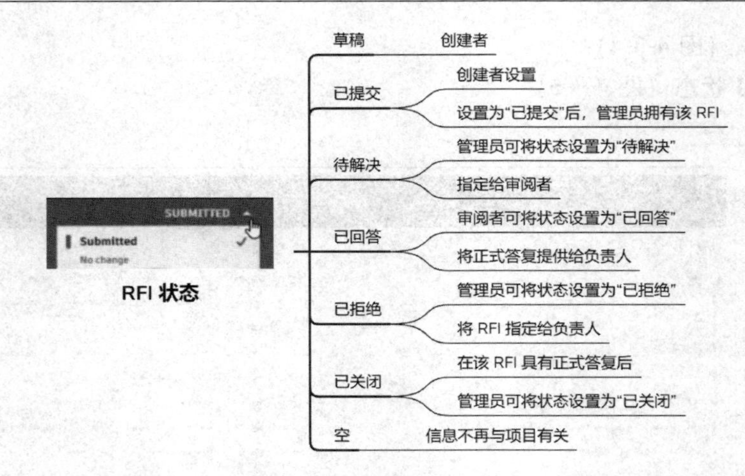

图 4-3-5 RFI 状态

二、SUBMITTAL 工作流中项目成员的具体工作

1. 创建提交资料条目

可以在提交资料条目选项卡中逐个创建提交资料条目，或者通过直接上传符合格式的 Excel 文件一次导入多个提交资料条目（可以下载模板后填写内容），如图 4-3-6 所示。

图 4-3-6 创建提交资料

2. 创建单个条目（图 4-3-7）

图 4-3-7 创建单个条目

3. 导入多个条目（图 4-3-8）

图 4-3-8　导入多个条目

4. 将条目提交给管理员

可以将一个或者多个条目同时发送给一个管理员（图 4-3-9）。

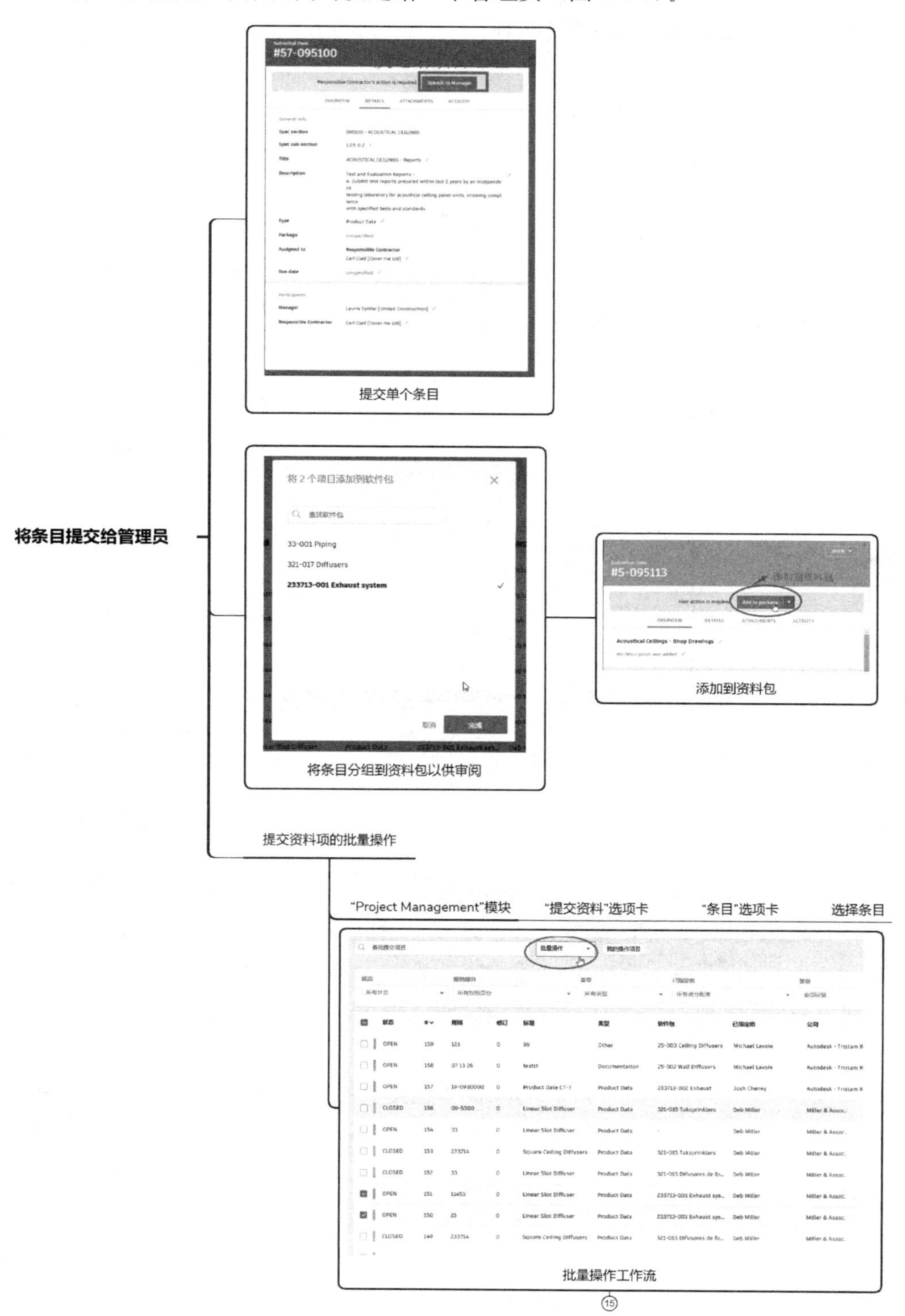

图 4-3-9 将条目提交给管理员

三、资料包

1. 项目管理者创建资料包（图 4-3-10）

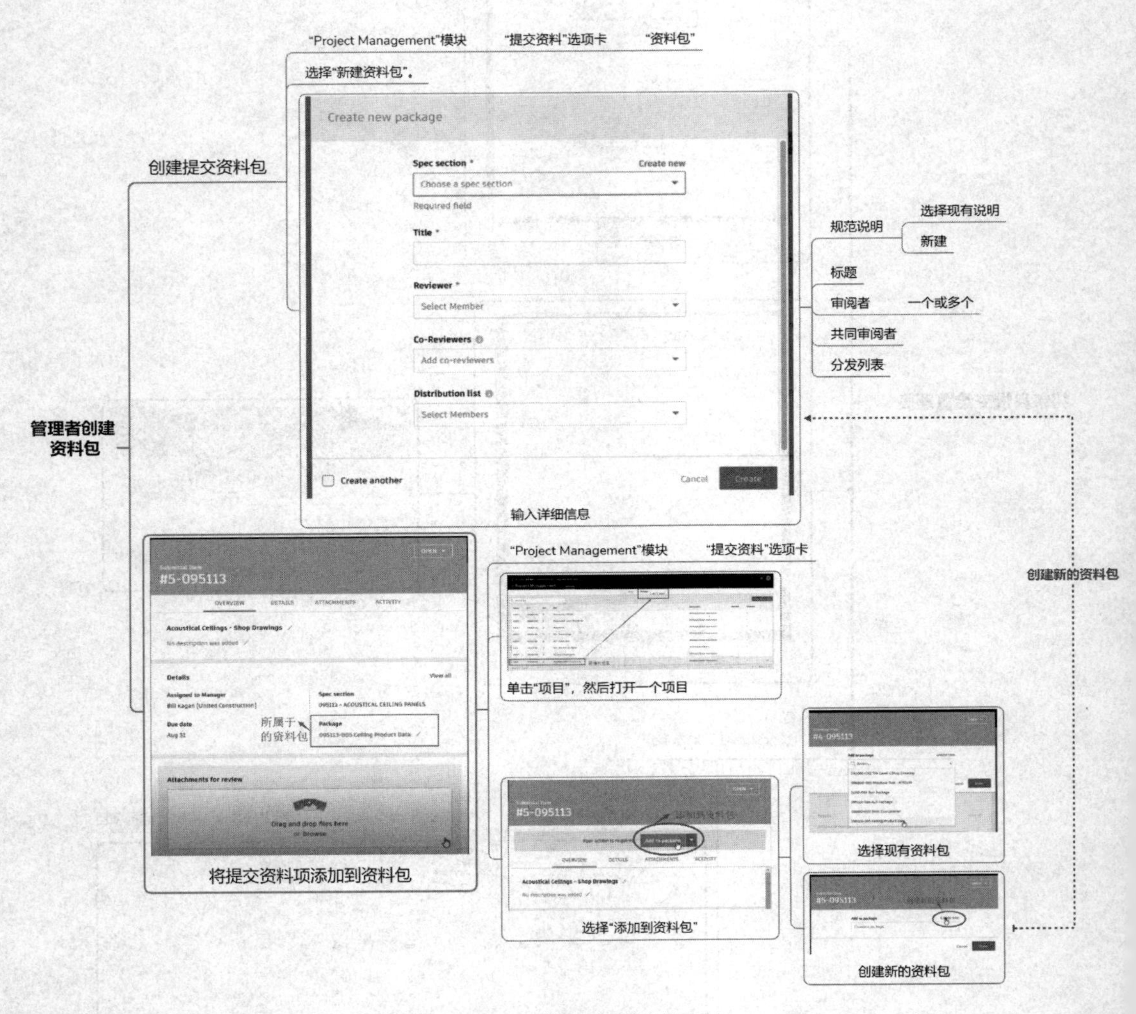

图 4-3-10　管理者创建资料包

2. 承包商提交或者返回资料包（图 4-3-11、图 4-3-12）

图 4-3-11 承包商提交或者返回资料包

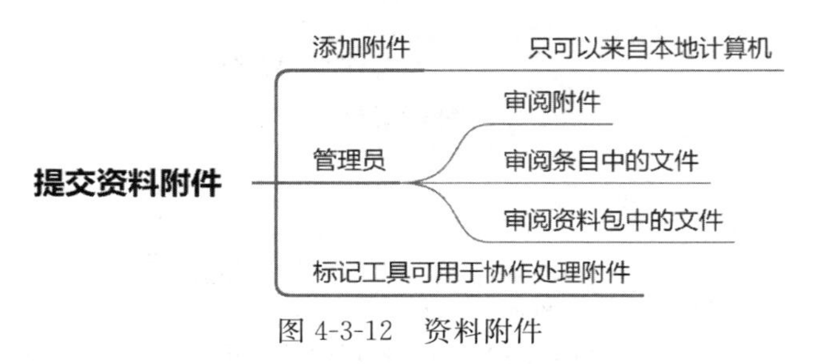

图 4-3-12 资料附件

3. 审阅资料包（图 4-3-13、图 4-3-14）

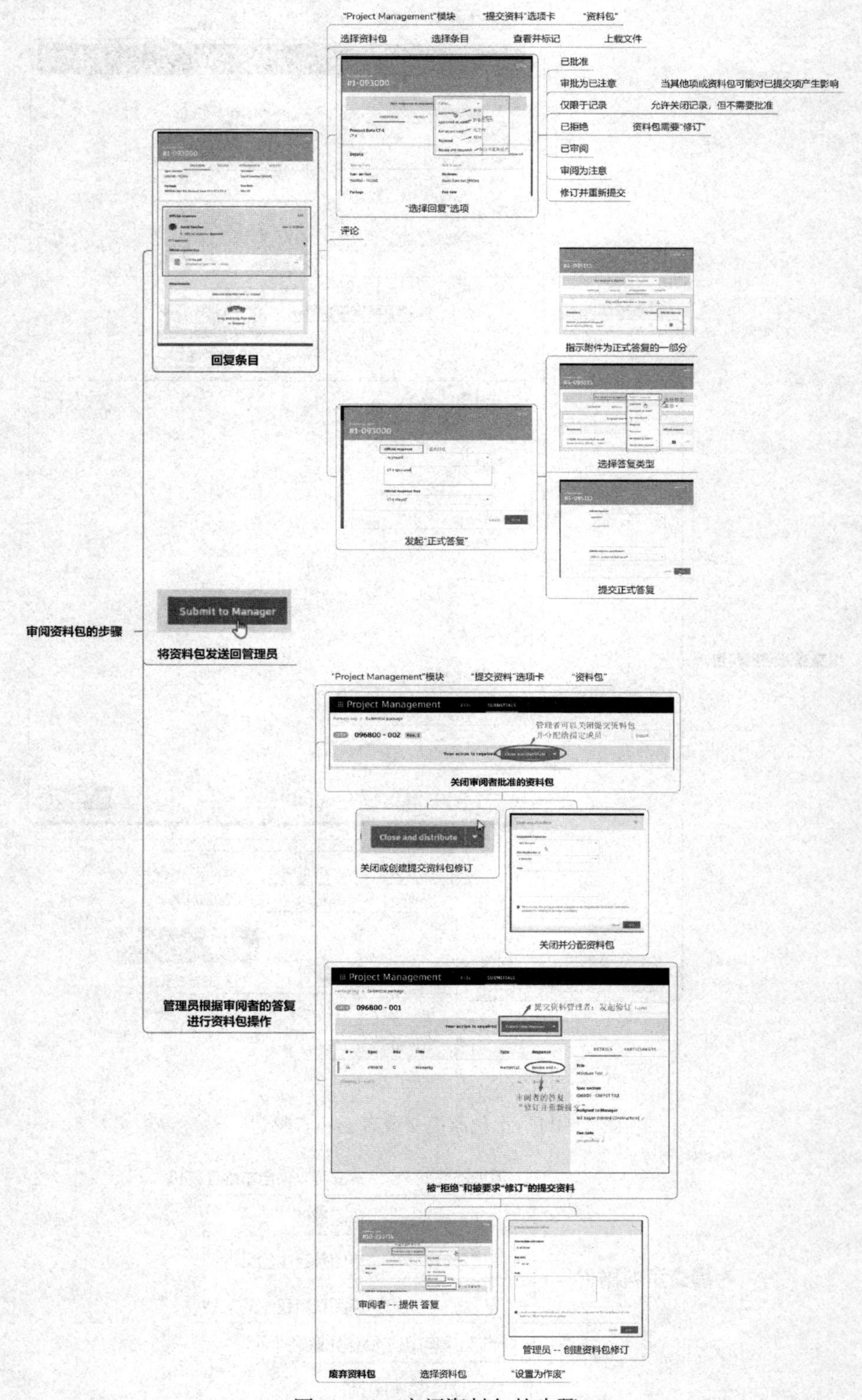

图 4-3-13　审阅资料包的步骤

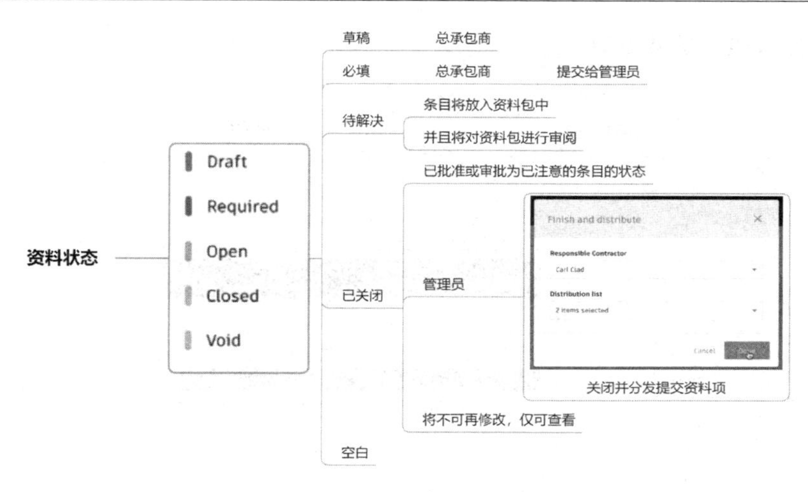

图 4-3-14 资料状态

第四节 Field Management 模块

其中权限的设置、问题的基本设置等参见前文中 Project Admin 模块中的现场工作流设置，现场问题工作流见前文施工阶段 Filed Management 模块的项目管理员操作。对于实际工作中的团队成员而言，Filed Management 模块主要用于核查生产情况与解决现场具体问题（图 4-1-1），其主要工作是在项目管理员完成核对表模板设置与流程组织后，负责质量、安全管理工作的项目成员、设计人员、施工组织人员、监理等分别进行相应的核对表应用。

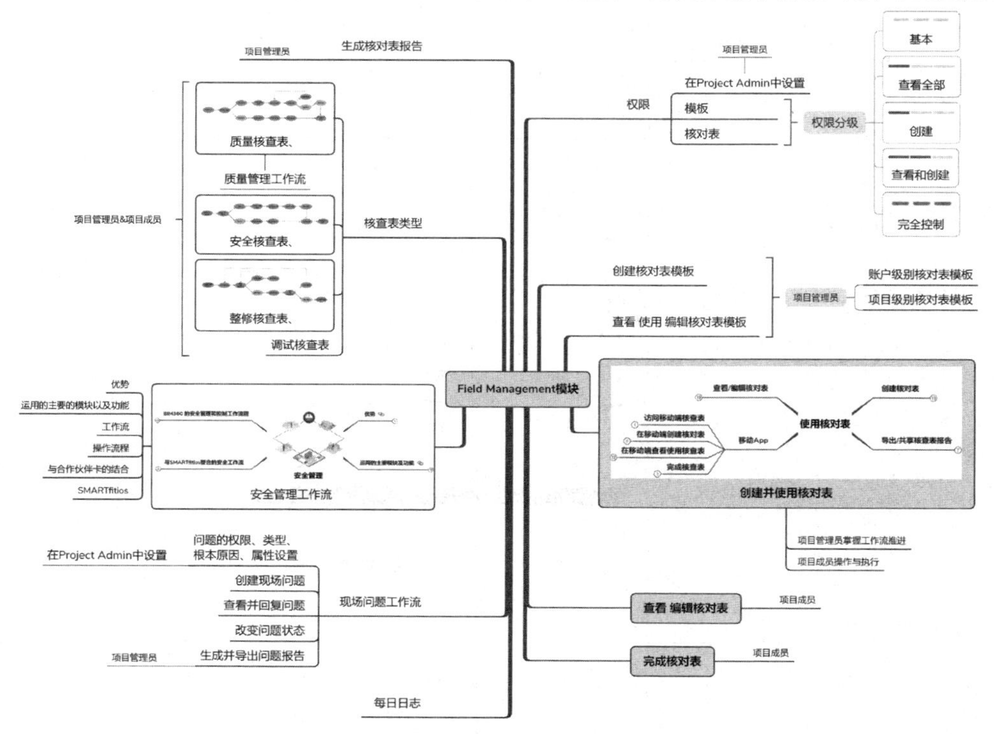

图 4-4-1 Field Management 模块的基本工作范畴

1. 创建核对表（图 4-4-2）

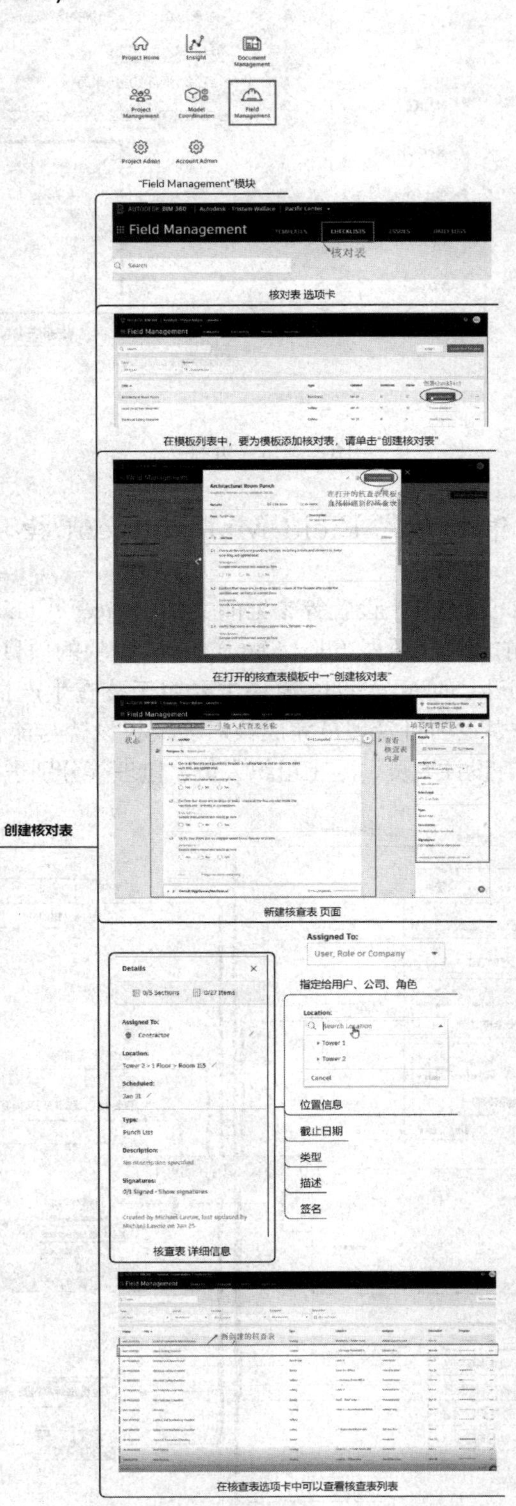

图 4-4-2　创建核对表

2. 查看与编辑核对表（图 4-4-3）

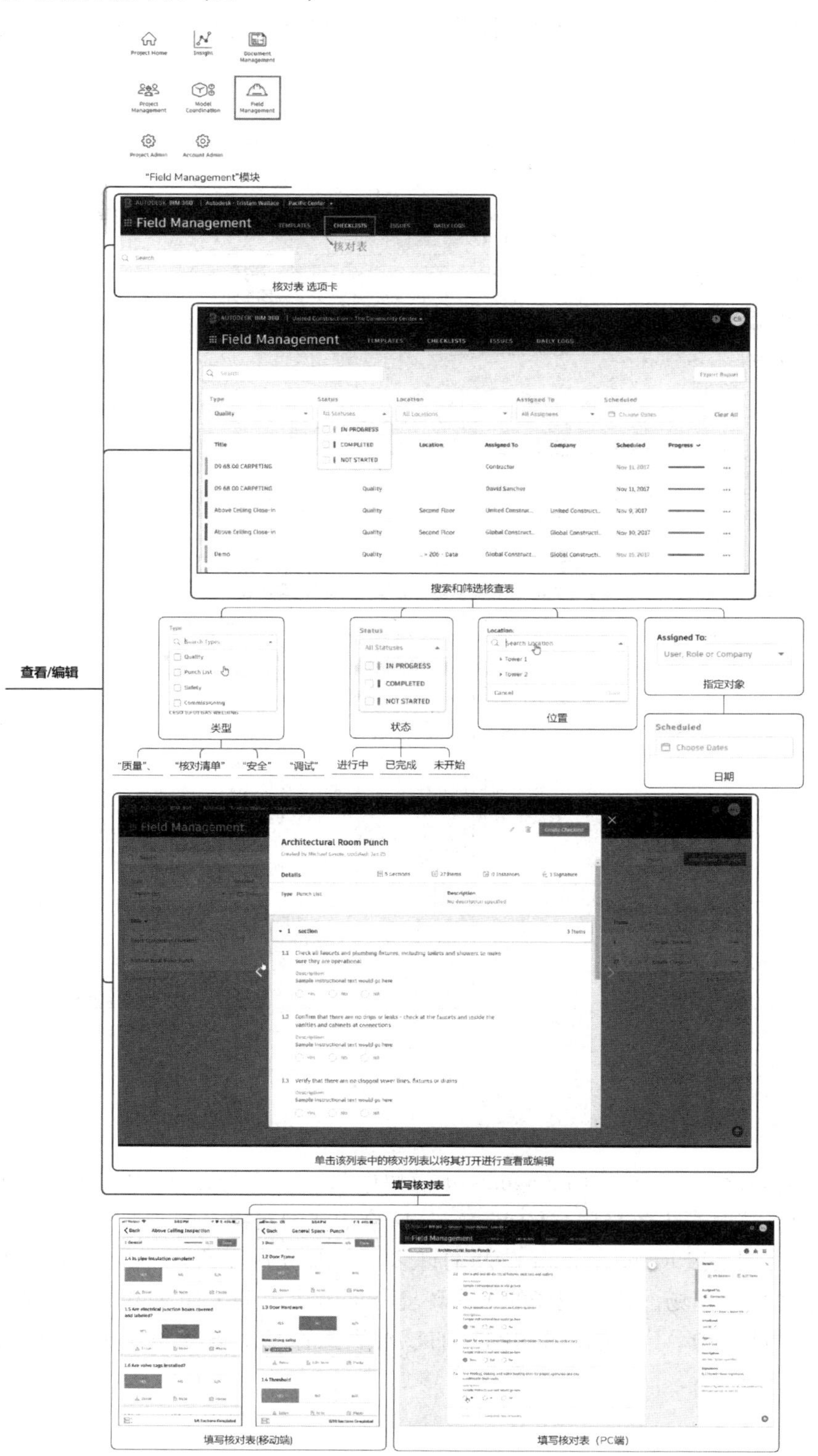

图 4-4-3 查看编辑核对表

3. 完成核对表

编辑填写核对表后，确认所有项目都符合核对表要求，则可以完成核对表（图 4-4-4）。

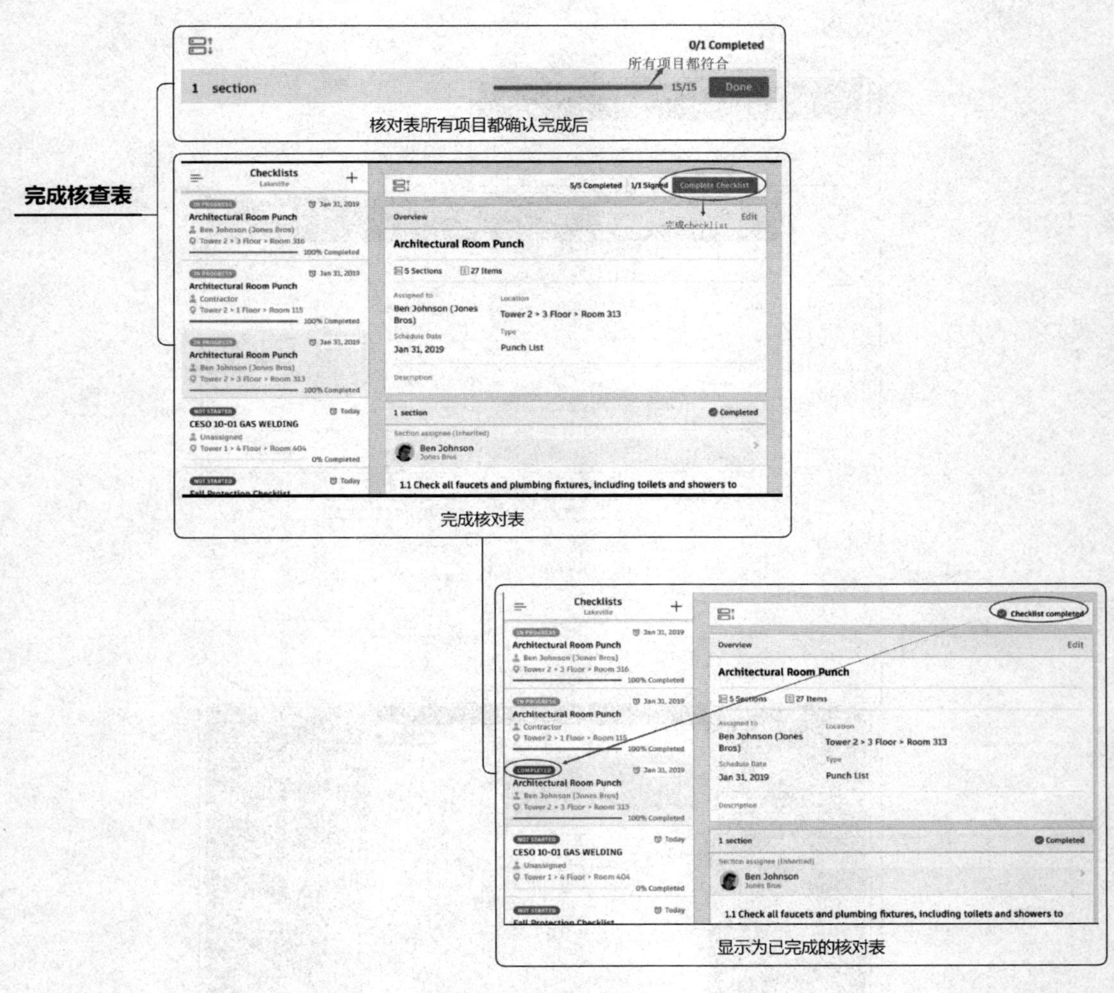

图 4-4-4　完成核对表

完成核对表之后在 Field Management 模块中将核对表导出为 PDF 文件，或者在 Insight 模块中将核对表生成报告（Report）分享给指定的对象（图 4-4-5）。

在实践中，Field Management 涉及的许多工作都在施工现场，应用这些技术的工作人员很多也在施工现场。建筑现场的工作环境特征造成很多工作人员并不能随时在 PC 端进行操作，因此移动 APP 端提供的同样的核对表操作功能就显得十分便利（图 4-4-6～图 4-4-9）。

图 4-4-5　导出核对表报告

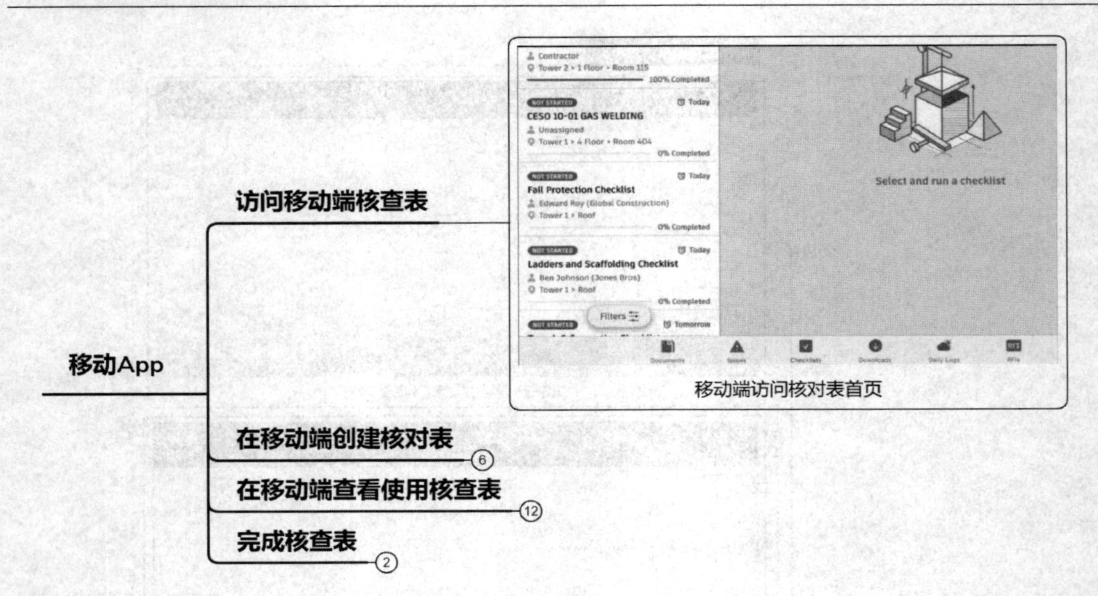

图 4-4-6 移动端

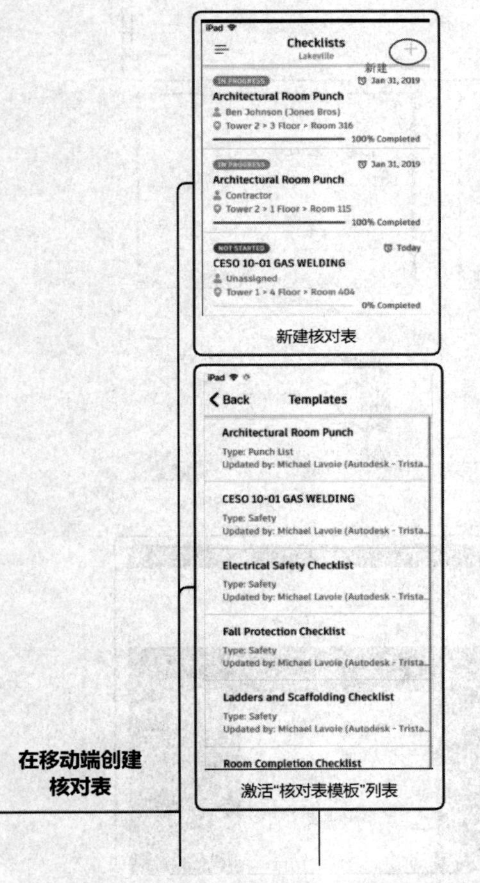

图 4-4-7 在移动端创建核对表（一）

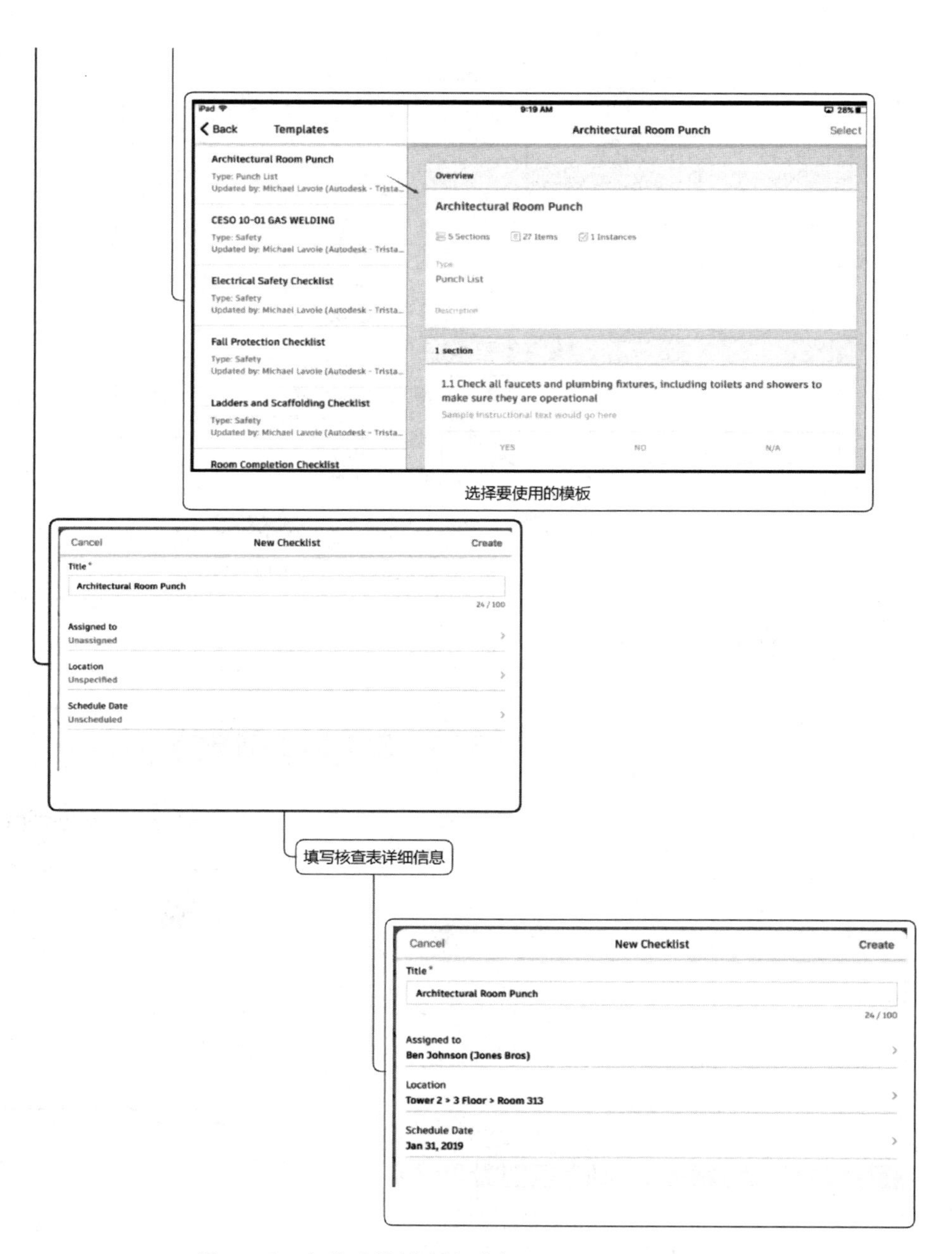

图 4-4-7 在移动端创建核对表（二）

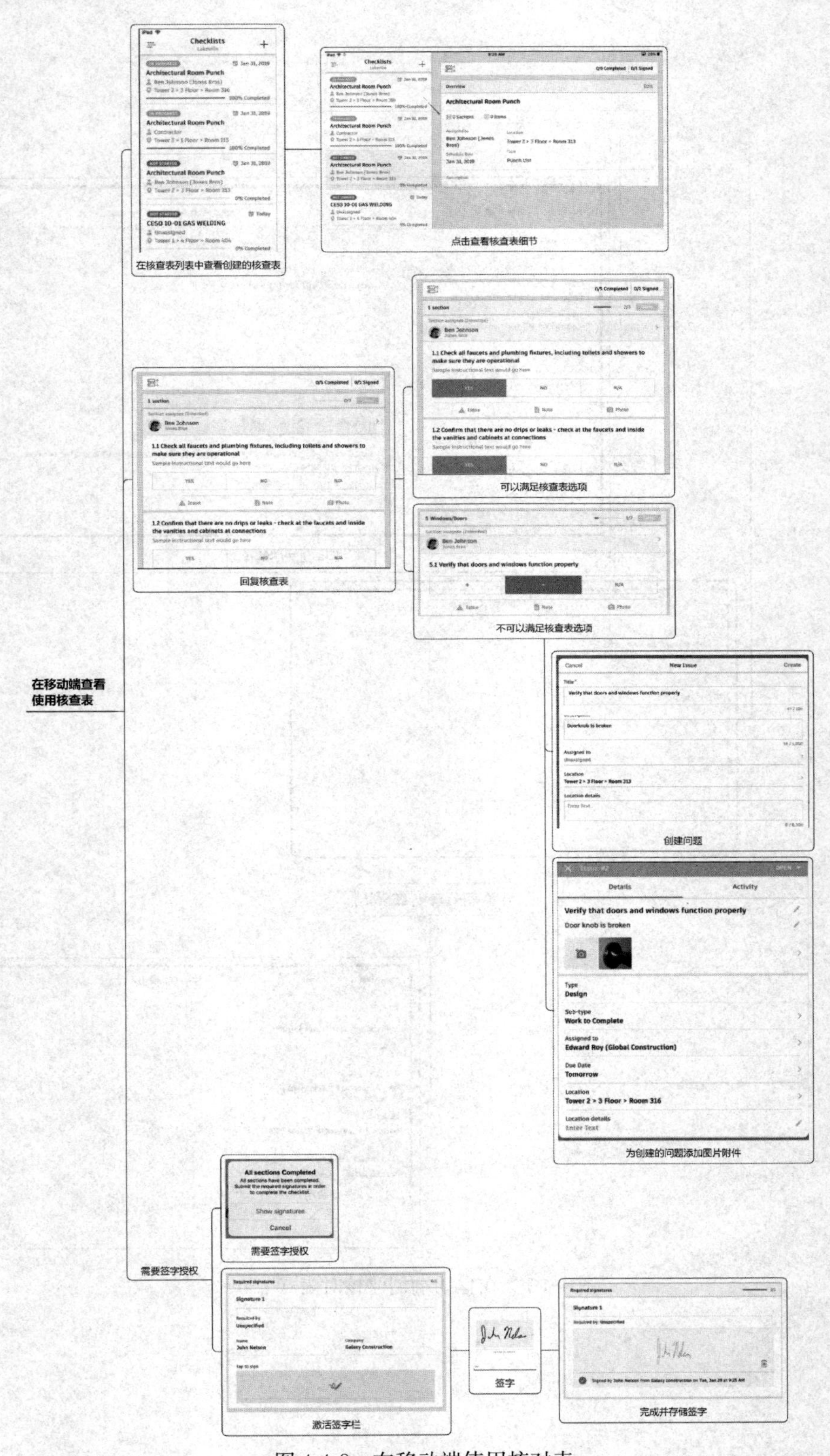

图 4-4-8　在移动端使用核对表

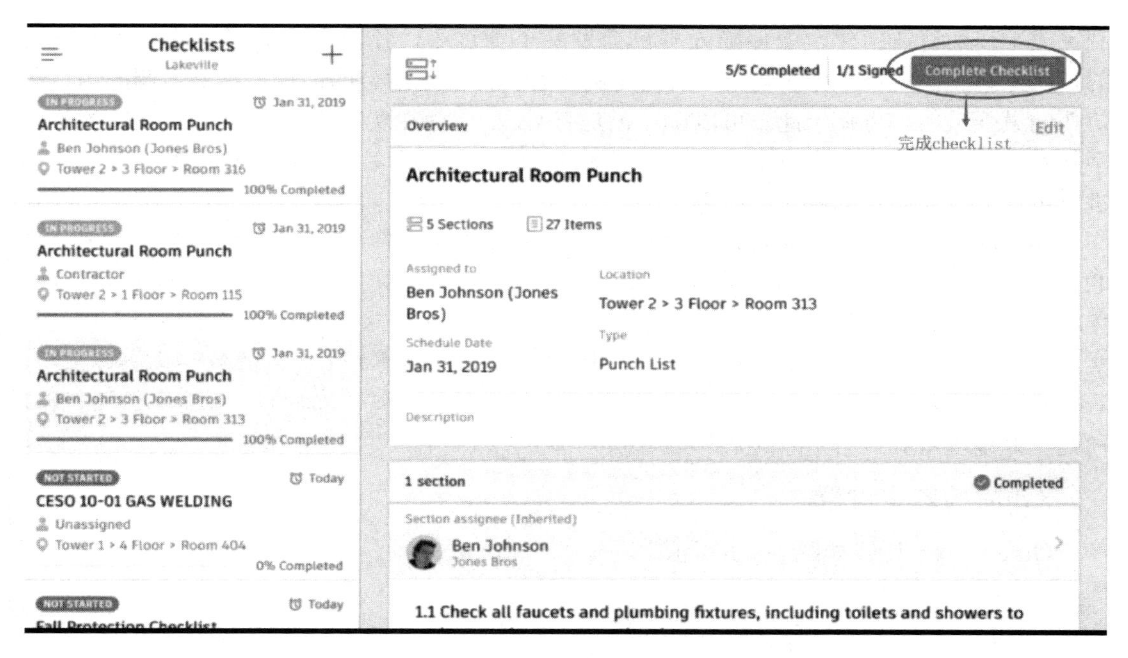

图 4-4-9　完成核对表

第五节　BIM Glue

BIM Glue 是经典的 BIM 360 协同工作平台。与新兴起的多种强大信息技术平台和模块相比，作为 BIM 初兴起时代和数字化生产流程时代的重要数字工具，BIM Glue 可能在技术上并没有初诞生时那么令人惊艳，甚至与很多跨专业的信息技术整合模块比起来还相当“落后”。但建筑生产除了高效与挑战之外，稳定也是十分重要的，甚至是重中之重，这也是为什么 Glue 这个模块依然被完整地整合入欧特克公司的建筑信息化平台的原因——大量的实践应用验证的稳定有效性。

BIM Glue 的优势在于长期应用于生产实践中打磨而来的实用性与细节以及在长期生产中被验证的稳定性。BIM Glue 可以通过与 Revit、Navisworks 等 BIM 软件的模型共享，组织不同团队进行多规程、全流程、多团队的项目协作。Glue 支持 PC 端的 APP、移动端的 APP 以及 Web 网页版的多种访问，从而让协同工作不受时间、地点以及硬件、软件的限制。Glue 能很好地整合来自 Revit 和 Navisworks 的文件与工作，从而可以将采用 Revit 与 Navisworks 组织数字化生产流程的团队近乎无缝地融入到信息化生产协作中。

在这里笔者要提醒一点，虽然数字化与信息化技术的最大优势是技术的先进性，但如果只去关注最先进的技术部分，而不了解“过时的”部分，是没有办法将新技术稳定地应用于生产的。笔者在实践中接触过很多的信息化数字技术软件，尤其国内一些软件开发相关的公司更是新产品层出不穷，这些产品的创意是好的，出发点也都是对标国际最先进的数字工具，不可谓不高，但是在实际生产中总是问题重重，如美好的空中楼阁难以落地，有的时候稳定性更是灾难，让人敬而远之。其实这不是我们的技术水平造成的，而是在观念上总是要“一口吃个胖子”，总是要一开始就做最先进的，但建筑行业毕竟不是互联网行业和娱乐行业等，并不是共享单车那种之前没有的、具有最先进的理念和创意就可以顺利完成工作的行业。建筑业伴随人类社会发展了千百年，其技术是层层叠叠、非常复杂的，因此对于建筑技术更多的是一种稳定的多种代际技术融合的体现，本书强调的信息化协作的最强大能力也在于此。可以说，正是有 Glue 这种在实践中稳定应用有效的各种数字技术，才有进一步整合数字技术更加强大的信息技术集合，以及组织这些数字技术流程进行更加顺畅与高效的协作的信息化协作。

在我国目前如雨后春笋般各种“新颖”的建筑数字工具中，虽然涉及 VR、AR、物联网、AI 等几乎所有先进信息技术，但至今却没有一款如 Glue 一样让人放心的可以简单、系统、完整地进行数字生产的技术模块。建筑技术的发展与学习是一个一步一步的踏实过程，读者也应该本着这种观点去看待 BIM 技术，看待 Revit 进行的数字化协作组织，看待 Glue 等数字现场协调工具，了解与掌握这些并非是一种“过时的，无意义的”工作，而是更好地理解和进行信息化协作的基础。

一、Glue 的基本设置

Glue 的基本设置如图 4-5-1 所示。

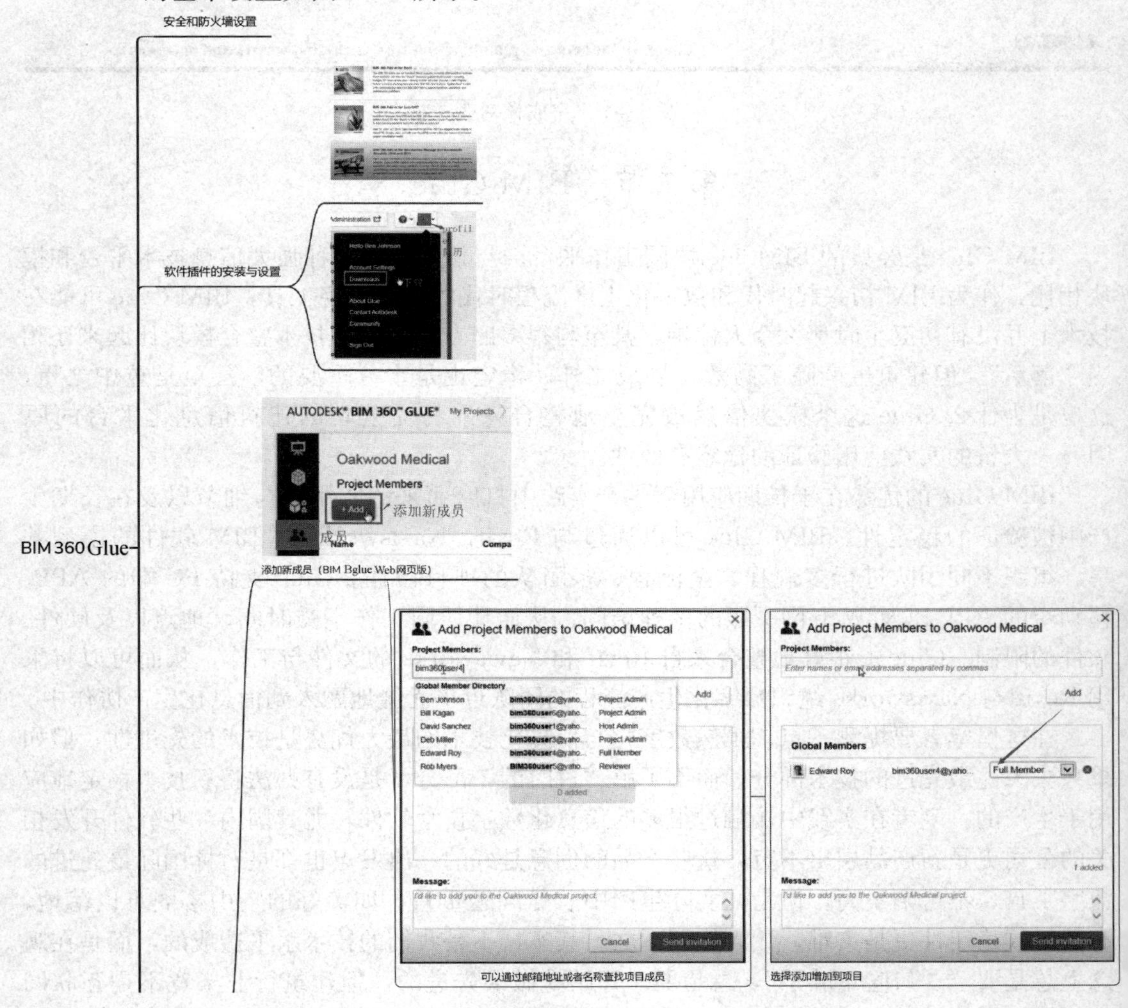

图 4-5-1 Glue 的基本设置（一）

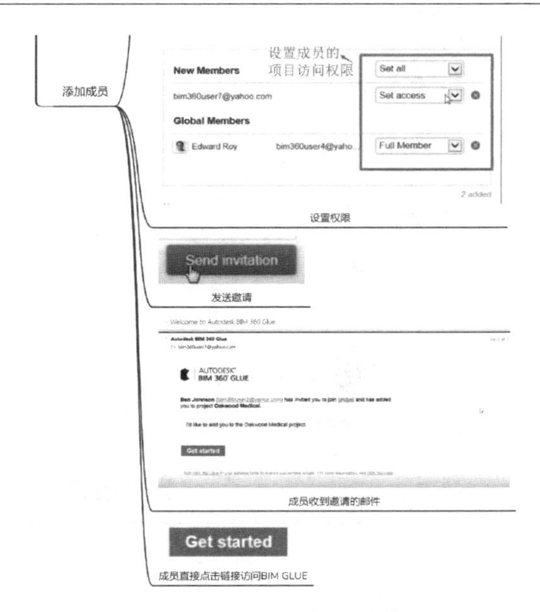

图 4-5-1 Glue 的基本设置（二）

可以在登录首页（图 4-5-2）中查看当前账户所拥有的项目列表，并且可以通过名称搜索项目。在项目列表中会显示项目的封面照片、已经添加到项目的标记以及视图（点击可以查看活动信息），同时还可以在首页右上角的下拉菜单中进行切换账户、查看账户收到的通知消息以及基本的设置（图 4-5-3）。

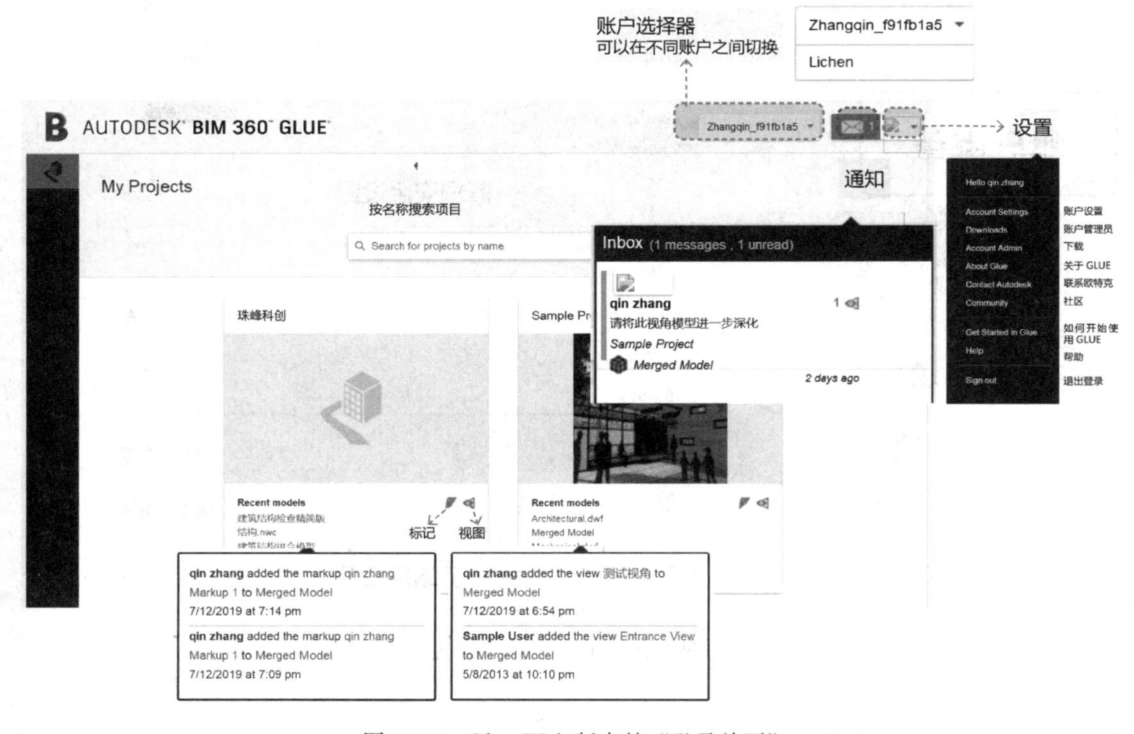

图 4-5-2 Glue Web 版本的“登录首页”

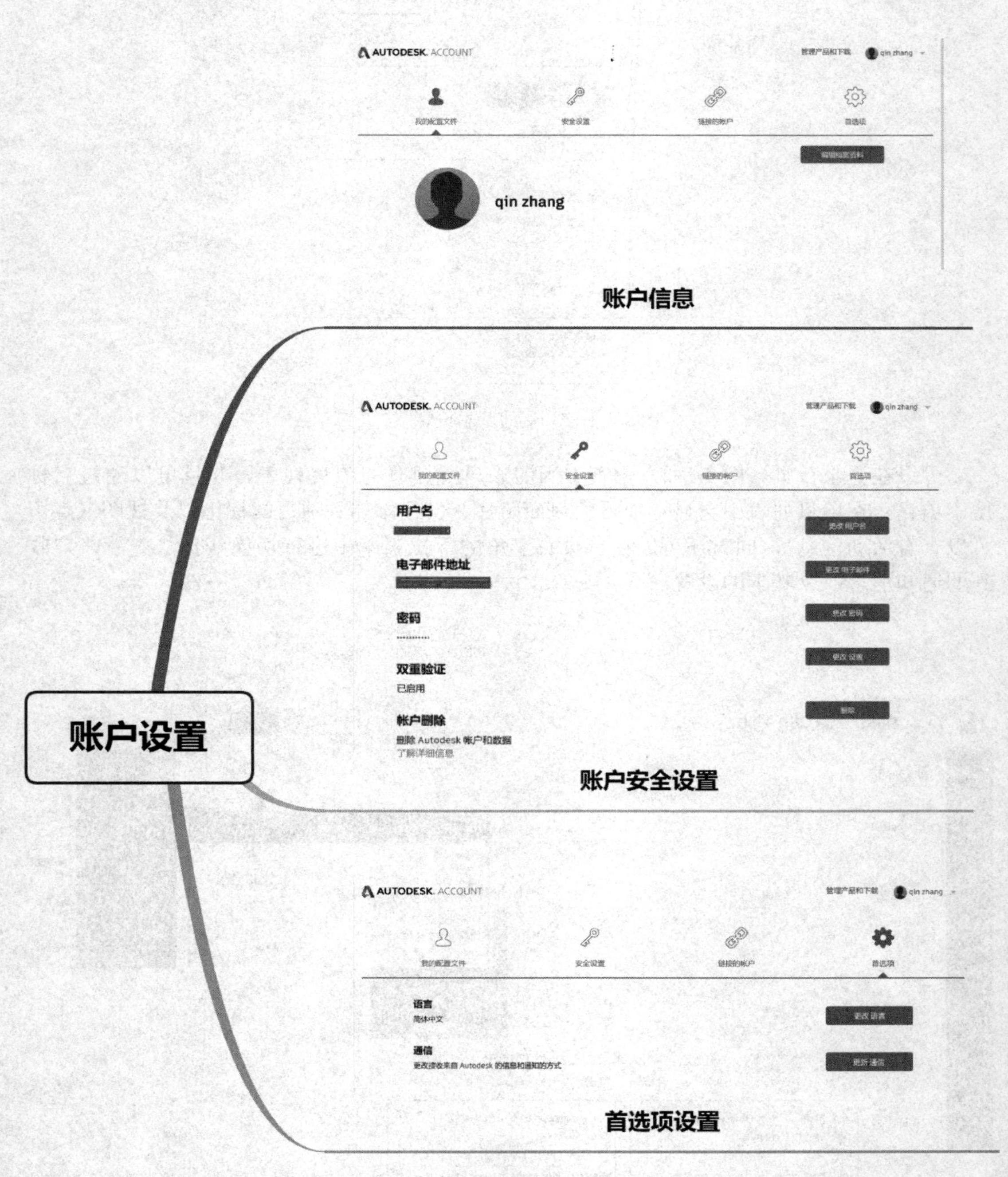

图 4-5-3　账户的基本设置

PC 端的 BIM 360 Glue 版本的项目首页同网页版基本相同（图 4-5-4）。

图 4-5-4 PC 端的项目首页

二、项目首页

点击项目可以进入项目工作界面（图 4-5-5、图 4-5-6）。

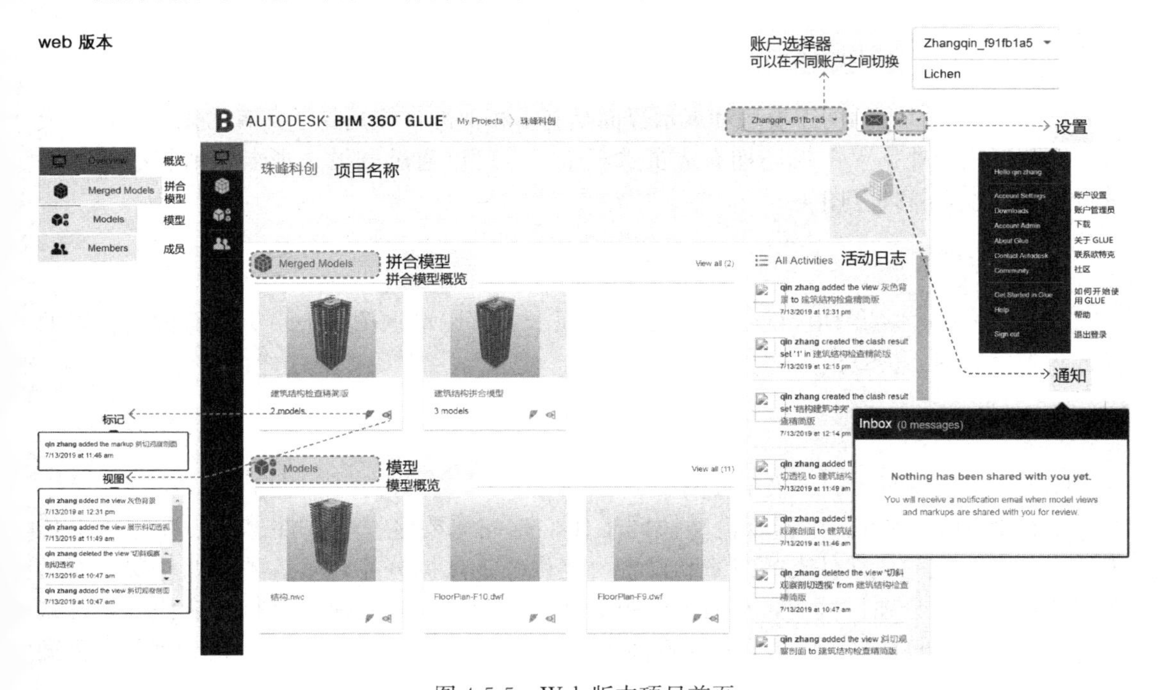

图 4-5-5 Web 版本项目首页

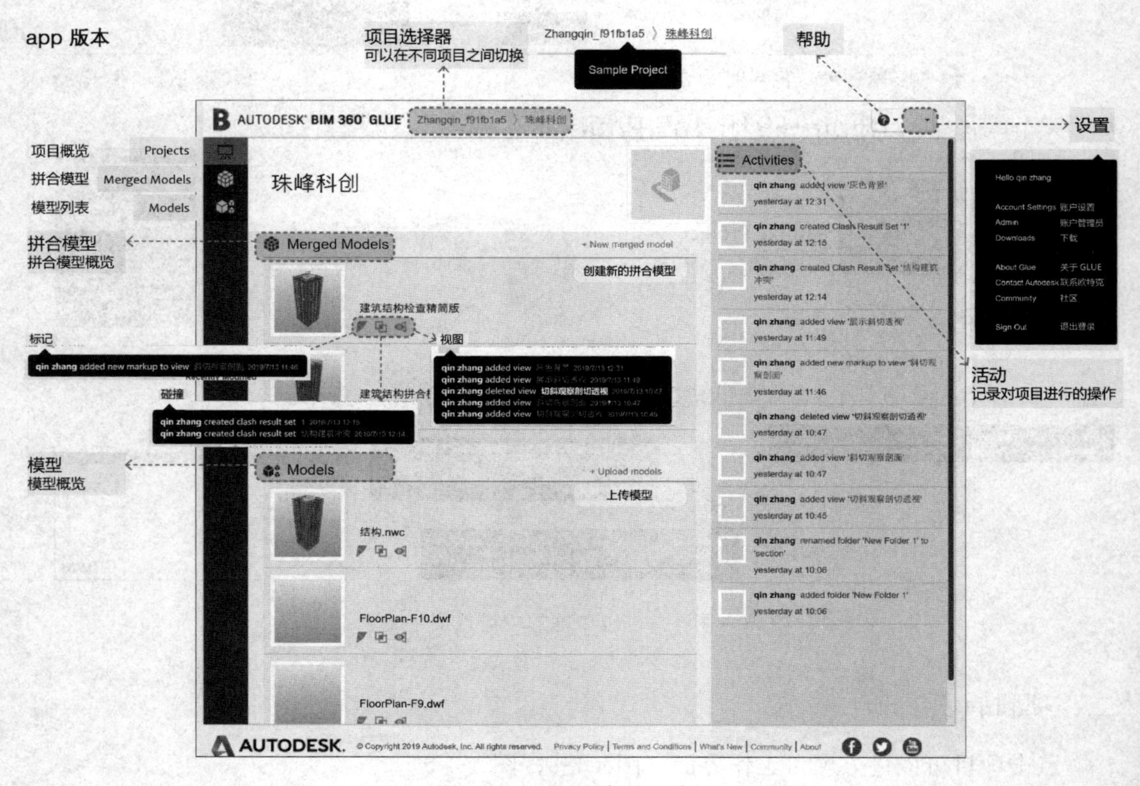

图 4-5-6　APP 端项目首页

可以注意到基本的功能模块和展示界面是基本相似的，只是除了共有的概览、拼合模型、模型选项卡外，Web 端还拥有成员选项卡——可以通过成员选项卡邀请新的成员并进行成员的权限管理（图 4-5-7）。

三、成员管理

Glue Web 版本的“项目首页”在成员选项卡中可以增加项目成员、进行成员权限的设置与管理（图 4-5-8）。

四、上传模型

Glue“项目首页”——模型如图 4-5-9 所示。

要在 BIM 360 Glue 中开始模型协同工作，首先需要将模型文件上传。在进行上传工作前，需要先完成文件夹的组织和设置，建议的工作拆分方式是首先按照楼层、而后按照专业规程拆分项目模型，从而可以用更灵活多变的方式对模型进行组合协同，既减小拼合文件的时间，也可以更有针对性地查看冲突和问题，同时也能更好地管理信息模型（图 4-5-10）。

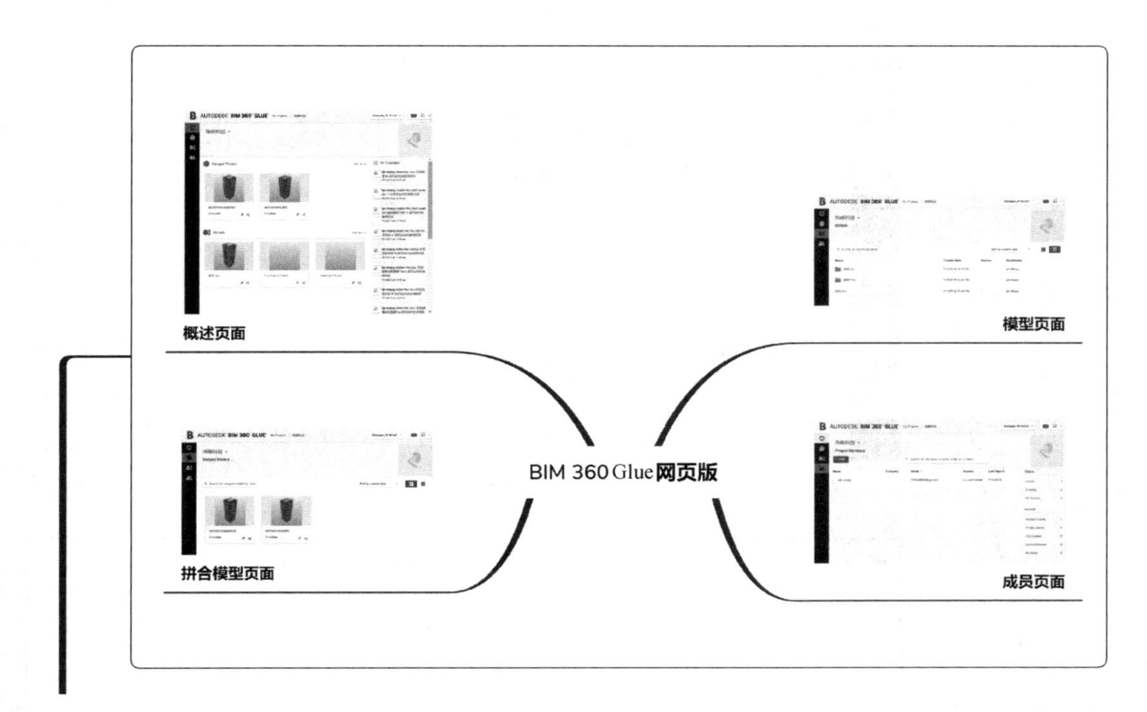

项目首页

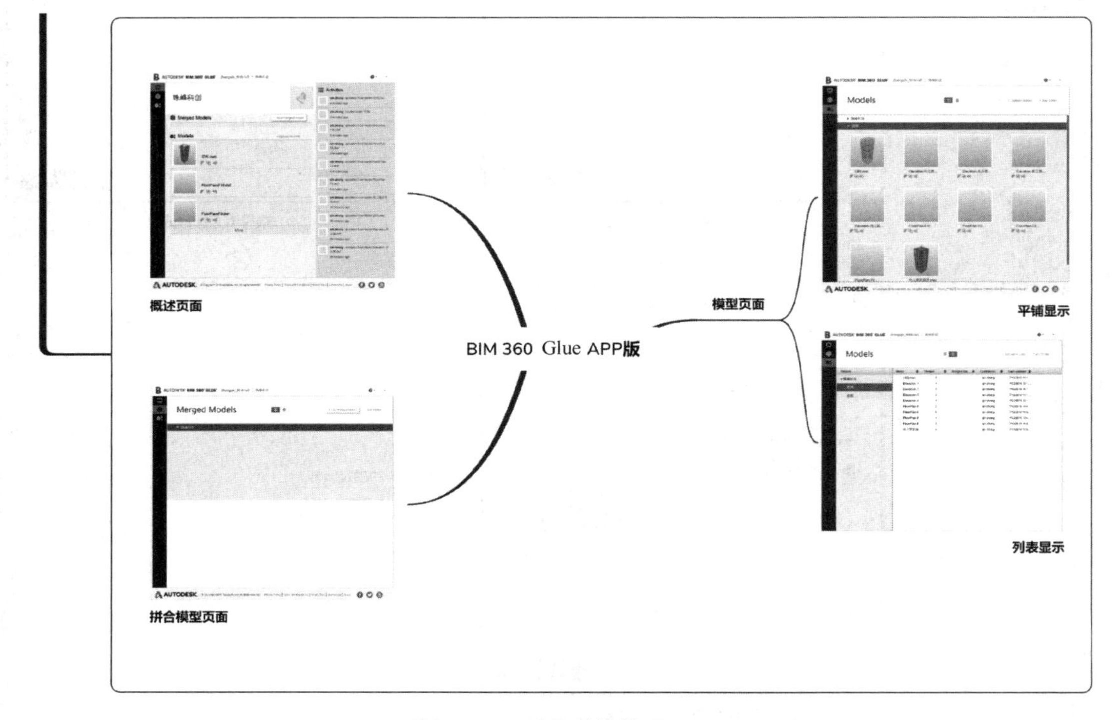

图 4-5-7 两种项目首页

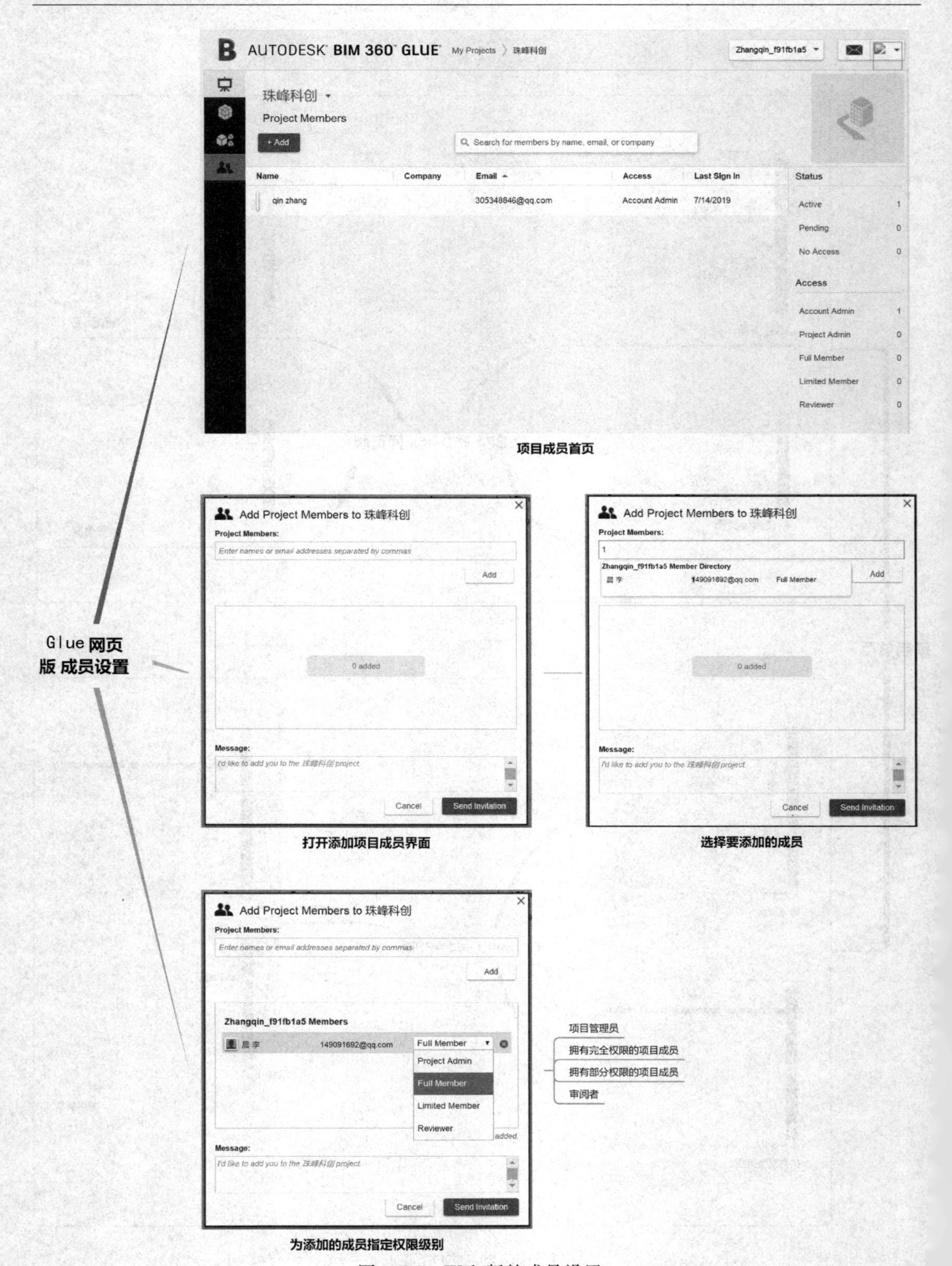

图 4-5-8　Web 版的成员设置

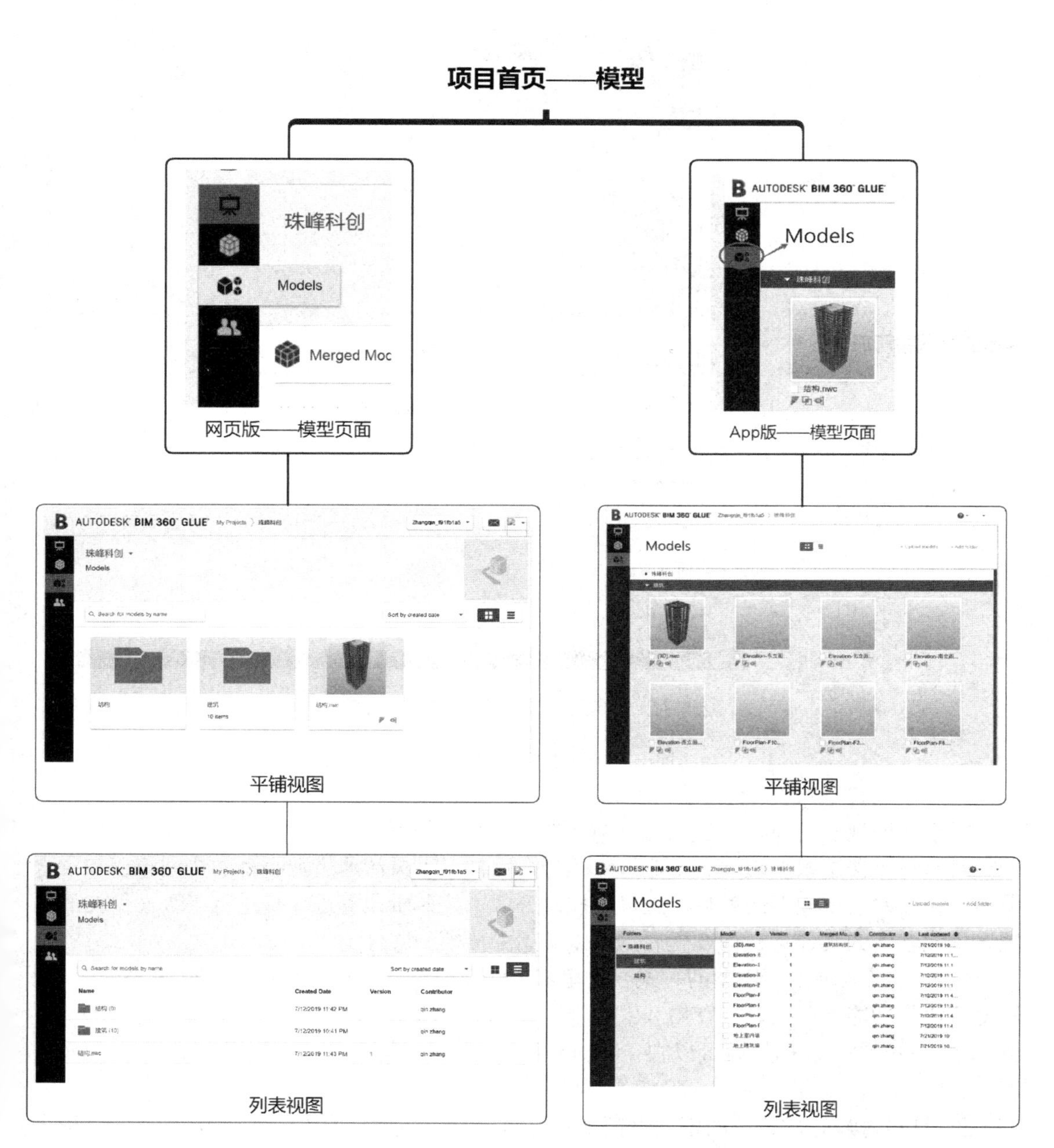

图 4-5-9 项目首页中的模型页面

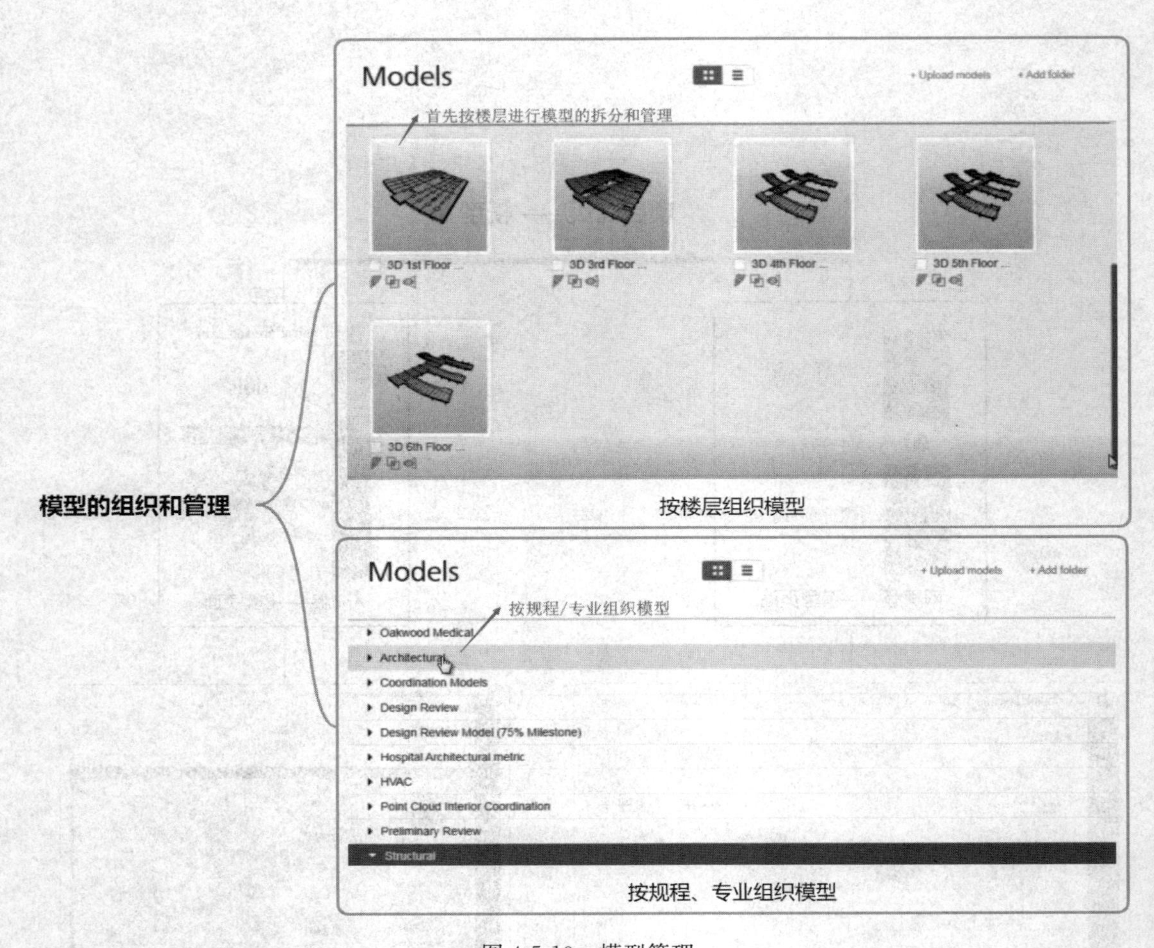

图 4-5-10　模型管理

对于一般规模的项目，建议的模型文件夹组织等级是优先按照楼层进行模型的拆分、而后对于每个楼层根据规程和专业组织模型，这样可以灵活地进行小型的协同流程和拼合模型文件；对于更大型的项目，还可以按照分区、按照阶段等进一步进行等级文件夹的设置，完成基本的文件夹结构设置后，可以开始上传模型文件。

Glue 提供两种上传模型的方式，这里需要注意的是，直接拖拽模型上传的 Revit 模型不支持协作功能，仅仅可以存储和下载（图 4-5-11、图 4-5-12）。

在 Revit 中安装插件后可以在 Plug-in 中看到 Glue 模块，用于上传模型（图 4-5-13、图 4-5-14）。

也可以直接通过 Glue 的模型页面上传文件（但是这样上传的 Revit 文件不可以拼合协同，这也是 Glue 作为相对较老的技术模块，有一些信息化方面的问题），如图 4-5-15 所示。

也可以直接拖拽或者选择一个文件夹上传，Glue 会保留文件夹以及其子文件夹的等级关系。

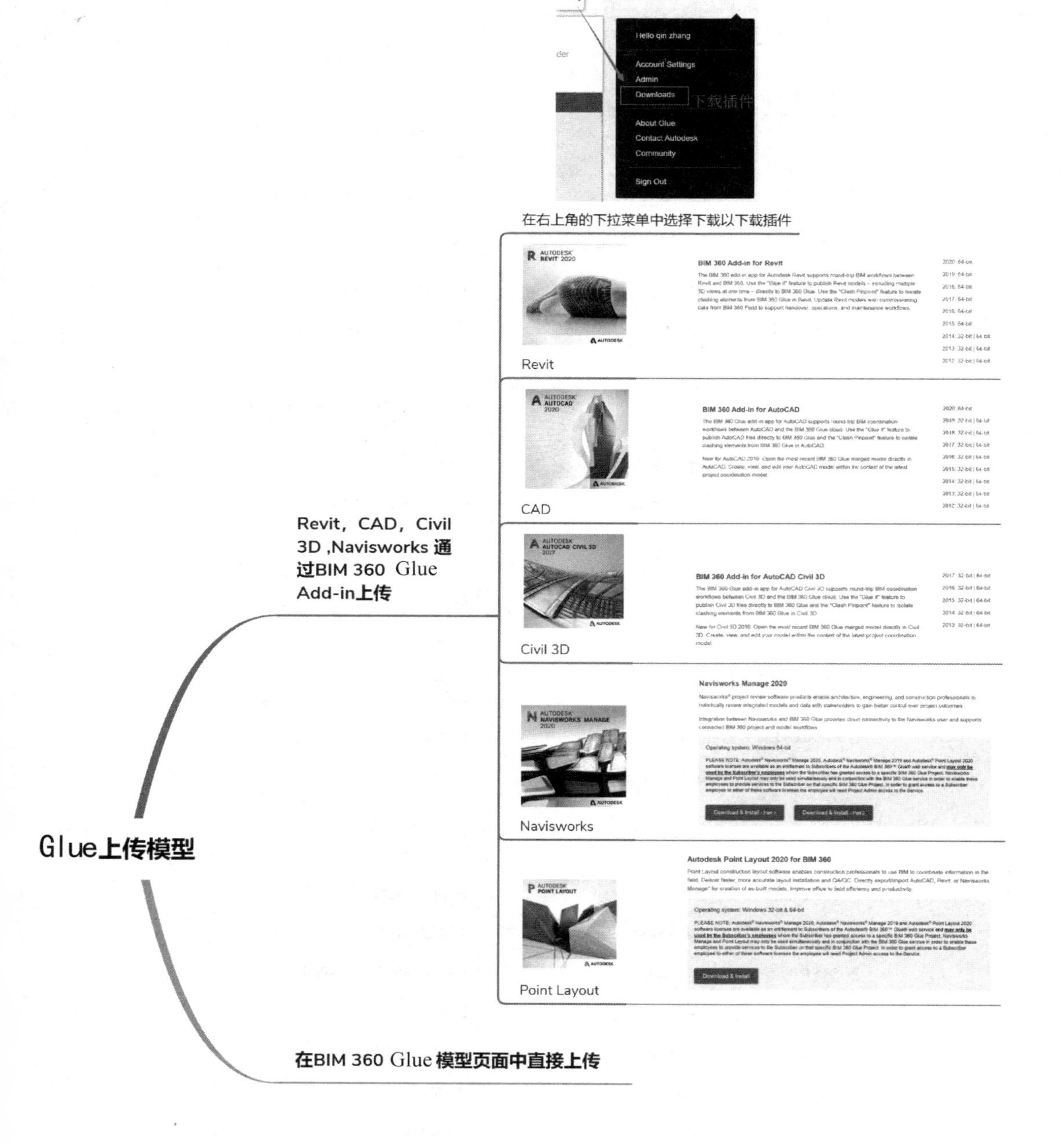

图 4-5-11 上传模型至 Glue

Format	Extension	File Format Version
Navisworks	.nwd .nwf .nwc	All versions
AutoCAD	.dwg, .dxf	Up to AutoCAD 2019
MicroStation (SE, J, V8 & XM)	.dgn .prp .prw	v7, v8
3D Studio	.3ds .prj	Up to Autodesk 3ds Max 2019
ACIS SAT	.sat .sab	All ASM SAT. Up to ACIS SAT v7
Catia	.model .session .exp .dlv3 .CATPart .CATProduct .cgr	V4, v5
CIS/2	.stp	STRUCTURAL_FRAME_SCHEMA
DWF/DWFx	.dwf .dwfx	All previous versions
FBX	.fbx	FBX SDK 2019.0
IFC	.ifc	IFC2X_PLATFORM, IFC2X_FINAL, IFC2X2_FINAL, IFC2X3, IFC4
IGES	.igs .iges	All versions
Inventor	.ipt .iam .ipj	Up to Inventor 2019
Informatix MicroGDS	.man .cv7	v10
JT Open	.jt	Up to 10.0
NX	.prt	Up to 9.0
PDS Design Review	.dri	Legacy file format. Support up to 2007.
Parasolids	.x_b	Up to schema 26
Pro/ENGINEER	.prt .asm .g .neu	Wildfire 5.0, Creo Parametric 1.0-3.0
RVM	.rvm	Up to 12.0 SP5
Revit	.rvt	Up to 2019
SketchUp	.skp	v5 up to 2016
Solidworks	.prt .sldprt .asm .sldasm	2001 Plus-2015
STEP	.stp .step	AP214, AP203E3, AP242
STL	.stl	Binary only
VRML	.wrl .wrz	VRML1, VRML2
PDF	.pdf	All versions
Rhino	.3dm	Up to 5.0

图 4-5-12 Glue 现在可以兼容和支持的文件格式

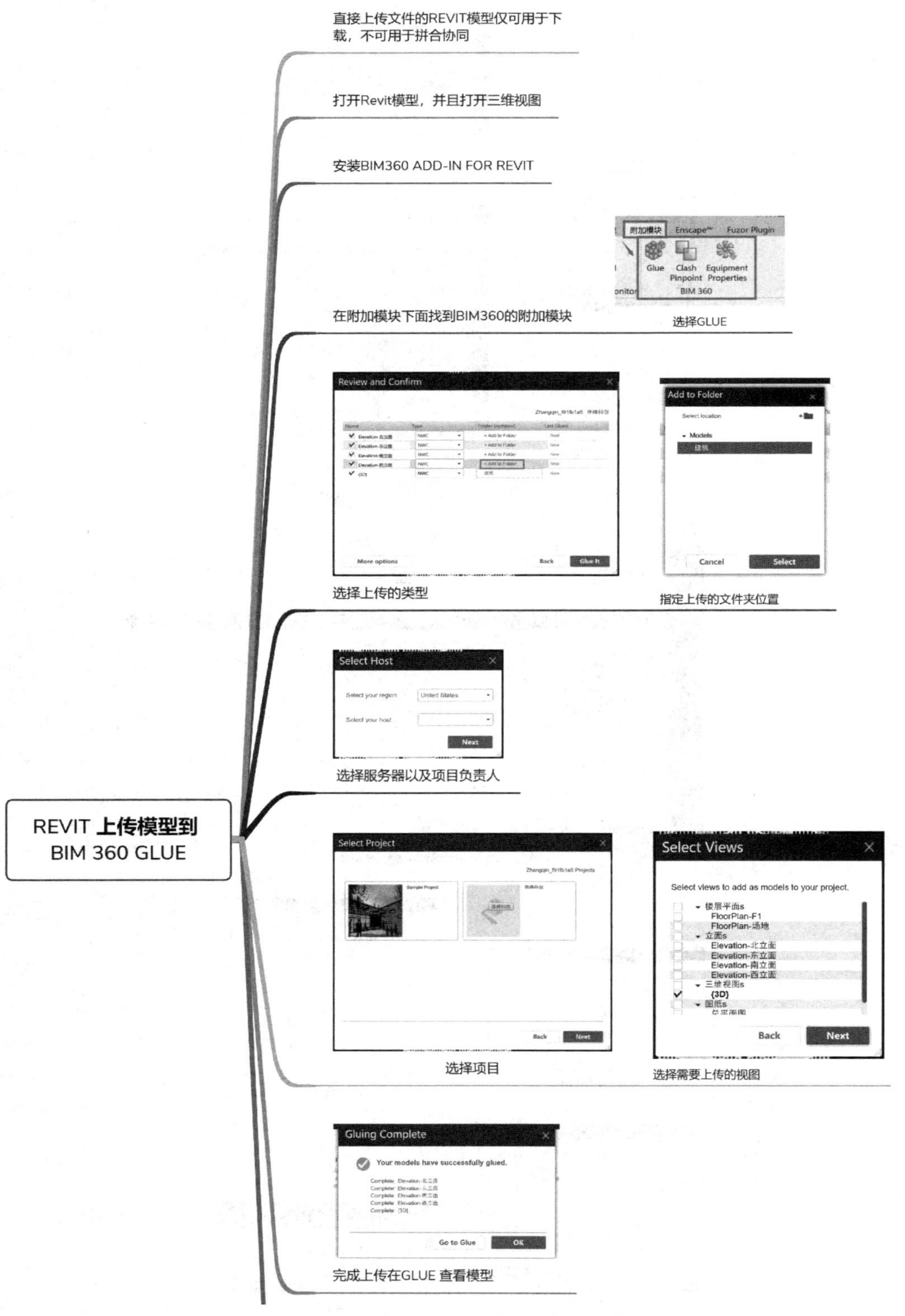

图 4-5-13 Revit 上传模型至 Glue（1）

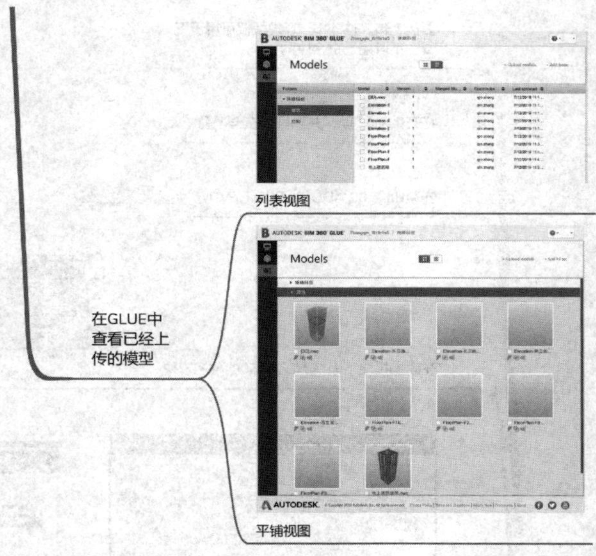

图 4-5-14　Revit 上传模型至 Glue（2）

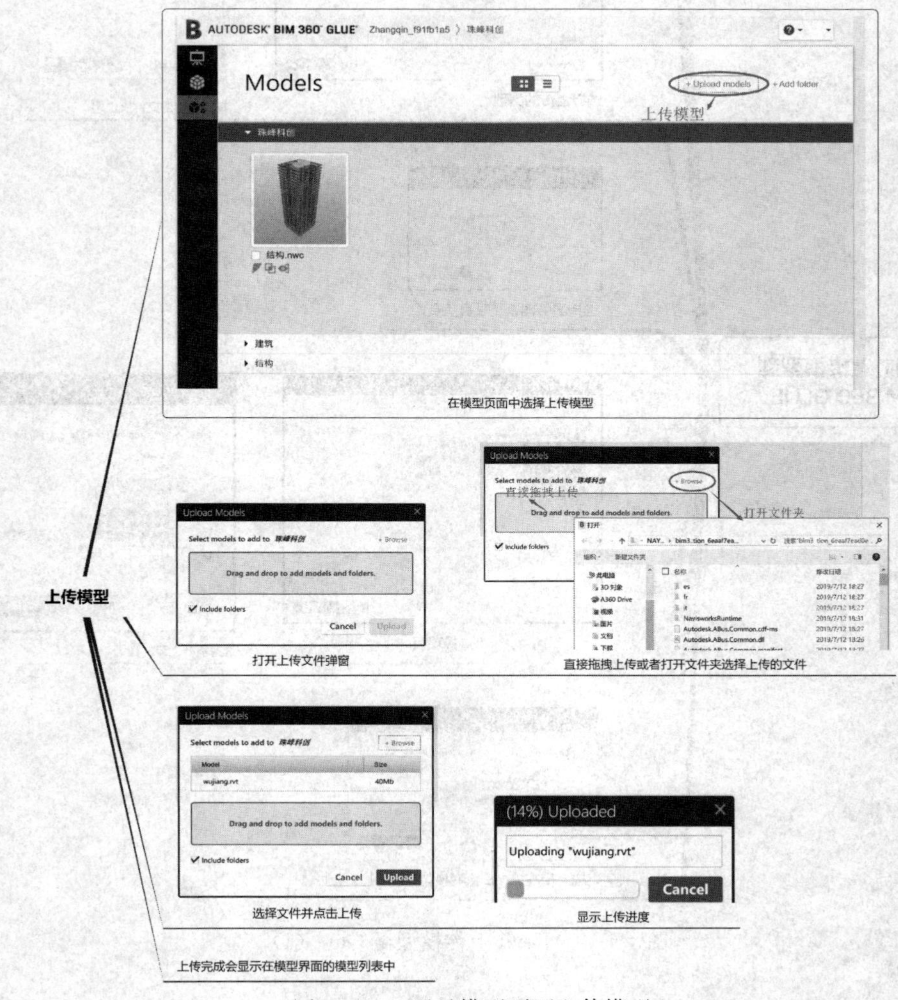

图 4-5-15　通过模型页面上传模型

五、拼合模型

拼合模型页面同模型页面的基本组织和构成相似，只是展示的内容变成了在模型中创建的拼合模型（图 4-5-16、图 4-5-17）。

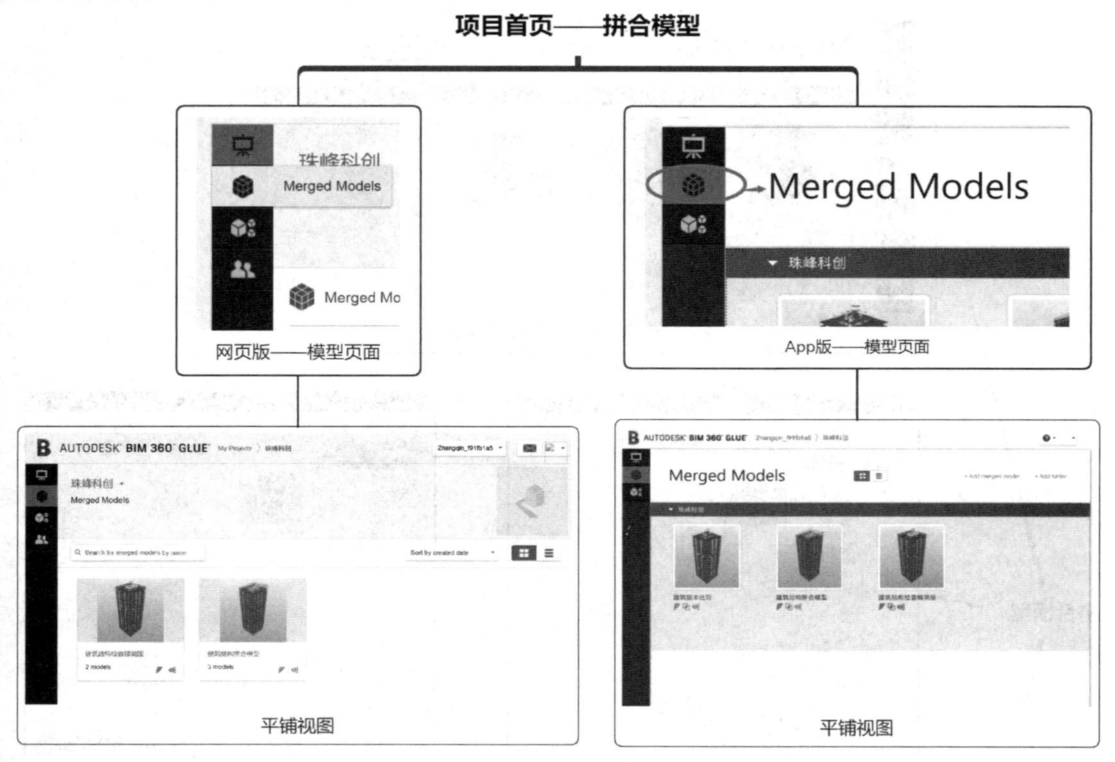

图 4-5-16 拼合模型页面

六、查看模型

在模型或者拼合模型列表中选中文件单击模型名称可以进入模型浏览界面（图 4-5-18）。

可以看到除了模型和项目索引、搜索、帮助以及右上角的设置下拉菜单以外，BIM 360 Glue 为模型浏览和标记提供了左侧的工具栏、右侧的导航栏 View Cube、与模型相对应的 2D 视图以及右键操作菜单。

左侧的工具栏在网页版本和 APP 版本中只有少许差异，大体的功能都保持一致（图 4-5-19、图 4-5-20）。

在使用工具前，可以先使用选项对于模型浏览进行自定义的设置（图 4-5-21～图 4-5-24）。

七、深入地查看与处理模型

查看与处理模型所需工具及面板如图 4-5-24～图 4-5-27 所示。

在视图工具中，使用剖面（Section）可以更有针对性更细致地观察模型（图 4-5-28～图 4-5-32）。

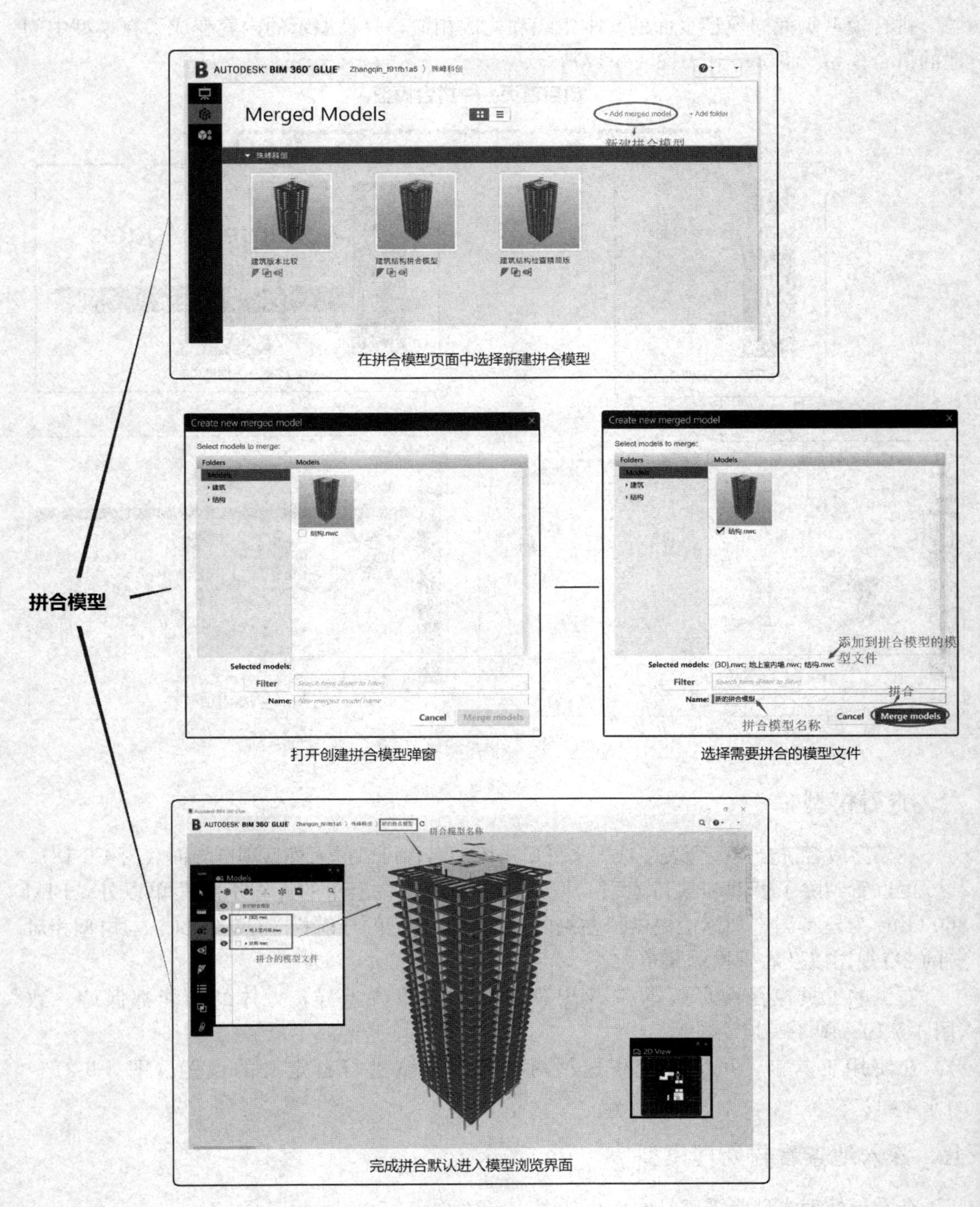
拼合模型
AUTODESK BIM 360 GLUE
Merged Models
+ Add merged model
+ Add folder
新建拼合模型
在拼合模型页面中选择新建拼合模型
Create new merged model
Select models to merge:
Folders
Models
Selected models:
Filter
Name:
Cancel
Merge models
打开创建拼合模型弹窗
添加到拼合模型的模型文件
拼合
拼合模型名称
选择需要拼合的模型文件
拼合模型名称
拼合的模型文件
2D View
完成拼合默认进入模型浏览界面

图 4-5-17 拼合模型

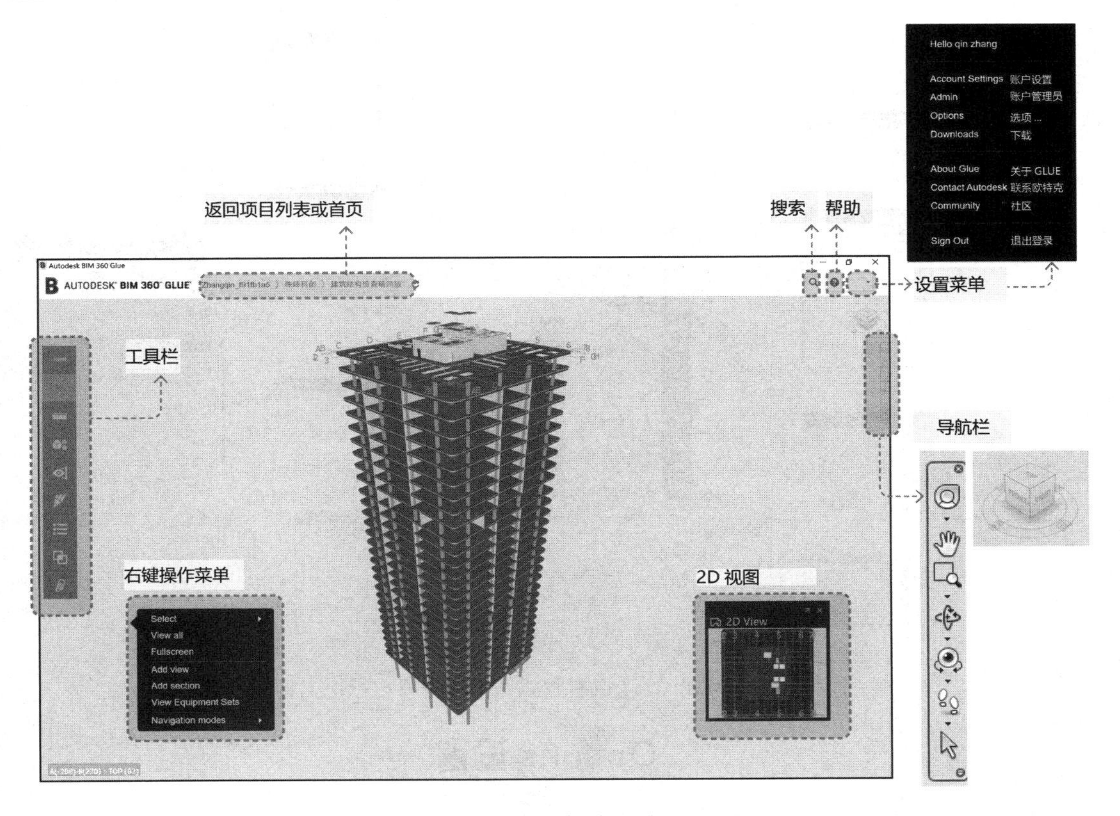

图 4-5-18 模型浏览界面

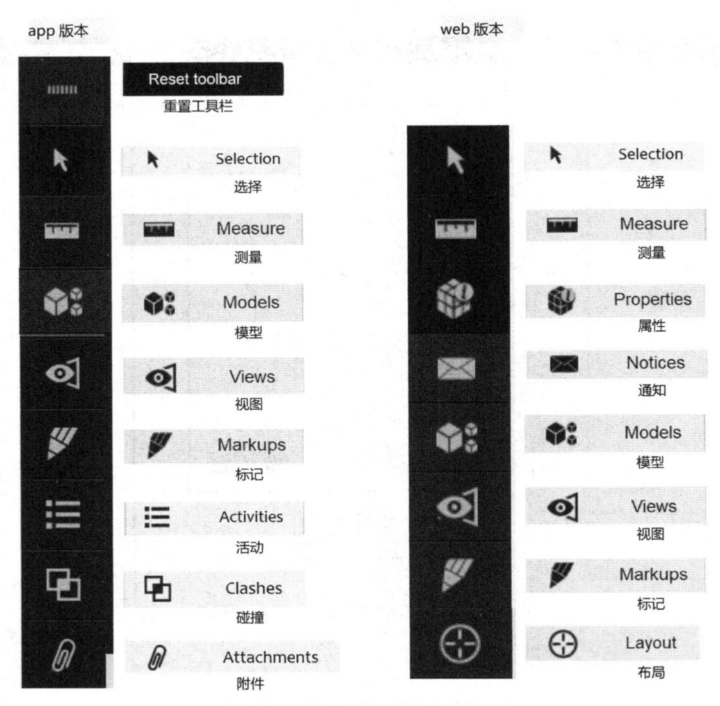

图 4-5-19 BIM 360 工具栏

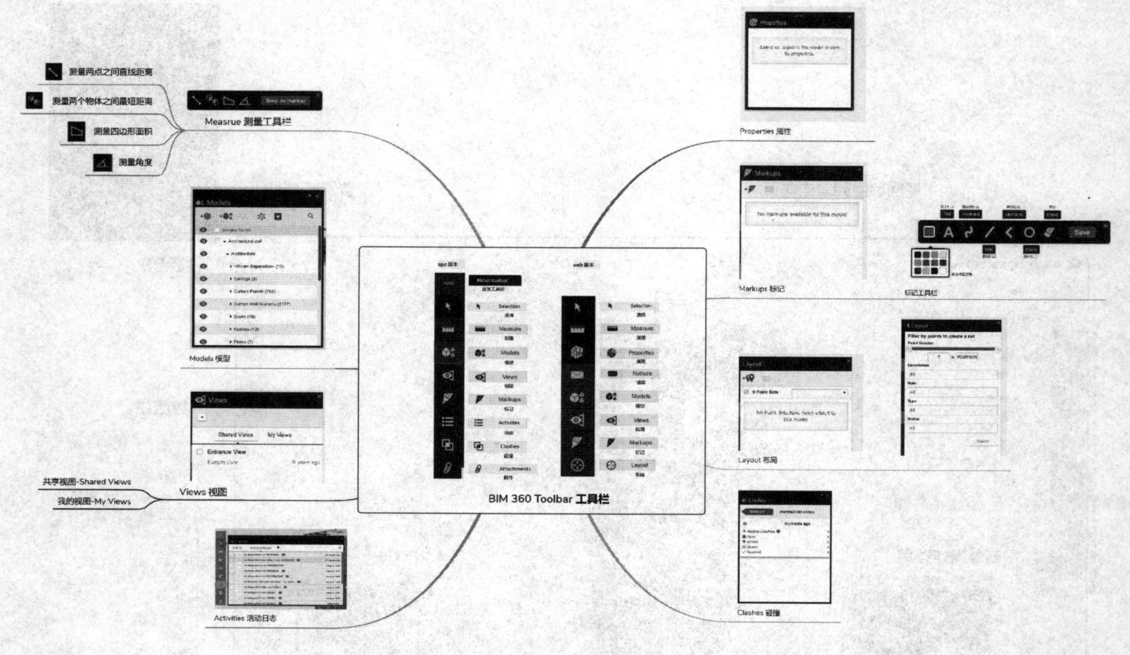

图 4-5-20　BIM 360 工具栏提供的模型查看与标记工具

图 4-5-21　浏览模型的自定义设置

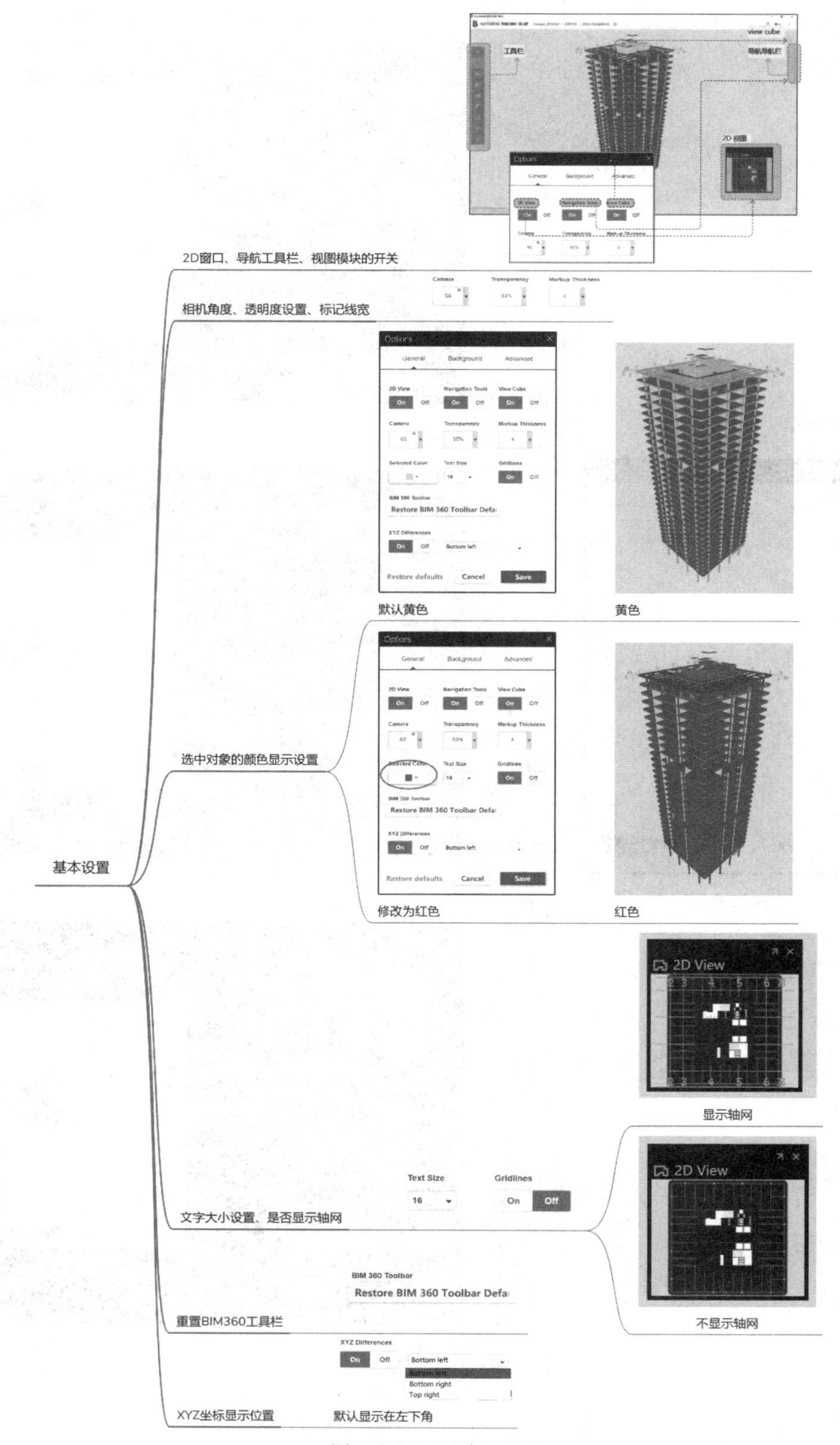

基本设置
2D窗口、导航工具栏、视图模块的开关
view cube
工具栏
导航导航栏
2D 视图
相机角度、透明度设置、标记线宽
Camera
Transparency
Markup Thickness
选中对象的颜色显示设置
默认黄色
黄色
修改为红色
红色
2D View
显示轴网
不显示轴网
文字大小设置、是否显示轴网
Text Size
Gridlines
On
Off
重置BIM360工具栏
BIM 360 Toolbar
Restore BIM 360 Toolbar Defa
XYZ坐标显示位置
XYZ Differences
Bottom left
Bottom right
Top right
默认显示在左下角

图 4-5-22 基本设置

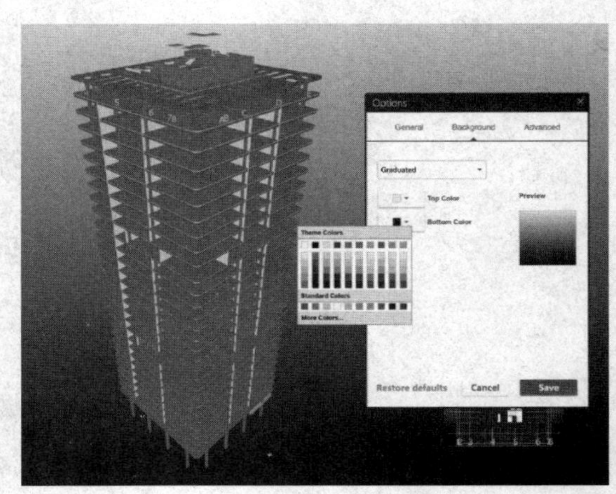

渐变

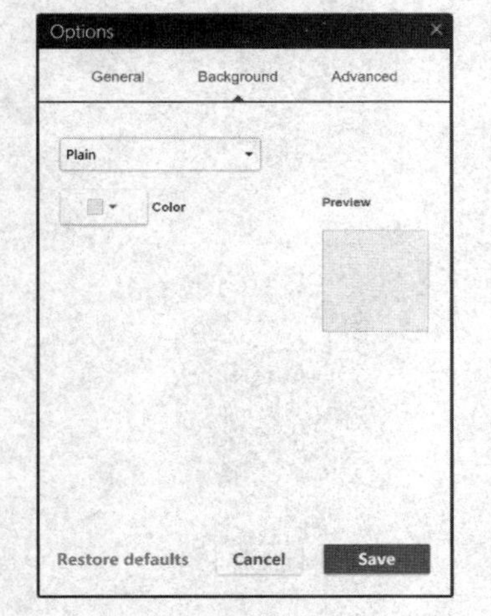

背景设置

地平线

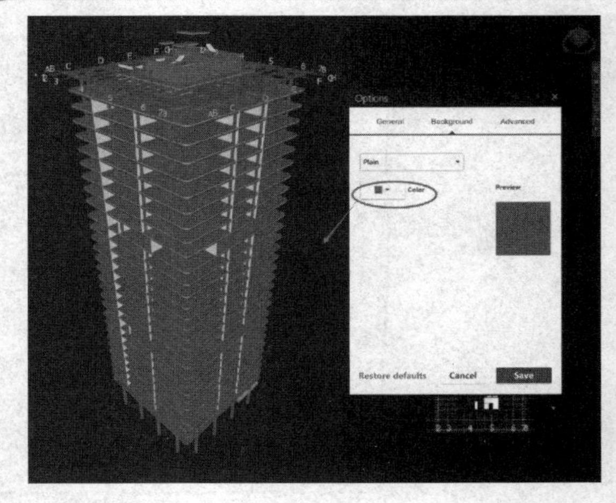

平铺颜色

恢复默认值

图 4-5-23 背景设置

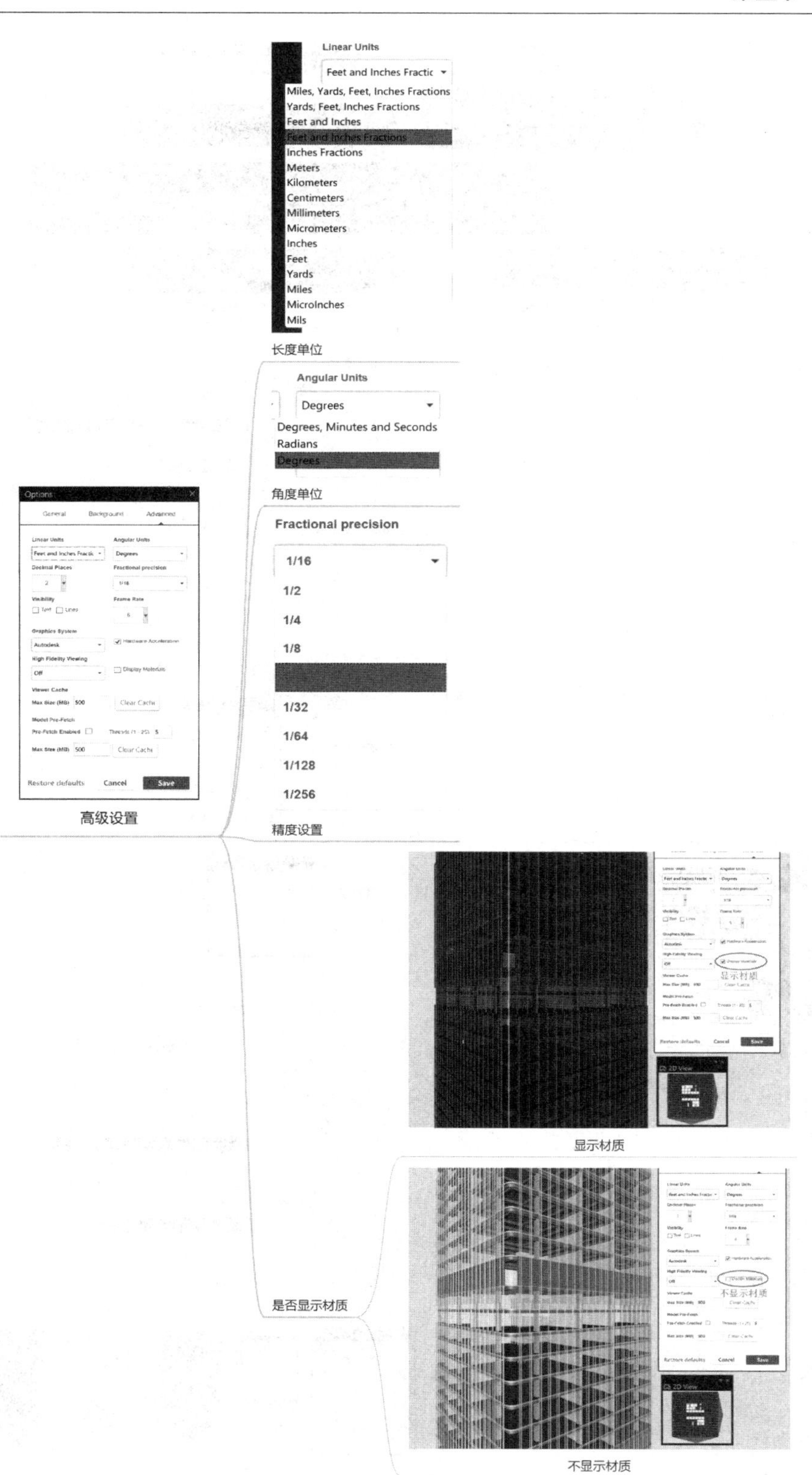

Linear Units
Feet and Inches Fractic
Miles, Yards, Feet, Inches Fractions
Yards, Feet, Inches Fractions
Feet and Inches
Feet and Inches Fractions
Inches Fractions
Meters
Kilometers
Centimeters
Millimeters
Micrometers
Inches
Feet
Yards
Miles
MicroInches
Mils
长度单位
Angular Units
Degrees
Degrees, Minutes and Seconds
Radians
Degrees
角度单位
Fractional precision
1/16
1/2
1/4
1/8
1/32
1/64
1/128
1/256
精度设置
高级设置
显示材质
是否显示材质
不显示材质
Restore defaults
Cancel
Save

图 4-5-24　高级设置

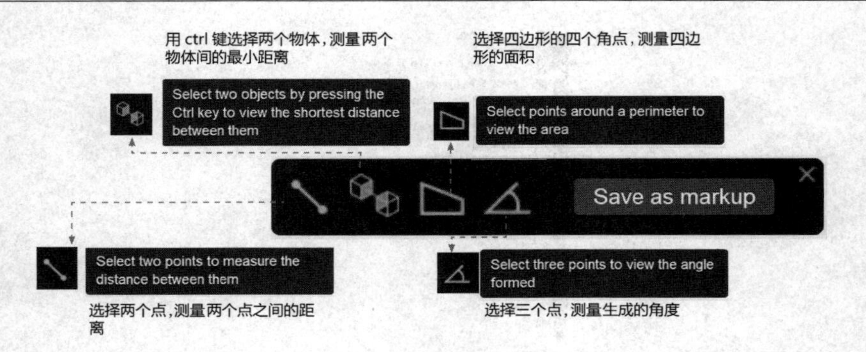

图 4-5-25　测量工具

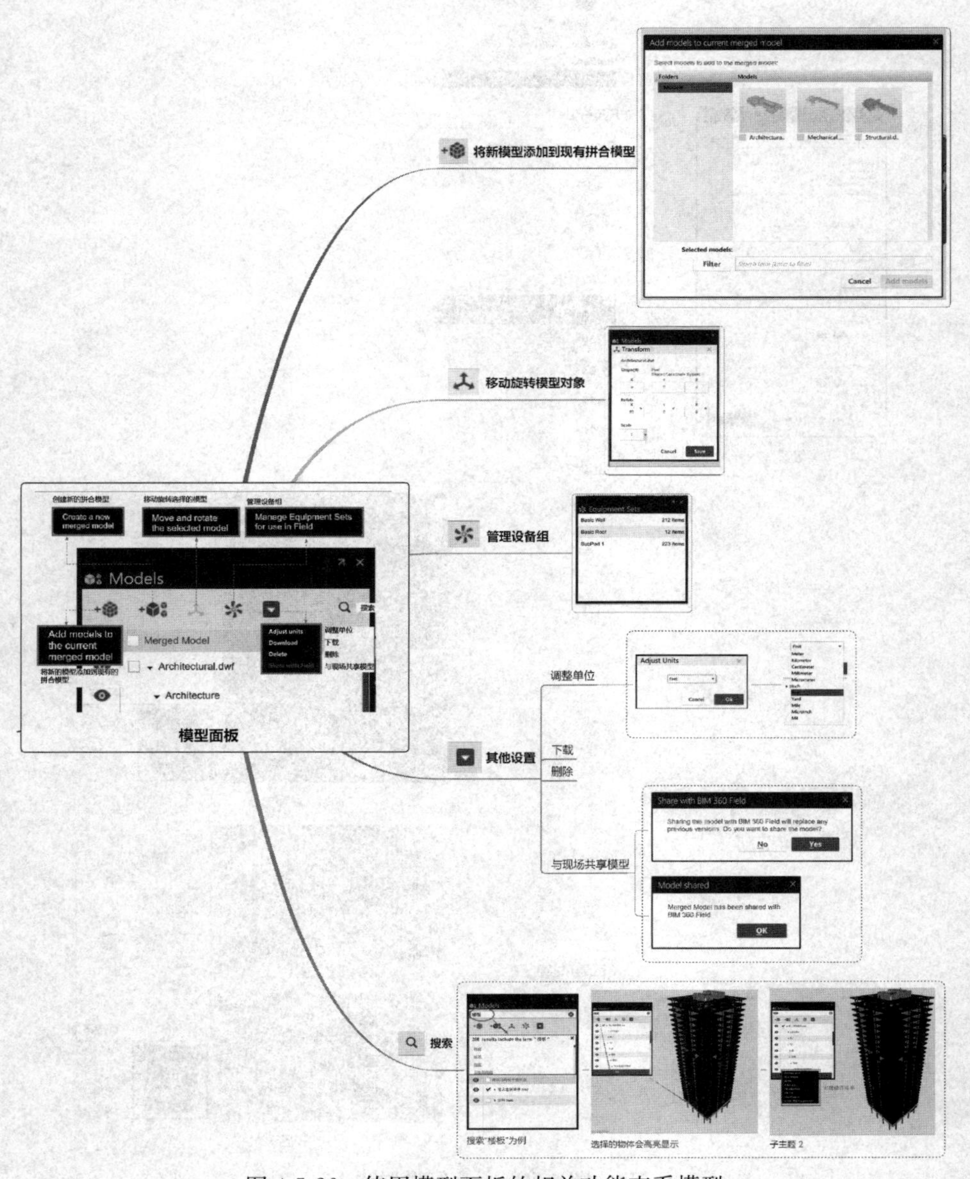

图 4-5-26　使用模型面板的相关功能查看模型

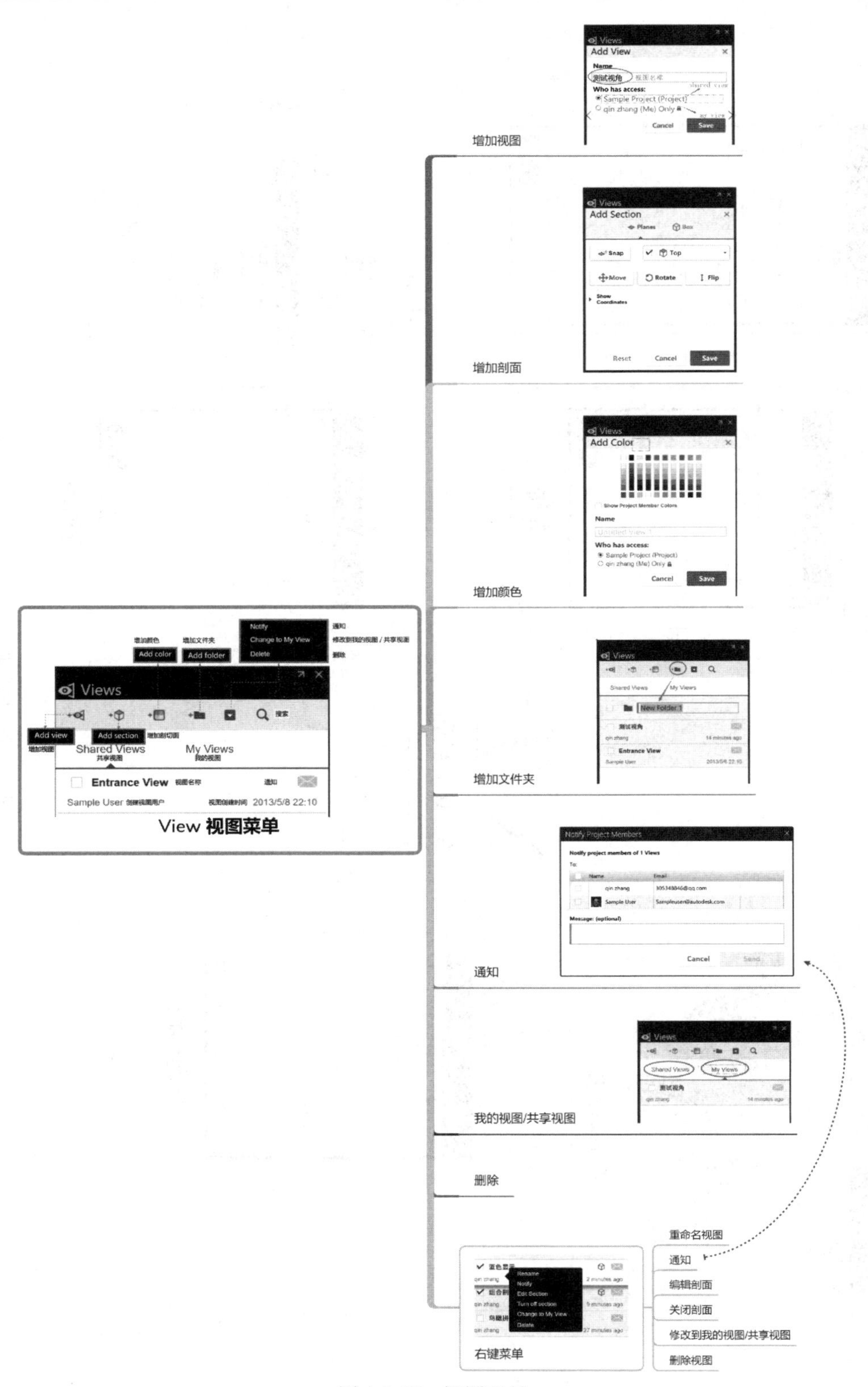
增加视图
增加剖面
增加颜色
增加文件夹
通知
我的视图/共享视图
删除
右键菜单
重命名视图
通知
编辑剖面
关闭剖面
修改到我的视图/共享视图
删除视图
View 视图菜单
Add color
Add folder
Add view
Add section
Notify
Change to My View
Delete
Views
Shared Views
My Views
Entrance View
Sample User
2013/5/8 22:10
Add View
Add Section
Add Color
Notify Project Members
Cancel
Save

图 4-5-27　视图工具

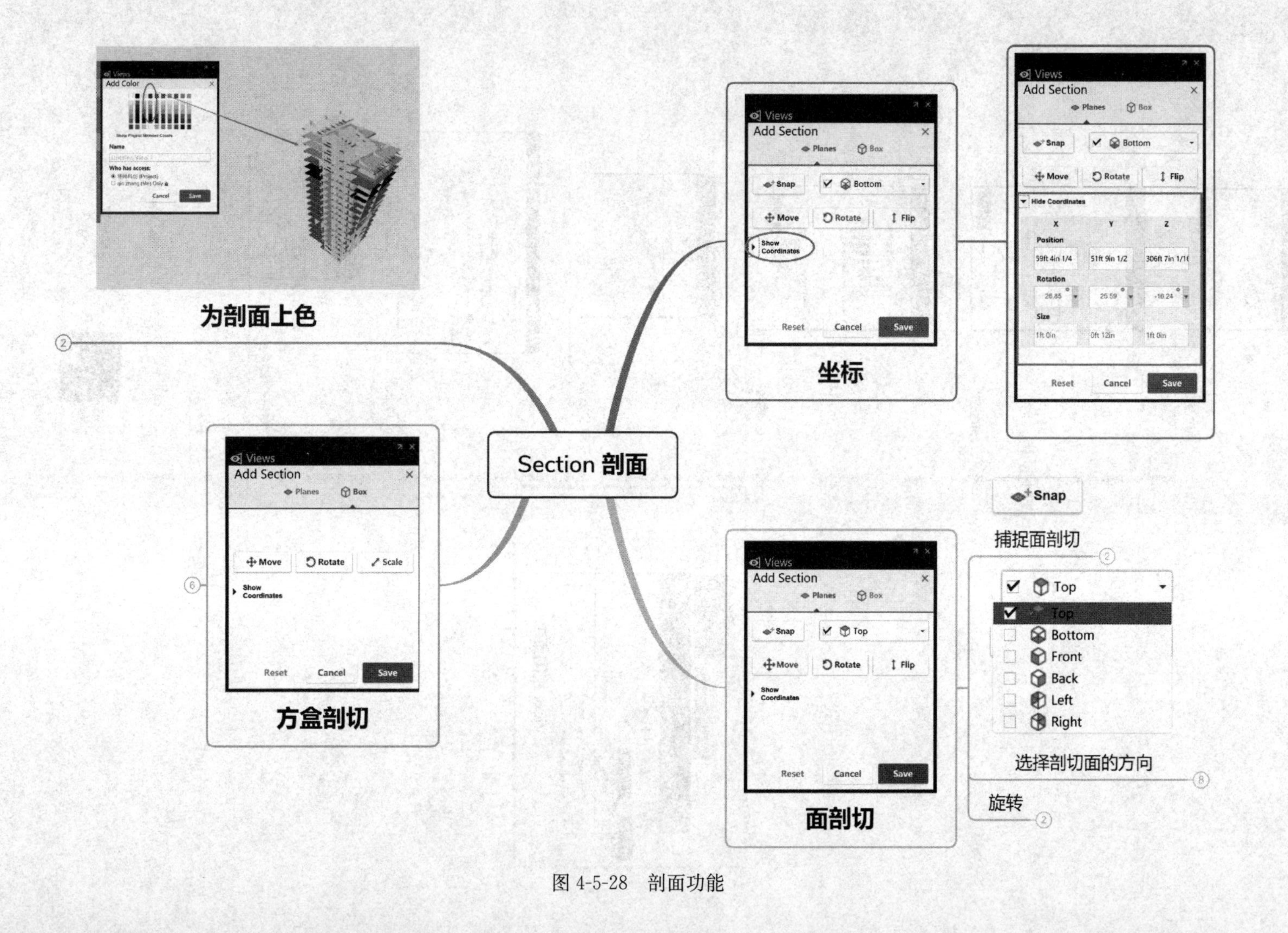

Section 剖面
为剖面上色
坐标
方盒剖切
面剖切
Snap
捕捉面剖切
选择剖切面的方向
旋转
Add Section
Planes
Box
Move
Rotate
Flip
Scale
Show Coordinates
Hide Coordinates
Position
Rotation
Size
Reset
Cancel
Save
Top
Bottom
Front
Back
Left
Right

图 4-5-28　剖面功能

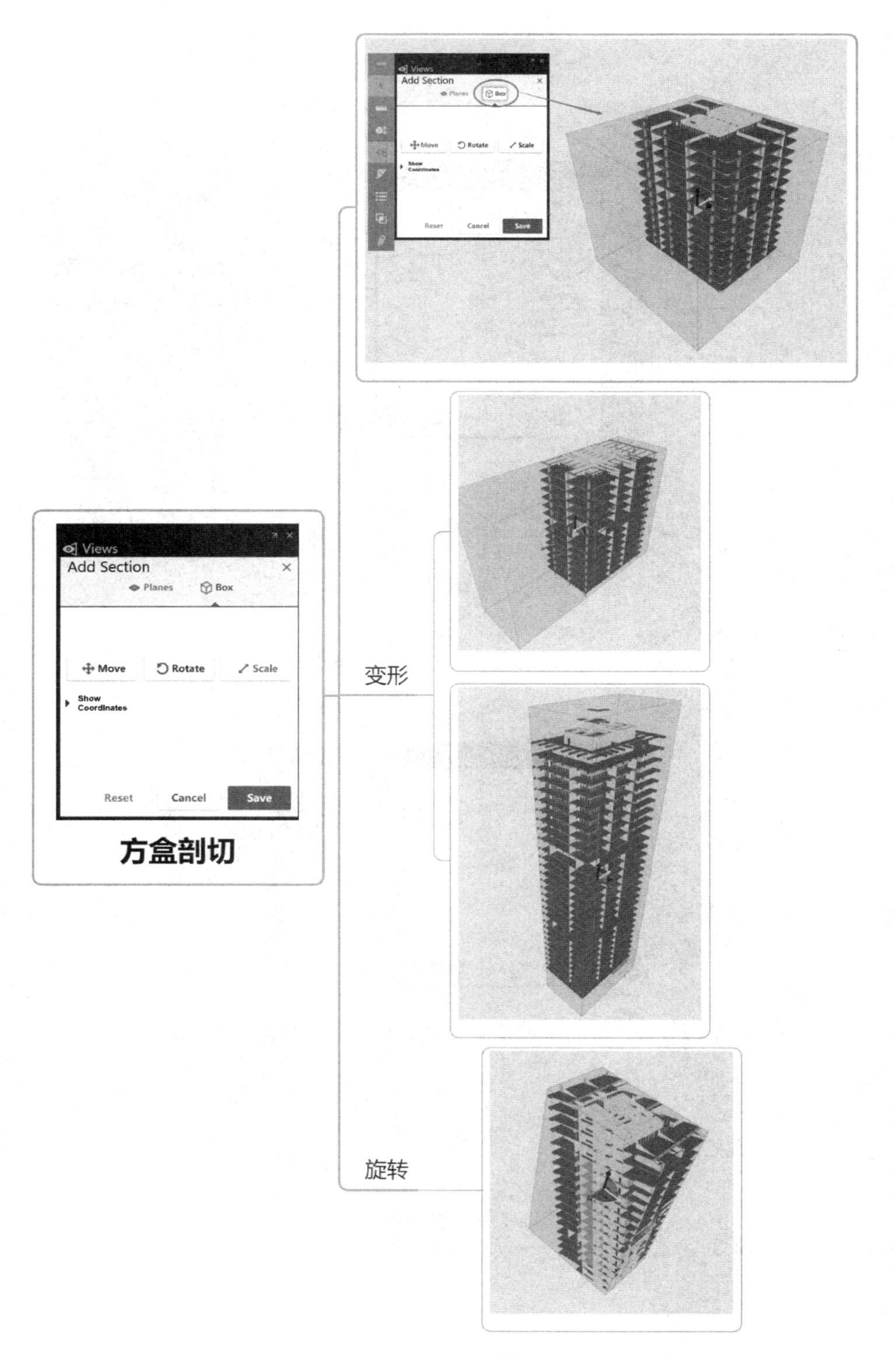
Views
Add Section
Planes
Box
Move
Rotate
Scale
Show Coordinates
Reset
Cancel
Save
方盒剖切
变形
旋转

图 4-5-29 方盒剖切

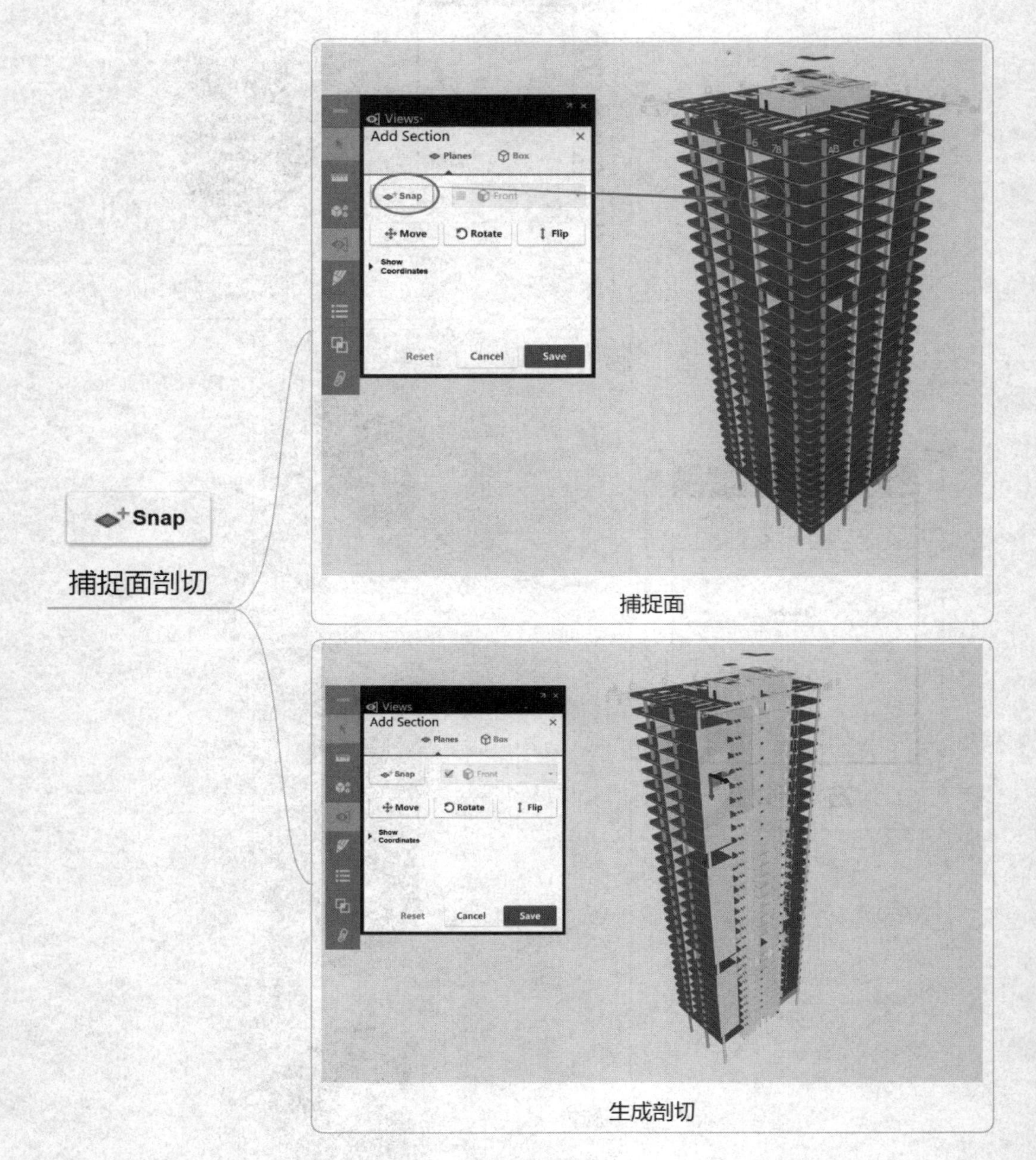
Snap
捕捉面剖切
Views
Add Section
Planes
Box
Snap
Front
Move
Rotate
Flip
Show Coordinates
Reset
Cancel
Save
捕捉面
生成剖切

图 4-5-30　捕捉面剖切

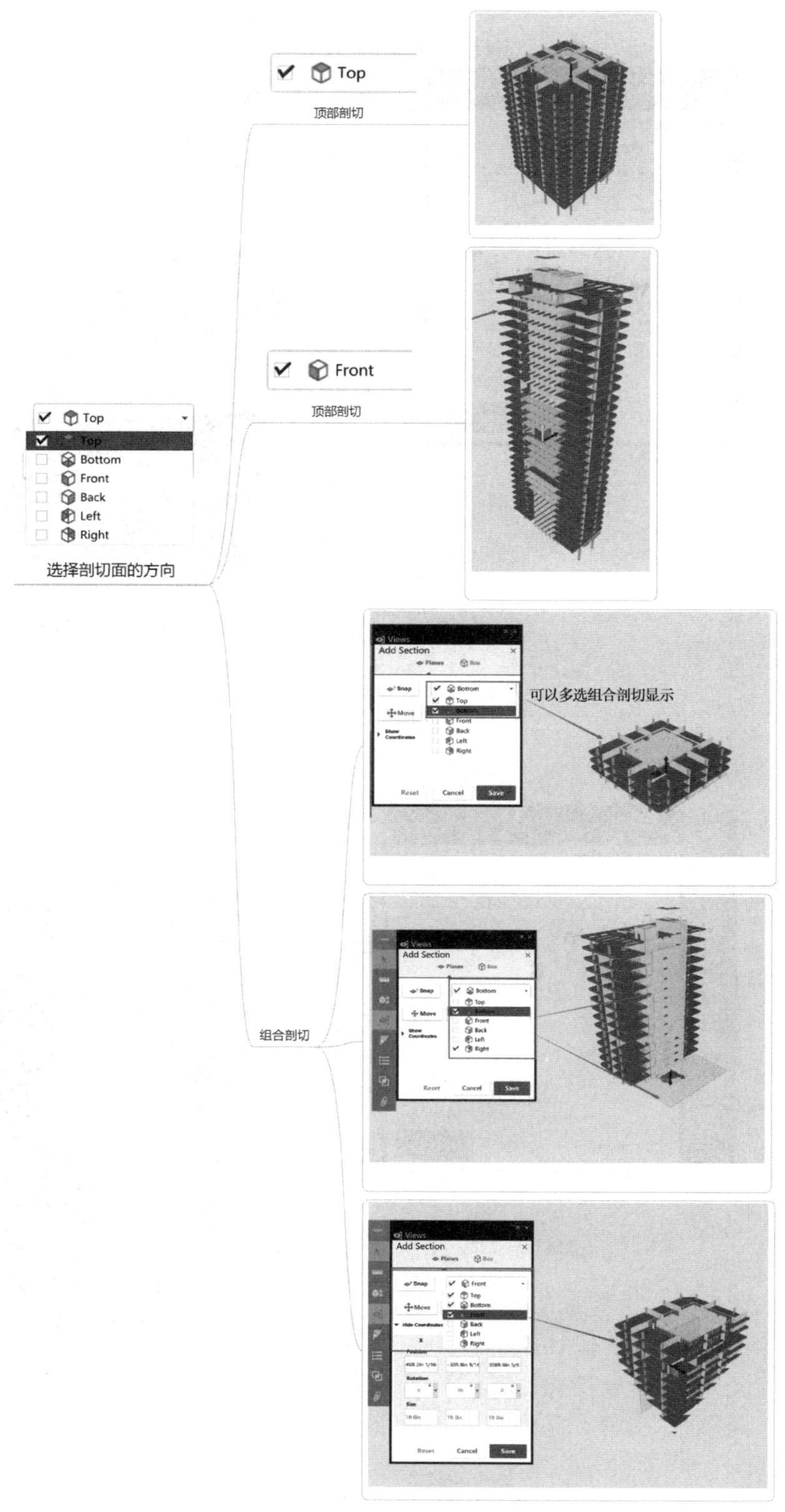

图 4-5-31　x 轴、y 轴、z 轴的剖切面

旋转

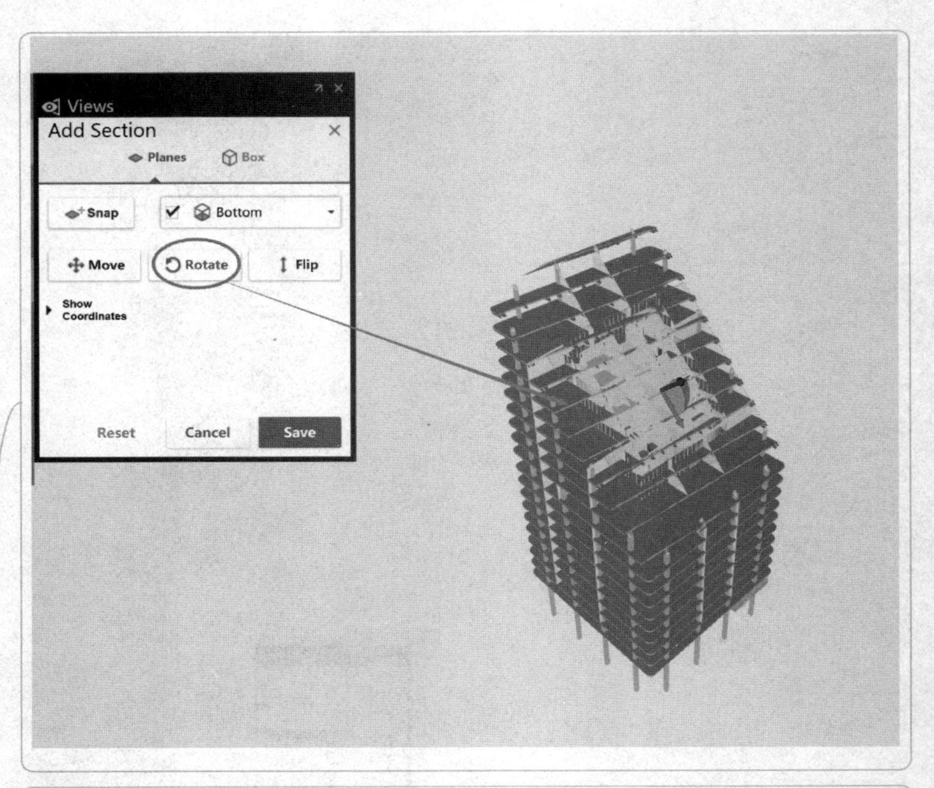

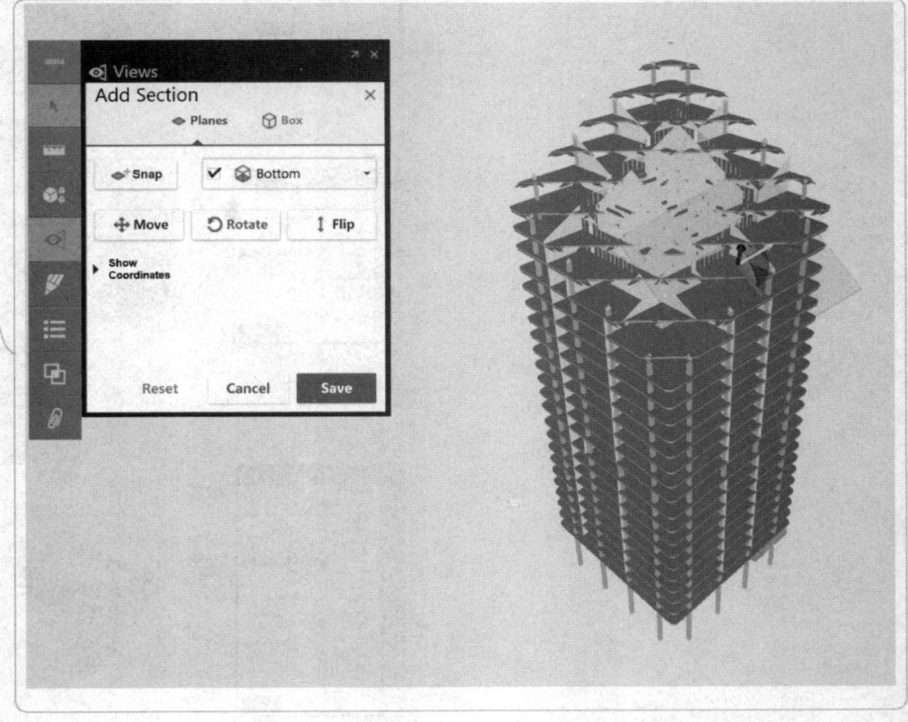

图 4-5-32　移动和旋转剖切

完成剖切后，为了更好地展示或者说明问题，可以对视图增加颜色（图 4-5-33）。除了上述三个视图外，右键菜单还提供一些常用的辅助工具（图 4-5-34）。

为剖面上色

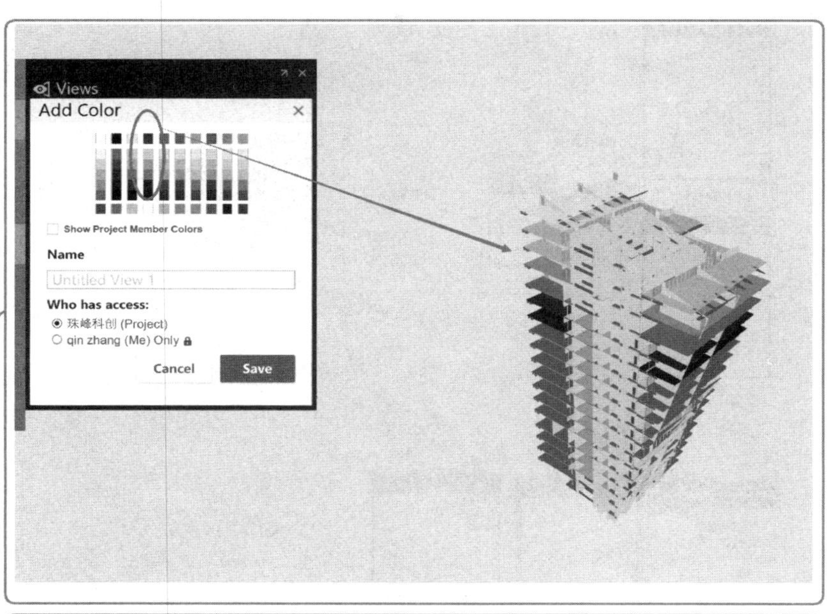

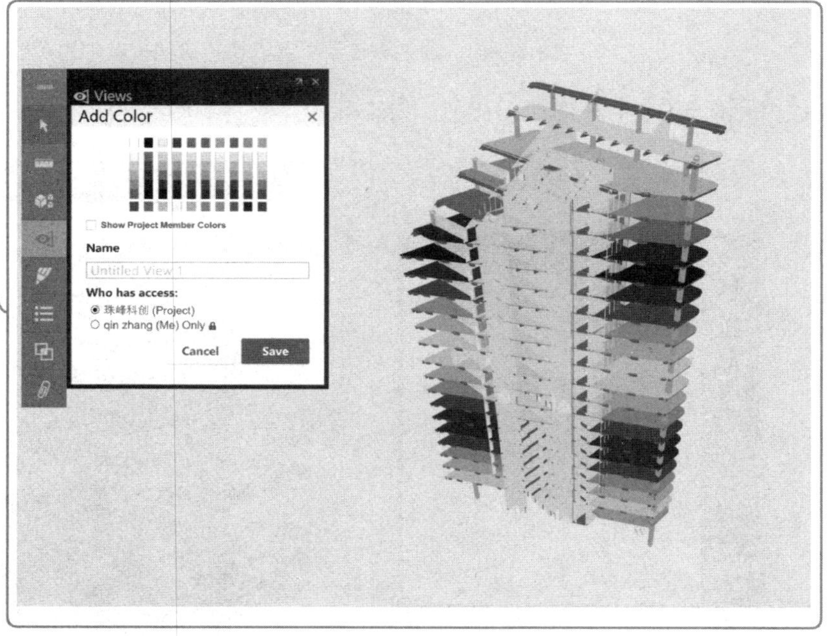

图 4-5-33 （1）为剖面上色

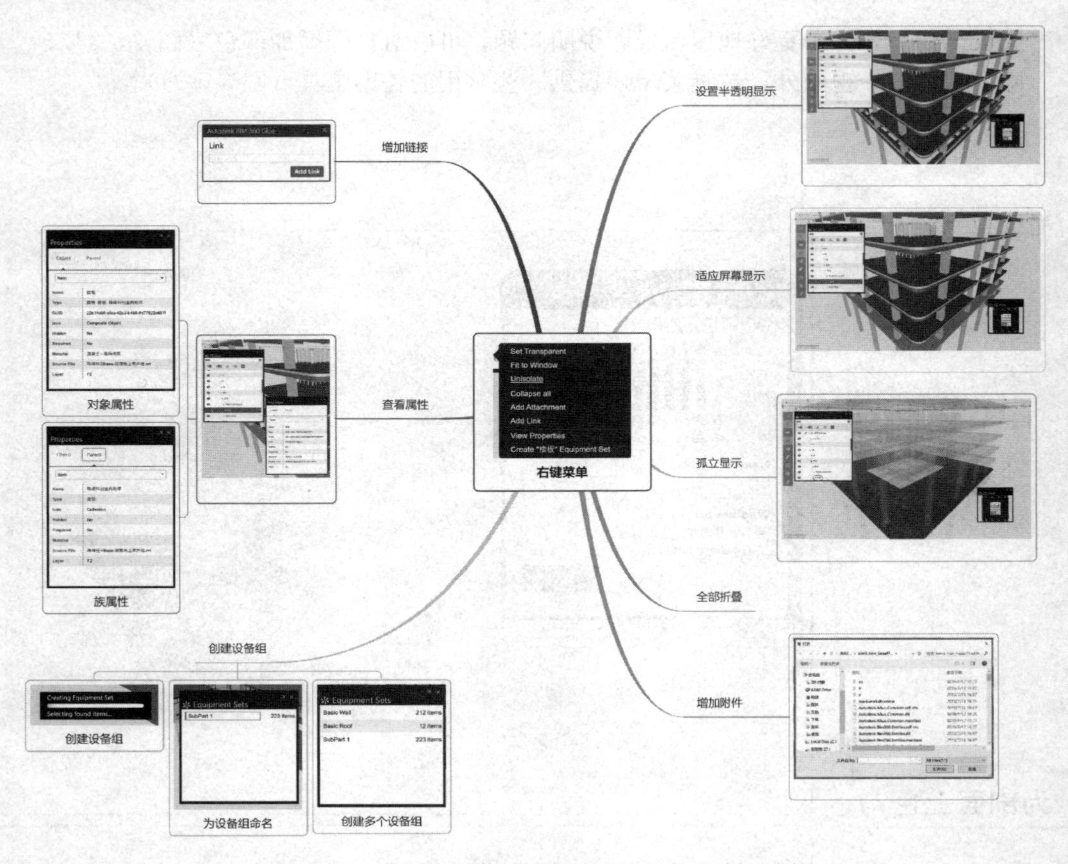

图 4-5-34　通过右键菜单可以快速访问一些常用功能

八、标记与附件（图 4-5-35、图 4-5-36）

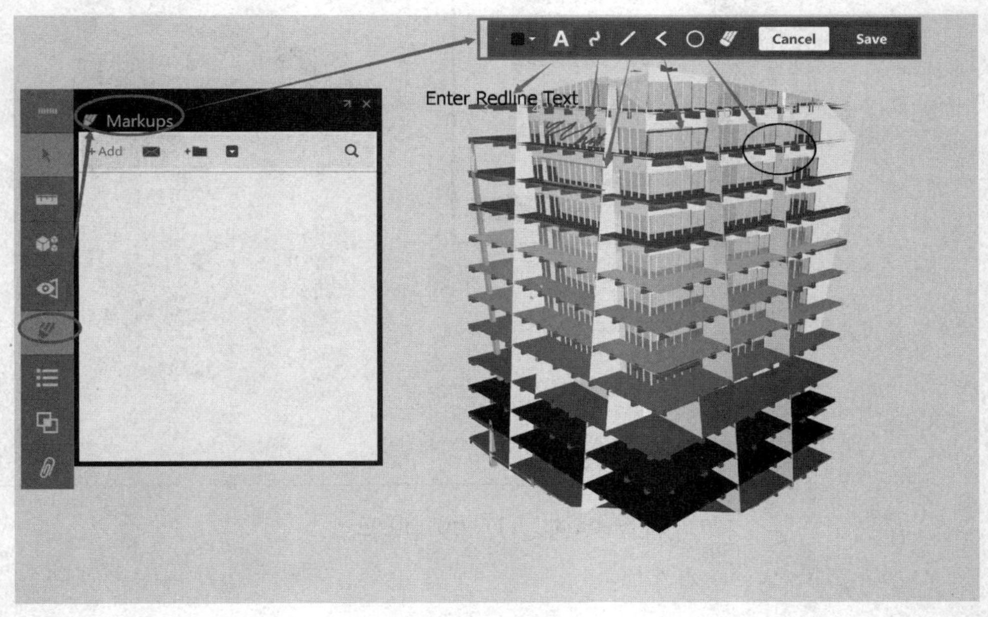

图 4-5-35　标记

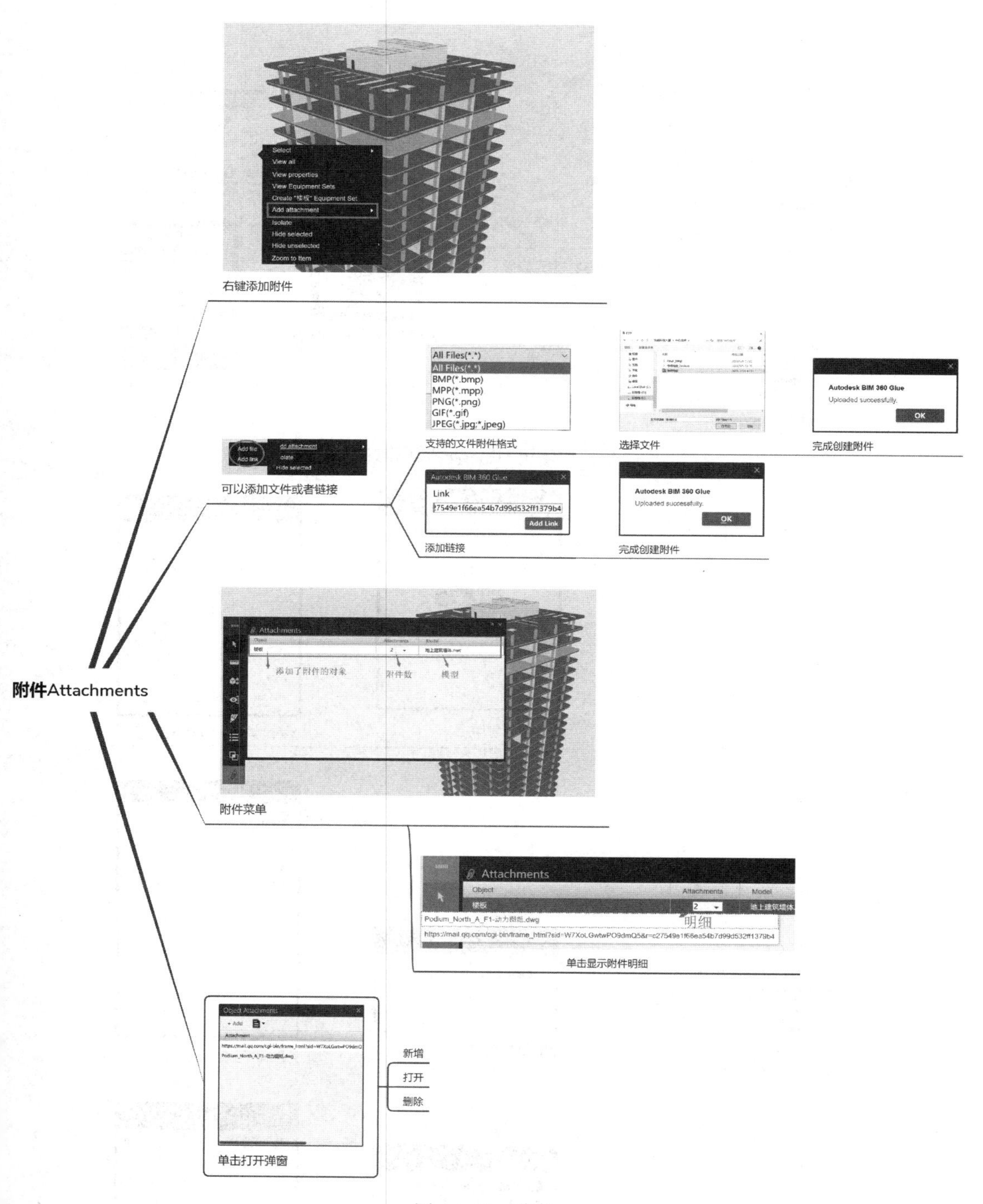

图 4-5-36　附件

九、管理碰撞

管理碰撞如图 4-5-37、图 4-5-38 所示。

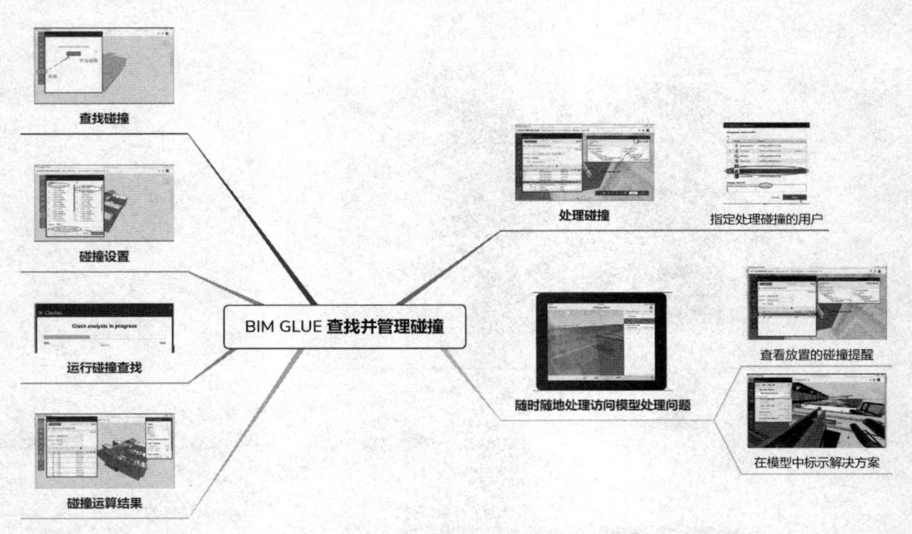

图 4-5-37　使用 Glue 查找并管理碰撞

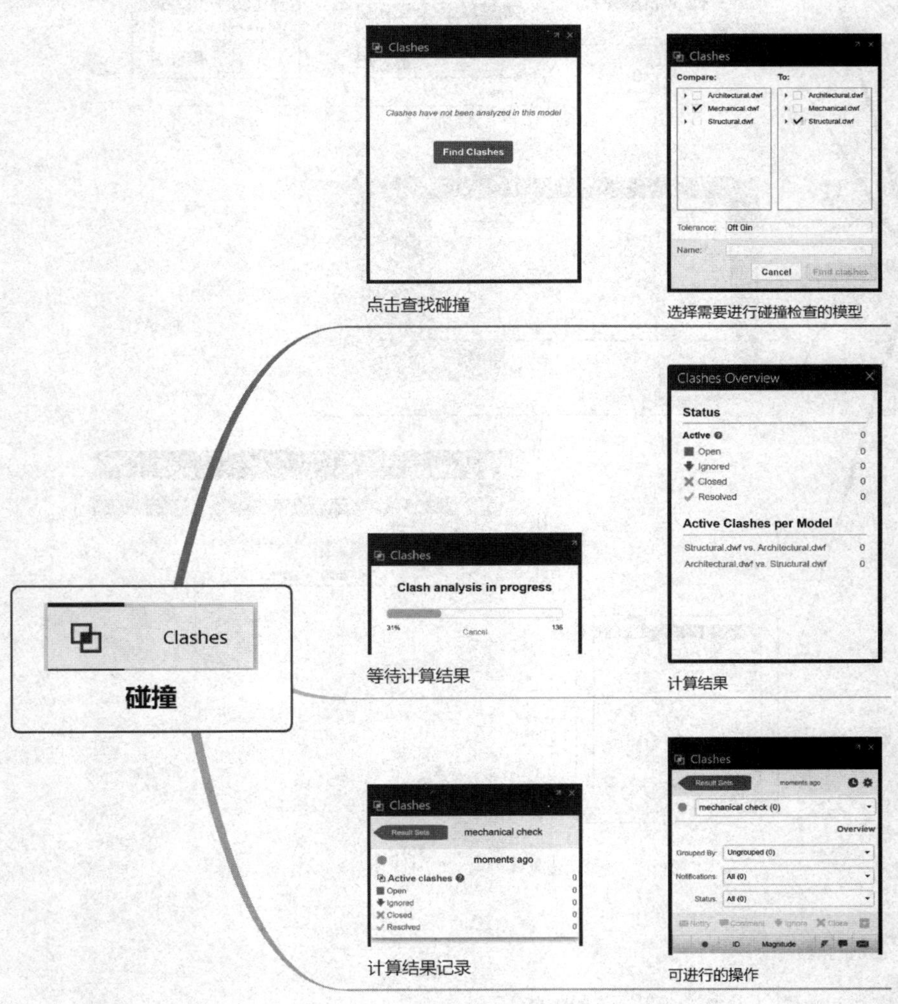

图 4-5-38　查找并管理碰撞

十、通知

通知项目成员和发送通知如图 4-5-39、图 4-5-40 所示。

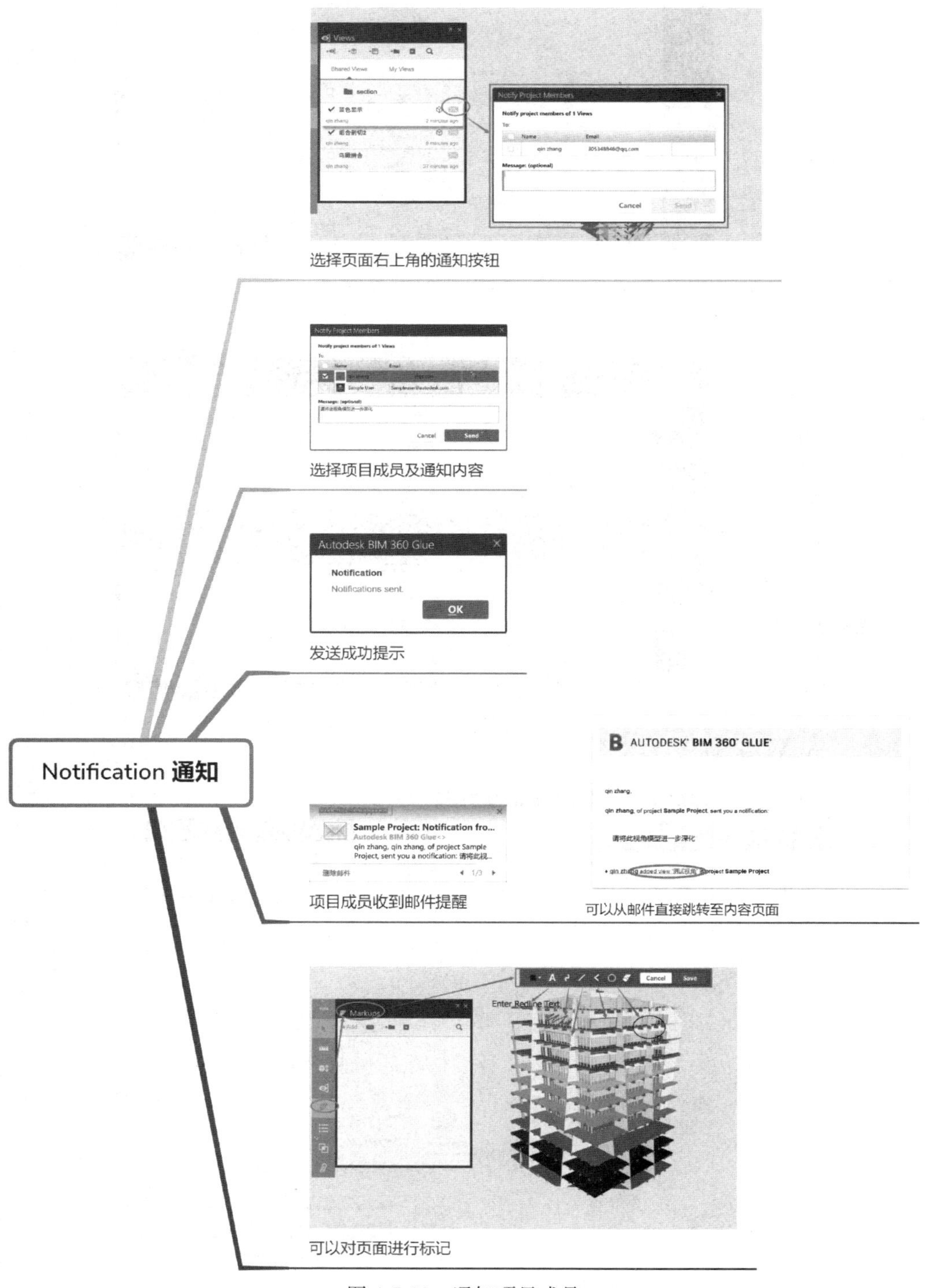

图 4-5-39 通知项目成员

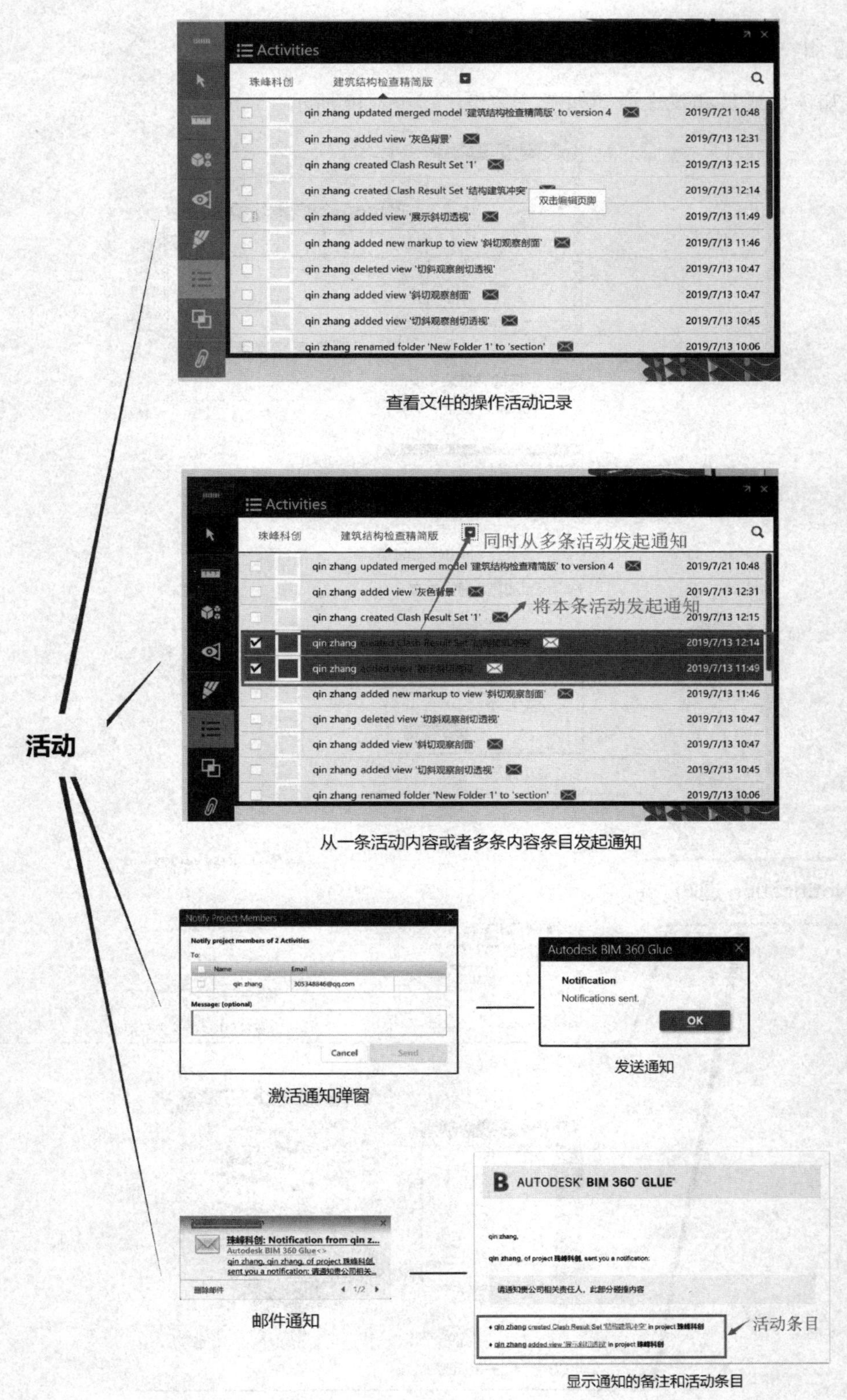

图 4-5-40　管理活动发送通知

十一、修改设计、更新文件版本

Glue 更新模型如图 4-5-41 所示。

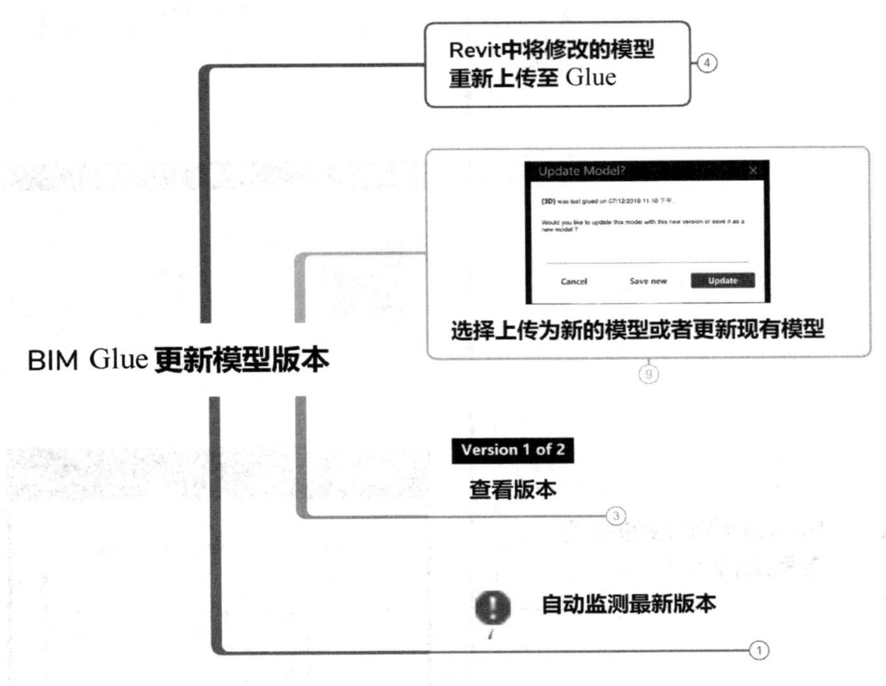

图 4-5-41 Glue 更新模型版本

首先在 Revit 中完成设计修改，重新将模型上传至 BIM 360 Glue（图 4-5-42）。

在 Revit 中可以选择上传为新的模型或者更新现有模型（图 4-5-43、图 4-5-44）。

同时，对于有新版本存在的文件，当使用的时候，Glue 会自动进行警告提示，避免使用错误版本的文件进行设计和沟通（图 4-5-45）。

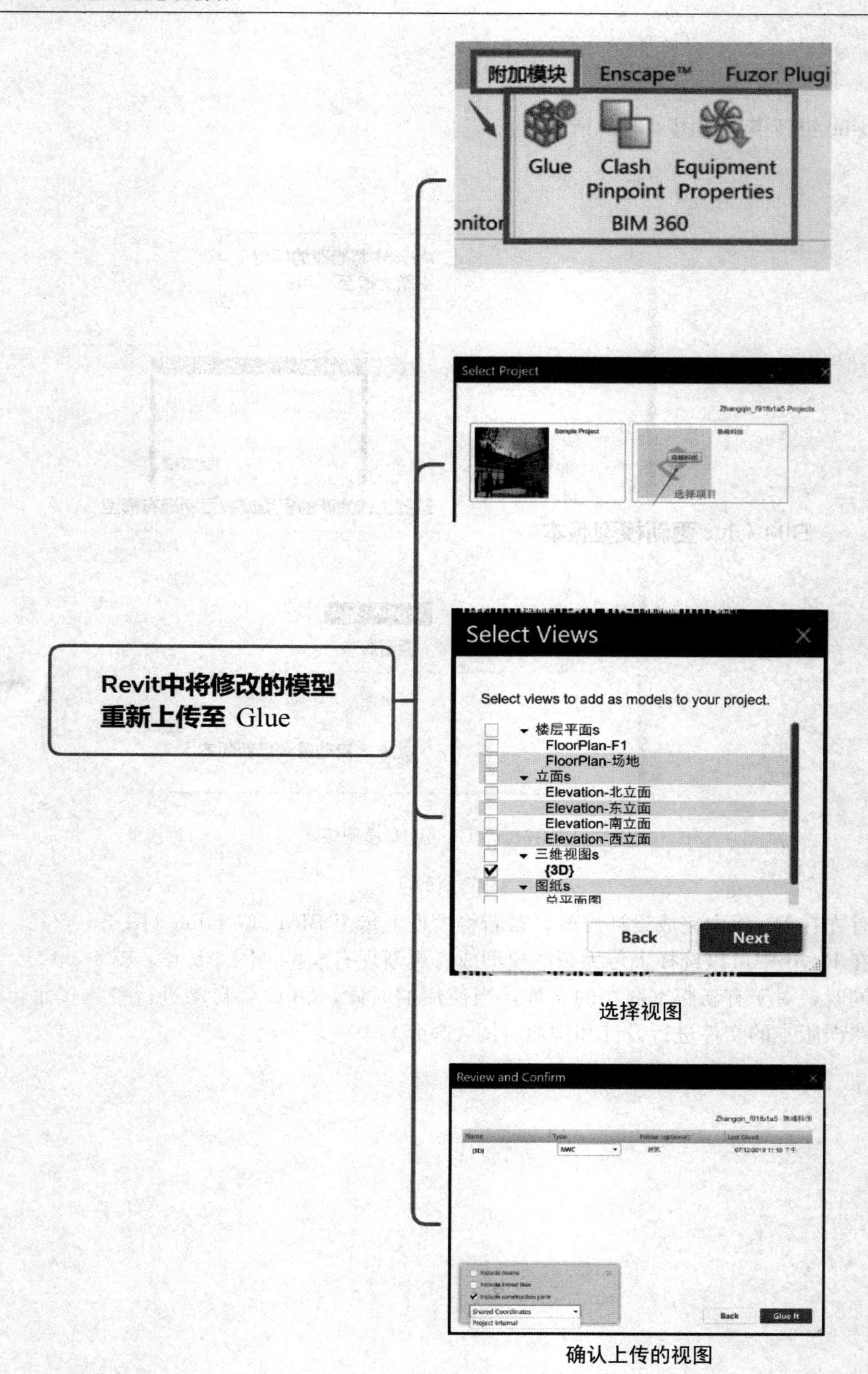

图 4-5-42　上传修改文件

图 4-5-43　上传文件设置

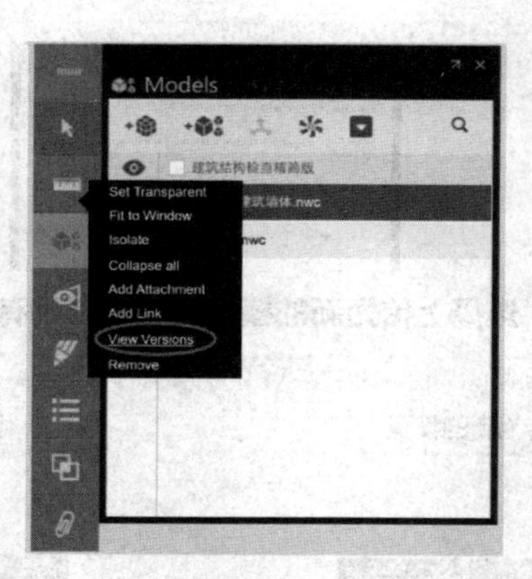

BIM 360工具栏→模型

Version 1 of 2

查看版本

模型界面中右键 查看细节

查看文件的历史版本、上传时间、使用该文件的拼合模型等

图 4-5-44　在 BIM 360 Glue 中查看模型的版本

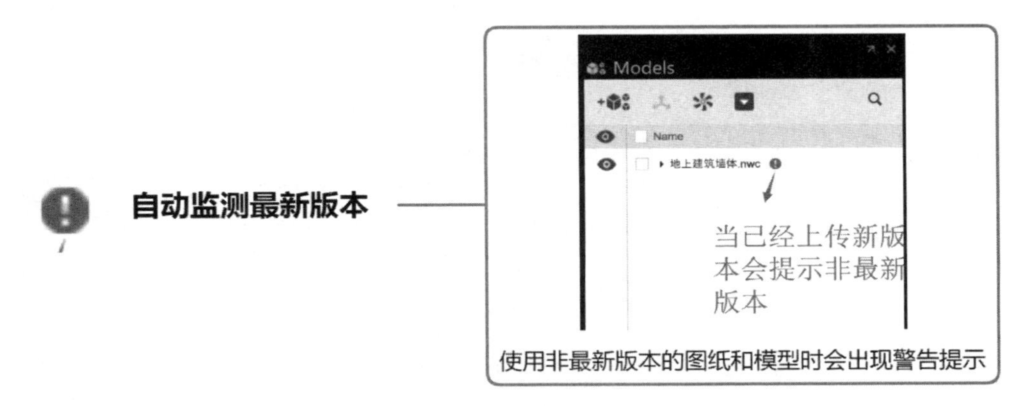

图 4-5-45 自动检测版本